2025 합격Easy

승강기기능사
과년도 기출문제 필기

- ✓ 최신 CBT 기출복원문제 수록
- ✓ 필수 **핵심 이론 요점정리**
- ✓ 과년도 문제 완벽 해설

자격검정연구회 편저

질의응답 사이트 운영 | http://www.kkwbooks.com
도서출판 건기원

스마트폰 수강 가능
주경야독 동영상 강의
yadoc.co.kr

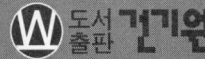
도서출판 건기원

PREFACE

▍머리말

　현대 사회는 주거공간의 고층화, 고급화로 인하여 승강기 설치가 보편화 되고 있다. 그러나 승강기 수요에 따른 전문 관리 인력은 매우 부족한 상태이다.

　승강기는 사고가 발생하면 인명 피해로 이어지므로, 사고를 미연에 방지하는 것이 중요하다. 그러므로 한국산업인력 관리공단에서는 승강기기능사 자격시험을 1992년부터 시행하여 승강기 전문 기술인 양성에 힘쓰고 있다.

　이 책은 승강기기능사에 뜻을 둔 수험생들에게 알맞도록 문제 은행식으로 출제되고 있는 시험문제를 풀어 보게 하여, 시험 시 많은 도움이 될 것이다.

■ 이 책의 특징
1. 요점정리를 하여 과년도 문제를 이해하기 쉽도록 하였다.
2. 그림을 많이 삽입하여 내용을 쉽게 이해하도록 하였다.
3. 최신법에 맞추어 과년도 문제들을 설명, 정답을 제시하였다.

　이 한 권의 책을 마스터 한다면 분명히 이론시험에 합격하리라 확신하며, 이 책이 나오기까지 애쓰신 건기원 편집인 여러분께 진심으로 감사드린다.

　또한 미흡한 부분은 계속 보완해 나갈 것을 약속드리며, 수험생 모두에게 합격의 영광이 있기를 기원한다.

저자 드림

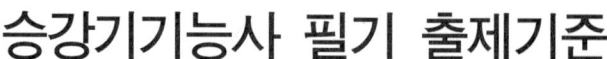

승강기기능사 필기 출제기준

직무 분야	기계	중직무분야	기계장비설비·설치	적용 기간	2025.1.1~2027.12.31
○ 직무내용 : 숙련기능을 바탕으로 승강기를 설치 및 점검하는 직무이다.					
필기검정방법	객관식	문제수	60	시험시간	1시간

필기 과목명	주요항목	세부항목	세세항목
승강기 설치, 유지관리, 안전관리	1. 엘리베이터 기계 설치 및 부품 교체	1. 승강기 일반	1. 승강기 종류 2. 승강기의 원리 및 조작방식 3. 특수승강기
		2. 형판 설치하기	1. 엘리베이터 설치도면 2. 승강로, 기계실, 출입구 건축도면 3. 형판 설치
		3. 주행안내 레일 설치하기	1. 주행안내 레일, 고정용 브래킷 설치 2. 완충기 받침대 3. 설치 공법 4. 레일 게이지
	2. 엘리베이터 점검	1. 기계실 및 기계류 공간에서 점검	1. 기계실 환경 점검 2. 기계실 기계, 전기 부품 및 장치
		2. 카에서 점검	1. 카의 주행상태 2. 카 내부, 상부 점검 및 조정 능력 3. 안전장치
		3. 승강로에서 점검	1. 승강로 벽의 균열, 누수 등 청결상태 2. 승강로 기계, 전기부품 및 장치 3. 각종 매다는 장치 및 체인
		4. 승강장에서 점검	1. 승강장문 및 장치 2. 승강장 버튼 및 표시기
		5. 피트에서 점검	1. 피트 기계, 전기부품 및 장치 2. 피트 누수
	3. 엘리베이터 부품 설치 및 교체	1. 엘리베이터 부품상태 진단하기	1. 엘리베이터 부품의 노후, 마모상태 진단 2. 기계, 전기 측정기
		2. 승강장 부품 설치 및 교체하기	1. 각 부품별 설치위치에 승강장 부품 설치 2. 승강장 출입문 조정

필기 과목명	주요항목	세부항목	세세항목
		3. 카 설치 및 교체하기	1. 카 슬링 설치 2. 카 벽, 카 천장, 카 조작반 조립 3. 카 출입문와 관련된 부품, 카 상부 설치 부품 4. 카 심출, 카 밸런스 작업
	4. 엘리베이터 전기 설치 및 부품 교체	1. 엘리베이터 전기 배선	1. 엘리베이터 전기 부품
		2. 전기부품 교체	1. 전기부품 교체 2. 전기회로도 결선 확인
	5. 기계 전기 기초	1. 승강기 주요 기계요소별 구조와 원리	1. 링크기구 2. 운동기구와 캠 3. 도르래(활차)장치 4. 베어링 5. 기어
		2. 승강기 동력원의 기초전기	1. 정전기와 콘덴서 2. 직류회로 및 교류회로 3. 자기회로 4. 전자력과 전자유도 5. 전기보호기기
		3. 승강기 구동 기계 기구 작동 및 원리	1. 전동기의 종류 및 특성
		4. 승강기 제어 및 제어시스템의 원리 및 구성	1. 제어의 개념 2. 제어계의 요소 및 구성 3. 시퀀스제어 4. 전자회로 및 반도체
	6. 승강기 안전관리	1. 안전관리 장구 준비하기	1. 안전 장비, 장구, 용품
		2. 전기안전 준수하기	1. 전기안전용품
		3. 환경관리하기	1. 환경검사 장비 2. 안전작업 절차
	7. 승강기 안전검사 수검	1. 안전검사 수검	1. 승강기 부품의 기능별 점검(전기, 제어, 기계) 2. 오버밸런스율
	8. 에스컬레이터(무빙워크) 설치 및 부품 교체	1. 에스컬레이터 부품상태 진단하기	1. 에스컬레이터 부품의 노후, 마모상태 진단
		2. 현장 확인 양중하기	1. 에스컬레이터 설치 도면 2. 에스컬레이터 양중
		3. 트러스 조립하기	1. 트러스 조립 2. 레일 조립 3. 데크, 스커트 가드 등 설치
		4. 디딤판	1. 디딤판 설치 2. 디딤판 교체 3. 디딤판 보수

필기 과목명	주요항목	세부항목	세세항목
		5. 손잡이 설치 및 부품 교체	1. 손잡이 설치 2. 손잡이 장력 3. 난간 상부의 손잡이 가이드
		6. 체인 설치 및 부품 교체	1. 체인 설치 2. 체인 규격
		7. 전기장치 조립하기	1. 모터, 감속기, 브레이크 2. 손잡이 구동 장치 조립 3. 각종 전기 안전장치 조정
		8. 설치 조정하기	1. 프레임과 건물 중심선 작업 2. 상·하부 터미널 기어 조정
	9. 에스컬레이터(무빙워크) 점검	1. 구동부 점검하기	1. 구동기, 구동체인, 구동장치 2. 브레이크시스템
		2. 안전장치 점검하기	1. 기계적, 전기적 안전장치
		3. 손잡이 점검하기	1. 손잡이 및 구성품 2. 디딤판과 손잡이 속도 측정
		4. 상부 기계실 점검하기	1. 디딤판, 트레드, 스커트가드 2. 제어반
		5. 하부 기계실 점검하기	1. 디딤판 체인 상태 및 장력 2. 콤, 오일받이

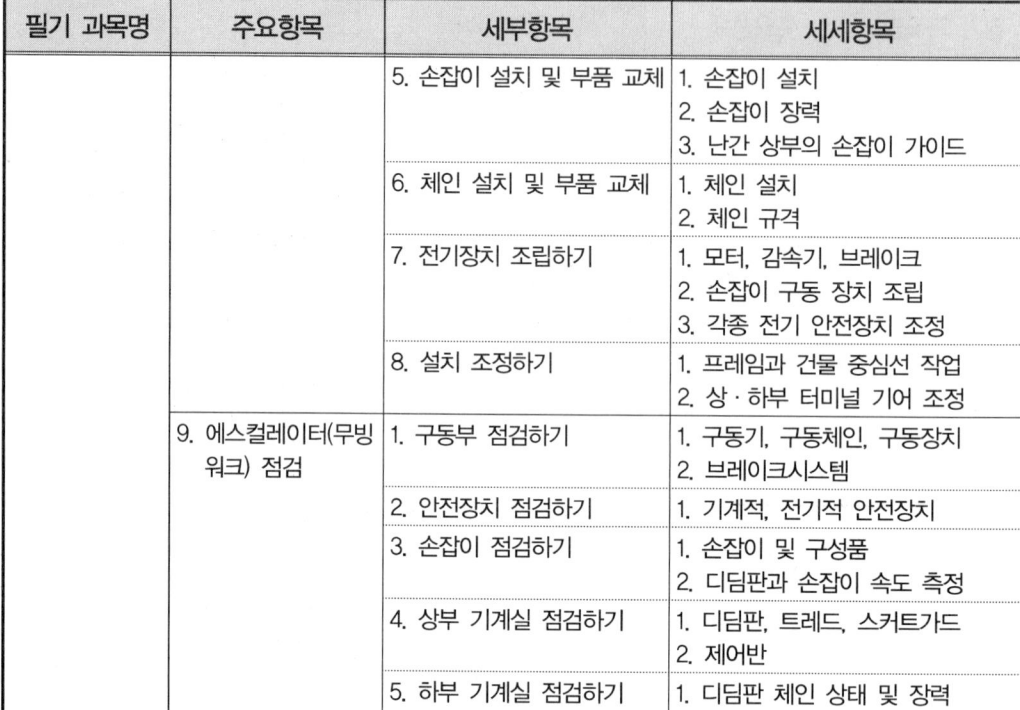

CONTENTS

차례

제 1 과목 승강기 설치

Chapter 01 엘리베이터 기계 설치 및 부품 교체 ·········· 12
　제 1 절/ 승강기 일반 ······················· 12
　제 2 절/ 형판 설치하기 ···················· 26
　제 3 절/ 주행 안내 레일 설치하기 ········ 27

Chapter 02 엘리베이터 부품 설치 및 교체 ··············· 32
　제 1 절/ 엘리베이터 부품 상태 진단하기 ··· 32
　제 2 절/ 승강장 부품 설치 및 교체하기 ··· 33
　제 3 절/ 카 설치 및 교체하기 ············· 33

Chapter 03 엘리베이터 전기 설치 및 부품 교체 ·········· 37
　제 1 절/ 엘리베이터 전기 배선 ··········· 37
　제 2 절/ 전기 부품 교체 ··················· 37

Chapter 04 기계·전기 기초 ···················· 38
　제 1 절/ 승강기 주요 기계요소별 구조와 원리 ······ 38
　제 2 절/ 승강기 동력원의 기초 전기 ······ 42
　제 3 절/ 승강기 구동 기계 기구 작동 및 원리 ······ 60
　제 4 절/ 승강기 제어 및 제어 시스템의 원리 및 구성 ··· 64

Chapter 05 에스컬레이터(무빙워크) 설치 및 부품 교체 ······ 67
　제 1 절/ 에스컬레이터 부품 상태 진단하기 ······ 67
　제 2 절/ 현장 확인 양중하기 ············· 69
　제 3 절/ 트러스 조립하기 ················· 70
　제 4 절/ 디딤판 ···························· 71

CONTENTS

제 5 절/ 손잡이 설치 및 부품 교체 ·················· 72
제 6 절/ 체인 설치 및 부품 교체 ·················· 73
제 7 절/ 전기 장치 조립 ·································· 73
제 8 절/ 설치 조정하기 ·································· 74

제 2 과목 유지관리

Chapter 01 엘리베이터 점검 ·················· 76
제 1 절/ 기계실 및 기계류 공간에서 점검 ·········· 76
제 2 절/ 카에서 점점 ····································· 77
제 3 절/ 승강로에서의 점검 ·························· 83
제 4 절/ 승강장에서의 점검 ·························· 87
제 5 절/ 피트에서의 점검 ····························· 88

Chapter 02 에스컬레이터(무빙워크) 점검 ·········· 90
제 1 절/ 구동부 점검하기 ····························· 90
제 2 절/ 안전장치 점검하기 ·························· 90
제 3 절/ 손잡이 점검하기 ····························· 91
제 4 절/ 상부 기계실 점검하기 ······················ 92
제 5 절/ 하부 기계실 점검하기 ······················ 92

제 3 과목 안전관리

Chapter 01 승강기 안전관리 ·················· 96
제1절 안전관리 장구 준비하기 ······················ 96
제2절 전기 안전 준수하기 ···························· 97
제3절 환경 관리하기 ·································· 97

CONTENTS

Chapter 02   승강기 안전검사 수검 ·········· 100
                 제1절 안전검사 수검 ·········· 100

부록   승강기기능사 과년도 문제

2007년 기출문제
- 2007.04.01 시행 ·········· 106
- 2007.09.16 시행 ·········· 119

2008년 기출문제
- 2008.02.03 시행 ·········· 136
- 2008.03.30 시행 ·········· 150
- 2008.10.05 시행 ·········· 167

2009년 기출문제
- 2009.01.17 시행 ·········· 184
- 2009.03.29 시행 ·········· 201
- 2009.09.27 시행 ·········· 217

2010년 기출문제
- 2010.01.31 시행 ·········· 236
- 2010.03.28 시행 ·········· 251
- 2010.10.03 시행 ·········· 266

2011년 기출문제
- 2011.02.13 시행 ·········· 284
- 2011.04.17 시행 ·········· 300
- 2011.10.09 시행 ·········· 317

2012년 기출문제
- 2012.02.12 시행 ·········· 336
- 2012.04.08 시행 ·········· 351
- 2012.10.20 시행 ·········· 366

2013년 기출문제
- 2013.01.27 시행 ·········· 384
- 2013.04.14 시행 ·········· 400
- 2013.10.12 시행 ·········· 416

CONTENTS

2014년 기출문제	2014.01.26 시행 ········· 432
	2014.04.06 시행 ········· 446
	2014.10.11 시행 ········· 459
2015년 기출문제	2015.01.25 시행 ········· 476
	2015.04.04 시행 ········· 492
	2015.07.19 시행 ········· 507
	2015.10.10 시행 ········· 522
2016년 기출문제	2016.01.24 시행 ········· 540
	2016.04.02 시행 ········· 555
	2016.07.10 시행 ········· 570
최신 CBT 기출복원문제	제 1 회 CBT 기출복원문제 ········· 586
	제 2 회 CBT 기출복원문제 ········· 600
	제 3 회 CBT 기출복원문제 ········· 613
	제 4 회 CBT 기출복원문제 ········· 627
	제 5 회 CBT 기출복원문제 ········· 642
	제 6 회 CBT 기출복원문제 ········· 658
	제 7 회 CBT 기출복원문제 ········· 672
	제 8 회 CBT 기출복원문제 ········· 686

승강기 설치

제 **1** 과목

Chapter 01	엘리베이터 기계 설치 및 부품 교체
Chapter 02	엘리베이터 부품 설치 및 교체
Chapter 03	엘리베이터 전기 설치 및 부품 교체
Chapter 04	기계·전기 기초
Chapter 05	에스컬레이터(무빙워크) 설치 및 부품 교체

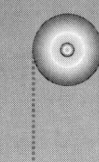

제1과목 승강기 설치

Chapter 1 엘리베이터 기계 설치 및 부품 교체

제1절 승강기 일반

1. 승강기의 종류

1) 엘리베이터

고층 건물 등에서 동력을 이용하여 사람이나 짐을 위·아래로 실어 나르는 수직 운송 장치
① 권상식   ② 권동식   ③ 유압식

2) 에스컬레이터

동력으로 계단을 움직여, 사람을 위·아래로 실어 나르는 운송 장치

3) 무빙워크

동력으로 계단이 없는 평평한 바닥을 움직여, 사람을 실어 나르는 운송 장치

4) 리프트

동력을 이용하여 가이드레일을 따라 상하로 움직이는 운반구를 매달아 사람이나 화물을 실어 나르는 운송 장치

2. 승강기의 원리 및 조작 방식

1) 엘리베이터

(1) 전기식 엘리베이터 원리

① 권상식(Traction) : 한쪽에는 카, 다른 쪽에는 균형추를 매달아 권상기의 도르래에 걸어 구동하는 방식

ⓐ 권상식의 특징
　㉠ 균형추를 사용하지 않으므로 소요 동력이 작다.
　㉡ 도르래를 사용하므로 승강 행정에 제한이 없다.
　㉢ 지나치게 감길 위험이 없다.

ⓑ 권상식 로프의 미끄러짐이 쉽게 발생하는 경우
　㉠ 로프의 권부각이 작을수록 미끄러지기 쉽다.
　㉡ 카의 가속도와 감속도가 클수록 미끄러지기 쉽다.
　㉢ 카 측과 균형추 측의 로프에 걸리는 장력비가 클수록 미끄러지기 쉽다.
　㉣ 로프와 도르래 간의 마찰계수가 작을수록 미끄러지기 쉽다.

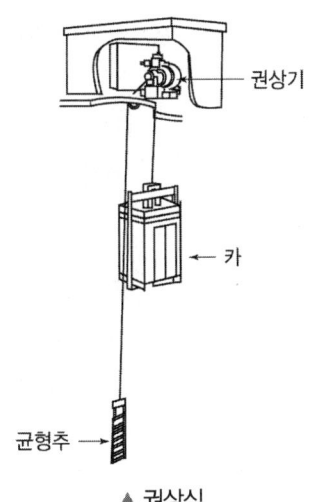
▲ 권상식

ⓒ 권상식 로프의 미끄러짐 현상을 줄이는 방법
　㉠ 권부각을 크게 한다.
　㉡ 가·감속도를 완만하게 한다.
　㉢ 균형체인 또는 균형로프를 설치한다.
　㉣ 로프와 도르래 사이의 마찰계수를 크게 한다.

ⓓ 권상식 전동기가 구비해야 할 조건
　㉠ 기동 전류가 작을 것
　㉡ 기동 토크가 클 것
　㉢ 내구성이 클 것
　㉣ 유지 보수가 쉬울 것
　㉤ 발열량이 작을 것
　㉥ 회전 부품의 관성 모멘트가 작을 것

ⓔ 권상식 전동기의 용량

$$P = \frac{MVS}{6,120\eta} [\text{kW}]$$

여기서, M : 정격 적재량(kg), V : 정격 속도, S : 1−A(A : 오버밸런스율),
　　　　η : 종합효율
※ 균형추 용량 = 카 자체하중 + MA

ⓕ 권상식 전동기 속도

$$V = \frac{\pi DN}{1,000} \times a \, [\text{m/min}]$$

여기서, D : 권상기 시브의 지름(mm), N : 전동기의 회전수(rpm),
a : 감속기의 감속비

ⓖ 도르래 홈

　㉠ U 홈 : 로프와의 면압이 작으므로 로프의 수명은 길어지나, 마찰계수는 가장 작다.

　㉡ 언더컷 홈 : U 홈보다 마모는 크지만 마찰력이 커 견인력이 뛰어나고, 싱글랩 방식의 중·저속용 엘리베이터에 주로 사용된다.

　㉢ V 홈 : 마찰력은 크지만 면압이 높아 로프나 도르래의 마모가 크다.
　　(U 홈 〈 언더컷 홈 〈 V 홈)

▲ U 홈　　　▲ 언더컷 홈　　　▲ V 홈

ⓗ 로프 거는 방법

　㉠ 1:1 로핑

　　• 일반적인 승객용이다.

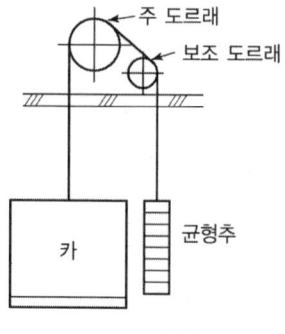

▲ 1:1 로핑

ⓒ 2 : 1 로핑
- 로프의 장력은 1 : 1 로핑의 1/2이 된다.
- 카 정격 속도 2배의 속도로 로프가 움직여야 한다.
- 1 : 1 로핑에 비해 로프 수명이 짧아지며 이동 도르래를 사용하므로 종합 효율이 떨어진다.

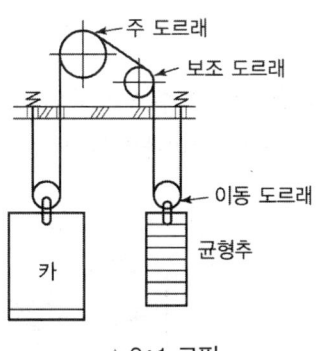

▲ 2 : 1 로핑

ⓒ 4 : 1 로핑
- 로프의 길이가 길어지며 수명이 짧아진다.
- 이동 도르래가 많아지면서 종합 효율이 떨어진다.

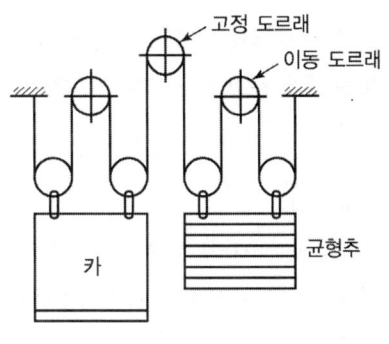

▲ 4 : 1 로핑

① 도르래에 로프 감는 방법
㉠ 싱글랩 방식 : 주 도르래에 로프를 한 번만 감는 방법으로 중속 이하의 엘리베이터에 이용된다.

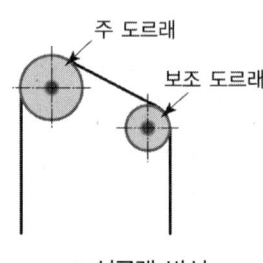

▲ 싱글랩 방식

 ⓒ 더블랩 방식 : 주 도르래와 보조 도르래를 완전히 둘러싸며 감는 방식으로 고속용 엘리베이터에 이용된다.

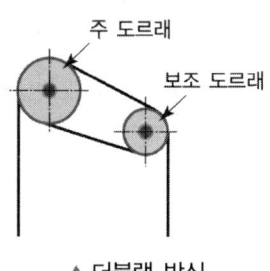

▲ 더블랩 방식

 ⓙ 주 도르래의 크기
  ㉠ 직경은 걸리는 로프 직경의 40배 이상으로 한다.
  ㉡ 도르래에 로프가 걸리는 부분이 1/4 이하 시 로프 직경의 36배 이상으로 한다.

 ⓚ 감속기(gear)
  ㉠ 기어드(geared) 방식 : 기어를 전동기와 도르래 사이에 붙인 방식으로 속도 105m/min 이하에 적용된다.

구분 \ 방식	헬리컬 기어	웜 기어
효율	높다.	낮다.
소음	크다.	작다.
역구동	쉽다.	어렵다.
최대 적용 속도	120 ~ 240m/min	105m/min 이하

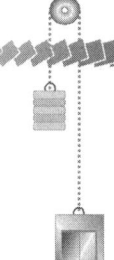

▲ 헬리컬 기어

▲ 웜 기어

  ⓒ 기어레스(gearless) 방식 : 기어를 사용하지 않고 전동기의 회전축에 도르래를 부착시킨 것으로 속도 120m/min 이상의 엘리베이터에 적용된다.

① 제동기(brake)

  ㉠ 승객용 및 화물용 엘리베이터는 125% 부하로 전속 하강 중 카를 안전하게 감속·정지시킬 수 있어야 한다.

  ㉡ 감속도는 보통 $0.1g_n$ 정도로 한다.

  ㉢ 제동 시간(t)은 다음과 같아야 한다.

$$t = \frac{120d}{V}[\text{S}]$$

여기서, V : 엘리베이터의 속도(m/min), d : 제동 후 이동거리(m)

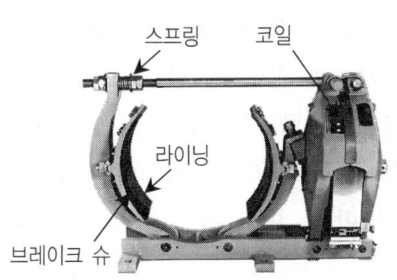
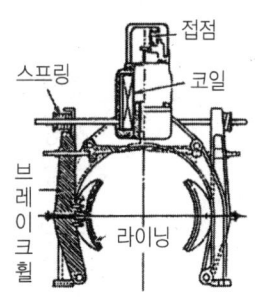

▲ 제동기의 구조

ⓜ 마찰비(traction ratio)
　㉠ 전부하 시 트랙션비(전부하가 실린 카를 최하층에서 기동 시)

$$\frac{\text{카 측 중량}}{\text{균형추 측 중량}} = \frac{\text{카 하중} + \text{적재하중} + \text{로프하중}}{\text{카 자중} + (\text{적재하중} \times \text{오버밸런스율}) + (\text{로프하중} \times \text{균형로프에 의한 하중보상률})}$$

　㉡ 무부하 시 트랙션비(빈 카가 최상층에서 하강 시)

$$\frac{\text{균형추 측 중량}}{\text{카 측 중량}} = \frac{\text{카 자중} + (\text{적재하중} \times \text{오버밸런스율}) + \text{로프하중}}{\text{카 자중} + (\text{로프하중} \times \text{균형로프에 의한 하중보상률})}$$

　㉢ 마찰비 개선 방법 : 카 자중을 줄이거나 이동 케이블 본수, 로프 본수를 줄인다. 또한 균형체인 및 균형로프를 설치한다.

ⓝ 균형체인 및 균형로프의 사용목적
　㉠ 카의 위치 변화에 의한 로프 또는 이동 케이블 무게 보상을 위해 사용한다.
　㉡ 균형로프는 속도 3m/s 초과 시, 균형체인은 3m/s 이하인 경우에 주로 사용된다.

ⓞ 제어 방식
　㉠ 직류 엘리베이터
　　• 워드 레오나드(ward leonard) 방식
　　• 정지 레오나드 방식
　㉡ 교류 엘리베이터
　　• 교류 1단 속도 제어 : 가장 간단한 제어 방식인데 3상 유도 전동기에 전원을 투입하여 기동과 정속운전을 하고, 정지는 전원을 차단한 후 제동기에 의해 기계적으로 브레이크를 거는 방식
　　• 교류 2단 속도 제어 : 2단 속도 모터(motor)를 사용하여 기동과 주행은 고속권선으로 행하고, 감속 시는 저속권선으로 감속하여 착상하는 방식
　　• 교류 귀환 제어 : 카의 실제 속도와 지령 속도를 비교하여 원하는 값을 얻기 위해 점호각을 바꿔 얻은 후 유도 전동기의 속도를 제어하는 방식
　　• VVVF 제어(가변 전압 가변 주파수 제어) : 유도 전동기에 인가되는 전압과 주파수를 동시에 변환시켜, 직류 권동기와 동등한 제어 성능을 갖는 제어 방식

② 권동식 : 로프를 드럼에 감거나 풀어 카를 승강시키는 방식

❖ 단점
- 과하게 감기는 위험이 있다.
- 승강행정이 달라질 때마다 다른 권동이 필요하다. 특히 높은 행정은 곤란하다.
- 균형추를 쓰지 않으므로 감아올리는 중력이 커지고 소비전력이 크다.

(2) 유압식 엘리베이터 원리
① 유압식의 종류
ⓐ 직접식 : 카를 플런저로 직접 상승시킨다.
ⓑ 간접식 : 플런저의 움직임을 와이어로프와 체인을 매개체로 하여 카에 간접적으로 전달, 승강시킨다.
ⓒ 팬터그래프식 : 유압 플런저로 팬터그래프를 신축시켜, 팬터그래프 상부에 실치되어 있는 카를 승강시킨다.

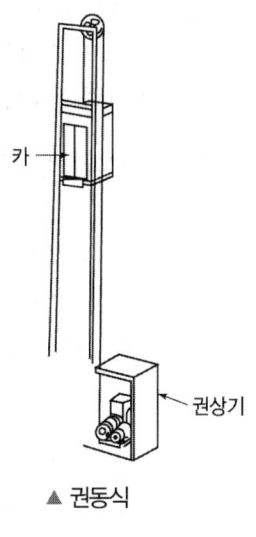

▲ 권동식

② 직접식 엘리베이터의 특징
ⓐ 추락방지 안전장치가 필요 없다.
ⓑ 실린더 점검이 어렵다.
ⓒ 부하에 의한 카 바닥 빠짐이 적다.
ⓓ 실린더를 설치하기 위해 보호관을 지중에 설치해야 한다.
ⓔ 승강로 소요 평면 치수가 작고 구조가 간단하다.

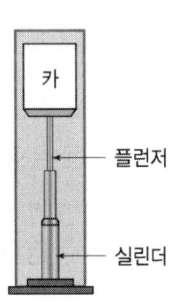

▲ 직접식 엘리베이터

③ 간접식 엘리베이터의 특징
ⓐ 추락방지 안전장치가 필요하다.
ⓑ 실린더 점검이 용이하다.
ⓒ 부하에 의한 카 바닥 빠짐이 크다.
ⓓ 실린더를 설치하기 위해 보호관을 지중에 설치할 필요가 없다.
ⓔ 승강로 소요 면적 치수가 크다.

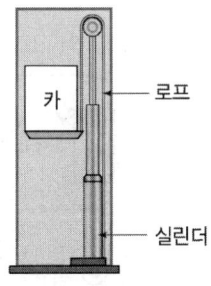

▲ 간접식 엘리베이터

④ 팬더그래프식 엘리베이터의 특징
　ⓐ 추락방지 안전장치가 없어도 된다.
　ⓑ 소요 승강로 면적이 작아도 된다.
　ⓒ 부하에 대한 카 바닥의 침하가 적다.

⑤ 유압식의 장·단점
　ⓐ 장점
　　㉠ 기계실의 배치가 자유롭다.
　　㉡ 승강로 상부 틈새가 작아도 된다.
　　㉢ 건물 꼭대기 부분에 하중이 작용하지 않는다.

　ⓑ 단점
　　㉠ 실린더를 사용하므로 행정거리와 속도에 한계가 있다.
　　㉡ 균형추를 사용하지 않으므로 전동기 소비 전력이 크다.

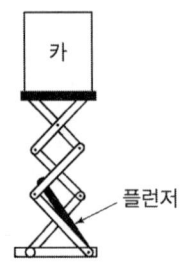
▲ 팬터그래프식 엘리베이터

⑥ 유압식 엘리베이터의 속도제어
　ⓐ 미터 인(meter-in) 회로
　　㉠ 주 회로에 유량제어 밸브를 삽입하여 유량을 직접 제어하는 회로이다.
　　㉡ 정확한 속도 제어가 가능하나 효율은 낮다.

　ⓑ 블리드 오프(bleed-off) 회로
　　㉠ 유량제어 밸브를 주 회로에서 분기된 바이패스(by pass) 회로에 삽입한 회로이다.
　　㉡ 정확한 속도 제어가 불가능하나 효율은 높다.

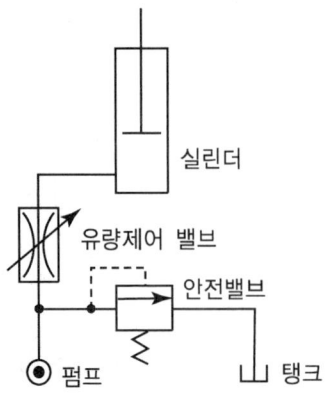
▲ 미터 인(meter-in) 회로

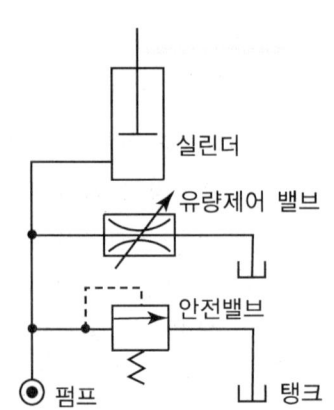
▲ 블리드 오프(bleed-off) 회로

⑦ 밸브와 펌프
  ⓐ 파워 유니트
    전동기, 펌프, 안전밸브, 역저지 밸브, 스톱 밸브, 필터, 사일런서, 오일탱크 등의 부품으로 구성되어 있다.

  ⓑ 펌프
    ㉠ 펌프의 출력은 유압과 토출량에 비례한다.
    ㉡ 압력 맥동이 적고 소음이 적은 스크루 펌프가 많이 사용된다.

  ⓒ 안전밸브(relief valve)
    ㉠ 압력조절 밸브로서 압력이 과도하게 상승(상용 압력의 125%에 설정)하는 것을 방지한다.
    ㉡ 상승 시는 전부하 압력의 140%가 넘지 않도록 하여야 한다.

  ⓓ 역저지 밸브(check valve)
    ㉠ 한쪽 방향으로만 기름이 흐르도록 하는 밸브로서, 상승 방향으로는 흐르지만 역방향으로는 흐르지 않는다.
    ㉡ 펌프의 토출 압력이 떨어져 실린더의 오일이 역류, 카가 자유낙하 하는 것을 방지한다.
    ㉢ 전기식 엘리베이터의 전자 브레이크와 유사하다.

  ⓔ 스톱 밸브(stop valve)
    ㉠ 유압 파워 유니트와 실린더 사이의 압력배관에 설치되며, 이것을 닫으면 실린더의 기름이 파워 유니트로 역류하는 것을 방지한다.
    ㉡ 이 장치는 유압장치의 보수·점검 또는 수리 등을 할 때에 사용된다.

  ⓕ 사일런서(silencer)
    자동차의 머플러와 같이 작동유의 압력맥동을 흡수하여 진동 소음을 감소시키는 역할을 한다.

  ⓖ 럽처 밸브(rupture Valve)
    오일이 실린더로 들어가는 곳에 설치하는데, 압력배관이 파손되었을 때 밸브를 닫아 카가 급격히 떨어지는 것을 방지한다.

  ⓗ 상승용 유량제어 밸브
    펌프에서 토출된 작동유는 실린더로 가지만 일부는 상승용 전자밸브에 의해

조정되는 유량제어 밸브에 의해 탱크로 되돌려진다. 이때 되돌려지는 유량을 제어하여 상승 속도를 제어하는 밸브이다.

ⓘ 하강용 유량제어 밸브
카가 하강 시 탱크로 되돌아오는 유량을 제어하는 밸브이다.

ⓙ 필터(filter)
실린더에 쇳가루나 모래 등의 이물질을 제거하기 위하여 배관 중간에 부착되는 것을 라인필터라 하고, 펌프의 흡입 측에 부착되는 것을 스트레이너(strainer)라고 한다.

ⓚ 가요성 호스 및 고무 호스 안전율
가요성 호스는 안전율이 8 이상, 고무 호스는 안전율이 10 이상이어야 한다.

ⓛ 잭(실린더와 램)
㉠ 유압 실린더(Jack)는 실린더부와 플런저로 구성되어 있다.
㉡ 플런저(RAM)는 재질은 강관이고, 유입 완충기에서 플런저가 압축 상태에서 완전히 복귀할 때까지 필요로 하는 시간은 90초 이하이다.

(3) 엘리베이터 조작 방식

① 반자동식
ⓐ 카 스위치 방식(car switch type)
카의 기동 및 정지가 운전원에 의해 조작된다.

ⓑ 신호 방식(signal control type)
카의 진행 방향 및 정지층의 결정은 눌러진 카 내의 운전반 버튼 또는 승강장 버튼에 의해 이루어진다. 운전원은 카의 문 개폐만을 한다.

② 전자동식
ⓐ 단식 자동 방식(single automatic type)
먼저 눌러져 있는 버튼 호출에 응답하고, 그 운전이 완료될 때까지는 다른 호출에 응답하지 않는 방식

ⓑ 하강 승합 전자동식(down collective type)
㉠ 2층 또는 그 위층의 승강장에는 하강 방향 버튼만 있다.
㉡ 중간층에서 위층으로 갈 때에는 1층으로 내려온 후 올라가야 한다. 이 방식은 방범 목적으로 사용된다.

ⓒ 승합 전자동식(selective collective type)
㉠ 승강장의 누름 버튼이 상승용·하강용 양쪽 모두 동작이 가능하다.
㉡ 카는 그 진행 방향의 카 버튼과 승강장 버튼에 응답하면서 오르고 내린다.

③ 복수 조작 방식
ⓐ 군 승합 자동식
㉠ 엘리베이터 2~3대가 병설되었을 때 주로 사용되는 방식이다.
㉡ 1대의 승강장 부름에 1대의 카만 응답한다.

ⓑ 군 관리 방식
엘리베이터 3~8대가 병설되었을 때 카를 합리적으로 운행하는 방식이다. 이 방식은 전체 효율에 중점을 두며, 승강장 위치 표시기는 홀랜턴(hall lantern)이다.

(4) 스크루(screw)식 원리
나사 형태의 긴 지주를 세우고, 너트에 상당하는 스크루를 카에 설치하여 승강시키는 방식

(5) 랙·피니언(Rack & Pinion)식 원리
레일에 랙 톱니를 만들고 카에 피니언을 설치하여 회전시켜 카를 승강시킨다.

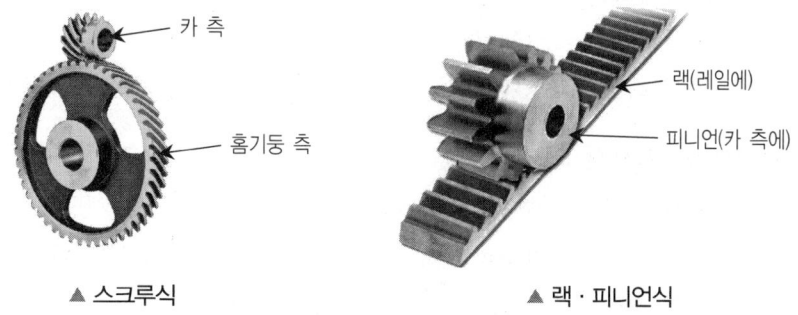

▲ 스크루식   ▲ 랙·피니언식

(6) 기타사항
① 승강기 안전관리법의 유지관리법 등록 기준
㉠ 중·저속 엘리베이터 : 4m/s 이하
㉡ 고속 엘리베이터 : 4m/s 초과

② 엘리베이터 용도에 의한 분류
- ㉠ 승용(passenger) : 사람만 운반
- ㉡ 화물용(freight) : 화물만 운반
- ㉢ 인하용(service) : 사람과 화물을 운반
- ㉣ 자동차용 : 자동차를 운반
- ㉤ 전동 덤 웨이터(dumb waiter) : 카 바닥면적 $1m^2$ 이하, 천장 높이 1.2m 이하, 적재용량 300kg 이하의 화물 전용 승강기
- ㉥ 비상용 : 평상시에는 승용 또는 인하용으로 사용하고, 화재 시에는 인명구조 및 소방 활동으로 사용

3. 특수 승강기

1) 소형 화물용 엘리베이터
① 적재하중은 300kg 이하일 것
② 정격 속도는 1m/s 이하일 것
③ 기계실 높이는 1.8m 이상일 것
④ 출입문 개구부의 크기는 0.6m×0.6m 이상일 것
⑤ 카의 유효면적은 $1m^2$ 이하일 것

2) 수직형 휠체어 리프트
① 수직에 대한 경사도가 15°를 초과하지 않을 것
② 정격 속도는 0.15m/s 이하일 것
③ 정격 하중은 250kg 이상, 최대 허용 하중은 500kg 이하일 것

3) 경사형 휠체어 리프트
① 정격 속도는 0.15m/s 이하일 것
② 1인용은 정격 하중이 115kg 이상, 휠체어 사용자일 경우는 150kg 이상일 것
③ 정격 하중은 225kg 이상, 최대 허용 하중은 350kg 이하일 것

4) 장애인용 엘리베이터
① 승강기 전면에는 1.4m×1.4m 이상의 활동 공간이 있을 것
② 승강장 바닥과 승강기 바닥틈은 0.03m 이하일 것
③ 조도는 150럭스 이상일 것
④ 출입문의 유효폭은 0.8m 이상일 것

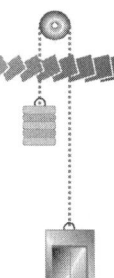

⑤ 내부의 유효바닥 면적은 폭 1.6m 이상, 깊이 1.35m 이상일 것
⑥ 버튼에 의해 정지되면 10초 이상 문이 열린 채로 있을 것
⑦ 모든 스위치는 바닥면에서 0.8m 이상 1.2m 이하의 위치에 설치할 것
⑧ 카 내부에는 수평 손잡이를 바닥면에서 0.8m 이상 0.9m 이하의 위치에 설치할 것
⑨ 각 층의 호출버튼 0.3m 전면에는 점형 블록이 설치될 것

5) 소방 구조용 엘리베이터

① 출입구의 유효 폭은 0.8m 이상일 것
② 소방관 접근 지정층에서 소방관이 조작 시 엘리베이터 문이 닫힌 이후 60초 이내에 가장 먼 층에 도착되어야 한다.
③ 운행 속도는 1m/s 이상일 것
④ 소방 운전 시 모든 승강장 출입구마다 정지할 수 있어야 한다.
⑤ 승강장의 전기·전자 장치는 0 ~ 65℃까지의 온도에서 정상적으로 작동될 수 있어야 한다.
⑥ 2개의 카 출입문이 있을 때 소방운전을 한다면 2개의 출입문이 동시에 열리지 않아야 한다.
⑦ 카 지붕에는 0.5m×0.7m 이상의 비상 구출문이 있어야 한다. 단, 정격 용량이 630kg인 엘리베이터의 비상 구출문은 0.4m×0.5m 이상도 가능하다.
⑧ 소방 운전 스위치는 승강장 문 끝부분에서 수평으로 2m 이내에 설치하고, 바닥면에서 1.4 ~ 2.0m 이내에 위치하여야 한다.
⑨ 소방 구조용 엘리베이터 알람표지 색상 및 크기는 다음과 같아야 한다.

구분		기준
색상	바탕	적색
	그림	흰색
크기	카 조작 반	20mm×20mm
	승강장	100mm×100mm 이상

⑩ 비상 구출문을 열 때 이중 천장에 가해지는 힘은 250N보다 작아야 한다.
⑪ 승강로 내부 전기 장치의 물에 대한 보호는 아래와 같다.
　ⓐ 최상층 승강장 아래 승강로 벽으로부터 1m 이내 그리고 카 지붕 및 카 벽면의 외부를 둘러싼 전기설비 : IPX3 이상
　ⓑ 피트 바닥 위로 1m 이내에 위치한 전기장치 : IP 67 이상

> **참고** IP(Ingress Protection)는 국제전기기술위원회의 국제 보호 등급으로 다음과 같이 나타낸다.
>
> IP + 방진등급 + 방수등급
>
> 여기서, IPX3을 예로 들어 X는 테스트하지 않음을 나타낸다.
> 또한 방진의 6은 완전 방진을, 방수의 1은 수직으로 떨어지는 물방울로부터의 보호, 3은 수직으로부터 60° 이하의 범위에서 직립 분사되는 액체로부터의 보호를 의미한다.

6) 피난용 엘리베이터

① 출입문의 유효 폭은 0.9m 이상일 것
② 정격 하중은 1,000kg 이상일 것
③ 2개의 카 출입문이 있다면 2개의 출입문이 동시에 열리는 경우는 없어야 한다.
④ 기계실에 있는 통화장치는 버튼에 의해 동작되는 마이크로 폰이어야 한다.
⑤ 카가 피난층에 도착 시 출입문은 약 15초 이상 열려 있어야 한다.
⑥ 주 전원과 보조 전원 공급장치에 의해 초고층 건축물은 2시간 이상(준 초고층 건축물은 1시간 이상) 피난운전 시킬 수 있어야 한다.

제2절 형판 설치하기

1. 엘리베이터 설치 도면

1) 도면의 종류

① Layout 도면과 제작 도면으로 분류된다.
② Layout 도면이 중요하며, 모든 부품 구매와 제작 설계 및 제작에 기본이 된다.

2. 승강로, 기계실 출입구 건축도면

1) 건축도면 유의 사항

① 엘리베이터와 관계없는 배관, 전선 그 밖에 다른 용도의 설비는 설계되어서는 안 된다.
② 승강로, 기계실, 출입구는 엘리베이터 전용으로 사용되어야 한다.
③ 승강로, 기계실은 엘리베이터 이외 용도의 환기실로 사용되어서는 안 된다.

④ 승강로, 기계실에는 규정에 적합한 영구적인 조명이 설치되어야 한다.
⑤ 승강로, 기계실은 건출법 등 관련 법령에 적합한 구조이어야 한다.
⑥ 승강로 벽은 0.3m×0.3m 면적의 원형이나 사각의 단면에 1,000N의 힘을 균등하게 분산하여 벽의 어느 지점에 가할 때, 아래의 기계적 강도를 갖추어야 한다.
　ⓐ 1mm를 초과하는 영구적인 변형이 없어야 한다.
　ⓑ 15mm를 초과하는 탄성 변형이 없어야 한다.

3. 형판 설치

1) 엘리베이터 설치 공사

① 준비 및 실측 : 승강로 구조물이 완료된 후 출입구 위치와 승강로의 폭, 깊이, 오버헤드, 피트를 실측한다. 이때 구조물의 수직도와 정렬을 점검한다.
② 비계설치 및 형판 작업
③ 모터 및 조속기 설치 : 기계의 위치와 고정을 정확히 해야 한다.
④ 체대 조립 : 상부체대, 옆체대, 하부체대를 조립하되 서로 수평이 되도록 고정한다.
⑤ 웨이트 케이스 설치
⑥ 레일 설치
⑦ 로핑 작업
⑧ 전기 결선 작업
⑨ 출입구 마감 공사
⑩ 안전 검사 및 인수인계
⑪ 개통 및 운행 테스트

제3절 주행 안내 레일 설치하기

1. 주행 안내 레일, 고정용 브래킷 설치

1) 가이드 레일(guide rail)

① 카와 균형추의 승강로 평면 내의 위치 규제
② 카의 자중이나 화물에 의한 카의 기울어짐 방지
③ 추락방지 안전장치 작동 시 수직하중 유지

2) 가이드 레일 적용 시 고려 사항

① 추락방지 안전장치 작동 시 좌굴하중
② 불균형한 큰 하중 적재 시 회전 모멘트
③ 지진 발생 시 수평 진동력

3) 가이드 슈(guide shoe)

① 카와 균형추 상하좌우 4곳에 부착되어 카와 균형추를 지지해 주는데 바퀴 형태는 아니다.
② 저속용이다.

4) 가이드 롤러(guide roller)

① 카와 균형추 상하좌우 4곳에 부착되어 카와 균형추를 지지해 주는데 바퀴 형태이다.
② 고속용이다.

5) 가이드 레일의 안전율

하중 조건	연신율(A5)	안전율
정상 운행, 적재 및 하역	A5 > 12%	2.25
	8% ≤ A5 ≤ 12%	3.75
안전장치 작동	A5 > 12%	1.8
	8% ≤ A5 ≤ 12%	3.0

2. 완충기 받침대

1) 피트 바닥의 강도

(1) 카와 완충기의 충돌을 고려한 강도

피트 바닥은 전 부하 상태의 카가 완충기에 작용하였을 때 완충기 지지대 아래에 부과되는 정하중의 4배를 지지할 수 있어야 한다.

$$4 \cdot g_n \cdot (P+Q)$$

여기서, P : 카 자중 및 이동케이블, 균형로프/체인 등 카에 의해 지지되는 부품의 중량(kg)
Q : 정격 하중(kg)
g_n : 중력가속도(9.81m/s^2)

(2) 균형추와 완충기의 충돌을 고려한 강도

피트 바닥은 균형추 무게에 의해 균형추 측 완충기 지지대에 부과되는 정하중의 4배를 지지할 수 있어야 한다.

$$4 \cdot g_n \cdot (P + q \cdot Q)$$

여기서, P : 카 자중 및 이동케이블, 균형로프/체인 등 카에 의해 지지되는 부품의 중량(kg)
Q : 정격 하중(kg)
g_n : 중력가속도(9.81m/s^2)
q : 오버밸런스율

2) 피트의 조명

피트 바닥에서 수직 위로 1m 떨어진 곳의 조도는 50lx 이상이어야 한다.

3. 설치 공법

1) 완충기(buffer)

(1) 에너지 축척형 완충기(선형 특성)

① 카 또는 균형추의 복귀 속도는 1m/s 이하이어야 한다.
② 완충기의 가능한 총 행정은 정격 속도의 115%에 상응하는 중력 정지거리의 2배 ($0.135v^2$[m]) 이상이어야 한다. 다만, 행정은 65mm 이상이어야 한다.
③ 완충기는 카 자중과 정격 하중(또는 균형추의 무게)을 더한 값의 2.5배와 4배 사이의 정하중으로 ②에 규정된 행정이 적용되도록 설계되어야 한다.

(2) 에너지 축적형 완충기(비선형)

① 카에 정격 하중을 싣고 정격 속도의 115%의 속도로 자유 낙하하여 카 완충기에 충돌할 때의 평균 감속도는 $1g_n$ 이하이어야 한다.
② $2.5g_n$을 초과하는 감속도는 0.04초보다 길지 않아야 한다.
③ 카 또는 균형추의 복귀 속도는 1m/s 이하이어야 한다.
④ 최대 피크 감속도는 $6g_n$ 이하이어야 한다.
  ※ "완전히 압축된"이라는 용어는 완충기 높이의 90% 압축을 의미한다.

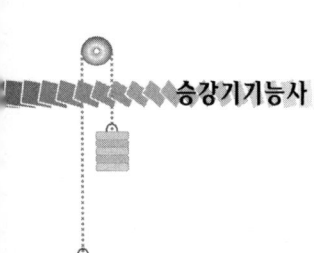

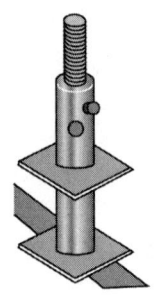

▲ 에너지 축적형

(3) 에너지 분산형 완충기(유입 완충기)

① 모든 경우의 속도에 사용하며, 행정(stroke)은 정격 속도의 115%에 상응하는 중력정지거리 $0.0674V^2[\text{m}]$ 이상이어야 한다.
② $2.5g_n$을 초과하는 감속도는 0.04초보다 길지 않아야 한다.
③ 카에 정격 하중을 싣고 정격 속도의 115%의 속도로 자유 낙하하여 완충기에 충돌 시, 평균 감속도는 $1g_n$ 이하이어야 한다.
④ 모든 속도의 경우에 사용된다.

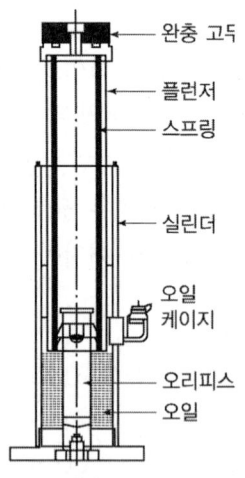

▲ 에너지 분산형

4. 레일 게이지

1) 레일의 규격

① 레일의 호칭은 마무리 가공 전 소재의 1m당 중량으로 한다.
② T형 레일을 사용하며 공칭은 8k, 13k, 18k, 24k이나 대용량 엘리베이터에는 37k, 50k 등도 사용된다.
③ 레일의 표준 길이는 5m이다.
④ 레일의 허용 응력은 2,400kg/cm²이다.

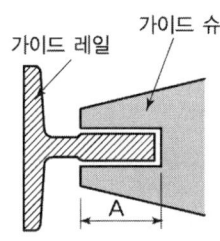

▲ 가이드 레일

❖ 가이드 슈(guide shoe) 걸림대(A)
① 5k, 8k 레일 : 2.5cm
② 13k 레일 : 3.0cm
③ 18k, 24k 레일 : 3.5cm
④ 30k, 37k, 50k 레일 : 4.0cm

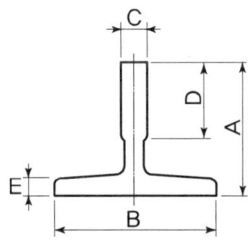

▲ 가이드 레일의 치수

공칭 [mm]	8k	13k	18k	24k
A	56	62	89	89
B	78	89	114	127
C	10	16	16	16
D	26	32	38	50
E	6	7	8	12

Chapter 2 엘리베이터 부품 설치 및 교체

제1절 엘리베이터 부품 상태 진단하기

1. 엘리베이터 부품의 노후, 마모 상태 진단

1) 결함 확인 장치
① 고장 분석 및 전기 안전장치의 결함 학인 기능
② 결함 초기화 및 정상 운행 복귀 기능
③ 유지 관리를 위한 조정 및 설정 이능
④ 점검 및 검사를 위한 조정 기능
④ 월간 기동 횟수 및 운행 시간 적산기록·표시 기능

2. 기계·전기 측정기

1) 안전 진단 검사 장비
① 와이어로프 장력 측정 장비 및 로프 내·외부 결합상태 측정 장비
② 감속도 측정 장비
③ 소음·진동 측정 장비
④ 레일 수직도 측정 장비
⑤ 과부하 측정 장비
⑥ 베어링 상태 측정 장비
⑦ 지진 감지 장치
⑧ WEAR WATCHER
⑨ ROPE HARMONIZER

2) 절연저항 검사 장비

공칭 회로전압	시험전압/직류(V)	절연저항(MΩ)
SELV 및 PELV 〉 100VA	250	≥ 0.5 이상
≤ 500 FELV 포함	500	≥ 1.0 이상
〉 500	1,000	≥ 1.0 이상

[비고] SELV : 안전 초저압, PELV : 보호 초저압, FELV : 기능 초저압

제2절 승강장 부품 설치 및 교체하기

1. 각 부품별 설치 위치에 승강장 부품 설치

1) 승강장 문 설치 기준
① 카에 정상적으로 출입할 수 있는 승강로 개구부에는 승강장 문이 제공되어야 한다.
② 승강장 문에는 구멍이 없어야 한다.

2. 승강장 출입문 조정
① 승강장 문이 닫혀 있을 때 문짝 간 틈새나 문짝과 문틀(측면) 또는 문턱 사이의 틈새는 6mm 이하이어야 한다. 단, 관련 부품이 마모된 경우에는 10mm까지 허용된다.
② 수직 개폐식 승강장 문의 경우에는 상기 틈새가 10mm까지 허용되며, 관련 부품이 마모된 경우에는 14mm까지 허용된다.

제3절 카 설치 및 교체하기

1. 카 슬링 설치

1) 카 틀

(1) 카 틀의 구조
① 카 틀은 상부체대, 카 주, 하부체대, 브레이스로드로 구성되어 있다.
② 카 내부 및 출입구의 유효높이는 2.m 이상이어야 한다. (주택용은 1.8m 이상이어야 한다.)
③ 자동차용 엘리베이터의 정격 하중 유효면적은 $1m^2$당 150kg 이상이어야 한다.
④ 주택용 엘리베이터의 정격 하중 유효면적은 $1.4m^2$ 이하이어야 하며, 아래와 같이 계산한다.
 ⓐ 유효면적이 $1.1m^2$ 이하인 것 : $1m^2$당 195kg으로 계산한 값(최소 159kg)
 ⓑ 유효면적이 $1.1m^2$ 초과인 것 : $1m^2$당 305kg으로 계산한 값

(2) 카에 허용 가능한 개구부
  ① 환기구
  ② 비상 구출구
  ③ 이용자의 정상적인 출입을 위한 출입구

(3) 카 틀의 안전율
  ① 안전율은 7.5 이상이어야 한다.
  ② 안전율 $S = \dfrac{\text{부재의 파단강도}}{\text{응력}}$

  ※ 응력 $= \dfrac{\text{최대 굽힘 모멘트}}{\text{단면계수}} [\text{kg/m}^2]$

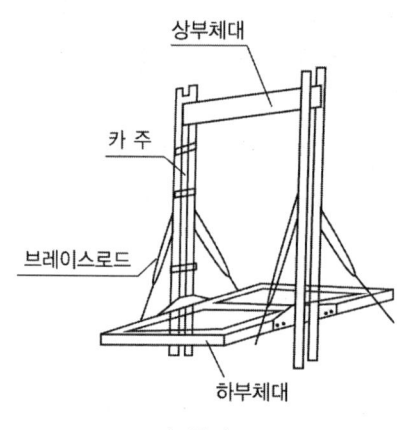

▲ 카 틀의 구조

2. 카 벽, 카 천장, 카 조작반 조립

1) 카 벽

카 벽에 사용되는 유리는 KS L2004에 적합한 접합유리이어야 하는데, 평면 유리의 종류 및 두께는 아래와 같아야 한다.
  ① 접합 유리 : 5mm + 5mm + 0.76mm(최소 두께)
  ② 강화 접합 유리 : 4mm + 4mm + 0.76mm(최소 두께)

2) 승강로에 2대 이상의 엘리베이터가 있는 경우 카 벽 비상 구출문의 크기
  ① 폭 0.4m×높이 1.8m 이상이어야 한다.
  ② 내부 방향으로 열려야 하며, 카 사이의 거리는 1m를 초과할 수 없다.

3) 카 천장

카 천장 비상 구출문의 크기는 0.4m×0.5m 이상(소방 구조용은 0.5m×0.7m 이상)이어야 한다.

4) 카 조작반 조립

① 제어반의 시설 : 지진 발생 시 수평 진동으로 제어반이 전도 안 되도록 브라켓을 이용하여 벽면에 확실하게 고정시켜야 한다.
② 제어반의 전원 : 동력 전원 케이블과 제어용 전원 케이블의 접지는 분리해서 하여야 한다.
③ 카의 정상 운전 제어
   ⓐ 착상 정확도는 ±10mm 이내이어야 한다.
   ⓑ 착상 정확도가 ±20mm를 초과 시에는 ±10mm 이내로 보정되어야 한다.
   ⓒ 과부하는 정격 하중의 10%(최소 75kg)를 초과하기 전에 검출되어야 한다.
④ 카의 속도 : 착상 속도는 0.8m/s 이하이어야 하며, 재 착상 속도는 0.3m/s 이하이어야 한다.

3. 카 출입문과 관련된 부품, 카 상부 설치 부품

1) 카 출입문

① 2개 이상의 카 문이 있는 경우, 2개의 문이 동시에 열려서는 안 된다.
② 수평 개폐식 : 문짝 간 틈새, 문짝과 문틀, 문턱 사이의 틈새는 6mm 이하이어야 한다. 단, 관련 부품이 마모된 경우에는 10mm까지 허용된다.
③ 수직 개폐식 : 문짝 간 틈새, 문짝과 문틀, 문턱 사이의 틈새는 10mm 이하이어야 한다. 단, 관련 부품이 마모된 경우에는 14mm까지 허용된다.
④ 카 출입문 출입구 유효높이는 2m 이상이어야 한다. 단, 주택용 엘리베이터는 1.8m 이상이어야 한다.

2) 카 출입문 안전장치

① 문 닫힘 안전장치는 문이 닫히는 마지막 20mm 구간에서 무효화될 수 있다.
② 카 문 문턱 위로 최소 25 ~ 1,600mm 사이의 전 구간에 걸쳐 감지할 수 있어야 한다.
③ 문이 닫힐 때 못 닫히게 하는 데 필요한 힘은 닫히기 시작하는 1/3 구간을 제외하고 150N을 초과하지 않아야 한다.

3) 카 상부 설치 부품

(1) 카 지붕의 피난 공간

① 카 지붕에 피난 공간을 할 수 있는 유효구역이 1개 이상 있어야 한다.

② 피난 공간이 2개 이상인 경우, 같은 유형이어야 하며, 서로 간섭되지 않는 형태이어야 한다.

자세	그림	피난공간의 크기	
		수평거리(m×m)	높이(m)
서 있는 자세		0.4×0.5	2
웅크린 자세		0.5×0.7	1

[비고] 기호 설명 : ① 검은색, ② 노란색, ③ 검은색

③ 카 지붕에 고정된 설비와 승강로 꼭대기와의 거리는 0.5m 이상이어야 한다.

4. 카 심출, 카 밸런스 작업

1) 카 심출

각종 계측 장비를 이용하여 연관 블록 조립 상태를 체크한 다음 세팅되어야 한다.

2) 균형추(counter weight)

① 균형추의 역할

ⓐ 카의 과주행을 예방한다.

ⓑ 권상식 엘리베이터의 소용동력이 감소된다.

ⓒ 오버밸런스율을 50% 가깝게 설정해 트랙션비를 개선시킨다.

② 균형추 무게

$$w = 카\ 자중 + (정격\ 하중 \times 오버밸런스율)$$

Chapter 3 엘리베이터 전기 설치 및 부품 교체

제1절 엘리베이터 전기 배선

1. 엘리베이터 전기 부품

전기 설비의 설치 및 구성 부품에 관련된 기준은 다음 사항에 적용한다.
① 동력회로 및 관련 회로의 주 개폐기
② 카 조명 및 관련 회로 개폐기
③ 승강로 조명 및 관련 회로

제2절 전기 부품 교체

1. 전기 부품 교체

1) 엘리베이터 전기 장치 기준

엘리베이터 전기 장치는 KSC IEC 60204-1에 적합해야 한다. 정확한 정보가 주어지지 않았을 경우 전기 부품 및 장치는 아래와 같아야 한다.
① 사용 목적이 적절해야 한다.
② 한국산업표준(KS) 또는 국가통합인증(KC)에 적합해야 한다.
③ ②를 적용할 수 없는 경우 국제전기표준(IEC)에 적합해야 한다.

2. 전기 회로도 결선 확인

1) 전기 배선

전도체 및 케이블은 한국산업표준(KS)에 의해 표준화된 것을 사용하거나 동등 이상의 것이 선택되어야 한다.

2) 배선 방법

전도체와 케이블은 전선관, 플라스틱제 덕트 또는 이와 동등한 기계적 보호 장치 내에 설치되어야 한다.

3) 전도체 및 케이블의 보호 피복

기계적인 보호의 연속성을 보장하기 위해 스위치 및 기구의 케이스에 완전히 들어가거나 마개에 단말처리 되어야 한다.

Chapter 4 기계·전기 기초

제1절 승강기 주요 기계요소별 구조와 원리

1. 링크 기구

강성의 막대를 서로 회전할 수 있도록 핀으로 연결시킨 기구로 링크장치의 조합하는 절의 수는 4이어야 운동을 전할 수 있다.

2. 운동 기구와 캠(cam)

캠은 회전운동을 직선·왕복운동·진동으로 변환하는 기구로 2개를 조합하여 사용할 수 있다.

① 입체캠(실체캠) : 원통캠(실체캠), 엔드캠(단면캠), 빗판캠(경사진캠)
② 평면캠 : 판캠, 확동캠, 직동캠, 반대캠

3. 도르래(활차) 장치

1) 정활차

힘의 방향만 바꾼다.

$$P = W$$

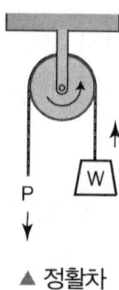

▲ 정활차

2) 동활차

하중을 위로 1/2의 힘으로 올릴 수 있다.

$$W = 2P$$

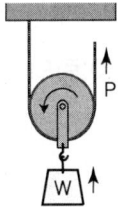

▲ 동활차

3) 복활차

정활차와 동활차를 사용하여 조합활차를 만든 것으로 작은 힘으로 몇 배의 하중도 올릴 수 있다.

$$W = 2^n \times P$$

여기서, W : 하중, P : 올리는 힘, n : 동활차의 수

① $W = 3P$ ② $W = 4P$ ③ $W = P \times 2^2$ ④ $W = P \times 2^3$

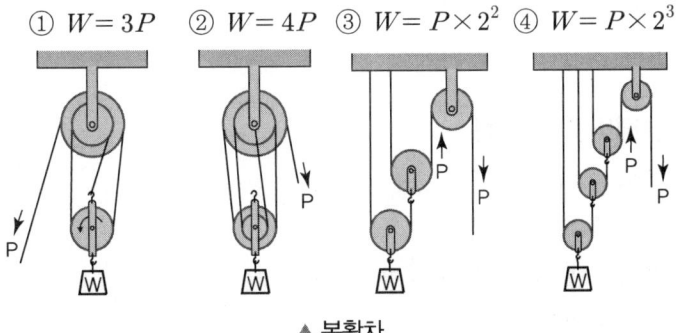

▲ 복활차

4) 단활차

$$W \times r = P \times R$$

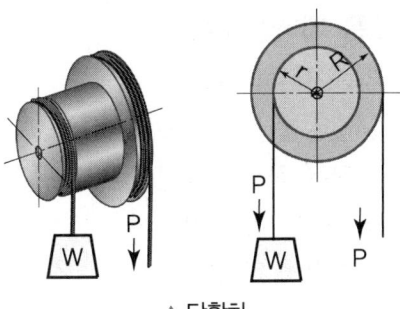

▲ 단활차

4. 베어링(bearing)

회전축과 축의 지지대 사이의 마찰을 줄여주는 기계요소이다.

1) 베어링의 종류

(1) 전동체에 따른 분류

ⓐ 슬리브 베어링(sleeve bearing) : 믹서기, 선풍기 모터 등에 사용된다.
ⓑ 볼 베어링(ball bearing)
ⓒ 롤러 베어링(roller bearing)
ⓓ 니들 롤러 베어링(needle roller bearing)
ⓔ 슬라이드 베어링(sliding bearing)

(2) 받는 하중에 따른 분류

- 스러스트 베어링(thrust bearing) : 고속 회전에 부적합하다.

2) 베어링의 역할

① 마찰을 감소시켜 기계가 작동하는 효율을 높인다.
② 기계의 수명을 길게 한다.
③ 열융착을 방지하여 기계의 고장을 없앤다.

3) 미끄럼 베어링의 특징

① 가격이 싸다.
② 진동과 소음이 작다.
③ 충격이 구름 베어링에 비해 크다.
④ 윤활이 용이하지 않다.
⑤ 저속 회전에 사용된다.

4) 구름 베어링의 특징

① 가격이 비싸다.
② 진동과 소음이 크다.
③ 작은 하중에 적용한다.
④ 윤활이 용이하다.
⑤ 충격에 약하다.
⑥ 고속 회전에 용이하다.

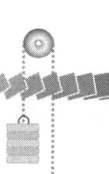

5. 기어(gear)

1) 두 축이 만나는 기어
① 제롤 베벨기어(zerol bevel gear)
② 크라운 베벨기어(crown bevel gear)
③ 직선 베벨기어(bevel gear)
④ 헬리컬 베벨기어(helical bevel gear)
⑤ 스파이럴 베벨기어(spiral bevel gear)

2) 두 축이 만나지도 않고 평행하지도 않은 기어
① 스크루 기어(screw gear)
② 웜 기어(worm gear)

3) 두 축이 서로 평행한 기어
① 인터널 기어(internal gear ; 내접기어)
② 래크(rack)
③ 더블 헬리컬 기어(double helical gear)
④ 스퍼 기어(spur gear ; 평기어)
⑤ 헬리컬 기어(helical gear)

4) 기어 이의 크기 표시 방법
① 모듈(module) : 피치원 지름을 잇수로 나눈 값(미터식)

$$ 모듈\ M = \frac{피치원의\ 지름(mm)}{잇수} = \frac{D}{Z} $$

② 원주피치 : 피치원의 원주를 잇수로 나눈 값

$$ 원주피치\ P = \frac{피치원의\ 둘레(mm)}{잇수} = \frac{\pi D}{Z} $$

③ 지름피치(diametral pitch) : 잇수를 피치원의 지름으로 나눈 값(인치식)

$$ 지름피치\ DP = \frac{잇수}{피치원의\ 지름} = \frac{Z}{D} $$

※ 모듈과 지름피치 및 원주피치 사이에는 다음과 같은 관계가 있다.

$$ P = \pi M, \ DP = \frac{25.4}{M} $$

제2절 승강기 동력원의 기초 전기

1. 정전기와 콘덴서

1) 콘덴서의 정전용량

$$C = \frac{Q}{V} = \frac{\varepsilon A}{d} \text{ [F]}$$

여기서, Q : 전하(전기량, C), d : 극판의 간격(m), A : 극판의 면적(m²),
ε : 유전율(F/m)

※ $\varepsilon = \varepsilon_o \varepsilon_s$ [F/m], $\varepsilon_o = 8.855 \times 10^{-12}$ [F/m], ε_s : 공기 중에서 약 1

2) 콘덴서의 접속

(1) 직렬접속

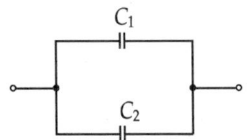

$$C = \frac{C_1 \cdot C_2}{C_1 + C_2}$$

(2) 병렬접속

$$C = C_1 + C_2$$

3) 쿨롱의 법칙(coulomb's law)

$$F = \frac{1}{4\pi\varepsilon} \cdot \frac{Q_1 Q_2}{r^2} = \frac{1}{4\pi\varepsilon_0} \cdot \frac{Q_1 Q_2}{\varepsilon_s r^2} = 9 \times 10^9 \frac{Q_1 Q_2}{\varepsilon_s r^2} \text{ [N]}$$

여기서, $Q_1 Q_2$: 전하, ε : 유전율(F/m), γ : 거리(m), F : 정전력(N)

4) 전장의 세기

전하 Q[C]로부터 r[m] 떨어진 점의 전장의 세기 E는

$$E = \frac{1}{4\pi\varepsilon} \cdot \frac{Q}{r^2} = \frac{1}{4\pi\varepsilon_o} \cdot \frac{Q}{\varepsilon_s r^2} = 9 \times 10^9 \frac{Q}{\varepsilon_s r^2} \text{ [V/m]}$$

※ E[V/m]의 전장 중에 Q[C]의 전하를 놓으면 여기에 작용하는 힘 : $F = QE$[N]

5) 총 전기력선 수

$$N = \frac{Q}{\varepsilon} = \frac{Q}{\varepsilon_o \varepsilon_s} \text{개}$$

여기서, Q : 전하(C), ε : 유전율(F/m)

※ $\varepsilon = \varepsilon_o \varepsilon_s$ [F/m]

6) 전속밀도

$$D = \frac{Q}{4\pi r^2} [\text{c/m}^2], \quad D = \varepsilon E = \varepsilon_o \varepsilon_s E [\text{c/m}^2]$$

여기서, Q : 전하(C), r : 거리(m), E : 전장의 세기(V/m)

7) 정전에너지

$$W = \frac{1}{2}QV = \frac{1}{2}CV^2 = \frac{Q^2}{2C} \text{ [J]}$$

여기서, Q : 전하(C), V : 전압(V), C : 정전용량(F)

8) 단위체적 1m³당 저장되는 정전에너지

$$W_0 = \frac{1}{2}ED = \frac{1}{2}\varepsilon E^2 = \frac{D^2}{2\varepsilon} \text{ [J/m}^3\text{]}$$

여기서, W_0 : 에너지의 밀도(J/m³), E : 전계의 세기(V/m), D : 전속밀도(C/m²), ε : 유전율(F/m), ε_0 : 진공의 유전율(F/m), ε_s : 비유전율

9) 전기력선의 성질

① 정(+)전하에서 시작하여 부(-)전하에서 끝난다.
② 전기력선의 접선 방향은 그 접점에서의 전계의 방향과 일치한다.
③ 단위 전하에서는 $1/\varepsilon_0$개의 전기력선이 출입한다.
④ 전기력선은 도체 표면(등전위면)에서 수직으로 출입한다.
⑤ 전하가 없는 곳에서는 전기력선의 발생, 소멸이 없고 연속적이다.
⑥ 도체 내부에는 전기력선이 없다.
⑦ 전위가 높은 점에서 낮은 점으로 향한다.
⑧ 그 자신만으로는 폐곡선이 안 된다.
⑨ 전기력선은 서로 교차하지 않는다.

2. 직류회로 및 교류회로

1) 직류회로

(1) 직류

① 전자와 양자의 성질

ⓐ 전자의 질량 : $9.10955 \times 10^{-31}[\text{kg}]$

ⓑ 양자의 질량 : $1.67261 \times 10^{-27}[\text{kg}]$

ⓒ 전자의 전기량 : $-1.60219 \times 10^{-19}[\text{C}]$

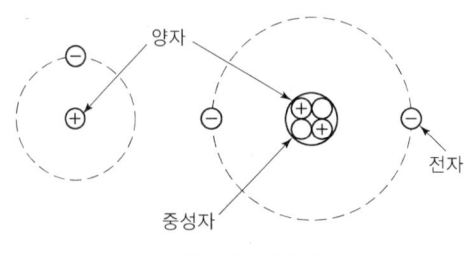

▲ 원자의 구조 예

② 전류(electric current)

$$I = \frac{Q}{t}[\text{A}]$$

여기서, Q : 전기량(c), t : 시간(sec)

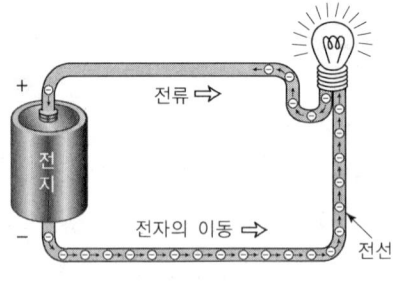

▲ 전류

③ 전압(voltage)

$$V = \frac{W}{Q}[\text{V}]$$

여기서, W : 일(J), Q : 전기량(c)

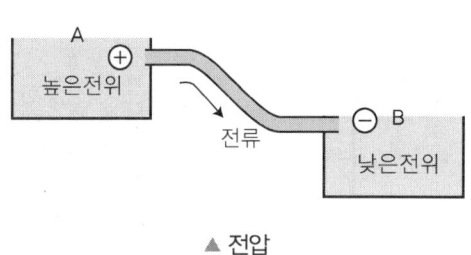

▲ 전압

④ 옴의 법칙(ohm's law)

$$I = \frac{V}{R}[\text{A}], \quad V = IR[\text{V}], \quad R = \frac{V}{I}[\Omega]$$

여기서, V : 전압(V), R : 저항(Ω)

⑤ 콘덕턴스(conductance)

$$G = \frac{1}{R}[\mho]$$

※ 단위 : $\mho$(mho), S(siemens), Ω^{-1}

⑥ 저항의 접속

ⓐ 직렬접속 $R = R_1 + R_2 + \cdots + R_n [\Omega]$

ⓑ 병렬접속 $\dfrac{1}{\dfrac{1}{R_1} + \dfrac{1}{R_2} + \cdots + \dfrac{1}{R_n}}[\Omega]$

⑦ 저항 n개를 직렬접속 했을 때의 합성저항

$$R_o = nR[\Omega]$$

여기서, n : 저항의 개수, R : 1개의 저항(Ω)

⑧ 저항 n개를 병렬접속 했을 때의 합성저항

$$R_o = \frac{R}{n}[\Omega]$$

여기서, n : 저항의 개수, R : 1개의 저항(Ω)

⑨ 분로(分路) 전류

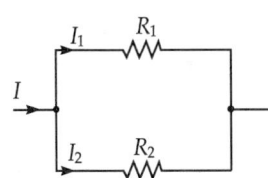

$$I_1 = \frac{R_2}{R_1 + R_2} \times I [\text{A}]$$

$$I_2 = \frac{R_1}{R_1 + R_2} \times I [\text{A}]$$

⑩ 휘스톤 브리지 평형조건

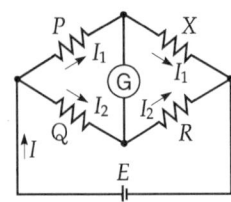

$$\therefore PR = QX$$

⑪ 키프히호프의 법칙(Kirchhoff's law)
 ⓐ 제1법칙 : 회로망 중의 한 점에서 들어가는 전류의 대수합과 나가는 대수합은 같다.

$$\Sigma I = 0$$

 ⓑ 제2법칙 : 회로망 중의 임의의 폐회로의 기전력의 대수합과 전압 강하의 대수합은 같다.

$$\Sigma E = \Sigma IR$$

⑫ 패러데이의 법칙(Faraday's law)
 ⓐ 전기분해 시 전극에 석출되는 물질의 양 $W[\text{g}]$은 전기량 $Q[\text{C}]$에 비례한다.
 ⓑ 물질의 양 $W[\text{g}]$은 전기량이 일정하면 물질의 전기화학당량 K에 비례한다.

$$W = KQ [\text{g}], \quad W = KIt [\text{g}]$$

⑬ 전지의 접속
 ⓐ 전지의 직렬접속 $I = \dfrac{nE}{nr + R} [\text{A}]$
 ⓑ 전지의 병렬접속 $I = \dfrac{E}{\dfrac{r}{m} + R} [\text{A}]$

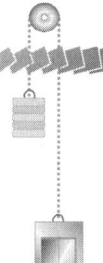

ⓒ 전지의 직·병렬접속 $I = \dfrac{nE}{\dfrac{nr}{m} + R}$ [A]

여기서, n : 직렬로 연결한 전지 개수, E : 기전력(V), r : 내부 저항(Ω), R : 부하저항, m : 병렬로 연결한 전지 개수

> **참고**
> - **분극 작용(성극 작용)** : 전지에 전류가 흐르면(부하를 걸면) 양극에 수소 가스가 생겨 전류의 흐름을 방해(기전력이 감소)하는 현상
> - **국부 작용** : 전지의 전극에 사용하고 있는 아연판이 불순물에 의한 전지의 작용으로 자기 방전을 하는 현상을 말한다.

⑭ 줄의 법칙(Joule's law)

$H = Pt$[J]에서 칼로리로 나타내면 $H = 0.24Pt = 0.24VIt = 0.24I^2Rt$ [cal]

여기서, H : 발열량(cal), P : 전력(W), t : 시간(s), V : 전압(V), I : 전류(A), R : 저항(Ω)

※ 1[J] = 0.24[cal]

⑮ 전열의 용량

$$0.24Pt\eta = CM(T - t)$$

여기서, P : 전력(W), t : 시간(s), C : 비열(물인 경우는 1), M : 질량(g), t : 상승 전 온도(℃), T : 상승 후 온도(℃), η : 효율

※ 비열 : 어떤 물체의 단위 질량을 1℃만큼 상승시키는 데 필요한 열

⑯ 분류기(shunt)

전류계의 측정 범위를 넓히기 위해 전류계와 병렬로 저항을 접속한 일종의 저항기

$$I = I_o\left(1 + \dfrac{r_s}{R_s}\right)[A]$$

여기서, I : 측정하고자 하는 전류, I_0 : 전류계의 눈금, r_s : 전류계의 내부저항, R_s : 분류기의 저항

⑰ 배율기
전압계의 측정 범위를 넓히기 위해 전압계와 직렬로 저항을 접속한 일종의 저항기

$$V = V_o\left(1 + \frac{R_m}{r_a}\right)[V]$$

여기서, V : 측정하고자 하는 전압, V_o : 전압계의 눈금, r_a : 전압계의 내부저항, R_m : 배율기의 저항

⑱ 물체의 저항

$$R = \rho\frac{\ell}{A} = \rho\frac{\ell}{\frac{\pi D^2}{4}} = \frac{4\rho\ell}{\pi D^2}[\Omega]$$

여기서, ρ : 고유저항, A : 단면적, ℓ : 물체의 길이, D : 단면적의 지름

⑲ 저항의 온도계수

$$R_T = R_t\{1 + \alpha_t(T-t)\}[\Omega]$$

여기서, R_t : $t[℃]$에서의 도체의 저항, R_T : $T[℃]$에서의 도체의 저항, α_t : $t[℃]$에서의 온도계수, t : 상승 전의 온도(℃), T : 상승 후의 온도(℃)

※ $\alpha t = \dfrac{1}{234.5 + t}$

⑳ 전력(electric power)

$$P = VI = I^2R = \frac{V^2}{R}[W]$$

여기서, I : 전류(A), R : 저항(Ω), V : 전압(V)

㉑ 전력량

$$W = VIt = I^2Rt = Pt[J]$$

여기서, t : 시간(S), I : 전류(A), V : 전압(V), R : 저항(Ω), P : 전력(W)

2) 교류 회로

(1) 주기(period)

$$T = \frac{1}{f}[\sec]$$

여기서, f : 주파수(Hz)

(2) 위상차

주파수가 동일한 2개 이상의 교류 사이의 시간적인 차이

$$v_a = V_m \sin wt [V], \quad v_b = V_m \sin(wt - \theta)[V]$$

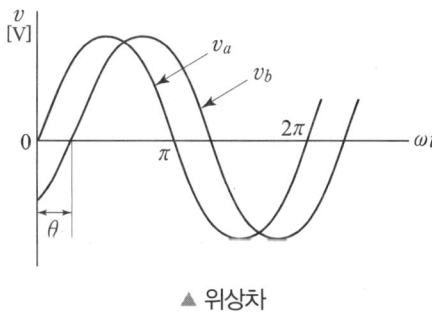

▲ 위상차

(3) 순서 전압

$$e = V_m \sin wt [V]$$

여기서, V_m : 전압의 최대값(V), ω : 각 주파수(rad/s), t : 시간(s)

(4) 평균 전압

$$V_{av} = \frac{2}{\pi} V_m = 0.637 V_m [V]$$

여기서, V_m : 전압의 최대값

(5) 실효(전압)값

$$V = \frac{V_m}{\sqrt{2}}[V]$$

여기서, V_m : 전압의 최대값

(6) 파형률 및 파고율

① 파형률 $= \dfrac{\text{실효값}}{\text{평균값}}$

② 파고율 $= \dfrac{\text{최대값}}{\text{실효값}}$

(7) 저항(R)만의 교류회로

① 전압과 전류는 동상이다.

② $I = \dfrac{V}{R}$ [A]

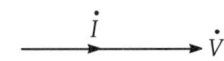

(8) 인덕턴스(L)만의 교류회로

① 전압이 전류보다 위상이 90℃ 앞선다.

② $I = \dfrac{V}{X_L} = \dfrac{V}{\omega L}$ [A]

여기서, ω : 각 주파수(rad/s), L : 인덕턴스(H),

$X_L = \omega L$: 유도 리액턴스(Ω)

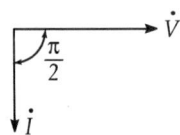

(9) 콘덴서(C)만의 교류회로

① 전압이 전류보다 위상이 90° 뒤진다.

② $I = \dfrac{V}{X_c} = \dfrac{V}{\dfrac{1}{\omega c}} = \omega c V$ [A]

여기서, ω : 주파수(rad/s), C : 정전용량(F),

$X_c = \dfrac{1}{\omega c}$: 용량 리액턴스(Ω)

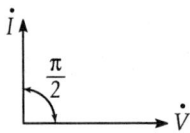

(10) RL 직렬회로

① $I = \dfrac{V}{Z} = \dfrac{V}{\sqrt{R^2 + X_L^2}}$ [A]

② $\cos\theta = \dfrac{R}{Z} = \dfrac{R}{\sqrt{R^2 + X_L^2}}$

③ $\theta = \tan^{-1}\dfrac{X_L}{R} = \tan^{-1}\dfrac{\omega L}{R}$ [rad]

여기서, R : 저항(Ω), $\cos\theta$: 역률, Z : 임피던스(Ω),
$X_L = \omega L$: 유도 리액턴스(Ω)

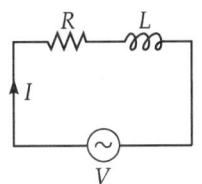

(11) RC 직렬회로

① $I = \dfrac{V}{Z} = \dfrac{V}{\sqrt{R^2 + X_C^2}} = \dfrac{V}{\sqrt{R^2 + \left(\dfrac{1}{\omega C}\right)^2}}$ [A]

② $\cos\theta = \dfrac{R}{Z} = \dfrac{R}{\sqrt{R^2 + X_C^2}}$

③ $\theta = \tan^{-1}\dfrac{X_c}{R} = \tan^{-1}\dfrac{\dfrac{1}{\omega C}}{R} = \tan^{-1}\dfrac{1}{\omega CR}$ [rad]

여기서, z : 임피던스(Ω), C : 정전용량(F), $\cos\theta$: 역률
$X_c = \dfrac{1}{\omega C}$: 용량 리액턴스(Ω)

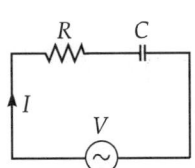

(12) RLC 직렬회로

① $I = \dfrac{V}{Z} = \dfrac{V}{\sqrt{R^2 + (X_L - X_C)^2}} = \dfrac{V}{\sqrt{R^2 + \left(\omega L - \dfrac{1}{\omega C}\right)^2}}$ [V]

② $\cos\theta = \dfrac{R}{Z} = \dfrac{R}{\sqrt{R^2 + (X_L - X_C)^2}}$

③ $\theta = \tan^{-1}\dfrac{X_L - X_C}{R}$ [rad]

여기서, z : 임피던스, $X_L = \omega L$: 유도 리액턴스, $\cos\theta$: 역률,

$X_c = \dfrac{1}{\omega c}$: 용량 리액턴스

> **참고**
>
> **RLC 직렬공진**
>
> 공진조건은 $\omega L = \dfrac{1}{\omega c}$ 일 때이다.
>
> 이때는 저항만 있는 회로가 된다.
>
> 그러므로 전압과 전류는 동상이며 전류는 최대가 된다.
>
> 또한 공진 주파수 $f_0 = \dfrac{1}{2\pi\sqrt{LC}}$ [Hz]이다.

(13) 단상 교류전력

① 단상 유효－(소비)전력

$$P = VI\cos\theta\,[\text{W}]$$

② 단상 피상전력

$$P_a = VI = \sqrt{P^2 + P_r^2}\,[\text{VA}]$$

③ 단상 무효전력

$$P_r = VI\sin\theta \,[\text{Var}]$$

(14) 3상 교류전력

① 3상 유효전력

$$P = \sqrt{3}\, V_l I_l \cos\theta = 3\, V_s I_s \cos\theta\,[\text{W}]$$

② 3상 무효전력

$$P_r = \sqrt{3}\, V_l I_l \sin\theta = 3\, V_s I_s \sin\theta\,[\text{Var}]$$

③ 3상 피상전력

$$P_a = \sqrt{3}\, V_l I_l \sin\theta = 3\, V_s I_s = \sqrt{P^2 + P_r^2}\,[\text{VA}]$$

여기서, V_l : 선간전압, V_s : 상전압, I_l : 선전류, I_s : 상전류

(15) 3상 교류 결선

① Y결선의 전압과 전류관계

$$V_l = \sqrt{3}\, V_s,\ \ I_l = I_s$$

여기서, V_l : 선간전압, V_s : 상전압, I_l : 선전류, I_s : 상전류

※ V_l은 V_s보다 $\dfrac{\pi}{6}[\text{rad}]$ 앞선다.

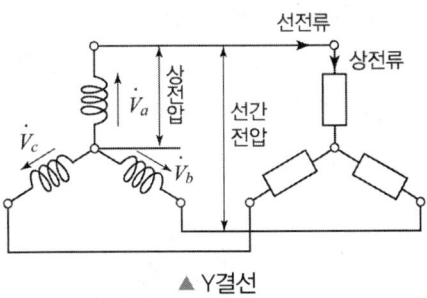

▲ Y결선

② △결선의 전압과 전류관계

$$V_l = V_s, \ I_l = \sqrt{3}\, I_s$$

여기서, V_l : 선간전압, V_s : 상전압, I_l : 선전류, I_s : 상전류

※ I_l은 I_s보다 $\dfrac{\pi}{6}[\text{rad}]$ 뒤진다.

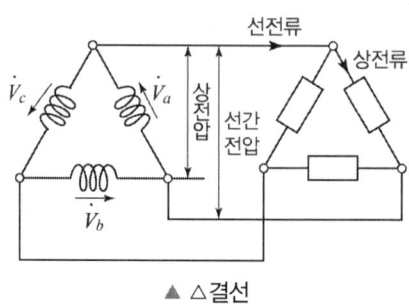

▲ △결선

(16) 측정 계기

① 메가 : 절연저항을 측정한다.
② 어스 테스터 및 코올라시 브리지 : 접지저항을 측정한다.
③ 후크 온 미터 : 전선의 전류를 측정한다.

3. 자기회로

1) 자력선의 성질

① 자력선은 서로 교차하지 않는다.
② 자석의 N극에서 시작하여 S극에서 끝난다.
③ 자기장의 상태를 표시하는 선을 가상하여 자기장의 크기와 방향을 표시한다.
④ 자력선은 잡아당긴 고무줄과 같이 그 자신이 줄어들려고 하는 장력이 있으며 같은 방향으로 향하는 자력선은 서로 반발한다.

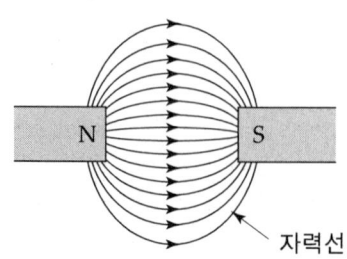

2) 쿨롱의 법칙(coulomb's law)

$$F = \frac{1}{4\pi\mu}\frac{m_1 m_2}{r^2} = \frac{1}{4\pi\mu_0}\frac{m_1 m_2}{\mu_s r^2} = 6.33 \times 10^4 \frac{m_1 m_2}{\mu_s r^2} [\text{N}]$$

여기서, μ : 투자율($\mu = \mu_0 \mu_s [\text{H/m}]$), μ_0 : 진공의 투자율($\mu_0 = 4\pi \times 10^{-7} [\text{H/m}]$),
μ_s : 매질의 비투자율(진공, 공기 중에서 약 1)

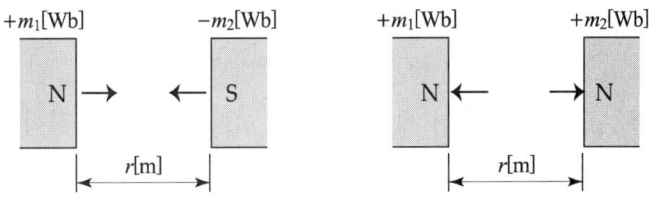

▲ 쿨롱의 법칙

3) 자기(자계)의 세기

자극 $m[\text{Wb}]$에서 $r[\text{m}]$ 떨어진 점의 자계의 세기 $H[\text{AT/m}]$는

$$H = \frac{1}{4\pi\mu} \cdot \frac{m}{r^2} = \frac{1}{4\pi\mu_0}\frac{m}{\mu_s r^2} = 6.33 \times 10^4 \frac{m}{\mu_s r^2} [\text{AT/m}]$$

※ 자장의 세기 $H[\text{AT/m}]$되는 자장 내에, $m[\text{Wb}]$의 자극이 있을 때 작용하는 힘
$F = mH[\text{N}]$

4) 총자력선수

$$N = \frac{m}{\mu_0} = \frac{m}{4\pi \times 10^{-7}} = \frac{m}{4\pi} \times 10^7$$

5) 자기 모멘트

$$M = ml [\text{Wb} \cdot \text{m}]$$

여기서, m : 자극의 세기(Wb), l : 자축의 길이(m)

6) 자속밀도(magnetic flux density)

$$B = \frac{\phi}{A}[\text{Wb/m}^2], \quad B = \mu H = \mu_o \mu_s H [\text{Wb/m}^2]$$

여기서, μ : 투자율(H/m), μ_o : 진공의 투자율(H/m), μ_s : 비투자율,
H : 자장의 세기(AT/m), $\mu = \mu_o \mu_s$ [H/m], ϕ : 자속(Wb)

7) 기자력

$$F = NI = Hl [\text{AT}]$$

단, I : 전류(A), H : 자장의 세기(AT/m), l : 자기회로의 길이(m), N : 코일권수

8) 자기저항

$$R = \frac{l}{\mu A} = \frac{NI}{\phi} [\text{AT/Wb}]$$

여기서, μ : 투자율(H/m), A : 단면적(mm^2), l : 자기회로의 길이(m),
ϕ : 자속(Wb), N : 코일권수, I : 전류(A), $\mu = \mu_0 \mu_s$ [H/m]

9) 전류에 의한 자장

(1) 직선 전류에 의한 자력선의 방향

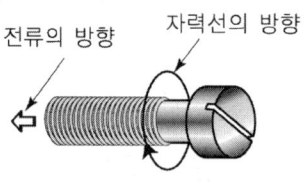

▲ 오른나사의 법칙

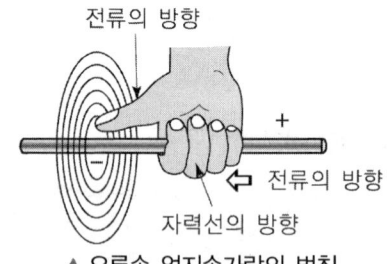

▲ 오른손 엄지손가락의 법칙

(2) 코일 전류에 의한 자력선의 방향

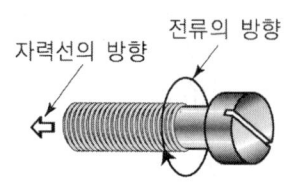

▲ 오른나사의 법칙

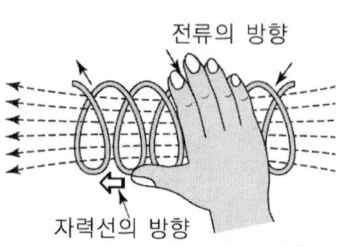

▲ 오른손 엄지손가락의 법칙

10) 무한히 긴 직선 전류에 의한 자장의 세기

$$H = \frac{I}{2\pi r}[\text{AT/m}]$$

여기서, r : 반지름(m), I : 전류(A)

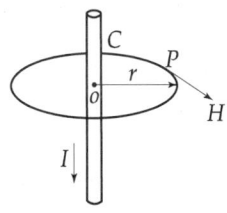

11) 환상 솔레노이드 내부 자장의 세기

$$H = \frac{NI}{2\pi r}[\text{AT/m}]$$

여기서, I : 전류(A), r : 반지름(m), N : 코일 권수

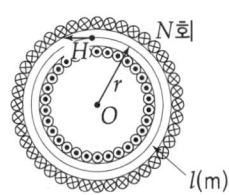

12) 무한장 솔레노이드에 의한 자장의 세기

$$H = \frac{NI}{l} = N_o I[\text{AT/m}]$$

여기서, N : 코일 권수, I : 전류(A), l : 길이(m), N_o : 1m당 감은 권수

13) 원형 코일 중심의 자장

$$H = \frac{IN}{2r}[\text{AT/m}]$$

단, N : 코일 권수, r : 반지름(m), I : 전류(A)

14) 비오 · 사바르의 법칙

전류에 의해 발생되는 자장의 세기를 나타내는 법칙

$$\Delta H = \frac{I\Delta l}{4\pi r^2}\sin\theta\,[\text{AT/m}]$$

여기서, I : 도체의 전류(A), Δl : 도체의 미소부분(m), r : 거리(m)

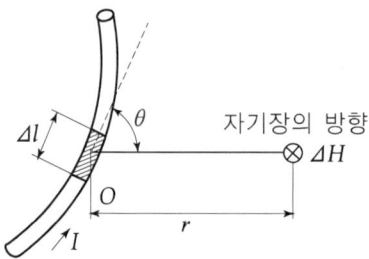

15) 플레밍의 왼손 법칙

전동기의 회전 방향을 결정한다.

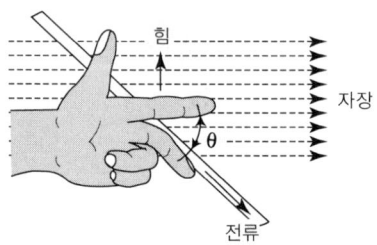

16) 플레밍의 오른손 법칙

발전기에서 유기 기전력의 방향을 결정한다.

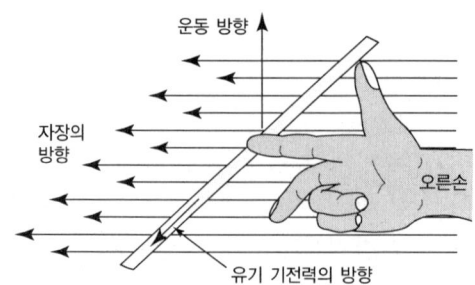

4. 전자력과 전자유도

1) 직선 도체에 작용하는 힘

$$F = BIl\sin\theta \,[\text{N}]$$

여기서, I : 전류(A), l : 도체의 길이(m), B : 자속밀도(Wb/m^2)

2) 렌츠의 법칙(Lenz's law)

유기 기전력의 방향은 자속의 변화를 방해하려는 방향으로 발생한다. 이것을 유도 기전력에 관한 렌츠의 법칙이라 한다.

3) 전자 유도에 관한 패러데이의 법칙

유기 기전력의 크기는 코일을 지나는 자속의 매초 변화량과 코일의 권수에 비례한다.

$$e = -N\frac{d\phi}{dt}\,[\text{V}]$$

여기서, N : 코일 권수, $d\phi$: 자속의 변화량(Wb), dt : 시간의 변화량(sec)
※ -는 반대방향을 뜻한다.

4) 도체의 운동에 의한 유기 기전력의 크기

$$e = Bv\ell\sin\theta\,[\text{V}]$$

여기서, B : 자속밀도(Wb/m^2), ℓ : 길이(m), v : 도체의 이동속도(m/s),
θ : 자장과 도체의 각도

5) 코일에 축적되는 에너지

$$W = \frac{1}{2}LI^2\,[\text{J}]$$

여기서, L : 자체 인덕턴스(H), I : 전류(A)

5. 전기 보호 기기

1) 보호 계전기

(1) 보호 계전기의 구성

① 검출부 : 주 회로의 전압, 전류를 검출하여 판정부의 계전기에 알맞은 값으로 변성(PT, CT 등)하는 역할을 한다.
② 판정부 : 검출부에서 전압, 전류 등의 신호를 받아 사고의 유무와 동작의 필요성 유무를 판정하여 동작부 차단기에 지시를 한다.
③ 동작부 : 판정부의 지시대로 전로를 차단한다.

(2) 보호 계전기의 동작 특성

① 단한시성 : 입력의 일정 범위별로 일정 한시에 계단식으로 동작한다.
② 정한시성 : 정정된 값 이상의 전류가 흐를 때, 동작 전류의 크기와 관계없이 정해진 시간이 되어야 동작한다.
③ 반한시성 : 입력이 커질수록 동작 전류가 빨리 동작한다.
④ 반한시성 정한시 : 입력값의 정도가 어느 범위까지는 반한시 특성으로 동작하다가, 그 이상이 되면 정한시로 동작한다.

제3절 승강기 구동 기계 기구 작동 및 원리

1. 전동기의 종류 및 특성

1) 직류 전동기

전기적 입력을 기계적 출력으로 변화시키는 회전기기

(1) 분권 전동기

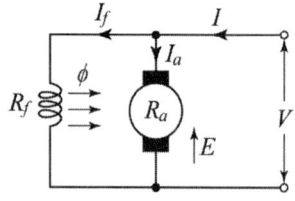

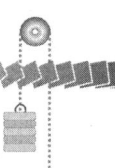

① 단자전압 $V = E + I_a R_a [V]$
② 정속도 전동기이다.
③ 기계적 출력

$$P_0 = 2\pi n \tau [W]$$

여기서, n : 초당속도(rps), τ : 토크(N·m)

④ 토크

$$\tau = \frac{Pz}{2\pi a}\phi I_a = K\phi I_a [N \cdot m]$$

여기서, K : 상수($K = \frac{Pz}{2\pi a}$), ϕ : 자속(Wb), I_a : 전기자 전류(A), P : 극 수, Z : 도체 수, a : 병렬회로 수

⑤ 토크

$$\tau = 9.55\frac{P}{N}[N \cdot m]$$

여기서, P : 출력(W), N : 회전속도(rpm)

⑥ 토크

$$\tau = 0.975\frac{P}{N}[kg \cdot m]$$

여기서, P : 출력(W), N : 회전속도(rpm)

⑦ 회전 속도

$$N = K\frac{V - I_a R_a}{\phi}[rpm]$$

여기서, V : 단자전압(V), K : 상수, I_a : 전기자 전류(A), R_a : 전기자 저항(Ω), ϕ : 자속(Wb)

⑧ $I \propto \frac{1}{N}$, $\tau \propto \frac{1}{N}$

(2) 직권 전동기

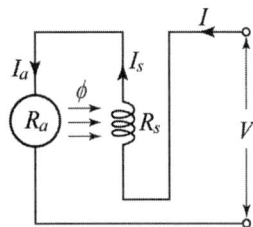

① 단자전압 $V = E + I(R_a + R_s)\,[\text{V}]$
② 가변속도 전동기 또는 만능 전동기이다.
③ $I \propto \dfrac{1}{N}$, $\tau \propto \dfrac{1}{N^2}$
④ 회전속도

$$N = K\dfrac{V - I(R_a + R_s)}{\phi}\,[\text{rpm}]$$

여기서, K : 상수, V : 단자전압(V), I : 부하전류(A), R_a : 전기자 저항(Ω), R_s : 계자 저항(Ω), ϕ : 자속(Wb)

(3) 직류 전동기 속도 특성
① 부하 전류에 따른 회전수 특성
직권 전동기 > 가동복권 전동기 > 분권 전동기 > 차동복권 전동기
② 부하 전류에 따른 토크 특성
직권 전동기 > 가동복권 전동기 > 분권 전동기 > 차동복권 전동기

(4) 직류 전동기의 속도 제어

$$N = K\dfrac{V - I_a R_a}{\phi}\,[\text{rpm}]$$

① 전압 제어 : 속도 제어가 가장 원활하며, 정토크 제어라고 한다.
② 계자 제어 : 정출력 제어라고 한다.
③ 저항 제어 : 회전자 측 저항을 가변시켜 제어한다.

(5) 직류 전동기의 제동
① 역전 제동(플러깅 제동)

② 발전 제동

③ 회생 제동

(6) 직류 전동기의 효율

$$\eta = \frac{출력}{입력} \times 100 = \frac{입력 - 손실}{입력} \times 100$$

2) 교류 전동기

(1) 동기 속도

$$N_s = \frac{120f}{p} \, [\text{rpm}]$$

여기서, f : 주파수(Hz), P : 극수

(2) 슬립(slip)

$$S = \frac{N_s - N}{N_s} \, [\text{rpm}]$$

여기서, N_s : 동기속도(rpm), N : 회전자 속도(rpm)

(3) 회전자 속도

$$N = N_s (1 - S) \, [\text{rpm}]$$

여기서, N_s : 동기속도(rpm), S : 슬립

(4) 농형 유도 전동기 기동법

① 전전압 기동 : 5kW 이하의 전동기에 적용된다.

② Y-△기동 : 5.5kW 이상 15kW 이하에 적용된다.

③ 기동 보상기에 의한 기동 : 15kW 이상의 경우에 적용된다.

(5) 유도 전동기 제동법

① 발전 제동

② 회생 제동

③ 역전 제동

④ 단상 제동

(6) 유도 전동기 속도제어
　　① 주파수 제어
　　② 극수 제어
　　③ 전원 전압 제어
　　④ 2차 저항 가감 제어
　　⑤ 2차 여자 제어

제4절 승강기 제어 및 제어 시스템의 원리 및 구성

1. 제어의 개념
어떤 대상에 원하는 목적에 적합하도록 필요한 조작을 가하는 것

2. 제어계의 요소 및 구성

1) 되먹임 제어(Feedback Control)
출력신호를 입력신호로 되돌려서 제어량의 목표값과 비교하여 정확한 제어가 가능하도록 한 제어계

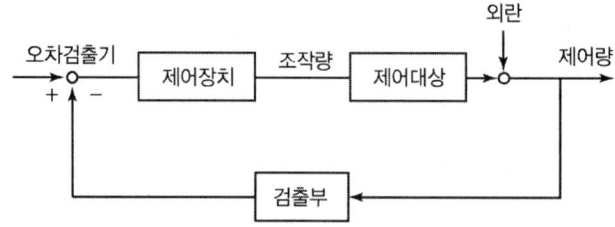

① **검출부** : 제어량을 목표값과 비교하기 위하여 목표값과 같은 종류의 물리량으로 변환하여 출하는 부분을 말한다.
② **제어장치** : 제어를 하기 위해 제어대상에 부착되는 장치를 말한다.
③ **조작량** : 제어요소가 제어대상에 주는 양을 말한다.
④ **제어대상** : 제어의 대상으로 제어하려고 하는 기계의 전체 또는 그 일부분을 말한다.
⑤ **외란** : 제어량을 목표값으로부터 이탈시키려는 제어계의 외부로부터 오는 영향
⑥ **제어량** : 제어대상에 속하는 양으로, 제어대상을 제어하는 것을 목적으로 하는 물리적인 양

2) 제어량에 의한 분류

① 프로세스제어 : 온도, 유량, 압력, 농도, 습도, 비중 등을 제어량으로 하는 제어
② 서보기구 : 물체의 위치, 방위, 자세 등을 제어량으로 하는 제어
③ 자동조정 : 속도, 회전력, 전압, 주파수, 역률 등을 제어량으로 하는 제어

3) 목표값의 시간적 변화에 따른 분류

① 정치제어 : 목표값이 시간에 따라 변화하지 않는 일정한 경우의 제어
② 추치제어 : 목표값이 시간에 따라 변한다. 이 변화는 목표값에 제어량을 추종하도록 하는 제어
③ 프로그램제어 : 열차, 산업로봇의 무인운전, 무조정사의 엘리베이터가 이에 해당된다.

4) 부울 대수의 정리

① $A+0=A, \quad A \cdot 0=0$
② $A+1=1, \quad A \cdot 1=A$
③ $A+A=A, \quad A \cdot A=A$
④ $A+\overline{A}=1, \quad A \cdot \overline{A}=0$
⑤ $A+AB=A, \quad A+\overline{A}B=A+B$

5) 논리 회로

(1) AND 회로

① 시퀀스 회로   ② 진리표   ③ 논리회로   ④ 논리식

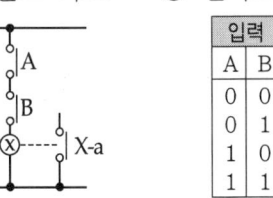
입력		출력
A	B	X
0	0	0
0	1	0
1	0	0
1	1	1
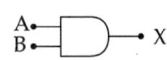

$X = A \cdot B$

(2) OR 회로

① 시퀀스 회로   ② 진리표   ③ 논리회로   ④ 논리식

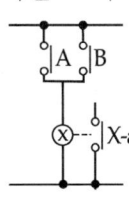
입력		출력
A	B	X
0	0	0
0	1	1
1	0	1
1	1	1
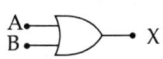

$X = A + B$

(3) NOT 회로

① 시퀀스 회로   ② 진리표   ③ 논리회로   ④ 논리식

입력	출력
A	X
0	1
1	0

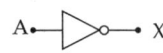

$X = \overline{A}$

(4) NAND 회로

① 시퀀스 회로   ② 진리표   ③ 논리회로   ④ 논리식

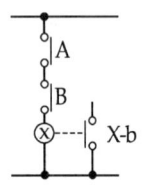

입력		출력
A	B	X
0	0	1
0	1	1
1	0	1
1	1	0

$X = \overline{A \cdot B}$

(5) NOR 회로

① 시퀀스 회로   ② 진리표   ③ 논리회로   ④ 논리식

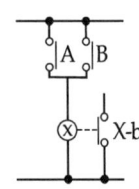

입력		출력
A	B	X
0	0	1
0	1	0
1	0	0
1	1	0

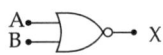

$X = \overline{A + B}$

3. 시퀀스 제어(sequence control)

미리 정해진 순서에 따라 제어의 각 단계가 순차적으로 진행되는 제어
(예 : 무인 커피 판매기, 교통 신호등)

4. 전자회로 및 반도체 소자

(1) 제너 다이오드

정전압 전원 회로에 사용된다.

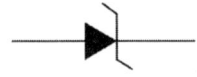

(2) 서미스터(Thermistor)

온도 보상용으로 사용된다.

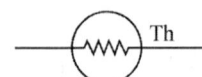

(3) 바리스터(Varistor)

서지 전압에 대한 회로 보호용으로 사용된다.

(4) SCR

3단자 단방향 대전류 스위칭 소자이다.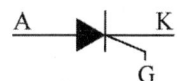

(5) TRIAC

① 3단자 양방향 스위칭 소자이다.
② SCR 2개를 역병렬로 접속한 것과 같다.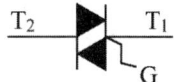

Chapter 5 에스컬레이터(무빙워크) 설치 및 부품 교체

제1절 에스컬레이터 부품 상태 진단하기

1. 에스컬레이터 부품의 노후, 마모 상태 진단

1) 에스컬레이터 안전장치

(1) 구동체인 안전장치(driving chain safety device)

구동체인이 늘어나거나 절단될 경우, 즉시 에스컬레이터를 안전하게 정지시켜 사고를 예방하는 장치이다.

(2) 계단 체인 안전장치(step chain safety device)

계단 체인이 파단되거나 과도하게 늘어날 때, 즉시 작동하여 에스컬레이터를 정지시키는 장치이다.

(3) 조속기

많은 승객의 탑승 또는 전원의 일부가 결여되었을 때 전동기의 회전력이 부족, 상승 중 하강하는 경우가 있다. 이때 조속기가 작동, 전원을 차단하고 머신브레이크를 건다.

(4) 핸드레일 안전장치

핸드레일이 늘어나는 것을 검출하여, 일정치 이상이 되면 운행을 정지시킨다.

(5) 인레트 스위치(inlet switch)

핸드레일의 인입구에 설치하는데 핸드레일이 난간 하부로 들어갈 때, 어린이의 손가락이 빨려 들어가는 사고가 발생 시 운행을 정지시킨다.

(6) 스커트 가드 안전장치(skirt guard safety device)

① 계단과 스커트 가드 사이에 이물질 및 어린이의 신발 등이 끼이면, 그 압력에 의해 스위치가 동작, 에스컬레이터를 정지시킨다.
② 계단과 스커트 틈새는 4mm 이하, 양 측면의 합은 7mm 이하이어야 한다.

(7) 스커트 디플렉터

계단과 스커트 사이에 끼임을 방지하기 위한 장치이다.

(8) 콤(comb) 정지 스위치

디딤판과 콤(빗 모양으로 상부 및 하부에서 디딤판을 받는 곳)이 맞물리는 지점에 물체가 끼었을 때, 디딤판의 승강을 정지시킨다.

(9) 머신 브레이크(machine brake)

에스컬레이터를 정지시킨 상태(전원 off 시킨 상태)에서 에스컬레이터가 관성으로 움직이는 것을 방지하기 위해 설치하는 장치이다.

2) 건축물과 공유영역 안전장치

(1) 삼각부 안전 보호판 설치

① 막는 부분 수직 부분 높이 : 30cm 초과
② 막는 부분 끝에서 수평거리 : 25 ~ 35cm 전방에 안전 보호판 설치

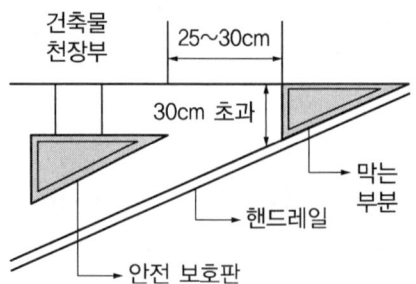

제2절 현장 확인 양중하기

1. 에스컬레이터의 설치 도면

1) 에스컬레이터의 구조

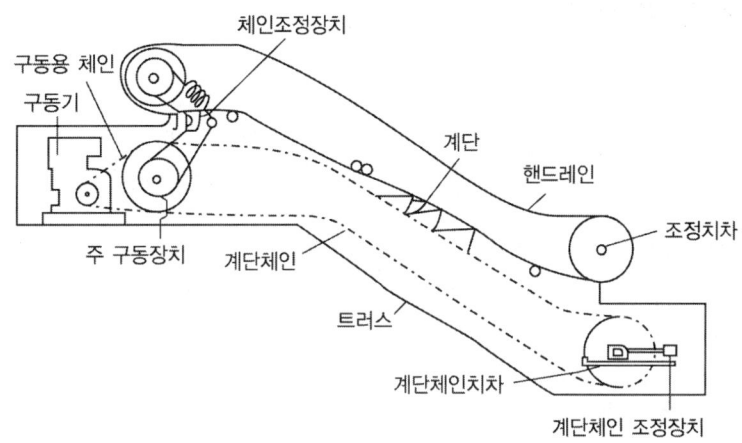

2) 에스컬레이터의 배치

① 건물의 정면 출입구와 엘리베이터 설치 위치와의 중간에 한다.
② 백화점에서는 눈에 잘 띄는 곳에 설치하고, 탑승객이 바닥면을 잘 볼 수 있도록 한다.
③ 기존의 빌딩에서는 벽, 기둥, 보를 고려한다.
④ 1층에서는 사람의 움직임이 많은 곳에 설치한다.

3) 에스컬레이터에 사용되는 재료의 안전율

에스컬레이터 부분	안전율
트러스 및 빔	5 이상
디딤판 체인 및 구동체인	5 이상
모든 구동품	5 이상

4) 에스컬레이터 배열의 종류

① **단열 승계형** : 상층으로 고객을 유도하기 쉬우며, 바닥에서 바닥으로의 교통이 연속적이나 설치 면적이 크다.
② **단열 겹침형** : 쇼핑객의 시야를 트이게 하나 바닥과 바닥 간의 교통은 연속적이지 못하다. 그러나 설치 면적은 작다.

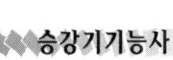

③ 복열 승계형 : 전 매장이 보이며 오름·내림 방향 모두 바닥에서 바닥으로 연속적이다. 단점은 바닥면의 장소가 넓어야 한다.

④ 교차 승계형 : 오르고 내림이 바닥에서 바닥으로 연속적이다. 단점은 측면과 단부가 겹쳐져 시야가 넓지 못하다.

2. 에스컬레이터의 양중

1) 적재 하중

$$G = 270\sqrt{3}\,WH = 270A = 270 \times Z \times \frac{H}{\tan\theta}\,[\text{kg}]$$

여기서, G : 에스컬레이터 적재하중(kg), W : 계단의 폭(m), H : 수직 층고(m), A : 에스컬레이터 계단면의 수평 투영 면적(m²), Z : 디딤판 폭(m), Q : 경사각

2) 최대 수용 인원

스텝/팔레트 폭(m)	공칭 속도 v[m/s]		
	0.5	0.65	0.75
0.6	3,600명/h	4,400명/h	4,900명/h
0.8	4,800명/h	5,900명/h	6,600명/h
1	6,000명/h	7,300명/h	8,200명/h

제3절 트러스 조립하기

1. 트러스 조립

1) 양정의 분류

① 보통 양정 : 6m까지
② 중 양정 : 10m 정도
③ 고 양정 : 10m 이상

2) 트러스의 경사도

경사도는 30°를 초과하지 않아야 한다. 다만 높이가 6m 이하로 속도 30m/min (0.5m/s) 이하는 35°까지 가능하다.

3) 트러스 내부의 설비

① 구동, 순환장소, 기기 공간 중 한곳에 영구적으로 사용할 수 있는 휴대용 조명이 비치되어야 한다.
② 작업 공간의 조도는 200럭스 이상 되어야 하며, 높이는 2m 이상이어야 한다.

2. 레일 조립(디딤판 체인)

① 무한 피로 수명에 의해 설계되어야 한다.
② 절단에 대한 안전율은 5 이상이어야 한다.

3. 데크, 스커트 가드 등 설치

① 스커트는 평탄한 수직면의 맞대기 이음이어야 한다.
② 스커트는 2,500mm²의 정사각형 면적에 수직으로 가상 약한 시점의 표면에 대해 1,500N의 힘을 가할 시 휨량은 4mm 이하이어야 한다.

제4절 디딤판

1. 계단(디딤판)의 설치 및 구조

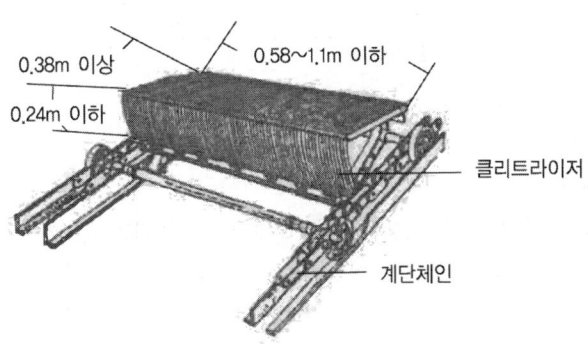

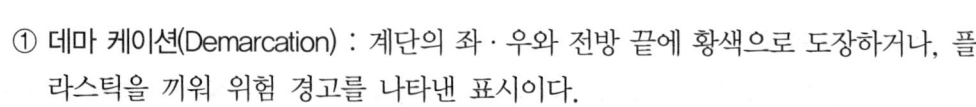

① 데마 케이션(Demarcation) : 계단의 좌·우와 전방 끝에 황색으로 도장하거나, 플라스틱을 끼워 위험 경고를 나타낸 표시이다.
② 디플렉터(Deflector) : 스커트가드(측면 벽)와 스텝 사이에 끼임 사고를 방지하기 위한 브러시 모양의 구조(50mm 이상 150mm 이하)를 말한다.
③ 스텝 또는 팔레트 표면에서 수직 높이는 0.9m 이상 1.1m 이하이어야 한다.

2. 계단(디딤판)의 보수

① 스텝 또는 팔레트의 가이드 시스템에서 스텝 또는 팔레트의 측면 변위는 각각 4mm 이하이어야 하고, 양측 측면에서 측정된 틈새의 합은 7mm 이하이어야 한다.
② 트레드 표면에서 측정된 이용 가능한 모든 위치의 연속되는 2개의 스텝 또는 팔레트 사이의 틈새는 6mm 이하이어야 한다.

제5절 손잡이 설치 및 부품 교체

1. 손잡이 설치

1) 핸드레일 구동장치

디딤판과 핸드레일의 속도(허용 오차 −0%에서 +2% 이내)는 동일 방향으로 같아야 한다.

2) 구동용 전동기 용량

① $P = \dfrac{1분간\ 수송인원 \times 1명의\ 중량 \times 층\ 높이}{6,120 \times \eta}$ [kW]

여기서, η : 에스컬레이터 총 효율

② $P = \dfrac{GV\sin\theta}{6120\eta} \times \beta$ [kW]

여기서, G : 적재하중(kg), V : 정격 속도(m/min), θ : 경사각도, η : 효율, β : 승객 승입률

2. 손잡이 장력

운행 중 운행 방향의 반대편에서 450N의 힘으로 당겼을 때 정지되지 않아야 한다.

3. 난간 상부의 손잡이 가이드

① 핸드레일과 계단(디딤판)의 속도가 동일 방향으로 같아 안전성이 있어야 한다.
② 핸드레일과 계단(디딤판)의 속도가 동일 방향으로 같아 편안함이 느껴져야 한다.

제6절 체인 설치 및 부품 교체

1. 체인의 설치 안전율

$$안전율 = \frac{파단강도}{장력}$$

2. 체인의 규격

에스컬레이터의 안전성과 안정도를 높이기 위하여 정밀도가 높은 컨베이어 체인을 사용해야 한다.

제7절 전기 장치 조립

1. 모터, 감속기, 브레이크

1) 모터

교류 3상 유도 전동기가 주로 사용된다.

2) 감속기

① 에스컬레이터 감속기로 최근에 가장 많이 사용되는 기어는 헬리컬 기어이다.
② 에스컬레이터 역주행 사고는 구동기 내 감속기 기어가 마모되면 발생한다.

3) 브레이크

무부하 상승, 무부하 하강 및 부하 상태 하강에 대한 정지거리

공칭속도 V	정지거리
30m/min(0.50m/s)	0.20m ~ 1.00m까지
39m/min(0.65m/s)	0.30m ~ 1.30m까지
45m/min(0.75m/s)	0.40m ~ 1.50m까지

2. 손잡이 구동장치 조립

1) 손잡이 폭
70 ~ 100mm 사이이어야 한다.

2) 손잡이와 난간 끝부분 사이의 거리
50mm 이하이어야 한다.

3. 각종 전기 안전장치 조정

1) 콘센트 설비
① 2P + PE(2극+접지)이어야 한다.
② 250V로 직접 공급되어야 한다.

2) 조명설비
전원 공급은 구동기의 전원 공급과는 별개(독립적)이어야 한다.

제8절 설치 조정하기

1. 프레임과 건물 중심선 작업
① 에스컬레이터의 총 하중을 부담하여 이것을 건축물의 상·하를 지탱하는 구조로 한다.
② 주재료는 H빔을 사용한다.
③ 층고에 따라 상부, 하부, 중간 등 2 ~ 3개 부분으로 제작하여 연결 설치되어야 한다.
④ 휨에 대한 최소 안전율은 5배 이상으로 한다.
⑤ 프레임에는 방침 도장을 하여야 한다.
⑥ 권상기가 설치되는 생부 트러스는 설치 및 보수 시의 작업 공간을 위해 최소한 1m 이상의 공간을 확보하여야 한다.

2. 상·하부 터미널 기어 조정
① 상부 터미널 기어의 회전 각도에 비례하여 스텝이 이동되어야 한다.
② 상부 터미널 기억의 회전 각도에 비례하여 스텝이 이동하지 않을 때에는 스텝 이탈 검출 장치에 의해 검출되어야 한다.

제 2 과목 유지관리

- **Chapter 01** 엘리베이터 점검
- **Chapter 02** 에스컬레이터(무빙워크) 점검

제2과목 유지관리

Chapter 1 엘리베이터 점검

제1절 기계실 및 기계류 공간에서 점검

1. 기계실의 환경 점검
① 기계실의 주변 온도는 적절하게 유지되어야 한다.
② 기계실에는 작업 구역마다 적절한 위치에 1개 이상의 콘센트 설비가 있어야 한다.
③ 기계실은 엘리베이터 전용으로 사용되어야 한다.
④ 기계실은 환기실로 사용되어서는 안 된다.
⑤ 기계실 작업 구역은 접근이 가능해야 한다.

2. 기계실 기계, 전기부품 및 장치

1) 기계실의 종류
① 사이드 머신 타입(side machine type) : 기계실이 상부 측면에 설치
② 베이스먼트 타입(basement type) : 기계실이 하부 측면에 설치
③ 정상부 타입(over head machine type) : 정상부에 설치

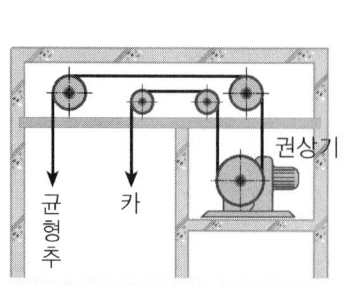
▲ 사이드 머신 타입

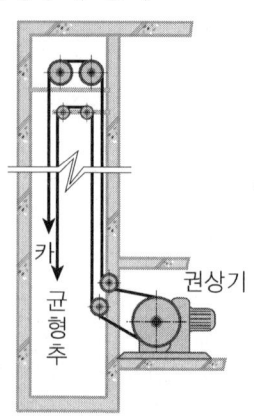
▲ 베이스먼트 타입

2) 기계실의 설비

① 출입문 크기는 폭 0.7m, 높이 1.8m 이상이어야 한다.
② 작업 구역의 높이는 2.1m 이상이어야 한다.
③ 기계실의 온도는 +5~40℃이어야 한다.
④ 유효공간으로 접근하는 통로의 폭은 0.5m 이상이어야 한다. 단, 움직이는 부품이 없는 경우에는 0.4m로 줄일 수 있다.
⑤ 작업구역에서 유효높이는 2.1m 이상이어야 한다.

제2절 카에서 점점

1. 카의 주행 상태

1) 과속 조절기(governor)

카와 같은 속도로 움직이는 과속 조절기 로프에 의거 회전하며, 항상 카의 과속도를 검출한다.

(1) 과속 조절기의 동작

추락방지 안전장치의 작동을 위한 과속 조절기는 정격 속도의 115% 이상의 속도 그리고 다음과 같은 속도 미만에서 작동되어야 한다.

① 고정된 롤러 형식의 추락방지안전장치 : 1m/s 미만
② 고정된 롤러 형식을 제외한 즉시 작동형 추락방지 안전장치 : 0.8m/s 미만
③ 정격 속도 1m/s 이하에 사용되는 점차 작동형 추락방지 안전장치 : 1.5m/s 미만
④ 정격 속도가 1m/s를 초과하는 엘리베이터에 사용되는 점차 작동형 추락방지 안전장치 : $1.25V + \dfrac{0.25}{V}$ [m/sec] 미만

(2) 과속 조절기의 종류

① GR형(롤 세이프티형) : 과속 조절기 도르래 홈과 로프 사이의 마찰력으로 추락방지 안전정치를 작동시킨다. 저속 엘리베이터에 적용한다.
② GD형(디스크형) : 원심력에 의해 진자가 움직이고 가속 스위치를 작동시켜 정지시킨다. 추형 캐치에 의해 로프를 붙잡아 추락방지 안전장치를 작동시키는 추형 방식과 도르래 홈과 슈(shoe) 사이에 로프를 붙잡는 슈형 방식이 있다. 중·저속 엘리베이터에 작용한다.

③ GF형(플라이 볼형) : 과속 조절기의 도르래 회전을 베벨 기어에 의해 수직축의 회전으로 변환하고, 원심력을 이용해 추락방지 안전장치를 작동시킨다. 고속 엘리베이터에 적용한다.

④ 양방향 과속 조절기 : 과속 조절기의 캣치가 양방향(상하) 추락방지 안전장치를 작동시킨다.

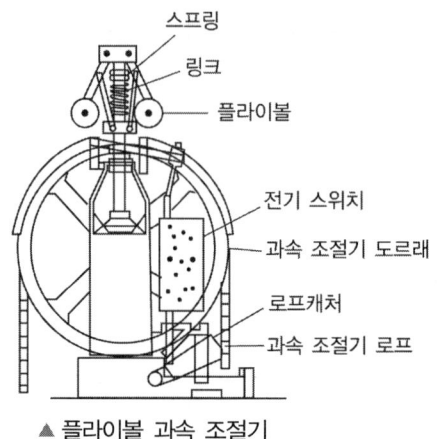

▲ 플라이볼 과속 조절기

(3) 과속 조절기 동작 시 과속 조절기의 인장력

다음의 2개 값 중 큰 값 이상이어야 한다.

① 300N

② 최소한 추락방지 안전장치가 물리는 데 (동작) 필요한 값의 2배

(4) 과속 조절기 로프의 조건

① 과속 조절기 로프의 최소 판단하중은 조속기가 작동될 때 권상 형식의 조속기에 대해 마찰계수 μ_{max}가 0.2와 동등하게 고려되어 8 이상의 안전율로 조속기 로프에 생성되는 인장력에 관계되어야 한다.

② 조속기 로프의 공칭 지름은 6mm 이상이어야 한다.

2) 추락방지 안전장치

로프식 엘리베이터 또는 간접식 유압 엘리베이터에서는 카 측에 설치해야 한다. 그러나 승강로 피트 하부가 사무실 또는 통로로 사용 시 사람이 출입하는 곳이면 균형추에도 설치한다.

(1) 추락방지 안전장치 사용조건

① 정격 속도가 1m/s 초과하지 않는 경우 : 완충 효과가 있는 즉시 작동형

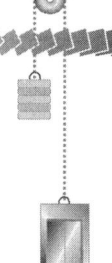

② 정격 속도가 0.63m/s 초과하지 않는 경우 : 즉시 작동형
③ 정격 속도가 1m/s 초과하는 경우 : 점차 작동형

(2) 추락방지 안전정치의 종류

① **즉시 작동형** : 정격 속도 0.63m/s 이하의 카 측 그리고 1.0m/s 이하의 균형추 측에 적용한다.

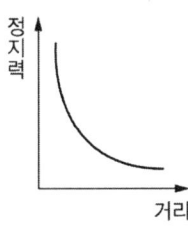

② **점차 작동형**

ⓐ FGC(Flexible Guide Clamp)형 : 레일을 죄는 힘이 동작에서 정지까지 일정하다. 이 방식은 구조가 간단하고, 복구가 쉬워 널리 사용되고 있다.

ⓑ FWC(Flexible Wedge Clamp)형 : 레일을 죄는 힘이 동작 초기에는 약하나 점점 강해진 후 일정하다.

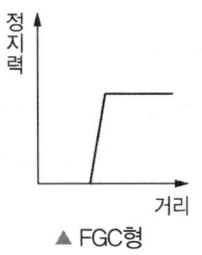
▲ FGC형

▲ FWC형

③ **슬랙로프 세이프티(slack rope safety)**

ⓐ 즉시 작동형 추락방지 안전정치 일종으로 소형 그리고 저속의 엘리베이터와 유압식 엘리베이터에 사용된다.

ⓑ 조속기가 필요 없으며, 로프에 걸리는 장력이 없어져 로프의 처짐이 생기면 추락방지 안전장치를 작동시킨다.

(3) 추락방지 안전장치의 감속도

정격 하중 카 또는 균형추·평형추가 낙하 시 점차 작동형 추락방지 안전장치의 평균 감속도는 $0.2g_n$에서 $1g_n$ 사이이어야 한다.

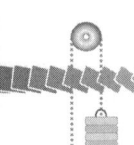

2. 카 내부·상부점검 및 조정 능력

1) 도어 시스템의 종류

(1) 수평 개폐식

① 중앙 개폐식(center open) : 2CO, 4CO 등 승객용
② 측면 개폐식(side open) : 1S, 2S 등 승객용
※ 숫자는 문짝 수이다.

(2) 수직 개폐식

① 상승 개폐식(up sliding) : 1up, 2up 등 자동차용
② 상하 개폐식(up down sliding center open) : 2ud, 4ud 등 덤웨이터용

2) 도어 머신의 구비 조건

① 동작이 원활하고, 조용하여야 한다.
② 카 위에 부착시키므로 소형이고, 가벼워야 한다.
③ 동작 회수는 엘리베이터 기동회수의 2배가 되므로, 동작빈도에 따른 내구성이 좋아야 한다.
④ 가격이 저렴해야 한다.

3) 도어의 구비 조건

① 문의 출입구 유효 높이(주택용 엘리베이터 1.80m 이상)는 2m 이상이어야 한다.
② 카 문의 문턱과 승강장 문의 문턱 사이의 수평거리는 35mm(장애인용 30mm) 이하이어야 한다.

4) 도어의 기능

① 문이 닫히는 마지막 20mm 구간에서는 무효화될 수 있어야 한다.
② 카 문의 문턱 위 최소 25mm와 1,600mm 사이 전 공간에서 감지될 수 있어야 한다.
③ 최소 50mm의 물체를 감지할 수 있어야 한다.
④ 문짝의 평균 닫힘(수직 개폐식 문의 경우) 속도는 0.3m/s 이하이어야 한다.
⑤ 카가 운행 중일 때 카 내부에 있는 사람에 의한 카 문의 개방은 50N 이상이 되어야 한다.
⑥ 카가 잠금 해제 구간에 있고 승강장 문 및 카 문을 수동으로 열 시 필요한 힘은 300N을 넘지 않아야 한다.

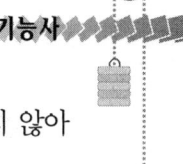

⑦ 카가 해제 구간 밖에 있을 시 카 문은 1,000N의 힘으로 50mm 이상 열리지 않아야 한다.

5) 도어의 잠금장치

① 도어 록(door lock) : 카가 정지하고 있지 않는 층계의 승강장 문은 전용 열쇠를 사용하지 않으면 열리지 않도록 하는 장치
② 도어 스위치(door switch) : 문이 닫혀 있지 않으면 운전이 불가능하도록 하는 장치
③ 클로저(closer) : 승강장의 문이 열린 상태에서 모든 제약이 해제되면 자동적으로 닫히게 한다. 이 방식은 스프링 클로저 방식(레버 시스템 + 코일 스프링 및 도어 체크)과 웨이트 클로저 방식(줄+추)이 있다.
④ 도어 인터록(door interlock) : 도어 록과 도어 스위치로 구성되며, 도어 록 장치가 확실히 걸린 후 도어 스위치가 들어가고, 도어 스위치가 끊어진 후 도어 록이 열리는 구조이어야 한다.

6) 조명장치 및 환기장치

(1) 비상 전원장치
① 정전이 되면 60초 이내에 운행에 필요한 전력량을 자동으로 발생시켜야 한다.
② 2시간 이상 엘리베이터를 동작시킬 수 있어야 한다.

(2) 카 조명장치
① 2개 이상의 조명기구는 병렬로 연결해야 한다.
② 조도는 100lx 이상(장애인용 150lx 이상)이어야 한다.

(3) 카의 환기장치
카의 환기 구멍의 유효면적은 카 유효면적의 1% 이상이어야 한다.

7) 카 천장 비상 구출문의 크기

① 0.4m×0.5m 이상(소방 구조용은 0.5m×0.7m 이상)이어야 한다.
② 외부 방향으로 열려야 한다.

8) 카 벽에 사용되는 유리

KSL 2004에 적합한 접합유리이어야 한다.

9) 통화장치

(1) 비상 통화장치의 용도
① 고장이 났을 때 수리 및 점검을 하기 위한 통화
② 카에 사람이 갇혔을 때 외부와의 통화
③ 정전 및 화재 시 구출 운전을 위한 통화

(2) 비상 통화장치의 종류
인터폰이 사용된다.

(3) 비상 통화장치의 설치 장소
① 경비실
② 중앙 관리실
③ 전기실
※ 외부와 통화 가능해야 할 곳은 자체 점검자, 유지관리 업체이다.

10) 기타 보조장치

① B.G.M(Back Ground Music) : 카 내부에 음악이나 방송을 하기 위한 장치이다.
② 정전등(비상등) : 카 내부에 정전 시 사용되는데 5럭스 이상으로 60분 이상 유지되어야 한다.

3. 도어의 안전장치

1) 세이프티 슈(safety shoe)

문의 선단에 이물질 검출장치를 설치하여 사람이나 물질이 접촉되면 도어의 닫힘은 중단되고 열린다.

2) 광전장치

투광(投光)기와 수광(受光)기로 구성되며, 도어의 양단에 설치해 광선(beam)이 차단될 때 도어의 닫힘은 중단되고 열린다. 라이트 레이(light ray)라고도 한다.

3) 초음파 장치

초음파로 승장 쪽에 접근하는 사람이나 물건(유모차, 휠체어 등)을 검출해, 도어의 닫힘을 중단시키고 열리게 한다.

제3절 승강로에서의 점검

1. 승강로 벽의 균열·누수 등 청결 상태

1) 승강로

(1) 밀폐식 승강로

승강로는 구멍이 없는 벽, 바닥, 천장으로 완전히 둘러싸인 구조이어야 한다.
단, 다음과 같은 개구부는 허용된다.
① 환기구
② 화재 시 가스 및 연기의 배출을 위한 통풍구
③ 엘리베이터 성능을 위한 승강로와 기계실 또는 풀리실 사이의 개구부
④ 승강로의 점검문 및 비상문을 설치하기 위한 개구부
⑤ 승강장 문을 설치하기 위한 개구부

(2) 승강로의 구조 및 여유 공간
① 불연재료 또는 내화구조의 벽, 바닥, 천장으로 둘러싸인 구조이어야 한다.
② 작업구역의 유효높이는 2.1m 이상이어야 한다.
③ 승강로 내부 이동 통로 높이는 1.8m 이상이어야 한다.

(3) 승강로에 설치 금지 설비
① 엘리베이터의 운행과 관계없는 가스, 수도, 전기설비의 배관은 설치하지 않아야 한다.
② 승강로, 기계실, 풀리실은 엘리베이터 전용으로 하여야 한다.

(4) 승강로에 2대 이상의 엘리베이터가 있는 경우 카 벽의 비상구출문 크기
① 0.4m 이상 × 1.8m 이상이어야 한다.
② 카 사이의 수평거리는 1m를 초과하면 안 된다.
③ 내부 방향으로 열려야 한다.

(5) 카 문턱 끝과 승강로 벽과의 간격

카 문턱 끝과 승강로 벽과의 간격은 15cm 이하이어야 한다.

(6) 에이프런(apron)
① 수직면의 아랫부분은 수평면에 대해 60° 이상 아래 방향으로 구부러져야 한다.

② 구부러진 곳의 수평면에 대한 투명 길이는 20mm 이상이어야 한다.
③ 수직 부분의 높이는 0.75m 이상이어야 한다.

(7) 승강로의 점검문, 비상문, 승강로 출입문, 피트 출입문의 규격
① 점검문 : 높이 0.5m 이하, 폭 0.5m 이하
② 비상문 : 높이 1.8m 이상, 폭 0.5m 이상
③ 승강로 출입문 : 높이 1.8m 이상, 폭 0.7m 이상
④ 피트 출입문 : 높이 1.8m 이상, 폭 0.7m 이상

2. 승강로 기계·전기 부품 및 장치

1) 리미트 스위치

엘리베이터 운행 시 최상·최하층을 지나치지 않도록 하는 장치이다.

▲ 리미트 스위치

2) 파이널 리미트 스위치

리미트 스위치가 작동되지 않을 경우를 대비하여, 리미트 스위치를 지난 위치에 설치해 카가 현저히 지나치는 것을 방지시킨다.
① 기계적으로 조작되어야 하며, 작동 캠은 금속제로 만든 것이어야 한다.
② 스위치 접촉은 직접 기계적으로 열려야 한다.
③ 파이널 리미트 스위치는 카에 부착된 캠으로 작동시켜야 한다.

3) 슬로다운 스위치

카가 어떤 이상으로 감속되지 않고 최상·최하층을 지나칠 경우 검출하여 강제적으로 감속·정지시키는 장치, 리미트 스위치 전에 설치한다.

4) 종단층 강제 감속장치

① 1G(9.8m/sec^2)를 초과하지 않는 감속도를 제공하여야 한다.
② 슬로다운 스위치가 종단층에서 감속시키는 데 실패하면, 종단층 강제 감속장치를 작동시켜야 한다.

5) 튀어 오름 방지장치(lock down)

① 고층 건물의 경우 불평형 하중 보상용으로 균형로프를 설치하는데, 카의 추락방지 안전장치 작동 시 관성에 의해 튀어 오르지 못하도록 한다.
② 정격 속도가 3.5m/s 초과 시 설치한다.

6) 피트 정지 스위치

엘리베이터의 검사 및 보수 시 파트 내부로 들어가기 전, 이 스위치를 "정지"로 하여 작업 중 카가 움직이는 것을 방지한다.

7) 역 결상 검출장치

동력전원이 어떤 원인에 의해 상이 바뀌거나 결상이 되면 감지하여, 전동기의 전원을 차단하고 브레이크를 작동시킨다.

8) 각층 강제정지 운전

카 안의 범죄 활동을 예방하기 위해 설치하는데, 스위치를 on 시키면 각층에 정지하면서 운행한다.

9) 권동식 로프이완 스위치

카가 최하층을 지나쳐 완충기에 충돌하면 와이어로프가 늘어나 로프 장력의 문제가 발생되는데, 이때 이를 검출하여 엘리베이터를 정지시킨다.

10) 파킹 스위치

카의 운전을 정지하고 대기시킨다.

11) 과부하 감지장치

① 카 내부의 적재하중을 감지하여 초과 시 경보음을 울려 적재하중이 초과되었음을 알려주고, 출입구 도어 닫힘을 저지해, 카가 출발되지 않도록 한다.
② 정격 하중의 105~110% 범위에 설정한다.
③ 과부하는 정격 하중의 10%(최소 75kg)를 초과하기 전에 검출되어야 한다.

3. 각종 매다는 장치 및 체인

1) 로프(rope)의 구조

① 철제 또는 강철제 2본 이상의 와이어로프를 사용 하는데, 공칭 직경은 8mm 이상 되어야 한다.
② 정격 속도 1.75m/s 이하의 경우, 행정안전부 장관의 안전성 확인을 받은 경우, 직경 6mm(3가닥 이상)의 로프 사용이 가능하다.
③ 로프의 안전율은 2본은 16 이상, 3본 이상은 12 이상이어야 한다. 그런데 체인 사용 시는 10 이상이어야 한다.
④ 로프 꼬임 방식에는 보통 Z 꼬임과 보통 S 꼬임 그리고 랭 Z 꼬임과 랭 S 꼬임이 있다. 엘리베이터는 보통 Z 꼬임이 사용된다.
⑤ 로프의 형상에는 실형(S) 필러형(Fi), 워링톤형(W), 형명이 없는 것이 있는데, 엘리베이터는 실형 19본선 8꼬임 {8×S(19)} E종이 주로 사용된다.

> **참고**
>
> **1. 보통꼬임**
> ① 로프의 꼬임 방향과 스트랜드의 꼬임 방향이 반대이다.
> ② 랭꼬임에 비하여 킹크가 발생하지 않는다.
> ③ 국부적인 마모의 발생으로 수명이 짧다.
>
> **2. 랭꼬임**
> ① 로포의 꼬임 방향과 스트랜드의 꼬임 방향이 같다.
> ② 보통꼬임에 비하여 킹크가 잘 발생하므로 풀리기 쉽다.
> ③ 내마모성이 우수하다.

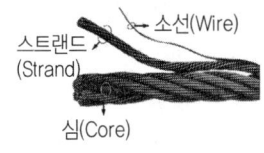    

▲ 와이어로프의 구성　　▲ 보통 Z 꼬임　▲ 보통 S 꼬임　▲ 랭 Z 꼬임　▲ 랭 S 꼬임

※ 보통 Z꼬임은 소선을 꼬는 방향과 스트랜드를 꼬는 방향이 반대인데, 스트랜드를 꼬는 방향이 Z자 방향이다.

2) 소선의 강도에 의한 분류

① A종 : 파단하중 1,620N/mm², 초고층용 또는 로프 본수를 적게 하는 경우 사용한다.
② B종 : 파단 하중 1,770N/mm², 현재 사용하지 않는다.
③ E종 : 파단하중 1,320N/mm², 엘리베이터용이다.
④ G종 : 파단하중 1,470N/mm², 소선 표면에 아연도금을 해, 녹이 나지 않으므로 습기가 많은 장소에 적합하다.

3) 로프의 마모 및 파손상태에 대한 기준

마모 및 파손상태	기준
소선의 파단이 균등하게 분포되어 있는 경우	1구성 꼬임(스트랜드)의 1꼬임 피치 내에서 파단 수 4 이하
파단 소선의 단면적이 원래의 소선 단면적의 70% 이하로 되어 있는 경우 또는 녹이 심한 경우	1구성 꼬임(스트랜드)의 1꼬임 피치 내에서 파단 수 2 이하
소선의 파단이 1개소 또는 특정의 꼬임에 집중되어 있는 경우	소선의 파단총수가 1꼬임 피치 내에서 6꼬임 와이어로프이면 12 이하, 8꼬임 와이어로프이면 16 이하
마모 부분의 와이어로프의 지름	마모되지 않은 부분의 와이어로프 직경의 90% 이상

제4절 승강장에서의 점검

1. 승강장 문 및 장치

1) 승강장 출입문의 높이 및 폭

① 출입구의 높이(주택용 엘리베이터는 1.8m 이상)는 2m 이상이어야 한다.
② 승강장 문의 유효 출입구 폭은 카 출입구 폭 이상으로 하여야 한다. (양쪽 측면 모두 카 출입구 측면 폭보다 50mm를 초과하지 않을 것)

2) 승강장 문 자동동력 작동식 문

① 문 닫힘을 저지하는 데 필요한 힘은 150N 이하이어야 한다. (이 힘은 문 닫힘 행정의 최초 1/3 구간에서는 측정되지 않아야 한다.)
② 접힌 문이 열리는 것을 방지하기 위해 필요한 힘은 150N을 초과하지 않아야 한다.

3) 승강장의 조명

50lx 이상(바닥에서 측정)의 자연 또는 인공조명이 있어야 한다.

4) 닫힌 승강장 문의 확인

① 닫힌 위치에서 승강장 문의 확실한 잠금이 카의 움직임보다 우선되어야 한다.
② 잠금 부품이 7mm 이상 물리기 전에는 카가 출발하지 않아야 한다.

5) 승강장 문턱과 카 문턱의 틈새

엘리베이터 승강장 문턱과 카 문턱의 틈새는 35mm 이하(장애인용은 30mm 이하) 이어야 한다.

2. 승강장 버튼 및 표시기

1) 아난세타

수동식 엘리베이터에서 승강장 버튼 등록을 카 내의 운전자가 알 수 있게 해주는 표시기이다.

2) 홀랜턴

카의 오름과 내림을 나타내는 방향등을 말한다.

3) 지시기(indicator)

승강장에 카의 위치를 알려주는 장치이다.

제5절 피트에서의 점검

1. 피트 기계, 전기 부품 및 장치

1) 피트 피난공간의 크기

자세	그림	피난공간의 크기	
		수평거리(m×m)	높이(m)
서 있는 자세		0.4×0.5	2

자세	그림	피난공간의 크기	
		수평거리(m×m)	높이(m)
웅크린 자세	(그림)	0.5×0.7	1
누운 자세	(그림)	0.7×1	0.5

[비고] 기호 설명 : ① 검은색, ② 노란색, ③ 검은색

※ 피트 바닥과 카의 가장 낮은 부분 사이의 유효 수직거리는 0.5m 이상이어야 한다.
※ 주택용 엘리베이터인 경우 카가 완전히 압축된 완충기 위에 있을 때, 피트 바닥과 카의 가장 낮은 부품 사이의 수직거리는 0.05m 이상이어야 한다.

2. 피트 누수

1) 피트 안전 조건

① 피트 바닥 위로 1m 이내에 위치한 전기 장치는 IP67 이상의 등급으로 보호되어야 한다.
② 콘센트 및 승강로에서 가장 낮은 조명 전구의 위치는 허용 가능한 피트 내부의 최대 누수 수준 위로 0.5m 이상이어야 한다.

Chapter 2 에스컬레이터(무빙워크) 점검

제1절 구동부 점검하기

1. 구동기, 구동체인, 구동장치

하나의 구동장치는 2대 이상의 에스컬레이터 또는 무빙워크를 작동하지 않아야 한다.

1) 속도

무부하 에스컬레이터 또는 무빙워크의 속도는 공칭 주파수 및 공칭 전압에서 공칭 속도로 부터 ±5%를 초과하지 않아야 한다.

2) 에스컬레이터의 공칭 속도

① 경사도 각도가 30° 이하 : 0.75m/s 이하일 것
② 경사도 각도가 30° 초과 35° 이하 : 0.5m/s 이하일 것

3) 무빙워크의 공칭 속도

공칭 속도는 0.75m/s 이하이어야 한다. 또한 경사 각도는 12° 이하이어야 한다.

2. 브레이크 시스템

1) 에스컬레이터의 제동부하

① 스텝폭 0.6m 이하 : 스텝당 제동부하 60kg
② 스텝폭 0.6m 초과 0.8m 이하 : 스텝당 제동부하 90kg
③ 스텝폭 0.8m 초과 1.1m 이하 : 스텝당 제동부하 120kg

제2절 안전장치 점검하기

1. 기계적, 전기적 안전장치

1) 구동체인 안전장치

구동체인이 절단되었을 때 계단(디딤판)을 정지시키는 장치

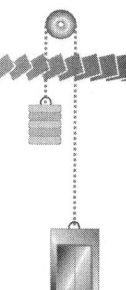

2) 핸드레일 안전장치
이동 손잡이가 늘어난 것을 검출하여 운전을 정지시키는 장치

3) 핸드레일 인입구 안전장치
핸드레일 인입구에 이물질이 끼었을 때 정지시키는 장치

4) 계단체인 안전장치
계단 체인이 절단 또는 늘어날 시 전원을 차단하는 장치

5) 스커트 가드(skirt guard) 안전장치
스커트 가드와 계단체인 사이에 발이나 이물질이 끼었을 때 위험을 방지하기 위한 장치

6) 과전류 계전기(over load relay)
모터에 정격 용량 20% 이상의 과전류가 흐를 때 전원을 자동으로 차단하는 장치

7) 역결상 보호장치(asymmetric relay in controller)
동력 또는 조명전원에 역상이나 결상이 발생할 경우 전원을 자동으로 차단하는 장치

8) 콤(comb : 빗) 이물질 검출장치
제단과 콤 사이에 이물질이 꼈을 때, 에스컬레이터를 안전하게 정지시키는 장치

9) 머신 브레이크(machine brake)
에스컬레이터를 정지시킨 상태(전원을 off 시킨 상태)에서 에스컬레이터가 관성으로 움직이는 것을 방지하기 위해 설치하는 장치

제3절 손잡이 점검하기

1. 손잡이 및 구성품

1) 손잡이 구동장치
① 손잡이 구동장치는 디딤판 구동장치와 연동되어 동일 방향으로 구동되어야 한다.
② 디딤판과 손잡이의 속도 허용오차는 0 ~ 2% 이내이어야 한다.
③ 정상 운행 중 운행 반대 방향에서 450N의 힘으로 당겼을 때 정지되지 않아야 한다.
④ 손잡이 폭은 70mm 이상 100mm 이하이어야 한다.

2. 디딤판과 손잡이 속도 측정

디딤판과 손잡이의 속도가 허용 오차 이내인지 또 동일 방향으로 동작되는지 확인한다.

제4절 상부 기계실 점검하기

1. 디딤판, 트레드, 스커트 가드

1) 디딤판

디딤판의 높이(0.24m 이하), 깊이(0.38m 이상), 폭(0.58~1.1m 이하)이 규격에 맞는지 확인한다.

2) 트레드

디딤판의 홈이 약 10mm의 일정한 간격으로 되어 있어야 한다.

3) 스커트 가드

스커트 디플렉터 설치는 스커트 패널의 수직면으로부터 수평 방향으로 최소 33mm, 최대 50mm 돌출되어야 한다.

2. 제어반

1) 제어회로

제어회로 및 안전회로의 경우 전도체와 전도체 사이 또는 전도체와 접지 사이의 직류 전압값 또는 교류 전압 실횻값은 250V 이하이어야 한다.

제5절 하부 기계실 점검하기

1. 디딤판 체인 상태 및 장력

1) 디딤판 체인의 구조

① 디딤판 체인의 표면은 해로운 금, 갈라짐, 홈 등의 결함이 없어야 한다.
② 바깥쪽 링크와 안쪽 링크와의 틈새 합계는 0.5~1.5mm이어야 한다.
③ 디딤판 체인의 축간 거리의 정밀도는 0.4mm 이상 초과할 수 없다.

2. 콤, 오일받이

1) 콤

① 콤 빗살의 트레드 표면에서 측정하여 2.5mm 이상이어야 한다.

② 트레드 홈에 맞물리는 콤 깊이는 4mm 이상이어야 한다.

2) 오일받이

에스컬레이터 기어와 체인에 오일이 마르면 구동부 떨림·체인에서의 소음이 발생하기에 오일이 마르지 않도록 오일을 주입하고 흐르는 오일을 받는 기구이다.

제 3 과목

안전관리

- Chapter 01 승강기 안전관리
- Chapter 02 승강기 안전검사 수검

제3과목 안전관리

Chapter 1 승강기 안전관리

제1절 안전관리 장구 준비하기

1. 안전장비, 장구, 용품

1) 안전보호구
   ① 안전대
   ② 안전화
   ③ 안전모
   ④ 안전장갑
   ⑤ 보안경

2) 보호구의 구비 조건
   ① 착용이 간편할 것
   ② 재료의 품질이 우수할 것
   ③ 작업에 방해 요소가 되지 않을 것
   ④ 유해는 위험 요소에 방호성능이 완전할 것
   ⑤ 외관이 보기 좋을 것

3) 보호구의 선정 시 유의 사항
   ① 작업에 적합해야 한다.
   ② 작업에 방해되지 않아야 한다.
   ③ 방호 성능이 보장되어야 한다.
   ④ 검정 기관의 검정에 합격한 것으로 한다.
   ⑤ 착용이 쉬워야 한다.

제2절 전기 안전 준수하기

1. 전기 안전용품

1) 절연 안전모
물체의 낙하, 추락 등에 의한 위험을 방지하고 머리 부분은 감전 위험으로부터 보호하기 위해 사용되는데, 교류 7,000V 이하에 사용된다.

2) 절연 고무장갑

(1) 종별

① A종 : 교류 300V 초과 600V 이하(직류 750V 이하)에 사용
② B종 : 교류 600V 초과(직류 750V 초과) 3,500V 이하에 사용
③ C종 : 교류 3,500V 초과 7,000V 이하에 사용

3) 절연화

① 교류 7,000V 이하에서 감전 방지를 위해 사용된다.
② 종류에는 절연화와 절연장화가 있다.

4) 절연복
고압 활선 작업 시 감전사고로부터 인체를 보호하기 위하여 착용된다.

제3절 환경 관리하기

1. 환경 검사 장비

1) 조명 방법

(1) 직접 조명

① 광속의 90 ~ 100%가 아래로 향한다.
② 조명률이 가장 좋고 설치가 간단하다.
③ 근로자의 눈 피로가 크다.
④ 눈부심 현상이 심하다.
⑤ 그림자가 뚜렷하다.
⑥ 공장 조명에 많이 사용된다.

(2) 간접 조명
① 광속의 90 ~ 100%를 위로 향하게 비추어, 천장이나 벽면에서 반사, 확산시켜 조도를 얻는다.
② 조명률이 안 좋다.
③ 유지보수가 어려워 경비가 많이 든다.
④ 눈부심 현상이 없다.
⑤ 균일한 조도를 얻을 수 있다.

(3) 전반 조명
① 눈의 피로가 적다.
② 실내 전체가 밝아지는 조명 방식이다.

(4) 국소 조명
① 국부만을 조명하므로 눈부심 현상이 나타난다.
② 눈이 쉽게 피로해진다.

2) 소음

(1) 소음으로 성능이 저하되는 작업
① 경계 임무
② 기술과 속도를 요하는 작업
③ 복잡한 정신 작업
④ 고도의 인식 능력을 요하는 작업

(2) 강한 소음으로 인한 생리적 변화
① 부신 피질 기능 저하
② 말초 순환계의 혈관 수축
③ 동공, 맥박 강도 변화
④ 혈압 상승, 신진대사 증가, 발한 촉진

(3) 소음 노출 한계
90dB 정도에 장시간 노출되면 청력 장애를 유발한다.

2. 안전 작업 절차

1) 산업 재해의 원인

(1) 직접 원인(불안전한 행동)
① 불안전한 작업 자세
② 작업 수행 중 과실
③ 불필요한 동작
④ 설비 및 기계의 부적절한 사용
⑤ 작업 절차 미준수
⑥ 불안전한 속도 조작

(2) 직접 원인(불안전한 생태)
① 물체 및 설비 자체의 결함
② 부적절한 방호 조치
③ 보호구의 성능 불량
④ 불안진한 설계로 인한 결함
⑤ 작업공정·절차의 부적절
⑥ 작업 통로 등 장소 불량

(3) 간접 원인
① 기술적 원인
  ⓐ 건물, 기계 장치의 설계 불량
  ⓑ 구조, 재료의 부적합
② 교육적 원인
  ⓐ 안전 의식의 부족
  ⓑ 작업 방법의 교육 불충분
③ 신체적 원인
  ⓐ 피로
  ⓑ 신체적 결함(두통, 현기증 등)
④ 정신적 원인
  ⓐ 태도 불량(태만, 불만)
  ⓑ 정신적 동요(공포, 긴장)

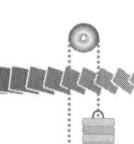

⑤ 작업 관리상 원인
ⓐ 작업준비 불충분
ⓑ 작업지시 부적당

2) 안전 관리의 목적
① 인간의 존중
② 사회 복지의 증진
③ 생산성 향상
④ 경제적 손실의 예방

3) 안전 활동의 효과
① 인간 존중의 근본이념을 실현
② 바람직한 노사관계의 형성
③ 재해로 인한 손실 및 상해 예방
④ 고유 기술의 축적으로 품질 향상

Chapter 2 승강기 안전검사 수검

제1절 안전검사 수검

1. 승강기 부품의 기능별 점검(전기, 제어, 기계)

1) 승강기 안전검사
① 정기검사
  검사 주기는 2년 이하이다.
② 수시검사
  ⓐ 승강기의 종류, 제어방식, 정격 속도, 정격 용량 또는 왕복 운행 거리를 변경한 경우
  ⓑ 승강기의 제어반 또는 구동기를 교체한 경우
  ⓒ 승강기에 사고가 발생하여 수리한 경우
  ⓓ 관리 주체가 요청하는 경우

③ 정밀검사

다음 중 어느 하나에 해당하는 경우에 하는 검사이다. 이 경우 각목에 해당할 때에는 정밀 안전검사를 받고 그 후 3년마다 정기적으로 정밀안전 검사를 받아야 한다.

ⓐ 정기검사 또는 수시검사 결과 결함의 원인이 불명확하여 사고 예방과 안전성 확보를 위하여 행정안전부 장관이 정밀 안전검사가 필요하다고 인정하는 경우
ⓑ 승강기의 결함으로 중대한 사고 또는 중대한 고장이 발생한 경우
ⓒ 설치 검사를 받은 날부터 15년이 지난 경우
ⓓ 그 밖에 승강기 성능 저하로 승강기 이용자의 안전을 위협할 우려가 있어 행정안전부 장관이 정밀 안전검사가 필요하다고 인정한 경우

2. 오버밸런스율

① 균형추의 무게 = 카 자중 + (정격 하중 × 오버밸런스율)
② 오버밸런스율은 균형추의 트랙션비를 개선시켜 로프가 도르래에서 미끄러지지 않도록 한다.

부록

승강기기능사 과년도 문제

- 2007년 기출문제
- 2008년 기출문제
- 2009년 기출문제
- 2010년 기출문제
- 2011년 기출문제
- 2012년 기출문제
- 2013년 기출문제
- 2014년 기출문제
- 2015년 기출문제
- 2016년 기출문제
- 최신 CBT 기출복원문제

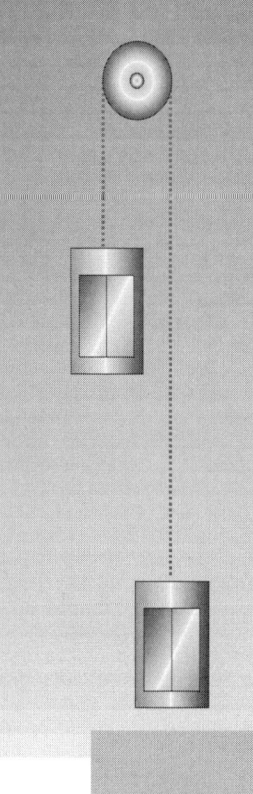

2007년 기출문제

- 과년도 문제(2007. 04. 01)
- 과년도 문제(2007. 09. 16)

승강기기능사 과년도 문제
(2007.04.01 시행)

문제 01 균형체인의 설치 목적은?
① 로프의 무게 보상을 위하여
② 카의 무게 보상을 위하여
③ 완충기의 무게 보상을 위하여
④ 과속조절기의 무게 보상을 위하여

문제 02 다음 중 승강기의 방호장치에 해당되지 않는 것은 어느 것인가?
① 과속조절기 ② 브레이크
③ 추락방지안전장치 ④ 발전기

해설 발전기는 전기를 발생시키는 기기이다. 그러므로 승강기의 방호장치와는 거리가 멀다.

문제 03 승강기 정격속도가 120m/min이고 제동장치가 1m인 승강기가 있다. 제동을 건 후 몇 초 후에 정지하는가?
① 1초 ② 2초
③ 3초 ④ 4초

해설 $t = \dfrac{120d}{v} = \dfrac{120 \times 1}{120} = 1(\text{s})$

문제 04 케이지가 정지하고 있지 않은 층계의 승강장 문은 전용의 키를 사용해야만 열 수 있도록 한 장치는?
① 도어 인터록 ② 도어 록
③ 도어 클로저 ④ 도어 머신

해설 ① 도어 인터록 스위치
엘리베이터의 승강장문에는 카가 정지하고 있지 않는 층에서는 열쇠를 이용해야만 밖에서 열 수 있는 잠금장치와, 문이 닫히지 않으면 운전할 수 없게 하기 위한 도어 스위치가 필요하다. 통상 이들 장치는 별도로 설치하는 것이 아니라 하나로 조합되어 사용되고 도어 인터록 스위치라고 한다. 도어 인터록 스위치에서 중요한 것은 확실히 잠겼을 때에만 스위치가 on이고 스위치가 off로 된 후에 열쇠가 빠지도록 하는 일이다.

답 1.① 2.④ 3.① 4.②

② 도어 록(door lock)
  카가 정지하고 있지 않는 층계의 승강장문은 전용 열쇠를 사용하지 않으면 열리지 않도록 하는 장치
③ 도어 클로저
  승장 도어가 열려있을 시 자동으로 닫히게 하는 장치
④ 도어 머신
  엘리베이터의 도어 개폐장치로, 전동기 및 감속기 등의 전동기 부분을 말한다. 도어 머신에 요구되는 것은 ㉠ 작동이 원활, 정숙할 것, ㉡ 카 위에 설치되기 때문에 소형 경량일 것, ㉢ 고빈도 작동에 견딜 것, ㉣ 가격이 저렴할 것

문제 05
기계실의 온도는 몇 ℃로 유지해야 하는가?
① 5~30℃
② 5~40℃
③ 10~50℃
④ 10~60℃

문제 06
승강기에 사용되는 레일의 종류가 아닌 것은?
① 8K 레일
② 13K 레일
③ 19K 레일
④ 24K 레일

해설 T형 레일의 공칭은 8K, 13K, 18K, 24K가 있다. 또 대용량 엘리베이터에서는 37K, 50K 등이 있다.

문제 07
유압 승강기에서 파워 유니트의 보수, 점검 또는 수리를 위해 실린더로 통하는 기름을 수동으로 차단시켜야 하는 것은?
① 역지밸브
② 스트레너
③ 스톱밸브
④ 레벨링밸브

해설
- 역지밸브(check valve)
  한쪽 방향으로만 오일이 흐르도록 하는 밸브이다. 기능은 로프식 엘리베이터의 전자식 브레이크와 유사하다.
- 스트레너(Strainer)
  유압 엘리베이터 펌프의 흡입측에 설치되어 오일에, 들어있는 이물질을 제거하는 필터를 말한다.
- 스톱밸브(stop valve)
  이 밸브를 닫으면 실린더의 오일이 탱크로 역류하는 것을 방지한다. 이 밸브는 유압장치의 보수, 점검·수리시에 사용된다.
- 레벨링밸브
  차체가 무거워 지거나 가벼워짐에 따라 차체 높이를 일정하게 맞추기 위해서 공기 스프링 내에 공기를 넣거나 빼는 밸브

답 5.② 6.③ 7.③

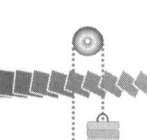

문제 08 속도 55m/min의 승용 엘리베이터 상부 여유거리는?
① 1.4m 이상　　② 1.6m 이상
③ 1.8m 이상　　④ 2.0m 이상

해설　※ 본 문제는 검사기준(2013.9.15 시행)이 개정되어 출제가 수정될 것입니다.
〈균형추가 완전히 압축된 완충기 위에 있을 때〉
① 카 지붕에서 가장 높은 부분과 승강로 천장의 가장 낮은 부분(천장 아래 빔 및 부품 포함) 사이의 수직 거리는 $1.0+0.025\,V^2$[m] 이상이어야 한다.
② 승강로 천장의 가장 낮은 부분과 카 지붕에 고정된 설비의 가장 높은 부분 사이의 수직거리는 $0.3+0.035\,V^2$[m] 이상이어야 한다.

문제 09 유압식 승강기에서 로프식 승강기의 전자브레이크 역할을 하는 것은?
① 유량제어밸브　　② 역지밸브
③ 필터　　④ 사일런서

해설　• 역지밸브(check valve)
한쪽 방향으로만 오일이 흐르도록 하는 밸브이다. 정전시 펌프의 토출압력이 떨어져 실린더 내의 오일이 역류하여 카가 자유낙하 하는 것을 방지한다. 로프식 엘리베이터의 전자식 브레이크와 유사하다.

문제 10 피트내에서의 점검요령으로 틀린 것은?
① 피트에 들어갈 때는 카를 수동상태에 둔다.
② 하부 화이널 리미트스위치를 점검한다.
③ 피트에 물이 고여 있을 경우는 점검 등을 들고 점검한다.
④ 과속조절기 텐션시브는 바닥과 접촉하지 않는지를 점검한다.

해설　물이 고여 있는 경우, 점검 등을 잘못 다루다 물에 닿으면 감전될 수 있다.

문제 11 급유가 필요하지 않은 곳은?
① 호이스트 로프(hoise rope)
② 과속조절기(governor)
③ 가이드 레일(guide rail)
④ 웜기어(worm gear)

답　8.① 9.② 10.③ 11.②

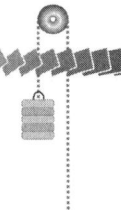

문제 12 사일런서(silencer)에 관한 설명으로 맞는 것은?
① 로프식 엘리베이터의 소음과 진동을 흡수하기 위한 장치이다.
② 유압 엘리베이터의 소음과 진동을 흡수하기 위한 장치이다.
③ 카에 과부하 하중이 걸릴 때 발하는 경보장치이다.
④ 카안에 부착되어 비상시 외부와의 연락을 취하게 하는 인터폰의 일종이다.

문제 13 로프식 엘리베이터의 권상 도르래(Main Shave)와 로프의 미끄러짐 관계를 설명한 것 중 틀린 것은?
① 카의 가속도와 감속도가 클수록 미끄러지기 쉽다.
② 로프와 권상 도르래의 마찰계수가 작을수록 미끄러지기 쉽다.
③ 카와 균형추의 로프에 걸리는 중량비가 클수록 미끄러지기 쉽다.
④ 로프가 권상 도르래에 감기는 권부각이 클수록 미끄러지기 쉽다.

해설 권부각이 클수록 미끄러지지 않는다. 권부각은 150° 이상 되어야 한다.

문제 14 정전시 카 내의 비상램프의 밝기는 기준 거리에서 몇 룩스 이상이어야 하는가?
① 0.1　　　　② 5
③ 10　　　　④ 100

문제 15 균형추의 중량을 구하는 식은? (단, L : 정격 적재량(kg), F : 오버밸런스율이다.)
① 균형추 중량＝케이지 자체 하중
② 균형추 중량＝케이지 자체 하중＋L
③ 균형추 중량＝케이지 자체 하중＋L·F
④ 균형추 중량＝케이지 자체 하중＋L＋F

문제 16 에스컬레이터의 비상정지스위치의 설치 위치를 바르게 설명한 것은?
① 디딤판과 콤(comb)이 맞물리는 지점에 설치한다.
② 리미트 스위치에 설치한다.
③ 상·하부 승강구 입구에 설치한다.
④ 승강로의 중간부에 설치한다.

답　12.② 13.④ 14.② 15.③ 16.③

문제 17 무빙워크의 경사도는 몇도 이하이어야 하는가?
① 12°   ② 15°
③ 18°   ④ 30°

해설 무빙워크
① 경사도는 12° 이하로 해야 한다.
② 정격속도는 45m/min 이하이어야 한다.
③ 팔레트식과 고무벨트식이 있다.

문제 18 에스컬레이터의 구조에 대한 설명으로 틀린 것은?
① 경사도는 30도를 초과하지 않아야 한다.
② 핸드레일의 속도가 디딤바닥과 동일한 속도를 유지하도록 한다.
③ 디딤바닥의 정격속도는 30m/min 이상이어야 한다.
④ 사람 또는 물건이 시설부분사이에 끼이거나 부딪치는 일이 없도록 안전한 구조이어야 한다.

해설 디딤바닥의 정격속도는 경사도가 30° 이하인 경우 45m/min 이하이어야 하며, 핸드레일 속도와 디딤바닥 속도는 동일해야 한다.

문제 19 발판(STEP)과 스커트가이드의 간격은 몇 mm 이내 정도로 하는가?
① 0.1~0.5   ② 4.0mm 이하
③ 6~10   ④ 11~15

문제 20 승강기 배선공사에 주로 사용되는 IV전선의 허용온도는 몇 ℃인가?
① 40   ② 50
③ 60   ④ 75

해설 ※ 본 문제는 검사기준(2013.9.15 시행)이 개정되어 출제가 수정될 것입니다.
현재 전기설비에서 사용되고 있는 전선은 NR, HFIX 전선이 사용되고 있다.

문제 21 유압식 엘리베이터의 고무호스의 안전율은 얼마 이상이어야 하는가?
① 5   ② 8
③ 10   ④ 12

해설 • 가요성 호스 : 8 이상   • 실린더 : 4 이상

답 17.① 18.③ 19.② 20.③ 21.②

문제 22 유압잭의 부품이 아닌 것은?
① 사일런서   ② 플런저
③ 패킹   ④ 더스터 와이퍼

해설 사일런서(Silencer) : 유압 엘리베이터의 소음과 진동을 흡수하기 위한 장치이다.

문제 23 홀 랜턴(hall lantern)을 바르게 설명한 것은?
① 단독 카일 때 많이 사용하며 방향을 표시한다.
② 2대 이상일 때 많이 사용하며 위치를 표시한다.
③ 군관리방식에서 도착예보와 방향을 표시한다.
④ 카의 출발을 예보한다.

해설 홀 랜턴 : 승장의 호출등록시 서비스할 카를 예보하거나, 카의 도착 또는 운행 방향을 표시하기 위하여, 승장에 설치하는 등(lamp)을 말한다.

문제 24 승강기가 최하층을 통과했을 때 주전원을 차단시켜 승강기를 정지시키는 것은?
① 완충기   ② 과속조절기
③ 추락방지안전장치   ④ 화이날 리미트스위치

문제 25 일반 전동기와 엘리베이터용 전동기의 차이점을 설명한 것 중 틀린 것은?
① 전부하시 회전수의 오차가 적어야 한다.
② 엘리베이터용 전동기는 반드시 전폐형 연속정격의 전동기를 사용해야 한다.
③ 높은 기동토크와 충분한 제동력이 요구된다.
④ 엘리베이터용 전동기는 기동빈도가 높아서 전열재료의 내열성이 요구된다.

해설 엘리베이터용 전동기는 전폐형과 오픈형이 있는데, 주로 전폐형이 사용된다.

문제 26 엘리베이터 감시반에는 여러 가지 정보를 알 수 있도록 제작되어져야 한다. 필요하지 않은 장치는?
① 현재 엘리베이터의 운행방향 표시장치
② 현재 엘리베이터의 하중 표시장치
③ 현재 엘리베이터의 위치 표시장치
④ 엘리베이터의 이상유무확인 표시장치

답 22.① 23.③ 24.④ 25.② 26.②

문제 27 유압식 승강기의 착상보정장치는 착상면을 기준으로 몇 mm 이내에서 보정할 수 있어야 하는가?

① 70　　　　　　　　② 75
③ 85　　　　　　　　④ 90

해설　※ 본 문제는 검사기준(2013.9.15 시행)이 개정되어 출제가 수정될 것입니다.
카의 착상 정확도는 ±10mm 이하이어야 한다.

문제 28 유압용 승강기의 카가 최하층에 정지되었을 때, 카와 완충기와의 거리는 최대 몇 mm 이하인가? [문제 삭제]

① 300　　　　　　　② 400
③ 500　　　　　　　④ 600

해설　※ 본 문제는 2019.4.4. 법 개정으로 인해 삭제되었습니다.

문제 29 로프의 교체시기 판정방법이 아닌 것은?

① 단선　　　　　　　② 마모
③ 부식정도　　　　　④ 재질

문제 30 유압엘리베이터가 하강할 때의 작동유 흐름순서가 옳은 것은?

① 실린더 → 솔레노이드 → 체크밸브 → 유량제어밸브 → 탱크
② 탱크 → 체크밸브 → 유량제어밸브 → 탱크
③ 실린더 → 탱크 → 체크밸브
④ 탱크 → 유량제어밸브 → 솔레노이드 → 체크밸브 → 실린더

문제 31 에스컬레이터의 계단은 계단체인에 의해 연결되어 순환되는데, 이것을 안전하게 순환시키는 것은 계단자체의 구조와 그것에 설치되어 있는 것으로서 롤러를 안내하는 것은?

① 레일　　　　　　　② 스프링
③ 트러스　　　　　　④ 라이저

해설　트러스의 모습

답　27.②　28.④　29.④　30.①　31.①

문제 32 엘리베이터의 종류 중 동력매체별로 구분한 것이 아닌 것은?
① 로프식　　　　　　　② 플런저식
③ 스크류식　　　　　　④ 권상식

해설　동력매체별 분류
　　　① 로프식　② 플런저식　③ 스크류식　④ 랙·피니언식

문제 33 유압 엘리베이터의 플런저를 구동시키는 원리는?
① 아르키메데스 원리　　② 피타고라스의 원리
③ 파스칼의 원리　　　　④ 기전력의 원리

해설
① 아르키메데스의 원리
　기체나 액체로 이루어진 유체(流體)에 물체가 완전히 잠기거나 혹은 일부분이 잠겨 정지하고 있으면 물체가 밀어낸 유체의 무게만큼 부력이 위쪽으로 작용한다. 물체가 밀어낸 유체의 부피는 유체에 잠긴 부분의 부피와 같다. 밀려난 유체의 무게는 위로 작용하는 부력의 크기와 같아진다. 즉 액체나 기체에서 물체가 떠오르지도 가라앉지도 않는다면, 뜬 물체에 작용하는 부력은 뜬 물체의 무게와 크기는 같고 방향이 반대가 된다. 예를 들어 처음 진수시킨 배는 배가 밀어낸 물의 무게가 배의 무게와 똑같아질 때까지 가라앉게 된다. 이 배에 짐을 실으면 배가 더 깊이 가라앉으면서 더 많은 물을 밀어낸 부력의 크기가 배와 짐을 합한 무게와 같아지게 유지한다.
② 피타고라스의 원리
　임의의 직각삼각형에서 빗변을 한 변으로 하는 정사각형의 넓이는 다른 두 변을 각각 한 변으로 하는 정사각형의 넓이의 합과 같다.
③ 파스칼의 원리
　밀폐된 용기 내에서 유체의 압력은 줄지 않고 그대로 모든 방향으로 전달된다는 것

문제 34 승강기의 브레이크를 해체할 때 케이지의 위치는 어디로 하는가?
① 최상층　　　　　　　② 최하층
③ 중간층　　　　　　　④ 완충기 위

문제 35 나이프스위치의 충전부가 노출되면 무엇이 위험한가?
① 누전　　　　　　　　② 감전
③ 과부하　　　　　　　④ 과열

답　32.④　33.③　34.②　35.②

2007.04.01 시행

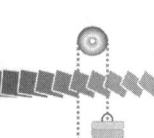

문제 36 안전사고의 발생요인으로 볼 수 없는 것은?
① 피로감   ② 임금
③ 감정   ④ 날씨

문제 37 승강기에서 사용되는 전선의 굵기를 결정하려고 한다. 고려하지 않아도 되는 것은?
① 허용전류   ② 전압강하
③ 기계적 강도 ④ 누설전류

문제 38 동력전달장치 중 일반적으로 재해가 가장 많은 것은?
① 원동기   ② 벨트
③ 차축   ④ 치차

문제 39 전기에 의한 발화의 원인으로 볼 수 없는 것은?
① 단락에 의한 발화
② 과전류에 의한 발화
③ 접속불량의 과열에 의한 발화
④ 용접기의 자동전격방지장치에 의한 발화

문제 40 유압용 엘리베이터에 가장 많이 사용하는 펌프는?
① 기어펌프   ② 스크류펌프
③ 베인펌프   ④ 시프톨펌프

해설 ① 기어펌프
서로 맞물리는 2개의 기어를 이것에 외접(外接)하는 케이스 속에 넣고, 기어를 회전시켜 톱니의 홈과 둘레의 벽 사이에 생기는 공간의 이동을 이용한다. 장치가 소형이고 값이 싸며 간단하므로, 기름을 수송할 경우 배관 도중에 넣기가 편리하다.
② 스크류펌프
회전 펌프의 하나로서 회전축의 둘레에 나사홈을 내어, 다른 나사축을 맞물리게 하여 케이싱(casing) 안에 넣은 다음, 서로 반대방향으로 회전시켜서 나사홈 안에 있는 액체를 내보내는 펌프
③ 베인펌프
회전자(回轉子) 부분이 들어 있는 케이싱 속에 여러 장의 날개(베인)를 설치하여, 회전시켜 유체를 흡입하고 송출하는 펌프

답 36.② 37.④ 38.② 39.④ 40.②

문제 41 질량 1g의 물체에 1cm/sec² 의 가속도를 주는 힘은?
① 1N
② 1J
③ 1erg
④ 1dyne

문제 42 안전점검 중 어떤 기간을 두고 행하는 것은?
① 정기점검
② 일상점검
③ 특별점검
④ 보통점검

문제 43 인장강도가 400kg/cm²인 재료를 사용응력 100kg/cm²로 사용하면 안전계수는?
① 1
② 2
③ 3
④ 4

해설 안전계수 = $\dfrac{파단강도}{허용응력} = \dfrac{400}{100} = 4$

문제 44 재해의 원인 중 불안전한 행동별 원인으로 옳은 것은?
① 안전작업표준 미작성 : 안전태도에 문제가 있다.
② 안전작업표준의 이해 부족 : 무단작업실시로 재해가 발생된다.
③ 안전작업표준의 결함 : 안전교육에 결함이 있다.
④ 작업과 안전작업표준의 상이 : 설비, 작업의 수시 변경으로 재해가 발생한다.

문제 45 유도전동기의 속도를 변화시키는 방법이 아닌 것은?
① 슬립 S를 변화시킨다.
② 극수 P를 변화시킨다.
③ 주파수 f를 변화시킨다.
④ 용량을 변화시킨다.

해설 $N_s = \dfrac{120f}{P}(1-s)[\text{rpm}]$

문제 46 자기인덕턴스 4H의 코일에 5A의 전류가 흐를 때 축적되는 에너지는 몇 J인가?
① 50
② 100
③ 150
④ 200

해설 $W = \dfrac{1}{2}LI^2 = \dfrac{1}{2} \times 4 \times 5^2 = 50(J)$

답 41.④ 42.① 43.④ 44.④ 45.④ 46.①

문제 **47** 전류 I와 시간 t와 전기량 Q와의 관계는?

① $Q = It^2$
② $Q = \dfrac{I}{t}$
③ $Q = It$
④ $Q = I^2 t$

해설 $I = \dfrac{Q}{t}$ (A)에서 $Q = It$ (C)

문제 **48** 진공 중에서 1Wb인 같은 크기의 두 자극을 1m 거리에 놓았을 때 작용하는 힘은 몇 N인가?

① 6.33×10^3
② 6.33×10^4
③ 6.33×10^5
④ 6.33×10^8

해설 $F = 6.33 \times 10^4 \dfrac{m_1 m_2}{r^2} = 6.33 \times 10^4 \dfrac{1 \times 1}{1^2} = 6.33 \times 10^4 (\text{N})$

문제 **49** 다음 전기이론에 대한 설명 중 옳지 않은 것은?

① 도선의 단면을 단위시간에 통과하는 전하의 양을 전류의 세기라 한다.
② 기전력은 도체 내에서 전류를 흐르게 할 수 있는 능력을 나타낸다.
③ 전류가 흐를 때 전류의 흐름을 방해하는 것이 전압이다.
④ 시간에 따라 전기에너지의 발생과 소비의 변화량을 나타낸 것이 전력이다.

해설 전류의 흐름을 방해하는 것은 저항이다. 단위는 옴(Ω)을 쓴다.

문제 **50** 승강기의 배선에 전기의 흐름 유무를 알아보려고 한다. 가장 간단하게 판단할 수 있는 것은?

① 절연저항계
② 검전기
③ 방전코일
④ 정전콘덴서

문제 **51** 전압의 측정범위를 확대하기 위하여 전압계에 직렬로 접속하는 저항 상자는?

① 계전기
② 분류기
③ 배율기
④ 압축기

해설
- 전압계에 저항 상자를 직렬로 접속 : 배율기
- 전류계에 저항 상자를 병렬로 접속 : 분류기

답 47.③ 48.② 49.③ 50.② 51.③

문제 52 다이오드, 트랜지스터 등의 반도체 스위칭회로를 무슨 회로라 하는가?
① 전자개폐기회로　② 유접점회로
③ 무접점회로　④ 과전류계전기회로

문제 53 권수 N의 코일에 I(A)의 전류가 흘러 자속 ϕ(wb)가 생겼다면, 자기인덕턴스 L은 몇 H인가?
① $L = \dfrac{\phi}{N}$　② $L = IN\phi$
③ $L = \dfrac{N\phi}{I}$　④ $L = \dfrac{IN}{\phi}$

문제 54 엘리베이터에 주로 사용되는 전동기는?
① 3상유도전동기　② 단상유도전동기
③ 동기전동기　④ 셀신전동기

문제 55 어떤 교류 전동기의 회전속도가 1200rpm이라고 할 때, 전원주파수를 10% 증가시키면 회전속도는 몇 rpm이 되는가?
① 1080　② 1200
③ 1320　④ 1440

해설　$N_s = \dfrac{120f}{p}(\text{rpm})$
따라서 f가 10% 증가하면 N_s도 증가한다.
그러므로 $N_s = 1200 + 120 = 1320(\text{rpm})$

문제 56 반도체로 만든 PN접합은 무슨 작용을 하는가?
① 증폭작용　② 발전작용
③ 정류작용　④ 변조작용

문제 57 전선의 길이를 고르게 2배로 늘리면, 저항은 몇 배가 되는가?
① 2배　② 4배
③ 1.2배　④ 1.4배

답　52.③　53.③　54.①　55.③　56.③　57.②

해설 $R=\rho\dfrac{l}{A}(\Omega)$ 에서 $R=\dfrac{2l}{\frac{1}{2}A}=4\rho\dfrac{l}{A}(\Omega)$

문제 58 두 개의 동일한 저항을 병렬로 연결하였을 때의 합성 저항은?

① 하나의 저항의 2배이다. ② 하나의 저항과 같다.

③ 하나의 저항의 $\dfrac{2}{3}$가 된다. ④ 하나의 저항의 $\dfrac{1}{2}$이 된다.

해설 하나의 저항이 1(Ω)이라고 하면, 이들 2개를 병렬로 연결했을 때의 합성저항은

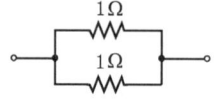

$R=\dfrac{1\cdot 1}{1\times 1}=\dfrac{1}{2}=0.5\Omega$

그러므로 하나의 저항의 $\dfrac{1}{2}$이 된다.

문제 59 어떤 백열전등에 100V의 전압을 가하면 0.2A의 전류가 흐른다. 이 전등은 소비전력은 몇 W인가?

① 10 ② 20
③ 30 ④ 40

해설 $P=VI=100\times 0.2=20(W)$

문제 60 주전원이 380V인 엘리베이터에서 110V 전원을 사용하고자 강압 트랜스를 사용하던 중 트랜스가 소손되었다. 원인 규명을 위해 회로시험기를 사용하여 전압을 확인하고자 할 경우 회로시험기의 전압 측정범위 선택스위치의 최초 선택위치로 옳은 것은?

① 회로시험기의 110V 미만
② 회로시험기의 110V 이상 220V 미만
③ 회로시험기의 220V 이상 380V 미만
④ 회로시험기의 가장 큰 범위

답 58.④ 59.② 60.④

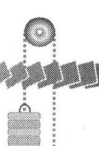

승강기기능사 과년도 문제
(2007.09.16 시행)

문제 01 엘리베이터의 도어시스템을 분류할 때 1S, 2S, 3S 등으로 분류하였다. 여기에서 S가 의미하는 것은?

① 가로열기 ② 상하열기
③ 외짝문 ④ 2짝문

해설 • S : 가로 열기 • CO : 중앙 열기

문제 02 정격속도 30m/min인 승강기의 피트깊이는 몇(m) 이상이어야 하는가?

① 0.8 ② 1.0
③ 1.2 ④ 1.5

해설 ※ 본 문제는 검사기준(2013.9.15 시행)이 개정되어 출제가 수정될 것입니다.

〈카가 완전히 압축된 완충기 위에 있을 때〉
① 피트에는 0.5m×0.6m×1.0m 이상의 장방형 블록을 수용할 수 있는 충분한 공간이 있어야 한다.
② 피트 바닥과 카의 가장 낮은 부품 사이의 수직거리는 0.5m 이상이어야 한다.
③ 피트에 고정된 가장 높은 부품과 카의 가장 낮은 부품 사이의 수직거리는 0.3m 이상이어야 한다.

문제 03 에스컬레이터의 역회전 방지장치가 아닌 것은?

① 구동체인 안전장치 ② 기계 브레이크
③ 과속조절기 ④ 스커트 가드

해설 ① 구동체인 안전장치 : 체인이 늘어나거나 절단될 경우 즉시 에스컬레이터를 안전하게 정지시켜 사고를 예방하는 장치
② 과속조절기 : 승객이 너무 타거나 전원의 일부가 결상시, 모터의 토크가 부족하여 상승 운전 중 하강을 하거나, 하강 운전 중 속도가 상승하는 일도 있다. 그러므로 그러한 경우 과속조절기가 작동되어 전원을 끊고 머신 브레이크를 건다.
③ 스커트 가드 안전스위치 : 계단과 스커트 가드 사이에 이물질 및 어린이의 신발 등이 끼이면 그 압력에 의해 스위치가 동작, 에스컬레이터를 정지시킨다.

답 1.① 2.③ 3.④

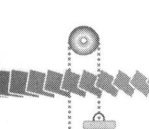

문제 04 승강기의 조작방식 중 가장 먼저 등록된 부름에만 응답하고 그 운전이 완료될 때까지는 다른 부름에는 응답하지 않는 방식으로 화물용에 주로 사용되는 조작방식은?

① 복식 자동식
② 단식 자동식
③ 하강승합 전자동식
④ 승합 전자동식

해설
① 단식 자동식 : 승강장 버튼은 오름, 내림 공용이며, 먼저 눌러진 호출에 응답하고, 운행 중 다른 호출에는 응하지 않는다.
② 하강 승합 전자동식 : 2층 이상의 승강장에는 내림 방향의 버튼 밖에 없으며, 중간층에서 윗방향으로 올라갈 때에는, 1층까지 내려와 카 버튼으로 목적층을 등록시켜 올라가야 한다.
③ 승합 전자동식 : 승강장의 누름 버튼은 상·하 2개가 있고, 동시에 기억시킬 수 있다. 카는 진행 방향의 카 누름 버튼과 승강장의 누름 버튼에 응답하면서 오르고 내린다.

문제 05 무빙워크의 경사도는 몇 도 이하로 하여야 하는가?

① 12°
② 15°
③ 18°
④ 20°

문제 06 엘리베이터용 주로프는 일반 와이어로프에서 볼 수 없는 몇 가지 특징이 있다. 이에 해당되지 않는 것은?

① 반복적인 벤딩에 소선이 끊이지 않을 것
② 유연성이 클 것
③ 파단강도가 높을 것
④ 마모에 견딜 수 있도록 탄소량을 많게 할 것

문제 07 트렉션 머신 시브를 중심으로 카 반대편의 로프에 매달리게 하여 카 중량에 대한 평형을 맞추는 것은?

① 과속조절기
② 균형체인
③ 완충기
④ 균형추

문제 08 록다운(Lock-Down) 추락방지안전장치는 기능상 어떤 비상정지 방식으로 하는 것이 가장 좋은가?

① 슬랙로프식
② 순간식
③ 가이드점진식
④ 웨지점진식

답 4.② 5.① 6.④ 7.④ 8.②

해설
① 슬랙로프식 : 소형 저속 엘리베이터에 사용된다.
주로 로프에 걸리는 장력이 없어져 휘어짐이 생겼을 때, 즉시 운전 회로를 열어 추락방지안전장치를 작동시킨다. 순간 정지식이다.
② 순간식 : 속도 37.8m/min를 초과하지 않는 경우
③ 점진식 － F.G.C(flexible guide clamp)형
　　　　　　　레일을 죄는 힘이 동작에서 정지까지 일정하다.
　　　　　－ F.W.C(flexible wedge clamp)형
　　　　　　　레일을 죄는 힘이 동작 초기에는 약하나, 점점 강해진 후 일정하다.
④ 록 다운(lock down)추락방지안전장치 : 고층에 사용되는 엘리베이터는 로프의 중량 불평형을 보상하기 위해, 카 하부에서 균형추 하부에 보상로프를 설치하는데, 그 로프를 지지하는 시브를 견고하게 설치하고 레일에 오름 방향으로 추락방지안전장치를 취부하여 카의 추락방지안전장치가 작동시, 록 다운 추락방지안전장치를 동작시켜 균형추·로프 등이 관성으로 상승하는 것을 방지한다.

문제 09 일반적으로 기계실의 바닥면적은 승강로 수평투명면적의 몇 배 이상으로 하여야 하는가?
① 1.5　　　　　　　　　　② 2.0
③ 2.5　　　　　　　　　　④ 3.0

문제 10 비상용 엘리베이터 카의 전원이 정전된 경우 예비전원에 의한 엘리베이터의 가동은 몇 시간 이상 작동할 수 있어야 하는가?
① 1.0　　　　　　　　　　② 1.5
③ 2.0　　　　　　　　　　④ 2.5

문제 11 정격속도가 90m/min인 승객용 엘리베이터의 과속조절기 과속 스위치의 작동속도는?
① 63m/min 이하　　　　　② 68m/min 이하
③ 103.5m/min 이하　　　　④ 126m/min 이하

해설 ※ 본 문제는 검사기준(2013.9.15 시행)이 개정되어 출제가 수정될 것입니다.
• 카 추락방지안전장치의 작동을 위한 과속조절기는 정격속도의 115% 이상의 속도에서 작동되어야 한다.
• 고정된 롤러 형식을 제외한 즉시 작동형 추락방지안전장치는 48m/min 미만에서 작동되어야 한다.
• 고정된 롤러 형식의 추락방지안전장치는 60m/min 미만에서 작동되어야 한다.
• 과속조절기가 작동 시 과속조절기 로프의 인장력은 300N과 최소한 추락방지안전장치가 물리는데 필요한 값 2배 중 큰 값 이상이어야 한다.

답 9.② 10.③ 11.③

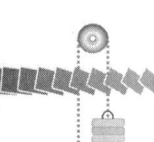

문제 12 저속, 중속, 고속, 초고속 등 속도에 관계없이 광범위하게 속도제어에 사용되는 방식으로 가장 알맞은 것은?

① VVVF 방식
② 교류 일단 속도제어
③ 정지 레오나드 방식
④ 워드 레오나드 방식

해설
① VVVF(가변전압 가변주파수)제어
VVVF(가변전압 가변주파수)제어는 인버터제어라고도 불리우며, 유도전동기에 인가되는 전압과 주파수를 동시에 변환시켜 직류전동기와 동등한 제어성능을 얻을 수 있는 방식이다. 이 방식의 채택에 의해 종래의 직류전동기를 사용하고 있던, 고속엘리베이터에도 유도전동기를 적용하여 보수가 용이하고, 에너지소비가 적어지는 효과를 얻게 되었다.

② 교류일단 속도제어
가장 간단한 제어방식으로 3상교류의 단속도 모터에 전원을 공급하는 것으로, 기동과 정속운전을 하고, 정지는 전원을 끊은 후 제동기에 의해 기계적으로 브레이크를 거는 방식이다.

③ 정지레오나드 방식
워드레오나드 방식에 있어서 전동발전기 대신에 사이리스터(Thyristor)와 같은 정지형 반도체 소자를 사용하여, 교류를 직류로 변환시킴과 동시에, 점호각을 제어하여 직류전압을 변화시키는 것을 정지 레오나드 방식이라 한다.

④ 워드레오나드(Word Leonard)방식
워드레오나드 방식은 직류엘리베이터 속도제어에 널리 사용되는 방식이다. 유도전동기와 직류발전기는 같은 축에 직결되어 있고 직류발전기의 직류출력을 직류전동기(주전동기)의 전기자 단자에 공급한다. 속도제어는 저항 FR을 변화시키는 데 따라서 발전기의 자계가 조절되고, 그래서 발전기의 직류전압을 제어한다.

문제 13 엘리베이터의 완충기에 대한 설명 중 옳지 않은 것은?

① 엘리베이터 피트부분에 설치한다.
② 케이지나 균형추의 자유낙하를 완충한다.
③ 에너지 축적형 완충기와 에너지 분산형 완충기가 있다.
④ 엘리베이터의 속도가 낮은 곳에는 에너지 축적형 완충기가 사용된다.

해설 완충기
완충기는 엘리베이터가 자유낙하 하는 충격을 흡수하지 못한다. 오히려 엄청나게 빠른 속도로 충돌하는 경우에는 완충기가 흉기로 돌변하여 심한 경우 카(사람이 타는 상자)바닥을 뚫고 올라와 사람에게 치명적인 상처를 입힐 수도 있다.
완충기의 설치 목적은 자유낙하 하는 경우의 충격을 흡수하기 위한 목적이 아니고, 최하층에 제대로 카가 서지 않고 이상 원인에 의해 지나치는 경우의 충격을 흡수하기 위함이다.

답 12.① 13.②

문제 14 권상기의 기어리스(Gear less)방식에 대한 설명으로 옳지 않은 것은?
① 전동기의 회전축에 메인 시브를 장착한 방식
② 고속, 승강기에 적용
③ 전동기의 회전을 감속하기 위해 웜기어 사용
④ 동력원은 VVVF 방식을 사용

해설 기어리스(Gear less)방식은 기어를 사용하지 않는 방법이다.
※ 웜(worm)기어
한 줄 또는 여러 줄의 나사선으로 되어 있는 웜과, 이(齒) 홈의 중앙이 오목하게 되어 있어, 이것과 맞물리는 웜휠과의 한 쌍을 말한다.
웜휠은 헬리컬 기어(helical gear)와 비슷해서 이의 홈이 비스듬히 새겨져 있고 웜의 나사선에 의해서 이송된다. 또한, 웜기어는 1/300 정도의 큰 감속비(減速比)를 얻을 수 있는 것과 역전(逆轉)이 불가능하다는 등의 특징이 있다.

문제 15 승강장 출입구 바닥 앞부분과 카 바닥 앞부분과의 틈의 너비는 몇(cm) 이하로 하여야 하는가?
① 3   ④ 3.5
③ 5   ④ 6

문제 16 도어 인터록의 작동순서로 맞는 것은?
① 도어가 열릴 때 잠금장치 풀림 후 도어 스위치 OFF
② 도어가 열릴 때 잠금장치와 도어 스위치가 동시에 OFF
③ 도어가 닫힐 때 잠금장치 걸림 후 도어 스위치 ON
④ 도어가 닫힐 때 도어 스위치 ON 후에 잠금장치 걸림

해설 엘리베이터의 승강장문에는 카가 정지하고 있지 않는 층에서는 열쇠를 이용해야만 밖에서 열 수 있는 잠금장치와, 문이 닫히지 않으면 운전할 수 없게 하기 위한, 도어 스위치가 필요하다. 통상 이들 장치는 별도로 설치하는 것이 아니라, 하나로 조합되어 사용되고 도어 인터록 스위치라고 한다. 도어 인터록 스위치에서 중요한 것은 확실히 잠겼을 때에만 스위치가 on이고, 스위치가 off로 된 후에 열쇠가 빠지도록 하는 일이다.

답 14.③ 15.② 16.③

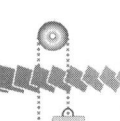

문제 17 먼지나 모래, 콘크리트 파편 등의 이물질이 실린더내에 들어가지 않도록, 플런저의 표면에 밀착하여 이물질을 제거하는 것은?

① 패킹
② 그랜드메탈
③ 더스트 와이퍼
④ 스트레이너

해설 ① 그랜드메탈 : 플런저를 접동하면서 지지한다.
② 더스트 와이퍼 : 실린더 내로 먼지가 침입하는 것을 방지한다.
③ 스트레이너 : 펌프 흡입측의 고형물을 제거하는 장치이다.

문제 18 에스컬레이터 1200형 1대, 800형 2대가 있다. 이 에스컬레이터의 전체 수송능력으로 알맞은 것은?

① 20000인/시간
② 21000인/시간
③ 22000인/시간
④ 24000인/시간

해설 S = 9000인 + 6000인 × 2대 = 21000인/시간
※ 본 문제는 규정법 개정으로 무효입니다.

문제 19 사다리를 사용하는 작업에서 안전수칙에 어긋나는 행위는?

① 위험 및 사용금지의 표찰이 붙어서 결함이 있는 사다리를 사용할 때는 주의하면서 사용한다.
② 사다리 밑 끝이 불안전하거나 3m 이상의 높은 곳이면 다른 사람으로 하여금 붙들게 하고 작업한다.
③ 사다리를 문앞에 설치할 때는 문을 완전히 열어놓거나 잠궈야 한다.
④ 사다리 설치시에는 사다리의 밑바닥이 사다리 길이와 관련지어 어느 정도 벽에서 떨어지게 한다.

해설 결함이 있으면 완벽하게 고치거나, 새로운 결함이 없는 사다리를 사용해야 한다.

문제 20 동력으로 운전하는 기계에는 작업자의 안전을 위하여 기계마다 어떠한 장치를 하여야 하는가?

① 수동 스위치 장치
② 동력차단장치
③ 동력장치
④ 동력전도장치

답 17.③ 18.② 19.① 20.②

문제 21 재해 조사의 요령으로 바람직한 방법이 아닌 것은?
① 재해 발생 직후에 행한다.
② 현장의 물리적 증거를 수집한다.
③ 재해피해자로부터 상황을 듣는다.
④ 의견충돌을 피하기 위하여 가급적 1인이 조사토록 한다.

해설 의견 충돌을 피하기 위해 1인이 조사하는 것은 옳지 않다.

문제 22 이동시 전기기기에 의한 감전사고를 예방하기 위하여 가장 필요한 조치는?
① 외부에 절연용 도료를 칠한다. ② 장시간 사용을 금한다.
③ 숙련공이 취급한다. ④ 접지를 한다.

문제 23 안전 작업모를 착용하는 주요 목적이 아닌 것은?
① 화상방지 ② 비산물로 인한 부상 방지
③ 종업원의 표시 ④ 감전의 방지

문제 24 길이가 긴 물건을 공동으로 운반할 때의 주의사항으로 적절하지 않은 것은?
① 두 사람이 운반할 때 서로 다른 쪽의 어깨에 메고 무게가 균등하게 걸리도록 한다.
② 들어올리거나 내릴 때에는 소리를 내어 동작을 일치시킨다.
③ 운반 도중 서로 신호 없이는 힘을 빼지 않는다.
④ 혼자 무리한 자세나 동작으로 작업하지 않는다.

해설 두 사람이 운반할 때는 서로 같은 쪽의 어깨에 메고, 무게가 균등하게 걸리도록 해야 한다.

문제 25 안전 작업의 태도로서 옳지 못한 것은?
① 작업에 임하기 전에 위험 여부를 미리 검토하여 처리한다.
② 항상 안전을 생각하고 조급한 행동을 일체 금한다.
③ 작업 중에는 항상 안전하고 확실한 태세에 있어야 한다.
④ 안전작업상 의심이 생길 때는 자신이 검토 처리한다.

해설 안전작업상 의심이 생긴다고 자신이 검토해서는 안 되며, 절차를 밟아 처리해야 한다.

답 21.④ 22.④ 23.③ 24.① 25.④

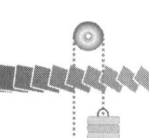

문제 26 이상발견시의 취할 순서로 옳은 것은?
① 발견-점검-조치-수리-확인
② 발견-점검-확인-수리-조치
③ 발견-조치-수리-점검-확인
④ 발견-조치-점검-확인-수리

문제 27 엘리베이터 이용시의 안전수칙으로 적절하지 않은 것은?
① 정원 또는 정격하중이상으로 타거나 물건을 싣지 않는다.
② 조작반의 버튼을 함부로 누르지 않도록 한다.
③ 카 내에서는 뛰거나 구르지 말아야 한다.
④ 운행 중 고장으로 정지하면 우선 문을 열고 탈출한다.

해설 고장으로 정지하면 우선 문을 열지 말고, 통신장비(인터폰)로 관리사무소 등의 관계자에게 알린다.

문제 28 위해·위험방지를 위하여 방호조치가 필요한 기계기구에 대한 방호조치가 필요한 기계기구에 대한 방호조치의 짝으로 알맞은 것은?
① 리프트-과속조절기
② 에스컬레이터-파킹장치
③ 크레인-역화방지기
④ 승강기-과부하방지장치

문제 29 유압식 승강기의 피트 내에서 점검을 실시할 때 주의해야 할 사항으로 옳지 않은 것은?
① 피트내 조명을 점등한 후 들어갈 것
② 피트에 들어갈 때 기름에 미끄러지지 않도록 주의할 것
③ 기계실과 충분한 연락을 취할 것
④ 피트에 들어갈 때는 승강로 문을 닫을 것

해설 피트에 들어갈 때에는 승강기 보수요원이나 운행 관리자 등이 동행해야 하고, 승강로 문을 닫지 말고, 점검중(표찰)임을 알린다.

문제 30 주로프를 걸어 맨 고정부위에 대한 설명으로 옳은 것은?
① 2종너트로 조이고, 분할핀이 꽂혀 있어야 한다.
② 스포트용접하여 장력을 분산시킨다.
③ 바빗트를 채우고, 인장강도를 낮춘다.
④ 전기용접하여 적당한 탄력을 유지시킨다.

답 26.① 27.④ 28.④ 29.④ 30.①

과년도 문제

문제 31 에스컬레이터에 전원의 일부가 결상되거나 전동기의 토크가 부족하였을 때 상승운전 중 하강을 방지하기 위한 안전장치는?

① 과속조절기
② 스커트 가드 스위치
③ 구동체인 안전장치
④ 핸드레일 인입구 안전장치

해설
① 스커트 가드 스위치(skirt guard switch)
계단과 스커트 가드 사이에 이물질 및 어린이의 신발 등이 끼이면 그 압력에 의해 스위치가 동작, 에스컬레이터를 정지시킨다.
② 구동체인 안전장치(driving chain safety device)
체인이 늘어나거나 절단될 경우 즉시 에스컬레이터를 정지시킨다.
③ 핸드레일 인입구 안전장치
핸드레일에 손이나 이물질이 끼었을 경우, 에스컬레이터를 정지시킨다.

문제 32 승객용 엘리베이터의 주로프는 안전율이 12 이상이 되도록 하려면 몇 가닥 이상의 로프를 사용하여야 하는가?

① 3
② 10
③ 12
④ 14

문제 33 과속조절기의 보수점검 등에 관한 사항과 거리가 먼 것은?

① 층간 정지시, 수동으로 돌려 구출하기 위한 수동핸들의 작동검사 및 보수
② 볼트, 너트, 핀의 이완 유무
③ 과속조절기 시브와 로프 사이의 미끄럼 유무
④ 과속스위치 점검 및 작동

해설 과속조절기는 기관이나 원동기의 회전속도를 하중에 관계없이 일정범위 내에서 자동적으로 유지시켜 주는 장치를 말한다.

문제 34 엘리베이터의 도어 슈의 점검을 위해 실시하여야 할 사항이 아닌 것은?

① 도어 슈의 마모상태 점검
② 가이드 롤러의 고무 탄력상태 점검
③ 슈 고정볼트의 조임상태 점검
④ 도어 개폐시 실과의 간섭상태 점검

답 31.① 32.① 33.① 34.②

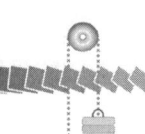

문제 35 엘리베이터 로프의 점검사항으로 적절하지 않은 것은?
① 녹의 유무
② 마모의 정도
③ 절연저항
④ 모래, 먼지 등의 부착

해설 절연 저항은 배선 상태를 확인하는 사항이다. 로프와는 무관하다.

문제 36 유압 엘리베이터의 안전장치에 대한 설명으로 옳지 않은 것은?
① 상승시 유압은 상용압력의 125%가 넘지 않도록 조절하는 릴리프 밸브장치가 필요하다.
② 전동기의 공회전 방지장치를 설치해야 한다.
③ 오일의 온도를 65℃~80℃로 유지하기 위한 장치를 설치해야 한다.
④ 전원 차단시 실린더 내의 오일의 역류로 인한 카의 하강을 자동 저지하는 장치를 설치해야 한다.

해설 오일의 온도는 5℃ 이상 60℃ 이하로 반드시 유지되어야 한다.

문제 37 승강기의 추락방지안전장치에 대한 설명 중 옳지 않은 것은?
① 즉시 작동형과 점차 작동형이 있다.
② 점차 작동형에는 플랙시블 가이드 클램프형과 플랙시블 웨지 클램프형이 있다.
③ 추락방지안전장치의 정지거리는 제한이 있다.
④ 유압식 엘리베이터의 경우는 비상정지장치가 필요하지 않다.

해설 1. 직접식 엘리베이터
• 비상정지장치가 없어도 된다.
• 실린더(cylinder)를 설치하기 위한 보호관을 땅에 묻어야 하기 때문에 설치가 어렵다.
• 해당 승강로 평면이 작아도 되고 구조가 간단하다.
• 부하에 대한 케이지 응력이 작아진다.

2. 간접식 엘리베이터
• 비상정지장치가 필요하다.
• 로프의 이완(늘어남)과 기름의 압축성 때문에 부하로 인한 바닥 침하가 있다.
• 실린더(cylinder) 보호관이 필요 없다.
• 실린더(cylinder) 점검이 용이하다.

답 35.③ 36.③ 37.④

문제 38 에스컬레이터에서 안전회로는 이상이 없으나 운전스위치를 작동시켜도 운전되지 않았을 때는 어느 부분을 점검하는 것이 가장 타당한가?
① 자동운전장치
② 정지버튼회로
③ 과부하계전기
④ 핸드레일 구멍의 안전스위치

문제 39 다음 중 에스컬레이터에 설치하여야 하는 안전장치가 아닌 것은?
① 승강장에서 디딤판의 승강을 정지시키는 것이 가능한 장치
② 적재하중을 초과하면 경보를 울리고 승강을 자동적으로 정지시키는 장치
③ 동력이 차단되었을 때 관성에 의한 전동기의 회전을 자동적으로 제지하는 방식
④ 디딤판과 콤(Comb)이 맞물리는 지점에 물체가 끼었을 때 디딤판을 승강을 자동적으로 정지시키는 장치

해설 적재 하중을 초과하면 경보를 울리는 과부하 경보장치는 엘리베이터에서 필요하다. 에스컬레이터와는 무관하다.

문제 40 에스컬레이터의 800형, 1200형이라 부르는 것은 무엇을 기준으로 한 것인가?
① 난간폭　　② 계단의 폭
③ 속도　　　④ 양정

해설 난간폭에 의한 분류
① 800형 : 수송능력이 6000명/시간
② 1200형 : 수송능력이 9000명/시간
※ 본 문제는 규정법 개정으로 무효입니다.

문제 41 엘리베이터의 가이드 레일에 대한 점검 중 조인트 부에 대한 점검부에 점검항목이 아닌 것은?
① 브라켓트 고정상태 점검
② 클립 비틀림 및 볼트 조임상태 점검
③ 연결부위 단차 및 면차는 규정값 이하인지 점검
④ 로프텐션의 균일상태 확인

해설 가이드레일과 로프텐션(장력)과는 무관하다.

답　38.①　39.②　40.①　41.④

2007.09.16 시행

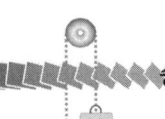

문제 42 에너지 축적형 완충기를 속도 60m/min인 승강기에 적용할 때, 최소행정(STROKE)거리는 몇(mm)인가?
① 64
② 78
③ 91
④ 100

해설
① 30m/min 이하 : 38mm
② 30m/min 초과 45m/min 이하 : 64mm
③ 45m/min 초과 60m/min 이하 : 100mm

문제 43 엘리베이터의 인터폰 회로에 대한 설명으로 옳은 것은?
① 승객용 엘리베이터는 정전시에 부저 기능이 있어야 한다.
② 승객용 엘리베이터의 인터폰 회로는 운전용 회로와 동일한 케이블에 수용하지 않는다.
③ 승객용 엘리베이터의 인터폰 회로는 정전이 되면 통화할 수 없는 회로로 하여야 한다.
④ 승객·화물용 엘리베이터는 인터폰이 필요하지 않다.

문제 44 카 위에서 하는 검사가 아닌 것은?
① 주로프 및 과속조절기 로프의 설치상태
② 시브 또는 스프라켓의 설치상태
③ 꼭대기 부분 안전거리 적정성 여부
④ 이동케이블의 손상 여부

해설 이동케이블의 손상 여부는 피트 내에서 점검하여야 할 사항이다.

문제 45 균형체인이나 균형로프의 사용목적을 설명한 것으로 가장 적절한 것은?
① 카의 위치변화에 따른 주로프 무게의 차이에 의한 권상비 보상
② 카의 무게 및 적재하중 변화에 따른 권상비 보상
③ 카의 무게중심을 유지하기 위한 보상
④ 카의 승객의 승차감을 좋게 하기 위한 보상

해설 균형 체인의 사용목적은 카의 위치 변화에 따른 로프·이동케이블 등의 무게 보상을 하기 위함이다. 또한 균형로프의 사용 목적은 카의 위치 변화에 따른 주 로프(main rope) 무게에 의한 권상비(traction)보상을 위해서 사용한다.

답 42.④ 43.② 44.④ 45.①

문제 46 전동기에 대한 점검을 하고자 할 때, 계측기를 사용하지 않으면 측정이 불가능한 것은?
① 이상발열 유무
② 이상음 발생 유무
③ 전동기의 회전속도
④ 전동기 본체의 파손

문제 47 최대눈금이 200V, 내부저항이 20000Ω인 직류 전압계가 있다. 이 전압계로 최대 600V까지 측정하려면 외부에 직렬로 접속할 저항은 몇(KΩ)인가?
① 20
② 40
③ 60
④ 80

해설 $V = V_o(1 + \dfrac{R_m}{r_a})[V]$ 따라서 $600 = 200(1 + \dfrac{R_m}{20000})$ ∴ $R_m = 40 \, K\Omega$

문제 48 베어링의 구비조건이 아닌 것은?
① 마찰 저항이 적을 것
② 강도가 클 것
③ 가공수리가 쉬울 것
④ 열전도가 적을 것

해설 회전축을 지지하여 주는 기계요소를 베어링이라 하는데, 열전도도가 좋아야 한다.

문제 49 그림과 같은 회로는?

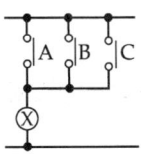

① AND 회로
② OR 회로
③ NOT 회로
④ NAND 회로

해설 ① AND 회로 ② OR 회로 ③ NOT 회로 ④ NAND 회로

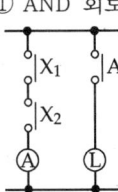 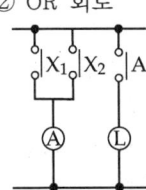 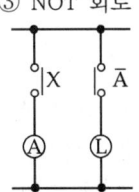 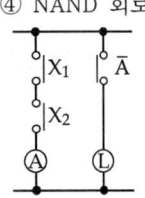

답 46.③ 47.② 48.④ 49.②

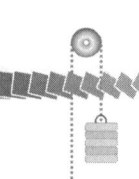

문제 50 헬리컬 기어의 설명으로 적절하지 않은 것은?
① 진동과 소음이 크고 운전이 정숙하지 않다.
② 회전시에 축압이 생긴다.
③ 스퍼기어보다 가공이 힘들다.
④ 이의 물림이 좋고 연속적으로 접촉한다.

해설 헬리컬 기어는 스퍼기어보다 진동과 소음이 작다.

① 헬리컬 기어 : 평행인 두 축 사이에서 회전 운동을 전달하는 원통형 기어. 회전축에 비스듬하게 소용돌이 모양을 이루고 있기 때문에 동시에 맞물리는 이의 수가 많아 회전할 때 진동이나 소음이 적다.

② 스퍼기어 : 축과 톱니가 나란히 절삭되어 있는 톱니바퀴

문제 51 25kN의 압축 하중을 받는 짧은 연강의 둥근 봉이 있다. 연강의 인장 강도가 45(N/mm²)이고, 안전율이 3이라면 허용응력은 몇 (N/mm²)인가?
① 10
② 15
③ 60
④ 135

해설 허용응력 = $\dfrac{45}{3} = 15(\text{N/mm}^2)$

문제 52 평행판 콘덴서에 있어서 판의 면적을 동일하게 하고, 정전 용량은 반으로 줄이려면 판 사이의 거리는 어떻게 하여야 하는가?
① 그대로 둔다.
② 반으로 줄인다.
③ 2배로 늘린다.
④ 4배로 줄인다.

해설 $C = \dfrac{Q}{V} = \dfrac{\varepsilon S}{d}(\text{F})$에서 S를 동일하게 하고 용량을 반으로 줄이려면, 판 사이의 거리는 2배로 늘려야 한다.
ε : 유전율(F/m), S : 극판의 면적(m²), d : 극판의 간격(m),
C : 정전용량(F), V : 전압(V), Q : 전기량(C)

답 50.① 51.② 52.③

과년도 문제

문제 53 그림은 마이크로미터의 눈금 확대도이다. 측정값(mm)으로 가장 알맞은 것은?

① 12.40
② 12.90
③ 13.40
④ 13.90

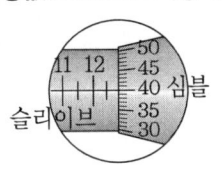

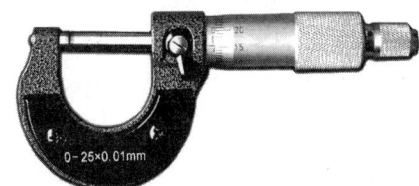

해설) 슬리이브 눈금은 12.5이며, 심플의 눈금은 슬리이브 가로눈금과 40에서 만난다. 그러므로 측정값은 12.5 + 0.40 = 12.90mm

문제 54 피드백 제어에서 반드시 필요한 장치는?

① 구동장치
② 응답속도를 빠르게 하는 장치
③ 안정도를 좋게 하는 장치
④ 입력과 출력을 비교하는 장치

해설) 피드백제어 : 출력신호를 입력신호로 되돌려서 제어량의 목표값과 비교하여, 정확한 제어가 가능하도록 한 제어계

문제 55 그림과 같은 게이지의 명칭은?

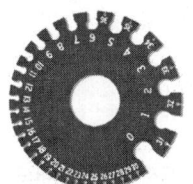

① 틈새게이지
② 피치게이지
③ 와이어게이지
④ 센터게이지

문제 56 다음 중 힘의 3요소에 해당되지 않는 것은?

① 방향
② 크기
③ 작용점
④ 속도

문제 57 서로 맞물려 있는 한 쌍의 기어에서 잇수가 많은 것을 기어라 하고, 잇수가 적은 것을 무엇이라 하는가?

① 캠
② 피니언
③ 베어링
④ 클러치

답 53.② 54.④ 55.③ 56.④ 57.②

2007.09.16 시행

> **해설** 캠(cam) : 회전운동을 직선·왕복운동·진동으로 변환하는 기구

문제 58 직류 전동기의 속도 제어 방법이 아닌 것은?
① 저항 제어법
② 주파수 제어법
③ 전기자 전압 제어법
④ 계자 제어법

> **해설**
> • 저항 제어법 : 전기자 회로에 저항 R을 넣고, 이것을 가감해 속도를 제어하는 방식
> • 전기자 전압 제어법 : 전기자에 가해지는 단자 전압을 변화하여 속도를 조정하는 방법
> • 계자 제어법 : 계자전류를 조정하여 계자자속 ∅ 를 변화해, 속도를 제어하는 방식

문제 59 250Ω의 저항에 2A의 전류가 1분간 흐를 때 발생하는 열량은 몇 (cal)인가?
① 14400
② 62000
③ 72000
④ 86000

> **해설** $H = 0.24 I^2 R t = 0.24 \times 2^2 \times 250 \times 1 \times 60 = 14400(cal)$

문제 60 아날로그 신호를 디지털 신호로 변환해주는 장치로 가장 알맞은 것은?
① A/D 컨버터
② D/A 컨버터
③ A/D 인버터
④ D/A 인버터

> **해설**
> • 컨버터 : AC를 DC로 변환
> • 인버터 : DC를 AC로 변환
> ※ A/D : AC/DC를 뜻한다.

답 58.② 59.① 60.①

2008년 기출문제

- 과년도 문제(2008. 02. 03)
- 과년도 문제(2008. 03. 30)
- 과년도 문제(2008. 10. 05)

승강기기능사 과년도 문제
(2008.02.03 시행)

문제 01 140Ω과 10Ω의 저항이 직렬로 접속된 회로에 150V를 가하면 10Ω의 저항 양단에 걸리는 전압은 몇 V인가?

① 1　　　　　　　　　② 10
③ 140　　　　　　　　④ 150

해설
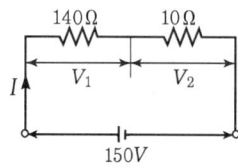
$R = R_1 + R_2 = 140 + 10 = 150(\Omega)$
$I = \dfrac{V}{R} = \dfrac{150}{150} = 1(A)$
$V_1 = IR_1 = 1 \times 140 = 140(V)$
$V_2 = IR_2 = 1 \times 10 = 10(V)$

문제 02 계전기회로에서 일종의 기억회로라고 할 수 있는 것은?

① AND회로　　　　　② OR회로
③ 자기유지회로　　　④ NOT회로

해설
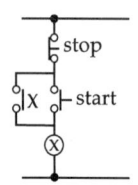
자기유지회로(自己維持回路)
그림과 같은 회로에 신호를 주면 코일이 전자력을 가져, 그 자체의 접점에 의해 그 신호를 계속 유지시키는 것

문제 03 전선의 길이를 고르게 2배로 늘리면 저항은 몇 배가 되는가?

① 2배　　　　　　　　② 4배
③ 1/2배　　　　　　　④ 1/4배

해설　$R = \rho \dfrac{l}{A}$ 에서　$R = \rho \dfrac{2l}{\frac{1}{2}A} = 4\rho \dfrac{l}{A} \Omega$　∴ 4배

문제 04 자기인덕턴스 4H의 코일에 5A의 전류가 흐를 때 축적되는 에너지는 몇 J인가?

① 50　　　　　　　　② 100
③ 150　　　　　　　　④ 200

해설　$W = \dfrac{1}{2}LI^2 = \dfrac{1}{2} \times 4 \times 5^2 \times 50(J)$

답　1.② 2.③ 3.② 4.①

문제 05 유도 전동기에서 동기속도 N_s와 극수 P와의 관계로 옳은 것은?

① $N_S \propto P$　　　② $N_S \propto P^2$

③ $N_S \propto \dfrac{1}{P}$　　　④ $N_S \propto \dfrac{1}{P^2}$

해설　$N_S = \dfrac{120f}{P}\,[\text{rpm}]$

문제 06 정현파 교류의 실효값은 최대값의 몇 배인가?

① π　　　② $\dfrac{2}{\pi}$

③ $\dfrac{1}{\sqrt{2}}$　　　④ $\sqrt{2}$

해설　$E = \dfrac{E_m}{\sqrt{2}}\,(\text{V})$　E : 실효전압, E_m : 최대전압

문제 07 3상전원의 결선방법에서 Y결선 및 △결선방법의 전압과 전류의 관계가 옳은 것은?

① Y결선 : 선간전압=상전압×$\sqrt{3}$, 선전류=상전류×$\sqrt{3}$
② Y결선 : 선간전압=상전압×$\sqrt{3}$, 선전류=상전류
③ △결선 : 선간전압=상전압×$\sqrt{3}$, 선전류=상전류×$\sqrt{3}$
④ △결선 : 선간전압=상전압×$\sqrt{3}$, 선전류=상전류

해설
- Y결선 : $V_l = \sqrt{3}\,V_p$, $I_l = I_p$
- △결선 : $V_l = V_p$, $I_l = \sqrt{3}\,I_p$
  단, V_l : 선간전압, V_p : 상전압, I_l : 선전류, I_p : 상전류

문제 08 저항 100Ω에 5A의 전류가 흐르는 데 필요한 전압은 몇 V인가?

① 220　　　② 300
③ 400　　　④ 500

해설　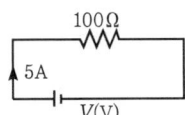　$I = \dfrac{V}{R}\,(\text{A})$에서
　$V = IR = 5 \times 100 = 500\,(\text{V})$

답　5.③　6.③　7.②　8.④

2008.02.03 시행

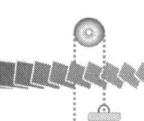

문제 09 100V, 100W 전구의 전압의 평균값은 약 몇 V인가?
① 90　　　　　　　　② 100
③ 111　　　　　　　　④ 141

해설　$V_{av} = \dfrac{2V_m}{\pi} = \dfrac{2 \times \sqrt{2}\,V}{\pi} = \dfrac{2 \times 1.414 \times 100}{3.14} ≒ 90(\text{V})$

※ $V_m = \sqrt{2}\,V\,(\text{V})$

문제 10 "회로망에서 임의의 접속점에 흘러 들어오고, 흘러 나가는 전류의 대수합은 0이다."의 법칙은?
① 키르히호프의 법칙　　　　② 가우스의 법칙
③ 줄의 법칙　　　　　　　　④ 쿨롱의 법칙

해설　① 가우스의 법칙
"전기장의 세기는 총전하량에 비례하고, 유전율에 반비례한다."라는 법칙
$N = \dfrac{Q}{\varepsilon}$
② 줄의 법칙
저항 $R(\Omega)$에 $I(\text{A})$의 전류가 $t(\sec)$동안 흐를 때 발열량 $H = I^2Rt\,(\text{J})$
③ 쿨롱의 법칙(정전기에 있어서)
$F = 9 \times 10^9 \dfrac{Q_1 Q_2}{r^2}\,(\text{N})$
Q_1, Q_2 : 전하(C), r : 전하 사이의 거리(m)

문제 11 동력 3730W는 약 몇 마력인가?
① 3　　　　　　　　② 5
③ 7　　　　　　　　④ 10

해설　$\dfrac{3730}{746} = 5(\text{HP})$　※ 1(HP)은 746W이다.

문제 12 옥내 전동선의 절연저항을 측정하는 데 가장 적절한 측정기는?
① 메거
② 휘스톤브리지
③ 콜라우시 브리지
④ 켈빈더블 브리지

답　9.① 10.① 11.② 12.①

해설 ① 휘스톤브리지

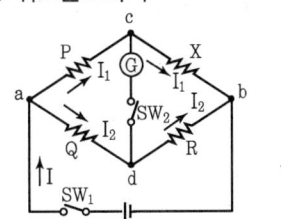

∴ PR=QX

② 콜라우시 브리지
전해액 저항 측정에 사용된다.
③ 캘빈더블 브리지
휘스톤 브리지를 2중으로 구성한 것
0.1~100Ω의 낮은 저항 측정시 사용된다.

문제 13 3Ω과 6Ω의 저항을 직렬로 연결했을 때의 합성저항은 몇 Ω 인가?
① 2 ② 4.5
③ 6 ④ 9

해설 $R = R_1 + R_2 = 3 + 6 = 9(\Omega)$

문제 14 자유전자가 과잉된 상태가 되면?
① 양의 대전 ② 음의 대전
③ 발열상태   ④ 전도상태

해설 자유전자는 음전기를 띤다.
※ 대전 : 어떤 물질이 양전기나 음전기를 띠는 현상

문제 15 다음의 리미트 스위치 기호로 옳은 것은?

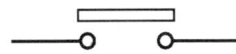

① 전기적 a접점 ② 전기적 b접점
③ 기계적 b접점 ④ 기계적 a접점

해설 ① 리미트 스위치
• a접점 : ─o─o─   • b접점 : ─o─o─
② 계전기 접점
• a접점 : ─o o─   • b접점 : ─o o─

답 13.④ 14.② 15.④

문제 16. 정전용량 C_1, C_2, C_3를 병렬로 접속하였을 때의 합성 정전용량은?

① $\dfrac{1}{C_1+C_2+C_3}$
② $C_1+C_2+C_3$
③ $\dfrac{1}{C_1}+\dfrac{1}{C_2}+\dfrac{1}{C_3}$
④ $\dfrac{C_1C_2C_3}{C_1+C_2+C_3}$

해설 ① 직렬접속 $C=\dfrac{C_1 \cdot C_2}{C_1+C_2}$ ② 병렬접속 $C=C_1+C_2$

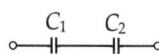   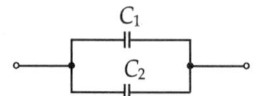

문제 17. 안전점검의 대상에 해당되지 않는 것은?
① 안전활동
② 작업환경
③ 보호구
④ 작업자

문제 18. 가장 널리 쓰이는 베어링은?
① 구리
② 화이트메탈
③ 합성수지
④ 고무

문제 19. 안전점검시의 유의사항으로 옳지 않은 것은?
① 여러 가지의 점검방법을 병용하여 점검한다.
② 과거의 재해발생 부분은 고려할 필요 없이 점검한다.
③ 불량 부분이 발견되면 다른 동종의 설비도 점검한다.
④ 발견된 불량 부분은 원인을 조사하고 필요한 대책을 강구한다.

문제 20. 다음 중 일반적으로 사용하는 로프 꼬임 방법은?
① 보통 S꼬기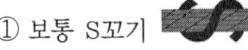
② 보통 Z꼬기
③ 랭식 S꼬기
④ 랭식 Z꼬기

해설 로프를 꼬는 방법에는 보통꼬임(Ordinary Lay)과 랭꼬임(Lang's Lay)의 2종류가 있으며, 보통꼬임은 스트랜드의 꼬임과 소선의 꼬임 방향이 반대인 방식이며, 랭꼬임은 그 반대의 방식이다.

답 16.② 17.④ 18.② 19.② 20.②

보통꼬임방식은 소선과 외부의 접촉면이 짧고, 마모에 의한 영향은 많지만, 꼬임이 잘 풀리지 않으므로 일반적으로 많이 사용되고 있다.

또한, 보통꼬임과 랭꼬임은 스트랜드를 꼬는 방식에 따라 Z꼬임과 S꼬임으로 분류되며, Z꼬임은 스트랜드를 오른나사 방향으로 꼬는 방식이며, S꼬임은 왼나사 방향으로 꼬는 방식이다. 일반적으로 엘리베이터에 사용되는 권상용 와이어로프는 보통Z꼬임이 주로 사용된다.

보통 Z꼬기   보통 S꼬기   랭식 Z꼬기   랭식 S꼬기

문제 21 엘리베이터에서는 몇 %의 부하로 전속 하강 중의 케이지를 위험 없이 감속, 정지할 수 있어야 하는가?

① 125　　② 130
③ 140　　④ 150

해설 엘리베이터는 125% 부하에서 위험 없이 감속 정지할 수 있어야 한다.

문제 22 캠이 가장 많이 사용되는 것은?

① 요동운동을 직선운동으로 할 때　② 왕복운동을 직선운동으로 할 때
③ 회전운동을 직선운동으로 할 때　④ 상하운동을 직선운동으로 할 때

문제 23 안전율에 해당되는 것은?

① $\dfrac{허용응력}{극한강도}$　　② $\dfrac{극한강도}{허용응력}$
③ $\dfrac{허용응력}{탄성한도}$　　④ $\dfrac{탄성한도}{허용응력}$

문제 24 승강기의 정격속도가 105m/min이고, 제동을 개시한 후 이동한 정지거리가 0.9m인 경우에 승강기가 제동을 건 후 몇 초 후에 정지하는가?

① 1.03　　② 1.25
③ 1.46　　④ 1.63

답 21.① 22.③ 23.② 24.①

해설 $t = \dfrac{120d}{V} = \dfrac{120 \times 0.9}{105} = 1.03(\sec)$

문제 25 카 자중 1500kg, 적재하중 1200kg, 오버밸런스율 43%인 승강기의 균형추 중량은 몇 kg인가?
① 1161
② 1845
③ 2016
④ 2184

해설 균형추측 중량 = 카의 중량+LF
= 1500+1200×0.43
= 2016(kg)

문제 26 승객용승강기의 카의 문턱 끝과 승강로 문턱 끝의 간격은 몇 cm 이하로 하여야 하는가? (단, 장애인용 엘리베이터의 경우는 제외한다.)
① 3cm
② 3.5cm
③ 5cm
④ 6cm

문제 27 재해 원인을 분류할 때 인적 요인에 해당되는 것은?
① 정리정돈의 결함
② 안전장치의 결함
③ 보호구의 결함
④ 지식의 부족

문제 28 전기기기의 외함 등이 절연이 나빠져서 전류가 누설되어도 감전사고의 위험이 적도록 하기 위하여 어떤 조치를 하여야 하는가?
① 도금을 한다.
② 영상변류기를 설치한다.
③ 퓨즈를 설치한다.
④ 접지를 한다.

문제 29 15인승, 속도 90m/min인 승강기의 꼭대기 틈새(TOP Clearance)와 피트(PIT)깊이는 최소 얼마인가?
① 꼭대기 틈새 : 1.5m, 피트 깊이 : 1.6m
② 꼭대기 틈새 : 1.6m, 피트 깊이 : 1.8m
③ 꼭대기 틈새 : 1.8m, 피트 깊이 : 2.0m
④ 꼭대기 틈새 : 2.0m, 피트 깊이 : 2.1m

답 25.③ 26.② 27.④ 28.④ 29.②

해설 ※ 본 문제는 검사기준(2013.9.15 시행)이 개정되어 출제가 수정될 것입니다.
〈균형추가 완전히 압축된 완충기 위에 있을 때〉
① 카 가이드 레일의 길이는 $0.1+0.035\,V^2$[m] 이상 연장되어야 한다.
② 카 지붕에서 가장 높은 부분과 승강로 천장의 가장 낮은 부분(천장 아래 빔 및 부품 포함) 사이의 수직거리는 $1.0+0.035\,V^2$[m] 이상이어야 한다.
③ 승강로 천장의 가장 낮은 부분과 카 지붕에 고정된 설비의 가장 높은 부분 사이의 수직거리는 $0.3+0.035\,V^2$[m] 이상이어야 한다.

문제 30 균형추의 중량을 구하는 식은? (단, L : 정격 적재량(kg), F : 오버밸런스율이다.)
① 균형추 중량＝케이지 자체 하중
② 균형추 중량＝케이지 자체 하중＋L
③ 균형추 중량＝케이지 자체 하중＋L·F
④ 균형추 중량＝케이지 자체 하중＋L＋F

문제 31 유압식 승강기의 착상보상장치는 착상면을 기준으로 몇 mm 이내에서 보정할 수 있어야 하는가?
① 70   ② 75
③ 85   ④ 90

해설 ※ 본 문제는 검사기준(2013.9.15 시행)이 개정되어 출제가 수정될 것입니다.
카의 착상 정확도는 ±10mm 이하이어야 하며, 재착상 시는 ±20mm로 유지해야 한다.

문제 32 일반적으로 승강기에 가장 많이 사용하는 전동기는?
① 3상 유도전동기   ② 콘덴서전동기
③ 동기전동기   ④ 단상 유도전동기

해설 ① 3상 유도전동기 : 3상 교류전류를 전원으로 하여 작동하는 유도 전동기
② 콘덴서전동기 : 단상 유도 전동기의 하나 보조 코일에 콘덴서를 삽입하여, 주 코일보다 위상(位相)이 앞선 전류를 흘려보냄으로써, 회전 자기 마당을 만드는 방식의 전동기이다. 선풍기, 전기 세탁기 따위의 가전제품에 사용한다.
③ 동기전동기 : 일정한 속도로 회전하는 교류전동기. 그 속도는 전원의 주파수 변화에 의해서만 변한다. 동기전동기 자체만으로 시동되지 못하기 때문에 동기속도(전동기의 극수와 전원주파수에 일괄적으로 정해지는 회전속도)까지 가속시켜 주는 보조 전동기가 있어야만 한다. 내부에 시동권선(始動捲線)이 따로 내장된 동기전동기도 있다. 일정속도를 유지하기 위해 회전자에 일정한 양의 자기장을 걸어주는데, 이 자기장은 회전자 권선에 직류가 흐르게 하거나, 회전자를 영구자석으로 만들어 발생시킨다. 전동기를 구동하는 교류에 의해 발생된 자기장의 변화속도와 회전자의 자기장변화가 보조를 같이하려는 경향 때문에 동기전동기는 전기시계·타이머·사진기·녹음기에서처럼 일정한 속도유지가 중요한 저하중 기계에 사용된다.
④ 단상유도 전동기 : 단상교류 전류를 전원으로 하여 작동하는 유도전동기

답 30.③ 31.② 32.①

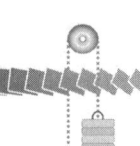

문제 33 에스컬레이터의 디딤판을 제거하고 작업을 할 때 작업자는 디딤판을 제거한 어느 쪽에서 작업을 하는 것이 가장 안전하며 효율적인가?
① 뒤쪽에서
② 옆쪽에서
③ 핸드레일 위에서
④ 앞, 뒤에 걸쳐 서서

문제 34 무거운 물건을 들어올릴 때 안전한 방법이 아닌 것은?
① 등을 구부린다.
② 무릎을 구부린다.
③ 물건을 견고히 잡는다.
④ 발 디딤을 견고히 한다.

문제 35 과속조절기에 대한 설명으로 가장 적당한 것은?
① 카의 정격속도가 미달될 때 정격속도가 되도록 전기적으로 동작하는 장치
② 카의 속도를 검출하여 이상속도가 발생할 때 전기적, 기계적으로 차단시키는 장치
③ 카 도어의 속도가 느릴 때 빠르게 해주는 장치
④ 카에 정격용량 이상의 무게가 검출되었을 때 이것을 알리는 장치

문제 36 유압엘리베이터에서 안전밸브가 작동하는 설정값은 보통 상용압력의 몇 %로 하는가?
① 115
② 125
③ 135
④ 145

문제 37 전기재해에 해당되는 것은?
① 동상
② 협착
③ 비산
④ 감전

문제 38 아크용접기의 감전방지를 위해서는 무엇을 부착하는가?
① 자동전격방지장치
② 중성접점지장치
③ 과전류계전장치
④ 리미트스위치

문제 39 승강기의 속도제어방식 중 에너지(전력) 소비면에서 효율이 가장 좋은 것은?
① 다이리스터 워드레오나드방식
② 교류 2단속도 제어방식
③ 교류 궤환 제어방식
④ 직류 가변전압 제어방식

답 33.① 34.① 35.② 36.② 37.④ 38.① 39.①

해설 ① 워드레오나드(Word Leonard)방식 : 유도전동기와 직류발전기는 같은 축에 직결되어 있고 직류발전기의 직류출력을 직류전동기(주전동기)의 전기자 단자에 공급한다. 속도제어는 저항 FR을 변화시키는 데 따라서 발전기의 자계가 조절되고 그래서 발전기의 직류전압을 제어한다.
② 교류이단 속도제어 : 일단속도에서는 착상오차가 크므로 중속의 엘리베이터에서 이것을 감소시키기 위해 이단속도 모터를 사용하여 기동과 주행은 고속권선으로 하고, 감속과 착상을 저속권선으로 행하는 카의 제어이다.
가령 60m/min의 엘리베이터를 4 : 1의 속도비로 착상시키면 15m/min의 교류일단속도제어와 같은 착상오차가 되어 충분히 실용화할 수 있는 방식이다.
③ 교류궤환제어 : 이 방식은 반도체의 발달에 따라 실용화된 것으로서, 45m/min에서 105m/min까지의 승용엘리베이터에 주로 적용되고 있다. 그 전까지는 45 및 60m/min는 교류이단 속도제어를 적용하고, 90, 105m/min는 직류제어를 적용한다. 이 방식은 카의 실속도와 지령속도를 비교하여 사이리스터의 점호각을 바꿔, 유도 전동기의 속도를 제어하는 방식이다.
④ V.V.V.F(Variable Voltage Variable Frequency : 가변주파수)제어 : 유도전동기에 인가되는 전압과 주파수를 동시에 변환시켜, 직류 전동기와 동등한 제어성능을 갖는다.

문제 40 에스컬레이터 스탭의 좌우와 전방에 황색 또는 적색으로 스탭 주의의 홈에 끼이지 않도록 표시하는 부품은?
① 스텝체인
② 테크보드
③ 데마케이션
④ 스커트 가드

해설 ① 스텝체인 : 계단체인
② 테크보드 : 에스컬레이터에서 난간의 일부로 구성되어 진행방향으로 연속된 길고 가느다란 판상의 화장재로, 겉쪽 부분 및 그 연장부분
③ 스커트 가드 : 에스컬레이터 내측판의 디딤판 옆부분

문제 41 유압식 엘리베이터의 체인의 안전율은 얼마 이상이어야 하는가?
① 5
② 8
③ 10
④ 12

해설 체인 : 10 이상, 실린더 : 4 이상, 가요성 호스 : 8 이상, 로프 : 12 이상

문제 42 승강기용 통신장치로 가장 많이 사용되는 것은?
① 전화기
② 인터폰
③ 비상벨
④ 핸드폰

답 40.③ 41.③ 42.②

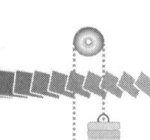

문제 43 표준가이드 레일에 취부하여야 하는 레일 브래킷의 최소 수량은 몇 개인가?
① 2개 ② 4개
③ 6개 ④ 20개

문제 44 에스컬레이터에 대한 설치 기준으로 옳지 않은 것은?
① 승강구에 있어서 디딤판의 승강을 정지시킬 수 있는 장치가 필요하다.
② 경사는 30도 이상으로 한다.
③ 디딤판의 정격속도는 30도 이하인 경우 45m/min 이하이어야 한다.
④ 디딤판의 양쪽에 난간을 설치한다.

해설 에스컬레이터 경사도는 30°를 초과하지 않아야 한다.

문제 45 기계실이 아래 옆쪽에 있는 방식은?
① 사이드 머신 방식 ② 베이스먼트 방식
③ 업 방식 ④ 다운 방식

해설
• 사이드 머신 방식 : 승강로 상부측면에 설치
• 베이스먼트 방식 : 하부 측면에 설치

문제 46 에스컬레이터에서 일반적으로 난간폭과 수송 능력은?
① 난간폭 : 1,000, 600, 수송능력 : 9,000, 6,000
② 난간폭 : 1,000, 600, 수송능력 : 6,000, 3,000
③ 난간폭 : 1,200, 800, 수송능력 : 5,000, 3,000
④ 난간폭 : 1,200, 800, 수송능력 : 9,000, 6,000

해설 난간폭에 의한 분류 ① 800형 : 수송능력이 6000명/시간
② 1200형 : 수송능력이 9000명/시간
※ 본 문제는 규정법 개정으로 무효입니다.

문제 47 가이드 레일(Guide Rail)에 관한 설명 중 맞지 않는 것은?
① 케이지의 자중이나 하중의 중심에 관계없이 기울어짐을 막아준다.
② 추락방지안전장치가 작동했을 때 수직하중을 유지해준다.
③ 케이지의 승강로 평면 내의 위치를 규제한다.
④ 케이지의 기계적 강도를 보상해준다.

답 43.① 44.② 45.② 46.④ 47.④

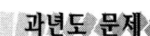

문제 48 에스컬레이터의 브레이크장치는 하중을 싣지 않고 상승시 계단과 정지거리는 얼마인가?
① 0.01~0.05m 이하
② 0.1~0.6m 이하
③ 0.5~1m 이하
④ 0.5~105m 이하

해설 ※ 본 문제는 검사기준(2013.9.15 시행)이 개정되어 출제가 수정될 것입니다.
에스컬레이터의 정지거리(하강 시)

공칭속도 V	정지거리
0.50m/s	0.20m에서 1.00m 사이
0.65m/s	0.30m에서 1.30m 사이
0.75m/s	0.40m에서 1.50m 사이

문제 49 유압 엘리베이터의 플런저를 구동시키는 원리는?
① 아르키메데스 원리
② 피타고라스의 원리
③ 파스칼의 원리
④ 기전력의 원리

해설 ① 아르키메데스의 원리 : "물체를 물속에 넣으면, 그 물체와 같은 부피의 물의 무게만큼 가벼워진다."라는 것
② 피타고라스의 원리 : "직각 삼각형에서 성립하는데, 직각 삼각형의 빗변의 길이 제곱은 다른 두변 제곱의 합과 같다."라는 것
③ 파스칼의 원리 : "밀폐된 용기 내에서 유체의 입력은 줄지 않고 그대로 모든 방향으로 전달된다"라는 것

문제 50 인장강도가 400kg/cm²인 재료를 사용응력 100kg/cm²로 사용하면 안전계수는?
① 1
② 2
③ 3
④ 4

해설 안전율(안전계수) = $\dfrac{파단(극한)강도}{허용응력} = \dfrac{400}{100} = 4$

문제 51 응력을 옳게 표현한 것은?
① 단위길이에 대한 늘어남
② 단위체적에 대한 질량
③ 단위면적에 대한 변형률
④ 단위면적에 대한 힘

문제 52 승강기의 화이널 리미트 스위치(Final Limit Switch)의 요건 중 틀린 것은?
① 반드시 기계적으로 조작되는 것이어야 한다.
② 작동 캠(CAM)은 금속으로 만든 것이어야 한다.
③ 이 스위치가 동작하게 되면 권상전동기 및 브레이크 전원이 차단되어야 한다.
④ 이 스위치는 카가 승강로의 완충기에 충돌된 후에 작동되어야 한다.

답 48.② 49.③ 50.④ 51.④ 52.④

해설 화이널 리미트 스위치는 완충기에 충돌전 작동되어야 한다.

문제 53 방폭이란 무엇을 뜻하는가?
① 전기적 아크를 포용할 수 있는 능력
② 가연성 혼합기를 배제할 수 있는 능력
③ 인화성 증기를 떠오르게 하는 능력
④ 내부 폭발에 견딜 수 있는 능력

문제 54 권상기의 기준이 아닌 것은?
① 역구동이 잘될 것
② 전동기 본체의 접지가 되어 있을 것
③ 주로프와의 사이에 슬립이나, 시브에 균열 등이 없을 것
④ 감속기구가 있는 것은 기어 톱니의 두께가 설치시의 7/8 이상일 것

해설 역구동이 잘되면 안 된다.

문제 55 정전기 제거의 방법으로 옳은 것은?
① 설비 주변의 공기를 건조
② 설비의 금속제 부분을 접지
③ 설비에 주변에 적외선을 쪼임
④ 설비의 주변에 자외선을 쏘임

문제 56 다음에서 승강기가 단독으로 설치되어 있는 것은?
① 싱글오토매틱 방식
② 군관리 방식
③ 군승합 방식
④ 군자동 방식

해설 ① 단식자동방식(single automatic type) : 승강장 버튼은 오름, 내림 공용이며, 먼저 눌러진 호출에 응답하고, 운행 중에는 다른 호출에 응하지 않는다. 자동차용 화물용에 적용된다.
② 군관리 방식 : 3~8대의 엘리베이터를 병설할 때 합리적으로 제어하는 방식이다.
③ 군승합자동식 : 2~3대의 병설될 때에 사용되는 방식이다.

문제 57 승강기의 과속조절기란?
① 카의 속도를 검출하는 장치이다.
② 추락방지안전장치를 뜻한다.
③ 균형추의 속도를 검출한다.
④ 플런저를 뜻한다.

답 53.④ 54.① 55.② 56.① 57.①

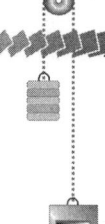

해설 카와 같은 속도로 움직이는 과속조절기 로프에 의해 회전되어 항상 카의 속도를 감지하는 장치이다.
카, 추락방지안전장치 작동을 위한 과속조절기는 정격속도의 115% 이상의 속도 그리고 아래의 속도 미만에서 작동되어야 한다.
① 고정된 롤러 형식의 추락방지안전장치 : 1m/s
② 고정된 롤러 형식을 제외한 즉시작동형 추락방지안전장치 : 0.8m/s
③ 정격속도가 1m/s를 초과하는 엘리베이터에 사용되는 점차 작동형 추락방지안전장치 : $1.25V + 0.25V$(m/s)
④ 과속조절기가 작동 시 과속조절기 로프의 인장력은 다음 두 값 중 큰 값 이상이어야 한다.
 • 300N
 • 최소한 추락방지안전장치가 물리는 데 필요한 값의 2배

문제 58 리미트스위치가 작동하지 않을 경우 최상층 또는 최하층을 지나치지 않도록 하기 위해 설치하는 장치는?
① 도어스위치
② 토글스위치
③ 덤블러스위치
④ 파이널 리미트스위치

문제 59 교류 엘리베이터의 전동기 특성으로 적당하지 않은 것은?
① 고빈도로 단속 사용하는 데 적합한 것이어야 한다.
② 기동토크가 커야 한다.
③ 기동전류가 적어야 한다.
④ 회전부분의 관성모멘트가 커야 한다.

해설 회전부분의 관성모멘트는 작아야 한다.

문제 60 엘리베이터 기계실의 권상기 제어반 등은 보수유지를 위하여 벽면에서 최소한 몇 m 이상 떨어져야 하는가?
① 0.1
② 0.3
③ 0.5
④ 0.8

답 58.④ 59.④ 60.②

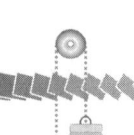

승강기기능사 과년도 문제
(2008.03.30 시행)

문제 01 무빙워크의 구조물이 아닌 것은?
① 내측판　　　　　　　② 스탭
③ 균형추　　　　　　　④ 핸드레일

해설 균형추는 엘리베이터나 덤웨이터의 구조물이다.

문제 02 카의 속도가 비상적으로 중대한 경우, 과속조절기의 1단계 작동 시기는, 매분의 속도가 정격속도의 몇 배를 넘지 않는 범위 내이어야 하는가?
① 1.5배　　　　　　　② 1.4배
③ 1.3배　　　　　　　④ 1.2배

해설 ※ 본 문제는 검사기준(2013.9.15 시행)이 개정되어 출제가 수정될 것입니다.
카, 비상저지장치 작동을 위한 과속조절기는 정격속도의 115% 이상의 속도 그리고 아래의 속도 미만에서 작동되어야 한다.
① 고정된 롤러 형식의 추락방지안전장치 : 1m/s
② 고정된 롤러 형식을 제외한 즉시작동형 추락방지안전장치 : 0.8m/s
③ 정격속도가 1m/s를 초과하는 엘리베이터에 사용되는 점차 작동형 추락방지안전장치 : $1.25V + 0.25V$[m/s]

문제 03 유압엘리베이터 유압회로에서 상승 운전 중 정전으로 펌프가 정지시, 작동유가 역류해 카가 하강하는 것을 방지하는 것은?
① 릴리프밸브　　　　　② 업밸브
③ 정유량밸브　　　　　④ 체크밸브

해설 ① 안전밸브(relief vavlve) : 일종의 압력조정 밸브인데, 회로의 압력이 설정값에 도달하면 밸브를 열어 오일을 탱크로 돌려보내 압력이 과도하게 상승(상승압력의 125%에 설정)하는 것을 방지한다.

② 업밸브(상승밸브) : 펌프로부터 압력을 받은 오일은 실린더로 가나, 일부는 상승용 전자밸브로 조정되는 유량제어밸브를 통하여 탱크로 되돌아오는데, 이 유량을 제어해 실린더측의 유량을 간접적으로 제어하는 밸브이다.

③ 역저지(check)밸브 : 한쪽 방향으로만 오일이 흐르도록 하는 밸브이다.

답　1.③　2.③　3.④

과년도 문제

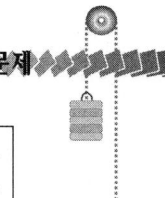

문제 04 동일 승강로에 2대 이상의 엘리베이터를 설치한 경우에 속도가 다르거나 정지층이 달라 피트바닥의 높이차가 0.6m 이상일 때에는, 그 사이에 높이 몇(m) 이상의 추락 방지용 난간을 견고하게 설치하여야 하는가?
① 0.5m ② 0.7m
③ 0.9m ④ 1.1m

문제 05 속도 90m/min인 엘리베이터의 피트깊이는 몇 (mm) 이상이어야 하는가?
① 1500mm ② 1800mm
③ 2100mm ④ 2400mm

해설 ※ 본 문제는 검사기준(2013.9.15 시행)이 개정되어 출제가 수정될 것입니다.
〈카가 완전히 압축된 완충기 위에 있을 때〉
① 피트에는 0.5m×0.6m×1.0m 이상의 장방형 블록을 수용할 수 있는 충분한 공간이 있어야 한다.
② 피트 바닥과 카의 가장 낮은 부품 사이의 수직거리는 0.5m 이상이어야 한다.
③ 피트에 고정된 가장 높은 부품과 카의 가장 낮은 부품 사이의 수직거리는 0.3m 이상이어야 한다.

문제 06 에스컬레이터의 안전장치가 아닌 것은?
① 역회전 방지장치 ② 스텝체인 안전장치
③ 역류 제지장치 ④ 핸드레일 안전장치

해설 ① 계단 체인 안전장치(step chain safety device) : 계단 체인이 파단되거나 과도하게 늘어날 때 즉시 에스컬레이터를 정지시킨다.
② 역저지(check)밸브 : 유압회로 배관의 중간에 축방향 또는 직각방향으로 설치하여, 스프링 및 압력에 의하여 한 방향의 흐름을 저지하고, 그 반대 방향의 흐름은 자유로이 흘려보내는 밸브
③ 핸드레일 안전장치 : 핸드레일에 손이나 다른 물체가 끼었을 경우, 에스컬레이터를 정지시킨다.

문제 07 엘리베이터 기계실에 관한 설명 중 옳지 않은 것은?
① 작업구역에서는 높이가 2.1m 이상되어야 한다.
② 기계실의 바로 위층 또는 인접한 벽면에 물탱크실을 설치할 수 있다.
③ 실온은 원칙적으로 40℃ 이하를 유지할 수 있어야 한다.
④ 기계실에는 일반적으로 엘리베이터와 관계없는 설비를 설치하지 않아야 한다.

해설 기계실 바로 위층 또는 인접한 벽면에 물탱크실을 설치하면 방수를 하여도 누수가 생길 수 있다.

답 4.④ 5.② 6.③ 7.②

2008.03.30 시행

문제 08 3상교류의 단속도 전동기에 전원을 공급하는 것으로 기동과 정속운전을 하고, 정지는 전원을 차단한 후 제동기에 의해 기계적으로 브레이크를 거는 제어방식은?

① 교류1단 속도제어
② 교류2단 속도제어
③ VVVF제어
④ 교류귀환 전압제어

해설

① 교류일단 속도제어 : 가장 간단한 제어방식으로, 3상교류의 단속도 모터에 전원을 공급하는 것으로 기동과 정속운전을 하고, 정지는 전원을 끊은 후 제동기에 의해 기계적으로 브레이크를 거는 방식이다.

② 교류이단 속도제어 : 일단속도에서는 착상오차가 크므로 중속의 엘리베이터에서 이것을 감소시키기 위해 이단속도 모터를 사용하여 기동과 주행은 고속권선으로 하고, 감속과 착상을 저속권선으로 행하는 카의 제어이다.

가령 60m/min의 엘리베이터를 4 : 1의 속도비로 착상시키면 15m/min의 교류일단속도제어와 같은 착상오차가 되어 충분히 실용화할 수 있는 방식이 된다. 이단속도 모터의 속도비는 여러 비율이 생각되지만 착상오차 이외에 감속도, 감속시의 저토크(감속도의 변화 비율), 크리프시간(저속으로 주행하는 시간), 전력회생 등을 감안한 4 : 1이 가장 많이 사용된다.

③ VVVF(가변주파수 가변전압)제어 : VVVF(가변전압 가변주파수)제어는 인버터제어라고도 불리우며, 유도전동기에 인가되는 전압과 주파수를 동시에 변환시켜 직류전동기와 동등한 제어성능을 얻을 수 있는 방식이다. 이 방식의 채택에 의해 종래의 직류전동기를 사용하고 있던 고속엘리베이터에도 유도전동기를 적용하여 보수가 용이하고, 에너지소비가 적어지는 효과를 얻게 되었다.

④ 교류귀환제어 : 이 방식은 반도체의 발달에 따라 실용화된 것으로서 45m/min에서 105m/min까지의 승용엘리베이터에 주로 적용되고 있다. 그 전까지는 45 및 60m/min는 교류이단 속도제어를 적용하고, 90, 105m/min는 직류제어를 적용하였다. 이 방식은 카의 실속도와 지령속도를 비교하여 사이리스터의 점호각을 바꿔, 유도 전동기의 속도를 제어하는 방식이다.

문제 09 다음은 무엇에 대한 설명인가?

"카가 정지하지 않는 층의 도어는 전용 열쇠를 사용하지 않으면 열리지 않도록 하는 도어록과 문이 닫혀 있지 않으면 운전이 불가능하도록 하는 도어스위치로 구성되어 있다."

① 도어 인터록
② 도어 크로저
③ 스윙 도어
④ 도어 머신

해설

① 도어 크로저 : 승강 도어가 열려 있을 시 자동으로 닫히게 하는 장치
② 도어 머신 : 엘리베이터의 도어 개폐장치로, 전동기 및 감속기 등의 전동기 부분

답 8.① 9.①

문제 10 에스컬레이터 디딤판의 속도는 경사도 30° 이하인 경우 몇 m/min 이하로 하여야 하는가?

① 30m/min   ② 45m/min
③ 50m/min   ④ 60m/min

문제 11 언더 컷(under cut) 홈 시브에 대한 설명으로 옳지 않은 것은?

① 로프와 시브의 마찰계수를 높이기 위한 것이다.
② 로프 마모율이 비교적 심하지 않다.
③ 주로 싱글 랩핑(1 : 1로핑)에 사용된다.
④ 홈의 형상은 시브 홈의 밑을 도려낸 것이다.

해설 언더 컷 홈 시브는 로프 마모율이 크다.

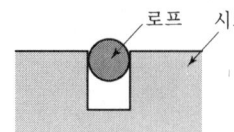

(언더컷 홈)

문제 12 무빙워크의 디딤판의 속도는 몇(m/min) 이하로 하여야 하는가?

① 50m/min   ② 45m/min
③ 35m/min   ④ 30m/min

해설 무빙워크의 정격속도는 45m/min 이하이어야 한다.

문제 13 승강기에 사용되는 전동기의 용량을 결정하는 요소로 거리가 먼 것은?

① 정격 적재 하중   ② 정격 속도
③ 종합 효율   ④ 건물 높이

해설 엘리베이터용 전동기의 용량

$P = \dfrac{MVS}{6120\eta}(\text{kW})$ 단, P : 전동기 용량, M : 정격 적재량, V : 정격속도, S : 1−A(A : 오버밸런스율), η : 종합효율

문제 14 다음 중 과부하 감지장치의 작동에 따른 연계 작동을 포함되지 않는 것은?

① 카가 움직이지 않는다.   ② 경보음이 울린다.
③ 통화장치가 작동된다.   ④ 문이 닫히지 않는다.

답 10.② 11.② 12.② 13.④ 14.③

2008.03.30 시행

문제 15 정격속도가 30m/min인 화물용 엘리베이터의 추락방지안전장치 작동시의 카의, 최대 속도는 몇(m/min)인가?
① 39m/min
② 42m/min
③ 63m/min
④ 68m/min

해설 ※ 본 문제는 검사기준(2013.9.15 시행)이 개정되어 출제가 수정될 것입니다.
과속조절기가 카의 비상정지작동을 위한 정격속도는 115% 이상일 때이다.

문제 16 균형추의 총 중량을 결정하는 계산식은? (단, 여기서 L : 정격 하중, F : 오버밸런스율이다.)
① 균형추 총 중량=카 자체중량×L·F
② 균형추 총 중량=카 자체중량+L·F
③ 균형추 총 중량=카 자체중량+L
④ 균형추 총 중량=카 자체중량+L+F

해설 균형추의 총 중량=카 자체중량+L·F

문제 17 완충기의 관한 설명으로 옳은 것은?
① 완충기의 최대감속도는 2.5G를 초과하는 감속도가 일반적으로 $\frac{1}{10}$ 초를 넘지 않아야 한다.
② 완충기의 행정은 카가 정격속도의 125%로 충돌했을 때 평균 감속도가 9.8m/s² 이하가 되도록 한다.
③ 에너지 축적형 완충기는 엘리베이터의 속도가 90m/min 이상에 사용한다.
④ 균형추 측 완충기는 스프링 간 접촉된 부분이 없이 균형추 자중의 2.5~4배를 견디어야 한다.

해설 ㉮ $\frac{1}{10}$ → $\frac{1}{25}$
㉯ 125% → 115%
㉰ 에너지 축적형 완충기는 속도 60m/min 이하의 엘리베이터에 사용되고 에너지 분산형 완충기는 모든 경우에 사용된다.

답 15.④ 16.② 17.④

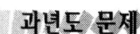

문제 18 엘리베이터를 속도에 따라 분류할 때 중속의 범위로서 가장 적당한 것은?

① 60~105m/min ② 60~120m/min
③ 90~120m/min ④ 90~150m/min

해설

종류	속도
저속	45m/min 이하
중속	60m/min 이상 105m/min 이하
고속	120m/min 이상 300m/min 이하
초고속	360m/min 초과

문제 19 화물용 승강기에 대한 설명으로 옳지 않은 것은?

① 화물운반에 직접 종사하는 조작자 또는 화물취급자 1인 이외에는 탑승을 금한다.
② 경우에 따라서는 승객을 운송할 수 있다.
③ 허용 적재하중을 표시하여야 한다.
④ 주행 중에는 출입문이 개폐되어서는 안 된다.

해설 화물용 승강기는 화물만 운송해야 한다.

문제 20 승강기의 안전진단사항에 관한 설명으로 옳지 않은 것은?

① 설계 사양과 도면의 확인 검토
② 설치 후 규정에 따른 성능시험 및 평가
③ 제작 공정공사
④ 사용 소재 검사는 관련 부품이 조립된 상태에서 실시

해설 사용 소재 검사는 관련 부품이 조립되지 않은 상태에서 실시한다.

문제 21 승강기를 새로 설치하고 사용하기 전에 안전장치를 점검하여야 한다. 다음 중 점검할 안전장치와 거리가 먼 것은?

① 과부하감지장치 ② 파이널 리미트스위치
③ 과속조절기 ④ 가이드레일

해설 리미트스위치

답 18.① 19.② 20.④ 21.④

2008.03.30 시행

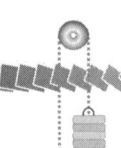

문제 22 승강기의 점검시 측정장비로 거리가 먼 것은?
① 절연저항계　　　　　　　　② 버니아캘리퍼스
③ 풍속계　　　　　　　　　　④ 조속계

해설　① 절연저항계 : 배선의 절연저항값을 측정

② 버니아 캘리퍼스 : 길이를 측정하는 공구

③ 풍속계 : 바람의 속도를 측정하는 기구

문제 23 재해의 원인분석의 개별분석방법에 관한 설명으로 옳지 않은 것은?
① 이 방법은 재해 건수가 적은 사업장에 적용된다.
② 특수하거나 중대한 재해의 분석에 적합하다.
③ 청취에 의하여 공통 재해의 원인을 알 수 있다.
④ 개개의 재해 특유의 조사항목을 사용할 수 있다.

문제 24 다음 중 안전·보건표지의 색체기준 및 용도의 표시방법으로 옳지 않은 것은?
① 녹색-안내
② 파랑-지시
③ 청색-경고
④ 빨강-금지, 경고

해설　황색은 경고이다.
　　※ 안전보건표지(safety and health mark)는 작업장에서 작업자가 판단이나 행동의 잘못을 일으키기 쉬운 장소 또는 실수로 인해 중대한 재해를 일으킬 위험이 있는 장소에 근로자의 안전·보건을 확보하기 위해 표시하는 표지를 말한다.

답　22.③　23.③　24.③

문제 25 다음 중 사업장에 승강기의 조립 또는 해체작업을 할 때 조치하여야 할 사항으로 거리가 먼 것은?

① 작업을 지휘하는 자를 선임하여 지휘자의 책임하에 작업을 실시할 것
② 작업할 구역에는 관계근로자 외의 자의 출입을 금지시킬 것
③ 기상상태의 불안정으로 인하여 날씨가 몹시 나쁠 때에는 그 작업을 중지시킬 것
④ 점사용자의 편의를 위하여 야간작업을 하도록 할 것

문제 26 전기기기의 외함 등이 절연이 나빠져서 전류가 누설되어도 감전사고의 위험이 적도록 하기 위하여 어떤 조치를 하여야 하는가?

① 도금을 한다. ② 영상변류기를 설치한다.
③ 퓨즈를 설치한다. ④ 접지를 한다.

문제 27 동력에 의하여 작동하는 기계·기구의 동력전달부분 및 속도조절부분의 방호장치로서 알맞은 것은?

① 자동전격방지기를 부착한다. ② 압력제한스위치를 부착한다.
③ 덮개를 부착한다. ④ 급정지장치를 부착한다.

문제 28 기계안전의 기본원칙 중 가장 효율적인 것은?

① 안전장치 ② 방호조치
③ 자동화 ④ 개인 보호구

문제 29 유압펌프에 관한 설명 중 옳지 않은 것은?

① 펌프의 토출량이 크면 속도도 커진다.
② 진동과 소음이 작아야 한다.
③ 압력맥동이 커야 한다.
④ 일반적으로 스크류 펌프가 사용된다.

해설 유압펌프는 압력 맥동이 작아야 한다.
압력맥동은 오일이 일정하게 흐를 때, 실제 작동 압력하에서 기어펌프로부터 토출되는 작동유의 압력이 변동되는 것을 말한다.

답 25.④ 26.④ 27.③ 28.③ 29.③

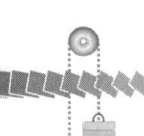

문제 30 균형추에 추락방지안전장치가 설치되어 있을 경우, 카 측과 균형추 쪽의 작동에 관한 설명으로 옳은 것은?

① 카 측보다 균형추 쪽이 먼저 작동되어야 한다.
② 카 측과 균형추 쪽이 동일하게 작동되어야 한다.
③ 카 측보다 균형추 쪽이 늦게 작동되어야 한다.
④ 카 측, 균형추 쪽의 아무 쪽이나 먼저 작동되어도 상관없다.

문제 31 로프식 엘리베이터에서 주로프의 끝 부분은 몇 가닥마다 로프소켓에 바빗트 채움을 하거나 체결식 로프소켓을 사용하여 고정하여야 하는가?

① 1가닥
② 2가닥
③ 3가닥
④ 4가닥

문제 32 엘리베이터의 제동기는 그 설치목적상 승객의 안전에 대단히 중요한 부품이다. 승객용 엘리베이터에 있어서는 몇(%) 정도의 부하에서, 전속으로 하강하는 차체를 위험 없이 감속시킬 수 있어야 하는가?

① 80%
② 100%
③ 110%
④ 125%

해설 엘리베이터는 125%의 부하로 전속 하강 중 카를 위험 없이 감속·정지시킬 수 있어야 한다.

문제 33 카 상부에서 행하는 검사가 아닌 것은?

① 비상구출구가 간단한 조작으로 열릴 수 있는지 여부
② 안전스위치, 보수용 버튼은 작동이 원활한지 여부
③ 과속조절기의 작동은 정확하게 작동하는지 여부
④ 과속조절기 로프는 이상 없이 잘 부착되어 있는지 여부

해설 과속조절기의 작동상태는 기계실에서 행한다.

문제 34 정전 시 카 내의 예비조명장치는 램프 중심으로부터 1m 떨어진 수직면상에서 측정하여 몇 (Lux) 이상의 조도를 확보할 수 있어야 하는가?

① 0.1Lux
② 5.0Lux
③ 10Lux
④ 100Lux

답 30.③ 31.① 32.④ 33.③ 34.②

문제 35 과속조절기의 스위치나 켓치의 작동속도가 맞지 않을 때는 무엇을 조정하는가?
① 플라이웨이트　　　　② 조정스프링
③ 연결핀　　　　　　　④ 베어링

해설 과속조절기
기관이나 원동기의 회전속도를 하중에 관계없이, 일정 범위 내에서 자동적으로 유지시켜주는 장치이다. 과속조절기는 원심력에 의해 작동되며, 구동축 주위를 도는 2개의 추로 이루어져 있는데, 이 추들은 대게 용수철을 이용한 제어력에 의해 밖으로 튀어나가지 않도록 되어 있다.

문제 36 엘리베이터의 카(car) 구조에 대한 설명 중 옳지 않은 것은?
① 카 내부는 구조상 경비한 부분을 제외하고는 불연재료로 만들거나 씌워야 한다.
② 카 천장에 설치된 비상구 출구는 카 내에서 열 수 있도록 잠금장치를 해야 한다.
③ 카 벽에 설치된 비상구 출구는 카 안쪽으로만 열리도록 한다.
④ 2개의 문이 설치된 경우에는 2개의 문이 동시에 열려 통로로 사용되는 구조이여야 한다.

해설 2개의 문이 설치된 경우에는 2개의 문이 동시에 열려 통로로 사용되는 구조이어서는 안 된다. 그런데 침대용 및 자동차용은 가능하다.

문제 37 무빙워크의 경사도는 몇(°) 이하로 하여야 하는가?
① 8° 이하　　　　　　② 12° 이하
③ 15° 이하　　　　　 ④ 18° 이하

문제 38 다음 중 에스컬레이터를 수리할 때 지켜야 할 사항으로 적당하지 않은 것은?
① 상부 및 하부에 사람이 접근하지 못하도록 단속한다.
② 작업 중 움직일 때는 반드시 상부 및 하부를 확인하고 복창한 후 움직인다.
③ 주행하고자 할 때는 작업자가 안전한 위치에 있는지 확인한다.
④ 동작시간을 게시한 후 시간이 되면 동작시킨다.

해설 수리가 완료된 후(시간에 관계없이) 안전에 문제가 없다면 동작시켜도 된다.

답　35.② 36.④ 37.② 38.④

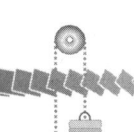

문제 39 도어 열림방식 중 2S 오픈방식을 바르게 설명한 것은?
① 2매 측면 열림
② 2매 중앙 열림
③ 2매 위로 열림
④ 2매 위아래 열림

해설 S는 가로열기식(측면 열림), CO는 중앙 열기식을 뜻한다.

[참고] 도어 개폐방식에 따른 승강기의 종류
① 센터 오픈 방식 : 승객용, 비상용, 장애인용, 전망용
② 사이드 오픈 방식 : 침대용, 화물용
③ 상부 열림 방식 : 화물용, 자동차용, 덤 웨이터
④ 상하부 열림 방식 : 덤 웨이터

문제 40 자동차용 엘리베이터에서 운전자가 항상 전진방향으로 차량을 입·출고할 수 있도록 해주는 방향 전환장치는?
① 턴 테이블
② 카 리프트
③ 차량 감지기
④ 출차 주의등

해설 턴 테이블
전면 여유 공지부족으로 회전반경이 없는 곳에 적합하며, 입출고 방향에 따라 TURN-TABLE 각도를 자유로이 Control 할 수 있어, 차량 입·출입을 한껏 편리하게 도와주며, 소음과 정지오차(10mm 이내)가 거의 없어, 작동방식이 편리하고 간편하다.

문제 41 권상기의(Traction machine)의 점검 사항이 아닌 것은?
① 진동, 소음, 운전의 원활성 등 운전사항의 이상 유무를 살핀다.
② 기름(Oil)의 누설 유무를 점검하고 청소한다.
③ 브레이크 작동 여부를 점검하고 조정한다.
④ 과부하검출장치의 작동 여부를 점검한다.

문제 42 승강장에서는 물체가 쉽게 끼어 들어가지 않도록 디딤판과 콤의 물림량을 기준에 정하고 있다. 스텝방식 에스컬레이터의 디딤판과 콤(Comb)의 물림량은 몇 (mm) 이상이어야 하는가?
① 4mm 이상
② 5mm 이상
③ 6mm 이상
④ 7mm 이상

답 39.① 40.① 41.④ 42.③

문제 43
다음 중 교류 엘리베이터의 속도제어방식으로 이용되는 것이 아닌 것은?

① 교류 1단 속도제어
② 가변전압 가변주파수제어
③ 교류 궤환 제어방식
④ 워드-레어나드 방식

해설

① 교류 1단 속도제어
가장 간단한 제어방식으로 3상교류의 단속도 모터에 전원을 공급하는 것으로, 기동과 정속운전을 하고, 정지는 전원을 끊은 후 제동기에 의해 기계적으로 브레이크를 거는 방식이다.

② 가변전압 가변주파수 제어
일단속도에서 착상오차가 크므로 중속의 엘리베이터에서 이것을 감소시키기 위해, 이단속도 모터를 사용하여 기동과 주행은 고속권선으로 하고, 감속과 착상을 저속권선으로 행하는 카의 제어방식이다.
가령 60m/min의 엘리베이터를 4 : 1의 속도비로 착상시키면, 15m/min의 교류 일단속도제어와 같은 착상오차가 되어 충분히 실용화할 수 있는 방식이 된다. 2단속도 모터의 속도비는 여러 비율이 생각되지만, 착상오차 이외에 감속도, 감속시의 저토크(감속도의 변화 비율), 그리프시간(저속으로 주행하는 시간), 전력회생 등을 감안한 4 : 1이 가장 많이 사용된다.

③ 교류귀환제어
이 방식은 반도체의 발달에 따라 실용화된 것으로서, 45m/min에서 105m/min 까지의 승용엘리베이터에 주로 적용되고 있다. 그 전까지는 45 및 60m/min는 교류이단 속도제어를 적용하고, 90, 105m/min는 직류제어를 적용하였다. 이 방식은 카의 실속도와 지령속도를 비교하여 사이리스터의 점호각을 바꿔, 유도전동기의 속도를 제어하는 방식이다.

④ 워드 레오나드 방식
유도전동기와 직류발전기는 같은 축에 직결되어 있고, 직류발전기의 직류출력을 직류전동기(주전동기)의 전기자 단자에 공급한다. 속도제어는 저항 FR을 변화시키는 데 따라서 발전기의 자계를 조절하고, 따라서 발전기의 직류 전압을 제어하는 데 의해서 이루어진다.

문제 44
엘리베이터의 안전된 사용 및 정지를 위하여 승강장·중앙 관리실 또는 경비실 등에 설치되어, 카 이외의 장소에서 엘리베이터 운행의 정지조작과 재개조작이 가능한 안전장치는?

① 자동/수동 절환스위치
② 도어 안전장치
③ 파킹스위치
④ 카 운행정지스위치

해설 파킹스위치 시스템
파킹스위치를 동작하면 진행 중인 서비스를 완료한 후, 파킹 지정층에 도착하여 약 8초 후에 엘리베이터의 운행이 정지된다. 8초 전에 층을 등록하면, 등록된 층으로 이동하여 서비스를 한 후, 약 8초 대기 후 파킹을 완료한다. 이는 건물에 승객이 남아 있는 경우를 배려한 것이다.

답 43.④ 44.③

문제 45 에스컬레이터의 제작기준으로 맞지 않는 것은?

① 경사도는 일반적으로 30도를 초과하지 않아야 한다.
② 핸드레일이 속도는 디딤판과 동일 속도로 한다.
③ 디딤판의 속도는 65m/min 이하로 한다.
④ 이동식 핸드레일의 경우, 운행 전구간에서 디딤판과 핸드레일의 속도차는 0~2% 이하로 한다.

해설 디딤판의 속도는 경사도 30° 이하인 경우 45m/min 이하이어야 한다.

문제 46 승강기에 적용하는 가이드 레일의 규격을 결정하는데 관계가 가장 적은 것은?

① 과속조절기의 속도
② 지진발생시 건물의 수평 진동에 의해 레일과 가이드슈 사이에 작용하는 수평진동력
③ 추락방지안전장치 작동시 작용할 수 있는 좌굴하중
④ 불균형한 큰 하중이 적재될 때 작용하는 회전 모멘트

문제 47 10Ω의 저항에 5A의 전류를 흐르게 하기 위해서는 몇 (V)의 전압이 필요한가?

① 0.02V   ② 0.5V
③ 5.0V   ④ 50V

해설 $V = IR = 5 \times 10 = 50 (\text{V})$

문제 48 다음 중 엘리베이터에 주로 사용하는 전동기는?

① 3상유도전동기   ② 단상유도전동기
③ 동기전동기   ④ 셀신전동기

문제 49 그림과 같은 도르래 장치에서 80kgf의 물체를 C도르래에 걸었을 때 잡아당기는 힘 F는 몇(kgf) 이상이면 되는가? (단, 움직이는 도르래의 무게와 마찰손실은 무시한다.)

① 5kgf
② 10kgf
③ 20kgf
④ 30kgf

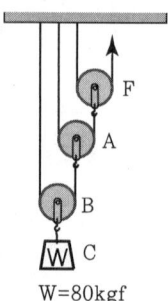

답 45.③ 46.① 47.④ 48.① 49.②

해설 $W = P \times 2^n = 80 \times 2^3 = 10(\text{kgf})$

문제 50
그림과 같은 마이크로미터에 나타난 측정값은 몇 mm인가?

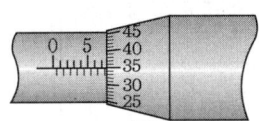

① 0.85mm ② 5.35mm
③ 7.85mm ④ 8.35mm

해설 슬리브 눈금은 7.5이고, 딤플의 눈금은 슬리브 가로 눈금과 35에서 만난다. 그러므로 7.5 + 0.35 = 7.85mm

문제 51
표와 같은 진리표에 대한 논리게이트는?

입력		출력
X_1	X_2	A
0	0	0
1	0	0
0	1	0
1	1	1

① OR
② NOR
③ AND
④ NAND

해설 ① AND 회로
• 유접점 회로

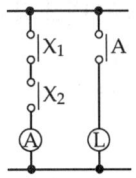

• 진리표

입력		출력
X_1	X_2	A
0	0	0
0	1	0
1	0	0
1	1	1

② OR 회로
• 유접점 회로

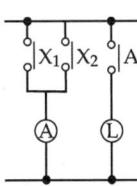

• 진리표

입력		출력
X_1	X_2	A
0	0	0
0	1	1
1	0	1
1	1	1

답 50.③ 51.③

③ NAND 회로
- 유접점 회로
- 진리표

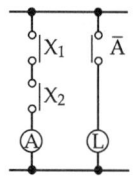

입력		출력
X_1	X_2	A
0	0	1
0	1	1
1	0	1
1	1	0

④ NOR 회로
- 유접점 회로
- 진리표

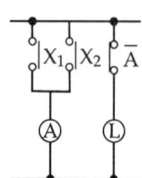

입력		출력
X_1	X_2	A
0	0	1
0	1	0
1	0	0
1	1	0

문제 52 배선용 차단기의 영문 문자기호로 알맞은 것은?
① S ② DS
③ THR ④ MCCB

해설 ㉮ S : 스위치 ㉯ DS : 단로기
㉰ THR : 열동계전기 ㉱ MCCB : 배선용 차단기

문제 53 어떤 물체가 받는 마찰력은 접촉하는 상태의 마찰계수와 어떤 것의 곱에 비례하는가?
① 속도 ② 가속도
③ 수직력 ④ 수평력

문제 54 함수의 라플라스 변환식이 $F(s) = \dfrac{1}{s}$ 일 때, 시간함수 f(t)의 파형은?

① 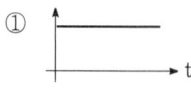   ②

③ 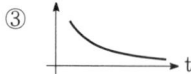   ④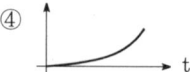

답 52.④ 53.③ 54.①

해설

$f(t)$	$F(s)$	파형
$u(t)$	$\dfrac{1}{s}$	
t	$\dfrac{1}{s^2}$	

문제 55
다음 중 회로시험기로 측정할 수 없는 것은?
① 직류 전류
② 직류 전압
③ 저항
④ 주파수

문제 56
그림과 같은 콘덴서 접속회로의 합성정전용량 (F)는?

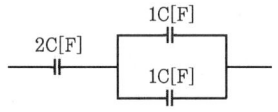

① C
② 2C
③ 3C
④ 4C

해설 $C = \dfrac{2C \cdot 2C}{2C + 2C} = \dfrac{4C^2}{4C} = C(\text{F})$

[참고]

① 직렬접속 $C = \dfrac{C_1 \cdot C_2}{C_1 + C_2}$ ② 병렬접속 $C = C_1 + C_2$

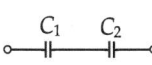
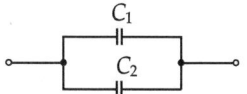

문제 57
클리퍼(slipper)회로에 대한 설명으로 가장 적절한 것은?
① 교류회로를 직류로 변환하는 회로
② 사인파를 일정한 레벨로 증폭시키는 회로
③ 구형파를 일정한 레벨로 증폭시키는 회로
④ 파형의 상부 또는 하부를 일정한 레벨로 자르는 회로

답 55.④ 56.① 57.④

2008.03.30 시행

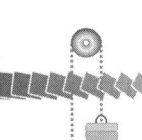

> **해설** 클리퍼 회로
> 교류입력파형에서 어느 경계값을 기준으로 그 상단이나 하단 파형을 절단 시키고, 그 이외 부분만 그대로 통과시키는 회로

문제 58 20H의 자체 인덕턴스를 가지는 코일의 전류가 0.1초 사이에 1A만큼 변하면 유도 기전력은 몇 (V)인가?
① 2V
② 20V
③ 200V
④ 2000V

> **해설** $e = L\dfrac{\Delta I}{\Delta t} = 20\dfrac{1}{0.1} = 200(\mathrm{V})$

문제 59 캠이 가장 많이 사용되는 경우는?
① 요동운동을 직선운동으로 할 때
② 왕복운동을 직선운동으로 할 때
③ 회전운동을 직선운동으로 할 때
④ 상하운동을 직선운동으로 할 때

문제 60 3분간 876000(J)의 일을 하였다면 소비전력은 약 몇(W)가 되겠는가?
① 4876W
② 9734W
③ 146000W
④ 292000W

> **해설** $W = Pt(\mathrm{J})$에서 $P = \dfrac{W}{t} = \dfrac{876000}{3 \times 60} \fallingdotseq 4867(\mathrm{W})$

답 58.③ 59.③ 60.①

승강기기능사 과년도 문제
(2008.10.05 시행)

문제 01 엘리베이터의 안정된 사용 및 정지를 위하여 설치하는 파킹스위치에 대한 설명으로 옳지 않은 것은?

① 조작하기 쉬운 일반 스위치로 승강장 또는 중앙 관리실에만 설치하여야 한다.
② 엘리베이터 운행의 정지조작과 재개조작이 가능하여야 한다.
③ 파킹 스위치를 정지로 작동시키면 버튼 등록이 정지되어야 한다.
④ 카가 지정층에 도착하면 운행이 정지되어야 한다.

문제 02 카측 에너지 축적형 완충기의 적용 중량의 기준은?

① 카자중＋정격하중
② (카자중＋정격하중)의 1.2배
③ (카자중＋정격하중)의 1.5배
④ (카자중＋정격하중)의 2.5~4배

문제 03 에스컬레이터의 구동장치가 아닌 것은?

① 감속기　　　　　　② 구동체인
③ 트러스　　　　　　④ 구동 스프로켓

해설 트러스는 에스컬레이터의 프레임이다.

답　1.①　2.④　3.③

문제 04 1200형 에스컬레이터의 시간당 수송 능력의 개략치로 가장 적합한 것은? (단, 디딤판 속도 30m/min, 디딤판 1개 마다의 인원은 2명이다.)

① 6000명　　　　　　　　　② 7000명
③ 8000명　　　　　　　　　④ 9000명

해설 $G = \dfrac{V \times 60}{B} \times P = \dfrac{30 \times 60}{0.406} \times 2 ≒ 8867$

[참고] 난간폭에 의한 분류
① 800형 : 수송능력이 6000명/시간
② 1200형 : 수송능력이 9000명/시간

문제 05 승강장 도어에 설치되는 도어클로저에 해당하지 않는 것은?

① 모든층에 설치한다.
② 중력식(웨이트방식)과 스프링식이 있다.
③ 승강장도어를 스스로 닫히게 하는 장치이다.
④ 도어가 열릴 때에도 기능을 담당한다.

해설 도어클로저
승강장 도어가 열려 있을 때 자동으로 닫히게 하는 장치를 말한다.

문제 06 엘리베이터용 주로프는 일반 와이어로프에서 볼 수 없는 몇 가지 특징이 있다. 이에 해당되는 것은?

① 스트랜드(소선을 꼰 밧줄가닥)의 꼬는 방향과 로프의 꼬는 방향이 반대인 것
② 스트랜드의 꼬는 방향과 로프의 꼬는 방향이 같은 것
③ 스트랜드의 꼬는 방향과 로프의 꼬는 방향이 일정구간 같았다가 반대이었다가 하는 것
④ 스트랜드의 꼬는 방향과 로프의 꼬는 방향이 전체길이의 반은 같고, 반은 반대인 것

해설 로프를 또는 방법에는 보통꼬임(Ordinary Lay)과 랭꼬임(Lang's Lay)의 2종류가 있으며, 보통꼬임은 스트랜드의 꼬임과 소선의 꼬임 방향이 반대인 방식이며, 랭꼬임은 그 반대의 방식이다.
보통꼬임방식은 소선과 외부의 접촉면이 짧고, 마모에 의한 영향은 많지만, 꼬임이 잘 풀리지 않으므로 일반적으로 많이 사용된다.
또한, 보통꼬임과 랭꼬임은 스트랜드를 꼬는 방식에 따라 Z꼬임과 S꼬임으로 분류되며, Z꼬임은 스트랜드를 오른나사 방향으로 꼬는 방식이며, S꼬임은 왼나사 방향으로 꼬는 방식이다.
일반적으로 엘리베이터에 사용되는 권상용 와이어로프는 보통 Z꼬임이 주로 사용된다.

답 4.④ 5.④ 6.①

과년도 문제

문제 07 승객용 엘리베이터에서 승강장 출입구 바닥 앞부분과 카 바닥 앞부분과의 틈의 너비는 몇 cm 이하로 하여야 하는가?
① 1.0
② 2.0
③ 3.5
④ 8.0

문제 08 순간식 추락방지안전장치인 즉시작동식이 적용되는 승강기는?
① 정격속도가 37.8m/min을 초과하지 않는 경우
② 정격속도가 40.8m/min을 초과하지 않는 경우
③ 정격속도가 44.2m/min을 초과하지 않는 경우
④ 정격속도가 46.2m/min을 초과하지 않는 경우

해설 점진적 추락방지안전장치는 60m/min 초과, 순간정지식 추락방지안전장치는 37.8m/min을 초과하지 않는 경우(60m/min를 초과하지 않는 경우는 완충효과가 있는 즉시 작동형)이다.

문제 09 관성에 의한 원동기의 회전을 자동적으로 저지하는 것은?
① 권상기
② 완충기
③ 과속조절기
④ 제동기

해설 제동기는 엘리베이터 125%의 부하로 전속 하강 중 카를 위험 없이 감속·정지할 수 있어야 한다.

문제 10 승객용 엘리베이터의 카 및 승강장 문의 유효 출입구의 높이는 몇 m 이상이어야 하는가?
① 1.8
② 2.0
③ 2.6
④ 3.0

해설 승객용 엘리베이터의 카 및 승강장 문의 유효 출입구의 높이는 2m 이상이어야 한다.

문제 11 유압장치의 보수, 점검 또는 수리 등을 할 때 사용되는 것으로서 이것을 닫으면 실린더의 기름이 파워유니트로 역류하는 것을 방지하는 장치는?
① 스톱밸브
② 체크밸브
③ 안전밸브
④ 제어밸브

답 7.③ 8.① 9.④ 10.② 11.①

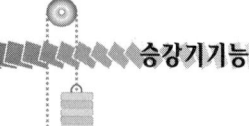

해설
① 스톱밸브 : 나사를 위아래로 움직여서 여닫게 하는 접시 모양의 밸브. 액체의 흐름을 일정한 방향으로만 통하게 하고, 거꾸로 흐르는 것을 자동으로 막는 구조의 밸브이다.
② 체크밸브 : 유압회로 배관의 중간에 축방향 또는 직각방향으로 설치하여, 스프링 및 압력에 의하여 한방향의 흐름을 저지하고, 그 반대 방향의 흐름은 자유로이 흘려보내는 밸브이다.
③ 안전밸브 : 이 밸브의 입구측의 압력을 감지하여 이 압력이 설정압력 이상으로 되면, 밸브가 열려 펌프에서 나온 압유를 탱크로 보냄으로써, 회로 내의 압력이 설정압력 이상으로 되는 것을 방지하는 밸브이다.

문제 12 무빙워크의 디딤판의 속도에 관한 기준으로 맞는 것은?
① 속도 60m/min 이하
② 속도 50m/min 이하
③ 속도 45m/min 이하
④ 속도 40m/min 이하

해설 무빙워크의 정격속도는 45m/min 이하이어야 한다.

문제 13 과속조절기의 작동 원리는?
① 원심력
② 주로프 장력
③ 과속조절기 로프 장력
④ 회전력

해설 과속조절기는 속도가 빠르면 원심력에 의해서 웨이트나 플라이 볼을 작동해, 과속스위치 또는 전원스위치 등을 작동시켜 카를 멈추게 한다.

문제 14 4~8대의 승강기가 병설되어 있을 때 적합한 운전방식은?
① 군관리 방식
② 군승합 전자동방식
③ 양방향 승합 전자동식
④ 단식자동식

해설
① 군관리방식 : 3~8대의 엘리베이터를 연계, 집단으로 묶어 합리적으로 운행, 관리하는 방식이다.
② 군승합 전자동방식 : 2~3대 엘리베이터를 연계시킨 후, 어떤 호출에 대해 먼저 응답한 카만 움직이고, 나머지는 응답하지 않아 효율적 이용을 도모하는 방식이다.
③ 단식 자동식 : 승강장 버튼은 오름·내림 공용이며, 먼저 눌러진 호출에 응답하고, 운행 중 다른 호출에는 응하지 않는다.

답 12.③ 13.① 14.①

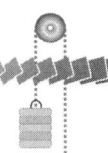

문제 15 권동식 권상기를 사용한 엘리베이터의 특징 중 권동식의 특징과 거리가 먼 것은?

① 너무 감거나 또는 지나치게 풀 때 위험이 있다.
② 균형추를 사용하지 않기 때문에 소요 동력이 크다.
③ 승강행정이 달라질 때마다 다른 권동이 필요하다.
④ 도르래와 로프 사이의 미끄러짐이 크다.

해설 권동식 권상기
① 너무 감거나 또는 지나치게 풀 때 위험이 있다.
② 균형추를 사용하지 않으므로 권상동력이 크다.
③ 승강행정이 달라질 때마다 다른 권동이 필요하고 특히 높은 행정은 곤란하다.
④ 도르래와 로프 사이의 미끄럼은 크지 않다.

문제 16 승객용 엘리베이터에서 카 바닥 앞부분의 아랫방향으로, 출입구의 전폭에 걸쳐 수직높이가 몇 mm 이상인 보호판이 견고하게 설치되어 있어야 하는가?

① 450　　　　　　　　② 750
③ 1450　　　　　　　 ④ 1540

문제 17 균형체인(compensating chain)의 설치 목적으로 가장 알맞은 것은?

① 카의 진동을 방지하기 위해서 설치한다.
② 카의 추락을 방지하기 위해서 설치한다.
③ 이동 케이블과 로프의 이동에 따라 변화되는 하중을 보상하기 위해서 설치한다.
④ 균형추의 추락을 방지하기 위해서 설치한다.

문제 18 로프식 엘리베이터의 기계실은 바닥면부터 천장 또는 보의 하부까지의 수직거리는 일반적인 경우 몇 m 이상으로 하여야 하는가?

① 1.5　　　　　　　　② 1.8
③ 2.0　　　　　　　　④ 2.3

해설 로프식 엘리베이터의 기계실은 바닥면부터 천장까지의 수직거리는 2m 이상이어야 한다.

답 15.④ 16.② 17.③ 18.③

문제 19 위해·위험방지를 위하여 방호조치가 필요한 기계기구에 대한 방호조치의 짝으로 알맞은 것은?

① 리프트 - 과속조절기　　② 에스컬레이터 - 파킹장치
③ 크레인 - 역화방지기　　④ 승강기 - 과부하방지장치

해설　과부하방지장치
　　　허용하중 이상 Car내에 승객(화물)이 탑승하는 것을 방지하는 장치로서, 허용하중 이상 탑승했을 경우 부저가 울리며, 엘리베이터는 출발하지 않는다. 이 장치는 승강기에 있어서 설치가 의무화되어 있고, 적재하중을 현저히 초과한 경우 산업안전보건법에서 적재하중의 약 105~110%로 되어 있다.

문제 20 재해조사의 목적으로 가장 거리가 먼 것은?
① 동종재해 및 유사재해 재발방지
② 근로자의 복리후생을 위하여
③ 재해에 알맞은 시정책 강구
④ 재해 구성요소를 조사, 분석, 검토하고 그 자료를 활용하기 위하여

문제 21 정전기 제거의 방법으로 가장 옳은 것은?
① 설비의 주변에 자외선을 쬔다.
② 설비의 주변 공기를 건조시킨다.
③ 설비의 주변에 적외선을 쬔다.
④ 설비의 금속체 부분을 접지시킨다.

문제 22 경고나 주의를 표시할 때 사용하는 색채로 가장 알맞은 것은?
① 파랑　　　　　　② 보라색
③ 노랑　　　　　　④ 녹색

해설　• 파랑 : 지시　　• 보라 : 방사능 표시
　　　• 노랑 : 주의·경고　　• 녹색 : 안내

문제 23 승강기의 배선에 전기의 흐름 유무를 알아보려고 한다. 가장 간단하게 판단할 수 있는 것은?
① 절연저항계　　　② 검전기
③ 방전코일　　　　④ 정전콘덴서

답　19.④　20.②　21.④　22.③　23.②

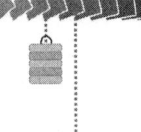

문제 24 공구나 자재를 높은 곳에 있는 종업원에게 정확하고 안전하게 전달할 수 없을 때, 합리적으로 전달하는 방법은?

① 내려가서 공구나 자재를 가지고 올라가도록 한다.
② 숙달된 사람으로 정확하게 던져서 주고받는다.
③ 다른 종업원이 올라 다니면서 전달한다.
④ 공구 주머니나 심부름바를 이용하여 전달한다.

해설 높은 곳에 있는 종업원에게는 공구주머니나 심부름바를 이용해 전달한다. 던져서 전달하는 것은 금물이다.

문제 25 안전점검시의 유의사항으로 옳지 않은 것은?

① 여러 가지의 점검방법을 병용하여 점검한다.
② 과거의 재해발생 부분은 고려할 필요 없이 점검한다.
③ 불량 부분이 발견되면 다른 동종의 설비도 점검한다.
④ 발견된 불량 부분은 원인을 조사하고 필요한 대책을 강구한다.

문제 26 재해원인 중 생리적인 원인은?

① 안전장치 사용자의 미숙
② 안전장치의 고장
③ 작업자의 무지
④ 작업자의 피로

문제 27 추락에 의하여 근로자에게 위험이 미칠 우려가 있을 때 비계를 조립하는 등의 방법에 의하여 작업발판을 설치하도록 되어 있다. 높이가 몇 m 이상인 장소에서 작업을 하는 경우에 설치하는가?

① 2
② 3
③ 4
④ 5

해설 비계는 건축공사시 작업을 원만히 하기 위해, 내·외 부분에 가설하는 임시적인 받침대를 말한다.

문제 28 로프식 승강기로 짝지어진 것은?

① 직접식과 간접식
② 견인식과 권동식
③ 견인식과 직접식
④ 권동식과 간접식

답 24.④ 25.② 26.④ 27.① 28.②

문제 29 승강기의 추락방지안전장치에 대한 설명 중 옳지 않은 것은?
① 즉시 작동식과 점차 작동식이 있다.
② 점차 작동식에는 플랙시블 가이드 클램프형과 플랙시블 웨지 클램프형이 있다.
③ 추락방지안전장치의 정지거리는 제한이 있다.
④ 유압식 엘리베이터의 경우는 비상정지장치가 필요하지 않다.

해설 ① 직접식 엘리베이터
• 비상정지장치가 없어도 된다.
• 실린더(cylinder)를 설치하기 위한 보호관을 땅에 묻어야 하기 때문에 설치가 어렵다.
② 간접식 엘리베이터
• 비상정지장치가 필요하다.
• 로프의 이완(늘어남)과 기름의 압축성 때문에 부하로 인한 바닥 침하가 있다.

문제 30 에스컬레이터의 유지관리에 관한 설명으로 옳은 것은?
① 계단식 체인은 굴곡반경이 적으므로 피로와 마모가 크게 문제시 된다.
② 계단식 체인은 주행속도가 크기 때문에 피로와 마모가 크게 문제시 된다.
③ 구동체인은 속도, 전달동력 등을 고려할 때 마모는 발생하지 않는다.
④ 구동체인은 녹이 슬거나 마모가 발생하기 쉬우므로 주의해야 한다.

문제 31 정전, 화재 등의 이유로 전원이 차단되었을 경우 정전등이 반드시 필요하지 않은 것은?
① 승객용 엘리베이터   ② 덤 웨이터
③ 승객·화물용 엘리베이터 ④ 침대용 엘리베이터

해설 덤 웨이터는 바닥면적이 1m² 이하 그리고 천장높이가 1.2m 이하로, 300kg 이하의 소화물(음식물 또는 서적)을 운반하는 데 사용되는 소형 엘리베이터이다. 그러므로 정전등이 반드시 필요하지는 않다.

문제 32 에스컬레이터의 800형, 1200형이라 부르는 것은 무엇을 기준으로 한 것인가?
① 난간폭   ② 계단의 폭
③ 속도   ④ 양정

해설 난간폭에 의한 분류는 다음과 같다.
• 800형 : 수송능력이 6000명/시간
• 1200형 : 수송능력이 9000명/시간
※ 본 문제는 규정법 개정으로 무효입니다.

답 29.④ 30.④ 31.② 32.①

문제 33 에스컬레이터의 층고가 6m 이하일 때의 경사도는 (°) 이하로 할 수 있는가?
① 15°　　　　　　　　　　② 25°
③ 35°　　　　　　　　　　④ 45°

해설　에스컬레이터의 경사도는 수평으로 30°를 초과하지 않아야 한다. 속도가 30m/min 이하이며, 층고가 6m 이하인 경우에는 35°까지 허용된다.

문제 34 승강기의 검사방법 및 판정기준에 관한 사항으로 옳지 않은 것은?
① 아랫부분 최종 리미트스위치(final limit switch)는 카가 완충기에 도달하기 이전에 작동하여야 한다.
② 비상구출구는 카 밖에서 간단한 조작으로 열 수 있어야 한다.
③ 과속스위치는 적재하중의 100%의 하중을 실어서 상승할 때의 최고속도, 즉 정격속도의 1.5배 이하에서 작동하여야 한다.
④ 카가 최하층에 정지되어 있을 경우 카와 완충기의 거리에 완충기의 충격 정도를 더한 수치는 균형추의 꼭대기틈새보다 작아야 한다.

해설

항목	적재하중을 싣지 않았을 경우 및 적재하중의 110% 하중을 실었을 경우	적재하중의 100% 하중을 실었을 경우
속도	설계도에 기재된 속도의 125% 이하	상승할 때 속도가 설계도에 기재된 속도의 90% 이상 105% 이하

문제 35 스위치 및 릴레이 작동상태를 점검하는 것이 아닌 것은?
① 저항의 파손상태 확인　　　　② 융착된 금속접점 유무 확인
③ 코일의 절연물 소손상태 확인　④ 접점의 마모상태 확인

문제 36 T형 가이드 레일에는 8, 13, 18, 24K 레일이 있는데 8, 13, 18, 24라는 숫자는 무엇을 나타내는 것인가?
① 가이드 레일 1본의 무게　　　② 가이드 레일 1본의 길이
③ 가이드 레일 1m의 무게　　　④ 가이드 레일의 형상

해설　엘리베이터 등의 카, 균형추 등을 안내하는 궤도이다. 일반적으로 단면이 T자형이 엘리베이터용 레일이 이용되고, 1m당 중량에 따라 8, 13, 18, 24, 30, 37, 50K 레일 등의 종류가 있다. 소용량의 엘리베이터 균형추용 레일에는 5K레일 등의 강판성형레일도 이용되고 있다. 이외에도 대용량의 엘리베이터에는 보통 레일〈철도용〉을 사용하는 것도 있다. 레일에 작용하는 외력에는 추락방지안전장치 작동 시의 수직하중, 지진 시의 수평지진하중 외에 카의 편하중에 의한 수평지진하중 등이 있다. 따라서 레일은 이들의 외력에 대해 충분한 강도를 갖는 것과, 탈 레일 방지를 위해 레일의 휨이 허용치 이하일 필요가 있다.

답　33.③　34.③　35.①　36.③

문제 37 와이어로프 클립(wire rope clip)의 체결 방법으로 가장 적합한 것은?

① 　②

③ 　④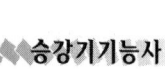

문제 38 과속조절기(Governor) 로프의 안전율은 얼마이어야 하는가?
① 2 이상
② 3 이상
③ 4 이상
④ 8 이상

해설　안전율
• 과속조절기 로프 : 8 이상
• 화물용 와이어로프 : 6 이상
• 승용와이어로프 : 2본은 16 이상, 3본 이상은 12 이상

문제 39 로프식 엘리베이터의 안전장치는 제어시스템 또는 구동기 브레이크에 이상이 발생하여 승강장 문이 열린 채 카가 움직일 경우 승강장에서 몇 mm를 이동하기 전에 카를 완전히 정지시켜야 하는가?
① 1200
② 1300
③ 1400
④ 1500

문제 40 가변전압 가변주파수(VVVF)제어방식의 특징이 아닌 것은?
① 워드레오나드방식에 비해 유지보수가 용이하다.
② 교류 2단 속도제어방식보다 소비전력이 적다.
③ 속도에 대응하여 최적의 전압과 주파수로 제어하기 때문에 승차감이 양호하다.
④ 높은 기동전류로 기동하며 기동시에도 높은 토크를 낼 수 있다.

해설　VVVF(가변전압 가변주파수)제어
　　VVVF(가변전압 가변주파수)제어는 인버터제어라고도 불리우며, 유도전동기에 인가되는 전압과 주파수를 동시에 변환시켜 직류전동기와 동등한 제어성능을 얻을 수 있는 방식이다. 이 방식의 채택에 의해 종래의 직류전동기를 사용하고 있던 고속엘리베이터에도 유도전동기를 적용하여 보수가 용이하고, 에너지소비가 적어지는 효과를 얻게 되었다. 종래 교류귀환제어를 채택하고 있었던 중·저속 엘리베이터에서는 승차감 및 성능이 크게 향상됨과 동시에 저속 영역에서의 손실을 줄여 소비전력을 약 반으로 줄였다. 3상의 교류는 컨버터로 일단 DC전원으로 변환하고, 인버터로 재차 가변전압 및 가변주파수의 3상교류로 변환해 전동기에

답　37.② 38.④ 39.① 40.④

급전한다. 이때 인버터는 정현파 PWM(펄스 폭변조)제어에 의해 정현파에 근접된 임의의 전압·주파수를 출력한다. 컨버터는 인버터와 같이 트랜지스터와 다이오드로 구성되어 전동기가 부하에 의해 돌려지면 인버터로서 동작하고, 엘리베이터 부하측으로부터 교류전원에 전력회생을 한다. 또한 회생전력이 비교적 작은 105m/min 이하의 중·저속엘리베이터에서는 컨버터로서 다이오드가 사용된다. 따라서 회생전력은 전원으로 변환되지 않고, 일반적으로 직류회로에 접속된 저항기로 소비된다.

문제 41 엘리베이터 도어의 세이프티 슈에 대한 점검 사항이 아닌 것은?

① 슈의 작동상태　　② 슈의 도어의 간격
③ 슈의 도어머신 캠 스위치와의 캠　　④ 도어 끝에서 슈의 나온 길이

해설 세이프티 슈(safety shoe) : 카 도어의 끝단에 가동의 세프티를 설치하여 물체가 접촉되며 닫힘을 중지하고 반전시키는 장치이다. 엘리베이터의 도어에 있어서 중요한 장치이다.

문제 42 에스컬레이터의 상·하 승강장 및 디딤판에서 점검할 사항이 아닌 것은?

① 이동용 손잡이　　② 구동기 브레이크
③ 스커트 가드　　④ 안전방책

문제 43 승강장 문의 닫힘 작동시 도어록과 도어 스위치는?

① 도어 스위치가 접촉한 후에 도어록이 되도록 한다.
② 도어록이 되고 난 후 도어 스위치가 접촉되어야 한다.
③ 순서에 관계없이 도어록이 작동하거나 도어 스위치 작동이 이루어지면 된다.
④ 도어록과 도어 스위치가 동시에 작동되어야 한다.

해설 엘리베이터의 승강장문에는 카가 정지하고 있지 않는 층에서는, 열쇠를 이용해야만 밖에서 열 수 있는 잠금장치와, 문이 닫히지 않으면 운전할 수 없게 하기 위한 도어 스위치가 필요하다. 통상 이들 장치는 별도로 설치하는 것이 아니라, 하나로 조합되어 사용되고 도어 인터록 스위치라고 한다. 도어 인터록 스위치에서 중요한 것은 확실히 잠겼을 때에만 스위치가 on이고, 스위치가 off로 된 후에 열쇠가 빠지도록 하는 일이다.

문제 44 무빙워크의 안전장치에 해당 되지 않는 것은?

① 스텝체인 안전스위치　　② 스커트 가드 안전스위치
③ 비상정지스위치　　④ 핸드레일 인입구 안전스위치

답　41.③　42.②　43.②　44.②

> **해설** 무빙워크는 계단이 없다. 스커트 가드 안전 스위치는, 계단과 스커트 가드 사이에 이물질이 끼이면, 그 압력에 의해 스위치가 동작, 에스컬레이터를 정지시킨다.

문제 45 엘리베이터의 전동기나 MG세트의 보수점검사항이 아닌 것은?
① 결선유무를 점검한다.
② 인터록(Inter lock)의 기능상태를 살핀다.
③ 절연저항을 측정한다.
④ 고정자와 회전자의 간격을 살핀다.

> **해설**
> • 인터록 : 현재 진행 중인 동작과 상태가 끝날 때까지, 다음 동작이나 상태로 이행하지 아니하도록 하는 일
> • MG(Motor Generator) : 유도 전동기와 직류 발전기를 같은 베드(bed) 위에 장착한 전동 발전기를 말한다. 주로 전지의 충전, 소형 직류 전동기의 전원등에 사용되고 있다.

문제 46 카(car) 상부에서 점검할 때 주의해야 할 사항으로 적당하지 않은 것은?
① 정상부에 충돌하지 않도록 주의해야 한다.
② 카를 운전할 때는 카의 고정부분을 차단할 필요가 없다.
③ 카 위에서 작업시 안전스위치를 차단할 필요가 없다.
④ 카 위에서 점검할 때는 자동운전은 절대로 하지 말아야 한다.

> **해설** 카 위에서 작업시 안전스위치는 차단하여야 한다. 차단을 안할시 오동작으로 작동이 되면 사고가 난다.

문제 47 사이리스터에 의한 속도제어에서 제어요소가 아닌 것은?
① 전압   ② 위상
③ 토크   ④ 주파수

문제 48 전압의 측정범위를 확대하기 위하여 전압계에 직렬로 접속하는 저항을 무엇이라 하는가?
① 계전기   ② 분류기
③ 배율기   ④ 압축기

> **해설** ① 분류기 : 전류계에 병렬로 접속시켜서 전류의 측정범위를 넓히기 위한 일종의 저항기
> ② 배율기 : 전압계에 직렬로 접속시켜서 전압의 측정범위를 넓히기 위한 일종의 저항기

답 45.② 46.③ 47.③ 48.③

문제 49
그림과 같은 회로에서 입력이 단상 60Hz 상용전원이라면, 출력파형은 어느 것인가?

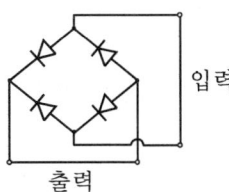

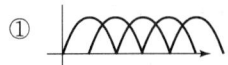   

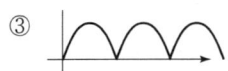   

해설
- 브리지형 정류전원회로
- 브리지형 출력파형

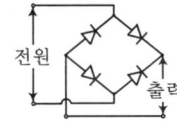   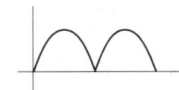

문제 50
스프링의 세기를 나타내는 것은?
① 스프링의 전체길이
② 스프링의 탄성계수
③ 스프링의 강도
④ 스프링의 유효길이

해설 스프링에 사용하는 재료는 탄성이 있어야 한다는 것은 기본조건이다. 이 탄성의 크고 작음을 나타내는 데에 탄성계수라는 수치를 사용하고 있다. 이 수치는 사용한 힘에 대하여 단위 면적당 저항력(RESISTANCE)과 이 저항력에 대하여 비튼 힘이 작용한 방향의, 단위 길이당 변형을 조사하였을 때, 이 양자의 비를 탄성계수라 한다.

문제 51
저항 100Ω과 전열기에 5A의 전류를 흘렸을 때 전력은 몇 (W)인가?
① 20
② 100
③ 500
④ 2500

해설 $P = I^2 R = 5^2 \times 100 = 2500(W)$

답 49.③ 50.② 51.④

2008.10.05 시행

문제 52 그림과 같은 논리기호의 논리식은?

① $X = \overline{A} + \overline{B}$
② $X = \overline{A} \cdot \overline{B}$
③ $X = AB$
④ $X = \overline{A + B}$

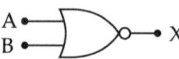

해설
① AND 논리기호　　$X = A \cdot B$
② OR 논리기호　　$X = A + B$
③ NAND 논리기호　$X = \overline{A \cdot B}$
④ NOR 논리기호　　$X = \overline{A + B}$

문제 53 플러깅(plugging)이란 무슨 장치를 말하는가?
① 전동기 속도를 빠르게 조절하는 장치
② 전동기 기동을 빠르게 하는 장치
③ 전동기를 정지시키는 장치
④ 전동기의 속도를 조절하는 장치

문제 54 220V 60Hz의 교류 전원에서, 슬립이 4%인 2극 단상 유도 전동기의 속도 N은 몇 (rpm)인가?
① 6312　　② 3456
③ 3744　　④ 1056

해설 $N = \dfrac{120f}{p}(1-S) = \dfrac{120 \times 60}{2}(1-0.04) = 3456 \,(\text{rpm})$

문제 55 그림과 같은 회로에서 A – B 단자에서의 등가저항은 몇(Ω)인가?
① 6
② 8
③ 10
④ 12

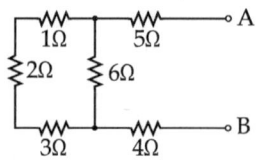

답　52.④　53.③　54.②　55.④

해설 $R = 5 + \dfrac{6 \cdot 6}{6+6} + 4 = 12\,\Omega$

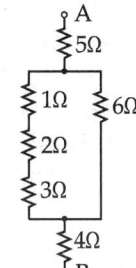

[참고]

① 직렬접속

$R = R_1 + R_2$

② 병렬접속

$R = \dfrac{R_1 \cdot R_2}{R_1 + R_2}$

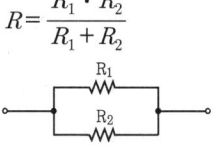

문제 56 다음 중 각도 측정기가 아닌 것은?
① 서피스 게이지
② 사인 바
③ 분도기
④ 만능 각도기

해설
- 서피스 게이지(surface gauge)
  정반 위에서 정반에 대해 어떤 높이의 금긋기에 사용하는 공구이다.
- 사인 바(Sine bar)
  공작 물품의 정확한 각도를 알아내는데 쓰이는 공구이다.
- 분도기
  각도를 재는데 사용하는 공구이다.

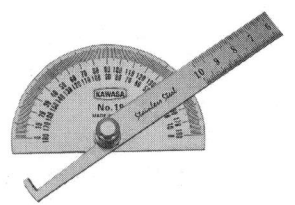

- 만능 각도기
  각도기의 하나 플레이트를 나사로 고정하고 플레이트의 변과 스톡 사이에 측정하려는 물체를 끼운 다음, 고정 기선과 맞닿은 부분의 회전 눈금을 읽는다.

문제 57 "비례한도 내에서 응력과 변형률은 비례한다." 이것은 무슨 법칙인가?
① 나비에의 법칙
② 불변의 법칙
③ 후크의 법칙
④ 장력의 법칙

해설
- 나비에의 법칙 : "사랑을 나비에 비유한 법칙이다. 나비는 예쁘고 꿀이 많고 향기를 피우는 꽃을 찾아간다. 그런데 내가 나비를 잡으려고 가면 나비는 도망간다. 사랑을 억지로 만드는 것이 아니고 만들어 지는 것이고, 혼자하는 것이 아니고 같이 조화를 이루어 가는 것이다."라는 것

답 56.① 57.③

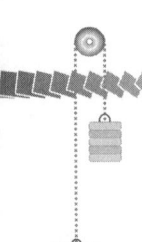

- 후크의 법칙 : 용수철과 같이 탄성이 있는 물체가 외력에 의해 늘어나거나 줄어드는 등, 변형되었을 때 자신의 원래 모습으로 돌아오려고 반항하는 '복원력'의 크기와 변형의 정도의 관계를 나타내는 물리 법칙이다.
  금속 용수철이나 고무봉 등은 외부에서 힘이 가해지지 않았을 때 고유의 모양, 1차원적으로만 한정해 보면 자연적인 길이를 갖는다. 이런 자연스러운 길이는 외부에서 힘이 가해지면 늘어나거나 줄어들게 되는데, 이때 원래 모양으로 돌아오려는 복원력이 작용하게 되며, 이런 성질을 탄성이라고 하고, 이런 성질이 강한 물체를 탄성체라고 부른다.

문제 58 직류전동기 정지레오나드 방식(static ward leonard)의 목적은?
① 계자속도를 조정하기 위하여
② 속도제어를 하기 위하여
③ 병렬운전을 하기 위하여
④ 정류를 하기 위하여

해설 정지레오나드(static leonard) 방식
사이리스터를 사용하여 교류를 직류로 변환하여 전동기에 공급하고, 사이리스터 점호각을 제어하여 직류 전압을 가변시켜, 전동기의 속도를 제어하는 방식이다.

문제 59 운전자가 없는 엘리베이터의 자동제어는?
① 정치제어
② 추종제어
③ 프로그래밍제어
④ 비율제어

해설
① 정치제어 : 일정한 목표값을 유지하는 것으로 프로세스 제어 (예 : 자동조정)
② 추종제어 : 미지의 시간적 변화를 하는 목표값에 제어량을 추종시키기 위한 제어 (예 : 대공포의 포신)
③ 프로그램 제어 : 목표값이 미리 정해진 시간적 변화를 하는 경우 제어량을 그것에 추종하기 위한 제어 (예 : 산업로보트의 무인운전)
④ 비율 제어 : 둘 이상의 제어량을 소정의 비율로 제어

문제 60 평형판 콘덴서에 있어서 판의 면적을 동일하게 하고 정전 용량은 반으로 줄이려면, 판사이의 거리는 어떻게 하여야 하는가?
① 4배로 줄인다.
② 반으로 줄인다.
③ 2배로 늘린다.
④ 4배로 늘린다.

해설 $C = \dfrac{\varepsilon A}{d}(\mathrm{F})$
C : 정전용량(F), ε : 유전율, A : 극판의 면적(m^2), d : 극판의 간격(m)

답 58.② 59.③ 60.③

2009년 기출문제

- 과년도 문제(2009. 01. 17)
- 과년도 문제(2009. 03. 29)
- 과년도 문제(2009. 09. 27)

승강기기능사 과년도 문제
(2009.01.17 시행)

문제 01 승강기의 완충기에 대한 설명 중 옳지 않은 것은?
① 에너지 축적형 완충기와 에너지 분산형 완충기가 있다.
② 엘리베이터의 속도가 60m/min 이하의 경우 에너지 축적형 완충기가 사용된다.
③ 에너지 분산형 완충기는 9.8m/sec²를 넘지 않는 평균 감속도를 가져야 한다.
④ 에너지 축적형 완충기의 작용은 유체 저항에 의한다.

해설 에너지 축적형 완충기
충돌 물체 사이에 삽입되어 충격 에너지를 스프링의 변형 에너지로 흡수하는 방식의 충격 완화장치이다.

문제 02 카의 문을 열고 닫는 도어머신에서 성능상 요구되는 조건이 아닌 것은?
① 작동이 원활하고 정숙하여야 한다.
② 카 상부에 설치하기 위하여 소형이며 가벼워야 한다.
③ 어떠한 경우라도 수동조작에 의하여 카 도어가 열려서는 안 된다.
④ 작동 회수가 승강기 기동 회수의 2배이므로 보수가 쉬워야 한다.

해설 카내에 승객이 갇힌 경우, 구출하기 위하여 구출원의 손에 의거 문을 열 수 있어야 한다.

문제 03 카 바닥 앞부분과 승강로 벽과의 수평거리는 몇 (mm) 이하로 하여야 하는가?
① 120   ② 150
③ 170   ④ 190

답 1.④ 2.③ 3.②

문제 04 교류 엘리베이터의 전동기 특성으로 적당하지 않은 것은?
① 고빈도로 단속 사용하는데 적합한 것이어야 한다.
② 기동토크가 커야 한다.
③ 기동전류가 적어야 한다.
④ 회전부분의 관성모멘트가 커야 한다.

해설 회전부분의 관성모멘트가 작아야 한다.

문제 05 균형로프의 주된 사용 목적은?
① 카의 소음진동을 보상하기 위하여
② 카의 위치변화에 따른 주 로프무게에 의한 권상비를 보상하기 위해서
③ 카의 밸런스를 맞추기 위해서
④ 카의 적재하중 변화를 보상하기 위해서

문제 06 다음 중 비상용 승강기에 대한 설명으로 옳지 않은 것은?
① 평상시는 승객용 또는 승객·화물용으로 사용할 수 있다.
② 카는 비상운전시 반드시 모든 승강장의 출입구마다 정지할 수 있어야 한다.
③ 별도의 비상전원장치가 필요하다.
④ 도어가 열려 있으면 카를 승강시킬 수 없다.

해설 비상용 승강기는 비상시에 도어를 열고 카를 승강시킬 수 있다.

문제 07 정격속도 60m/min인 승강기에서 과속조절기 과속스위치가 작동하는 속도는 몇 (m/min)인가?
① 60
② 63
③ 68
④ 69

해설 ※ 본 문제는 검사기준(2013.9.15 시행)이 개정되어 출제가 수정될 것입니다.

$N = 60 \times 1.15 = 69 (m/min)$

[참고] 카, 비상저지장치 작동을 위한 과속조절기는 정격속도의 115% 이상의 속도 그리고 아래의 속도 미만에서 작동되어야 한다.
① 고정된 롤러 형식의 추락방지안전장치 : 1m/s
② 고정된 롤러 형식을 제외한 즉시작동형 추락방지안전장치 : 0.8m/s
③ 정격속도가 1m/s를 초과하는 엘리베이터에 사용되는 점차 작동형 추락방지안전장치 : $1.25V + 0.25V [m/s]$

답 4.④ 5.② 6.④ 7.④

문제 08 다음 중 승강로의 구조에 대한 설명 중 옳지 않은 것은?
① 1개층에 대한 출입구는 카 1대에 대하여 2개의 출입구를 설치할 수 있으나 2개의 문이 동시에 열려 통로로 사용되는 구조이어서는 안 된다.
② 피트에는 피트의 깊이가 2m를 초과하는 경우 출입구를 설치할 수 있다.
③ 엘리베이터와 관계없는 급수배관·가스관 및 전선관 등을 설치하지 않아야 한다.
④ 균형추에 안전장치를 설치하고 피트바닥이 충분한 강도를 지니면 통로로 사용할 수 있다.

해설 피트 바닥하부는 거실 또는 여러 사람이 출입하는 통로등으로 사용하지 않아야 한다. 다만 피트 바닥하부를 거실 또는 여러 사람이 출입하는 통로 등으로 사용할 경우에는 피트 바닥을 2중 슬라브로 하고, 균형추쪽에도 추락방지안전장치를 설치하거나, 균형추 쪽 직하부에 두꺼운 벽을 설치하여야 한다.
피트 바닥하부를 주차장 등으로 사용하고자 하는 경우에는, 피트 바닥을 2중 슬라브로 하고 균형추쪽에 추락방지안전장치를 설치하거나, 피트 바닥을 2중 슬라브로 하고, 균형추 쪽 직하부에 두꺼운 벽을 설치하여야 한다.
피트 깊이가 2.5m를 초과하는 경우에는 출입문을 설치할 수 있다.

문제 09 기본형 Bleed off의 유압회로이다. 그림 중 유량제어밸브에 해당되는 것은?

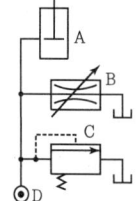

① A
② B
③ C
④ D

해설 A : 실린더, B : 유량제어밸브, C : 안전밸브, D : 유압펌프

문제 10 다음 중 엘리베이터 도어용 부품과 거리가 먼 것은?
① 행거 롤러
② 업스러스트 롤러
③ 도어 레일
④ 가이드 롤러

해설 일반적으로 엘리베이터의 승강장 도어는 도어 레일에 행거로 매달려 있는 구조로서, 도어 레일을 구동하는 행거 롤러와, 행거 자체의 이탈을 방지하는 스러스트 롤러(Thrust-Roller) 및 도어 개폐의 궤도 이탈을 방지하는 도어슈로서 지지되고 있다.

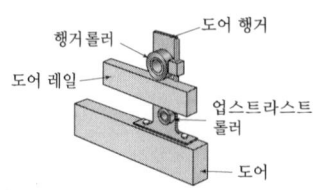

답 8.② 9.② 10.④

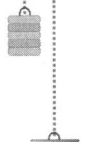

문제 11 다음 중 추락방지안전장치와 관련이 없는 것은?

① 후렉시블 가이드 크램프형 세이프티
② 슬랙 로프 세이프티
③ 과속조절기
④ 턴버클

해설
- 추락방지안전장치
  ① 점진적 추락방지안전장치
    - F.G.C(flexible guide clamp)형
      레일을 죄는 힘이 동작에서 정지까지 일정하다.
    - F.W.C(flexible wedge clamp)형
      레일을 죄는 힘이 동작 초기에는 약하나, 점점 강해진 후 일정하다.
  ② 순간 정지식 추락방지안전장치
- 슬랙로프 세이프티(slake rope safety)
  로프에 걸리는 장력이 없어져 휘어짐이 생길시, 운전 회로를 열어 추락방지안전장치를 작동시킨다. 과속조절기가 필요없다.

문제 12 엘리베이터 도어의 개폐만이 운전자의 조작에 의해 이루어지고, 기타 카의 기동은 카내 버튼이나 승강장 버튼에 의해 이루어지는 조작방식은?

① 카 스위치 방식   ② 신호방식
③ 단식자동식   ④ 승합전자동식

해설
① 카 스위치 방식
   기동 및 정지가 운전원의 조작에 의해 이루어진다.
② 단식 자동식
   승강장 버튼은 오름·내림 공용인데, 먼저 눌러진 호출에 응답하고, 운행중에는 다른 호출에 응하지 않는다.
③ 승합 전자동식
   승강장의 누름버튼을 상·하 2개가 있고 동시에 기억시킬 수 있다. 카 진행방향의 누름버튼과 승강장의 누름버튼에 응답하면서 오르고 내린다. 1대의 승용 엘리베이터는 이 방식을 채용하고 있다.

문제 13 공칭회로전압 ≤ 500V인 경우 절연 저항값은 몇 MΩ 이상이어야 하는가? [문제 삭제]

① 0.2   ② 0.3
③ 0.4   ④ 1.0

해설 ※ 본 문제는 2019.4.4. 법 개정으로 인해 삭제되었습니다.

답 11.④ 12.② 13.④

문제 14 다음 중 로프의 꼬임 방법과 거리가 먼 것은?

① 보통꼬임과 랭꼬임이 있다.
② 보통꼬임은 스트랜드의 꼬는 방향과 로프의 방향이 같다.
③ 보통꼬임은 소선과 시브의 접촉면이 적으면 마모의 영향은 다소 많다.
④ 보통꼬임은 잘 풀리지 않아 일반적인 경우에 많이 사용된다.

해설 로프를 꼬는 방법에는 보통꼬임(Ordinary Lay)과 랭꼬임(Lang's Lay)의 2종류가 있으며, 보통꼬임은 스트랜드의 꼬임과 소선의 꼬임 방향이 반대인 방식이며, 랭꼬임은 그 반대의 방식이다.
보통꼬임방식은 소선과 외부의 접촉면이 짧고, 마모에 의한 영향은 많지만, 꼬임이 잘 풀리지 않으므로 일반적으로 많이 사용되고 있다.
또한, 보통꼬임과 랭꼬임은 스트랜드를 꼬는 방식에 따라 Z꼬임과 S꼬임으로 분류되며, Z꼬임은 스트랜드를 오른나사 방향으로 꼬는 방식이며, S꼬임은 왼나사 방향으로 꼬는 방식이다.
일반적으로 엘리베이터에 사용되는 권상용 와이어로프는 보통Z꼬임이 주로 사용된다.

보통 Z연   보통 S연   랭그 S연   랭그 S연

문제 15 다음 중 교류 엘리베이터의 속도제어 방식에 속하지 않는 것은?

① 가변전압 가변주파수제어
② 교류귀환 전압제어
③ 교류1단 속도제어
④ 워드 레오나드방식

해설 1. 교류속도제어 방식
① VVVF(가변전압 가변주파수)제어 : 전압과 주파수를 동시에 변환시켜 제어하는 방식이다. 이 방식은 직류 전동기의 제어와 같은 성능을 갖는다.
② 교류귀환제어 : 이 방식은 45m/mim에서 105m/min 이하의 승용 엘리베이터에 주로 적용된다. 동작은 카의 실속도와 지령속도를 비교하여 사이리스터의 점호각으로 바꿔, 유도전동기의 속도를 제어한다.
③ 교류1단 속도제어 : 전동기에 전원을 투입하여 기동과 운전을 하고, 정지는 전원을 차단한 후, 기계적인 브레이크를 거는 방식이다. 이 방식은 30m/min 이하의 엘리베이터에 적용된다.

답 14.② 15.④

④ 교류2단 속도제어 : 이 방식은 교류1단 속도제어에 비해 착상이 우수한데, 기동과 주행은 고속권선으로, 감속과 착상은 저속권선으로 행한다. 2단속도 전동기의 속도비는 4:1이 가장 많이 사용된다.

2. 직류속도 제어방식
① 워드 레오나드 방식 : 직류엘리베이터 속도제어로 널리 이용되는 방식이다. 직류발전기의 출력단을 직접 직류전동기 전기자에 연결시키고, 발전기의 계자전류를 조정하여 발전전압을 엘리베이터 속도에 대응하여 연속적으로 공급시키는 방식이다. 이 방식은 승차감이 좋고, 착상 시간도 짧다. 그러므로 고속엘리베이터에 적용된다.
② 정지레오나드 방식 : 사이리스터를 사용하여 교류를 직류로 변환해 전동기에 공급하고, 사이리스터의 점호각을 제어해 직류전압을 가변, 전동기의 속도를 제어하는 방식이다.

문제 16 엘리베이터가 기동중 일 때 회전하지 않는 것은?
① 주 시브(Main sheave)
② 과속조절기 텐션 시브(Governor tension sheave)
③ 브레이크 라이닝(Brake lining)
④ 브레이크 드럼(Brake drum)

해설 브레이크 라이닝은 브레이크 작동시 전동기를 잡는다.

문제 17 다음 중 에스컬레이터에서 디딤판과 같은 속도로 움직이게 설계되어야 하는 것은?
① 핸드레일
② 브레이크휠
③ 스커트가이드
④ 스프라켓

해설 핸드레일은 디딤판과 같은 속도로 움직여야 한다.
단, 속도차는 0~2% 이하이어야 한다.

문제 18 승강장 문이 카 문과의 연동에 의해 열리는 방식에서는 자동적으로 승강장의 문이 닫히는 쪽으로 힘을 작동시키는 안전장치는?
① 트랙, 브래킷   ② 도어 행거
③ 도어 로크   ④ 도어 클로저

해설 도어클로저는 승장도어가 열려 있을 때, 자동으로 닫히게 하는 장치이다.

답　16.③　17.①　18.④

문제 **19** 승강기를 자체 점검할 때 거리가 먼 항목은?
① 와이어로프의 손상 유무
② 추락방지안전장치의 이상 유무
③ 가이드레일의 상태
④ 클러치의 이상 유무

문제 **20** 원동기, 회전축 등에는 위험방지장치를 설치하도록 규정하고 있다. 설치방법에 대한 설명으로 옳지 않은 것은?
① 위험 부위에는 덮개, 울, 슬리브, 건널다리 등을 설치
② 키이 및 핀 등의 기계요소는 묻힘형으로 설치
③ 벨트의 이음부분에는 돌출된 고정구로 설치
④ 건널다리에는 안전난간 및 미끄러지지 아니하는 구조의 발판 설치

해설 벨트의 이음부분에는 돌출된 고정구를 설치해서는 안 된다.

문제 **21** 안전한 작업을 위하여 고려하여야 할 사항이 아닌 것은?
① 조작장치는 관계작업자가 조작하기 쉬울 것
② 구동기구를 가진 기계는 사이클의 마지막과 처음에 시간적 지연을 가질 것
③ 급정지 장치가 작동했을 때 리셋트 되지 않는 한 동작되지 않을 것
④ 조작을 가능한 한 복잡하게 하여 관계자가 아니면 동작시키지 못하게 할 것

해설 조작은 가능한 한 단순하게 해야 한다.

문제 **22** 안전사고의 발생요인으로 심리적인 요인에 해당하는 것은?
① 감정
② 극도의 피로감
③ 육체적 능력 초과
④ 신경계통의 이상

문제 **23** 다음 중 에스컬레이터의 디딤판의 승강을 자동으로 정지시키는 장치가 작동하지 않는 경우는?
① 디딤판체인이 절단되었을 때
② 승강장 근처에 설치한 방화셔터가 닫히기 시작할 때
③ 3각부 안전보호판에 이물질이 접촉되었을 때
④ 디딤판과 콤이 맞물리는 지점에 물체가 끼었을 때

답 19.④ 20.③ 21.④ 22.① 23.③

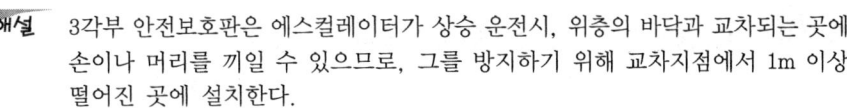

> **해설** 3각부 안전보호판은 에스컬레이터가 상승 운전시, 위층의 바닥과 교차되는 곳에 손이나 머리를 끼일 수 있으므로, 그를 방지하기 위해 교차지점에서 1m 이상 떨어진 곳에 설치한다.

문제 24 승강기의 카가 승강로의 상부에 있는 경우 천장에 충돌하는 것을 방지하기 위한 장치는?
① 균형체인
② 화이널 리미트스위치
③ 조속장치
④ 회로개폐기

문제 25 로프식 승강기에 필요하지 않은 안전장치는?
① 핸드레일 안전장치
② 완충기
③ 과속조절기
④ 화이널 리미트스위치

> **해설** 핸드레일 안전장치는 에스컬레이터에 있어서 핸드레일에 손이나 다른 물체가 끼었을 경우, 자동으로 정지시킨다.

문제 26 전선로의 정전 작업시는 접지를 한다. 이 접지의 목적이 잘못 설명된 것은?
① 인접 선로의 유도 전압에 의한 유도 쇼크의 방지를 위하여 접지하는 것이다.
② 현장에 검전기가 없으므로 정전의 확인용으로 접지하는 것이다.
③ 정전을 확인하였으나 역송전으로 인한 감전 방지를 위하여 접지한다.
④ 정전되었다 하여도 통전으로 인한 감전방지를 위하여 접지한다.

> **해설** 현장에 검전기가 없어 정전의 확인용으로 접지하는 것은 아니다.

문제 27 사고예방의 기본 4원칙이 아닌 것은?
① 원인 계기의 원칙
② 대책 선정의 원칙
③ 예방 가능의 원칙
④ 개별 분석의 원칙

답 24.② 25.① 26.② 27.④

문제 28 다음 중 승강기의 방호장치에 해당 되지 않는 것은?
① 가이드레일   ② 과부하방지장치
③ 과속조절기   ④ 출입문 인터록

문제 29 다음 중 에스컬레이터의 구동 전동기의 용량을 계산 할 때 고려할 사항으로 거리가 먼 것은?
① 안전장치   ② 속도
③ 경사각도   ④ 기계 효율

해설 $P = \dfrac{G V \sin\theta}{6120\, \eta} \times \beta (\text{kW})$

여기서, G : 적재하중(kg)
P : 모터용량(kW)
V : 에스컬레이터의 속도(m/min)
η : 총효율
β : 승객 승입률
$\sin\theta$: 경사각도

문제 30 다음 중 기계실에서 행하는 검사가 아닌 것은?
① 치차 및 베어링 검사
② 과속조절기의 작동상태 검사
③ 배전반 등 전원설비 검사
④ 오버헤드(overhead) 간격(clearance) 검사

해설 승강기 오버헤드(overhead)
오버헤드(Over Head)는 최상층의 승강장 바닥면에서 승강로 상부 천장 또는 빔 하부까지의 수직거리이며, 이 거리는 카의 크기, 상부체대의 높이, 엘리베이터의 기종 및 꼭대기틈새의 높이 즉, 카의 구조와 건축적 구조에 따라 변하게 된다. 특히, 오버헤드 수치는 건축적 구조인 꼭대기틈새의 높이에 따라 변하게 되며, 꼭대기틈새는 카가 어떤 원인으로 최고층 이상으로 올라간 경우에, 카 상부에 있는 사람이 승강로 천장 또는 빔에 충돌하는 것을 방지하기 위한 최소 안전공간 개념이다.

문제 31 승강장 출입구 바닥 앞부분과 카 바닥 앞부분과의 틈의 너비는 몇 (cm) 이하로 하여야 하는가?
① 2   ② 3
③ 3.5   ④ 5

답 28.① 29.① 30.④ 31.③

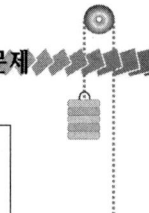

문제 32 엘리베이터의 카 안전장치(car safety device)의 점검사항으로 적당하지 않은 것은?

① 링크(link)가 자유롭게 움직이는가
② 각 부의 볼트, 너트에 이완이 없는가
③ 가이드레일(guide rail)과 클램프(clamp)사이의 간격이 적당한가
④ 캠(cam)의 동작이 적절한가

해설 캠은 회전운동을 직선·왕복운동·진동으로 변환하는 기구로, 2개를 조합하여 사용할 수 있다. 캠은 내연기관의 밸브기구, 광물분쇄기 등에 사용한다.

문제 33 에너지 축적형 완충기를 속도 60m/min인 승강기에 적용할 때 최소 행정(STROKE)은 몇 (mm)인가?

① 64
② 78
③ 91
④ 100

해설 ※ 본 문제는 검사기준(2013.9.15 시행)이 개정되어 출제가 수정될 것입니다.

에너지 축적형 완충기
① 완충기는 가능한 한 총행정은 정격속도의 115%에 상응하는 중력정지거리의 2배 이상이어야 한다. 단, 행정은 65mm 이상이어야 한다.
② 완충기는 카 자중+정격하중값의 2.5배와 4배 사이의 정하중으로 ①에 규정된 행정이 되어야 한다.

문제 34 다음 중 에스컬레이터의 일반구조에 대한 설명으로 옳지 않은 것은?

① 일반적으로 경사도는 30도를 초과하지 않아야 한다.
② 핸드레일의 속도가 디딤바닥과 동일한 속도를 유지하도록 한다.
③ 디딤바닥의 정격속도는 30m/min 이상이어야 한다.
④ 물건이 에스컬레이터의 각 부분에 끼이거나 부딪치는 일이 없도록 안전한 구조이어야 한다.

해설 디딤바닥의 정격속도는 경사도가 30° 이하인 경우 45m/min 이하이어야 한다.

문제 35 비상용 엘리베이터는 정전시 몇 초 이내에 엘리베이터 운행에 필요한 전력용량이 자동적으로 발생되어야 하는가?

① 60
② 90
③ 120
④ 150

답 32.④ 33.④ 34.③ 35.①

2009.01.17 시행

문제 36 다음 중 에스컬레이터 디딤판 체인 및 구동 체인의 안전율로 알맞은 것은?

① 5 이상 ② 7 이상
③ 8 이상 ④ 10 이상

해설

에스컬레이터 부분	안전율
트러스 및 빔	5 이상
디딤판체인 및 구동체인	5 이상
모든 구동품	5 이상

문제 37 승객용 엘리베이터에서 주 전동기를 보호하는 과부하방지장치와 같은 역할을 하는 것은 유입식 엘리베이터의 밸브 중에서 어느 것인가?

① 체크 밸브 ② 릴리프 밸브
③ 다운 밸브 ④ 스톱 밸브

해설
① 체크 밸브 : 한쪽 방향으로만 오일이 흐르도록 하는 밸브이다.
② 릴리프 밸브 : 일종의 압력조정 밸브로 회로의 압력이 설정값에 도달하면 밸브를 열어 오일을 탱크로 돌려보내, 압력이 과도하게 상승(상승압력의 125%에 설정)하는 것을 방지한다.
③ 다운 밸브 : 수동식 하강밸브가 부착되어 정전 및 어떤 원인으로 층 사이에 갇혔을 때 수동식 하강밸브를 열어, 카 자체의 하중으로 카가 내려와, 승객을 안전하게 구출한다.
④ 스톱 밸브 : 이 밸브를 닫으면 실린더의 오일이 탱크로 역류하는 것을 방지한다. 이 밸브는 유압장치의 보수, 점검, 수리시에 사용된다.

문제 38 에스컬레이터의 난간 및 발판에 대한 점검사항이 아닌 것은?

① 난간조명 또는 발판 조명이 있을 때 조명 램프의 점등상태와 보호 덮개의 파손 여부
② 3각부 안전보호판의 취부상태
③ 연동용 체인의 늘어짐 및 마모 여부
④ 발판과 스커트 가드 사이의 간격

문제 39 엘리베이터 로프의 점검사항으로 적절하지 않은 것은?

① 녹의 유무 ② 마모의 정도
③ 절연저항 ④ 모래, 먼지 등의 부착

해설 절연저항 점검은 배선상태의 양부를 알아보고자 할 때 행한다.

답 36.① 37.② 38.③ 39.③

문제 40
엘리베이터의 도어 슈의 점검을 위해 실시하여야 할 점검사항이 아닌 것은?
① 도어 슈의 마모상태 점검
② 가이드 롤러의 고무 탄력상태 점검
③ 슈 고정볼트의 조임상태 점검
④ 도어 개폐 시 실과의 간섭상태 점검

문제 41
엘리베이터가 정격속도를 현저히 초과할 때 모터에 가해지는 전원을 차단하여 카를 정지시키는 장치는?
① 권상기 브레이크
② 가이드 레일(Guide Rail)
③ 권상기 드라이버
④ 과속조절기(Governor)

해설 과속조절기 : 카와 같은 속도로 움직이는 과속조절기 로프에 의해서 회전되고, 언제나 카의 속도를 조사하여 과속도를 검출하는 장치이다.

문제 42
유압식 승강기의 바닥맞춤보정장치는 착상면을 기준으로 몇 (mm) 이내의 위치에서 보정할 수 있어야 하는가?
① 70
② 75
③ 85
④ 90

해설 ※ 본 문제는 검사기준(2013.9.15 시행)이 개정되어 출제가 수정될 것입니다.
카의 착상정확도는 ±10mm 이하이어야 하며, 재착상 시는 ±20mm로 유지되어야 한다.

문제 43
유압식 엘리베이터의 유압파워유니트(Power Unit)의 구성요소가 아닌 것은?
① 펌프
② 유압실린더
③ 유량제어밸브
④ 체크밸브

해설 유압실린더는 유압파워유니트의 구성요소에 해당되지 않는다.

문제 44
카가 승강로 최하층에 정지하였을 경우 안전을 고려하여 피트(pit)의 깊이를 일정 한도로 규정하고 있다. 카 속도에 따른 피트의 깊이는 몇 (m) 이상이어야 하는가?

정격속도(m/min)	피트 깊이(m)
45초과~60 이하	A
90초과~120 이하	B
180초과~210 이하	C

① A=1.2, B=1.8, C=2.1
② A=1.4, B=2.1, C=2.7
③ A=1.5, B=2.1, C=3.2
④ A=2.0, B=2.8, C=3.8

답 40.② 41.④ 42.② 43.② 44.③

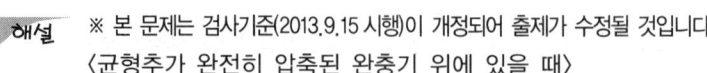

해설 ※ 본 문제는 검사기준(2013.9.15 시행)이 개정되어 출제가 수정될 것입니다.
〈균형추가 완전히 압축된 완충기 위에 있을 때〉
① 카 가이드 레일의 길이는 $0.1+0.035\,V^2$[m] 이상 연장되어야 한다.
② 카 지붕에서 가장 높은 부분과 승강로 천장의 가장 낮은 부분(천장 아래 빔 및 부품 포함) 사이의 수직거리는 $1.0+0.035\,V^2$[m] 이상이어야 한다.
③ 승강로 천장의 가장 낮은 부분과 카 지붕에 고정된 설비의 가장 높은 부분 사이의 수직거리는 $0.3+0.035\,V^2$[m] 이상이어야 한다.

문제 45 엘리베이터의 제어방식 중 사이리스터의 점호각을 바꾸어 유도전동기의 속도를 제어하는 방식은?

① VVVF 제어 ② 교류 2단제어
③ 교류귀환 전압제어 ④ 워드-레오나드 제어

해설
① VVVF 제어 : 유도 전동기에 인가되는 전압과 주파수를 동시에 변환시켜, 직류 전동기와 동등한 제어성능을 갖는다.
② 교류2단 속도제어 : 2단 속도 모터(motor)를 사용하여 기동과 주행은 고속권선으로 행하고, 감속시는 저속권선으로 감속하여 착상하는 방식
③ 교류귀환 전압제어 : 카의 실속도와 지령속도를 비교하여 사이리스터의 점호각을 바꿔, 유도전동기의 속도를 제어하는 방식
④ 워드-레오나드 제어 : 직류 발전기의 출력단을 직접 직류 전동기 전기자에 연결시키고, 발전기의 계자 전류를 조정하여 발전전압을 엘리베이터 속도에 대응하여 연속적으로 공급시키는 방식

문제 46 다음 중 엘리베이터에 사용되는 T형 가이드 레일에 해당되는 것은?

① 8K ② 10K
③ 15K ④ 25K

해설 엘리베이터에서 사용되는 레일은 보통 T형 레일을 사용하는데, 공칭은 8K, 13K, 18K, 24K이다. 그런데 대용량 엘리베이터에서는 37K, 50K 등도 사용된다.

문제 47 재료를 그림과 같은 상태로 절단할 때 작용하는 하중은?

① 인장하중
② 압축하중
③ 전단하중
④ 휨하중

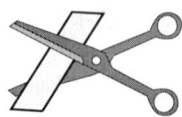

답 45.③ 46.① 47.③

문제 48 어떤 교류 전동기의 회전속도가 1200rpm이라고 할 때, 전원주파수를 10% 증가시키면 회전속도는 몇 (rpm)이 되는가?

① 1080 ② 1200
③ 1320 ④ 1440

해설 $N_s = \dfrac{120f}{P}(\text{rpm})$에서 $N_s \propto f$
그러므로 f를 10(%)증가시키면, N_s도 10(%) 증가한다.
$N_s = 1200 + 120 = 1320(\text{rpm})$

문제 49 승강기의 카 프레임의 단면적 30cm²에 걸리는 무게가 2400kgf이고, 사용재료의 인장강도가 4000kgf/cm²일 때 안전율은 얼마인가?

① 16 ② 50
③ 80 ④ 133

해설 허용응력 $= \dfrac{W}{A} = \dfrac{2400}{30} = 80$ 안전율 $= \dfrac{\text{인장강도}}{\text{허용응력}} = \dfrac{4000}{80} = 50$

문제 50 다음 중 그림과 같은 회로와 원리가 같은 논리기호는?

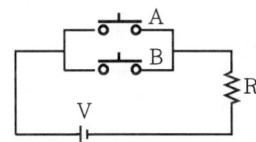

① 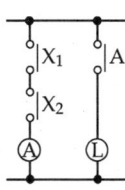   ②
③   ④

해설   ① AND 회로   ② OR 회로
· 유접점 회로   · 논리회로   · 유접점 회로   · 논리회로

 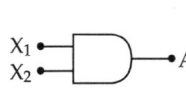 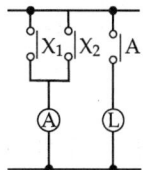 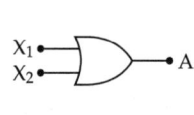

답 48.③ 49.② 50.①

2009.01.17 시행

③ NAND 회로
- 유접점 회로
- 논리회로

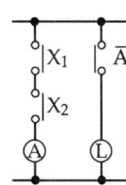 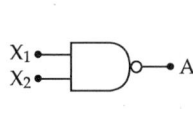

④ NOR 회로
- 유접점 회로
- 논리회로

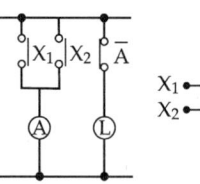 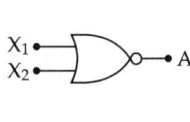

문제 51 다음 그림과 같은 제어계의 전체 전달함수는? (단, H(s) = 1이다.)

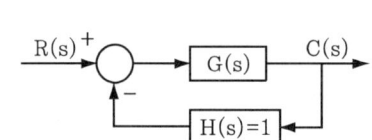

① $\dfrac{1}{G(s)}$

② $\dfrac{1}{1+G(s)}$

③ $\dfrac{G(s)}{1+G(s)}$

④ $\dfrac{G(s)}{1-G(s)}$

해설

블록선도	전달함수
R(s) → G₁ → G₂ → C(s)	$G = \dfrac{C(s)}{R(s)} = G_1 G_2$
R(s) →+⊖− G → C(s) (피드백)	$G = \dfrac{C(s)}{R(s)} = \dfrac{G}{1+G}$
R(s) → G₁ →+⊕+ → C(s), G₂ 피드백	$G = \dfrac{C(s)}{R(s)} = \dfrac{G_1}{1-G_2}$
R(s) →+⊖− G₁ → C(s), G₂ 피드백	$G = \dfrac{C(s)}{R(s)} = \dfrac{G_1}{1+G_1 G_2}$

※ 블록선도 : 제어계에서 신호가 전달되는 모양을 표시하는 선도
※ 전달함수 : 모든 초기값을 0으로 하였을 때 출력신호의 라플라스 변환과 입력신호의 라플라스 변환의 비

문제 52 체인의 종류는 크게 전동용 체인과 하중용 체인으로 구분할 수 있다. 다음 중 전동용 체인의 종류에 속하지 않는 것은?

① 사일런트 체인
② 코일 체인
③ 롤러 체인
④ 블록 체인

답 51.③ 52.②

해설 1. 전동용 체인
① 블록체인(block chain)
② 롤러체인(roller chain)
③ 사일런트 체인(silent chain)

2. 운반용 체인
① 링크체인(link chain)
② 코일체인(coil chain)

문제 53 다음 중 PNP형 트랜지스터의 기호로 알맞은 것은?

①   ②

③   ④

해설 ① PNP 트랜지스터   ② NPN 트랜지스터

※ 트랜지스터는 증폭작용과 스위칭 역할을 하는 반도체소자이다.

문제 54 다음 중 기계적 접합방법이 아닌 것은?
① 볼트(bolt)접합
② 리벳(rivet)접합
③ 고주파 용접접합
④ 키이(key)접합

해설 고주파 용접접합은 고주파 진동 에너지를 이용, 초음파 용접에 의한 접합을 말한다.

문제 55 다음 중 4절 링크 기구를 구성하고 있는 요소로 알맞은 것은?
① 고정 링크, 크랭크, 레버, 슬라이더
② 가변 링크, 크랭크, 기어, 클러치
③ 고정 링크, 크랭크, 고정레버, 클러치
④ 가변 링크, 크랭크, 기어, 슬라이더

문제 56 어떤 물체의 영(Young)률이 작다고 하는 것은 무엇을 뜻하는가?
① 안전하다는 것이다.
② 불안전하다는 것이다.
③ 늘어나기 쉽다는 것이다.
④ 늘어나기 어렵다는 것이다.

해설 세로탄성계수(영률) = $\dfrac{수직응력}{세로변형률}$

답 53.② 54.③ 55.① 56.③

문제 57 모듈이 2, 잇수가 각각 38, 72인 두 개의 표준 평기어가 맞물려 있을 때 축간거리는 몇 (mm)인가?
① 110　　　　　　　　② 150
③ 165　　　　　　　　④ 250

해설　$C = \dfrac{(Z_1 + Z_2)m}{2} = \dfrac{(38+72)2}{2} = 110\text{mm}$

문제 58 교류 전류를 측정할 때 전류계의 연결 방법이 맞는 것은?
① 부하와 직렬로 연결한다.
② 부하와 직·병렬로 연결한다.
③ 부하와 병렬로 연결한다.
④ 회로에 따라 달라진다.

해설　전류계는 측정하고자 하는 회로에 직렬로 연결한다. 그러나 전압계는 전압을 측정하고자 하는 회로에 병렬로 연결한다.

문제 59 다음 중 극성을 갖고 있는 콘덴서는?
① 마이카 콘덴서　　　　② 세라믹 콘덴서
③ 마일러 콘덴서　　　　④ 전해 콘덴서

해설　전해 콘덴서, 탄탈 콘덴서 같은 콘덴서는 극성이 있다.

문제 60 엘리베이터의 소요전력이 가장 클 때는?
① 기동할 때　　　　　　② 감속할 때
③ 주행속도로 무부하 상승할 때　　④ 주행속도로 무부하 하강할 때

해설　전동기의 기동
① 직입기동 : 정격전류의 5~7배의 전류가 흐른다.
② Y-△ 기동 : Y로 기동시 전전압 기동시의 $\dfrac{1}{3}$ 의 전류로 기동된다. 그 후 정속도에 도달되면, △로 변환한다.
③ 리액터 기동 : 기동 전류를 억제하고 전압강하를 감소하기 위한 기동방식이다.

답　57.① 58.① 59.④ 60.①

승강기기능사 과년도 문제
(2009.03.29 시행)

문제 01 추락방지안전장치 F.W.C(Flexible Wedge Clamp)형의 그래프는? (단, 가로축 : 거리, 세로축 : 정지력이다.)

① 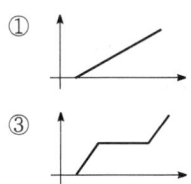 ②

③ ④

해설
① F.G.C(flexible guide clamp)형
  레일을 죄는 힘이 동작에서 정지까지 일정하다.
② F.W.C(flexible wedge clamp)형
  레일을 죄는 힘이 동작 초기에는 약하나, 점점 강해진 후 일정하다.

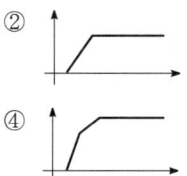
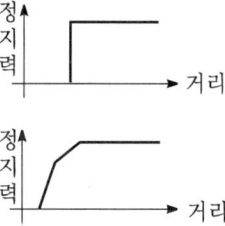

문제 02 과속조절기는 무엇을 이용하여 스위치의 개폐작용을 하는가?
① 응력   ② 원심력
③ 마찰력   ④ 항력

문제 03 VVVF(Variable Voltage Variable Frequency)제어의 설명으로 옳지 않은 것은?
① 전동기는 직류 전동기가 사용된다.
② 전압과 주파수를 동시에 제어할 수 있다.
③ 컨버터(converter)와 인버터(inverter)로 구성되어 있다.
④ PAM 제어방식과 PWM 제어방식이 있다.

해설 VVVF제어는 교류 전동기 제어 방식이다.

[참고] ① PAM(Pulse Amplitude Modulation) : 이 방식은 교류의 진폭을 조절하는 방법이다. PAM 방식은 전압만 제어한다.
② PWM(Pulse Width Modulation) : 이 방식은 교류의 주파수를 조절하는 방식이다. 이 방식을 사용하면 역률을 줄이고, 더욱 효율을 증가시킨다. 그런데 요즘 PWM제어에서는 전압과 주파수까지 제어를 하기도 한다.

답 1.④ 2.② 3.①

문제 **04** 그림은 주시브(main sheaved)에 대한 홈의 형상이다. 다음 설명 중 옳은 것은?

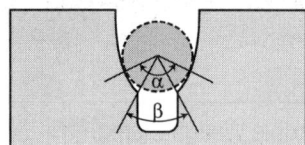

① β 값이 클수록 마찰계수와 홈압력이 작아진다.
② β 값이 클수록 마찰계수는 작아지나 홈압력이 커진다.
③ β 값이 클수록 마찰계수는 커지나 홈압력이 작아진다.
④ β 값이 클수록 마찰계수와 홈압력이 커진다.

문제 **05** 가이드 레일은 제조와 설치시 승강로 내의 반입이 편리하도록 약 몇 (m)로 하고 있는가?
① 3m
② 4m
③ 5m
④ 6m

해설 일반적으로 단면이 T자형인 엘리베이터용 레일이 이용되고, 1m당 중량에 따라 8K, 13K, 18K, 24K 레일 등의 종류가 있다. 또한 레일 길이는 5m가 표준이다.

문제 **06** 도어 안전장치에 관한 설명 중 옳지 않은 것은?
① 도어 클로저는 승강장 문의 개방에서 생기는 재해를 막기 위한 장치이다.
② 도어 스위치는 승강장 문이 닫혀있지 않으면 운전이 불가능하게 하는 장치이다.
③ 세이프티 슈는 카 도어의 끝단에 설치하여 이물체가 접촉되면 도어를 반전시키는 장치이다.
④ 도어 인터록은 주행 중 카 도어가 열리지 않게 하는 장치이다.

해설 엘리베이터의 승강장문에는 카가 정지하고 있지 않는 층에서는 열쇠를 이용해야만 밖에서 열 수 있는 잠금장치와, 문이 닫히지 않으면 운전할 수 없게 하기 위한 도어 스위치가 필요하다. 통상 이들 장치는 별도로 설치하는 것이 아니라, 하나로 조합되어 사용되고, 도어 인터록 스위치라고 한다. 도어 인터록 스위치에서 중요한 것을 확실히 잠겼을 때에만 스위치가 on이고, 스위치가 off로 된 후에 열쇠가 빠지도록 하는 일이다.

문제 **07** 다음 ( )에 들어갈 내용으로 알맞은 것은?

"승강로의 벽 또는 울 및 출입문은 ( )로 만들거나 씌워야 한다."

① 불연재료
② 난연재료
③ 준불연재료
④ 내화재료

답 4.④ 5.③ 6.④ 7.①

해설 ① 불연재료 : 화재시 불에 타지 않는 성질을 가진 재료
② 난연재료 : 불이 붙어도 연소가 잘 되지 않는 성질을 가진 재료
③ 내화재료 : 불에 타지 않고 잘 견딜 수 있는 재료

문제 08 균형추쪽에도 추락방지안전장치를 설치해야 하는 경우는?
① 정격속도가 360m/min 이상인 승객용 엘리베이터
② 정격속도가 400m/min 이상인 승객용 엘리베이터
③ 피트 바닥하부를 거실 등으로 사용할 경우
④ 가이드 레일의 길이가 짧은 경우

해설 승강로 피트 하부가 사무실이나 통로로 사용되어, 사람이 출입하는 곳이면 균형추에도 추락방지안전장치를 설치해야 한다.

문제 09 에스컬레이터의 역회전 방지장치가 아닌 것은?
① 구동체인 안전장치
② 기계 브레이크
③ 과속조절기
④ 스킷드 가드

해설 스컷트 가드(Skirt Guard) : 에스컬레이터의 디딤판 옆 내측판을 말한다.

문제 10 에스컬레이터의 경사도는 몇 도를 초과하지 않아야 하는가?
① 12°
② 15°
③ 30°
④ 45°

문제 11 다음 중 간접식 유압엘리베이터의 특징으로 옳지 않은 것은?
① 실린더를 설치하기 위한 보호관이 필요하지 않다.
② 실린더 길이가 직접식에 비하여 짧다.
③ 추락방지안전장치가 필요하지 않다.
④ 실린더의 점검이 직접식에 비하여 쉽다.

해설 직접식 유압엘리베이터는 추락방지안전장치가 필요 없으나, 간접식 유압엘리베이터는 추락방지안전장치가 필요하다.

답 8.③ 9.④ 10.③ 11.③

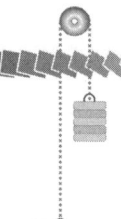

문제 12 다음 중 엘리베이터의 기계실의 구조로 적합하지 않은 것은?
① 기계실 내부에 공간이 있어서 옥상 물탱크의 양수설비를 하였다.
② 당해 건축물의 다른 부분과 내화구조로 구획하였다.
③ 기계실의 온도는 5℃~40℃ 이하이어야 한다.
④ 천장에는 기기를 양정하기 위한 고리를 설치하였다.

문제 13 카 틀(Car Frame)의 구성요소가 아닌 것은?
① 상부체대
② 하부체대
③ 도어체대
④ 브레이스 로드

해설 도어체대는 구성요소가 아니다.

문제 14 홀 랜턴(hall lantern)을 바르게 설명한 것은?
① 단독 카일 때 많이 사용하며 방향을 표시한다.
② 2대 이상일 때 많이 사용하며 위치를 표시한다.
③ 군관리방식에서 도착예보와 방향을 표시한다.
④ 카의 출발을 예보한다.

해설 홀 랜턴은 카의 도착과 운전방향을 표시한다. 이 방식은 전자동 군관리방식의 엘리베이터에 사용된다.

문제 15 승강기의 속도에 따른 분류 중 고속에 속하는 것은?
① 60m/min ~ 90m/min
② 95m/min ~ 115m/min
③ 120m/min ~ 300m/min
④ 360m/min 이상

해설 속도별 분류
① 저속 엘리베이터 : 45m/min 이하
② 중속 엘리베이터 : 60~105m/min
③ 고속 엘리베이터 : 120~300m/min
④ 초고속 엘리베이터 : 360m/min 이상

답 12.① 13.③ 14.③ 15.③

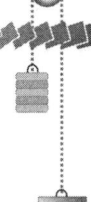

문제 16 다음 중 ( )안에 들어갈 내용으로 알맞은 것은?

> "카가 에너지 분산형 완충기에 충돌했을 때 플런져가 하강하고 이에 따라 실린더내의 기름이 좁은 ( )을(를) 통과하면서 생기는 유체저항에 의해 완충작용을 하게 된다."

① 오리피스 틈새 ② 실린더
③ 오일게이지 ④ 플런져

해설 오리피스(orifice) : 유체가 흐르는 관로 속에 설치된다.

문제 17 다음 중 자동차용 엘리베이터나 대형 화물용 엘리베이터에 주로 사용하는 도어 개폐방식은?

① CO ② SO
③ UD ④ UP

해설 자동차용이나 대형화물용 엘리베이터는 주로 UP(문을 올리고 내리는 형태)도어 개폐방식을 사용한다.

문제 18 비상용 엘리베이터의 정전시 예비전원의 기능에 대한 설명으로 옳은 것은?

① 30초 이내에 엘리베이터 운행이 필요한 전력용량을 자동적으로 발생하여 1시간 이상 작동하여야 한다.
② 40초 이내에 엘리베이터 운행이 필요한 전력용량을 자동적으로 발생하여 1시간 이상 작동하여야 한다.
③ 60초 이내에 엘리베이터 운행이 필요한 전력용량을 자동적으로 발생하여 2시간 이상 작동하여야 한다.
④ 90초 이내에 엘리베이터 운행이 필요한 전력용량을 자동적으로 발생하여 2시간 이상 작동하여야 한다.

답 16.① 17.④ 18.③

승강기기능사

문제 19 승강기의 자체검사 항목이 아닌 것은?
① 브레이크
② 가이드레일
③ 추락방지안전장치
④ 권과방지장치

해설 승강기의 자체검사 항목에 권과방지장치(과하게 감는 것을 방지하는 장치)는 해당되지 않는다. 권과방지장치는 권동식 엘리베이터에서 필요하다.

문제 20 방호장치 중 과도한 한계를 벗어나 계속적으로 작동하지 않도록 제한하는 장치는?
① 크레인
② 리미트스위치
③ 윈치
④ 호이스트

문제 21 스패너를 힘주어 돌릴 때 지켜야 할 안전사항이 아닌 것은?
① 스패너 자루에 파이프를 끼워 연장하면 힘이 훨씬 덜 들게 된다.
② 주위를 살펴보고 조심성 있게 조인다.
③ 스패너를 밀지 않고 당기는 식으로 사용한다.
④ 스패너를 조금씩 여러 번 돌려 사용한다.

문제 22 다음 중 재해의 발생 원인 중 가장 높은 빈도를 차지하는 것은?
① 열량의 과잉 억제
② 설비의 Layout 착오
③ Over Load
④ 작업자 작업행동 부주의

문제 23 정전기 제거의 방법으로 옳지 않은 것은?
① 설비 주변의 공기를 가습한다.
② 설비의 금속 부분을 접지한다.
③ 설비에 정전기 발생 방지 도장을 한다.
④ 설비의 주변에 자외선을 쪼인다.

해설 정전기 제거와 자외선과는 무관하다.

답 19.④ 20.② 21.① 22.④ 23.④

과년도 문제

문제 24 승강기 운전자가 준수하여야 할 사항으로 옳지 않은 것은?
① 술에 취한 채 또는 흡연하면서 운전하지 말아야 한다.
② 정원 또는 적재하중을 초과하여 태우지 말아야 한다.
③ 질병, 피로 등을 느꼈을 때는 즉시 약을 복용하고 근무한다.
④ 운전 중 사고가 발생한 때에는 즉시 운전을 중지하고 관리 주체에 보고한다.

문제 25 안전·보건표지의 색채·색도기준에서 색채와 용도가 서로 맞지 않는 것은?
① 빨강 - 금지
② 노랑 - 대피
③ 녹색 - 안내
④ 파랑 - 지시

해설 노랑 : 경고·주의

문제 26 안전사고 방지의 기본원리 중 3E를 적용하는 단계는?
① 1단계
② 2단계
③ 3단계
④ 5단계

해설
- 1단계 : 안전조직(안전관리자의 임명, 소식을 통한 안전활동 등)
- 2단계 : 사실의 발견(사고 및 활동기록의 검토, 작업분석, 안전점검 및 안전진단 사고조사 등)
- 3단계 : 분석(사고기록, 인적·물적조건, 안전수칙 등)
- 4단계 : 대책의 선정(기술의 개선, 인사조정, 안전행정의 개선 등)
- 5단계 : 대책의 적용(기술 : engineering, 교육 : education, 독려 : enforcement)

문제 27 사다리를 사용하는 작업에서 안전수칙에 어긋나는 행위는?
① 위험 및 사용금지의 표찰이 붙어서 결함이 있는 사다리를 사용할 때는 주의하면서 사용한다.
② 사다리 밑 끝이 불안전하거나 3m 이상의 높은 곳이면 다른 사람으로 하여금 붙들게 하고 작업한다.
③ 사다리를 문 앞에 설치할 때는 문을 완전히 열어놓거나 잠가야 한다.
④ 사다리 설치시에는 사다리의 밑바닥이 사다리 길이와 관련지어 어느 정도 벽에서 떨어지게 한다.

답 24.③ 25.② 26.④ 27.①

문제 28 어떤 기간을 두고 행하는 안전점검의 종류는?
① 임시점검　　　　　　② 정기점검
③ 특별점검　　　　　　④ 일상점검

해설　① 일상점검
　　　　일상점검은 사업장에서 활동을 시작하기 전 또는 종료시에 수시로 점검하는 것
　　② 정기점검
　　　　일정한 기간을 정하여 각 분야별 유해·위험요소에 점검을 하는 것으로 주간점검, 월간점검 및 연간점검 등으로 구분한다.
　　③ 특별점검
　　　　태풍이나 폭우 등 천재지변이 발생한 경우 등 각 분야별로 특별히 점검을 받아야 되는 경우에 점검하는 것

문제 29 무빙워크의 일반구조에 대한 사항으로 옳지 않은 것은?
① 스텝은 팔레트식과 고무벨트식이 있다.
② 경사도가 12°로 설치된 무빙워크
③ 공칭속도가 45m/min 이하이다.
④ 디딤판의 속도가 60m/min인 무빙워크

해설　무빙워크의 정격속도는 45m/min 이하이어야 한다.

문제 30 다음의 리미트 스위치 기호로 옳은 것은?

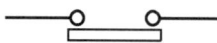

① 전기적 a접점　　　　② 전기적 b접점
③ 기계적 a접점　　　　④ 기계적 b접점

문제 31 엘리베이터 로프의 점검 사항으로 적절하지 않은 것은?
① 녹의 유무
② 마모의 정도
③ 절연저항
④ 모래·먼지 등의 부착

답　28.② 29.④ 30.④ 31.③

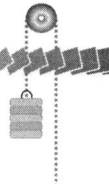

문제 32. 승강장 문의 로크 및 스위치 검사시 적합하지 않은 것은?
① 승강장 문은 외부에서 열 수 없도록 로크장치의 설치상태가 견고하여야 한다.
② 승강장 문이 열려 있거나 닫혀 있지 않은 경우 도어스위치는 열려 있어야 한다.
③ 승강장 문의 인터록장치는 로크가 걸린 후에 도어스위치를 닫아야 한다.
④ 승강장 문의 도어 스위치가 확실히 열리기 전에 로크가 벗겨져야 한다.

해설 도어스위치가 확실히 열린 후 벗겨져야 한다.

문제 33. 다음 중 에스컬레이터의 구동전동기(Motor)용량 계산시 고려하지 않아도 되는 것은?
① 속도
② 에스컬레이터의 총합효율
③ 승강장의 길이
④ 경사각도

해설 $P = \dfrac{GV\sin\theta}{6120\eta} \times \beta$

단, G : 적재하중(kg), V : 속도(m/min), $\sin\theta$: 경사각도,
β : 승객 승입률, η : 총효율

문제 34. 다음 중 권상기의 구성요소가 아닌 것은?
① 과속조절기
② 전동기
③ 감속기
④ 브레이크

해설 과속조절기는 엘리베이터가 규정속도 이상시 동작하여 동력을 끊고 정지시킨다.

문제 35. 에스컬레이터의 제어장치에 관한 설명 중 옳지 않은 것은?
① 방화셔터가 핸드레일 반환부의 선단에서 2m 이내에 있는 에스컬레이터는 그 셔터와 연동하여 작동해야 한다.
② 전원의 상이 바뀌면 주행을 멈출 수 있는 장치가 필요하다.
③ 제어반의 각종 단자나 부품의 상태가 양호한지 확인한다.
④ 감속기의 오일 온도가 60℃를 넘을 경우 정지장치가 필요하다.

답 32.④ 33.③ 34.① 35.④

해설   감속기는 기어를 이용한 속도 변환장치로서, 모터의 회전수를 필요한 회전수로 감속하는 동시에, 큰 토오크를 얻을 수 있는 기구적인 장치이다. 감속기에 오일의 온도가 상승하면, 전동기의 온도가 상승하는데, 이를 센서(바이메탈)가 감지, 동력을 끊고 에스컬레이터를 정지시킨다.(현재 오일의 온도가 규정되지는 않았음)

문제 36 추락방지안전장치의 성능시험에 관한 설명 중 옳지 않은 것은?
① 적용 최대 중량에 상당하는 무게를 적용한다.
② 가이드 레일의 윤활상태를 실제의 사용 상태와 같도록 한다.
③ 비상정지의 시험 후 완충기의 파손 유무를 확인한다.
④ 비상정지의 시험 후 수평도와 정지거리를 측정한다.

문제 37 에스컬레이터의 디딤판(STEP)의 정격속도는 경사도가 30° 이하인 경우 몇 (m/min) 이하로 하여야 하는가?
① 20m/min   ② 30m/min
③ 45m/min   ④ 60m/min

해설   경사도가 30° 이하인 경우 45m/min 이하이어야 한다.

문제 38 웜 기어 오일(worm gear oil)에 관한 설명으로 옳지 않은 것은?
① 웜 기어가 분말이나 먼지로 혼탁해지면 교체한다.
② 반드시 지정된 것만 사용한다.
③ 규정된 수준을 유지하여야 한다.
④ 매월 교체하여야 한다.

해설   감속 기어의 오일은 규정된 수준 이하이면 교체하여야 하면, 3개월에 1회 이상 점검하여야 한다.

문제 39 균형추의 중량을 바르게 나타낸 것은?
① 카 자체하중+정격적재하중
② 카 자체하중+균형체인하중+이동케이블하중
③ 카 자체하중+(균형체인하중+로프하중+이동케이블하중)×50%
④ 카 자체하중+(정격적재하중×오버밸런스율)

해설   균형추 중량=카 자체하중+(정격적재하중×오버밸런스율)

답   36.③   37.③   38.④   39.④

문제 40 다음 중 교류 1단 속도제어를 설명한 것으로 옳은 것은?
① 기동은 고속권선으로 행하고 감속은 저속권선으로 행하는 것이다.
② 모터의 계자코일에 저항을 넣어 이것을 증감하는 것이다.
③ 기동과 주행은 고속권선으로, 감속과 착상은 저속권선으로 행하는 것이다.
④ 3상 교류의 단속도 모터에 전원을 투입하므로서 기동과 정속운전을 하고 착상하는 것이다.

문제 41 에스컬레이터 회로의 사용전압이 400V 이하의 것의 접지저항은 몇 (Ω) 이하이어야 하는가?
① 10Ω
② 100Ω
③ 300Ω
④ 500Ω

해설
- 400V 미만 : 제3종 접지공사
- 400V 넘는 저압 : 특별 제3종 접지공사
※ 본 문제는 규정법 개정으로 무효입니다.

문제 42 균형추측에 과속조절기가 있는 경우의 자동속도에 관한 설명으로 옳은 것은?
① 카측과 같은 속도로 동시에 작동
② 카측보다 빨리 작동
③ 카측보다 나중에 작동
④ 카측의 $\frac{3}{4}$ 의 속도에서 작동

문제 43 정전으로 인하여 카가 정지될 때 점검자에 의해 주로 사용되는 밸브는?
① 하강용 유량제어 밸브
② 스톱 밸브
③ 릴리프 밸브
④ 체크 밸브

해설
① 하강용 유량제어 밸브 : 정전 또는 어떤 원인으로 층사이에 갇혔을 때, 수동식 하강 밸브를 열어주면 카 자체의 하중으로 카가 서서히 내려와 승객을 안전하게 구출할 수 있다.
② 스톱밸브 : 이 밸브는 유압장치의 보수, 점검, 수리시에 사용된다.
③ 릴리프밸브 : 회로의 압력이 설정값에 도달하면 밸브를 열어 오일을 탱크로 되돌려 보내, 압력이 과도하게 상승하는 것을 방지한다. - 상승압력의 125%에 설정
④ 체크밸브 : 한쪽 방향으로만 오일이 흐르도록 하는 밸브이다. 기능은 로프식 엘리베이터의 전자브레이크와 비슷하다.

답 40.④ 41.② 42.③ 43.①

문제 44 승강기에 많이 사용하는 가이드레일의 허용응력은 원칙적으로 몇 (kgf/cm²)인가?

① 1000kgf/cm² ② 1450kgf/cm²
③ 2100kgf/cm² ④ 2400kgf/cm²

문제 45 다음 중 피트 내에서 행하는 검사가 아닌 것은?

① 카 및 균형추와 완충기의 거리
② 아랫부분 리미트 스위치류의 설치상태
③ 이동케이블(Traveling cable)의 손상 염려 여부
④ 마그네틱 테이프 조정

해설 마그네틱 테이프(magnetic tape : 자기 테이프)
자기 테이프는 플라스틱 테이프 겉면에 산화철 등의 자성 재료를 바른 테이프이다. 자기 테이프는 대부분 컴퓨터 기억, 오디오, 비디오를 기록하는 데에 쓰인다. 순차 접근(SASD)만 가능한 기억장치이며 속도가 느리고 저장되어 있는 데이터 이용이 불편하다. 가격이 저렴하고 대용량이기 때문에 데이터 백업용으로 주로 사용된다.

문제 46 공칭회로전압이 ≤ 500V인 경우 절연 저항값(MΩ)은 얼마 이상이어야 하는가?

[문제 삭제]

① 0.3 ② 0.5
③ 0.8 ④ 1.0

해설 ※ 본 문제는 2019.4.4. 법 개정으로 인해 삭제되었습니다.

문제 47 그림과 같이 코일에 전류를 흘리면 자력선은 A, B, C, D 중 어느 방향인가?

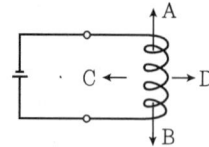

① A ② B
③ C ④ D

답 44.④ 45.④ 46.④ 47.①

해설 암페어의 오른나사 법칙과 오른손 엄지손가락의 법칙

• 직선 전류에 의한 자력선의 방향

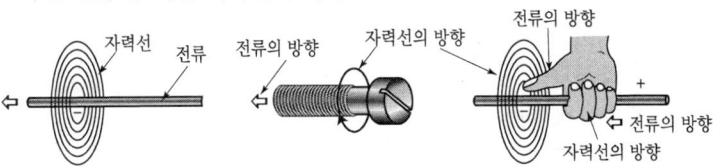

• 코일 전류에 의한 자력선 방향

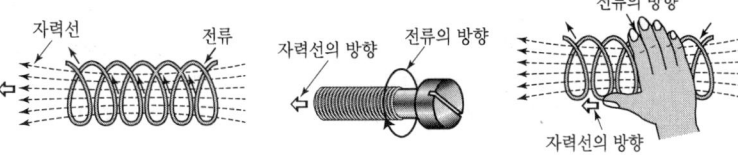

문제 48 직류기의 3요소가 아닌 것은?
① 계자 ② 전기자
③ 보극 ④ 정류자

해설
• 계자 : 전기자가 쇄교하는 자속을 만들어 주는 부분
• 전기자 : 계자에서 만든 자속을 끊어 기전력을 유도하는 부분
• 정류자 : 전기자 권선에서 생긴 교류를 직류로 바꾸어준다.
• 보극 : 전기자 반작용을 없애기 위해 주된 자기극인 N극과 S극 사이에 설치한 소자극. 이 소자극(보극)의 권선은 전기자 권선과 직렬로 연결한다.

문제 49 트랜지스터, IC 등의 반도체를 사용한 논리소자를 스위치로 이용하여 제어하는 시퀀스 제어 방식은?
① 전자개폐기제어 ② 유접점제어
③ 무접점제어 ④ 과전류계전기제어

문제 50 유압완충기의 최소 스트로크는 무엇에 비례하는가?
① 정격하중 ② 행정거리
③ 피트깊이 ④ 정격속도

해설 완충기 스트로크(stroke : 행정)는 정격속도에 비례한다.

답 48.③ 49.③ 50.④

문제 51 시퀀스제어에 있어서 기억과 판단기구 및 검출기를 가진 제어방식은?
① 시한제어
② 순서 프로그램제어
③ 조건제어
④ 피드백제어

해설
- 피드백제어 : 제어량의 값을 입력측으로 되돌려서 이것을 목표값과 비교하면서 제어량이 목표값과 일치하도록 정정 동작을 하는 제어
- 시한제어 : 타이머 등의 기기에 의해 검출기 없이 시간만으로 하는 제어
- 프로그램제어 : 제어대상 상태와는 독립적으로 제어동작의 순서를 프로그램으로 짜 놓고, 동작명령을 끄집어내어 제어의 단계를 진행하는 제어
- 조건제어 : 확인장치를 말하는데, 위험방지나 불량방지 등에 사용된다.

문제 52 동일 규격의 축전지 2개를 병렬로 접속하면 전압과 용량의 관계는 어떻게 되는가?
① 전압과 용량이 모두 반으로 줄어든다.
② 전압과 용량이 모두 2배가 된다.
③ 전압은 2배가 되고 용량은 변하지 않는다.
④ 전압은 변하지 않고 용량은 2배가 된다.

해설
- 병렬연결 : 전압은 불변, 용량은 축전지 개수만큼 증가
- 직렬연결 : 전압은 축전지 개수만큼 증가, 용량은 1개일 때와 동일

문제 53 다음 중 수동조작 자동 복귀형 접점에 해당하는 것은?

해설
① ─o o─ : 계전기 (a) 접점
② ─o┴o─ : 수동조작 자동복귀 (a) 접점
③ ─o═o─ : 기계적 (a) 접점
④ ─o∧o─ : 한시동작 (a) 접점

답 51.④ 52.④ 53.②

문제 54 회로에서 합성저항 R은 몇 (Ω)인가?

① 1.6Ω
② 4.5Ω
③ 6.0Ω
④ 8.0Ω

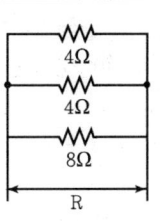

해설

$$R_o = \frac{R_1 \cdot R_2 \cdot R_3}{R_1R_2 + R_2R_3 + R_3R_1} = \frac{4 \cdot 4 \cdot 8}{4 \times 4 + 4 \times 8 + 8 \times 4} = 1.6\ \Omega$$

문제 55 전동기에 설치되어 있는 THR은?

① 과전류계전기　　　② 과전압계전기
③ 열동계전기　　　　④ 역상계전기

해설　THR(thermal relay)

열동계전기를 말하는데, 주로 과부하 보호에 사용된다. 정격 전류 이상의 전류(과부하 전류)가 흐르면 내부에서 발생된 열에 의해 바이메탈이 동작하여 접점이 차단되고 전자접촉기 회로를 차단하여 부하와 전선의 과열을 방지하는 데 사용한다.

문제 56 다음 중 일감의 평행도, 원통의 진원도, 회전체의 흔들림 정도 등을 측정할 때 사용하는 측정기기는?

① 버니어캘리퍼스　　② 하이트게이지
③ 마이크로미터　　　④ 다이얼게이지

해설
- 버니어캘리퍼스 : 매우 정밀한 길이 측정기구
- 하이트게이지 : 높이를 측정하는 정밀 측정기구
- 마이크로미터 : 고체의 지름·두께·길이와 치수를 일직선으로 정확하게 재는 정밀도가 높은 측정기구
- 다이얼게이지 : 측정 스핀들이 눈금을 매긴 문자반 위의 바늘을 움직여, 가압판 시료의 두께를 측정

답　54.①　55.③　56.④

문제 57 전압, 전류, 주파수, 회전속도 등 전기적, 기계적 양을 주로 제어하는 것으로서 응답속도가 대단히 빨라야 하는 것이 특징인 제어는?

① 프로세스제어　　　　　　　② 서보기구
③ 자동조정　　　　　　　　　④ 프로그램제어

해설　① 프로세스제어 : 제어량이 온도, 압력, 유량 및 액면 등과 같은 공업량일 때의 제어
　　　② 서보기구 : 물체의 위치, 방위, 자세등 기계적 변위를 제어량으로 한다.
　　　③ 자동조정 : 전압, 전류, 주파수, 회전속도 등을 제어량으로 한다.
　　　④ 프로그램제어 : 목표값이 미리 정해진 시간적 변화를 하는 경우 제어량을 그것에 추종시키기 위한 제어

문제 58 길이 50(mm)의 원통형의 봉이 압축되어 0.0002의 변형률이 생겼을 때, 변형 후의 길이는 몇 (mm)인가?

① 49.98(mm)　　　　　　　② 49.99(mm)
③ 50.01(mm)　　　　　　　④ 50.02(mm)

해설　$\varepsilon = \dfrac{l^1 - l}{l} = \dfrac{\lambda}{l}$

$\lambda = \varepsilon \cdot l = 0.0002 \times 50 = 0.01$ mm
그러므로 $50 - 0.01 = 49.99$ mm

문제 59 전류의 열작용과 관계있는 법칙은?

① 옴의 법칙　　　　　　　　② 줄의 법칙
③ 플레밍의 법칙　　　　　　④ 키르히호프의 법칙

해설　주울의 법칙
　　　저항 $R(\Omega)$에 $I(A)$의 전류가 $t(\sec)$동안 흐를 때,
　　　이때의 발열량 $H = I^2 Rt(J) = 0.24 I^2 Rt(cal)$

문제 60 다음 중 전류를 측정할 수 있는 것은?

① 훅온메타　　　　　　　　② 볼트메타
③ 휘트스톤 브리지　　　　　④ 메가

해설　훅온메타는 전류측정계기이다.

답　57.③　58.②　59.②　60.①

승강기기능사 과년도 문제
(2009.09.27 시행)

문제 01 다음 그림과 같이 카와 균형추에 로프를 거는 방법은?

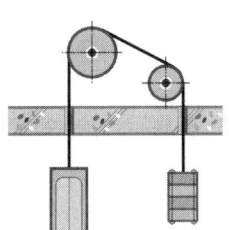

① 1 : 1 로핑
② 2 : 1 로핑
③ 4 : 1 로핑
④ 밀어 올리기식 로핑

해설 로핑 방식

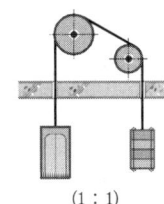
(1 : 1)

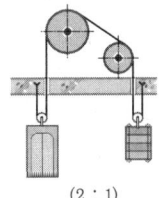
(2 : 1)

문제 02 에스컬레이터 디딤판의 속도는 경사도가 30° 이하인 경우 몇 (m/min) 이하로 하여야 하는가?

① 15m/min
② 20m/min
③ 30m/min
④ 45m/min

해설 에스컬레이터의 정격속도는 경사도가 30° 이하인 경우 45m/min 이하이어야 한다.

문제 03 무빙워크에 대한 설명으로 틀린 것은?

① 경사도는 일반적으로 12° 이하로 하여야 한다.
② 정격속도는 45m/min 이하로 하여야 한다.
③ 스커트가이드 스위치는 1m마다 설치하여야 한다.
④ 스텝은 팔레트식과 고무벨트식이 있다.

답 1.① 2.④ 3.③

> **해설** 무빙워크
> ① 공항이나 지하도 등에서 사용되며 한 쌍으로 존재하는(거의 대부분이), 컨베이어 벨트를 사용해 움직이는 보행로 모양의 기계장치를 말하며, 탑승자는 보행기 위해서 걷거나 서 있을 수 있다.
> ② 무빙워크(에스컬레이터)는 화재시 방화셔터와 연동하여 정지하여야 하며, 해당 층의 무빙워크(에스컬레이터)를 구획하는 방화셔터 중 어느 것과 연동하여 정지해도 괜찮다.
> ③ 무빙워크는 계단이 없어 스커트가이드 스위치가 필요없다.

문제 04 과속조절기가 작동하여 전원을 차단하고 브레이크를 작동시키는 속도는 정격속도의 몇배를 초과하지 않는 범위이어야 하는가?

① 1.1배 ② 1.2배
③ 1.3배 ④ 1.4배

> **해설** ※ 본 문제는 검사기준(2013.9.15 시행)이 개정되어 출제가 수정될 것입니다.
>
> 〈과속조절기의 동작〉
> 카, 비상정지장치 작동을 위한 과속조절기는 정격속도의 115% 이상의 속도 그리고 아래의 속도 미만에서 작동되어야 한다.
> ① 고정된 롤러 형식을 제외한 즉시작동형 추락방지안전장치 : 48m/min
> ② 고정된 롤러 형식의 추락방지안전장치 : 60m/min

문제 05 속도가 몇 (m/min) 이상의 엘리베이터에는 록다운 추락방지안전장치가 반드시 설치되어야 하는가?

① 180m/min ② 210m/min
③ 210m/min ④ 360m/min

> **해설** 록다운 추락방지안전장치
> 추락방지안전장치 작동시 균형추, 로프 등이 관성으로 상승하는 것을 예방하기 위해 설치한다. 이 장치는 속도 210m/min 이상의 엘리베이터에 필요하다.

문제 06 트랙션(Traction)식 승강기에서 로프의 미끄러짐을 방지하기 위하여 고려해야 할 사항이 아닌 것은?

① 카 측과 균형추 측의 로프에 걸리는 장력비(중량비)
② 카의 가속도와 감속도
③ 시브의 크기
④ 로프의 감기는 각도인 권부각

답 4.③ 5.③ 6.③

해설   시브의 크기는 트랙션(견인 : 끌어당김)식 승강기에서 로프의 미끄러짐을 방지하기 위하여, 고려해야 할 사항과는 거리가 멀다.

문제 07 도어가 열리면 엘리베이터의 운행이 중지되게 하는 스위치는?
① 화이널 리미트스위치   ② 비상정지스위치
③ 도어스위치   ④ 과속조절기 스위치

해설   엘리베이터의 승강장문에는 카가 정지하고 있지 않는 층에서는 열쇠를 이용해야만 밖에서 열 수 있는 잠금장치와 문이 닫히지 않으면 운전할 수 없게 하기 위한 도어 스위치가 필요하다. 통상 이들 장치는 별도로 설치하는 것이 아니라 하나로 조합되어 사용되고 도어 인터록 스위치라고 한다. 도어 인터록 스위치에서 중요한 것은 확실히 잠겼을 때에만 스위치가 on이고 스위치가 off로 된 후에 열쇠가 빠지도록 하는 일이다.

문제 08 에스컬레이터의 구동장치에 관한 설명으로 틀린 것은?
① 스텝 구동장치와 핸드레일 구동장치는 서로 연동되어 같은 속도로 이동하여야 한다.
② 스텝 체인 안전장치가 설치되어 체인이 끊어지면 전원을 차단하여야 한다.
③ 감속기는 효율이 높아 에너지를 절약할 수 있는 웜기어를 사용하며, 헬리컬 기어는 사용하지 않는다.
④ 구동장치에는 브레이크를 설치하여야 한다.

해설   효율은 헬리컬 기어가 웜 기어보다 높다. 그러나 소음은 헬리컬 기어가 크며, 역구동 역시 헬리컬 기어가 쉽다.

[참고]
① 헬리컬 기어
평행인 두 축 사이에서 회전 운동을 전달하는 원통형 기어. 회전축에 비스듬하게 소용돌이 모양을 이루고 있기 때문에 동시에 맞물리는 이의 수가 많아 회전할 때 진동이나 소음이 적다.

② 웜 기어
서로 다른 평면에서 수직으로 만나는 두 축 사이에 회전 운동을 전달하는 톱니바퀴. 한 줄 또는 여러 줄로 된 나사 모양의 이를 가진 웜과 평평한 톱니바퀴 모양의 웜 휠로 구성된다.

답   7.③   8.③

문제 09 직류엘리베이터의 속도제어 방식에서 발전기의 계자전류를 제어하는 방식은?
① 워드 레오나드 방식
② 정지 레오나드 방식
③ 귀환전압 제어방식
④ VVVF 제어방식

해설 ① 워드 레오나드 방식
직류엘리베이터 속도제어에 널리 사용되는 방식이다. 유도전동기와 직류발전기는 같은 축에 직결되어 있고, 직류발전기의 직류출력을 직류전동기(주전동기)의 전기자 단자에 공급한다.
속도제어는 저항 FR을 변화시키는데, 따라서 발전기의 자계를 조절하고 발전기의 직류전압을 제어하는 데 의해서 이루어진다.
② 정지 레오나드 방식
워드 레오나드 방식에 있어서 전동발전기 대신에 사이리스터(Thyristor)와 같은 정지형 반도체 소자를 사용하여 교류를 직류로 변환시킴과 동시에 점호각을 제어하여 직류전압을 변화시키는 것을 정지 레오나드 방식이라 한다. 엘리베이터에서는 정전과 역전의 두 방향으로 속도제어를 할 필요가 있기 때문에, 사이리스터의 출력으로써 정부의 직류출력이 필요하게 된다.
③ 교류귀환제어방식
이 방식은 카의 실속도와 지령속도를 비교하여 사이리스터의 점호각을 바꿔 유도전동기의 속도를 제어하는 방식이다.
④ VVVF(가변전압 가변주파수)제어
VVVF(가변전압 가변주파수)제어는 인버터제어라고도 불리우며, 유도전동기에 인가되는 전압과 주파수를 동시에 변환시켜, 직류전동기와 동등한 제어성능을 얻을 수 있는 방식이다.

문제 10 카 도어의 끝단에 설치되어 이물체가 접촉되면 도어의 닫힘을 중지하고 도어를 반전시키는 접촉식 보호장치는?
① 도어 인터록
② 세이프티 슈
③ 광전장치
④ 초음파장치

해설 ① 도어 인터록 스위치
엘리베이터의 승강장문에는 카가 정지하고 있지 않는 층에서는 열쇠를 이용해야만 밖에서 열 수 있는 잠금장치와, 문이 닫히지 않으면 운전할 수 없게 하기 위한 도어 스위치가 필요하다. 통상 이들 장치는 별도로 설치하는 것이 아니라, 하나로 조합되어 사용되고 도어 인터록 스위치라고 한다. 도어 인터록 스위치에서 중요한 것은 확실히 잠겼을 때에만 스위치가 on이고 스위치가 off로 된 후에 열쇠가 빠지도록 하는 일이다.
② 세이프티 슈(safety show)
문의 선단에 이물질 검출장치를 설치하여 사람이나 이물질이 접촉되면 도어의 닫힘은 중단되고 열린다.

답 9.① 10.②

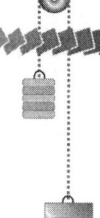

문제 11 카 측의 총중량이 2400kgf이고, 카 주 2본의 단면적이 24cm²일 때 카 주의 안전율은? (단, 파단강도는 4100kgf/cm²이다.?)
① 37
② 41
③ 45
④ 48

해설 안전율 = $\frac{파단강도}{응력} = \frac{4100}{100} = 41$

※ 응력 = $\frac{W}{A} = \frac{2400}{24} = 100$

문제 12 엘리베이터의 속도가 60m/min인 경우 카가 최하층에 정지하였을 때, 카 바닥과 승강로 바닥 사이의 최소거리는 몇 (m) 이상이어야 하는가?
① 1.1m
② 1.5m
③ 1.8m
④ 2.1m

해설 ※ 본 문제는 검사기준(2013.9.15 시행)이 개정되어 출제가 수정될 것입니다.

〈카가 완전히 압축된 완충기 위에 있을 때〉
① 피트에는 0.5m×0.6m×1.0m 이상의 장방형 블록을 수용할 수 있는 충분한 공간이 있어야 한다.
② 피트 바닥과 카의 가장 낮은 부품 사이의 수직거리는 0.5m 이상이어야 한다.
③ 피트에 고정된 가장 높은 부품과 카의 가장 낮은 부품 사이의 수직거리는 0.3m 이상이어야 한다.

문제 13 유압 엘리베이터에서 카가 정지할 때, 자연하강을 보정하기 위한 바닥맞춤보정장치를 설치하는데, 착상면을 기준으로 몇 (mm) 이내의 위치에서 보정할 수 있어야 하는가?
① 45mm
② 55mm
③ 65mm
④ 75mm

해설 ※ 본 문제는 검사기준(2013.9.15 시행)이 개정되어 출제가 수정될 것입니다.

카의 착상 정확도는 ±10mm 이하이어야 한다. 재착상 시는 ±20mm로 유지하여야 한다.

문제 14 에너지 분산형 완충기 재료의 안전율은 완충기의 반경(R)과 길이(L)의 비($\frac{L}{R}$)를 얼마 이하로 유지하여야 하는가?
① 80
② 70
③ 60
④ 50

답 11.② 12.② 13.④ 14.①

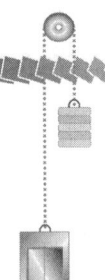

문제 15 엘리베이터용 주로프는 일반 와이어로프에서 볼 수 없는 몇 가지 특징이 있다. 이에 해당되지 않는 것은?

① 반복적인 벤딩에 소선이 끊어지지 않을 것
② 유연성이 클 것
③ 파단강도가 높을 것
④ 마모에 견딜 수 있도록 탄소량을 많게 할 것

해설 엘리베이터용 주로프는 일반로프보다 탄소 함유량이 비교적 적다. 파단강도는 135kg/mm² 정도이다.

문제 16 2~3대의 엘리베이터가 병설되었을 때 주로 사용되는 운전방식은?

① 단식 자동식 ② 양방향 승합 전자동식
③ 군 승합 전자동식 ④ 군 관리 방식

해설
① 단식 자동식 : 승강장 버튼은 오름, 내림 공용인데, 먼저 눌러진 호출에 응답하고, 운행 중 다른 호출에는 응하지 않는다.
② 군 승합 전자동식 : 2~3대의 엘리베이터를 연계시킨 후, 어떤 호출에 대해 먼저 응답한 카만 움직이고, 나머지는 응답하지 않아, 효율적 이용을 도모하는 방식이다.
③ 군 관리 방식 : 3~8대의 엘리베이터를 연계, 집단으로 묶어 합리적으로 운행, 관리하는 방식

문제 17 그림과 같은 동작곡선을 나타내는 추락방지안전장치 형식은?

① 순차정지식
② F.G.C형
③ F.W.C형
④ 순간정지식

해설
• 순차정지식

① F.G.C(flexible guide clamp)형 : 레일을 죄는 힘이 동작에서 정지까지 일정하다.

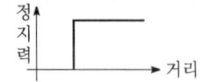

② F.W.C(flexible wedge clamp)형 : 레일을 죄는 힘이 동작 초기에는 약하나, 점점 강해진 후 일정하다.

• 순간 정지식(slake rope safety) : 과속조절기를 설치하지 않는 방식으로, 카의 속도가 45m/min 이하, 승강행정이 5m 이하

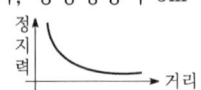

답 15.④ 16.③ 17.③

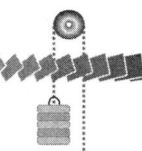

문제 18 기계실의 바닥면적은 일반적으로 승강로 수평투영면적의 몇 배 이상으로 하여야 하는가?
① 2배 ② 3배
③ 4배 ④ 5배

문제 19 위험기계기구의 방호장치의 설치의무가 있는 자는?
① 안전관리자 ② 해당 작업자
③ 기계기구의 소유자 ④ 현장작업의 책임자

문제 20 동력으로 운전하는 기계에 작업자의 안전을 위하여 기계마다 설치하는 장치는?
① 수동 스위치장치 ② 동력차단장치
③ 동력장치 ④ 동력전도장치

해설 동력차단장치 : 원동기자체 또는 동력전달장치의 도중에서 동력을 차단하여 기계 전체의 운전을 신속하게 정지시키는 장치를 말한다. 동력차단장치에는 스위치, 클러치, 벨트이동장치, 스톱밸브 등의 종류가 있다.

문제 21 안전관리상 안전모를 착용하는 목적이 아닌 것은?
① 감전의 방지 ② 추락에 의한 부상 방지
③ 종업원의 표시 ④ 비산물로 인한 부상 방지

문제 22 로프식 엘리베이터에 필요한 안전장치에 속하지 않는 것은?
① 완충기 ② 과속조절기
③ 리미트 스위치 ④ 인렛 안전장치

해설 인렛 안전장치 : 에스컬레이터에 있어서 핸드 레일과 바닥 사이에 물체가 끼었을 때 자동적으로 정지시킨다.

문제 23 LP가스가 새는지 여부를 알아보기 위하여 간편 검사방법과 거리가 먼 것은?
① 육안에 의한 외관 검사 ② 비눗물에 의한 거품 검사
③ 네슬러시약에 의한 검사 ④ 냄새에 의한 판별

답 18.① 19.③ 20.② 21.③ 22.④ 23.①

문제 24 승강기의 출입문에 관한 안전장치의 설명으로 옳은 것은?
① 승강장 도어 닫힘 확인스위치 접점과 카도어 닫힘 확인 스위치 접점은 안전회로에 직렬로 연결한다.
② 승강장 도어 닫힘 확인스위치 접점은 안전회로와 직렬로, 카도어 닫힘 확인스위치 접점은 안전회로에 병렬로 연결한다.
③ 카도어 및 승강장 도어 닫힘 확인스위치 접점은 모두 안전회로에 병렬로 연결한다.
④ 승강장 도어 닫힘 확인스위치 접점만 안전회로에 직렬로 연결한다.

문제 25 엘리베이터로 인하여 인명 사고가 발생했을 경우 운행관리자의 대처사항으로 부적합한 것은?
① 의약품, 들것, 사다리 등의 구급용구를 준비하고 장소를 명시한다.
② 구급을 위해 의료기관과의 비상연락체계를 확립한다.
③ 전문 기술자와의 비상연락체계를 확립한다.
④ 자체검사에 관한 사항을 숙지하고 기술적인 사고 요인을 검사하여 고장 요인을 제거한다.

문제 26 정지되어 있는 물체에 부딪쳤을 때의 재해발생 형태는?
① 추락
② 낙하
③ 충돌
④ 전도

문제 27 안전사고의 발생요인으로 볼 수 없는 것은?
① 피로감
② 임금
③ 감정
④ 날씨

문제 28 전기에 의한 발화의 원인으로 볼 수 없는 것은?
① 단락에 의한 발화
② 과전류에 의한 발화
③ 접속 불량의 과열에 의한 발화
④ 용접기의 자동전격방지장치에 의한 발화

답 24.① 25.④ 26.③ 27.② 28.④

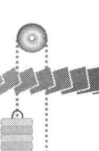

문제 29 가이드 레일의 보수점검 사항 중 틀린 것은?
① 녹이나 이물질이 있을 경우 제거한다.
② 레일 브래킷의 조임상태를 점검한다.
③ 레일 클립의 변형 유무를 체크한다.
④ 레일면이 손상되었을 경우에는 방청페인트로 표면에 곱게 도장한다.

문제 30 로프의 미끄러짐 현상을 줄이는 방법으로 틀린 것은?
① 권부각을 크게 한다. ② 가감속도를 완만하게 한다.
③ 보상체인이나 로프를 설치한다. ④ 카 자중을 가볍게 한다.

문제 31 다음 중 승객·화물용 엘리베이터에서 과부하감지장치의 작동에 대한 설명으로 틀린 것은?
① 작동치는 정격 적재하중의 105~110%를 표준으로 한다.
② 적재하중 초과시 경보를 울린다.
③ 출입문을 자동적으로 닫히게 한다.
④ 카의 출발을 정지시킨다.

> **해설** 허용하중 이상 탑승했을 경우 부저가 울리며, 엘리베이터는 출발하지 않는다. 이 장치는 승강기에 있어서 설치가 의무화되어 있다. 여기서 적재하중을 현저히 초과한 경우란 산업안전보건법에서 적재하중의 약 105~110%를 표준으로 한다.

문제 32 다음 중 카 상부에서 하는 검사가 아닌 것은?
① 비상구출구 스위치의 작동상태
② 도어개폐장치의 설치상태
③ 과속조절기 로프의 설치상태
④ 과속조절기 로프 인장장치의 작동상태

> **해설** 과속조절기 로프의 인장장치 작동상태는 과속조절기에서 점검해야 할 사항이다.

문제 33 에스컬레이터에 바르게 타도록 디딤판 위의 황색 또는 적색으로 표시한 안전마크는?
① 스텝체인 ② 데크보드
③ 데마케이션 ④ 스커트 가드

> **해설**
> • 스텝체인 : 계단 체인 • 데크보드 : 보드 덮개
> • 스커트가이드 : 에스컬레이터 내측판의 디딤판 옆 부분

답 29.④ 30.④ 31.③ 32.④ 33.③

2009.09.27 시행

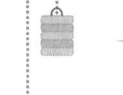

문제 34 승강기의 방호장치에 대한 설명으로 틀린 것은?
① 용도에 구분 없이 모든 승강기는 도어인터록을 설치한다.
② 화물용 승강기는 수동 운전시 도어가 개방되었을 때도 운전이 가능하도록 한다.
③ 수동 운전시 업다운(up down)버튼조작을 중지하면 자동적으로 정지하여야 한다.
④ 로프식 승강기는 반드시 승강로 상부에 2차 정지스위치를 설치할 필요가 있다.

해설 화물용 승강기도 도어가 닫혀 있어야만 운전이 가능하다. 단, 점검시 등 특별한 경우에는 수동운전스위치를 작동시켜 도어를 연 상태로 운전하기도 한다.

문제 35 엘리베이터 도어시스템의 행거(hanger)부위에서의 점검사항이 아닌 것은?
① 승강장 도어장치 카바 부착상태
② 롤러 마모상태
③ 고정볼트 조임상태
④ 행거 휨상태

문제 36 엘리베이터의 승강장 문은 닫혀있을 경우 승강장에서 몇 (mm) 이하 열려지지 않아야 하는가? (단, 상하개폐문 및 중앙개폐문이 아니며, 화물용 상승개폐문이 아닌 경우이다.)
① 4mm
② 6mm
③ 8mm
④ 10mm

해설 승강장 문이 닫혀 있을 때 문짝 사이의 틈새 또는 문짝과 문설주, 인방 또는 문턱 사이의 틈새는 6mm 이하로 가능한 작아야 한다.

문제 37 에스컬레이터의 안전장치에 관한 설명으로 틀린 것은?
① 승강장에서 디딤판의 승강을 정지시키는 것이 가능한 장치이다.
② 사람이나 물건이 핸드레일 인입구에 꼈을 때 디딤판의 승강을 자동적으로 정지시키는 장치이다.
③ 상하 승강장에서 디딤판과 콤플레이트 사이에 사람이나 물건이 끼이지 않도록 하는 장치이다.
④ 디딤판체인이 절단되었을 때, 디딤판의 승강을 수동으로 정지시키는 장치이다.

해설 계단체인 안전장치는 계단 체인이 파단되거나, 과도하게 늘어날 때 즉시 자동으로 작동하여, 에스컬레이터를 정지시킨다.

답 34.② 35.① 36.② 37.④

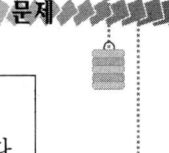

문제 38 에스컬레이터의 핸드레일에 관한 설명 중 틀린 것은?
① 핸드레일은 디딤판과 속도가 일치해야 하며 역방향으로 승강하여야 한다.
② 하강운전 중 상부 승강장에서 약 450N의 인력으로 수평으로 당겨도 정지하지 않아야 한다.
③ 핸드레일 인입구에 적절한 보호장치가 설치되어 있어야 한다.
④ 핸드레일 인입구에 이물질 및 어린이의 손이 끼이지 않도록 안전스위치가 있어야 한다.

해설 핸드레일은 디딤판과 같은 방향으로 승강하여야 한다.

문제 39 카 바닥 앞부분과 승강로 벽과의 수평거리는 일반적으로 몇 (mm) 이하이어야 하는가?
① 120mm　　　② 125mm
③ 130mm　　　④ 150mm

문제 40 다음 중 과속조절기의 형태가 아닌 것은?
① 롤 세이프티(Roll Safety)형　② 디스크(Disk)형
③ 플라이 볼(Fly Ball)형　　　④ 카(Car)형

해설
① 롤 세이프티형 : 엘리베이터가 기준속도를 초과하면 이를 검출하여, 동력 전원회로를 차단하고 전자 브레이크를 작동시켜, 시브의 회전을 정지케 해, 과속조절기 풀리의 홈과 로프 사이의 마찰력으로 비상정지 시킨다.
② 디스크형 : 엘리베이터가 설정된 속도에 달하면 원심력에 의해 fly weight(진자)가 움직여 가속스위치를 작동, 정지시키는 과속조절기이다.
③ 플라이 볼형 : 과속조절기 pulley의 회전을 베벨기어에 의해 수직축의 회전으로 변환하고, 이 축의 상부에 있는 구형의 진자에 작용하는 원심력으로 작동한다. 정밀도가 높아 고속용으로 주로 사용한다.

문제 41 다음 (㉠), (㉡)에 들어갈 내용으로 옳은 것은?

"에스컬레이터는 난간폭에 따라 800형과 1200형이 있다. 시간당 수송능력은 800형은 (㉠)명, (㉡)명이다."

① ㉠ 800 ㉡ 1200　　② ㉠ 4000 ㉡ 6000
③ ㉠ 5000 ㉡ 8000　　④ ㉠ 6000 ㉡ 9000

해설 난간폭에 의한 분류 ① 800형 : 수송능력이 6000명/시간
② 1200형 : 수송능력이 9000명/시간
※ 본 문제는 규정법 개정으로 무효입니다.

답 38.① 39.④ 40.④ 41.④

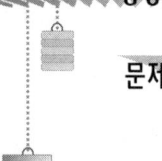

문제 42 유압 엘리베이터의 안전장치에 대한 설명으로 틀린 것은?
① 상승시 유압은 상용압력의 125%가 넘지 않도록 조절하는 릴리프 밸브장치가 필요하다.
② 전동기의 공회전 방지장치를 설치하여야 한다.
③ 오일의 온도를 65℃~80℃로 유지하기 위한 장치를 설치하여야 한다.
④ 전원 차단시 실린더 내의 오일의 역류로 인한 카의 하강을 자동 저지하는 장치를 설치하여야 한다.

해설 오일의 온도는 5℃ 이상 60℃ 이하로 유지하여야 한다.

문제 43 승강기에 사용되는 T형 가이드 레일의 규격을 말하는 8K, 13K, 24K는?
① 레일 1본에 대한 무게의 호칭기호이다.
② 레일 1m에 대한 무게의 호칭기호이다.
③ 레일 5m에 대한 무게의 호칭기호이다.
④ 레일 10m에 대한 무게의 호칭기호이다.

해설 승강기에 사용되는 가이드레일은 T형이며, 규격은 8K, 13K, 18K, 24K, 37K, 50K 등이 있는데, 이는 레일 1m에 대한 무게의 호칭기호이다.

문제 44 엘리베이터 사용자의 안전을 위하여 400V 미만의 전압이 인가된 저압용 기기의 외함에는 제 몇 종 접지공사를 하여야 하는가?
① 제1종   ② 제2종
③ 제3종   ④ 특별 제3종

해설
• 400V 미만 : 제3종 접지공사
• 400V 이상의 저압 : 특별 제3종 접지공사
※ 본 문제는 규정법 개정으로 무효입니다.

문제 45 유압엘리베이터의 주요 배관상에 유량제어밸브를 설치하여 유량을 직접 제어하는 회로로써 비교적 정확한 속도제어가 가능한 유압회로는?
① 미터 인(METER IN)회로   ② 블리드 오프(BLEED OFF)회로
③ 미터 아웃(METER OUT)회로   ④ 유압 VVVF 제어회로

해설 ① 미터 인회로 : 실린더로 공급되는 유량을 조절해 주고, 실린더에서 나가는 유량은 제어하지 않는 회로
② 블리드 오프회로 : 실린더로 공급되는 유량이 실린더의 속도에 비하여 너무 많을 때, 그 남는 양을 탱크로 우회하도록 하는 회로
③ 미터 아웃회로 : 실린더에서 나가는 유량을 조절하는 회로

답 42.③ 43.② 44.③ 45.①

문제 46 에스컬레이터의 구조로서 적당하지 않은 것은?
① 사람이 3각부에 충돌하는 것을 경고하기 위하여 비고정식 안전보호판을 부착한다.
② 경사도는 일반적인 경우 30도를 초과하지 않아야 한다.
③ 디딤판은 이동손잡이의 속도에 반비례하도록 한다.
④ 디딤면의 높이는 0.24m 이하, 스텝 깊이는 0.38m 이상이어야 한다.

해설 디딤판과 이동 손잡이의 속도차는 0~2% 이하이어야 한다. 그리고 디딤판과 이동손잡이는 비례하여야 한다.

문제 47 자전거의 페달에 작용하는 하중은?
① 비틀림하중   ② 휨하중
③ 교번하중   ④ 인장하중

해설 교번하중은 하중의 크기, 방향이 변하여 인장, 압축하중이 서로 연속적으로 거듭되는 하중을 말한다.

문제 48 3상 유도전동기의 회전방향을 바꾸기 위한 방향은?
① 3상에 연결된 3선을 순차적으로 전부 바꾸어 주어야 한다.
② 2차 저항을 증가시켜 준다.
③ 1상에 SCR을 연결하여 SCR에 전류를 흐르게 한다.
④ 3상에 연결된 임의의 2선을 바꾸어 결선한다.

해설 3상 유도전동기의 회전 방향을 바꾸려면, 전원 2선 중 2선을 바꾸어주면 된다.

문제 49 저항 100Ω에 5A의 전류가 흐르게 하는 데 필요한 전압은?
① 220V   ② 300V
③ 400V   ④ 500V

해설 $V = IR = 5 \times 100 = 500(V)$

문제 50 엘리베이터의 도어스위치 회로는 어떻게 구성하는 것이 좋은가?
① 병렬회로   ② 직렬회로
③ 직병렬회로   ④ 인터록회로

답 46.③ 47.③ 48.④ 49.④ 50.②

문제 51 다음 중 직류계전기의 접점을 보호하기 위한 방법으로 가장 알맞은 것은?
① 접점의 용량을 정격의 3배 이상으로 해준다.
② 접점에 병렬로 코일을 연결한다.
③ 접점 또는 조작코일에 병렬로 콘덴서, 저항 또는 바리스터를 연결한다.
④ 접점 또는 조작코일에 병렬로 다이오드를 연결한다.

해설
- 콘덴서 : 2개의 도체 사이에 절연물을 넣어서 정전용량(콘덴서가 전하를 축적할 수 있는 능력)을 가지게 한 소자
- 바리스터 : 주로 서어지 전압에 대한 회로 보호용으로 사용된다.

문제 52 1(MΩ)은 몇 (Ω)인가?
① $1 \times 10^3 (\Omega)$
② $1 \times 10^6 (\Omega)$
③ $1 \times 10^9 (\Omega)$
④ $1 \times 10^{12} (\Omega)$

문제 53 용량이 1(kW)인 전열기를 2시간 동안 사용하였을 때 발생한 열량은?
① 430kcal
② 860kcal
③ 1720kcal
④ 2000kcal

해설 $H = 0.24 Pt = 0.24 \times 1000 \times 2 \times 60 \times 60 = 1728 \text{(kcal)}$

문제 54 전기력선이 작용하는 공간은?
① 자기 모멘트(magnetic moment)
② 전자석(electromagnet)
③ 전기장(electric field)
④ 전위(electric potential)

해설
- 자기 모멘트 = 자극의 세기 × 자석의 길이
- 전자석 : 전류가 흐르면 자기(자석이 금속을 끌어당기는 성질)화 되고, 전류를 끊으면 원래의 상태로 돌아가는 일시적 자석
- 전기장 : 정전력(전하 사이에 작용하는 힘)의 영향을 받는 영역
- 전기력선 : 전기장의 상태를 나타내기 위한 가상의 선
- 전위 : 임의의 점에서의 전압의 값

문제 55 직렬로 접속되어 있는 2개 코일의 자기 인덕턴스가 각각 L_1, L_2이며, 상호 인덕턴스가 M, 2개의 코일이 만드는 자속의 방향이 동일할 경우 합성 인덕턴스 L은?
① $L = L_1 + L_2 + M$
② $L = L_1 + L_2 + 2M$
③ $L = L_1 + L_2 - M$
④ $L = L_1 + L_2 - 2M$

답 51.③ 52.② 53.③ 54.③ 55.②

해설
- 자속이 같은 방향(가동접속)인 경우
  $L = L_1 + L_2 + 2M$
- 자속이 반대방향(차동접속)인 경우
  $L = L_1 + L_2 - 2M$

문제 56 2단자 반도체 소자로 서지 전압에 대한 회로 보호용으로 사용되는 것은?

① 터널 다이오드 ② 서미스터
③ 바리스터 ④ 바렉터 다이오드

해설
- 터널 다이오드
  불순물 농도가 높은 반도체를 이용한 다이오드. 터널 효과에 따른 음성 저항 특성이 있어 발진, 증폭에 이용된다.
- 서미스터
  아주 작은 온도의 변화로 전기 저항이 대폭으로 변하는 반도체의 성질을 이용한 소자, 망간, 코발트, 니켈 따위의 혼합 소결체로 만든다. 기상, 의학 분야, 온도 측정, 전력 측정, 자동 제어 회로 따위에 쓴다.
- 바리스터
  주로 서머지 전압에 대한 회로 보호용으로 사용된다.
- 바렉터 다이오드 : 역 바이어스를 걸면 공핍층이 생기어 용량이 생성되는데, 그를 이용한 특수 다이오드이다.

문제 57 다음 회로와 원리가 같은 논리기호는?

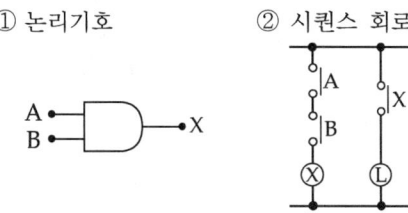

해설 1. AND 회로
① 논리기호   ② 시퀀스 회로

답 56.③ 57.①

2009.09.27 시행

2. OR 회로
   ① 논리기호   ② 시퀀스 회로

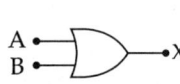

3. NAND 회로
   ① 논리기호   ② 시퀀스 회로

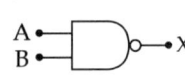

4. NOR 회로
   ① 논리기호   ② 시퀀스 회로

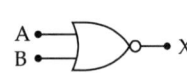

문제 58 다음 중 응력을 가장 크게 받는 것은? (단, 다음 그림은 기둥의 단면 모양이며, 가해지는 하중 및 힘의 방향은 같다.)

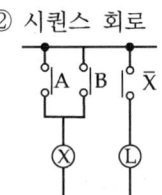

① 지름 a인 원
② 밑변 a, 높이 a인 이등변삼각형
③ 밑변 a, 높이 a인 이등변삼각형
④ 한 변 a인 정삼각형

답 58.④

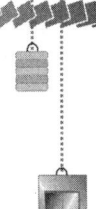

문제 59 토크 10(kg·m), 회전수 500rpm인 전동기의 축 동력은?

① 약 2kW   ② 약 5kW
③ 약 10kW ④ 약 20kW

해설 $P = 2\pi \dfrac{N}{60}\tau = \dfrac{2 \times 3.14 \times 500 \times 10 \times 9.8}{60} \fallingdotseq 5\text{kW}$

※ $1(\text{kg}\cdot\text{m}) = 9.8(\text{N}\cdot\text{m})$
※ $P = 2\pi \dfrac{N}{60}\tau (\text{W})$

문제 60 형상 및 위치의 정도 측정 표시기호 중 ◎ 기호가 뜻하는 것은?

① 원통도   ② 진원도
③ 진위치도 ④ 동심도

답 59.② 60.④

2010년 기출문제

- 과년도 문제(2010. 01. 31)
- 과년도 문제(2010. 03. 28)
- 과년도 문제(2010. 10. 03)

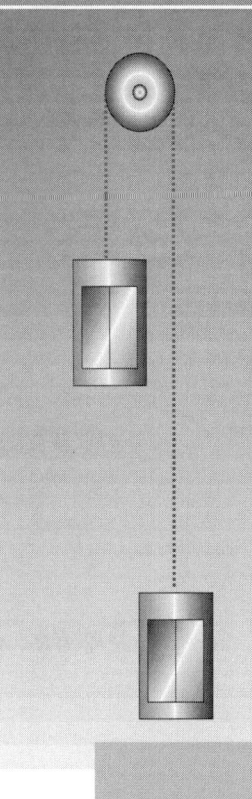

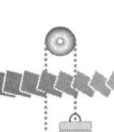

승강기기능사 과년도 문제
(2010.01.31 시행)

문제 01 엘리베이터 전동기 출력(P_m)의 계산식으로 옳은 것은? (단, L : 정격하중, V : 정격속도, S : 1-F(F : 오버밸런스율), η : 종합효율이다.)

① $P_m = \dfrac{LVS}{6120\eta}$ ② $P_m = \dfrac{\eta LS}{6120V}$

③ $P_m = \dfrac{6120\eta}{LVS}$ ④ $P_m = \dfrac{LVS\eta}{6120}$

문제 02 엘리베이터 정격속도 90m/min의 피트 깊이는 최소 몇 m인가?

① 1.2m ② 1.8m
③ 2.1m ④ 2.4m

해설 ※ 본 문제는 검사기준(2013.9.15 시행)이 개정되어 출제가 수정될 것입니다.
〈카가 완전히 압축된 완충기 위에 있을 때〉
① 피트에는 0.5m×0.6m×1.0m 이상의 장방형 블록을 수용할 수 있는 충분한 공간이 있어야 한다.
② 피트 바닥과 카의 가장 낮은 부품 사이의 수직거리는 0.5m 이상이어야 한다.
③ 피트에 고정된 가장 높은 부품과 카의 가장 낮은 부품 사이의 수직거리는 0.3m 이상이어야 한다.

문제 03 다음 장치 중에서 작동되어도 카의 운행에 관계없는 것은?

① 과속조절기 캐치 ② 승강장 도어의 열림
③ 과부하 감지 스위치 ④ 통화장치

문제 04 전망용 엘리베이터의 카의 재료로서 한국산업규격에 정한 유리로 사용할 수 있는 것은?

① 복층유리 ② 강화유리
③ 접합유리 ④ 망유리

답 1.① 2.② 3.④ 4.③

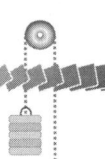

문제 05 승강장 도어의 인터록의 설명 중 옳지 않은 것은?
① 도어가 닫힐 때 도어록의 장치가 확실히 걸린 후 도어 스위치가 ON된다.
② 중력이나 압축스프링에 의해서 확실한 연결장치로 도어를 잠긴 상태로 유지하여야 한다.
③ 승강장 도어가 완전히 닫히기 전에 카의 기동을 허용할 수 있도록 한다.
④ 도어가 열릴 때 도어스위치가 OFF 후에 도어록이 열려야 한다.

> **해설** 카의 기동은 승강장 도어가 완전히 닫힌 후 이루어져야 한다.

문제 06 정격속도가 30m/min 화물용 엘리베이터의 추락방지안전장치 작동시의 카의 최대 속도는?
① 39m/min　　　　　② 42m/min
③ 63m/min　　　　　④ 68m/min

> **해설** ※ 본 문제는 검사기준(2013.9.15 시행)이 개정되어 출제가 수정될 것입니다.
> 카 추락방지안전장치의 작동을 위한 과속조절기는 정격속도의 115% 이상의 속도 시 작동되어야 한다.

문제 07 와이어로프의 꼬임 방향에 의한 분류로 옳은 것은?
① Z꼬임, S꼬임　　　② Z꼬임, T꼬임
③ S꼬임, T꼬임　　　④ H꼬임, T꼬임

> **해설** 로프의 꼬임 방향에는 보통 꼬임과 랭 꼬임이 있는데, 스트랜드 꼬임 방향에 따라 Z꼬임과 S꼬임이 있으며, 보통 Z꼬임이 사용되고 있다.

문제 08 엘리베이터 도어의 안전장치 중에서 접촉식 보호장치에 해당하는 것은?
① 세이프티 슈(safety shoe)
② 세이프티 레이(safety ray)
③ 광전 장치
④ 초음파 장치(ultrasonic sensor)

> **해설**
> • 세이프티 슈 : 카 도어의 끝단에 센서를 설치해, 물체가 접촉되면 닫힘을 멈추고 반전되게 하는 장치이다.
> • 세이프티 레이 : 비접촉식 보호장치이다. 투광(投光)기와 수광(受光)기로 구성되며, 도어의 양단에 설치해 광선이 차단될 때 도어의 닫힘은 중단되고 열린다.
> • 초음파 장치 : 초음파로 승장쪽의 물체나 사람을 검출하여, 도어를 반전시킨다.

답 5.③ 6.④ 7.① 8.①

문제 **09** 그림과 같이 주로프가 주시브(main sheave) 및 빔플리(beam pulley)를 거쳐 각각 카와 균형추(counter weight)에 고정되는 로핑 방식은?

① 1 : 1
② 2 : 1
③ 3 : 1
④ 4 : 1

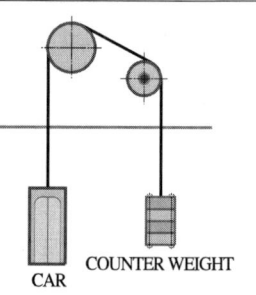

해설 로핑의 종류

① 1 : 1로핑   ② 2 : 1 로핑

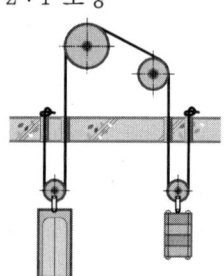

문제 **10** 에스컬레이터의 구동용 모터를 선정할 때 가장 중요한 요인은?

① 승강 높이   ② 승강 속도
③ 기계실 크기   ④ 수송 인원

해설 에스컬레이터의 모터용량
$$p = \frac{1분간\ 수송인원 \times 1명의중량 \times 층높이}{6120\eta}\,(\text{kW})$$

문제 **11** 무빙워크의 스탭 구조에 따른 종류로 옳은 것은?

① 고무벨트식과 플라스틱성형식이 있다.
② 고무벨트식과 파레트식이 있다.
③ 파레트식과 베이크라이트식이 있다.
④ 고무벨트식과 베이크라이트식이 있다.

문제 **12** 직류전동기 속도를 제어하는 방식이라고 볼 수 없는 것은?

① 저항제어   ② 전압제어
③ 계자제어   ④ 전류제어

답 9.① 10.④ 11.② 12.④

해설 직류전동기 속도제어방식에는 저항제어(전기자 회로에 저항을 넣고 가감), 전압제어(전기자에 가해지는 단자전압을 가감), 계자제어(계자자속을 가감)가 있다.

문제 13 기계실을 승강로의 아래쪽에 설치하는 방식은?
① 정상부형 방식 ② 횡인 구동 방식
③ 베이스먼트 방식 ④ 사이드머신 방식

해설 기계실의 설치종류
① 베이스먼트 방식(basement type)
  기계실이 하부측면에 설치된 방식이다.
② 사이드머신 방식(side machine type)
  기계실의 상부측면에 설치된 방식이다.

문제 14 펌프의 출력에 대한 설명으로 옳은 것은?
① 압력과 토출량에 비례한다.
② 압력과 토출량에 반비례한다.
③ 압력에 비례하고, 토출량에 반비례한다.
④ 압력에 반비례하고, 토출량에 비례한다.

해설 펌프의 출력은 유압과 토출량에 비례한다.

문제 15 카의 에너지 분산형 완충기의 최대 적용 중량은?
① 카의 자중+65kgf ② 카의 자중+적재하중
③ 균형추의 중량 ④ 카의 자중+균형추의 중량

해설 에너지 분산형 완충기
• 카 완충기 최대 적용중량 : 카 자중+적재하중
• 카 완충기 최소 적용중량 : 카 자중+65
• 균형추용 완충기의 적용중량 : 균형추의 중량

문제 16 균형추를 사용한 승객용 엘리베이터에서 제동기(Brake)의 제동력은 적재하중의 몇 %까지는 위험 없이 정지가 가능하여야 하는가?
① 100% ② 110%
③ 120% ④ 125%

해설 • 제동기는 125%의 부하에 위험없이 정지 가능해야 한다.

답 13.③ 14.① 15.② 16.④

문제 17 균형추의 전체 무게를 산정하는 방법으로 옳은 것은?
① 카의 전중량에 정격 적재량의 40~50%를 더한 무게로 한다.
② 카의 전중량에 정격 적재량을 더한 무게로 한다.
③ 카의 전중량과 같은 무게로 한다.
④ 카의 전중량에 정격 적재량의 110%를 더한 무게로 한다.

문제 18 도어 행거가 구비해야할 조건 중 옳지 않은 것은?
① 행거 롤러는 도어레일과 접촉시 매마모성과 함께 원활한 구동이 되어야 한다.
② 도어가 레일에서 벗어나는 것을 방지하는 장치가 있어야 한다.
③ 행거의 강도는 도어 무게의 2배에 해당하는 정지하중을 지탱 하도록 제작되어야 한다.
④ 도어가 레일 끝을 이탈하는 것을 방지하는 스토퍼를 설치해야 한다.

> **해설** 행거의 강도는 도어 무게의 4배에 해당하는 정지하중을 지탱하도록 제작되어야 한다.

문제 19 승용 승강기의 자체 검사 항목이 아닌 것은?
① 권과 방지장치 이상유무
② 추락방지안전장치 이상유무
③ 와이어로프의 손상유무
④ 가이드레일의 상태

문제 20 사업장의 승강기를 사용하기 전에 미리 조정하여야 할 사항이 아닌 것은?
① 과부하방지장치   ② 주행속도
③ 화이날 리미트 스위치   ④ 추락방지안전장치

문제 21 아크용접기의 감전방지를 위해서 부착하는 것은?
① 자동전격방지장치   ② 중성점접지장치
③ 과전류계전장치   ④ 리미트 스위치

> **해설** 아크용접기에는 감전방지를 위하여 자동전격 방지장치를 부착한다.
> ※ 자동전격 방지장치는 2차측 무부하(용접봉 교환, 용접부위 확인 등)시 충전부에 접촉시 감전재해를 방지하기 위해 2차 무부하 전압을 25V 이하로 저하시킨다.

답 17.① 18.③ 19.① 20.② 21.①

문제 22 감전사고의 원인이 되는 것과 관계 없는 것은?
① 기계기구의 빈번한 기동 및 정지
② 전기기계기구나 공구의 절연파괴
③ 콘덴서의 방전코일이 없는 상태
④ 정전작업시 접지가 없어 유도전압이 발생

문제 23 엘리베이터에서 사고가 발생하였을 때의 조치사항이 아닌 것은?
① 응급조치 등의 필요한 조치
② 소방서 및 의료기관 등에 연락
③ 피해자의 동료에게 연락
④ 전문 기술자에게 연락

문제 24 작업자의 안전을 위하여 작업을 중지시킬 수 있는 조건으로 볼 수 없는 것은?
① 퇴근 시간이 경과하였을 때
② 우천, 강풍, 강설 등의 악천후일 때
③ 지상에서 작업원이 확실하게 보이지 않을 정도의 짙은 안개가 끼었을 때
④ 작업원이 감당하기 어려울 정도의 추위일 때

문제 25 산업재해의 원인으로 볼 수 없는 것은?
① 인적 원인
② 물적 원인
③ 고의적 원인
④ 관리적 원인

문제 26 감기거나 말려들기 쉬운 동력전달장치가 아닌 것은?
① 기어
② 벤딩
③ 컨베이어
④ 체인

문제 27 사다리 작업의 안전지침으로 적당하지 않은 것은?
① 상부와 하부가 움직이지 않도록 고정되어야 한다.
② 사다리를 다리처럼 사용해서는 안 된다.
③ 부서지기 쉬운 벽돌 등을 받침대로 사용해서는 안 된다.
④ 사다리 상단은 작업장으로부터 120cm 이상 올라가야 한다.

답 22.① 23.③ 24.① 25.③ 26.② 27.④

해설 사다리의 상단은 사다리가 걸쳐진 지점으로부터 100cm 이상 올라가야 한다.

문제 28 로프식 승강기로 짝 지어진 것은?
① 직접식과 간접식
② 견인식과 권동식
③ 견인식과 직접식
④ 권동식과 간접식

문제 29 엘리베이터 카 도어의 구성 부품이 아닌 것은?
① 균형 체인
② 세이프티 슈
③ 링크
④ 행거

해설 균형 체인은 카의 위치 변화에 따른 로프 또는 이동 케이블의 무게 보상을 위해 사용된다.

문제 30 에스컬레이터에서 스텝 체인은 일반적으로 어떻게 구성되어 있는가?
① 좌, 우에 각 1개씩 있다.
② 좌, 우에 각 2개씩 있다.
③ 좌측에 1개, 우측에 2개 있다.
④ 좌측에 2개, 우측에 1개 있다.

해설 에스컬레이터에서 스텝 체인은 좌·우에 1개씩 있다.

문제 31 피트 바닥에서 점검할 항목이 아닌 것은?
① 카와 완충기의 거리
② 과속조절기와 로프 설치 상태
③ 하부 화이날 리미트 스위치
④ 이동 케이블

문제 32 추락방지안전장치가 작동한 경우에 검사하여야 할 사항과 거리가 먼 것은?
① 과속조절기의 손상 유무
② 과속조절기 로프의 연결부위 손상 유무
③ 가이드 레일의 손상 유무
④ 메인 로프의 연결부위 손상 유무

문제 33 에스컬레이터의 ㉠ 트러스 및 ㉡ 구동 체인 안전율은?
① ㉠ : 3, ㉡ : 8
② ㉠ : 5, ㉡ : 5
③ ㉠ : 8, ㉡ : 13
④ ㉠ : 10, ㉡ : 15

해설 • 트러스 및 빔 : 5 이상   • 구동 체인 및 스텝 체인 : 5 이상

답 28.② 29.① 30.① 31.② 32.④ 33.②

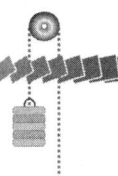

문제 34 균형추의 무게 결정과 관계없는 것은?
① 카 자체하중
② 정격 적재하중
③ 오버 밸런스율
④ 속도

해설 균형추의 중량＝카 자체하중＋정격 적재하중×오버 밸런스율

문제 35 엘리베이터의 고장으로 과속 하강시, 제어신호와 관계없이 기계적으로 카를 정지시킬 때 과속조절기는 어떤 힘으로 작동되는가?
① 가속력
② 전자력
③ 구심력
④ 원심력

문제 36 카 바닥 앞부분과 승강로 벽과의 수평거리는? (다만, 카 도어록이 설치되어 사람의 힘으로 열 수 없는 경우 또는 화물용 엘리베이터의 경우에는 적용하지 않는다.)
① 40mm 이하
② 80mm 이하
③ 150mm 이하
④ 160mm 이하

문제 37 승강장에서 하는 검사 중 중앙개폐문의 경우 도어가 닫힌 상태에서 얼마 이하 열려지지 않아야 하는가?
① 4mm 이하
② 6mm 이하
③ 8mm 이하
④ 10mm 이하

문제 38 로프식 엘리베이터의 카 상부에서 실시하는 검사가 아닌 것은?
① 레일 클립의 조임상태
② 카 도어스위치 동작상태
③ 과속조절기의 작동상태
④ 비상구 출구 스위치 동작 상태

문제 39 레일은 5m 단위로 제조 되는데 T형 가이드 레일에서 13K, 18K, 24K, 30K를 바르게 설명한 것은?
① 가이드 레일 형상
② 가이들 레일 길이
③ 가이드 레일 1m의 무게
④ 가이드 레일 5m의 무게

해설 레일의 호칭은 1m당 공칭하중으로 하며, 보통 T형 레일을 사용하는데, 공칭은 8K, 13K, 18K, 24K이나 대용량 엘리베이터에서는 37K, 50K 등도 사용된다.

답 34.④ 35.④ 36.③ 37.② 38.③ 39.③

문제 40 유압 승강기의 안전밸브에 관한 설명으로 옳지 않은 것은?
① 사용압력의 1.25배를 초과하기 전에 작동하여 1.4배를 초과하지 않는다.
② 점검은 수동정지밸브를 차단하고 펌프를 강제 가동시켜 점검한다.
③ 체크밸브는 펌프가 정지되었을 때 카가 자연 상승하는 것을 점검한다.
④ 카의 상승시 유압이 증대되었을 때 자동적으로 작동되어 회로를 보호한다.

해설 체크밸브(check valve)
정전 등으로 펌프의 토출압력이 떨어져 실린더의 기름이 역류해 카가 자유낙하하는 것을 방지한다. 이 밸브는 오일이 한쪽 방향으로만 흐른다. 기능은 로프식 엘리베이터의 전자 브레이크와 유사하다.

문제 41 제어반에서 점검할 수 없는 것은?
① 결선 단자의 조임 상태 ② 전동기회로 절연상태
③ 스위치접점 및 작동상태 ④ 과속조절기 스위치 작동상태

해설 과속조절기는 최상층에 설치된다.

문제 42 무빙워크의 디딤판의 속도는?
① 30m/min 이하 ② 40m/min 이하
③ 45m/min 이하 ④ 60m/min 이하

해설 무빙워크의 정격속도는 45m/min 이하이어야 한다.

문제 43 속도 30m/min의 800형 에스컬레이터의 1시간당 이론 수송 인원은?
① 2000명 ② 4000명
③ 6000명 ④ 9000명

해설
• 800형 : 6000명/시간
• 1200형 : 9000명/시간
※ 본 문제는 규정법 개정으로 무효입니다.

문제 44 공칭회로전압 ≤ 500V인 경우 절연 저항값은 몇 MΩ 이상이어야 하는가? [문제 삭제]
① 0.2 ② 0.3
③ 0.4 ④ 1.0

해설 ※ 본 문제는 2019.4.4. 법 개정으로 인해 삭제되었습니다.

답 40.③ 41.④ 42.③ 43.③ 44.④

문제 45 주차설비 중 자동차를 운반하는 운반기의 일반적인 호칭으로 사용되지 않는 것은?
① 카고, 리프트
② 케이지, 카트
③ 트레이, 파레트
④ 리프트, 호이스트

문제 46 유압용 엘리베이터에 가장 많이 사용하는 펌프는?
① 기어펌프
② 스크류펌프
③ 베인펌프
④ 피스톤펌프

해설 유압용 엘리베이터에서 가장 많이 사용되는 펌프는 스크류 펌프이다.
스크류 펌프는 압력 맥동이 작다. 또한 소음과 진동이 역시 작다.

문제 47 직류기에서 워드 레오나드 방식의 목적은?
① 계자자속을 조정하기 위하여
② 속도제어를 하기 위하여
③ 병렬운전을 하기 위하여
④ 정류를 좋게 하기 위하여

해설 워드 레오나드(ward leonard)방식
이 방식은 전동발전기(M.G : motor generator)를 사용하여 직류 전동기의 속도제어를 하는데, 교류 2단 속도제어보다는 승차감이 좋고, 착상시간은 짧다.

문제 48 전자력 $F = BIl(N)$과 관계가 깊은 법칙은?
① 렌츠의 법칙
② 플레밍의 오른손법칙
③ 오른나사법칙
④ 플레밍의 왼손법칙

해설
- 렌츠의 법칙 : "전자유도에 의하여 생긴 기전력의 방향은 그 유도전류가 만드는 자속의 증감을 방해하는 방향이다"라는 법칙
- 플레밍의 오른손법칙 : 이 법칙은 발전기에서 유기기전력의 방향을 알고자 할 때 적용하는데,
  - 엄지 : 도선의 운동 방향(F)
  - 검지 : 자장 방향(B)
  - 중지 : 유기 기전력의 방향(e)

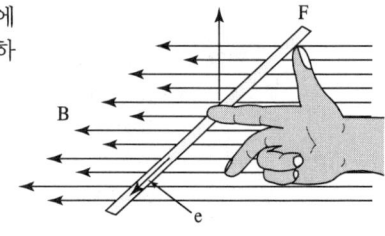

[플레밍의 오른손법칙]

답 45.④ 46.② 47.② 48.④

- 오른나사의 법칙

전류의 방향   자력선의 방향

- 플레밍의 왼손법칙 : 전동기의 회전 방향을 알고
  자 할 때 적용한다.
  - 엄지 : 힘의 방향(F)
  - 검지 : 자장 방향(B)
  - 중지 : 전류 방향(I)

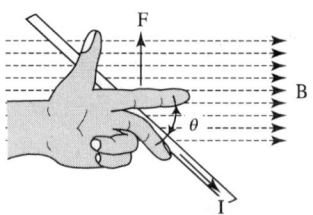

[플레밍의 왼손법칙]

문제 49 피측정 전압원에 계기나 측정기를 접속하면 미소한 전류가 흘러, 전압원의 내부 저항에 의한 전압강하가 원인이 되어서 실제의 전압보다 낮은 전압이 측정되는 효과는?

① 부하효과　　　　　　　　② 제에백효과
③ 표피효과　　　　　　　　④ 압전효과

해설
- 제에백효과 : 온도계수가 다른 이종의 두 금속을 접합하고 폐회로를 만든 다음, 온도를 달리하면 열기전력이 발생하는 현상
- 표피효과 : 고주파 전류가 도체에 흐를 때에, 전류가 도체 표면 가까이에 집중하여 흐르는 현상
- 압전효과 : 로셀염 등과 같은 물질에 압력을 가하면 전압이 발생하는 현상

문제 50 주로 많이 사용하는 전력제어용 사이리스터 소자는?

① TR　　　　　　　　　　② THR
③ SCR　　　　　　　　　 ④ SBR

해설
- TR(transistor) : 주로 전기신호를 증폭하여 발진시킨다.
- THR(thermal relay) : 퓨즈와 같은 역할을 하는데, 전자접촉기와 같이 사용하여 전동기의 보호에 사용된다. 동작 후 원위치 시키려면 수동으로 접점을 이동시키면 된다.
- SCR(silicon controlled rectifier) : 단방향 대전류 스위칭 소자이다.

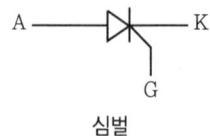

심벌

- SBR : BR계 합성고무에 스틸렌 함유량이 많은 합성고무를 말한다.

답　49.①　50.③

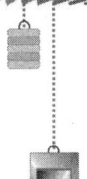

문제 51 벨트식 전동장치에서 작은 풀리 지름이 200mm, 큰 풀리 지름이 500mm이다. 작은 풀리가 500rpm 회전할 때 큰 풀리의 회전수는?

① 200rpm ② 350rpm
③ 500rpm ④ 1000rpm

해설 $N = \dfrac{N_2}{N_1} = \dfrac{D_1}{D_2}$ rpm에서

$N_2 = \dfrac{D_1}{D_2} \times N_1 = \dfrac{200}{500} \times 500 = 200\text{rpm}$

문제 52 200V 전압에서 소비전력 100W인 전구의 저항은?

① 100Ω ② 200Ω
③ 300Ω ④ 400Ω

해설 $R = \dfrac{v^2}{p} = \dfrac{200^2}{100} = 400\Omega$

문제 53 기어 장치에서 지름피치의 값이 커질수록 이의 크기는?

① 같다. ② 커진다.
③ 작아진다. ④ 무관하다.

해설 모듈과 지름피치에서 이의 크기는 M값이 클수록 커지며, 지름피치는 반대이다.

모듈 M = $\dfrac{\text{피치원의 지름(mm)}}{\text{잇 수}}$

문제 54 1pF는 어느 것과 같은가?

① 10^{-3}F ② 10^{-6}F
③ 10^{-9}F ④ 10^{-12}F

해설 $1\text{F} = 10^6 \mu\text{F} = 10^9 \text{nF} = 10^{12} \text{pF}$

답 51.① 52.④ 53.③ 54.④

문제 55 다음 회로에서 전류 I는?

① 1.5A
② 2.5A
③ 3.5A
④ 4A

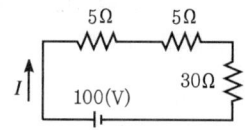

해설 $R = 5+5+30 = 40(\Omega)$

$I = \dfrac{V}{R} = \dfrac{100}{40} = 2.5(A)$

문제 56 다음 그림과 같은 논리회로는?

① AND 회로
② OR 회로
③ NOT 회로
④ NAND 회로

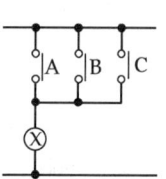

해설 1. AND 회로
　① 유접점 논리식　　② 논리기호

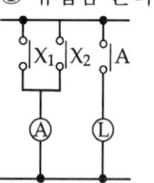 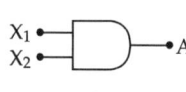

2. OR 회로
　① 유접점 논리식　　② 논리기호

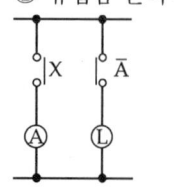 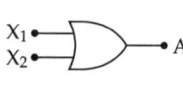

3. NOT 회로
　① 유접점 논리식　　② 논리기호

답 55.② 56.②

4. NAND 회로
　① 유접점 논리식　　② 논리기호

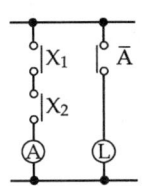 

문제 57 다음 중 판의 두께를 가장 정밀하게 측정할 수 있는 것은?
① 줄자
② 직각자
③ R 게이지
④ 마이크로미터

해설 마이크로미터는 판의 두께를 가장 정밀하게 측정할 수 있다.

문제 58 클리퍼(clipper) 회로에 대한 설명으로 가장 적절한 것은?
① 교류회로를 직류로 변환하는 회로
② 사인파를 일정한 레벨로 증폭시키는 회로
③ 구형파를 일정한 레벨로 증폭시키는 회로
④ 파형의 상부 또는 하부를 일정한 레벨로 자르는 회로

해설 클리퍼(clipper) 회로
교류 입력파형에서 절단할 기준을 정하고, 그 파형만 절단하고 나머지 파형은 그대로 통과 시키는 회로를 말한다.

문제 59 3상 유도전동기의 역상 제동(plugging)이란?
① 플러그를 사용하여 전원에 연결하는 방법
② 운전 중 2선의 접속을 바꾸어 접속함으로써 상 회전을 바꾸어 제동하는 법
③ 단상 상태로 기동할 때 일어나는 현상
④ 고정자와 회전자의 상수가 일치하지 않을 때 일어나는 현상

답　57.④　58.④　59.②

해설 역상제동

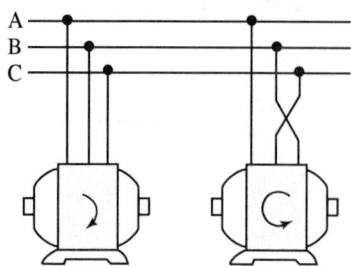

문제 60 되먹임 제어에서 가장 중요한 장치는?
① 입력과 출력을 비교하는 장치
② 응답속도를 느리게 하는 장치
③ 응답속도를 빠르게 하는 장치
④ 안정도를 좋게 하는 장치

해설 되먹임(feed back)제어
출력신호를 입력신호로 되돌려서 제어량의 목표값과 비교하여 정확한 제어가 되도록 한다.

답 60. ①

승강기기능사 과년도 문제
(2010.03.28 시행)

문제 01 엘리베이터 기계실에 관한 설명으로 틀린 것은?

① 바닥면 조도는 200lx 이상이어야 한다.
② 기계실의 바로 위층 또는 인접한 벽면에 물탱크실을 설치할 수 없다.
③ 실온은 원칙적으로 40℃ 이하를 유지할 수 있어야 한다.
④ 기계실에는 일반적으로 엘리베이터와 관계없는 설비를 설치하지 않아야 한다.

해설 기계실의 바로 위층 또는 인접한 벽면에 물탱크실을 설치할 수 있는데, 설치할 때에는 방수처리를 해서 누수되는 일이 없어야 한다.

문제 02 3상 교류의 단속도 전동기에 전원을 공급하는 것으로 기동과 정속 운전을 하고, 정지는 전원을 차단한 후 제동기에 의해 기계적으로 브레이크를 거는 제어방식은?

① 교류 일단 속도 제어방식
② 교류 이단 속도 제어방식
③ 교류 궤환 제어방식
④ 워드레오나드방식

해설
- 교류 일단 속도 제어방식 : 3상 유도 전동기에 전원을 투입해 기동과 운전을 시키되, 정지는 전원을 차단한 후 제동기로 정지시키는 방식이다.
- 교류 이단 속도 제어방식 : 2단 속도 모터(motor)를 사용하여 기동과 운전은 고속권선으로 행하고, 감속은 저속 권선으로 행하여 착상하는 방식이다.
- 교류 궤환 제어방식 : 카의 실속도와 지령속도를 비교하여, 사이리스터의 점호각을 바꿔 유도전동기의 속도를 제어하는 방식이다.
- 워드레오나드방식 : 직류 발전기의 출력단을 직접 직류 전동기 전기자에 연결시키고, 발전기의 계자 전류를 조정, 발전전압을 엘리베이터 속도에 대응하여 연속적으로 공급시키는 방식이다.

문제 03 엘리베이터 기계실 조명에 관한 설명으로 부적합한 것은?

① 조명스위치는 출입구 가까이 설치한다.
② 조명전원은 엘리베이터 전원과 연결 사용한다.
③ 조도는 기기가 배치된 바닥면에서 200Lux 이상이어야 한다.
④ 조명은 가능한 기기가 배치된 상부에 설치하여야 한다.

해설 엘리베이터 기계실의 조명전원은 엘리베이터의 전원과 분리해 사용하여야 한다.

답 1.② 2.① 3.②

문제 04 에스컬레이터와 층 바닥이 교차하는 곳에 손이나 머리가 끼거나 충돌하는 것을 방지하기 위한 안전장치는?

① 셔터운전 안전장치
② 스커트가드 안전장치
③ 스텝체인 안전장치
④ 삼각부 보호판

해설
- 셔터운전 안전장치
  셔터를 상·하로 올리고 내릴때 안전을 위해 설치한 스위치이다.
- 스커트 가드(skirt guard)안전장치
  스커트 가드와 계단체인 사이에 발이나 이물질이 끼었을때 위험을 방지하기 위한 장치
- 스탭체인 안전장치
  계단 체인이 절단 또는 늘어날시 전원을 차단하는 장치
- 삼각부 보호관
  에스컬레이터를 타고 상승시 윗층의 바닥과 교차되는 곳에 머리가 끼일 수 있다. 그러므로 이를 방지하기 위하여 교차지점에서 1m 이상 떨어진 곳에 삼각부 가드판을 설치하는데 이를 말한다.

문제 05 승강기에 사용하고 있는 에너지 축적형 완충기는 주로 어떤 기종에 사용되고 있는가?

① 정격속도가 60m/min 이하의 기종
② 정격속도가 60m/min 초과하는 기종
③ 정격속도가 80m/min 이하의 기종
④ 정격속도가 80m/min 초과하는 기종

해설
① 에너지 축적형 완충기 : 속도 60m/min 이하의 엘리베이터에 사용한다.
② 에너지 분산형 완충기 : 모든 속도의 경우에 사용한다.

문제 06 일반적으로 피트에 설치되지 않는 것은?

① 균형추
② 과속조절기
③ 완충기
④ 인장 도르래

문제 07 승객의 승계가 용이하며, 상부층계에 고객을 유도하기 쉬운 에스컬레이터의 배치는?

① 단열 승계형
② 복합 승계형
③ 교차 승계형
④ 단열 겹침형

답 4.④ 5.① 6.① 7.①

문제 **08** 균형추의 중량을 결정하는 계산식은?(단, 여기서 L은 정격하중, F는 오버밸런스율이다.)
① 균형추의 중량=카 자체하중×L·F
② 균형추의 중량=카 자체하중+L·F
③ 균형추의 중량=카 자체하중+(L−F)
④ 균형추의 중량=카 자체하중+L+F

문제 **09** 카가 주행 중에 저속의 문을 손으로 억지로 여는 데에 필요한 힘은 몇 kgf 이상으로 하고 있는가?
① 5kgf   ② 20kgf
③ 35kgf   ④ 40kgf

해설 ※ 본 문제는 검사기준(2013.9.15 시행)이 개정되어 출제가 수정될 것입니다.
① 카가 정지한 경우 문을 여는 데 필요한 힘은 300N을 초과하지 않아야 한다.
② 정격속도 1m/s를 초과하여 운행중인 엘리베이터 카 문의 개방은 50N 이상의 힘이 필요하다.

문제 **10** 엘리베이터에서 BGM 장치란?
① 비상시 연락하는 장치
② 외부와 통화하는 장치
③ 정전시 카 내를 밝혀주는 장치
④ 승객의 마음을 음악으로 편하게 해주기 위한 장치

해설 B.G.M(back ground music) : 카 내부에 음악이나 방송을 하기 위한 장치이다.

문제 **11** 2단으로 배열된 운반기 중 임의의 상단의 자동차를 출고 시키고자 하는 경우 하단의 운반기를 수평 이동시켜 상단의 운반기가 하강이 가능하도록 한 입체 주차설비는?
① 평면 왕복식 주차장치   ② 승강기식 주차장치
③ 2단식 주차장치   ④ 수직 순환식 주차장치

해설 ① 평면 왕복식 주차방식 : 평면의 고정된 주차구획에 운반기로 들어서 자동차를 주차시킨다.
② 승강기식 주차방식 : 여러층의 고정된 주차구획에 상하로 움직이는 운반기로 들어서 자동차를 주차시킨다.
③ 2단식 주차방식 : 주차실을 2단으로 하여 면적을 2배로 이용해 주차시킨다.
④ 수직 순환식 주차방식 : 주차 구획에 자동차를 넣고 그 주차구획을 수평으로 이동시켜, 자동차를 주차시킨다.

답 8.② 9.② 10.④ 11.③

문제 12 승객용 엘리베이터에서 카(car)와 카 틀(car frame)의 구조로 옳은 것은?
① 카 상부 틀(top beam)에 카가 고정되어 있다.
② 카 세로 틀(car shaft)에 카가 고정되어 있다.
③ 카 틀(car frame)과 카는 분리시켜 고무쿠션으로 지지토록 되어 있다.
④ 카 틀(car frame) 전체에 카가 고정되어 있다.

문제 13 도어 인터록에 대한 설명으로 틀린 것은?
① 모든 승강장문에는 전용열쇠를 사용하지 않으면 열리지 않도록 하여야 한다.
② 도어가 닫혀있지 않으면 운전이 불가능하여야 한다.
③ 닫힘 동작시 도어스위치가 들어간 다음 도어록이 확실히 걸리는 구조이어야 한다.
④ 도어록을 열기 위한 열쇠는 특수한 전용키이어야 한다.

해설 도어 인터 록(door inter lock)은 닫힐 때는 도어록이 먼저 걸린 후 도어 스위치가 들어가고, 열릴 때는 도어스위치가 끊어진 후 도어록이 열리는 구조이어야 한다.

문제 14 정격속도가 90m/min 인 승객용 엘리베이터의 과속조절기 과속스위치의 작동속도는?
① 63m/min 이하
② 68m/min 이하
③ 103.5m/min 이하
④ 126m/min 이하

해설 ※ 본 문제는 검사기준(2013.9.15 시행)이 개정되어 출제가 수정될 것입니다.
N = 90×1.15 = 103.5m/min

[참고] 과속조절기
카 추락방지안전장치의 작동을 위한 과속조절기는 정격속도의 115% 이상의 속도 시 작동되어야 한다.

문제 15 4~8대의 승강기가 병설되어 있을 때 적합한 운전방식은?
① 군 관리방식
② 군 승합 전자동방식
③ 양방향 승합 전자동식
④ 단식자동식

해설
• 군 관리 방식 : 3~8대가 병설할 때에 각 카를 합리적으로 운행 관리하는 조작 방식
• 군 승합 전자동방식 : 2대에서 3대가 병설될 때에 사용되는 조작 방식. 먼저 응답한 카만 움직인다.
• 단식자동식 : 먼저 눌러진 호출에 응답하고, 운행 중에는 다른 호출에는 응하지 않는다.

답 12.③ 13.③ 14.③ 15.①

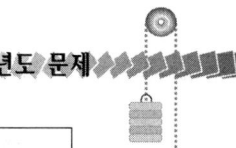

문제 16 전동기의 역률을 개선하기 위하여 사용되는 것은?
① 저항기
② 전력용 콘덴서
③ 직렬리액터
④ 트립코일

해설
- 전력용 콘덴서
  - 교류의 배전선로나 송전선로에 주로 병렬로 연결하여 선로의 역률(力率)을 개선하는 것.
  - 전력용 콘덴서를 진상용 콘덴서라고도 한다.
- 직렬 리액터 사용목적
  - 콘덴서 사용시 고조파에 의한 전압파형의 왜곡방지
  - 콘덴서 투입시 돌입전류 억제
  - 콘덴서 개방시 재점호한 경우 모선의 과전압 억제
  - 고조파 발생원에 의한 고조파전류의 유입억제와 계전기 오동작 방지

문제 17 기어가 붙은 권상기에서 30m/min 미만의 승강기에 일반적으로 사용되는 로프 거는 방법은?
① 1 : 1 로핑
② 2 : 1 로핑
③ 3 : 1 로핑
④ 4 : 1 로핑

해설 로핑의 종류

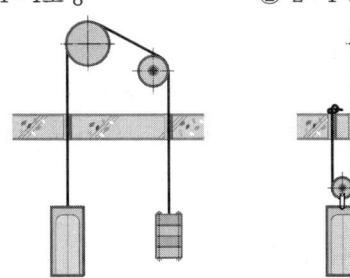

① 1 : 1로핑   ② 2 : 1 로핑

문제 18 유압식 엘리베이터의 종류에 속하지 않는 것은?
① 직접식
② 간접식
③ 팬터그래프식
④ 권동식

해설 권상형 엘리베이터에는 로프식과 권동식(통에 감는 형식)이 있다.

답 16.② 17.② 18.④

문제 19 사업장에 승강기의 조립 또는 해체작업을 할 때 조치하여야 할 사항과 거리가 먼 것은?
① 작업을 지휘하는 자를 선임하여 지휘자의 책임 하에 작업을 실시할 것
② 작업 할 구역에는 관계근로자 외의 자의 출입을 금지시킬 것
③ 기상상태의 불안정으로 인하여 날씨가 몹시 나쁠 때에는 그 작업을 중지시킬 것
④ 사용자의 편의를 위하여 야간작업을 하도록 할 것

문제 20 카 내에 갇힌 사람이 외부와 연락할 수 있는 장치는?
① 차임벨　　　　　　　　② 인터폰
③ 위치표시램프　　　　　④ 리미트스위치

문제 21 안전 관리자의 직무가 아닌 것은?
① 안전보건 관리규정에서 정한 직무　② 산업재해 발생의 원인 조사 및 대책
③ 안전교육계획의 수립 및 실시　　　④ 근로환경보건에 관한 연구 및 조사

문제 22 기계에 대한 통제방법으로 볼 수 없는 것은?
① 반응에 의한 통제　　　② 개폐에 의한 통제
③ 조작에 의한 통제　　　④ 양의 조절에 의한 통제

문제 23 피트내 청결상태의 점검 방법은?
① 기능점검　　　　　　　② 육안점검
③ 특별점검　　　　　　　④ 성능점검

문제 24 사고원인에 대한 사항으로 틀린 것은?
① 교육적인 원인 : 안전지식 부족　② 인적 원인 : 불안전한 행동
③ 간접적인 원인 : 고의에 의한 사고　④ 직접적인 원인 : 환경 및 설비의 불량

문제 25 다음 중 동력전달장치가 아닌 것은?
① 기어　　　　　　　　　② 변압기
③ 체인　　　　　　　　　④ 컨베이어

답　19.④　20.②　21.④　22.③　23.②　24.③　25.②

해설   변압기는 교류전압을 승압, 감압하는 기기이다.

문제 26
승강기의 자체 검사시 월 1회 이상 점검하여야 할 항목이 아닌 것은?
① 추락방지안전장치 및 기타 방호장치의 이상 유무
② 브레이크 장치
③ 와이어로프 손상 유무
④ 각종 부품의 명판 부착상태

문제 27
승강기 보수자가 승강기 카와 건물벽 사이에 끼었다. 이 재해의 발생 형태는?
① 협착　　　　　　　　② 전도
③ 마찰　　　　　　　　④ 질식

문제 28
이동식 전기기기에 의한 감전사고를 예방하기 위하여 가장 필요한 조치는?
① 외부에 절연용 도료를 칠한다.
② 장시간 사용을 금한다.
③ 숙련공이 취급한다.
④ 접지를 한다.

문제 29
추락방지안전장치에 관한 설명으로 틀린 것은?
① 한번 작동하면 복귀가 용이하다.
② 종류는 순간식과 점진식이 있다.
③ 작동시험은 저속운전으로도 가능하다.
④ 정격속도 1.15배 이상에서 작동되어야 한다.

해설   ① 점진적 추락방지안전장치
　　　• F.G.C(flexible guide clamp) : 레일을 조이는 힘이 동작에서 정지까지 일정하다.
　　　• F.W.C(flexible wedge clamp) : 레일을 조이는 힘이 초기에는 약하나 점점 강해진 후 일정하다.
　② 순간 정지식 추락방지안전장치
　　　• 슬랙로프 세이프티(slake rope safety) : 과속조절기를 설치하지 않는 방식으로, 카의 속도가 15mm/min 이하, 승강행정이 5m 이하이다.

답　26.④　27.①　28.④　29.①

문제 30 가이드 레일의 보수 점검 항목이 아닌 것은?
① 레일의 급유상태
② 레일 및 브래킷의 오염상태
③ 브래킷 취부의 앵커 볼트 이완상태
④ 레일길이의 신축상태

문제 31 유량 제어밸브가 주 회로에서 분기된 바이패스 회로에 삽입한 것을 블리드 오프(Bleed off) 회로라 한다. 이 회로에 관한 설명 중 옳은 것은?
① 비교적 정확한 속도 제어가 가능하다.
② 부하에 필요한 압력 이상의 압력이 발생한다.
③ 효율이 비교적 높다.
④ 미터민(Meter in) 회로라고도 한다.

해설 블리드 오프(bleed-off) 회로 : 효율은 높으나 정확한 제어가 안 된다.

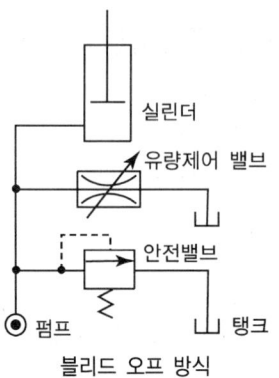

블리드 오프 방식

[참고] 미터 인(meter-in) 회로
① 여분의 오일이 안전밸브를 통해 탱크로 되돌려 보내지므로 효율이 나쁘다.
② 정확한 제어가 되는 장점이 있다.

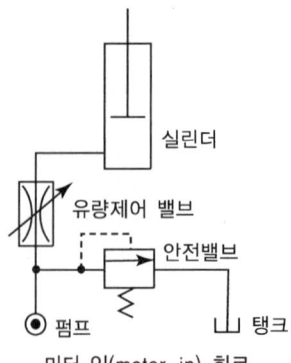

미터 인(meter-in) 회로

답 30.④ 31.③

문제 32 승강기가 고장이 났을 경우 기계실에서 점검해야 할 사항이 아닌 것은?
① 전원공급상태 여부
② 케이지가 서 있는 위치 체크
③ 과속조절기 스위치 및 과속조절기 작동의 유무
④ 카의 하중 및 로프의 하중 체크

문제 33 엘리베이터의 트랙션 머신의 점검과 관계없는 것은?
① 머신 오일량의 상태를 확인한다.
② 머신 오일의 점도상태를 확인한다.
③ 시브폴리홈의 마모상태를 확인한다.
④ 커플링축의 색깔의 변화 여부를 확인한다.

문제 34 장애인용 엘리베이터에서 비접촉식 문 닫힘 안전장치를 설치할 경우, 바닥면 위 몇 m 높이의 물체를 감지할 수 있어야 하는가?
① 0.3m 이하
② 0.3~1.4m
③ 1.4~1.7m
④ 1.7m 이상

문제 35 과속조절기 스위치의 작동시 정격속도의 몇 배를 넘지 않는 범위 내에서 추락방지안전장치를 작동시켜야 하는가?
① 1.2배
② 1.3배
③ 1.4배
④ 1.5배

해설 ※ 본 문제는 검사기준(2013.9.15 시행)이 개정되어 출제가 수정될 것입니다.
과속조절기의 동작 : 카 추락방지안전장치의 작동을 위한 과속조절기는 정격속도의 115% 이상의 속도 시 작동되어야 한다.

문제 36 에스컬레이터의 하중시험을 하고자 할 때 옳은 방법은?
① 적재하중 50%의 하중을 싣고 운행
② 적재하중 100%의 하중을 싣고 운행
③ 적재하중 110%의 하중을 싣고 운행
④ 적재하중을 싣지 않고 운행

해설 에스컬레이터의 하중 시험 : 적재하중을 싣지 않은 상태에서 속도, 전류, 전압 등을 측정한다.

답 32.④ 33.④ 34.② 35.③ 36.④

문제 37 에스컬레이터 안전장치 스위치의 종류에 해당하지 않는 것은?
① 비상정지 스위치
② 게이트 스위치
③ 구동 체인 절단검출 스위치
④ 스커트 가드 스위치

해설 에스컬레이터의 안전장치 스위치에는 비상정지 스위치, 구동체인 절단검출 스위치, 스커트 가드 스위치, 계단체인 안전 스위치 등이 있다.

문제 38 균형 체인(compensation chain)에 대한 설명으로 틀린 것은?
① 균형추에 직접 연결되어 있다.
② 타이로드(tie rod)에 부착되어 있다.
③ 하부체대에 부착된 브래킷(bracket)에 연결되어 있다.
④ 균형 시브(tension sheave)와 함께 사용되고 있다.

해설 균형 체인은 카와 균형추에 연결된다.

문제 39 유압식 승강기의 유압 파워 유니트의 구성요소에 속하지 않는 것은?
① 펌프
② 유량제어밸브
③ 체크밸브
④ 실린더

해설 유압 파워 유니트의 구성 : 펌프, 전동기, 밸브, 탱크, 필터 등으로 구성되어 있다.

문제 40 에스컬레이터의 디딤판과 스커트 가드와의 틈새는 양쪽 모두 합쳐서 최대 얼마이어야 하는가?
① 5mm 이하
② 7mm 이하
③ 9mm 이하
④ 10mm 이하

문제 41 엘리베이터의 카(Car) 구조에 대한 설명으로 틀린 것은?
① 카 내부는 구조상 경미한 부분을 제외하고는 불연재료로 만들거나 씌워야 한다.
② 카 천장에 설치된 비상구출구는 카 내에서 열 수 없도록 잠금장치를 갖추어야 한다.
③ 카 벽에 설치된 비상구출구는 카 안쪽으로만 열리도록 하여야 한다.
④ 2개의 문이 설치된 경우에는 2개의 문이 동시에 열려 통로로 사용되는 구조이어야 한다.

답 37.② 38.② 39.④ 40.② 41.④

해설 도어(door)
① 승용과 인하용은 한 카에 1개의 도어를 설치해야 한다.
② 화물용, 자동차용은 한 카에 2개의 도어를 설치할 수 있다.
③ 2개의 도어가 동시에 열려 통로로 사용해서는 안 된다.

문제 42 전동 덤웨이터의 안전장치에 대한 설명 중 옳은 것은?
① 출입구 문에 사람의 탑승금지 등의 주의사항은 부착하지 않아도 된다.
② 도어 인터록 장치는 설치하지 않아도 된다.
③ 로프는 일반 승강기와 같이 와이어로프 소켓을 이용한 체결을 하여야만 한다.
④ 승강로의 모든 출입구 문이 닫혀야만 카를 승강시킬 수 있다.

해설 전동 덤웨이터는 승강로의 모든 출입구 문이 닫혀야만 카를 승강시킬 수 있다.

문제 43 승용승강기의 카 내에는 램프 중심으로부터 1m 떨어진 수직 면상에서 몇 lx 이상의 조도를 확보할 수 있는 예비조명 장치가 있어야 하는가?
① 0.5lx
② 1lx
③ 2lx
④ 5lx

문제 44 레일에 녹 발생을 방지하고 카 이동시 마찰저항을 최소화하기 위하여 설치하는 기름통의 위치는?
① 레일 상부
② 카 상부프레임 중간
③ 중간 스톱퍼
④ 카의 상하좌우

문제 45 에스컬레이터의 상·하 승강장 및 디딤판에서 점검할 사항이 아닌 것은?
① 이동용 손잡이
② 구동기 브레이크
③ 스커트 가드
④ 안전방책

문제 46 총 행정거리를 운행하는데 소요되는 시간을 초과하여 어떠한 이상 현상으로 전동기가 계속 작동하는 것을 방지하기 위한 장치는?
① 공회전 방지장치
② 리미트스위치
③ 스톱퍼
④ 역지장치

답 42.④ 43.④ 44.④ 45.② 46.①

문제 47 직류기에서 전기자 반작용의 영향이 아닌 것은?
① 주자속이 감소한다.
② 전기적 중성축이 이동한다.
③ 브러시와 정류자편에 불꽃이 발생한다.
④ 기계적인 효율이 좋다.

해설 전기자 반작용 : 전기자에 흐르는 전류에 의해서 발생된 전기자 자속이, 계자의 자속에 영향을 주는 현상

대책은 다음과 같다.
① 브러시의 위치를 전기적 중성점으로 이동
② 보극의 설치
③ 보상권선 설치

문제 48 물질 내에서 원자핵의 구속력을 벗어나 자유로이 이동할 수 있는 것은?
① 원자   ② 중성자
③ 양자   ④ 자유전자

문제 49 배선용 차단기의 영문 문자기호는?
① S   ② DS
③ THR   ④ MCCB

해설
- S : 스위치
- DS : 단로기
- THR : 열동계전기
- MCCB : 배선용 차단기

문제 50 코일에 전류가 흘러 그 말단에 역기전력을 일으킬 때의 전류의 방향과 유도 기전력의 방향에 관계되는 법칙은?
① 렌츠의 법칙
② 플레밍의 왼손법칙
③ 키르히호프의 법칙
④ 페러데이의 법칙

해설 • 렌츠의 법칙 : "전자유도에 의하여 생긴 기전력의 방향은 그 유도전류가 만드는 자속의 증감을 방해하는 방향이다."라는 법칙

답 47.④ 48.④ 49.④ 50.①

- 플레밍의 왼손법칙 : 전동기의 회전방향을 알고자 할 때 적용한다.
  - 엄지 : 힘의 방향(F)
  - 검지 : 자장 방향(B)
  - 중지 : 전류 방향(I)

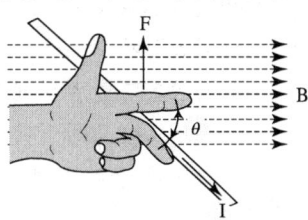

- 키르히호프의 제1법칙 : 회로망에 있어서 임의의 접속점으로 흘러들어오고 흘러 나가는 전류의 대수합은 0이다. 즉

$$I_1 + I_3 = I_2 + I_4 + I_5, \quad I_1 - I_2 + I_3 - I_4 - I_5 = 0, \quad \Sigma I = 0$$

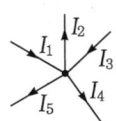

- 패러데이의 법칙 : 유기 기전력의 크기는 코일을 지나는 자속의 매초 변화량과 코일의 권수에 비례한다.

$$e = -N \frac{d\phi}{dt} \, [\text{V}]$$

문제 51
접지저항계를 이용한 접지저항 측정 방법으로 틀린 것은?

① 전환 스위치를 이용하여 내장 전지의 양부(+, -)를 확인한다.
② 전환 스위치를 이용하여 E, P간의 전압을 측정한다.
③ 전환 스위치를 저항값에 두고 검류계의 밸런스를 잡는다.
④ 전환 스위치를 이용하여 절연저항과 접지저항을 비교한다.

해설 접지저항은 접지저항계(earth tester)로만 측정한다.
절연저항을 측정하려면 절연저항계(Mega)가 있어야 한다.

문제 52
계측기의 오차 중 측정기 자체 결함과 측정 장치나 사용자에 대한 환경의 영향 등에 의한 오차는?

① 절대오차
② 과실오차
③ 계통오차
④ 우연오차

해설
- 절대오차 : 계산의 결과에서 나온 직접적인 오차의 절댓값. 이는 |참값 - 결과값|의 식으로 계산된다.
- 과실오차 : 측정자의 부주의에 의한 오차이다.
- 계통오차 : 관측 장비나 관측자의 특성으로 인하여 특정 방향으로 치우쳐 나타나는 오차이다.
- 우연오차 : 정확하게 알 수 없는 원인으로 발생하는 오차이다.

답 51.④ 52.③

문제 53 자동제어의 종류 중 피드백 제어에서 가장 중요한 장치는?
① 구동장치
② 응답속도를 빠르게 하는 장치
③ 안정도를 좋게 하는 장치
④ 입력과 출력을 비교하는 장치

해설 　되먹임(feed back) 제어 : 출력신호를 입력신호로 되돌려서 제어량의 목표값과 비교하여 정확한 제어가 되도록 한다.

문제 54 불 대수식 Y = ABC + AC를 간소화시키면?
① ABC
② AC
③ BC
④ AB

해설　$Y = ABC + AC = AC(B+1) = AC$

[참고] • $B+0=B$, $B \cdot 0 = 0$
　　　• $B+1=1$, $B \cdot 1 = B$
　　　• $B+B=B$, $B \cdot B = B$
　　　• $B+\overline{B}=1$, $B \cdot \overline{B} = 0$

문제 55 10Ω의 저항에 5A의 전류가 흐른다면 전압은?
① 0.02V
② 0.5V
③ 5V
④ 50V

해설　$V = IR = 5 \times 10 = 50V$

문제 56 어떤 물체의 영률(Young's modulus)이 작다는 것은?
① 안전하다는 것이다.
② 불안전하다는 것이다.
③ 늘어나기 쉽다는 것이다.
④ 늘어나기 어렵다는 것이다.

해설　세로탄성계수(영률) = $\dfrac{수직\ 응력}{세로방향\ 변형률}$

문제 57 120Ω 저항 4개를 접속하여 얻을 수 있는 가장 작은 저항값은?
① 10Ω
② 20Ω
③ 30Ω
④ 40Ω

답　53.④　54.②　55.④　56.③　57.③

해설 $R_o = \dfrac{R}{N} = \dfrac{120}{4} = 30(\Omega)$

문제 58 어떤 물질의 대전 상태를 설명한 것으로 옳은 것은?
① 중성임을 뜻한다.
② 물질이 안정된 상태이다.
③ 어떤 물질이 전자의 과부족으로 전기를 띠는 상태이다.
④ 원자핵이 파괴된 것이다.

해설 물질이 전자가 부족하거나 남게 된 상태에서 양전기나 음전기를 띠게 된 것을 그 물질이 양 또는 음으로 대전(electrification) 되었다고 하고, 이를 정전기의 발생이라 한다.

문제 59 1HP(마력)을 W(와트)로 환산하면?
① 746W
② 756W
③ 765W
④ 860W

해설 1HP＝746W

문제 60 베어링의 수명을 옳게 설명한 것은?
① 베어링의 내륜, 외륜에 최초의 손상이 일어날 때까지의 마모 각
② 베어링의 내륜, 외륜 또는 회전체에 최초의 손상이 일어날 때까지의 회전수나 시간
③ 베어링의 회전체에 최초의 손상이 일어날 때까지의 마모 각
④ 베어링의 내륜, 외륜에 3회 이상의 손상이 일어날 때까지의 회전수나 시간

답 58.③ 59.① 60.②

승강기기능사 과년도 문제
(2010.10.03 시행)

문제 01 교류 엘리베이터의 속도 제어방식이 아닌 것은?
① 교류 1단 속도제어방식
② 교류 2단 속도제어방식
③ 교류 3단 속도제어방식
④ 교류 귀환 전압제어방식

해설
① 교류 1단 속도제어방식
3상 유도 전동기에 전원을 투입해 기동과 정속운전을 하고, 정지는 전원을 차단한 후, 제동기에 의해 기계적으로 거는 방식으로, 30m/min 이하의 저속용 엘리베이터에 적용된다.
② 교류 2단 속도제어방식
2단 속도 전동기를 사용하여 기동과 주행은 고속권선으로 행하고, 감속시는 저속권선으로 감속하여 착상하는 방식으로, 30m/min~60m/min에 주로 적용된다.
③ 교류 귀환 전압제어방식
카의 실속도와 지령속도를 비교하여 사이리스터의 점호각을 바꿔, 유도 전동기의 속도를 제어하는 방식으로 속도 45m/min~105m/min 이하에 적용된다.
④ V.V.V.F.(Variable Voltage Variable Friquency)
유도 전동기에 인간되는 전압과 주파수를 동시에 변환시켜 직류 전동기와 동등한 제어 성능을 갖는다. 이 방식은 소비전력이 절감되며, 적용 엘리베이터의 속도는 고속범위까지 가능하다.

문제 02 카가 최상층 및 최하층을 지나쳐 주행하는 것을 방지하는 것은?
① 리미트스위치
② 균형추
③ 인터록장치
④ 정지스위치

해설 리미트스위치 : 물건 움직임의 위치를 검출하고 접점을 개폐하는 스위치의 총칭이다.

문제 03 유압회로에 이용되는 펌프의 종류가 아닌 것은?
① 기어펌프
② 베인펌프
③ 스크류펌프
④ 레벨링펌프

답 1.③ 2.① 3.④

해설 유압회로에 이용되는 펌프에는 스크류펌프, 배인펌프, 기어펌프가 있다. 그런데 오일의 맥동에 따른 소음과 진동이 적은 스크류 펌프가 주로 이용된다.

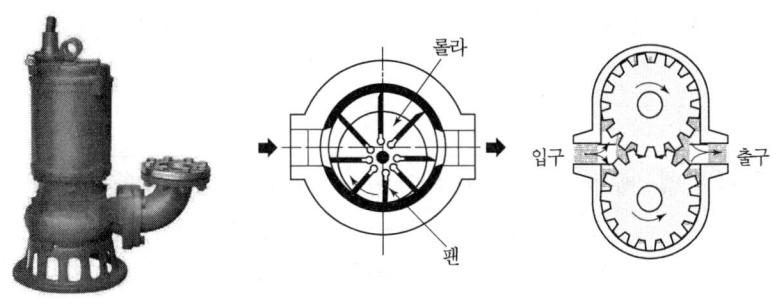

스크류 펌프   배인(vane)펌프   기어펌프

문제 04 고속용 승강기에 가장 적합한 과속조절기(Governor)는?
① 롤 세프티형(GR형)
② 디스크형(GD형)
③ 플라이 볼형(GF형)
④ 플랙시블형(FGC형)

해설 ① 롤 세프티형(GR형) : 속도 45m/min 이하의 저속용 승강기에 적용된다.
② 디스크형(GD형) : 속도 60~105m/min에 적용되며, 순차 정지식에 사용된다.
③ 플라이 볼형(GF형) : 속도 120m/min 이상에 적용되며, 순차 정지식에 사용된다.

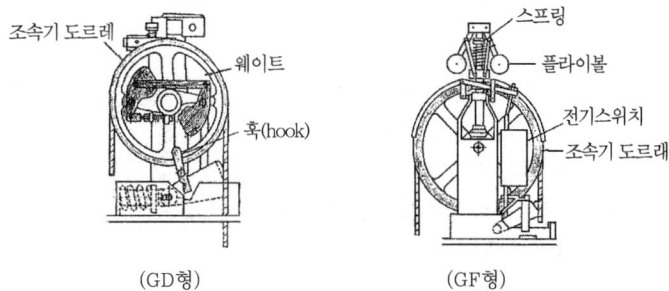

(GD형)   (GF형)

문제 05 다음 중 균형추의 총 중량에 관한 설명으로 옳은 것은?
① 일반적으로 빈 카의 자체하중에 정격하중의 35~50%의 중량을 제한 값
② 일반적으로 빈 카의 자체하중에 정격하중을 제한 값
③ 일반적으로 빈 카의 자체하중에 정격하중을 더한 값
④ 일반적으로 빈 카의 자체하중에 정격하중의 35~50%의 중량을 더한 값

해설 오버밸런스(Over-Balance)율 : 엘리베이터를 설계할 때 균형추의 총중량은 빈 카의 자중에 그 엘리베이터의 사용용도에 따라 적재하중의 35~50%의 중량을 더한 값으로 한다.

답 4.③ 5.④

문제 06 에스컬레이터의 경사도가 30° 이하이고, 층고가 6m 이하이며, 수평주행구간 디딤판의 수가 3개 이상인 경우에 디딤판의 속도는 몇 m/min 이하로 할 수 있는가?

① 35　　　　　　　　② 40
③ 50　　　　　　　　④ 60

문제 07 엘리베이터의 카가 갖추어야 할 요소로 옳지 않은 것은?

① 카 주위벽은 방화구조로 되어 있어야 한다.
② 외부와의 연락 및 구출장치가 있어야 한다.
③ 환풍장치는 부착하지 않는다.
④ 비상등이 설치되어 있어야 한다.

문제 08 15kW 전동기의 전부하 회전수가 2420rpm인 경우 전부하 토크는?

① 6kgf·m　　　　　② 60kgf·m
③ 150kgf·m　　　　④ 250kgf·m

해설 $P = 2\pi n \tau (w)$ 에서

$$T = \frac{P}{2\pi \frac{N}{60}} = \frac{15 \times 10^3}{3 \times 3.14 \times \frac{2420}{60}} ≒ 60 \mathrm{N \cdot m}$$

그런데 단위가 kg·m이므로 60÷9.8≒6kgf·m
※ 1kg·m=9.8N·m

문제 09 다음 중 승강기의 추락방지안전장치가 아닌 것은?

① 과속조절기
② 주전동기용 과전류계전기
③ 최상층 종점 스위치
④ 운전반 자동-수동 장치

문제 10 도어 머신(door machine) 장치가 갖추어야 할 요구조건이 아닌 것은?

① 소형경량이고 가격이 저렴하여야 한다.
② 대형이고 무거워야 한다.
③ 동작이 원활하고 소음이 적어야 한다.
④ 고빈도의 작동에 대한 내구성이 강해야 한다.

답　6.② 7.③ 8.① 9.④ 10.②

해설 도어머신(door machine)에 요구되는 조건
① 소형이고 가벼워야 한다.
② 동작이 원활하고 조용하여야 한다.
③ 가격이 저렴해야 한다.
④ 동작빈도에 따른 내구성이 좋아야 한다.

문제 11 카의 조작방법별 구분에서 자동식이란?
① 전임 운전자 조작   ② 관리실 조작
③ 운전자와 관리실 겸용 조작   ④ 승객 자신 조작

문제 12 엘리베이터에 사용되는 "T"형 가이드레일(Guide Rail)의 단위표시는?
① 레일의 높이로 표시한다.
② 레일 한본의 무게(kg)로 표시한다.
③ 레일 1미터(m)당 무게(kg)로 표시한다.
④ 레일 5미터(m)당 무게(kg)로 표시한다.

해설 레일의 규격
① 레일의 호칭은 마무리 가공전 소재의 1m당 중량으로 한다.
② T형 레일을 사용하며 공칭은 8k, 13k, 18k, 24k이나 대용량 엘리베이터에는 37k, 50k 등도 사용된다.
③ 레일의 표준 길이는 5m이다.

문제 13 완충기의 종류를 결정하는 데 반드시 필요한 조건은?
① 승강기의 용량   ② 승강기의 속도
③ 승강기의 용도   ④ 카의 크기

문제 14 순간식 추락방지안전장치인 즉시작동식이 적용되는 승강기는?
① 정격속도가 37.8m/min를 초과하지 않는 경우
② 정격속도가 60~105m/min의 승강기
③ 정격속도가 120~240m/min의 승강기
④ 정격속도가 300m/min이상의 승강기

해설 즉시작동형 추락방지안전장치
• 정격속도가 60m/min를 초과하지 않는 경우 : 완충효과가 있는 즉시작동형
• 정격속도가 37.8m/min를 초과하지 않는 경우 : 즉시작동형

답 11.④ 12.③ 13.② 14.①

문제 **15** 에스컬레이터의 안전장치에 해당되지 않는 것은?
① 스텝 체인 안전 스위치(step chain safety switch)
② 스프링(spring) 완충기
③ 인레트 스위치(inlet switch)
④ 스커트 가드(skirt guard) 안전 스위치

해설 ① 스텝 체인 안전 스위치
에스컬레이터의 계단 체인이 절단 또는 늘어날시 전원을 차단하는 장치이다.
② 에너지 축적형 완충기
엘리베이터의 카가 피트로 떨어질 때 충격을 완화시키기 위한 장치이다.
속도 60m/min 이하에 적용된다.
③ 인레트 스위치
에스컬레이터 핸드레일의 인입구에 설치하는데, 어린이의 손가락이 핸드레일 난간 하부로 빨려 들어갈 때 운행을 정지시킨다.
④ 스커트 가드 안전 스위치
스커트 가드와 계단체인 사이에 발이나 이물질이 끼었을 때 위험을 방지하기 위한 장치이다.

문제 **16** 승강기 기계실에 설비되는 것이 아닌 것은?
① 승강기 제어반 ② 환기 설비
③ 옥탑 물탱크   ④ 과속조절기

문제 **17** 카가 주행 중일 때의 도어시스템 기능에 대한 설명으로 맞는 것은?
① 보통 문 닫는 힘을 내기 위하여 도어 모터에 전류를 흘려 토크를 내고 있다.
② 주행 중에는 카 도어가 절대 열려서는 안 된다.
③ 공동 주택용에서 저속의 도어를 손으로 억지로 여는 데 필요한 힘은 30kg 이상으로 규정하고 있다.
④ 주행 중이라도 카 도어는 고장시 구출을 위하여 쉽게 열릴 수 있어야 한다.

문제 **18** 무빙워크의 경사각도는 몇 도 이하로 하여야 하는가?
① 8° 이하   ② 10° 이하
③ 12° 이하   ④ 15° 이하

해설 무빙워크 경사도는 12° 이하이어야 한다.

답 15.② 16.③ 17.① 18.③

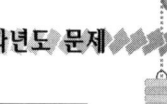

문제 19 상해의 종류에 해당되지 않는 것은?
　① 유해물 접촉
　② 시력장해
　③ 청력장해
　④ 찰과상

문제 20 승강기의 방호(안전)장치가 아닌 것은?
　① 전동기　　　　　　② 과속조절기
　③ 완충기　　　　　　④ 경보벨

　해설　전동기 : 전력을 이용하여 회전
　　　　운동의 힘을 얻는 기계이다.

문제 21 다음 중 안전사고 발생 요인이 가장 높은 것은?
　① 불안전한 상태와 행동
　② 개인의 개성
　③ 환경과 유전
　④ 개인의 감정

문제 22 양중기의 와이어로프로 사용할 수 있는 것은?
　① 이음매가 있는 것
　② 와이어로프의 한 가닥에서 소선의 수가 10~20% 정도 절단된 것
　③ 지름의 감소가 공칭지름의 5%인 것
　④ 꼬인 것

　해설　양중기에 사용해서는 안 되는 로프
　　　　① 꼬인 것
　　　　② 심하게 부식된 것
　　　　③ 지름의 감소가 공칭지름의 7%를 초과하는 것
　　　　④ 와이어로프 한 꼬임(스트랜드)에서 끊어진 소선의 수가 10% 이상인 것

답　19.① 20.① 21.① 22.③

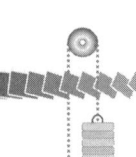

문제 23 작업장으로 통하는 통로의 안전 조건으로 잘못된 것은?
① 통로의 주요한 부분에는 통로 표시를 한다.
② 가설통로의 경사가 20도 초과 시에는 미끄러지지 않는 구조로 한다.
③ 옥내에 통로를 설치시 미끄러지는 등의 위험이 없도록 한다.
④ 통로 면으로부터 높이 2m 이내에는 장애물이 없도록 한다.

해설 가설통로 경사도는 30°이하이어야 하며, 15를 초과 시에는 미끄러지지 않는 구조로 하여야 한다.

문제 24 승강기의 안전장치에 관한 설명으로 틀린 것은?
① 작업 형편상 경우에 따라 일시 제거해도 좋다.
② 카의 출입문이 열려있는 경우 움직이지 않는다.
③ 불량할 때는 즉시 보수한 다음 작업한다.
④ 반드시 작업 전에 점검한다.

문제 25 안전 관리자의 직무사항이 아닌 것은?
① 안전작업 교육계획의 수립 및 실시 ② 근로환경 보건에 관한 조사
③ 재해 원인의 조사와 대책 수립   ④ 작업의 안전에 관한 교육 및 훈련

해설 안전관리자의 직무
① 산업안전보건위원회 또는 안전보건 노사협의체에서 심의 의결한 직무 등
② 의무안전인증대상 기계·기구 등과 자율안전확인대상 기계기구 등 구입시 적격품의 선정
③ 안전교육계획의 수립 및 실시
④ 사업장 순회점검·지도 및 조치의 건의
⑤ 산업재해 발생의 원인조사 및 재발 방지를 위한 기술적 지도·조언
⑥ 산업재해에 관한 통계의 유지·관리를 위한 지도·조언
⑦ 법 또는 법에 따른 명령이나 안전보건관리규정 및 취업규칙 중 안전에 관한 사항을 위반한 근로자에 대한 조치의 건의
⑧ 그 밖에 안전에 관한 사항으로서 고용노동부장관이 정하는 사항

문제 26 안전점검의 주목적으로 옳은 것은?
① 안전작업표준의 적절성을 점검하는 데 있다.
② 시설장비의 설계를 점검하는 데 있다.
③ 법 기준에 대한 적합 여부를 점검하는 데 있다.
④ 위험을 사전에 발견하여 시정하는 데 있다.

답 23.② 24.① 25.② 26.④

문제 27
위해·위험방지를 위하여 방호조치가 필요한 기계 기구에 대한 방호조치로 알맞게 짝지어진 것은?

① 리프트 - 과속조절기
② 에스컬레이터 - 파킹장치
③ 크레인 - 역화방지기
④ 승강기 - 과부하방지장치

해설 리프트, 크레인, 승강기는 과부하 방지 장치가 필요하다.

문제 28
작업 내용에 따라 지급해야 할 보호구로 옳지 않은 것은?

① 보안면 : 물체가 날아 흩어질 위험이 있는 작업
② 안전장갑 : 감전의 위험이 있는 작업
③ 방열복 : 고열에 의한 화상 등의 위험이 있는 작업
④ 안전화 : 물체의 낙하, 물체의 끼임 등이 있는 작업

해설 보안면에는 용접면과 일반 보안면이 있다.

종 류	사용구분
용접용 보안면	아크용접 및 가스용접, 절단 작업시에 발생한 유해한 자외선, 가시광선 및 적외선으로부터 눈을 보호하고, 가열된 용제 등의 비산에 의한 화상의 위험에서 용접자의 안면, 머리 부분 및 목 부분을 보호하기 위한 것.
일 반 보안면	일반작업 및 각종 비산물과 유해한 액체로부터 얼굴을 보호하고, 눈부심을 방지하기 위해 적당한 보안경 위에 겹쳐 착용하는 것.

문제 29
권상기의 브레이크 검사와 관계가 없는 것은?

① 로프의 이완을 확인한다.
② 이상음이 발생하는지를 확인한다.
③ 플런저는 정상으로 작동하는지를 확인한다.
④ 주행 중 브레이크 라이닝이 드럼과 마찰이 있는지를 확인한다.

해설 플런저는 유압식 엘리베이터에서 카를 상승·하강시키는 역할을 한다.

문제 30
다음 중 카 실내에서 검사하는 사항이 아닌 것은?

① 전동기 주회로의 절연저항
② 승강장 출입구 바닥 앞부분과 카 바닥 앞부분과의 틈의 너비
③ 도어스위치의 작동상태
④ 외부와 연결하는 통화장치의 작동상태

답 27.④ 28.① 29.③ 30.①

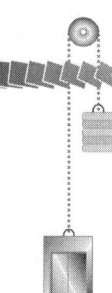

문제 31 사용 중인 와이어로프의 육안 점검사항과 거리가 먼 것은?
① 로프의 마모상태
② 변형부식 유무
③ 로프 끝의 풀림 여부
④ 로프의 꼬임방향

문제 32 승강장 출입구 바닥 앞부분과 카 바닥 앞부분과의 틈의 너비는 몇 cm 이하로 하여야 하는가?
① 2
② 3
③ 3.5
④ 5

문제 33 에스컬레이터 스텝의 구성요소가 아닌 것은?
① 콤
② 크리트
③ 라이저
④ 디딤판

해설 ① 계단(step)   ② 빗(comb)

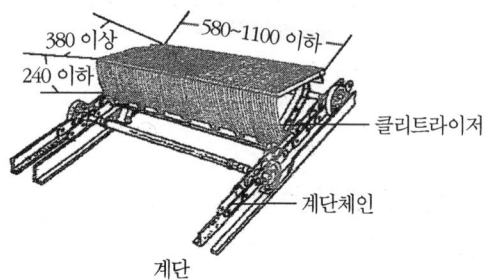
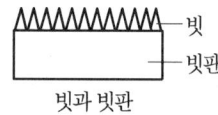
빗과 빗판

문제 34 다음은 승강기의 표시방법이다. 옳지 않은 것은?

"P15-CO120-15S"

① 승객용이다.
② 15인승이다.
③ 중앙개폐식 도어방식으로 폭이 120cm이다.
④ 정지층수는 15이다.

해설
P	15	CO	120	15S
승용	인승	센터오픈	속도	정치층수

답 31.④ 32.③ 33.① 34.③

문제 35 무빙워크의 안전장치에 해당되지 않는 것은?
① 스텝체인 안전스위치
② 스커트 가드 안전스위치
③ 비상정지스위치
④ 핸드레일 인입구 안전스위치

해설 스커트 가드(skirt guard) 안전장치 : 에스컬레이터 스커트 가드와 계단체인 사이에 발이나 이물질이 끼었을 때 위험을 방지하기 위한 장치이다.

문제 36 유압 엘리베이터의 전동기 구동기간은?
① 상승시에만 구동된다.
② 하강시에만 구동된다.
③ 상승시와 하강시 모두 구동된다.
④ 부하의 조건에 따라 상승시 또는 하강시에 구동된다.

문제 37 전자접촉기 등의 조작회로를 접지하였을 경우, 당해 전자 접촉기 등이 폐로될 염려가 있는 것의 접속방법으로 옳은 것은?
① 코일의 일단을 접지하지 않는 쪽의 전선에 접속할 것
② 코일의 일단을 접지측 전선에 접속할 것
③ 코일과 접지측 전선 사이에 반드시 개폐기가 있을 것
④ 코일과 접지측 전선 사이에 반드시 퓨즈를 설치할 것

해설 전자접촉기 회로 : 전자접촉기 등의 조작회로를 접지하였을 경우, 당해 전자접촉기 등이 폐로될 염려가 있는 것은 다음 각호로 정하는 곳에 따라 접속되어 있어야 한다.
① 코일의 일단을 접지측의 전선에 접속하여야 한다.
② 코일과 접지측의 전선 사이에는 개폐기가 없어야 한다.
③ 과전류 또는 과부하시 동력을 차단시키는 과전류 방지장치를 개별 전동기마다 설치하여야 한다.

문제 38 교류귀환 전압제어에 대한 설명으로 알맞은 것은?
① 사이리스터의 점호각을 바꾸어 유도전동기의 속도를 제어
② 모터의 전기자회로에 저항을 넣어 속도를 제어
③ 이단속도모터를 사용하여 기동을 고속권선으로, 착상을 저속권선으로 제어
④ 교류를 직류로 바꾸어 직류모터의 회전수를 제어

답 35.② 36.① 37.② 38.①

문제 39 과속조절기(Governor) 로프의 안전율은 얼마이어야 하는가?
① 2 이상 ② 3 이상
③ 4 이상 ④ 8 이상

해설
- 과속조절기 로프 : 8 이상
- 승용 주로프 : 2본은 16 이상, 3본 이상은 12 이상
- 화물용 로프 : 6 이상

문제 40 유압 엘리베이터에 관한 설명 중 옳지 않은 것은?
① 기계실의 배치가 자유롭다.
② 건물 꼭대기부분에 하중에 걸리지 않는다.
③ 실린더를 사용하므로 행정거리와 속도에 한계가 있다.
④ 승강로 상부틈새가 커야만 한다.

해설 유압 엘리베이터
(장점) ① 기계실의 배치가 자유롭다.
② 건물 꼭대기부분에 하중이 걸리지 않는다.
③ 승강로 꼭대기 틈새(Top Clearance)가 작아도 좋다.
(단점) ① 실린더를 사용하기 때문에 행정거리와 속도에 한계가 있다.
② 균형추를 사용하지 않으므로 전동기의 소요동력이 커진다.

문제 41 가이드 레일에 대한 설명 중 맞지 않은 것은?
① 카의 기울어짐을 방지
② 15~20년 경과시 교체
③ 카와 균형추의 승강로내 위치규제
④ 추락방지안전장치 작동시 수직하중을 유지

해설 가이드 레일 : 차체와 균형추의 승강로 평면내의 위치를 규제하고, 카의 기울어짐을 막아내며, 더욱이 정지 장치가 작동시 수직하중을 유지한다.

문제 42 승강기의 과부하 감지장치의 용도가 아닌 것은?
① 탑승인원 또는 적재하중 감지용
② 정격하중의 105~110%의 범위로 설정
③ 과부하 경보 및 도어 닫힘 저지용
④ 이상적인 속도 제어용

답 39.④ 40.④ 41.② 42.④

문제 43 에스컬레이터의 스커트가드와 디딤판과의 틈새는 승강로의 총길이에 걸쳐서 한쪽이 몇 mm 이하이어야 하는가?

① 2　　　　　　　　　　② 3
③ 4　　　　　　　　　　④ 7

문제 44 카 또는 균형추가 승강로 바닥에 충돌하였을 때 카내의 사람이 안전하도록 충격을 완화시키는 장치는?

① 과속조절기　　　　　② 순간식 추락방지안전장치
③ 완충기　　　　　　　④ 리미트스위치

해설

에너지 축적형 완충기

문제 45 정격속도 65m/min인 엘리베이터에 사용되는 추락방지안전장치의 종류는?

① 점차작동형　　　　　② 즉시작동형
③ 디스크작동형　　　　④ 플라이볼작동형

해설　즉시 작동형은 37.8m/min을 초과하지 않는 경우, 점차 작동형은 60m/min을 초과하는 경우에 적용된다.

문제 46 비상용 엘리베이터는 비상운전시 비상운전등이 점등되어야 한다. 다음 중 비상운전에 해당되지 않는 것은?

① 비상호출스위치 조작에 의한 운전
② 1차 소방스위치 및 2차 소방스위치 조작에 의한 운전
③ 비상호출버튼 조작에 의한 운전
④ 수동버튼 조작에 의한 운전

문제 47 포아송 비에 해당하는 식은?

① $\dfrac{가로변형률}{세로변형률}$　　　　② $\dfrac{세로변형률}{가로변형률}$

③ $\dfrac{가로변형률}{부피변형률}$　　　　④ $\dfrac{세로변형률}{부피변형률}$

답　43.③　44.③　45.①　46.④　47.①

문제 48. 회로도와 원리가 같은 논리기호는?

① AND ② OR ③ NAND ④ NOR

해설

1. AND회로
   ① 논리기호 $X_1, X_2 \to A$
   ② 논리식 $A = X_1 \cdot X_2$
   ③ 동작표

입력		출력
X_1	X_2	A
0	0	0
1	0	0
0	1	0
1	1	1

   ④ 유접점 논리식
   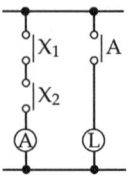

2. OR 회로
   ① 논리기호 $X_1, X_2 \to A$
   ② 논리식 $A = X_1 + X_2$
   ③ 동작표

입력		출력
X_1	X_2	A
0	0	0
1	0	1
0	1	1
1	1	1

   ④ 유접점 논리식
   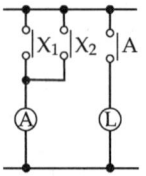

문제 49. 승강기의 안전회로는 어떻게 구성하는 것이 좋은가?

① 병렬회로 ② 직렬회로
③ 직병렬회로 ④ 인터록회로

답 48.② 49.②

문제 50 전기기기의 충전부와 외함 사이의 저항은?
① 절연저항
② 접지저항
③ 고유저항
④ 브리지저항

문제 51 다음 중 탄성률이 가장 큰 것은?
① 스프링
② 섬유질
③ 금강석
④ 진흙

해설 탄성률이란 탄성체가 탄성한계 내에서 가지는 응력과 변형의 비, 즉 외부 힘에 의해서 변형을 일으킨 물체가 힘이 제거되었을 때, 원래의 모양으로 되돌아가려는 성질을 말한다.

문제 52 1kWh를 줄(joule)로 환산하면?
① $3.6 \times 10^3 J$
② $3.6 \times 10^4 J$
③ $3.6 \times 10^5 J$
④ $3.6 \times 10^6 J$

문제 53 다음 중 전하량의 단위는?
① C
② A
③ V
④ Ω

해설
- C : 전하량
- A : 전류
- V : 전압
- Ω : 저항

문제 54 교류에서 저압이란?
① 200V 이하
② 380V 이하
③ 440V 이하
④ 1000V 이하

해설 ① 저압 : DC 1500V 이하, AC 1000V 이하
② 고압 : DC, AC 저압을 넘고 7000V 이하
③ 특고압 : DC, AC 7000V 초과

답 50.① 51.③ 52.④ 53.① 54.④

문제 55 두 전하 사이에 작용하는 힘(쿨롱의 법칙)을 설명한 것은?

① 두 전하의 곱에 반비례하고 거리에 비례한다.
② 두 전하의 곱에 반비례하고 거리의 제곱에 비례한다.
③ 두 전하의 곱에 비례하고 거리에 반비례한다.
④ 두 전하의 곱에 비례하고 거리의 제곱에 반비례한다.

해설 쿨롱의 법칙

$$F = 9 \times 10^9 \frac{Q_1 Q_2}{\varepsilon_s r^2} [\text{N}]$$

문제 56 시퀀스 회로에서 일종의 기억회로라고 할 수 있는 것은?

① AND회로 ② OR회로
③ 자기유지회로 ④ NOT회로

해설 1. AND 회로
① 논리기호 ② 논리식 ③ 유접점 회로

A •⎯⎤‾‾⎤
B •⎯⎦__⎦⎯• X $X = A \cdot B$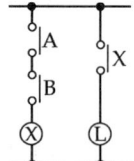

2. OR 회로
① 논리기호 ② 논리식 ③ 유접점 회로

A •⎯⎤‾‾⎤
B •⎯⎦__⎦⎯• X $X = A + B$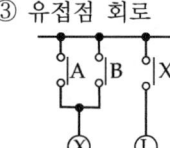

3. 자기유지회로

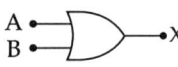
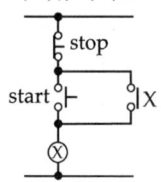

답 55.④ 56.③

4. NOR 회로
   ① 논리기호   ② 논리식   ③ 유접점 회로

A •—▷∘— X $X = \overline{A}$ 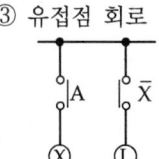

문제 57 4극인 유도전동기의 동기속도가 1800rpm일 때 전원주파수는?
① 50Hz   ② 60Hz
③ 70Hz   ④ 80Hz

해설 $N_s = \dfrac{120f}{p}[\text{rpm}]$ 에서

$f = \dfrac{N_s p}{120} = \dfrac{1800 \times 4}{120} = 60[\text{Hz}]$

문제 58 피측정물의 치수와 표준치수와의 차를 측정하는 것은?
① 버니어 켈리퍼스   ② 마이크로미터
③ 하이트 게이지   ④ 다이얼 게이지

해설 ㉮ 버니어 켈리퍼스   ㉯ 마이크로미터

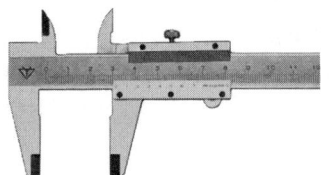   

㉰ 하이트 게이지   ㉱ 다이얼 게이지

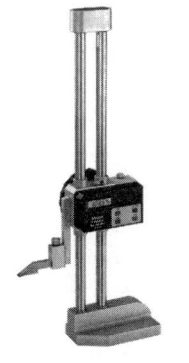   

답   57.②   58.④

문제 59 그림은 단상 교류전압을 전파정류한 파형이다. 이에 대한 설명 중 틀린 것은?

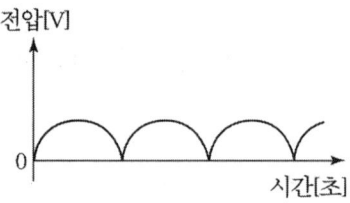

① 다이오드 4개로 이와 같은 출력을 얻을 수 있다.
② 평활회로를 사용하지 않더라도 이 전압 그대로 계전기를 동작시킬 수 있다.
③ 이 전압파형은 DC전압이므로 회로구성시 +, -극성을 고려하여야 한다.
④ 콘덴서를 사용하여 다시 교류전원으로 환원시킬 수 있다.

해설 직류를 교류로 바꾸려면 인버터가 필요하다.

문제 60 되먹임제어에서 꼭 필요한 장치는?
① 입력과 출력을 비교하는 장치
② 응답속도를 느리게 하는 장치
③ 응답속도를 빠르게 하는 장치
④ 안정도를 좋게 하는 장치

해설 되먹임제어(feed back system)
같이 출력신호를 입력신호로 되돌려서 제어량의 목표값과 비교하여 정확한 제어가 가능하도록 한 제어계

답 59.④ 60.①

2011년 기출문제

- 과년도 문제(2011. 02. 13)
- 과년도 문제(2011. 04. 17)
- 과년도 문제(2011. 10. 09)

승강기기능사 과년도 문제
(2011.02.13 시행)

문제 01 직류 가변전압식 엘리베이터에서는 권상전동기에 직류 전원을 공급한다. 필요한 발전기 용량은? (단, 권상전동기의 효율은 80%, 1시간 정격은 연속정격의 56%, 엘리베이터용 전동기의 출력은 20kW이다.)

① 약 11kW　　② 약 14kW
③ 약 17kW　　④ 약 20kW

해설　$Q = \dfrac{20}{0.8} \times 0.56 = 14\text{kW}$

문제 02 엘리베이터의 운행 속도를 검출하는 안전장치는?

① 추락방지안전장치　　② 과속조절기
③ 브레이크　　④ 전동기

해설　과속조절기는 카와 같은 속도로 움직이는 과속조절기 로프에 의해 회전되며, 항상 카의 속도를 검출하여 과속 시 원심력으로 추락방지안전장치를 작동시킨다. 카 추락방지안전장치의 작동을 위한 과속조절기는 정격속도의 115% 이상이 되면 작동되어야 하며, 그리고 아래와 같은 속도 미만에서도 작동되어야 한다.
① 과속조절기가 작동 시 과속조절기 로프의 인장력은 다음 두 값 중 큰 값 이상이어야 한다.
・ 300N
・ 최소한 추락방지안전장치가 물리는 데 필요한 값의 2배
② 고정된 롤러 형식의 추락방지안전장치 : 60m/min
③ 고정된 롤러 형식을 제외한 즉시 작동형 추락방지안전장치 : 48m/min

문제 03 완충기에 대한 설명으로 틀린 것은?

① 카가 어떤 원인으로 최하층을 통과하여 피트로 떨어졌을 때 충격을 완화하기 위하여 설치한다.
② 완충기는 카나 균형추의 자유낙하를 완충하기 위한 것은 아니다.
③ 에너지 축적형 완충기와 에너지 분산형 완충기가 있다.
④ 승강기의 정격속도가 60m/min를 초과하면 운동에너지가 증가하므로 에너지 축적형 완충기를 사용한다.

해설　에너지 축적형 완충기는 속도 60m/min 이하의 엘리베이터에, 에너지 분산형 완충기는 모든 속도의 경우에 사용된다.

답　1.② 2.② 3.④

문제 04 승객용 엘리베이터에서 카 바닥 앞부분의 아랫방향으로 출입구의 전폭에 걸쳐 수직높이가 몇 mm 이상인 보호판이 견고하게 설치되어 있어야 하는가?
① 450
② 750
③ 1450
④ 1540

문제 05 엘리베이터 기계실의 실온은 원칙적으로 얼마 이하로 유지하여야 하는가?
① 20℃
② 30℃
③ 40℃
④ 50℃

해설 기계실의 온도는 5℃ 이상 40℃ 이하이어야 한다.

문제 06 언더 컷(under cut) 홈 시브에 대한 설명으로 틀린 것은?
① 로프와 시브의 마찰계수를 높이기 위한 것이다.
② 로프 마모율이 비교적 심하지 않다.
③ 주로 싱글 랩핑(1 : 1로핑)에 사용된다.
④ 홈의 형상은 시브 홈의 밑을 도려낸 것이다.

해설 언더 컷(under cut) 홈은 로프와 시브의 마찰계수를 높이기 위한 것이므로 로프 마모율이 비교적 심하다.

문제 07 공동 주택용 엘리베이터에서 카가 정지하였거나 동력이 끊어졌을 때 카의 도어를 손으로 여는데 필요한 힘의 범위로 옳은 것은?
① 5kg 이상 30kg 이하
② 5kg 이상 20kg 이하
③ 10kg 이상 30kg 이하
④ 10kg 이상 20kg 이하

해설 동력이 차단되었을 때 문을 손으로 여는 데 필요한 힘은 5kg 이상 30kg 이하이어야 한다.

문제 08 45m/min 이하의 승강기에서 과속조절기의 2차 작동(추락방지안전장치의 작동)속도는?
① 63m/min
② 68m/min
③ 정격속도의 160%
④ 정격속도의 200%

해설 ※ 본 문제는 검사기준(2013.9.15 시행)이 개정되어 출제가 수정될 것입니다.
카 추락방지안전장치의 작동을 위한 과속조절기는 정격속도의 115% 이상의 속도 시 작동되어야 한다.

답 4.② 5.③ 6.② 7.① 8.②

문제 09 균형로프(compensating rope)에 대한 설명으로 옳은 것은?
① 주로 고속엘리베이터에 많이 사용하고 있다.
② 유압승강기에 많이 사용하고 있다.
③ 10층 미만의 로프식 승강기에 많이 사용하고 있다.
④ 화물은 승강기에만 주로 사용하고 있다.

해설 고층용 엘리베이터(속도 120m/min 이상)에는 균형로프를 사용한다.

문제 10 무빙워크의 디딤면의 경사도는 몇 도 이하이어야 하는가?
① 8도   ② 10도
③ 12도   ④ 15도

해설 무빙워크의 디딤면은 12° 이하이어야 한다.

문제 11 과부하 감지장치의 작동에 따른 연계 작동에 포함되지 않는 것은?
① 카가 움직이지 않는다.   ② 경보음이 울린다.
③ 통화장치가 작동된다.   ④ 문이 닫히지 않는다.

해설 과부하 감지장치의 작동과 통화장치와는 무관하다.

문제 12 에스컬레이터의 비상정지버튼의 설치위치는?
① 기계실에 설치한다.   ② 상부 승강장 입구에 설치한다.
③ 하부 승강장 입구에 설치한다.   ④ 상·하부 승강장 입구에 설치한다.

해설 에스컬레이터의 비상정지버튼은 상·하부 승강장 입구에 설치한다.

문제 13 승강장의 문이 열린 상태에서 모든 제약이 해제되면 자동적으로 닫히게끔 하여 문의 개방상태에서 생기는 2차 재해를 방지하는 문의 안전장치는?
① 세이프티 레이   ② 도어 인터로크
③ 클로저   ④ 도어 세이프티

해설
• 세이프티 레이(safety ray) : 도어의 양단에 투광기와 수광기를 설치해 광선이 차단될 시 도어의 닫힘은 중단하고 열리게 한다.
• 도어 인터로크(door interlock) : 도어록과 도어 스위치로 구성되어 있으며 닫힘 동작시는 도어록이 먼저 걸린 상태에서 도어 스위치가 들어가고 열림 동작시는 도어 스위치가 끊어진 후에 도어록이 열리는 구조로 되어야 한다.

답 9.① 10.③ 11.③ 12.④ 13.③

- 클로저(closer) : 승강장 도어가 열려 있으면 자동으로 닫히게 하는 장치이다.
- 도어 세이프티(door safety) : 문의 안전장치를 뜻한다.

문제 14 승강로 꼭대기 틈새(상부틈)에 대한 설명으로 옳은 것은?
① 카가 최상층에 정지하였을 경우 카 바닥과 기계실 바닥간의 거리
② 카가 최상층에 정지하였을 경우 카 바닥과 카 천장간의 거리
③ 카가 최상층에 정지하였을 경우 카 상부체대와 승강로 천장간의 거리
④ 카가 최상층에 정지하였을 경우 카 상부체대와 기계실 천장까지의 거리

해설 승강로 상부틈 : 카가 최상층에 정지하였을 경우 카 상부체대와 승강로 천장간의 거리를 말한다.

문제 15 유압 엘리베이터용 펌프로 소음이 적고 압력맥동이 적은 펌프는?
① 기어펌프　　② 스크루펌프
③ 외접펌프　　④ 피스톤펌프

해설 유압 엘리베이터의 펌프는 일반적으로 압력맥동(壓力脈動)이 작고 진동과 소음이 작은 스크루(프로펠러)펌프가 주로 사용된다.

문제 16 VVVF제어에서 3상의 교류를 일단 DC전원으로 변환시키는 것은?
① 인버터　　② 발전기
③ 전동기　　④ 컨버터

해설
- AC를 DC로 변환 : 컨버터
- DC를 AC로 변환 : 인버터

문제 17 기계실의 바닥면적은 승강로 수평투영면적의 몇 배 이상으로 하여야 하는가?(단, 기기의 배치 및 관리에 지장이 없는 경우이다.)
① 1　　② 2
③ 3　　④ 4

답　14.③　15.②　16.④　17.②

문제 18 에스컬레이터에서 스텝체인에 대한 설명으로 옳은 것은?
① 폭이 좁고, 층고가 낮을수록 높은 강도의 체인을 필요로 한다.
② 일종의 롤러체인이다.
③ 좌우 체인의 링크 간격은 스텝을 안전하게 유지하기 위하여 크기가 서로 다른 환강으로 연결한다.
④ 클립형과 판넬형이 있다.

해설　스텝체인(Step Chain) : 스텝체인은 스텝을 주행시키는 역할을 하며 에스컬레이터의 좌우에 설치되어 있다. 스텝체인의 링크간격을 일정하게 유지하기 위하여 일정간격으로 환봉강을 연결하고, 환봉강 좌우에 스텝의 전륜이 설치되며, 구동 가이드레일상을 주행한다.

문제 19 승강기의 자체검사 항목이 아닌 것은?
① 기계실의 면적　　　　② 브레이크 및 제어장치
③ 와이어로프　　　　　④ 과부하방지장치

문제 20 방호장치 중 과도한 한계를 벗어나 계속적으로 작동하지 않도록 제한하는 장치는?
① 크레인　　　　　　　② 리미트 스위치
③ 윈치　　　　　　　　④ 호이스트

해설　리미트 스위치(limit switch)
카(car)가 최상층 또는 최하층을 지나치지 않도록 하는 장치이다.

(리미트 스위치)

문제 21 재해의 직접 원인은 인적 원인과 물적 원인으로 구분할 수 있다. 다음 중 물적 원인에 해당하는 것은?
① 복장, 보호구의 잘못 사용　　② 정서불안
③ 작업환경의 결함　　　　　　④ 위험물 취급 부주의

답　18.② 19.① 20.② 21.③

해설 물적 원인(불안전한 상태)
① 불충분한 지지 또는 방호
② 결함이 있는 공구, 장치 또는 자재
③ 작업장소의 밀집
④ 불충분한 경보시스템
⑤ 화재 또는 폭발 위험성
⑥ 빈약한 장비
⑦ 위험성이 있는 대기상태(가스, 먼지, 증기 등)
⑧ 지나친 소음
⑨ 빈약한 조명
⑩ 빈약한 환기
⑪ 빈약한 노출

문제 22 높은 곳에서 전기작업을 위한 사다리작업을 할 때 안전을 위하여 절대 사용해서는 안 되는 사다리는?
① 미끄럼 방지장치가 있는 사다리
② 도전성이 있는 금속제 사다리
③ 니스(도료)를 칠한 사다리
④ 셸락(shellac)을 칠한 사다리

문제 23 전기 안전대책의 기본 요건에 해당되지 않는 것은?
① 정전방지를 위해 활선작업 유도
② 전기시설의 안전처리 확립
③ 취급자의 안전자세 확립
④ 전기설비의 접지 실시

해설 활선작업은 전기가 충전(살아 있는)되어 있는 상태를 말하는데 정전방지를 위해 유도함은 옳지 않다.

문제 24 안전 작업모를 착용하는 주요 목적이 아닌 것은?
① 화상방지
② 비산물로 인한 부상 방지
③ 종업원의 표시
④ 감전의 방지

문제 25 부상으로 인하여 8일 이상의 노동력 상실을 가져온 상해정도는?
① 중상해
② 경상해
③ 경미 상해
④ 무상해

해설
- 중상해 : 부상으로 8일 이상의 노동 상실을 가져온 상해
- 경상해 : 부상으로 1일 이상 7일 이하의 노동 상실을 가져온 상해

답 22.② 23.① 24.③ 25.①

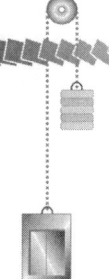

문제 26 원동기, 회전축 등에는 위험방지장치를 설치하도록 규정하고 있다. 설치방법에 대한 설명으로 틀린 것은?

① 위험부위에는 덮개, 울, 슬리브 등을 설치
② 키 및 핀 등의 기계요소는 묻힘형으로 설치
③ 벨트의 이음부분에는 돌출된 고정구로 설치
④ 건널다리에는 안전난간 및 미끄러지지 아니하는 구조의 발판 설치

해설 벨트의 이음부분에는 돌출된 고정구로 설치해서는 안 된다.

문제 27 재해발생시 긴급 처리해야 할 사항이 아닌 것은?

① 피해 기계의 정지
② 피해자의 응급조치
③ 관계기관에 신고
④ 2차 재해방지

문제 28 인장응력을 가장 옳게 설명한 것은?

① 재료내부에 인장힘이 발생하여 갈라지는 균열현상
② 재료외부에 인장힘이 발생하여 갈라지는 균열현상
③ 재료가 외력을 받아 인장되려고 할 때 재료내에서 생기는 응력
④ 재료가 내력을 받아 인장되려고 할 때 재료내에서 생기는 응력

해설 인장응력은 재료가 외력을 받아 인장되려고 할 때 재료내에서 생기는 응력을 말한다.

※ 응력 = $\dfrac{하중}{단면적}$

문제 29 하중경보장치는 몇 % 적재시 경보를 발하고 문의 닫힘을 제어하는가?

① 80
② 100
③ 110
④ 120

해설 과부하 감지장치(Overload Switch)
카 바닥 하부 또는 와이어로프 단말에 설치하여 카 내부의 승차인원 또는 적재하중을 감지하여 정격하중 초과시 경보음을 발생케하고, 카 내에 적재하중이 초과되었음을 알려 주는 동시에 출입구 도어의 닫힘을 저지하여 카를 출발시키지 않도록 하는 장치로써 정격하중의 105~110%의 범위에 설정되어 진다.

답 26.③ 27.③ 28.③ 29.③

문제 30 카 내에서 행하는 검사에 해당되지 않는 것은?
① 카 시브의 안전상태
② 카 내의 조명상태
③ 비상통화장치
④ 운전반 버튼의 동작상태

해설 카 시브의 안전상태는 카내에서 행하는 검사에 해당되지 않는다.

문제 31 전동 덤웨이터에 대한 설명으로 틀린 것은?
① 구조상 경미한 부분을 제외하고는 불연재료로 만들거나 씌워야 한다.
② 점검용 콘센트는 소방설비용 비상콘센트를 겸용하여 사용한다.
③ 일반적으로 기계실 천장의 높이는 1m 이상을 유지하여야 한다.
④ 서적, 음식물 등 소형화물의 운반에 적합하게 제작된 엘리베이터이다.

해설 덤웨이터는 바닥면적이 $1m^2$ 이하 그리고 천장높이가 1.2m 이하로, 300kg 이하의 소화물(음식물 또는 서적)을 운반하는데 사용되는 소형 엘리베이터이다. 점검용 콘센트는 소방설비용 비상콘센트를 겸용하여 사용해서는 안된다.

문제 32 순간식 추락방지안전장치의 일종으로 로프에 걸리는 장력이 없어져서 휘어짐이 생겼을 때 바로 운전회로를 차단하는 장치는?
① 과속조절기
② 슬랙로프 세이프티
③ 브레이크
④ 상승방향 과속방지장치

해설 슬랙로프 세이프티(slake rope safety) : 로프에 걸리는 장력이 없어져서 휘어짐이 생겼을 때, 바로 운전회로를 차단한다. 과속조절기를 설치하지 않는 방식이다.

문제 33 다음 중 권상기 도르래 홈의 형상에 속하지 않는 것은?
① U홈
② V홈
③ R홈
④ 언더커트 홈

해설 권상기 도르래 홈의 형상에 R홈은 없다.

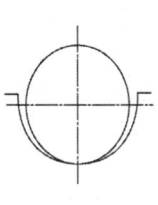   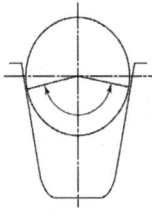   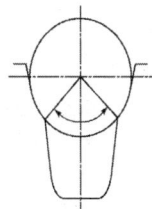

(a) U홈   (b) V홈   (c) 언더컷 홈

답 30.① 31.② 32.② 33.③

문제 34 균형로프(compensation rope)의 역할로 가장 알맞은 것은?
① 카의 무게를 보상
② 카의 낙하를 방지
③ 균형추의 이탈을 방지
④ 와이어로프의 무게를 보상

해설 행정거리가 긴 고층건물의 엘리베이터에서는 카의 위치에 로프 자중에 의한 무게 불균형과 이동케이블 자중의 무게 불균형이 커지므로 카와 균형추 상호간의 위치변화에 따른 와이어로프 무게를 보상하기 위해 균형체인이나 균형로프가 설치된다.

문제 35 가이드 레일의 규격에 관한 설명으로 틀린 것은?
① 일반적으로 쓰는 T형 레일의 공칭은 8, 13, 18, 24K 등이 있다.
② 대용량의 엘리베이터에서는 37, 50K 레일도 있다.
③ 레일의 표준길이는 6m이다.
④ 레일규격의 호칭은 마무리 가공전 소재의 1m당의 중량이다.

해설 가이드 레일의 표준길이는 5m이다.

문제 36 다음 중 에스컬레이터의 안전장치가 아닌 것은?
① 구동 체인 안전장치
② 스텝 체인 안전장치
③ 스커드 가드 안전장치
④ 피트 정지 안전장치

해설
- 구동 체인 안전장치 : 구동 체인이 파손되었을 때 작동하여 에스컬레이터를 정지시킨다.
- 스텝(step) 체인 안전장치 : 스텝 체인이 파손되거나 과도하게 늘어날 때 작동하여 에스컬레이터를 정지시킨다.
- 스커드 가드(skirt guard) 안전장치 : 스커드 가드와 계단 사이에 이물질이 끼었을 때 작동하여 에스컬레이터를 정지시킨다.

문제 37 플라이 웨이트가 로프잡이를 동작시켜 로프잡이는 과속조절기 로프를 잡고 추락방지안전장치를 동작시키는 기구로 되어 있는 과속조절기는?
① 디스크형 과속조절기
② 플라이 볼형 과속조절기
③ 롤 세프티형 과속조절기
④ 슬라이드형 과속조절기

해설
- 디스크(disk)형 과속조절기 : 과속조절기 도르래의 속도가 빠르면 플라이 웨이트가 로프잡이를 동작시켜 과속조절기 로프를 잡는데, 그로 인해 추락방지안전장치는 동작된다.
- 플라이 볼(fly ball)형 과속조절기 : 시브(sheave)의 회전을 종축으로 변환시켜 속도가 빠르게 되면 그 원심력으로 플라이 볼이 동작해 전원 스위치와 추락방지안전장치를 작동시킨다.

답 34.④ 35.③ 36.④ 37.①

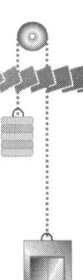

문제 38 엘리베이터의 도어 슈의 점검을 위해 실시하여야 할 점검사항이 아닌 것은?

① 도어 슈의 마모상태 점검 ② 가이드 롤러의 고무 탄력상태 점검
③ 슈 고정볼트의 조임상태 점검 ④ 도어 개폐시 실과의 간섭상태 점검

해설 엘리베이터의 도어 슈(door shoe)는 도어(door)의 이탈을 막는 기구이다.

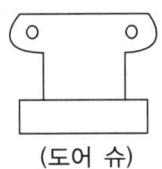

(도어 슈)

문제 39 유압식 승강기의 하중시험시, 110%의 하중을 적재하고 상승할 때는 전동기 정격전류값의 몇 % 이하로 작동하여야 하는가?

① 120 ② 130
③ 140 ④ 150

해설

항목	적재하중의 100% 하중을 싣는 경우	적재하중의 110% 하중을 싣는 경우
속도	상승 하강시 속도가 설계도면에 기재되어 있는 속도의 90% 이상 105% 이하	상승 하강시 속도가 설계도면에 기재되어 있는 속도의 85% 이상 110% 이하
전류	전동기 정격전류값의 125% 이하	전동기 정격전류값의 140% 이하
작동 압력	설계값의 115% 이하	설계값의 115% 이하

문제 40 엘리베이터를 카 위에서 검사할 때 주 로프를 걸어 맨 고정 부위는 2중 너트로 견고하게 조여 있어야 하고 풀림방지를 위하여 무엇이 꽂혀 있어야 하는가?

① 소켓 ② 균형체인
③ 브래킷 ④ 분할핀

문제 41 과속조절기 스위치를 설명한 것으로 옳은 것은?

① 일단 작동하면 자동으로 복귀되지 않는다.
② 작동 후 속도가 정상으로 복귀되면 스위치도 복귀된다.
③ 일단 작동하면 교체하여야 한다.
④ 자동복귀되어도 작동하지 않는다.

해설 과속조절기 스위치는 수동으로 복귀시켜야 한다.

답 38.② 39.③ 40.④ 41.①

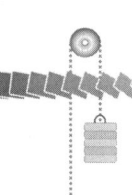

문제 42 정격속도 90m/min로 유압 완충기를 사용하는 카가 최하층에 수평으로 정지되었다면 카와 완충기와의 최소거리로 옳은 것은?

① 규정하지 않는다. ② 150~300mm
③ 300~600mm   ④ 75~150mm

해설 카가 최하층에 있을 때 카와 완충기의 거리는 유입식은 규정하지 않고, 에너지 축적형은 최소거리가 150mm 이하이어야 한다.

문제 43 유압 승강기에서 파워 유니트의 보수, 점검 또는 수리를 위해 실린더로 통하는 기름을 수동으로 차단시켜야 하는 것은?

① 역지밸브   ② 스트레이너
③ 스톱밸브   ④ 레벨링밸브

해설 스톱밸브(Stop Valve) : 이 밸브를 닫으면 실린더의 기름이 파워 유니트로 역류하는 것을 방지한다. 이 장치는 유압장치의 보수, 점검 또는 수리시에 사용된다.

문제 44 에스컬레이터의 종류 중 수송능력에 따른 분류에 해당되는 것은?

① 700형   ② 800형
③ 900형   ④ 1100형

해설 난간폭에 의한 분류
① 800형 : 수송능력이 6000명/시간
② 1200형 : 수송능력이 9000명/시간

문제 45 가변전압 가변주파수(VVVF)제어방식 승강기의 특징이 아닌 것은?

① 워드레오나드 방식에 의해 유지보수가 쉽다.
② 교류2단 속도제어방식보다 소비전력이 적다.
③ 높은 기동전류로 기동하며 기동시에도 높은 토크를 낼 수 있다.
④ 속도에 대응하여 최적의 전압과 주파수로 제어하기 때문에 승차감이 양호하다.

해설 가변전압 가변주파수(VVVF : Variable Voltage Variable Frequency) 제어
인버터제어라고도 불리우는 VVVF 제어는 유도전동기에 인가되는 전압과 주파수를 동시에 변환시켜 직류전동기와 동등한 제어성능을 얻을 수 있는 방식이다. 또한 VVVF제어는 고속엘리베이터에도 유도전동기를 적용하여 보수가 용이하고 전력회생을 통해 전력소비를 줄일 수 있게 되었다. 또한 중·저속 엘리베이터에서는 승차감 및 성능이 크게 향상되었고, 저속영역에서 손실을 줄여 소비전력을 반으로 줄였다.

답 42.① 43.③ 44.② 45.③

문제 46 스위치 및 릴레이 작동상태를 점검하는 것이 아닌 것은?
① 저항의 파손상태 확인
② 융착된 금속접점 유무 확인
③ 코일의 절연물 소손상태 확인
④ 접점의 마모상태 확인

문제 47 3Ω과 6Ω의 저항을 직렬로 연결했을 때의 합성저항은?
① 2Ω
② 4.5Ω
③ 6Ω
④ 9Ω

해설 $R_o = 3 + 6 = 9\Omega$

문제 48 전선의 길이를 고르게 2배로 늘리면 단면적은 1/2로 된다. 이때의 저항은 처음의 몇 배가 되는가?
① 4배
② 2배
③ 0.5배
④ 0.25배

해설 $R = \rho \dfrac{l}{A}(\Omega)$에서 $R_o = \rho \dfrac{2l}{\frac{A}{2}} = \rho \dfrac{l}{A} \times 4 = 4R$

문제 49 정속도 전동기에 속하는 것은?
① 타여자 전동기
② 직권 전동기
③ 분권 전동기
④ 가동복권 전동기

해설
- 타여자 전동기 : 직류 전동기 속도 $N = k\dfrac{E_o}{\phi} = k\dfrac{V - I_a R_a}{\phi}$(rpm)이다.
  타여자 전동기에서는 계자 전류, 즉 자속 ϕ는 거의 일정하므로 V가 일정하면 N은 $V - I_a R_a$와 거의 비례한다. 따라서 부하 전류 $I(=I_a)$가 작을 때에는 속도는 전류의 증가에 따라 저하한다. 용도는 속도를 광범위하게 조정할 수 있으므로 압연기나 엘리베이터 등에 이용되고, 일그너 방식 또는 워드레오나드 방식의 속도 제어 장치를 사용하는 경우에는 주전동기로 사용된다.
- 직권 전동기 : 직권 전동기는 부하가 증가함과 동시에 현저하게 감소하는 가변속도 전동기(variable speed motor)이다. 이 전동기는 부하가 감소하면 갑자기 속도가 상승하고, 무부하가 되면 대단히 고속도가 되어서 위험하게 된다. 그러므로 직권 전동기는 무부하 운전이나 벨트 운전을 해서는 안 된다.
- 분권 전동기 : 직류 전동기의 속도는 주로 전기자 전압과 자계에 의해서 좌우된다. 분권 전동기는 전기자 권선과 계자 권선은 모두 직류 전원에 병렬로 연결된다. 만약 선간 전압이 일정하다면 전기자 전압과 계자력은 일정하다. 그러므로 분권 전동기는 일정 속도로 운전하게 된다.

답 46.① 47.④ 48.① 49.③

- **가동복권 전동기** : 가동 복권 전동기의 속도 특성과 토크 특성은 아래 그림과 같이 분권 전동기와 직권 전동기의 중간 특성이 되며 직권 계자 기자력과 분권 계자 기자력은 크기에 따라 분권 전동기, 또는 직권 전동기에 가까운 특성이 된다. 가동 복권 전동기에는 분권 계자 권선이 있기 때문에 부하를 걸지 않더라도 계자 자속이 존재하게 되어 직권 전동기와 같은 무구속 속도가 될 염려가 없다. 그리고 직권 계자 권선이 있어서 기동 토크도 상당히 크다.

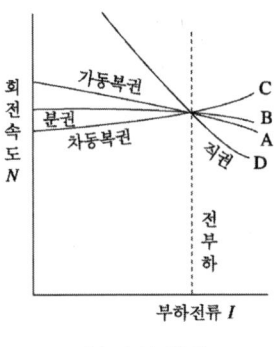

(a) 속도 특성 　　　　　(b) 토크 특성

복권 전동기의 속도와 토크 특성

문제 50 반도체에서 공유결합을 할 때 과잉전자를 발생시키는 반도체는?
① P형 반도체　　② N형 반도체
③ 진성 반도체　　④ 불순물 반도체

해설　P형 불순물 반도체는 억셉터(Acceptor) 원자, 즉 캐리어(Carrier)가 정공이며, N형 불순물 반도체는 도너(donor) 원자, 즉 캐리어(Carrier)가 자유전자(잉여전자)이다.

문제 51 논리식의 불 대수에 관한 법칙 중 틀린 것은?
① $A \cdot A = A$　　② $0 \cdot A = 1$
③ $A + A = A$　　④ $1 + A = 1$

해설
- $A \cdot A = A$　　・$A \cdot 0 = 0$　　・$A + A = A$
- $A + 1 = 1$　　・$A + 0 = A$　　・$A \cdot \overline{A} = 0$

문제 52 용량이 1kW인 전열기를 2시간 동안 사용하였을 때 발생한 열량은?
① 430kcal　　② 860kcal
③ 1720kcal　　④ 2000kcal

해설　$H = 860 \times 2 = 1720 \text{kcal}$　　※ 1kWh = 860kcal

답　50.② 51.② 52.③

문제 53
아래 그림은 트랜지스터를 사용한 무접점 스위치이다. 부하의 저항값이 10Ω, 트랜지스터 전류이득 $\beta = 100$일 때, 부하에 흐르는 전류는? (단, V_{in}은 트랜지스터가 포화되는 전압을 가하고 다른 조건은 무시한다.)

① 0.024A
② 0.24A
③ 2.4A
④ 24A

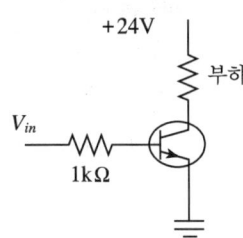

해설 전류이득 $\beta = 100$이다. 그러므로 $I = \dfrac{V}{R} = \dfrac{24}{10} = 2.4\text{A}$

문제 54
자기저항에 관한 설명 중 옳은 것은?(단, 자기회로 = l, 자로의 단면적 = A, 투자율 = μ이다.)

① 자기회로의 l에 반비례하고 A와 μ의 곱에 비례한다.
② 자기회로의 l에 비례하고 A와 μ의 곱에 비례한다.
③ 자기회로의 l에 반비례하고 A와 μ의 곱에 반비례한다.
④ 자기회로의 l에 비례하고 A와 μ의 곱에 반비례한다.

해설 $R = \dfrac{l}{\mu A}$ [AT/Wb]

문제 55
60μA는 몇 mA에 해당하는가?

① 0.06   ② 0.6
③ 6   ④ 60

해설 60μA = 0.06mA
※ $1\text{A} = 10^3 \text{mA} = 10^6 \mu\text{A}$

문제 56
다음 측정기 중 각도측정기로 알맞은 것은?

① 버니어캘리퍼스   ② 사인 바
③ 수준기   ④ 마이크로미터

해설
- 버니어캘리퍼스 : 정밀한 길이 측정기구
- 사인 바 : 공작물품의 정확한 각도를 알아내는 데 사용되는 측정기구
- 수준기 : 수평면을 만들기 위한 기구
- 마이크로미터 : 나사의 원리를 이용하여 길이를 정밀하게 측정하는 기구

답 53.③ 54.④ 55.① 56.②

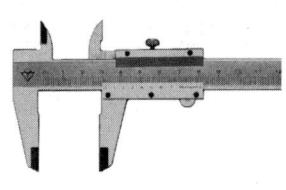
(버니어 캘리퍼스)

(사인 바)

(평형수준기)

(마이크로미터)

문제 57 발전기 및 변압기를 보호하기 위하여 사용되는 차동계전기는 어느 고장 부분을 검출하는 것인가?
① 내부 고장보호
② 권선의 층간단락
③ 선로의 접지
④ 권선의 온도상승

해설 권선의 층간단락 보호에는 차동계전기가 사용된다.

문제 58 SCR의 게이트 작용은?
① 소자의 ON-OFF 작용
② 소자의 도통 제어 작용
③ 소자의 브레이크 다운 작용
④ 소자의 브레이크 오버 작용

해설 SCR은 단방향 대전류 스위칭 소자로써 제어를 할 수 있는 정류소자이다. 게이트는 소자의 도통제어 작용을 한다.

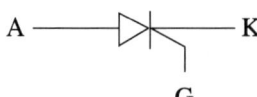

문제 59 동일 규격의 축전지 2개를 병렬로 접속하면 전압과 용량의 관계는 어떻게 되는가?
① 전압과 용량이 모두 반으로 줄어든다.
② 전압과 용량이 모두 2배가 된다.
③ 전압은 2배가 되고 용량은 변하지 않는다.
④ 전압은 변하지 않고 용량은 2배가 된다.

57.② 58.② 59.④

해설
- 동일 규격의 축전지 2개를 병렬로 접속 : 전압은 변하지 않고 용량은 2배가 된다.
- 동일 규격의 축전지 2개를 직렬로 접속 : 전압은 2배가 되고 용량은 1개일 때와 같다.

문제 60 마찰차의 종류가 아닌 것은?
① 원뿔 마찰차   ② 변속 마찰차
③ 홈붙이 마찰차   ④ 이붙이 마찰차

해설
① 원추(원뿔) 마찰차
  두 축이 일정 각도로 교차하는 경우 사용되며 바퀴는 원추형 모양이다. 속도비가 비교적 일정하며, 베벨 마찰차 등이 있다.
② 변속 마찰차
  일정 범위 내에서 속도비를 연속적으로 변화시킬 수 있다. 구면 마찰차, 크라운 마찰차 등이 있다.
③ 평 마찰차
  두 축이 평행할 때 사용되며 바퀴는 원통모양이다. 속도비가 비교적 일정하며, V홈 마찰차 등이 있다.

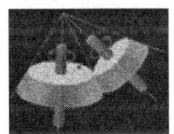 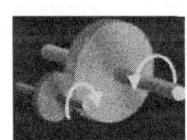 

(원추 마찰차)   (평 마찰차)   (V홈 마찰차)

답 60.④

승강기기능사 과년도 문제
(2011.04.17 시행)

문제 01 에너지 분산형 완충기에서 완전히 압축한 상태에서 완전히 복귀할 때까지 요하는 플런저의 복귀시간은 몇 초 이내이어야 하는가?
① 30
② 60
③ 90
④ 120

문제 02 엘리베이터 기계실의 설비가 아닌 것은?
① 전동기
② 레일
③ 과속조절기
④ 권상기

해설 레일은 승강로에 설치하는데, 목적은 카의 승강로 평면 내의 위치규제, 카의 기울어짐 방지, 추락방지안전장치 작동시 수직하중 유지이다.

문제 03 로프식 엘리베이터 기계실의 구조에서 주요한 기기로부터 기둥이나 벽까지의 수평거리는 얼마 이상으로 하여야 하는가?
① 30cm
② 40cm
③ 50cm
④ 100cm

해설
• 로프식 엘리베이터 : 기둥이나 벽으로부터 30cm 이상 떨어져야 한다.
• 유압식 엘리베이터 : 기둥이나 벽으로부터 50cm 이상 떨어져야 한다.

문제 04 블리드오프 유압회로 방식의 특징이 아닌 것은?
① 카의 기동 시 유량조정이 어렵다.
② 상승운전시의 효율이 높다.
③ 작동유의 온도(점도)변화 및 압력 변화 등의 영향을 받기 쉽다.
④ 기동·정지 시 효과가 작다.

해설 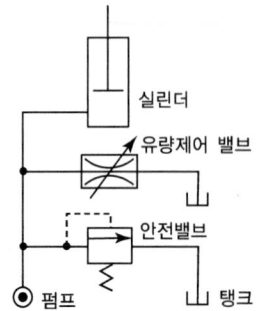 블리드오프(bleed-off)회로 : 카의 이동시 유량 조정이 쉽다. 또한 효율은 높으나 정확한 속도제어가 곤란하다.

블리드 오프 방식

답 1.③ 2.② 3.① 4.①

문제 05 1 : 1 로핑방식에 비해 2 : 1, 3 : 1, 4 : 1 로핑방식의 설명 중 옳지 않은 것은?
① 와이어로프의 수명이 짧다.
② 와이어로프의 총 길이가 길다.
③ 승강기의 속도가 빠르다.
④ 종합 효율이 저하된다.

해설 로핑의 비율이 크면 클수록 속도는 느려진다.

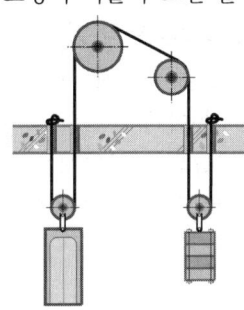

2 : 1 로핑

문제 06 승강기의 안전장치에 해당되지 않는 것은?
① 마지막 층에는 파이널 리밋 스위치를 설치한다.
② 추락방지안전장치가 작동하면 안전회로가 차단되는 스위치를 설치하여야 한다.
③ 비상탈출구가 열리면 안전회로가 차단되는 스위치를 설치한다.
④ 카가 출발하면 자동으로 선풍기가 가동되는 장치가 있어야 한다.

문제 07 주차장치 중 다수의 운반기를 2열 혹은 그 이상으로 배열하여 순환 이동하는 방식은?
① 수직 순환식
② 수평 순환식
③ 다층 순환식
④ 승강기식

해설
• 수직 순환식 : 주차구획에 자동차를 넣고, 그 주차구획을 수직으로 순환이동하여 자동차를 주차시킨다.
• 다층 순환식 : 다수의 운반기를 임의의 다층으로 배치하고 양단 또는 팔레트(차고)를 횡행으로 이동시켜 입·출고 시키는 방식
• 수평 순환식 : 수평순환식 기계식 주차설비는 다수의 운반기를 평면상에 2열, 또는 그 이상으로 배열하여 임의의 2열 간의 양단에 운반기를 수평순환시켜 주차하는 방식
• 승강기식 : 여러층의 고정된 주차 구획에 상하로 움직일 수 있는 운반기에 의해서 자동차를 주차시키는 방식

답 5.③ 6.④ 7.②

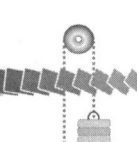

문제 **08** 승객용 엘리베이터에서 각층 강제정지 운전의 목적으로 가장 적합한 것은?
① 출·퇴근 시간대에 모든 층의 승객에게 골고루 서비스 제공
② 각 층의 도어장치 기능의 원활한 작동
③ 각 층의 도어장치 확인시 사용
④ 카 안의 범죄활동 방지

문제 **09** 에스컬레이터의 구동체인이 규정치 이상으로 늘어났을 때 일어나는 현상은?
① 안전레버가 작동하여 하강은 되나 상승은 되지 않는다.
② 안전레버가 작동하여 브레이크가 작동하지 않는다.
③ 안전레버가 작동하여 무부하시는 구동되나 부하시는 구동되지 않는다.
④ 안전레버가 작동하여 안전회로 차단으로 구동되지 않는다.

해설 구동체인의 구조

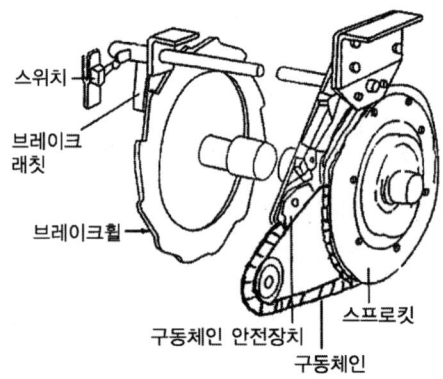

문제 **10** 중속 엘리베이터에서 고속권선과 저속권선으로 하는 속도제어는?
① 일단속도제어　　　　　　② 이단속도제어
③ 귀환제어　　　　　　　　④ VVVF속도제어

해설
- 일단속도제어 : 3상 유도전동기에 전원을 투입해 기동과 정속 운전을 하고, 정지는 전원을 제거시킨 후 제동기로 정지를 시키는 방식이다.
- 이단속도제어 : 2단 속도 모터(motor)를 사용하여 기동과 주행은 고속권선으로 행하고, 감속시는 저속권선으로 감속하여 착상하는 방식이다.
- 귀환제어 : 교류엘리베이터의 속도제어방식으로 주회로에 사이리스터를 사용하며, 감속할 때는 속도를 검출하여 사이리스터에 귀환시켜 전류를 제어함으로써 원활하게 감속한다.
- VVVF속도제어 : 유도전동기에 인가되는 전압과 주파수를 동시에 가변시켜 속도를 제어하는 방식이다.

답 8.④ 9.④ 10.②

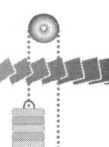

문제 11 승용 엘리베이터의 경우 카 문턱과 승강로 벽 사이의 틈은 몇 mm 이하로 하는가?
① 80 ② 105
③ 150 ④ 180

문제 12 승강기에서 사람이 타는 케이지(cage)에 관계되는 설명이 아닌 것은?
① 재질은 일반적으로 1.2mm 이상의 강판을 사용한다.
② 완충기가 있는 피트는 깊을수록 좋다.
③ 벽은 불연재료로 제작하여 화재사고에 대비해야 한다.
④ 천장에 비상구출구가 있어야 한다.

해설 완충기는 용수철, 고무, 유체 등을 이용하여 운동에너지를 흡수하고, 기계적인 충격을 완화하는 장치를 말한다. 완충기가 있는 피트는 적합하여야 한다.

문제 13 엘리베이터용 전동기를 선정할 때의 주의사항으로 옳은 것은?
① 고기동빈도에 의한 발열을 고려하여 선정한다.
② 내열성이 낮은 절연재료로 선정한다.
③ 출력해야 할 회선력이 +80% ~ 70% 정도인가를 살펴서 선정한다.
④ 동선의 표피효과가 큰 것을 선정한다.

해설 엘리베이터 전동기 선정시 유의 사항
① 기동토크가 클 것
② 소음이 적을 것
③ 관성 모멘트가 작을 것
④ 고기동 빈도에 발열이 많이 발생하지 않을 것

문제 14 트랙션 머신 시브를 중심으로 카 반대편의 로프에 매달리게 하여 카 중량에 대한 평형을 맞추는 것은?
① 과속조절기 ② 균형체인
③ 완충기 ④ 균형추

문제 15 공동주택용 엘리베이터에서 카가 저속으로 주행 중에 문을 손으로 여는 데 필요한 힘은 얼마인가?
① 5kg 이상 ② 10kg 이상
③ 15kg 이상 ④ 20kg 이상

답 11.③ 12.② 13.① 14.④ 15.④

2011.04.17 시행

해설 ※ 본 문제는 검사기준(2013.9.15 시행)이 개정되어 출제가 수정될 것입니다.
정격속도 1m/s를 초과하여 운행중인 카 문의 개방은 50N 이상의 힘이 필요하다.

문제 16 에스컬레이터의 난간 폭에 의한 분류 중 폭 800형의 공칭수송 능력은?
① 10000인/시간　　　② 9000인/시간
③ 8000인/시간　　　④ 6000인/시간

해설 난간폭에 의한 분류
① 800형 : 수송능력이 6000명/시간
② 1200형 : 수송 능력이 9000명/시간
※ 본 문제는 규정법 개정으로 무효입니다.

문제 17 과속조절기가 작동하여 전원을 차단하고 브레이크를 작동시키는 속도는 정격속도의 몇 배를 초과하지 않는 범위이어야 하는가?
① 1.1배　　　② 1.2배
③ 1.3배　　　④ 1.4배

해설 ※ 본 문제는 검사기준(2013.9.15 시행)이 개정되어 출제가 수정될 것입니다.
과속조절기의 동작
카 추락방지안전장치의 작동을 위한 과속조절기는 정격속도의 115% 이상의 속도시 작동되어야 한다.

문제 18 도어 인터로크에서 도어가 닫혀 있지 않으면 승강기 운전에 불가능하도록 한 것은?
① 도어록　　　② 도어스위치
③ 도어머신　　　④ 도어클로저

해설
• 도어록(door lock) : 카가 정지하고 있지 않은 층계의 승강장 문은 전용 열쇠를 사용해야만 열리는 장치
• 도어스위치(door switch) : 문이 닫혀 있지 않으면 운전이 불가능하게 한 장치
• 도어머신(door machine) : 전동기, 감속기 등을 포함한 도어 개폐장치
• 도어클로저(door closer) : 승장 도어가 열려 있으면 자동으로 닫히게 하는 장치

문제 19 일반적으로 교류의 감전 전류값이 100mA일 때의 인체에 미치는 영향 정도는?
① 약간의 자극을 느낀다.
② 상당한 고통이 온다.
③ 근육에 경련이 일어난다.
④ 심장은 마비증상을 일으키며 호흡도 정지 한다.

답　16.④　17.③　18.②　19.④

해설
- 1mA : 최소 감지전류이다.
- 5mA : 상당한 통증을 느낀다.
- 10mA : 고통의 한계전류이다.
- 20mA : 근육의 수축이 심해 스스로의 행동이 불가능하다.
- 50mA : 매우 위험하다.
- 100mA : 치명적(치사)이다.

문제 20 사업장에 승강기의 조립 또는 해체작업을 할 때 조치하여야 할 사항과 거리가 먼 것은?
① 작업을 지휘하는 자를 선임하여 지휘자의 책임 하에 작업을 실시할 것
② 작업할 구역에는 관계근로자외의 자의 출입을 금지시킬 것
③ 기상상태의 불안정으로 인하여 날씨가 몹시 나쁠 때에는 그 작업을 중지시킬 것
④ 사용자의 편의를 위하여 야간작업을 하도록 할 것

문제 21 승강기 출입문에 손이 끼여 사고를 당했다면 그 기인물은?
① 승강기   ② 사람
③ 출입문   ④ 손

문제 22 엘리베이터에서 사고가 발생하였을 때의 조치사항이 아닌 것은?
① 응급조치 등의 필요한 조치
② 소방서 및 의료기관 등에 연락
③ 피해자의 동료에게 연락
④ 전문 기술자에게 연락

문제 23 다음 중 감전과 관계없는 것은?
① 인체에 흐르는 전류
② 인체의 저항
③ 기기의 정격전류
④ 인체에 가해지는 전압

해설 정격전류 : 정격 출력으로 동작하는 기기, 장치에 필요한 전류로서, 표준 시험조건으로 정격출력(전기 출력에만 한정하지 않고 기계 동력의 경우도 있다.)으로 운전하고 있을 때 기기, 장치의 전류

답 20.④ 21.① 22.③ 23.③

문제 24 다음 중 안전점검의 종류가 아닌 것은?
① 순회점검 ② 정기점검
③ 특별점검 ④ 일상점검

해설 안전점검의 종류
① 수시점검 : 작업 전, 중, 후에 실시하는 점검
② 정기점검 : 일정기간 마다 정기적으로 실시하는 점검
③ 특별점검
　㉠ 기계·기구·설비의 신설시·변경 내지 고장수리시 실시하는 점검
　㉡ 천재지변발생 후 실시하는 점검
　㉢ 안전강조 기간 내에 실시하는 점검
④ 임시점검 : 이상 발견시 임시로 실시하는 점검, 정기점검과 정기점검 사이에 실시하는 점검

문제 25 다음 중 안전점검표에 포함하지 않아도 되는 사항은?
① 시정확인 ② 점검항목
③ 점검시기 ④ 판정기준

해설 안전점검표에 포함되어야 할 사항
① 점검대상
② 점검부분(점검개소)
③ 점검항목(점검내용 : 마모, 균열, 부식, 파손 등)
④ 점검주기 또는 기간(점검시기)
⑤ 점검방법(육안점검, 기능점검, 기기점검, 정밀점검)
⑥ 판정기준(자체검사기준, 법령에 의한 기준, KS기준 등)
⑦ 조치사항

문제 26 감기거나 말려들기 쉬운 동력전달장치가 아닌 것은?
① 기어 ② 벤딩
③ 컨베이어 ④ 체인

문제 27 회전 중의 파괴 위험이 있는 연마반의 숫돌은 어떤 장치를 하여야 하는가?
① 차단장치 ② 전도장치
③ 덮개장치 ④ 개폐장치

답 24.① 25.① 26.② 27.③

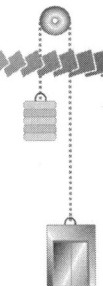

문제 28 길이가 긴 물건을 공동으로 운반할 때의 주의사항으로 적절하지 않은 것은?
① 두 사람이 운반할 때 키가 큰 사람이 무게를 많이 든다.
② 들어 올리거나 내릴 때에는 소리를 내어 동작을 일치시킨다.
③ 운반 도중 서로 신호 없이는 힘을 빼지 않는다.
④ 혼자 무리한 자세나 동작으로 작업하지 않는다.

문제 29 유압 승강기 압력배관에 관한 설명 중 옳지 않은 것은?
① 압력배관은 펌프 출구에서 안전밸브까지를 말한다.
② 지진 또는 진동 및 충격을 완화하기 위한 조치가 필요하다.
③ 압력배관으로 탄소강 강관이나 고압 고무호스를 사용한다.
④ 압력배관이 파손되었을 때 카의 하강을 제지하는 장치가 필요하다.

해설 압력배관은 펌프 출구에서 실린더 출구까지의 배관을 말한다.

문제 30 엘리베이터 전동기에 요구되는 특성으로 옳지 않은 것은?
① 충분한 제동력을 가져야 한다.
② 운전상태가 정숙하고 고진동이어야 한다.
③ 카의 정격속도를 만족하는 회전특성을 가져야 한다.
④ 높은 기동빈도에 의한 발열에 대응하여야 한다.

해설 운전상태가 정숙하고 저진동이어야 한다.

문제 31 아래 그림의 리미트스위치의 접점 명칭은?

① 전기적 a접점　　　② 전기적 b접점
③ 기계적 a접점　　　④ 기계적 b접점

해설 ① 전기적 a접점
② 전기적 b접점
③ 기계적 a접점
④ 기계적 b접점

답 28.① 29.① 30.② 31.④

2011.04.17 시행

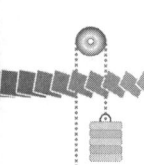

문제 32 속도가 60m/min인 엘리베이터의 피트 깊이는 몇 m 이상이어야 하는가?
① 1.1m
② 1.2m
③ 1.4m
④ 1.5m

해설 ※ 본 문제는 검사기준(2013.9.15 시행)이 개정되어 출제가 수정될 것입니다.
〈카가 완전히 압축된 완충기 위에 있을 때〉
① 피트에는 0.5m×0.6m×1.0m 이상의 장방형 블록을 수용할 수 있는 충분한 공간이 있어야 한다.
② 피트 바닥과 카의 가장 낮은 부품 사이의 수직거리는 0.5m 이상이어야 한다.
③ 피트에 고정된 가장 높은 부품과 카의 가장 낮은 부품 사이의 수직거리는 0.3m 이상이어야 한다.

문제 33 로프식 엘리베이터의 가이드 레일 설치에서 패킹(보강재)이 설치된 경우는?
① 레일이 짧게 설치되어 보강할 경우
② 레일이 양 폭의 조정 작업을 할 경우
③ 철구조물 등과 레일브래킷의 간격을 줄일 경우
④ 철구조물 등과 레일브래킷의 간격조정 및 보강이 필요한 경우

문제 34 추락방지안전장치가 작동된 후 승강기 카 바닥면의 수평도의 기준은 얼마인가?
① $\frac{1}{10}$ 이내
② $\frac{1}{20}$ 이내
③ $\frac{1}{30}$ 이내
④ $\frac{1}{40}$ 이내

해설 ※ 본 문제는 검사기준(2013.9.15 시행)이 개정되어 출제가 수정될 것입니다.
정상 위치에서 수평도는 5%를 초과하지 않아야 한다.

문제 35 카 바닥 앞부분과 승강로 벽과의 수평거리는 일반적으로 몇 mm 이하이어야 하는가?
① 120mm
② 150mm
③ 180mm
④ 200mm

답 32.④ 33.④ 34.③ 35.②

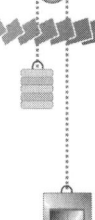

문제 36 에스컬레이터의 ㉠트러스 및 ㉡구동체인 안전율은?
① ㉠ : 3, ㉡ : 8
② ㉠ : 5, ㉡ : 5
③ ㉠ : 8, ㉡ : 13
④ ㉠ : 10, ㉡ : 15

해설

구분	안전율
트러스 및 빔	5 이상
디딤판체인 및 구동체인	5 이상
모든 구동품	5 이상

문제 37 승강기의 구조에서 항상 카의 속도를 검출하는 장치는?
① 권상기
② 균형추
③ 전동기
④ 과속조절기

문제 38 스텝체인 안전장치에 대한 설명으로 알맞은 것은?
① 스커트 가드 판과 스텝 사이에 이물질의 끼임을 감지하는 장치이다.
② 스텝체인의 늘어남 또는 파단을 감지하는 장치이다.
③ 스텝과 레일 사이에 이물질의 끼임을 감지하는 장치이다.
④ 상부 기계실내 작업시에 전원이 투입되지 않도록 하는 장치이다.

해설 스텝체인 안전장치 : 스텝체인이 늘어나거나 파단 되었을 때 작동되어 에스컬레이터를 멈추게 한다.

문제 39 승객용 승강기의 시브가 편마모 되었을 때 그 원인을 제거하기 위해 어떤 것을 보수, 조정하여야 하는가?
① 과부하 방지장치
② 과속조절기
③ 로프의 장력
④ 균형체인

문제 40 에스컬레이터의 폭은?
① 560mm 이상, 1020mm 이하
② 580mm 초과, 1020mm 미만
③ 580mm 이상, 1100mm 이하
④ 580mm 초과, 1200mm 미만

답 36.② 37.④ 38.② 39.③ 40.③

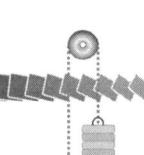

문제 41 카 실(cage)의 구조에 관한 설명 중 옳지 않은 것은?
① 승객용 카의 출입구에는 정전기 장애가 없도록 방전코일을 설치하여야 한다.
② 카 천장에 비상구출구를 설치하여야 한다.
③ 구조상 경미한 부분을 제외하고는 불연재료를 사용하여야 한다.
④ 승객용은 한 개의 카에 두 개의 출입구 설치를 금지한다.

해설 방전코일 : 저압, 고압 및 특별고압 진상콘덴서 또는 콘덴서군에 상시 병용되어, 콘덴서를 회로로부터 개로하였을 때, 잔류전하를 단시간에 방전시킬 목적으로 사용하기 위하여 방전코일을 설치한다.

문제 42 승강기의 제어반에서 점검할 수 없는 것은?
① 전동기 회로의 절연 상태   ② 과속조절기 스위치의 작동 상태
③ 결선단자의 조임 상태   ④ 주접촉자의 접촉 상태

해설 과속조절기 스위치의 작동상태는 제어반에서 할 수 없다.

문제 43 유압식 엘리베이터에서 실린더의 일반적인 구조기준은 안전율 몇 이상이어야 하는가?
① 2   ② 4
③ 8   ④ 10

해설

구분	안전율
플랜저 실린더	4(취성금속을 사용하는 경우는 10) 이상
가요성 호스	8 이상
체인	10 이상

문제 44 정전으로 인하여 카가 정지될 때 점검자에 의해 주로 사용되는 밸브는?
① 하강용 유량제어 밸브   ② 스톱 밸브
③ 릴리프 밸브   ④ 체크 밸브

해설 ① 하강 유량제어 밸브
  • 하강용 전자밸브에 의해 열림 정도가 제어되는 밸브로서 실린더에서 탱크로 되돌아오는 유량을 제어한다.
  • 하강 유량제어 밸브 속에 있는 수동하강 밸브를 사용해 카가 층 중간에 정지시 이 밸브를 열어 카를 하강시킨다.
② 스톱밸브 : 이 밸브는 유압장치의 보수, 점검, 수리시에 사용되며 게이트 밸브(gate valve)라고도 한다.
③ 릴리프 밸브 : 압력조절 밸브로서 압력이 과도하게 상승하는 것을 방지한다.
④ 체크 밸브 : 한쪽 방향으로만 오일이 흐르게 하는 밸브로서, 어떤 원인에 의해 오일이 역류, 카가 자유낙하 하는 것을 방지시킨다.

답 41.① 42.② 43.② 44.①

문제 45 엘리베이터의 카 상부에서 행하는 검사사항이 아닌 것은?
① 과속조절기 로프의 설치상태
② 추락방지안전장치의 연결기구 작동상태
③ 레일 및 브래킷의 마모상태
④ 과속조절기 작동상태

해설 과속조절기 작동상태는 과속조절기가 있는 장소에서 행한다.

문제 46 에스컬레이터 난간과 핸드레일의 점검사항이 아닌 것은?
① 접촉기와 계전기의 이상 유무를 확인한다.
② 가이드에서 핸드레일의 이탈 가능성을 확인한다.
③ 표면의 균열 및 진동 여부를 확인한다.
④ 주행 중 소음 및 진동 여부를 확인한다.

해설 접촉기와 계전기의 이상 유무는 제어반에서 행한다.

문제 47 Y결선의 상전압이 V[V]이다. 선간전압은?
① $3V$
② $\sqrt{3}\,V$
③ $\dfrac{V}{3}$
④ $\dfrac{V^2}{3}$

해설 Y결선의 전압과 전류관계
$V_l = \sqrt{3}\,V_s,\ I_l = I_s$
단, V_l : 선간전압, V_s : 상전압, I_l : 선전류, I_s : 상전류
※ V_l은 V_s보다 $\dfrac{\pi}{6}$[rad] 앞선다.

문제 48 트랜지스터, IC 등의 반도체를 사용한 논리소자를 스위치로 이용하여 제어하는 방식은?
① 전자개폐기제어
② 유접점제어
③ 무접점제어
④ 과전류계전기제어

문제 49 되먹임 제어에서 가장 중요한 장치는?
① 입력과 출력을 비교하는 장치
② 응답속도를 느리게 하는 장치
③ 응답속도를 빠르게 하는 장치
④ 안정도를 좋게 하는 장치

답 45.④ 46.① 47.② 48.③ 49.①

해설 되먹임(feedback) 제어계
출력신호를 입력신호로 되돌려서 제어량의 목표값과 비교하여 정확한 제어가 가능하도록 한 제어계를 피드백 제어계(feedback system)라 한다.

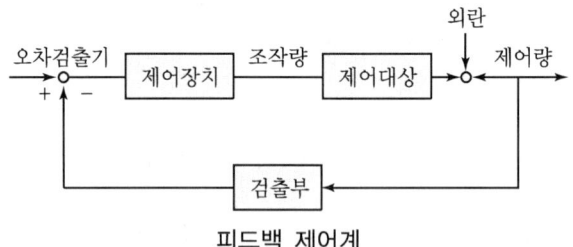

피드백 제어계

문제 50 P형 반도체와 N형 반도체 또는 반도체와 금속을 접합시키면 전류가 한쪽 방향으로는 잘 흐르나 반대방향으로는 잘 흐르지 않는 정류작용을 한다. 이와 같은 원리를 이용한 것은?
① 다이오드
② CdS
③ 서미스터
④ 트라이액

해설 다이오드란 전류를 한쪽 방향으로만 흘리는 반도체 부품이다. 반도체란 원래 이러한 성질을 가지고 있기 때문에 반도체라 부르는 것이다. 트랜지스터도 반도체이지만, 다이오드는 특히 이와 같은 한쪽 방향으로만 전류가 흐르도록 하는 것을 목적으로 하고 있다. 반도체의 재료는 실리콘(Si, 규소)이 많지만, 그 외에 게르마늄(Ge), 셀렌 등이 있다.

문제 51 다음 심벌이 나타내는 논리게이트는?
① AND
② OR
③ NAND
④ NOT

해설 ① AND 회로

- 시퀀스 회로
- 논리회로
- 논리식
  $X = A \cdot B$

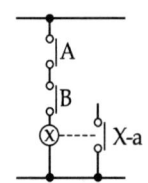

답 50.① 51.②

② OR 회로

• 시퀀스 회로
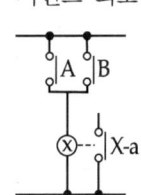

• 논리회로
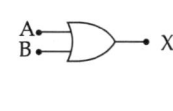

• 논리식
X = A + B

문제 52 몇 개의 막대가 서로 연결되어 회전, 요동, 왕복운동 등을 하도록 구성한 것은?
① 캠장치　　　　　　　　② 커플링장치
③ 기어장치　　　　　　　④ 링크장치

해설
• 캠장치 : 캠을 사용하여 회전운동을 직선운동으로 변환시키는 장치
• 링크장치 : 몇 개의 막대가 서로 연결되어 회전, 요동, 왕복운동 등을 하도록 되어 있는 장치

문제 53 유도 전동기의 동기 속도는 무엇에 의하여 정하여 지는가?
① 전원의 주파수와 전동기의 극수　　② 전원 전압과 전류
③ 전원의 주파수와 전압　　　　　　④ 전동기의 극수와 전류

해설　$N_s = \dfrac{120f}{P}$ (rpm)

문제 54 다음 회로에서 A, B 간의 합성용량은 몇 μF인가?

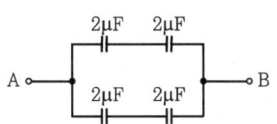

① 1
② 2
③ 4
④ 8

해설　$C = \dfrac{2 \cdot 2}{2+2} + \dfrac{2 \cdot 2}{2+2} = 1 + 1 = 2\mu F$

[참고]　① 직렬접속　　　　　② 병렬접속

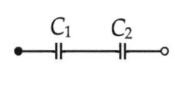

$C = \dfrac{C_1 \cdot C_2}{C_1 + C_2}$

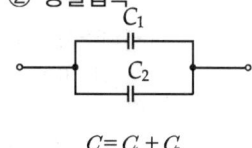

$C = C_1 + C_2$

답　52.④　53.①　54.②

문제 55 다음 중 직류기의 3요소에 해당되는 것은?

① 계자, 전기자, 보극
② 계자, 브러시, 정류자
③ 계자, 전기자, 정류자
④ 보극, 보상권선, 전기자권선

해설 직류기의 3요소
- 계자 : 전기자가 쇄교하는 자속을 만들어 주는 부분이다.
- 전기자 : 계자에서 만든 자속을 끊어 기전력을 유도하는 부분을 말한다.
- 정류자 : 전기자 권선에서 생긴 교류를 직류로 바꾸어 준다.

문제 56 그림과 같은 논리회로에서 출력 X의 식은?

① $X = A$
② $X = B$
③ $X = A + B$
④ $X = A \cdot B$

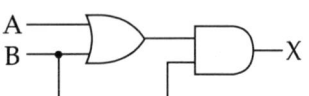

해설 $X = (A+B) \cdot B$
$X = AB + BB = AB + B = B$

[참고] 1. AND 회로

① 시퀀스 회로   ② 진리표   ③ 논리회로   ④ 논리식

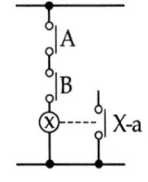

입력		출력
A	B	X
0	0	0
0	1	0
1	0	0
1	1	1

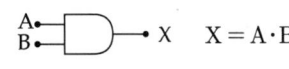 $X = A \cdot B$

2. OR 회로

① 시퀀스 회로   ② 진리표   ③ 논리회로   ④ 논리식

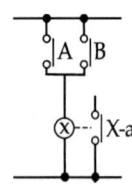

입력		출력
A	B	X
0	0	0
0	1	1
1	0	1
1	1	1

$X = A + B$

3. 불대수의 정리
① $A + 0 = A$, $A \cdot 0 = 0$
② $A + 1 = 1$, $A \cdot 1 = A$
③ $A + A = A$, $A \cdot A = A$
④ $A + \overline{A} = 1$, $A \cdot \overline{A} = 0$
⑤ $A + AB = A$, $A + \overline{A}B = A + B$

답 55.③ 56.②

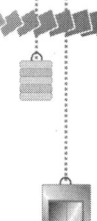

문제 57 두 자극 사이에 작용하는 힘은 두 자극의 세기의 곱에 비례하고 두 자극 사이의 거리의 제곱에 반비례한다는 법칙은?

① 패러데이의 법칙
② 쿨롱의 법칙
③ 렌쯔의 법칙
④ 플레밍의 법칙

해설
- 패러데이의 법칙 : "유기 기전력의 크기는 코일을 지나는 자속의 매초 변화량과 코일의 권수에 비례한다."

  $e = -N\dfrac{d\phi}{dt}$ [V] (-반대방향을 나타냄)

  여기서 e : 유기 기전력(V) N : 코일권수
  $d\phi$: 자속의 변화량(wb) dt : 시간의 변화량(sec)

- 쿨롱의 법칙 : $F = \dfrac{1}{4\pi\mu}\dfrac{m_1 m_2}{r^2} = \dfrac{1}{4\pi\mu_0}\dfrac{m_1 m_2}{\mu_s r^2} = 6.33 \times 10_4 \dfrac{m_1 m_2}{\mu_s r^2}$ [N]

  여기서 μ : 투자율($\mu = \mu_0 \mu_s$ [H/m]), μ_0 : 진공의 투자율($\mu_0 = 4\pi \times 10^{-7}$ [H/m])
  μ_s : 매질의 비투자율(진공, 공기중에서 약 1)

- 렌쯔의 법칙 : "유기 기전력의 방향은 자속의 변화를 방해하려는 방향으로 발생한다."

- 플레밍의 왼손 법칙 : 전동기의 회전 방향을 결정한다.

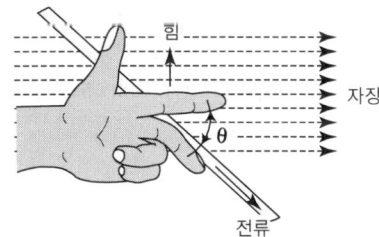

문제 58 원통부분의 축심과 기준축심의 오차의 크기이며, 표시기호 ◎로 나타내는 측정법은?

① 원통도
② 진원도
③ 위치도
④ 동심도

문제 59 전류의 열작용과 관계있는 법칙은?

① 옴의 법칙
② 줄의 법칙
③ 플레밍의 법칙
④ 키르히호프의 법칙

해설
- 옴의 법칙 : $I = \dfrac{V}{R}$ [A]
- 줄의 법칙 : $H = I^2 Rt$ [J] $= 0.24 I^2 Rt$ [cal]

답 57.② 58.④ 59.②

2011.04.17 시행

- 플레밍의 왼손 법칙

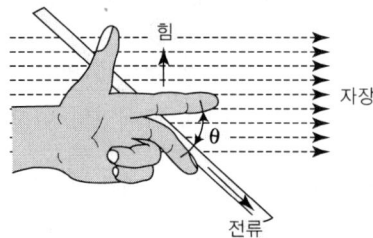

- 키르히호프의 제1법칙 : 회로망 중의 한 접속점에서 그 점에 들어오는 전류의 총합과 나가는 전류의 총합은 같다.

문제 60 변류기(CT) 2차 측 회로의 수리 및 점검시 반드시 시행해야 할 사항은?
① 1차, 2차 측을 모두 개방한다.
② 1차 측을 단락한다.
③ 2차 측을 개방한다.
④ 2차 측을 단락한다.

해설 변류기(CT) : 대전류를 소전류(5[A])로 변성하여 계기나 계전기에 공급하기 위해 사용한다. CT 2차 측을 개방하면 1차 측의 전류가 모두 여자전류가 되어 2차 측에 과전압이 유기되고 절연이 파괴되어 소손될 우려가 있으므로, CT 2차 측의 기기를 교체하고자 할 경우에는 반드시 CT 2차 측을 단락시켜야 한다.

답 60.④

승강기기능사 과년도 문제
(2011.10.09 시행)

문제 01 무빙워크의 디딤면의 경사도는 몇 도[°] 이하로 하여야 하는가?
① 12° ② 15°
③ 18° ④ 20°

해설 무빙워크의 디딤면은 12°이하로 하여야 한다.

문제 02 에스컬레이터의 경사도는 주로 몇 도[°]를 초과하지 않아야 하는가?
① 15 ② 25
③ 30 ④ 45

해설 에스컬레이터의 경사도는 30°를 초과하지 않아야 한다. 단, 높이가 6m 이하이고 속도가 30m/min 이하는 35°까지 가능하다.

문제 03 기계실의 바닥면부터 천장 또는 보의 하부까지의 수식거리는 얼마 이상으로 해야 하는가?
① 1m ② 1.5m
③ 2m ④ 2.5m

문제 04 다음 중 승강로의 구조에 대한 설명으로 옳지 않은 것은?
① 승강로는 안전한 벽 또는 울타리에 의하여 외부공간과 격리되어야 한다.
② 사람 또는 물건이 운전 중인 카나 균형추에 접촉하지 않도록 되어야 한다.
③ 화재시 승강로를 거쳐 다른 층으로 연소되지 않아야 한다.
④ 승강기의 배관설비 이외의 배관도 승강로에 함께 설비되도록 한다.

해설 승강로에는 승강기의 배관설비 이외에는 어떤 배관 설비도 하여서는 안 된다.

문제 05 균형체인의 설치 목적으로 가장 알맞은 것은?
① 카의 진동을 방지하기 위해서 설치한다.
② 카의 추락을 방지하기 위해서 설치한다.
③ 이동 케이블과 로프의 이동에 따라 변화되는 하중을 보상하기 위해서 설치한다.
④ 균형추의 추락을 방지하기 위해서 설치한다.

답 1.① 2.③ 3.③ 4.④ 5.③

해설 균형체인의 설치 목적은 카의 위치 변화로 로프 및 이동 케이블 등의 무게가 한쪽으로 편중되는 것을 막기 위하여 설치한다. 중·저속 엘리베이터에 적용된다.

문제 06 승강로에 설치되는 화이널 리미트 스위치에 대한 설명 중 타당하지 않는 것은?
① 승강로 내부에 설치하고 카에 부착된 캠으로 조작시켜야 한다.
② 기계적으로 조작되어야 하며 작동 캠은 금속재이어야 한다.
③ 화이널 리미트 스위치가 작동하면 카의 움직임은 어느 방향으로든지 움직일 수 없어야 한다.
④ 종점스위치가 설치되면 화이널 리미트 스위치는 불필요하다.

해설 종점(limit)스위치가 설치되어도 화이널 리미트(final limit) 스위치는 설치되어야 한다.

문제 07 로프식 엘리베이터의 기계실에 대한 설명 중 옳지 않은 것은?
① 기계실은 일반적으로 승강로의 바로 위에 설치된다.
② 기계실에는 소요설비 이외의 것이 있어서는 안 된다.
③ 기계실의 조명은 100lx 이상으로 한다.
④ 조명 및 환기시설이 갖추어 있고 실온은 40℃ 이하를 유지해야 한다.

해설 기계실의 온도는 5℃ 이상 40℃ 이하로 유지 되어야 하며, 조명은 200lx 이상 되어야 한다.

문제 08 로프식 엘리베이터의 추락방지안전장치 종류가 아닌 것은?
① FGC형
② FWC형
③ 세미실형
④ 순간식형

해설
1. 순간정지식 추락방지안전장치
① 슬랙로프 세이프티(slake rope safety) : 로프에 걸리는 장력이 없어지면 작동한다. 저속 엘리베이터에 사용된다.
2. 점진적 정지 추락방지안전장치
① F·G·C(flexble guide clamp)형 : 레일을 죄는 힘이 동작에서 정지까지 일정하다.
② F·W·C(flexibe wedge clamp)형 : 레일을 죄는 힘이 동작 초기에는 약하나 점점 강해진 후 일정하다.

답 6.④ 7.③ 8.③

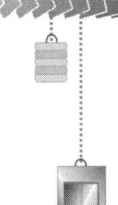

문제 09 정격속도가 분당 120m인 승객용 엘리베이터에 사용하는 에너지 분산형 완충기의 성능시험을 하려고 한다. 충돌속도는 몇 m/min가 적당한가?
① 130
② 132
③ 135
④ 138

해설 에너지 분산형 완충기 행정(stroke)은 정격속도 115%의 속도로 충돌시킨 경우, 카 또는 균형추의 평균감속도가 1G($9.8m/sec^2$) 이하가 되어야 하며, 순간 최대 감속도 2.5G를 넘는 감속도가 1/25초 이상 지속되지 않아야 한다.
∴ $V = 120 \times 1.15 = 138 m/min$

문제 10 로프꼬임 방향과 특성에 대한 설명이 옳지 않은 것은?
① 보통꼬임은 스트랜드와 로프의 꼬는 방향이 반대이다.
② 랭꼬임은 스트랜드와 로프의 꼬는 방향이 같다.
③ 랭꼬임은 보통꼬임에 비해서 마모가 빠르다.
④ 보통꼬임은 잘 풀리지 않으므로 일반적으로 사용된다.

해설 랭꼬임 로프는 보통꼬임의 로프보다 사용시 표면 전체가 균일하게 마모되므로 수명이 길다. 그런데 보통꼬임은 랭꼬임에 비해 더 한층 유연하여 eye작업을 쉽게 할 수 있다.

문제 11 플런저 선단에 도르래를 놓고 로프 또는 체인을 통해 카를 올리고 내리는 유압엘리베이터 종류는?
① 직접식
② 팬터 그래프식
③ 간접식
④ 실린더식

해설 유압 엘리베이터의 종류
① 직접식 엘리베이터   ② 간접식 엘리베이터

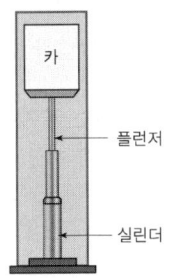 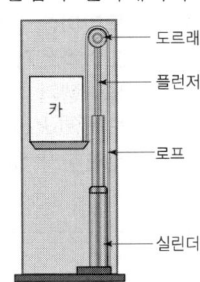

③ 팬터 그래프식 : 카 밑 부분을 많은 관들로 구성한 다음 접었다 폈다 할 수 있게 하며, 카를 올리고 내린다.

답 9.④ 10.③ 11.③

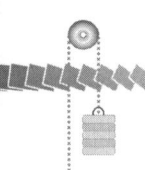

문제 12 승강장 출입구 바닥 앞부분과 카 바닥 앞부분과의 틈의 너비는 몇 cm 이하로 규정하고 있는가?
① 1cm   ② 3.5cm
③ 5cm   ④ 7cm

문제 13 다음 중 과속조절기의 종류에 해당되지 않는 것은?
① 플라이볼형 과속조절기
② 롤 세프티형 과속조절기
③ 웨지형 과속조절기
④ 디스크형 과속조절기

해설
① 플라이볼형 과속조절기
　시브의 회전을 종축으로 변환시켜 그 원심력(속도가 빠르면)으로 플라이볼이 작동해 전원스위치와 추락방지안전장치를 작동시킨다.
② 롤 세프티형 과속조절기
　과속조절기의 시브와 로프의 마찰력으로 추락방지안전장치를 작동시키는 구조이다.
③ 디스크형 과속조절기
　과속조절기 시브의 속도가 빠르면 원심력에 의거 웨이트가 벌어지는데, 이때 과속스위치가 작동해 전원이 차단된다. 따라서 브레이크가 걸린다.

문제 14 승강장 문이 열려 있는 상태에서 발생하는 재해를 방지하기 위한 장치로서 모든 제약이 해제되어 자동으로 문이 닫히게 하는 장치는?
① 도어머신   ② 도어클로저
③ 도어행거   ④ 도어록

해설
• 도어머신 : 도어 개폐장치
• 도어클로저 : 도어가 자동으로 닫히게 하는 장치
• 도어행거 : 문을 고정하는 기구
• 도어록(door rock) : 카가 정지하고 있지 않는 층계의 승강장 문은 전용 열쇠를 사용하지 않으면 열리지 않도록 하는 장치

답 12.② 13.③ 14.②

문제 15 승강장 도어와 문틀 사이의 여유간격은 몇 mm 이하이어야 하는가?
① 6mm
② 8mm
③ 10mm
④ 12mm

문제 16 엘리베이터의 속도제어 중 VVVF 제어 방식의 특징으로 잘못 설명된 것은?
① 소비전력을 줄일 수 있고 보수가 용이하다.
② 저속의 승강기에만 적용 가능하다.
③ 유도전동기의 전압과 주파수를 변환시킨다.
④ 직류전동기와 동등한 제어 특성을 낼 수 있다.

해설 VVVF제어 방식은 저속에서 고속까지 가능하다.

문제 17 트랙션식 권상기에서 로프와 도르래의 마찰계수를 높이기 위해서 도르래 홈의 밑을 도려낸 언더커트 홈을 사용한다. 이 언더커트 홈의 결점은?
① 지나친 되감기 발생
② 균형추 진동
③ 시브의 이완
④ 로프 마모

해설 언더컷 홈은 U홈 보다 로프의 마모는 크지만 마찰력을 크게 해 견인 능률이 뛰어나다.
※ 언더컷 홈 : 트랙션 방식의 엘리베이터에 사용되는 로프홈의 일종. U홈의 바닥에 더 작은 홈을 만든 것이다.

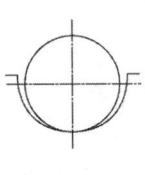 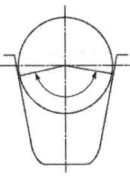 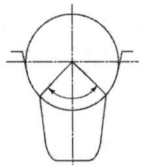

(a) U홈　　(b) V홈　　(c) 언더컷 홈

문제 18 에스컬레이터의 안전장치가 아닌 것은?
① 스텝체인 안전장치
② 플런저 이탈 방지장치
③ 핸드레일 안전장치
④ 역결상 보호장치

해설
- 스텝체인 안전장치 : 계단 체인이 끊어졌을 때 계단과 계단 사이의 이격위험으로부터 방지를 위해, 설치하는 안전장치이다.
- 핸드레일 안전장치 : 핸드레일에 손, 발 또는 이물질이 끼었을 때 정지시킨다.
- 역결상 보호장치 : 동력이나 조명전원에 역상이나 결상이 발생할 경우 전원을 자동으로 차단하는 장치이다.

답 15.① 16.② 17.④ 18.②

문제 19 작업장에서 작업복을 착용하는 가장 큰 이유는?
① 방한
② 작업능률 향상
③ 작업중 위험 감소
④ 복장 통일

문제 20 재해의 발생형태에서 추락에 대한 설명으로 가장 옳은 것은?
① 사람이 중간 단계의 접촉 없이 자유낙하 하는 것
② 사람이 정지물에 부딪친 것
③ 사람이 엎어져 넘어지는 것
④ 사람이 평면상으로 넘어져 굴러 떨어지는 것

문제 21 안전점검을 할 때 어떤 일정 기간을 두고서 행하는 점검은?
① 수시점검
② 임시점검
③ 특별점검
④ 정기점검

문제 22 물에 젖은 손으로 전기기기를 만졌을 경우의 위험요소는?
① 감열
② 소손
③ 누전
④ 감전

문제 23 정전기로 인한 화재폭발 방지에 필요한 조치는?
① 개폐기 설치
② 전선은 단선 사용
③ 접지설비
④ 역률 개선

문제 24 경보를 통일시켜 정하지 않아도 되는 것은?
① 발파작업
② 화재발생
③ 토석의 붕괴
④ 누전감지

문제 25 안전관리상 안전모를 착용하는 목적이 아닌 것은?
① 감전의 방지
② 추락에 의한 부상 방지
③ 종업원의 표시
④ 비산물로 인한 부상 방지

답 19.③ 20.① 21.④ 22.④ 23.③ 24.④ 25.③

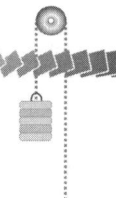

문제 26 안전 관리자의 직무가 아닌 것은?
① 안전보건 관리규정에서 정한 직무
② 산업재해 발생의 원인 조사 및 대책
③ 안전교육계획의 수립 및 실시
④ 근로환경보건에 관한 연구 및 조사

해설 안전관리자의 직무
① 당해 사업장의 안전보건관리규정 및 취업규칙에서 정한 직무
② 방호장치, 기계기구 및 설비, 보호구 중 안전에 관련되는 보호구 구입시 적격품 판정
③ 당해 사업장 안전교육계획의 수립 실시
④ 산업장 순회점검, 지도 및 조치의 건의
⑤ 산업재해발생 원인조사 및 재발방지를 위한 기술적 지도 조언
⑥ 산업재해에 관한 통계의 유지관리를 위한 조치의 건의
⑦ 안전에 관한 사항을 위반한 근로자에 대한 조치의 건의

문제 27 재해의 직접원인인 것은?
① 안전지식의 부족
② 안전수칙의 오해
③ 작업기준의 불명확
④ 복장, 보호구의 결함

해설 ① 불안전한 상태
• 불안전한 장비·물건
• 불안전한 조명
• 불안전한 설계, 구조, 건축
• 불안전한 복장, 보호구
• 위험한 배열, 정돈
② 불안전한 행동
• 복장 및 보호구를 착용하지 않거나, 잘못 사용한다.
• 불안전한 배치 또는 적하를 한다.
• 위험한 장소에 접근한다.
• 불안전한 상태로 방치한다.
• 권한없이 조작한다.
• 불안전한 자세를 취한다.
• 안전장치의 기능을 제거한다.
• 불완전한 조작을 한다.

문제 28 승강기 시설을 점검하여 다음과 같은 조치를 취하였다. 다음 중 가장 적절한 조치사항은?
① 퓨즈가 단선되어 철선을 끼웠다.
② 기계실의 조도가 규정치 미달이어서 조명등을 껐다.
③ 와이어로프가 규정치 이상 마모되어 교체를 지시했다.
④ 카 내부와 비상용 인터폰이 고장이 나서 제거하였다.

답 26.④ 27.④ 28.③

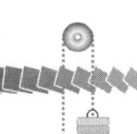

문제 29 유압엘리베이터의 플런저에 대한 설명으로 옳은 것은?
① 플런저에 걸리는 하중이 클수록 그 단면적은 커지므로 재료는 두꺼운 강관이 사용된다.
② 플런저에 작용하는 총 하중이 크면 클수록 그 단면은 작아진다.
③ 플런저의 표면은 연마를 하는 경우의 표면 거칠기는 10~30μm 정도이다.
④ 탄소강 강관의 이음매가 없는 것이 사용되며 두께는 50~60mm 정도이다.

문제 30 유압승강기의 안전장치에 대한 설명으로 옳지 않은 것은?
① 플런저 리미트 스위치는 플런저의 상한 행정을 제한하는 안전장치이다.
② 플런저 리미트 스위치 작동시 상승방향의 전력을 차단하며, 반대방향으로 주행이 가능토록 회로가 구성되어야 한다.
③ 작동유 온도 검출 스위치는 기름탱크의 온도 규정치 80℃를 초과하면 이를 감지하여 카 운행을 중시시키는 장치이다.
④ 전동기 공전 방치장치는 타이머에 설정된 시간을 초과하면 전동기를 정지시키는 장치이다.

해설 작동유의 온도는 5도 이상 60도 이하로 유지되어야 한다.

문제 31 과속조절기(governor)의 작동상태를 잘못 설명한 것은?
① 카가 상승하거나 하강하는 어떤 방향에서도 정격속도의 1.3배를 초과하기 전에 과속조절기 스위치가 동작해야 한다.
② 과속조절기의 스위치는 작동 후 자동으로 복귀되어서는 안 된다.
③ 과속조절기의 캐치는 일단 동작하고 난후 자동 복귀된다.
④ 과속조절기 로프가 장력을 잃게 되면 전동기의 주회로를 차단시키는 경우도 있다.

해설 과속조절기의 캐치는 일단 동작하고 난 후 수동 복귀시킨다.
※ 본 문제는 규정법 개정으로 무효입니다.

문제 32 다음 중 도어사이에 이물질이 있을 경우 반전시키는 보호 장치가 아닌 것은?
① 세이프티슈　　　　　　　② 추락방지안전장치
③ 광전 장치　　　　　　　　④ 초음파 장치

해설
- 세이프티슈 : 물체의 접촉시 도어의 닫힘은 중단되고 열린다.
- 광전장치 : 투광(投光)기와 수광(受光)기를 설치해 빔(beam)의 차단이 생기면 닫힘은 중단되고 열린다.
- 초음파 장치 : 초음파로 검출, 도어의 닫힘을 제어한다.

답 29.① 30.③ 31.③ 32.②

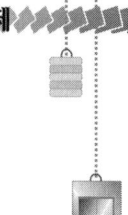

문제 33 엘리베이터 피트내의 환경상태를 점검할 때 유의하여야 할 항목을 나열한 것이다. 해당되지 않는 것은?
① 피트 바닥 청결상태
② 비상등 작동상태
③ 누수, 누유상태
④ 피트 작업등 점등상태

문제 34 카 상부에 탑승할 때 반드시 지켜야 할 사항으로 볼 수 없는 것은?
① 스톱스위치를 차단한다.
② 탑승 후 외부 문부터 닫는다.
③ 자동 스위치를 점검 쪽으로 전환한다.
④ 카 상부에 탑승하기 전에 작업등을 점등한다.

문제 35 에스컬레이터의 스텝(디딤판)체인의 안전장치에 관한 설명 중 옳지 않은 것은?
① 일종의 롤러 체인이다.
② 에스컬레이터의 폭이 넓을수록 체인의 강도는 높아야 한다.
③ 에스컬레이터의 양정(계고)이 높을수록 체인의 강도는 높아야 한다.
④ 체인의 안전장치는 길이의 1/2되는 지점에 설치해야 한다.

문제 36 다음 중 승객·화물용 엘리베이터에서 과부하감지장치의 작동에 대한 설명으로 틀린 것은?
① 작동치는 정격 적재하중의 105~110%를 표준으로 한다.
② 적재하중 초과시 경보를 울린다.
③ 출입문을 자동적으로 닫히게 한다.
④ 카의 출발을 정지시킨다.

해설 과부하 감지장치 : 케이지 내에 정원을 초과하여 승차를 하였다든가, 정격하중 이상의 물건을 적재하면 카 바닥 밑에 설치한 후트·스위치(foot switch)가 작동하여 경보 부저가 울리고 동시에 경보등이 점등되고 전동기 전원을 차단시켜 엘리베이터 동작을 금지시킨다. 보통 적재하중의 105~110%로 설정한다.

문제 37 에스컬레이터의 스커트 가드는 어느 부분에서나 25cm²의 면적에 1500N의 힘을 직각으로 가했을 때의 휨량은 몇 mm 이내이어야 하는가?
① 2mm 이내
② 3mm 이내
③ 4mm 이내
④ 5mm 이내

답 33.② 34.② 35.④ 36.③ 37.③

문제 38 추락방지안전장치가 작동한 경우에 검사하여야 할 사항과 거리가 먼 것은?
① 과속조절기 로프의 연결부위 손상 유무
② 과속조절기의 손상 유무
③ 가이드 레일의 손상 유무
④ 메인 로프의 연결부위 손상 유무

문제 39 자동차를 수용하는 주차구획과 자동차용 엘리베이터와의 조합으로 입체적으로 구성되며 자동차의 전방향으로 주차구획을 설치하는 것을 종식, 좌우 방향을 횡식이라 하는 주차 설비는?
① 수직 순환식
② 수평 순환식
③ 평면 왕복식
④ 엘리베이터식

문제 40 로프식 엘리베이터에서 정격속도 90m/min인 엘리베이터의 균형추와 완충기의 최대거리는 몇 mm인가?
① 300
② 600
③ 900
④ 1200

해설 완충기의 속도별 거리

종류	정격속도(m/min)	최소거리(mm)		최대거리(mm)	
		교류승강기	직류승강기	카측	균형추측
에너지 축적형 완충기	7.5 이하	75	150	600	900
	7.5 초과 15 이하	150			
	15 초과 30 이하	225			
	30 초과	300			
에너지 분산형 완충기	규정하지 않음				

문제 41 승강로에 관한 설명 중 올바르지 못한 것은?
① 승강로는 안전한 벽 또는 울타리에 의하여 외부공간과 격리되어야 한다.
② 엘리베이터에 필요한 배관 설비 외의 설비는 승강로 내에 설치하여서는 안 된다.
③ 승강로 피트 하부를 사무실이나 통로로 사용할 경우 균형추에 추락방지안전장치를 설치한다.
④ 승강로는 화재시 승강로를 거쳐서 다른 층으로 연소될 수 있도록 한다.

해설 화재시 승강로를 거쳐서 다른 층으로 연소되어서는 절대로 안 된다.

답 38.④ 39.④ 40.③ 41.④

문제 42 에스컬레이터가 정격하중으로 하강하는 중 브레이크가 작동될 경우 감속도의 기준은?
① 0.1G 이하 ② 0.2G 이하
③ 0.5G 이하 ④ 1G 이하

문제 43 에스컬레이터의 제작기준으로 맞지 않는 것은?
① 경사도는 일반적인 경우 30도를 초과하지 않아야 한다.
② 핸드레일의 속도는 디딤판과 동일 속도로 한다.
③ 디딤판의 속도는 65m/min 이하로 한다.
④ 이동식 핸드레일의 경우 운행 전구간에서 디딤판과 핸드레일의 속도차는 0~2% 이하로 한다.

해설 에스컬레이터 디딤판의 속도는 경사도 30°이하는 45m/min 이하이어야 한다.

문제 44 가이드 레일에 하중이 작용하여 부재에 가해지는 응력, 휨 및 앵커볼트의 전단응력을 계산하는데 이때 응력, 휨 및 앵커볼트의 전단응력 등 안전이 허용되는 범위를 나타내는 관계식 중 틀린 것은?
① 작용응력 ≤ 허용응력
② 휨 ≤ 0.5cm
③ 앵커볼트의 전단응력 ≤ 전단허용응력
④ 앵커볼트의 인발하중 ≤ 앵커볼트의 인발내력

해설 인발하중은 당기는 힘을 말하며, 인발내력은 당기는 힘에 견디는 힘을 말한다.
앵커볼트의 인발하중 ≤ $\dfrac{앵커볼트의\ 인발내력}{4}$

문제 45 엘리베이터용 가이드레일의 역할이 아닌 것은?
① 카와 균형추의 승강로내 위치 규제
② 승강로의 기계적 강도를 보강해 주는 역할
③ 카의 자중이나 화물에 의한 카의 기울어짐 방지
④ 집중하중이나 추락방지안전장치 작동시 수직하중 유지

해설 가이드레일이 승강로의 기계적 강도를 보강해 주지는 못한다.

답 42.① 43.③ 44.④ 45.②

문제 46 기계실에 권상기 전동기 및 제어반 등을 설치하려고 한다. 벽으로부터 최소 몇 cm 이상 떨어져야 점검 등이 용이한가?
① 20 ② 25
③ 30 ④ 50

문제 47 승강기의 브레이크 장치에 관한 설명 중 옳은 것은?
① 승객용 엘리베이터는 100%의 적재하중을 싣고 정격속도 하강시 정격부하시와 같은 승차감으로 안전하게 감속정지해야 한다.
② 화물용 엘리베이터는 100% 적재하중을 싣고 정격속도 하강시 안전하게 감속 정지해야 한다.
③ 승객용 엘리베이터는 125%의 적재하중을 싣고 정격속도 하강시 안전하게 감속 정지해야 한다.
④ 화물용은 135%의 적재하중을 싣고 정격속도 하강시 안전하게 감속 정지해야 한다.

해설 브레이크는 125%의 적재하중을 싣고 정격속도 하강시 안전하게 감속정지 가능해야 한다.

문제 48 길이 측정에 사용되는 측정기의 설명 중 옳지 않은 것은?
① 다이얼 게이지 : 기어를 이용
② 옵티미터 : 광학 확대장치 이용
③ 미니미터 : 전기용량의 변화를 이용
④ 마이크로미터 : 나사를 이용

해설 미니미터 : 미소한 치수를 측정하는 측정기

문제 49 절연저항을 측정하는 계기는?
① 훅온미터 ② 휘트스톤브리지
③ 회로시험기 ④ 메거

해설
 • 훅온미터 : 전류를 측정하는 계기
 • 휘트스톤브리지 : R, L, C 또는 주파수 등의 측정에 널리 사용된다.
 • 회로시험기 : 저항·전압·전류를 측정하는 계기
 • 메거 : 절연저항을 측정하는 계기

답 46.③ 47.③ 48.③ 49.④

문제 50 | RLC직렬회로에서 직렬 공진시 최대가 되는 것은?
① 전압 ② 전류
③ 저항 ④ 주파수

해설 RLC직렬회로

$$Z = \sqrt{R^2 + (wL - \frac{1}{wC})^2} \, (\Omega)$$

공진조건은 $wL - \frac{1}{wC} = 0$ 즉 $wL = \frac{1}{wC}$
이때 저항은 최소가 되므로 전류는 최대로 흐른다.

문제 51 | 직류기에서 워드레오나드 방식의 목적은?
① 계자자속을 조정하기 위하여
② 속도제어를 하기 위하여
③ 병렬운전을 하기 위하여
④ 정류를 좋게 하기 위하여

해설 워드레오나드 방식
전동기 운전용의 직류 발전기 대신 사이리스터 등에 의해서 가변 직류전압을 공급하도록 한 것이다. 광범위한 속도 조정이 가능하다.

문제 52 | 직류 전동기의 제동법이 아닌 것은?
① 저항제동 ② 발전제동
③ 역전제동 ④ 회생제동

해설
- 발전제동 : 운전 중의 전동기를 전원으로부터 분리해, 발전기로 작용시키어, 이때 발생되는 전기적 에너지를 저항에서 소비시켜 제동하는 방법이다.
- 역전제동(플러깅) : 전동기를 전원에 접속한 상태로 전기자의 접속을 바꾸어, 회전 방향과 반대의 토크를 발생해 급속히 정지시키는 방법이다.
- 회생제동 : 운전 중의 전동기를 발전기로 하여 전원보다 높은 전압을 발생시켜서 전기적 에너지를 전원에 변환시키면서 제동하는 방법이다.

답 50.② 51.② 52.①

문제 53 다음 회로와 원리가 같은 논리기호는?

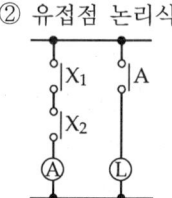

① ⟩— (OR) ② ⟩— (AND)
③ ▷∘— (NOT) ④ ⟩∘— (NOR)

해설 1. AND 회로
　① 논리기호　② 유접점 논리식

2. OR 회로
　① 논리기호　② 유접점 논리식

문제 54 유도전동기의 속도제어법이 아닌 것은?
① 주파수제어법　② 계자제어법
③ 2차저항법　　④ 2차여자법

해설 ① 권선형 유도전동기의 속도제어법
- 비례추이 이용 2차저항제어법
- 2차여자제어법

② 농형 유도전동기 속도제어법
- 극수변환법
- 1차전압제어법
- 전원 주파수 변환법
- 종속접속법

답 53.① 54.②

문제 55 배선용 차단기의 영문 문자기호는?
① S
② DS
③ THR
④ MCCB

해설
- S : 스위치
- DS : 단로기
- THR : 열동계전기
- MCCB : 배선용차단기

문제 56 콘덴서의 정전용량이 증가되는 경우를 모두 나열한 것은?

ⓐ	전극의 면적을 증가시킨다.
ⓑ	비유전율이 큰 유전체를 사용한다.
ⓒ	전극 사이의 간격을 증가시킨다.
ⓓ	콘덴서에 가하는 전압을 증가시킨다.

① ⓐ
② ⓐⓑ
③ ⓐⓑⓒ
④ ⓐⓑⓒⓓ

해설 $C = \dfrac{\varepsilon A}{d}$ (F)

여기서, C : 정전용량(F), ε : 유전율($\varepsilon = \varepsilon_o \varepsilon_s$)
A : 극판의 면적(㎡), d : 극판의 간격(m)

문제 57 2단자 반도체 소자로 서지 전압에 대한 회로 보호용으로 사용되는 것은?
① 터널 다이오드
② 서미스터
③ 바리스터
④ 바렉터 다이오드

해설
- 터널 다이오드 : 불순물 농도가 높은 반도체를 이용해 만든 다이오드인데, 터널효과를 이용했으므로 음성특성이 있어, 증폭 또는 발진회로에 이용된다.
- 서미스터 : 부온도 특성을 가진 저항기이다. 온도 보상용으로 사용되고 있다.
- 바리스터 : 서어지 전압에 대한 회로 보호용으로 사용된다.
- 바렉터 다이오드 : 주로 발진 회로에 사용된다. 역방향의 전압을 걸면 전압에 따라서 내부 정전용량이 변한다.

답 55.④ 56.② 57.③

문제 58 자동제어계의 상태를 교란시키는 외적인 신호는?
① 동작신호　　　② 외란
③ 목표량　　　　④ 피드백신호

해설　피드백제어의 구성

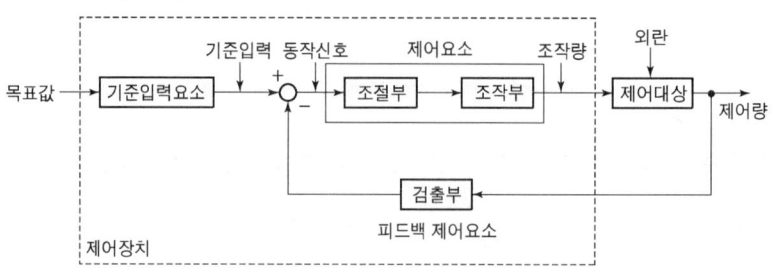

피드백제어 구성요소의 기능

요소명	정의 및 기능
목표값	제어시스템에서 제어량이 갖도록 목표로 하여 외부에서 주어지는 값이다.
기준입력요소	목표값에 비례하는 신호를 발생시킨다.
기준입력	제어계를 동작시키는 기준으로서 목표값에 비례하는 신호입력이다.
피드백신호	동작신호를 얻기 위해 기준입력과 비교되는 신호이다.
동작신호	기준입력과 피드백신호의 차이로서 제어동작을 발생시킨다.
제어요소	동작신호를 인가하면 조작량을 변화시키며 조절부와 조작부로 구성된다.
조절부	동작신호를 제어시스템에 필요한 신호로 만들어 조작부로 보낸다.
조작부	조절부로부터 받은 신호를 조작량으로 변환하여 제어대상에게 보낸다.
조작량	제어대상에 직접 인가되는 신호이다.
외란	제어량의 값을 변화시키려는 외부의 바람직하지 않은 신호이다.
제어량	제어대상이 발생하는 출력신호이다.
검출부	제어대상으로부터 제어량을 검출하고 기준입력신호와 비교시킨다.
제어장치	제어를 목적으로 제어대상에 부가하는 장치이다.
제어대상	직접 제어를 받는 부분으로서 장치의 전체 혹은 일부분일 수 있다.
제어편차	목표값과 제어량의 차이로서 동작신호와 비례한다.

문제 59 진공 중에서 1Wb인 같은 크기의 두 자극을 1m 거리에 놓았을 때 작용하는 힘은 몇 N인가?
① 6.33×10^3　　　② 6.33×10^4
③ 6.33×10^5　　　④ 6.33×10^8

해설　$F = \dfrac{1}{4\pi\mu} \dfrac{m_1 m_2}{r^2} = \dfrac{1}{4\pi\mu_o} \dfrac{m_1 m_2}{\mu_s r^2} = 6.33 \times 10^4 \dfrac{m_1 m_2}{\mu_s r^2}$ (N)

※ $\mu = \mu_o \mu_s$ (공기·진공중에서 μ_s는 1)

$F = 6.33 \times 10^4 \dfrac{m_1 m_2}{r^2} = 6.33 \times 10^4 \dfrac{1 \times 1}{1^2} = 6.33 \times 10^4$ (N)

답　58.② 59.②

문제 60 다음에서 입체 캠에 해당되는 것은?
① 단면 캠 ② 판 캠
③ 정면 캠 ④ 직동 캠

해설 입체 캠(입체적인 모양의 캠)의 종류
① **원통형** : 원통표면에 홈 또는 돌기가 있는 입체 캠의 일종
② **원추 캠** : 원추표면에 안내홈을 가공한 캠
③ **구면 캠** : 구형체의 표면에 홈이 나 있으며, 회전을 시키면 종동절은 일정 각도 내에서 왕복 회전운동을 하는 입체 캠의 일종
④ **단면 캠** : 원통의 단면에 특수한 형상을 만들어 회전시키면 종동절은 상하 운동을 한다.
⑤ **사판 캠** : 편평한 원판이 축에 대하여 경사지게 장착된 캠

답 60.①

2012년 기출문제

- 과년도 문제(2012. 02. 12)
- 과년도 문제(2012. 04. 08)
- 과년도 문제(2012. 10. 20)

승강기기능사 과년도 문제
(2012.02.12 시행)

문제 01 정격속도 30m/min인 승강기의 피트 깊이는 몇 m 이상이어야 하는가?
① 0.8   ② 1.0
③ 1.2   ④ 1.5

해설 ※ 본 문제는 검사기준(2013.9.15 시행)이 개정되어 출제가 수정될 것입니다.
〈카가 완전히 압축된 완충기 위에 있을 때〉
① 피트에는 0.5m×0.6m×1.0m 이상의 장방형 블록을 수용할 수 있는 충분한 공간이 있어야 한다.
② 피트 바닥과 카의 가장 낮은 부품 사이의 수직거리는 0.5m 이상이어야 한다.
③ 피트에 고정된 가장 높은 부품과 카의 가장 낮은 부품 사이의 수직거리는 0.3m 이상이어야 한다.

문제 02 정격속도가 90m/min인 승객용 엘리베이터에 사용되는 에너지 분산형 완충기의 필요 최소 행정은 약 몇 mm인가?
① 132   ② 142
③ 152   ④ 162

해설 ※ 본 문제는 검사기준(2013.9.15 시행)이 개정되어 출제가 수정될 것입니다.
에너지 분산형 완충기는 총 행정이 정격속도의 115%에 상응하는 중력정지 거리 ($0.0674\,V^2$ [m]) 이상이어야 한다.

문제 03 승객용 엘리베이터에서 일반적으로 균형체인 대신 균형로프를 사용하는 정격속도의 범위는?
① 120m/min 이상   ② 120m/min 미만
③ 150m/min 이상   ④ 150m/min 미만

문제 04 주로프에서 심강이란?
① 로프의 중심부를 구성하며 천연의 마를 사용한다.
② 소선수를 말하며 합성섬유를 사용한다.
③ 제동력을 높이기 위해 소선에 기름을 먹인 것을 말한다.
④ Z꼬임으로 되어 있는 것을 말한다.

답 1.③ 2.③ 3.① 4.①

해설 로프의 구조

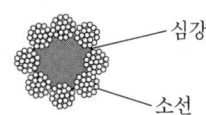
- 심강
- 소선

문제 05 교류 2단 속도제어(AC-2) 방식으로 주로 사용되는 것은?
① 정지레오나드방식
② 주파수 변환방식
③ 극수 변환방식
④ 워드레오나드방식

해설 교류 2단 속도제어는 2단속도 전동기를 사용해, 이동과 주행은 고속권선으로, 감속은 저속권선으로 하여 착상하는 방식(극수 변환방식)이다.

문제 06 승강로의 벽 일부에 한국산업규격에 알맞은 유리를 사용할 경우 다음 중 적합하지 않은 것은?
① 망유리
② 강화유리
③ 접합유리
④ 감광유리

해설 승강로의 벽 일부에 한국산업규격에 알맞은 유리를 사용할 경우 감광유리는 적합하지 않다.
※ 감광유리 : 금, 은, 구리, 이온 등을 미량 함유하여 자외선이나 방사선을 쪼이고, 가열하면 빛깔이 나는 유리.

문제 07 엘리베이터가 주행하는 중 정상속도 이상으로 주행하여 위험한 속도에 도달할 경우 이를 검출하여 강제적으로 엘리베이터를 정지시키는 장치는?
① 과속조절기
② 전자제동장치
③ 과전류차단기
④ 역결상릴레이

해설 과속조절기 : 카와 같은 속도로 움직이는 과속조절기 로프에 의거 회전하며, 항상 카의 과속도를 검출한다.
카 추락방지안전장치의 작동을 위한 과속조절기는 정격속도 115% 이상의 속도에서 작동되어야 한다.

답 5.③ 6.④ 7.①

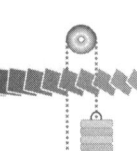

문제 08 비상용 승강기에 대한 설명 중 옳지 않은 것은?
① 외부와 연락할 수 있는 전화를 설치하여야 한다.
② 예비전원을 설치하여야 한다.
③ 정전시에는 예비전원으로 작동할 수 있어야 한다.
④ 승강기의 운행속도는 90m/min 이상으로 해야 한다.

해설 비상용 승강기의 운행속도는 60m/min 이상으로 해야 한다.

문제 09 다음 중 추락방지안전장치와 관련이 없는 것은?
① 플렉시블 가이드 클램프형 세이프티
② 슬랙로프 세이프티
③ 과속조절기
④ 턴버클

해설 턴버클은 밧줄, 체인, 철사 등을 당겨 조이는데 사용하는 기구이다.

문제 10 문 닫힘 안정장치(door safety shoe)에 대한 설명으로 틀린 것은?
① 문이 닫힐 때 작동시키면 다시 열린다.
② 문이 열릴 때 작동시키면 즉시 닫힌다.
③ 문이 완전히 닫힌 상태에서는 작동하지 않는다.
④ 문이 열려 있을 때 작동시키면 닫혀지지 않는다.

해설 문 닫힘 안전장치(door safety shoe)는 도어선단의 센서가 사람이나 물질이 접촉되면 도어의 닫힘을 중단하고 열리게 한다.

문제 11 우리나라에서 주로 사용되고 있는 에스컬레이터의 속도는 경사도 30° 이하인 경우 몇 m/min인가?
① 15   ② 25
③ 30   ④ 45

답 8.④ 9.④ 10.② 11.④

문제 12 블리드 오프(Bleed off) 유압회로에 대한 설명으로 틀린 것은?

① 정확한 속도제어가 곤란하다.
② 유량제어 밸브를 주회로에서 분기된 바이패스회로에 삽입한 것이다.
③ 회전수를 가변하여 펌프에 가압되어 토출되는 작동유를 제어하는 방식이다.
④ 부하에 필요한 압력이상의 압력을 발생시킬 필요가 없어 효율이 높다.

해설 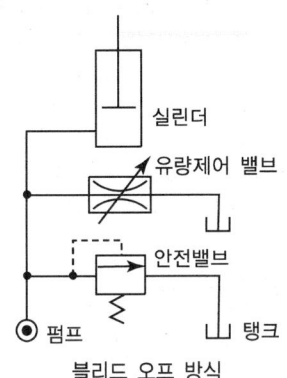 블리드 오프 회로는 부하에 필요한 압력 이상의 압력을 발생시킬 필요가 없어 효율이 높다. 그러나 부하 변동이 심한 경우 정확한 속도제어가 곤란하다.

문제 13 삼각부에 비고정식 안전보호판을 설치하지 않아도 되는 경우는?

① 건축물 천장부가 핸드레일 외측 끝단에서 30cm 이상 떨어져 있는 경우
② 건축물 천장부가 핸드레일 외측 끝단에서 40cm 이상 떨어져 있는 경우
③ 건축물 천장부가 핸드레일 외측 끝단에서 50cm 이상 떨어져 있는 경우
④ 교차각이 45°를 초과하는 경우

문제 14 승강장의 문이 열린 상태에서 모든 제약이 해제되면 자동적으로 닫히게 하여 문의 개방상태에서 생기는 2차 재해를 방지하는 문의 안전장치는?

① 시그널 컨트롤 ② 도어 컨트롤
③ 도어 클로저 ④ 도어 인터록

해설 도어 클로저(door closer) : 승장 도어의 문이 열러 있을 때 자동으로 닫히게 하는 장치를 말하며, 도어 인터록(door interlock)은 도어 로크(door lock)와 도어 스위치(door switch)로 구성되어 있다.
• 도어 로크 : 카가 정지하지 않는 층의 승장 도어는 전용의 키를 사용하여야만 열수 있는 장치
• 도어 스위치 : 승장 도어가 닫혀 있어야만 운행이 되도록 한 장치

답 12.③ 13.③ 14.③

2012.02.12 시행

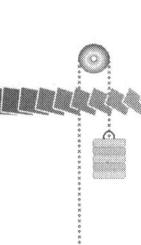

문제 15 단수(1대) 엘리베이터의 조작 방식과 관계가 없는 것은?

① 단식 자동식   ② 하강승합 전자동식
③ 군승합 자동식   ④ 승합 전자동식

해설
- 단식 자동식 : 먼저 눌러진 호출에 응답하고, 운행 중 다른 호출에는 응하지 않는다.
- 하강승합 전자동식 : 2층 이상의 승강장에는 내림방향의 버튼밖에 없다. 중간층에서 위 방향으로 올라 갈 때에는 1층까지 내려온 후 올라가야 한다.
- 군승합 자동식 : 2~3대의 엘리베이터를 연계시킨 후, 어떤 호출에 대해 먼저 응답한 카만 움직이고 나머지는 응답하지 않아 효율적 이용을 도모한 방식이다.
- 승합 전자동식 : 승강장의 누름버튼은 상·하 2개가 있고 동시에 기억시킬 수 있다. 카 진행방향의 누름버튼과 승강장의 누름버튼에 응답하면서 오르고 내린다. 승용 엘리베이터는 이 방식을 채용하고 있다.

문제 16 엘리베이터 기계실에 관한 설명으로 옳지 않은 것은?

① 정상부에 위치할 경우 꼭대기 틈새의 높이는 정격속도에 따라 일정 높이를 두어야 한다.
② 기계실의 크기는 승강로 수평투영면적의 2배 이상으로 하는 것이 적합하다.
③ 기계실의 위치는 반드시 정상부에 위치하지 않아도 된다.
④ 기계실의 크기는 승강로의 크기와 같아야 한다.

해설 ※ 본 문제는 검사기준(2013.9.15 시행)이 개정되어 출제가 수정될 것입니다.
기계실의 크기는 전기설비의 작업이 쉽고 안전하도록 충분하여야 하는데, 작업구역에서 유효높이는 2.1m 이상이어야 한다.

문제 17 다음과 같은 조건에서 카(CAR)의 속도는 몇 m/min 인가?

[조건]
- 정격부하에서 4극 모터가 12%의 슬립으로 운전한다.
  (단, 주파수는 60Hz)
- 기어의 비는 61 : 2, 시브의 직경은 560mm이다.

① 약 85   ② 약 91
③ 약 105   ④ 약 122

해설 $N = \dfrac{\pi D N_0}{1000} \times F = \dfrac{3.14 \times 560 \times 1584}{1000} \times \dfrac{2}{61} = 91.32 \fallingdotseq 91(\text{m/min})$

※ $N_0 = (1-s)\dfrac{120f}{p} = (1-0.12)\dfrac{120 \times 60}{4} = 1584(\text{rpm})$

답 15.③ 16.④ 17.②

문제 18 다음 장치들 중 보조 안전스위치(장치) 설치와 무관한 것은?
① 균형추 틀 ② 에너지 분산형 완충기
③ 과속조절기 로프 인장장치 ④ 균형 로프 도르래

문제 19 매일 작업 전, 후 등의 점검에 해당하는 것은?
① 일상점검 ② 특별점검
③ 임시점검 ④ 정기점검

문제 20 일반적인 안전대책의 수립 방법으로 가장 알맞은 것은?
① 계획적 ② 경험적
③ 사무적 ④ 통계적

문제 21 산업재해의 발생원인으로는 불안전한 행동이 많은 사고의 원인이 되고 있다. 이에 해당되지 않은 것은?
① 위험장소 접근 ② 안전장치 기능 제거
③ 복장 보호구 잘못 사용 ④ 작업장소 불량

문제 22 승강기의 자체검사자 자격이 있다고 볼 수 없는 자는?
① 자체검사원 양성 이수자 ② 해당분야 안전담당자
③ 지정검사기관의 검사원 ④ 사업주

문제 23 파괴검사 방법이 아닌 것은?
① 인장 검사 ② 굽힘 검사
③ 견고도 검사 ④ 육안 검사

문제 24 다음 중 전기사고의 방지대책이 아닌 것은?
① 방전장치의 시설 ② 누전 개소의 조기 발견
③ 전기의 사용 억제 ④ 규격 전기용품의 사용

답 18.① 19.① 20.④ 21.④ 22.④ 23.④ 24.③

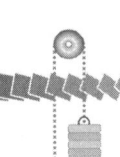

문제 25 옥외에 설치된 승강기의 승강로 탑 및 가이드레일 지지탑의 조립 및 해체작업을 할 때, 안전조치에 해당되지 않는 것은?
  ① 작업 지휘자를 선임하여 작업을 지휘한다.
  ② 근로자가 위험이 없다고 판단되면 작업을 한다.
  ③ 관계 근로자 외의 출입을 금지시킨다.
  ④ 근로자에게 위험이 미칠 우려가 있을 때는 작업을 중지시킨다.

문제 26 이상 통제의 조건이 아닌 것은?
  ① 설비   ② 휴식
  ③ 방법   ④ 사람

문제 27 와이어로프 안전율의 산출공식으로 옳은 것은? (단, F : 안전율, S : 로프 1가닥에 대한 제작사 정격 파단강도, N : 부하를 받는 와이어로프의 가닥수, W : 카와 정격하중을 승강로 안의 어떤 위치에 두고 모든 카 로프에 걸리는 최대 정지부하임)
  ① $F = \dfrac{S \cdot W}{N}$ ② $F = \dfrac{N \cdot S}{W}$
  ③ $F = \dfrac{W}{N \cdot S}$ ④ $F = \dfrac{N \cdot W}{S}$

해설 $F = \dfrac{N \cdot S}{W}$

문제 28 사업주가 근로자의 안전 또는 보건을 위하여 취하는 조치에 따라 근로자가 준수하여야 할 사항 중 옳지 않은 것은?
  ① 보호구 착용   ② 작업 중지
  ③ 대피   ④ 작업장 순회점검

문제 29 승강장에서 행하는 검사가 아닌 것은?
  ① 승강장 도어의 손상 유무   ② 도어 슈의 마모 유무
  ③ 승강장 버튼의 양호 유무   ④ 과속조절기 스위치 동작 여부

답 25.② 26.② 27.② 28.④ 29.④

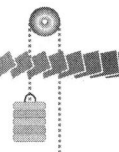

문제 30 기계식 주차장치의 일반적 분류 방법에 해당되지 않는 것은?

① 수직순환, 다층순환
② 다층순환, 수평순환
③ 수평순환, 엘리베이터방식
④ 곤도라방식, 수직순환

해설 기계식 주차장치의 일반적 분류 방법에 곤도라방식은 해당하지 않는다.

문제 31 엘리베이터 로프의 검사기준과 맞지 않는 것은?

① 주로프에 걸러 맨 고정부위는 2중 너트로 견고하게 조인다.
② 모든 주로프는 균등한 장력을 받고 있어야 한다.
③ 주로프에 걸어 맨 고정부위는 풀림방지를 위한 분할핀이 꽂혀있어야 한다.
④ 로프의 마모 및 파손상태는 가장 양호한 부분에서 검사한다.

해설 로프의 마모 및 파손상태의 점검은 마모 및 파손이 심한 부분에서 행한다.

문제 32 고장 및 정전시 카내의 승객을 구출하기 위한 비상 천장 구출구에 대한 설명으로 옳지 않은 것은?

① 카 안에서는 열 수 없도록 잠금장치를 하여야 한다.
② 카 위에서는 공구 등을 사용하지 않고 간단한 조작에 의해 용이하게 열 수 있어야 한다.
③ 승객의 구조활동에 장애가 없도록 충분한 공간이 확보되는 위치에 설치한다.
④ 구출구의 크기는 최소 폭 0.3m, 면적 $0.1m^2$ 이상이어야 한다.

해설 구출구의 크기는 0.4m×0.5m 이상이어야 한다.

문제 33 카 또는 균형추의 상, 하, 좌, 우에 부착되어 레일을 따라 움직이고 카 또는 균형추를 지지해주는 역할을 하는 것은?

① 완충기
② 중간 스토퍼
③ 가이드 레일
④ 가이드 슈

문제 34 로프식 엘리베이터에서 주로프의 끝 부분은 몇 가닥마다 로프 소켓에 바빗트 채움을 하거나 체결식 로프 소켓을 사용하여 고정하여야 하는가?

① 1가닥
② 2가닥
③ 3가닥
④ 5가닥

답 30.④ 31.④ 32.④ 33.④ 34.①

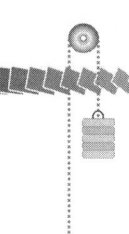

문제 35 승강기 카 상부에서 점검 및 작업을 할 때 주의하여야 할 사항이 아닌 것은?
① 장애물 등에 주의한다.
② 승강장측 신호계통을 분리시킨다.
③ 승객을 탑승시킬 때 주의시킨다.
④ 올라설 곳은 견고한지 확인한다.

문제 36 에스컬레이터의 안전장치가 아닌 것은?
① 핸드레일 안전장치
② 구동체인 안전장치
③ 카 도어 안전장치
④ 스커트가드 안전장치

해설
- 핸드레일 안전장치 : 핸드레일에 손 또는 물체가 끼었을 때 자동으로 에스컬레이터를 정지시킨다.
- 구동체인 안전장치 : 구동체인이 절단 또는 심하게 늘어날 경우 에스컬레이터를 정지시킨다.
- 카 도어 안전장치 : 카의 문 선단에 이물질 검출장치를 설치하여 그 작동으로 닫히는 문을 멈추게 하고 반전시킨다. 종류에는 세이프티 슈(safety shoe), 세이프티 레이(safety ray), 초음파 장치가 있다.

문제 37 엘리베이터의 승강장 문이 닫혀있을 경우 승강장에서 몇 mm 이상 열려지지 않아야 하는가? (단, 상하개폐문 및 중앙개폐문이 아니며, 화물용 상승개폐문이 아닌 경우이다.)
① 4mm
② 6mm
③ 8mm
④ 10mm

해설 승강장 문이 닫혀 있을 때 문짝 사이의 틈새 또는 문짝과 문설주, 인방 또는 문턱 사이의 틈새는 6mm 이하로 작아야 한다.

문제 38 승강기의 방호장치에 대한 설명으로 틀린 것은?
① 용도에 구분없이 모든 승강기는 도어 인터록을 설치한다.
② 화물용 승강기는 수동 운전시 도어가 개방되었을 때도 운전이 가능하도록 한다.
③ 수동 운전시 업 다운(up down) 버튼 조작을 중지하면 자동적으로 정지하여야 한다.
④ 로프식 승강기는 반드시 승강로 상부에 2차 정지스위치를 설치할 필요가 있다.

해설 화물용 승강기는 도어가 개방되어 운전이 되어서는 안 된다.

답 35.③ 36.③ 37.② 38.②

문제 39 에스컬레이터에 전원의 일부가 결상되거나 전동기의 토크가 부족하였을 때 상승운전 중 하강을 방지하기 위한 안전장치는?

① 과속조절기 ② 스커트가드 스위치
③ 구동체인 안전장치 ④ 핸드레일 안전장치

해설
- 과속조절기 : 에스컬레이터에 전원의 일부가 결상되거나 전동기의 토크가 부족하였을 때 상승운전 중 하강을 방지한다.
- 스커트가드 스위치 : 스커트가드와 계단체인 사이 2~4mm에 발이나 이물질이 끼었을 때 에스컬레이터를 정지시킨다.
- 구동체인 안전장치 : 구동체인이 절단되거나 심하게 늘어 났을 때 에스컬레이터를 정지시킨다.
- 핸드레일 안전장치 : 핸드레일에 손이나, 물체가 끼었을 때 자동으로 에스컬레이터를 정지시킨다.

문제 40 공칭회로전압 ≤ 500V인 경우 절연 저항값은 몇 MΩ 이상이어야 하는가? [문제 삭제]

① 0.2 ② 0.3
③ 0.4 ④ 0.5

해설 ※ 본 문제는 2019.4.4. 법 개정으로 인해 삭제되었습니다.

문제 41 고속 엘리베이터에 주로 적용되는 과속조절기로 알맞은 것은?

① 디스크형 ② 블리드오프형
③ 롤 세이프티형 ④ 플라이 볼형

해설
- 디스크형 : 중속도 이하의 엘리베이터에 적합
- 롤 세이프티형 : 저속 엘리베이터에 적합
- 플라이 볼형 : 고속 엘리베이터에 적합

문제 42 과속조절기의 기계적인 작동을 하는 2차 동작시점은 정격속도의 몇 배 이하인가?

① 1.2 ② 1.4
③ 1.6 ④ 1.8

해설 ※ 본 문제는 검사기준(2013.9.15 시행)이 개정되어 출제가 수정될 것입니다.

과속조절기의 동작
카 추락방지안전장치의 작동을 위한 과속조절기는 정격속도의 115% 이상의 속도 시 작동되어야 한다.

답 39.① 40.④ 41.④ 42.②

문제 43 난간 폭에 의한 에스컬레이터 분류 중 800형 에스컬레이터의 시간당 수송 인원수는?

① 5000명 ② 6000명
③ 7000명 ④ 8000명

해설 난간 폭에 의한 분류
• 800형 : 6000명/hour
• 1200형 : 9000명/hour

문제 44 유압 엘리베이터에 있어서 정상적인 작동을 위하여 유지하여야 할 오일의 온도 범위는?

① 5℃~40℃ ② 5℃~60℃
③ 70℃~80℃ ④ 90℃~100℃

해설 오일의 온도는 5℃ 이상, 60℃ 이하이어야 한다.

문제 45 승강장 문의 조립체는 소프트 팬들럼 시험방법에 따라 몇 [J]의 운동 에너지로 충격을 가하였을 때 문의 이탈 없이 견딜 수 있어야 하는가?

① 400 ② 450
③ 500 ④ 550

문제 46 유압잭에 대한 설명으로 옳지 않은 것은?

① 유압잭은 단단식과 다단식으로 구분된다.
② 유압잭은 실린더부와 플런저부로 구성된다.
③ 유압잭에서 플런저는 실린더에 비해 하중 분담이 적으므로 좌굴은 검토 대상이 아니다.
④ 유압잭에서 작동유의 압력은 실린더 내측과 플런저 외측에 균등하게 작용한다.

해설 유압잭에서 플런저는 실린더에 비해 하중 분담이 커 좌굴은 검토 대상이다.

문제 47 최대눈금이 200[V], 내부저항이 20000[Ω]인 직류 전압계가 있다. 이 전압계로 최대 600[V]까지 측정하려면 외부에 직렬로 접속할 저항은 몇 [kΩ]인가?

① 20 ② 40
③ 60 ④ 80

답 43.② 44.② 45.② 46.③ 47.②

해설 $V = V_0(1 + \dfrac{R_m}{r_a})$ [V] 이므로 수식을 대입하면

$600 = 200(1 + \dfrac{R_m}{20000})$

∴ $R_m = 40\,[\text{k}\Omega]$

문제 48 회전운동을 직선운동으로 바꾸어 주는 기구는?
① 폴리 ② 캠
③ 체인 ④ 기어

해설 캠은 회전운동을 직선운동, 왕복운동으로 바꾸어 주는 기구이다.

문제 49 2[V]의 기전력으로 20[J]의 일을 할 때 이동한 전기량은 몇 [C]인가?
① 0.1 ② 10
③ 40 ④ 24000

해설 $V = \dfrac{W}{Q}$ [V], $Q = \dfrac{W}{V} = \dfrac{20}{2} = 10\,[\text{C}]$

문제 50 엘리베이터의 도어 스위치 회로는 어떻게 구성하는 것이 좋은가?
① 병렬회로 ② 직렬회로
③ 직병렬회로 ④ 인터록회로

문제 51 그림은 정류회로의 전압파형이다. 입력 전압은 사인파로 실효값이 100V일 때, 출력 파형의 평균값 V_a[V]는?

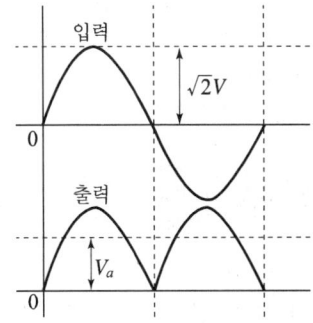

① 약 45V ② 약 70V
③ 약 90V ④ 약 110V

답 48.② 49.② 50.② 51.③

해설 $V_a = \dfrac{2V_m}{\pi} = \dfrac{2\sqrt{2}\,V}{\pi} = \dfrac{2 \times 1.414 \times 100}{3.14} \fallingdotseq 90[\text{V}]$

여기서, $V = \dfrac{V_m}{\sqrt{2}}[\text{V}]$에서 $V_m = \sqrt{2}\,V[\text{V}]$이다.

문제 52 직류기에 사용되는 브러시가 갖추어야 할 성질 중 틀린 것은?
① 접촉 저항이 적당할 것
② 마모성이 적을 것
③ 스프링에 의한 적당한 압력을 가질 것
④ 기계적으로 튼튼할 것

해설 브러시가 갖추어야 할 성질
① 접촉 저항이 적당할 것
② 마모성이 적을 것
③ 기계적 강도가 클 것
④ 전기저항이 작을 것
⑤ 내열성이 클 것

문제 53 전자력 $F = Bil[\text{N}]$과 관계되는 법칙은?
① 패러데이의 법칙　　② 플레밍의 오른손법칙
③ 오른나사법칙　　　④ 플레밍의 왼손법칙

해설 ① 유기기전력에 관한 패러데이의 법칙
유도 기전력의 방향은 자속의 변화를 방해하려는 방향으로 발생한다.
② 플레밍의 오른손법칙
발전기의 유기기전력 방향을 알고자 할 때 적용한다.
　・엄지 손가락 : 운동방향
　・집게 손가락 : 자장의 방향
　・가운데 손가락 : 기전력의 방향
③ 오른나사법칙

④ 플레밍의 왼손법칙
전동기의 회전방향을 알고자 할 때 적용한다.
　・엄지 손가락 : 힘(전자력)의 방향
　・집게 손가락 : 자장의 방향
　・가운데 손가락 : 전류의 방향

답 52.③　53.④

문제 54 제어에 대한 용어의 설명 중 옳지 않은 것은?
① 제어명령이란 제어 대상의 출력을 원하는 상태로 하기 위한 입력신호를 말한다.
② 신호란 물리량의 종류에는 관계하지 않고, 크기 및 변화 상태만을 고려한 것을 말한다.
③ 목표값이란 외부에서 제어계에 주어지는 값을 말한다.
④ 제어량이란 제어 대상의 출력과 기준 입력과의 차이 값을 말한다.

해설 제어량은 제어 대상의 현상을 나타내는 양이며 측정되고 제어되는 것을 말한다.

문제 55 자기인덕턴스 L[H]의 코일에 전류 I[A]를 흘렸을 때 여기에 축적되는 에너지 W는 몇 [J]인가?

① $W = LI^2$
② $W = \dfrac{1}{2}LI^2$
③ $W = 2LI^2$
④ $W = \dfrac{2I^2}{L}$

해설 $W = \dfrac{1}{2}LI^2$[J]

문제 56 콘덴서의 용량을 크게 하는 방법으로 옳지 않은 것은?
① 극판의 면적을 넓게 한다.
② 극판의 간격을 좁게 한다.
③ 극판간의 넣는 물질은 비유전율이 큰 것을 사용한다.
④ 극판 사이의 전압을 높게 한다.

해설 $C = \dfrac{\varepsilon A}{d} = \dfrac{\varepsilon_o \varepsilon_s A}{d}$ [F]
여기서, C : 정전용량[F], A : 극판의 면적[m²],
d : 극판간의 간격[m], ε : 유전율($\varepsilon = \varepsilon_o \varepsilon_s$)[F/m],
ε_o : 진공의 유전율[F/m], ε_s : 비유전율

문제 57 NAND 게이트 3개로 구성된 다음 논리회로의 출력값 E 는?
① $A \cdot B + C \cdot D$
② $(A + B) \cdot (C + D)$
③ $\overline{A \cdot B} + \overline{C \cdot D}$
④ $A \cdot B \cdot C \cdot D$

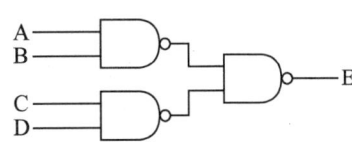

답 54.④ 55.② 56.④ 57.①

해설 $E = \overline{\overline{AB} \cdot \overline{CD}} = \overline{\overline{AB}} + \overline{\overline{CD}} = AB + CD$

문제 58 버니어 캘리퍼스의 종류에 속하는 것은?

① HB형　　　　　　② HM형
③ HT형　　　　　　④ CM형

해설　버니어 캘리퍼스의 종류
① M_1형　　② M_2형
③ CB형　　　④ CM형

문제 59 다음 중 PNP형 트랜지스터의 기호로 알맞은 것은?

① 　　　　②

③ 　　　　　　　　　　④

해설　① PNP 트랜지스터　　② NPN 트랜지스터

문제 60 다음 중 교류 엘리베이터 제어와 관계가 없는 것은?

① 정지 레오나드방식　　　② 교류 2단 속도 제어방식
③ 교류 귀환 제어방식　　　④ 가변전압 가변주파수 제어방식

해설　① 직류 엘리베이터 제어방식
　　• 정지 레오나드
　　• 워드 레오나드
② 교류 엘리베이터 제어방식
　　• 교류 1단 속도 제어
　　• 교류 2단 속도 제어
　　• 교류 귀환 제어
　　• 가변전압 가변주파수(VVVF) 제어

답　58.④　59.②　60.①

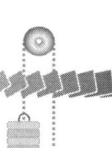

승강기기능사 과년도 문제
(2012.04.08 시행)

문제 01 승객이나 운전자의 마음을 편하게 해주고 주위의 분위기를 부드럽게 하기 위하여 설치하는 장치는?
① 통신장치　　　　　　　② 관제운전장치
③ 구출운전장치　　　　　④ BGM장치

문제 02 에스컬레이터의 구동장치가 아닌 것은?
① 구동기　　　　　　　　② 스텝체인 구동장치
③ 핸드레일 구동장치　　　④ 구동체인 안전장치

해설
- 구동기 : 하나의 다른 장치를 제어하거나 조절하는 하드웨어 장치
- 스텝체인 구동장치 : 계단체인을 구동하는 장치
- 핸드레일 구동장치 : 핸드레일을 구동하는 장치
- 구동체인 안전장치 : 구동체인이 절단되거나 심하게 늘어나면 구동장치의 하강방향의 회전을 제지한다.

문제 03 카가 정지하고 있지 않는 층의 문이 열리지 않도록 하고, 각 층의 문이 닫혀 있지 않으면 운전을 불가능하게 하는 장치는?
① 도어 인터록　　　　　　② 도어 세이프티
③ 도어 오픈　　　　　　　④ 도어 클로저

해설
① 도어 인터록(door interlock) : 도어 로크(door lock)와 도어 스위치(door switch)로 구성되어 있다.
- 도어 로크 : 카가 정지하지 않는 층의 승장 도어는 전용의 키를 사용하여야만 열수 있는 장치
- 도어 스위치 : 승장 도어가 닫혀 있어야만 운행이 되도록 한 장치
② 도어 세이프티 : 문이 닫힐 때 사람의 끼임으로 안전사고가 발생하지 않도록 다시 열리게 하는 장치
③ 도어 클로저 : 승장 도어가 열려 있으면 자동으로 닫히게 하는 장치

문제 04 중앙 개폐방식의 승강장 도어를 나타내는 기호는?
① 2S　　　　　　　　　　② UP
③ CO　　　　　　　　　　④ SO

답　1.④　2.④　3.①　4.③

해설
- UP : 상부 열기(up sliding) 방식
- CO : 중앙 열기(center open) 방식
- S : 가로 열기(side open) 방식

문제 05 권상하중 1000kg, 권상속도 60m/min의 엘리베이터용 전동기의 최소 용량은 몇 kW인가? (단, 권상장치의 효율은 70%, 오버밸런스율은 50% 이다.)
① 5.5　　　　　　　　　② 7
③ 9.5　　　　　　　　　④ 11

해설 $P = \dfrac{LVS}{6120\,\eta} = \dfrac{1000 \times 60(1-0.5)}{6120 \times 0.7} ≒ 7\text{kW}$

문제 06 승강로 출입구에 접한 승강 로비에 대한 설명으로 올바른 것은?
① 승강 로비는 엘리베이터 전용으로 하여야 한다.
② 당해 부분의 벽이 실내에 접하는 부분의 마감은 난연재료로 하여야 한다.
③ 당해 부분의 천장이 실내에 접하는 부분의 마감은 난연재료로 하여야 한다.
④ 로비 하부는 준불연재료로 하여야 한다.

문제 07 가장 먼저 등록된 부름에만 응답하고 그 운전이 완료될 때 까지는 다른 부름에는 응답하지 않는 방식으로 주로 화물용으로 사용되는 운전방식은?
① 단식 자동식　　　　　　② 하강승합 전자동식
③ 군 승합 전자동식　　　　④ 양방향 승합 전자동식

해설
- 단식 자동식
  먼저 눌러진 호출에 응답하고, 운행중에는 다른 호출에는 응하지 않는다.
- 하강승합 전자동식
  2층 이상의 승강장에는 내림 방향의 버튼만 있다. 중간층에서 위방향으로 올라갈 때는 1층까지 내려와서 카 버튼으로 목적층을 등록 시켜야 올라간다.
- 군 승합 전자동식
  2대에서 3대가 병설될 때에 사용되는 조작 방식, 먼저 응답한 카만 움직인다.
- 양방향 승합 전자동식
  승강장의 누름 버튼은 2개가 있으며, 동시에 기억시킬 수 있다. 카는 카 내의 누름 버튼과 승강장의 누름 버튼에 응답하면서 오르고 내린다.

답 5.② 6.① 7.①

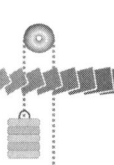

문제 08 엘리베이터 기계실의 바닥면적은 승강로 수평투영면적의 몇 배 이상이어야 하는가?
① 1.5배
② 2배
③ 2.5배
④ 3배

문제 09 엘리베이터용 로프의 특성으로 옳은 것은?
① 강도가 크고 유연성이 적어야 한다.
② 강도가 크고 유연성이 풍부하여야 한다.
③ 강도와 유연성이 적어야 한다.
④ 강도가 적고 유연성이 풍부하여야 한다.

해설 로프는 탄소량을 적게 하여 유연성을 크게 하여야 한다.

문제 10 로프식 엘리베이터에서 카 바닥 앞부분과 승강장 출입구 바닥 앞부분과의 틈새는 몇 cm 이하인가?
① 2
② 3
③ 3.5
④ 5

문제 11 간접식 유압엘리베이터의 특징이 아닌 것은?
① 기계실의 위치가 자유롭다.
② 주로 저속 승강기에 사용된다.
③ 승강행정이 짧은 승강기에 사용된다.
④ 추락방지안전장치가 필요 없다.

해설 간접식 유압엘리베이터는 추락방지안전장치가 필요하다.

문제 12 추락방지안전장치는 엘리베이터 정격속도의 얼마의 범위에서 동작해야 하는가?
① 1.3배 이하
② 1.3배 초과
③ 1.4배 이하
④ 1.4배 초과

해설 ※ 본 문제는 검사기준(2013.9.15 시행)이 개정되어 출제가 수정될 것입니다.
카 추락방지안전장치의 작동을 위한 과속조절기는 정격속도의 115% 이상의 속도에서 작동되어야 한다.

답 8.② 9.② 10.③ 11.④ 12.③

문제 13 다음 중 ( ) 안에 들어갈 내용으로 알맞은 것은?

> "카가 에너지 분산형 완충기에 충돌했을 때 플런저가 하강하고 이에 따라 실린더 내의 기름이 좁은 ( )을(를) 통과하면서 생기는 유체저항에 의해 완충작용을 하게 된다."

① 오리피스 틈새 ② 실린더
③ 오일게이지 ④ 플런저

문제 14 가변전압 가변주파수(VVVF)제어에 대한 설명으로 틀린 것은?
① 교류 엘리베이터 속도제어의 방법이다.
② 전동기는 교류 유도 전동기를 사용한다.
③ 인버터제어이다.
④ 직류 엘리베이터 속도제어의 방법이다.

해설 가변전압 가변주파수제어는 교류 엘리베이터 속도제어의 방법으로 소비 전력도 절감이 된다.

문제 15 균형추의 중량을 결정하는 계산식은? (단, 여기서 L은 정격하중, F는 오버밸런스율이다.)
① 균형추의 중량 = 카 자체하중 × (L · F)
② 균형추의 중량 = 카 자체하중 + (L+F)
③ 균형추의 중량 = 카 자체하중 + (L−F)
④ 균형추의 중량 = 카 자체하중 + (L · F)

문제 16 점차작동형 추락방지안전장치에 대한 설명으로 옳지 않은 것은?
① 레일을 죄는 힘이 동작시부터 정지시까지 일정한 것이 F.G.C형이다.
② 레일을 죄는 힘이 처음에는 약하고 하강함에 따라 강하다가 얼마 후 일정값에 도달하는 것이 F.W.C형이다.
③ 구조가 간단하고 복구가 용이하기 때문에 대부분 F.W.C형을 사용한다.
④ 점차작동형은 정격속도가 60m/min 이상인 엘리베이터에 주로 사용한다.

해설 점차작동형 중 F.W.C(flexible wedge clamp)형은 레일을 죄는 힘이 동작초기에는 약하나, 점점 강해진 후 일정하다. 구조가 복잡해 거의 사용하지 않는다.

답 13.① 14.④ 15.④ 16.③

문제 17 비상용 엘리베이터 구조로 옳지 않은 것은?
① 엘리베이터의 운행속도는 60m/min 이상이어야 한다.
② 카는 비상운전시 반드시 모든 승강장의 출입구마다 정지할 수 있어야 한다.
③ 정전시 예비전원에 의해 2시간 이상 가동할 수 있어야 한다.
④ 90초 이내에 엘리베이터 운행에 필요한 전력을 공급하여야 한다.

해설 비상용 엘리베이터는 정격속도가 60m/min 이상 되어야 하며, 피난층에서 피난층까지 1분 정도에 도달할 수 있어야 한다.

문제 18 에스컬레이터에서 탑승객이 좌우로 떨어지지 않도록 설치한 측면 벽의 명칭에 해당하는 것은?
① 난간   ② 스커트가드
③ 핸드레일   ④ 데크보드

문제 19 동력으로 운전하는 기계에 작업자의 안전을 위하여 기계마다 설치하는 장치는?
① 수동 스위치장치   ② 동력차단장치
③ 동력장치   ④ 동력전도장치

문제 20 승강기 운행관리자의 직무가 아닌 것은?
① 고장 및 수리에 관한 기록 유지
② 사고발생에 대비한 비상연락망의 작성 및 관리
③ 사고시의 사고 보고
④ 고장시의 긴급 수리

문제 21 감전사고시 응급조치로 가장 옳은 것은?
① 인공호흡을 하면 안 된다.
② 호흡이 정상인 경우에만 인공호흡을 한다.
③ 호흡이 정지된 경우에는 인공호흡을 안 한다.
④ 호흡이 정지되어 있어도 인공호흡을 하는 것이 좋다.

답 17.④ 18.① 19.② 20.④ 21.④

문제 22 에스컬레이터 이용자의 준수사항과 관련이 없는 것은?
① 옷이나 물건 등이 틈새에 끼이지 않도록 주의하여야 한다.
② 화물은 디딤판 위에 반드시 올려놓고 타야 한다.
③ 디딤판 가장자리에 표시된 황색 안전선 밖으로 발이 벗어나지 않도록 하여야 한다.
④ 핸드레일을 잡고 있어야 한다.

문제 23 안전점검의 목적에 해당되지 않는 것은?
① 생산위주로 시설 가동
② 결함이나 불안전 조건의 제거
③ 기계·설비의 본래 성능 유지
④ 합리적인 생산관리

문제 24 경고나 주의를 표시할 때 사용하는 색채로 가장 알맞은 것은?
① 파랑　　　　② 보라
③ 노랑　　　　④ 녹색

> **해설**
> • 파랑 : 지시, 조심
> • 보라 : 방사능
> • 노랑 : 주의
> • 녹색 : 안전안내, 진행유도, 구급구호

문제 25 건설용 리프트의 주요 검사항목과 관련 없는 것은?
① 브레이크　　　　② 클러치
③ 완충기　　　　　④ 와이어로프

문제 26 사다리 작업의 안전 지침으로 적당하지 않은 것은?
① 상부와 하부가 움직이지 않도록 고정되어야 한다.
② 사다리를 다리처럼 사용해서는 안 된다.
③ 부서지기 쉬운 벽돌 등을 받침대로 사용해서는 안 된다.
④ 사다리 상단은 작업장으로부터 120cm 이상 올라가야 한다.

답　22.② 23.① 24.③ 25.③ 26.④

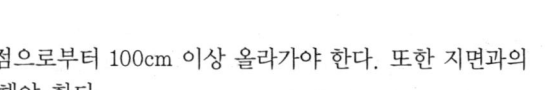

해설 사다리 상단은 걸쳐진 지점으로부터 100cm 이상 올라가야 한다. 또한 지면과의 경사각은 70~75를 유지해야 한다.

문제 27 산업재해 예방의 기본 원칙에 속하지 않는 것은?
① 원인 규명의 원칙　　② 대책 선정의 원칙
③ 손실 우연의 원칙　　④ 원인 연계의 원칙

해설 재해 예방의 4원칙
① 손실 우연의 원칙　② 원인 계기의 원칙
③ 예방 가능의 원칙　④ 대책 선정의 원칙

문제 28 재해원인 중 생리적인 원인은?
① 안전장치 사용의 미숙　　② 안전장치의 고장
③ 작업자의 무지　　　　　　④ 작업자의 피로

문제 29 유압식 엘리베이터에 설치하여야 하는 안전장치에 관한 설명으로 옳지 않은 것은?
① 카의 상승시 유압이 이상하게 증대하는 경우에 작동압력이 상용압력의 1.25배를 초과하지 않을 때 자동적으로 작동을 개시하지 않도록 하는 장치
② 동력이 차단되었을 때 유압잭 내의 기름의 역류에 의한 카의 하강을 제지하는 장치
③ 작동유의 온도를 64℃ 이상 80℃ 이하로 유지하기 위한 장치
④ 전동기의 공전을 방지하기 위한 장치

해설 유압식 엘리베이터의 작동유 온도는 5℃ 이상 60℃ 이하로 유지해야 한다.

문제 30 꼭대기 틈새와 오버헤드 관계에서 꼭대기 틈새는?
① 오버헤드에서 카의 높이를 뺀 값
② 오버헤드에서 카의 높이와 완충기 행정을 뺀 값
③ 오버헤드에서 카의 높이와 로프 처짐량을 뺀 값
④ 오버헤드에서 피트 깊이와 완충기 행정을 뺀 값

해설 • 꼭대기 틈새 : 카를 최상층에 정지시켜 놓은 상태에서 카의 상부체대와 승강로 천장부와의 수직거리
• 오버헤드 : 최상층에서 기계실 바닥까지의 높이

답 27.① 28.④ 29.③ 30.①

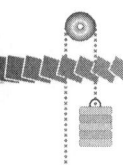

문제 31 유압식 엘리베이터에서 상승방향으로만 기름을 흐르게 하고 역방향으로는 흐르지 못하게 하는 밸브는?

① 안전 밸브　　　② 체크 밸브
③ 스톱 밸브　　　④ 럽처 밸브

해설
- 안전 밸브 : 압력조절 밸브로서 압력이 과도하게 상승하는 것을 방지한다.
- 체크 밸브 : 한쪽 방향으로만 오일이 흐르게 하는 밸브로서, 어떤 원인에 의해 오일이 역류, 카가 자유낙하 하는 것을 방지시킨다.
- 스톱 밸브 : 이 밸브는 유압장치의 보수, 점검, 수리시에 사용되며 게이트 밸브(gate valve)라고도 한다.
- 럽처 밸브 : 압력 배관이 파손 되었을 때 기름의 누설에 의한 카의 하강을 제지하는 장치이다.

문제 32 유압 엘리베이터에 사용되고 있는 강제 송유식 펌프의 종류가 아닌 것은?

① 기어펌프　　　② 베인펌프
③ 원심펌프　　　④ 스크류펌프

해설 강제 송유식 펌프의 종류
① 기어펌프　② 베인펌프　③ 스크류펌프

문제 33 승강기의 추락방지안전장치에 대한 설명 중 옳지 않은 것은?

① 순간식과 슬랙로프 세이프트식이 있다.
② 플랙시블 가이드 클램프형과 플랙시블 웨지 클램프형이 있다.
③ 추락방지안전장치의 정지거리는 제한이 있다.
④ 유압식 엘리베이터의 경우는 추락방지안전장치가 필요하지 않다.

해설 간접식 유압 엘리베이터는 추락방지안전장치가 필요하나, 직접식 유압 엘리베이터는 필요하지 않다.

문제 34 엘리베이터의 전동기에 대한 설명으로 옳지 않은 것은?

① 기동토크가 작을 것
② 기동전류가 작을 것
③ 회전부분의 관성 모멘트가 적을 것
④ 잦은 기동빈도에 대해 열적으로 견딜 것

해설 엘리베이터의 전동기는 기동토크가 커야 한다.

답　31.②　32.③　33.④　34.①

문제 35 에스컬레이터의 층고가 6m 이하일 때에는 경사도는 몇 ° 이하인가?
① 35°   ② 40°
③ 45°   ④ 50°

해설   에스컬레이터는 경사도가 30°를 초과하지 않아야 하나, 층고가 6m 이하이고 속도 30m/min 이하는 35°까지 가능하다.

문제 36 유압 엘리베이터 제어반에서 할 수 없는 것은?
① 작동시의 유압 측정   ② 전동기의 전류 측정
③ 절연저항의 측정   ④ 과전류계전기의 작동

문제 37 피트에서 행하는 검사항목은?
① 외부와의 연락장치 이상 유무
② 도어 스위치 작동상태
③ 시브 또는 스프로켓의 부착 이상 유무
④ 이동 케이블의 손상 유무

문제 38 무빙워크의 경사도는 몇 ° 이하로 하여야 하는가?
① 8° 이하   ② 12° 이하
③ 15° 이하   ④ 18° 이하

해설   무빙워크 경사도는 12° 이하로 하여야 한다.

문제 39 로프식 엘리베이터의 경우 카 위에서 하는 검사가 아닌 것은?
① 비상구출구   ② 도어개폐장치
③ 리미트 스위치류   ④ 운전조작반

문제 40 카 위에서 카를 조금씩 움직이면서 점검하는 주 로프의 점검항목이 아닌 것은?
① 회전상태   ② 장력상태
③ 파단상태   ④ 부식 및 마모상태

답   35.① 36.① 37.④ 38.② 39.④ 40.①

문제 41 에스컬레이터 회로의 사용전압이 400[V] 이하인 것의 접지저항은 몇 [Ω] 이하이어야 하는가?

① 10
② 100
③ 300
④ 500

해설
- 400V 미만 : 제3종 접지공사(100Ω 이하)
- 400V 이상의 저압 : 특별 제3종 접지공사(10Ω 이하)
- 고압 또는 특고압 : 제1종 접지공사(10Ω 이하)
※ 본 문제는 규정법 개정으로 무효입니다.

문제 42 가이드 레일 보수 점검 항목에 해당되지 않는 것은?

① 이음판의 취부 볼트, 너트의 이완 상태
② 로프와 클립체결 상태
③ 가이드 레일의 급유상태
④ 브래킷 용접부의 균열 상태

문제 43 과속조절기 도르래의 피치지름과 로프의 공칭지름의 비는 몇 배 이상인가?

① 25배
② 30배
③ 35배
④ 40배

문제 44 에스컬레이터의 이동식 핸드레일은 하강운전 중 상부승강장에서 사람이 수평으로 약 몇 N 정도의 힘으로 당겨도 정지하지 않아야 하는가?

① 127
② 137
③ 147
④ 157

문제 45 변형 및 강도를 고려시 와이어로프의 절단방법으로 가장 알맞은 것은?

① 산소절단기로 절단한다.
② 전기용접기로 절단한다.
③ 그라인더로 절단한다.
④ 쇠톱이나 와이어 커터로 절단한다.

답 41.② 42.② 43.② 44.③ 45.④

문제 46 에스컬레이터에 대한 설명 중 옳은 것은?
① 승강장에서는 물체가 쉽게 끼어 들어가지 않도록 디딤판과 콤(comb)의 물림량은 3mm 이상이어야 한다.
② 승강장에서는 물체가 쉽게 끼어 들어가지 않도록 디딤판과 콤(comb)의 물림량은 6mm 이상이어야 한다.
③ 승강장에서는 물체가 쉽게 끼어 들어가지 않도록 디딤판과 콤(comb)의 물림량은 8mm 이상이어야 한다.
④ 승강장에서는 물체가 쉽게 끼어 들어가지 않도록 디딤판과 콤(comb)의 물림량은 10mm 이상이어야 한다.

문제 47 절연저항계로 측정할 수 없는 것은?
① 선로와 대지간의 절연측정
② 선간절연의 측정
③ 도통시험
④ 주파수 측정

해설 주파수 측정은 주파수계로 한다.

문제 48 전압 220[V], 전류 20[A], 역률 0.6인 3상 회로의 전력은 약 몇 [kW]인가?
① 4.6
② 4.8
③ 5.0
④ 5.2

해설 $P = \sqrt{3} \times VI \cos\theta = \sqrt{3} \times 220 \times 20 \times 0.6 = 4573 ≒ 4.6 \text{[kW]}$

문제 49 진공 중에서 m[Wb]의 자극으로부터 나오는 총 자력선의 수는 어떻게 표현되는가?
① $\dfrac{m}{4\pi\mu_o}$
② $\dfrac{m}{\mu_o}$
③ $\mu_o m$
④ $\mu_o m^2$

해설 $N = \dfrac{m}{\mu} = \dfrac{m}{\mu_o \mu_s} = \dfrac{m}{\mu_o}$ (개)
여기서, 진공 또는 공기중에서 $\mu_s = 1$

답 46.② 47.④ 48.① 49.②

문제 50 전류의 열작용과 관계있는 법칙은?
① 옴의 법칙 ② 줄의 법칙
③ 플레밍의 오른손 법칙 ④ 카르히호프의 법칙

해설 ① 옴의 법칙
$$I = \frac{V}{R}[A]$$
② 줄의 법칙
저항 $R[\Omega]$에 $I[A]$의 전류가 $t[sec]$ 동안 흐를 때
발열량 $H = I^2 R \, t[J] = 0.24 I^2 R \, t[cal]$
③ 플레밍의 오른손 법칙
발전기의 유기기전력 방향을 알고자 할 때 적용한다.
- 엄지 손가락 : 운동방향
- 집게 손가락 : 자장의 방향
- 가운데 손가락 : 기전력의 방향

④ 키르히호프의 법칙
회로망 중의 한 점에서 흘러 들어오는 전류의 대수합과 나가는 전류의 대수합은 같다.

문제 51 교류 용접기가 갖추어야 할 조건이 아닌 것은?
① 박판 용접이 잘 될 것
② 구조와 취급이 간단할 것
③ 무부하 전압이 최대한으로 높을 것
④ 아크 용접이 조용하고 쉬울 것

해설 교류 용접기가 갖추어야 할 조건
① 박판 용접이 잘 될 것
② 구조와 취급이 간단할 것
③ 아크 용접이 조용하고 쉬울 것
④ 제작이 용이하고 값이 저렴할 것
⑤ 아크 발생이 용이할 것
⑥ 효율 또는 역률이 양호하고 경제적일 것

문제 52 정속도 전동기에 속하는 것은?
① 타여자 전동기 ② 직권 전동기
③ 분권 전동기 ④ 가동복권 전동기

답 50.② 51.③ 52.③

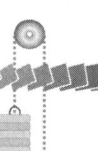

해설
- 타여자 전동기 : 회전속도를 넓은 범위에 걸쳐 미세하게 조정할 수 있으므로 압연기, 대형의 권상기 및 크레인, 엘리베이터 등의 주전동기로 많이 사용된다.
- 직권 전동기 : 무부하에서는 회전수가 심하게 커져서 위험하므로 무부하 운전이나 벨트 연결 운전은 절대로 피해야 하며 부하 전류 증감에 따라 속도가 크게 변하기 때문에 가변 속도 전동기라 한다.
- 분권 전동기 : 부하의 변화에 대한 회전속도의 변동이 작으므로 정속도 전동기에 속하며, 선박의 펌프, 환기용 송풍기 등에 사용된다.
- 가동복권 전동기 : 전단기, 왕복펌프 등 부하토크가 심한 경우에 사용한다.

문제 53 전기에서 많이 사용되는 "옴의 법칙"은?

① $I = \dfrac{V^2}{R}$ ② $V = IR$

③ $V = I^2 R$ ④ $I = RV$

해설 옴의 법칙
$I = \dfrac{V}{R} [\text{A}]$

문제 54 검출 스위치에 해당되는 것은?

① 누름 버튼 스위치 ② 리밋 스위치
③ 유지형 스위치 ④ 셀렉터 스위치

해설 리밋 스위치는 물체의 접촉으로 인하여 접점을 on 또는 off, 회로를 개폐시킨다.

리밋 스위치

답 53.② 54.②

문제 55 그림과 같은 논리회로의 논리식은?

① $\overline{A+B+C}$
② $A+B+C$
③ $A \cdot B \cdot C$
④ $\overline{A \cdot B \cdot C}$

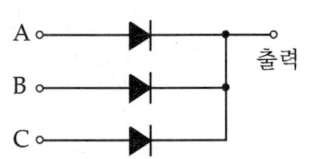

해설 위의 논리회로에서 입력 A B C 중 하나만 들어가도 출력은 나온다. 그러므로 OR 회로이다.

① AND 회로
- 시퀀스 회로
- 논리기호

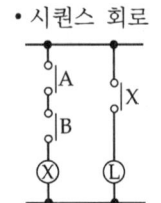

② OR 회로
- 시퀀스 회로
- 논리기호

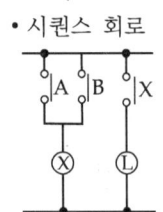

문제 56 직류 발전기의 주요 3요소는?

① 계자, 전기자, 정류자
② 계자, 전기자, 브러시
③ 정류자, 계자, 브러시
④ 보극, 보상권선, 전기자권선

해설 직류 발전기의 주요 3요소
① 계자 : 자속을 만든다.
② 전기자 : 기전력을 유도한다.
③ 정류자 : 전기자 권선에서 유도된 교류를 직류로 바꾸어 준다.

문제 57 다음 회로에서 A, B 간의 합성용량은 몇 μF인가?

① 2
② 4
③ 8
④ 16

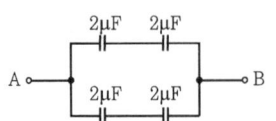

답   55.② 56.① 57.①

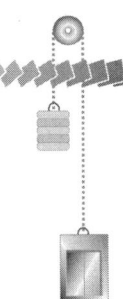

해설 ① ○—||—||—○ 2μF 2μF 의 합성 정전용량을 구하면

$$C = \frac{2 \cdot 2}{2+2} = 1\mu F$$

② 1μF, 1μF 병렬 의 합성 정전용량을 구하면

$$C = 1 + 1 = 2\mu F$$

문제 58 제어계에 사용하는 비 접촉식 입력요소로만 짝지어진 것은?

① 누름 버튼 스위치, 광전 스위치　② 근접 스위치, 리밋 스위치
③ 리밋 스위치, 광전 스위치　④ 근접 스위치, 광전 스위치

해설
- 근접 스위치 : 어떤 물체가 접근하는 것만으로도 조작부분이 동작하도록 만들어진 스위치
- 광전 스위치 : 빛을 신호로 사용하는 스위치로서 투광부와 수광부로 나눠진다. 투광부의 빛을 수광부에서 받아들이면 스위치가 on 되고 차단하면 off 된다.

문제 59 재료를 축 방향으로 눌러 수축하도록 작용하는 하중은?

① 인장하중　② 압축하중
③ 전단하중　④ 휨하중

해설
- 인장하중 : 축선(軸線)방향으로 물체를 잡아 늘여지도록 작용하는 하중
- 압축하중 : 부재의 재축(材軸)방향으로 작용하여 부재내에 압축응력을 일으키게 하는 하중
- 전단하중 : 물체 내의 접근한 평행 2면에 크기가 같고 방향이 반대로 작용하는 하중
- 휨하중 : 가는 구조물의 압축을 받을 때 나타나는 것이 휨이다. 휨이 계속적으로 하중(휨하중)을 받으면 결국 부서지게 된다.

문제 60 무게 W[N]가 움직이는 도르래에 매달려 있다. 물체를 끌어올리는 힘 F[N]는? (단, 도르래와 로프의 무게는 없다고 본다.)

① $F = \frac{1}{4}W$

② $F = \frac{1}{3}W$

③ $F = \frac{1}{2}W$

④ $F = W$

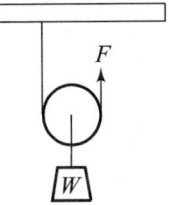

해설 $F = \frac{1}{2}W$

답 58.④　59.②　60.③

2012.04.08 시행

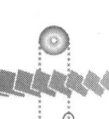

승강기기능사 과년도 문제
(2012.10.20 시행)

문제 01 에스컬레이터의 적재하중 산출과 관계가 없는 것은?
① 스텝면의 수평투영면적
② 층고
③ 스텝폭
④ 정격속도

해설 적재하중의 산출
$$G = 270 \cdot \sqrt{3}\ WH = 270A\,[\text{kg}]$$
여기서 A : 스텝면 수평투영면적
W : 스텝폭
H : 층고(m)

문제 02 엘리베이터 과속조절기의 기능 및 구조에 관한 설명 중 옳지 않은 것은?
① 과속조절기 로프는 카와 같은 속도로 움직인다.
② 카의 과속을 검출하여 전원을 끊고 브레이크를 건다.
③ 고속형 엘리베이터에는 플라이볼형 과속조절기가 일반적으로 사용된다.
④ 카의 정격속도가 1.1배 이상이면 과속스위치가 작동하여 전원을 끊고 브레이크를 건다.

해설 카 추락방지안전장치의 작동을 위한 과속조절기는 정격속도의 115% 이상의 속도에서 작동되어야 한다.

문제 03 기계실 위치에 의한 엘리베이터 분류에서 기계실을 승강로의 아래쪽 방향에 설치하는 방식은?
① 기어드 방식
② 횡인구동 방식
③ 베이스먼트 방식
④ 사이드머신 방식

해설 승강기의 기계실은 승강로 상부쪽에 설치하는 사이드머신 방식과 승강로 하부쪽에 설치하는 베이스먼트 방식이 있다.

답 1.④ 2.④ 3.③

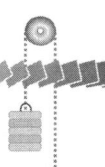

문제 04 승강장 도어구조에 해당되지 않는 것은?
① 착상 스위치함 ② 도어 스위치
③ 행거 롤러 ④ 도어 가이드 슈

> **해설** 승강장 도어는 도어 스위치, 행거 롤러, 업스러스트 롤러, 도어 레일, 도어 가이드 슈 등으로 되어 있다.

문제 05 엘리베이터 추락방지안전장치에 관한 설명 중 옳은 것은?
① F.W.C.형 추락방지안전장치의 동작곡선은 정지력이 정지 거리에 비례하여 정지할 때까지 커진다.
② F.G.C.형 추락방지안전장치는 레일을 죄는 힘이 동작 개시 후부터 정지 시까지 일정하다.
③ 즉시작동형 추락방지안전장치는 정지력이 거리에 비례하여 커지다가 일정하게 된다.
④ 슬랙로프 세이프티는 고속 대형 엘리베이터에 주로 사용한다.

> **해설**
> • F.G.C.(Flexible Guide Clamp)형 : 이 방식은 구조가 간단하고 복구가 용이해 많이 사용되는데, 레일을 조이는 힘이 동작에서 정지 시까지 일정하다. 이 방식은 순차정지식이다.
> • F.W.C.(Flexible Wedge Clamp)형 : 이 방식은 구조가 복잡하고 복구가 어려워 사용되지 않는데, 레일을 조이는 힘이 초기에는 약하나 점점 강해진 후 일정하다. 이 방식은 순차정지식에 해당된다.
> • 슬랙로프 세이프티(Slake rope Safety) : 소형 저속 엘리베이터에 적용되는데, 롤러의 장력이 없어지면 검출하여 추락방지안전장치를 작동시킨다. 이 방식은 순간정지식 방식에 해당된다.

문제 06 에스컬레이터 비상정지스위치에 관한 설명 중 옳은 것은?
① 비상정지스위치는 승객의 안전을 위하여 하부 승강구에만 설치한다.
② 어린이의 장난을 방지하기 위해 비상정지스위치의 위치 명시는 식별이 어렵게 한다.
③ 비상정지스위치는 오조작을 방지하기 위하여 덮개를 씌워 보호한다.
④ 색상은 청색으로 하며 버튼 또는 버튼주변에 "정지" 표시를 하여야 한다.

> **해설** 비상정지스위치는 쉽게 작동할 수 있도록 상·하부 2개소에 설치하는데, 버튼 색상은 적색이며 버튼 또는 버튼 부근에 "정지" 표시를 하여야 한다.

답 4.① 5.② 6.③

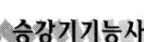

문제 07 엘리베이터용 전동기의 출력을 계산하고자 한다. 다음 식의 ( )안에 알맞은 것은?

$$\frac{정격하중[kg] \cdot (\quad)(1-오버밸런스율[\%]/100)}{6120 \times 종합효율}[kW]$$

① 정격속도(m/min) ② 균형추 중량(kg)
③ 정격전압(V) ④ 회전속도(rpm)

해설 $P = \dfrac{LV(1-F)}{6120\eta}[kW]$

여기서, L : 정격 적재하중(kg)
η : 종합효율
V : 정격속도(m/min)
F : 오버 밸런스율(%)

문제 08 간접식 유압엘리베이터의 특징이 아닌 것은?
① 부하에 의한 카 바닥의 빠짐이 비교적 작다.
② 추락방지안전장치가 필요하다.
③ 실린더 설치를 위한 보호관이 필요하지 않다.
④ 실린더의 점검이 용이하다.

해설 간접식 유압엘리베이터는 로프의 늘어남과 기름의 압축성 때문에 부하로 인한 바닥침하가 있다.

문제 09 무빙워크 디딤판의 속도에 관한 기준으로 맞는 것은?
① 속도 60m/min 이하 ② 속도 50m/min 이하
③ 속도 45m/min 이하 ④ 속도 40m/min 이하

해설 무빙워크 디딤판의 정격속도는 45m/min 이하이어야 한다.

문제 10 승객용 엘리베이터에서 고장이나 정전 시 카 내에서 카 도어를 억지로 여는 데 필요한 힘은?
① 1kg 이상 10kg 이하 ② 5kg 이상 30kg 이하
③ 40kg 이상 60kg 이하 ④ 60kg 이상 70kg 이하

해설 ※ 본 문제는 검사기준(2013.9.15 시행)이 개정되어 출제가 수정될 것입니다.
① 정전 시 문을 개방하는 데 필요한 힘은 300N을 초과하지 않아야 한다.
② 1m/s를 초과하여 운행중인 엘리베이터 카 문의 개방은 50N 이상의 힘이 필요하다.(단, 잠금 해제 구간에서는 제외)

답 7.① 8.① 9.③ 10.②

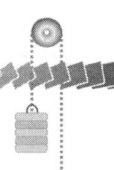

문제 11 엘리베이터 완충기에 대한 설명으로 적합하지 않는 것은?

① 정격속도 60m/min 이하의 엘리베이터에 에너지 축적형 완충기를 사용하였다.
② 정격속도 60m/min 초과 엘리베이터에 에너지 분산형 완충기를 사용하였다.
③ 에너지 분산형 완충기의 플런저를 완전히 압축한 상태에서 완전 복구할 때까지의 시간은 90초 이하이다.
④ 에너지 분산형 완충기에서 최소적용중량은 카 자중＋적재하중으로 한다.

해설 에너지 분산형 완충기 적용중량
• 완충기 최대 적용중량 : 카 자중＋적재하중
• 완충기 최소 적용중량 : 카 자중＋65

문제 12 스트랜드의 내층·외층 소선을 같은 직경으로 구성하고 소선간의 틈새에 가는 소선을 넣은 와이어로프는?

① 실형
② 필러형
③ 워링톤형
④ 헤르쿨레스형

해설 필러형(25본선 6꼬임)의 형상

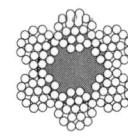

문제 13 1 : 1 로핑에 비하여 2 : 1 로핑의 단점이 아닌 것은?

① 적재용량이 줄어든다.
② 로프의 수명이 짧아진다.
③ 로프의 길이가 길어진다.
④ 종합효율이 낮아진다.

해설 2 : 1 로핑은 1 : 1 로핑보다 적재하중을 증가시킨다.

문제 14 엘리베이터의 구조 중 사람이나 화물을 싣는 카에 설치되어 있지 않은 것은?

① 카 천장
② 문 개폐장치
③ 운전스위치
④ 카 완충기

해설 완충기는 피트에 설치한다.

답 11.④ 12.② 13.① 14.④

문제 15 엘리베이터 정격속도 90m/min의 피트 깊이는 최소 몇 m 이상인가?
① 1.5   ② 1.8
③ 2.1   ④ 2.4

해설 ※ 본 문제는 검사기준(2013.9.15 시행)이 개정되어 출제가 수정될 것입니다.
〈카가 완전히 압축된 완충기 위에 있을 때〉
① 피트에는 0.5m×0.6m×1.0m 이상의 장방형 블록을 수용할 수 있는 충분한 공간이 있어야 한다.
② 피트 바닥과 카의 가장 낮은 부품 사이의 수직거리는 0.5m 이상이어야 한다.
③ 피트에 고정된 가장 높은 부품과 카의 가장 낮은 부품 사이의 수직거리는 0.3m 이상이어야 한다.

문제 16 엘리베이터를 설치할 때 건축물 전원이 300[V] 이하의 저압일 때 접지는 제 몇 종 접지공사를 하는가?
① 제1종   ② 제2종
③ 제3종   ④ 특별 제3종

해설
• 400V 미만 : 제3종 접지공사
• 400V 이상의 저압 : 특별 제3종 접지공사
• 고압 · 특고압 : 제1종 접지공사
※ 본 문제는 규정법 개정으로 무효입니다.

문제 17 기동과 주행은 고속권선으로 하고 감속과 착상은 저속으로 하며, 착상지점에 근접해지면 모든 접점을 끊고 동시에 브레이크를 거는 제어방식은?
① VVVF 제어방식   ② 교류1단 제어방식
③ 교류2단 제어방식   ④ 교류귀환 제어방식

해설
• VVVF 제어방식 : 유도 전동기에 인가되는 전압과 주파수를 동시에 변환시켜 직류 전동기와 동등한 제어성능을 갖는다. 이 방식은 소비전력이 절감된다.
• 교류1단 제어방식 : 이 방식은 기계적인 브레이크로 감속하므로 착상이 불량하다. 30m/min 이하의 저속용 엘리베이터에 적용된다.
• 교류2단 제어방식 : 2단 속도전동기를 사용하여 기동과 주행은 고속권선으로 행하고 감속시는 저속권선으로 감속하여 착상하는 방식이다. 이 방식은 착상오차, 감속도, 감속시의 잭(감속도 변화비율), 크리프(cleep) 시간(저속으로 주행하는 시간) 등을 고려하여 4 : 1 방식이 주로 사용되고 있다.
• 교류귀환 제어방식 : 이 방식은 케이지의 실속도와 지령속도를 비교하여 사이리스터의 점호각을 바꿔, 유도전동기의 속도를 제어하는 방식이다. 이 방식은 속도 45m/min 이상 105m/min 이하에 적용된다.

답 15.② 16.③ 17.③

문제 18 로프식 엘리베이터의 균형추 무게를 계산하는 식은? (단, 오버밸런스는 50%로 한다.)
① 카하중＋카하중의 50%
② 카하중＋정격하중의 50%
③ 정격하중의 150%
④ 정격하중의 50%

해설 균형추 무게＝카하중＋정격하중×오버 밸러스율

문제 19 사다리를 사용하는 작업에서 안전수칙에 어긋나는 행위는?
① 위험 및 사용금지의 표찰이 붙어서 결함이 있는 사다리를 사용 할 때는 주의하면서 사용한다.
② 사다리 밑 끝이 불안전하거나 3m 이상의 높은 곳이면 다른 사람으로 하여금 붙들게 하고 작업한다.
③ 사다리를 문 앞에 설치할 때는 문을 완전히 열어놓거나 잠궈야 한다.
④ 사다리 설치 시에는 사다리의 밑바닥과 사다리 길이를 고려하여 어느 정도 벽에서 떨어지게 한다.

해설 결함이 있는 사다리는 안전에 문제가 없도록 수리 후 사용하여야 한다.

문제 20 로프식 승강기로 짝지어진 것은?
① 직접식과 간접식
② 견인식과 권동식
③ 견인식과 직접식
④ 권동식과 간접식

해설 로프식 승강기에는 견인식과 권동식이 있다.

문제 21 카 내에 갇힌 사람이 외부와 연락할 수 있는 장치는?
① 차임벨
② 리미트스위치
③ 위치표시램프
④ 인터폰

해설 카 내에서 외부와 연락할 수 있는 장치는 인터폰이다.

문제 22 로프식 엘리베이터에 대하여 매월 1회 이상 정기적으로 실시하는 자체검사 항목이 아닌 것은?
① 수전반, 제어반
② 고정 도르래
③ 권상기의 브레이크
④ 카 도어 스위치

해설 월별 점검을 해야 하는 곳은 기계실, 카실, 피트, 승강장, 카 위이다.
고정 도르래나 풀리는 12개월에 1회 이상 자체검사를 하면 된다.

답 18.② 19.① 20.② 21.④ 22.②

문제 23 사고발생빈도에 영향을 미치지 않는 것은?
① 작업시간
② 작업자의 연령
③ 작업숙련도 및 경험연수
④ 작업자의 거주지

해설 작업자의 거주지와 사고발생빈도와는 무관하다.

문제 24 전기안전기준으로 옳지 않은 것은?
① 전기코드는 물이나 습기에 안전한 것이어야 한다.
② 전기위험설비에는 위험 표시를 해야 한다.
③ 전기설비의 감전, 누전, 화재, 폭발방지를 위해 매년 1회 이상 점검한다.
④ 감전의 위험이 있는 작업을 할 때에는 통전시간을 명시하고 관계 근로자에게 미리 주지시킨다.

해설 전기설비는 수시로 점검하여 누전, 감전, 화재 등의 안전사고를 미연에 방지하여야 한다.

문제 25 스패너를 힘주어 돌릴 때 지켜야 할 안전사항이 아닌 것은?
① 스패너 자루에 파이프를 끼워 힘껏 조인다.
② 주위를 살펴보고 조심성 있게 조인다.
③ 스패너를 밀지 않고 당기는 식으로 사용한다.
④ 스패너를 조금씩 여러 번 돌려 사용한다.

해설 스패너 자루에 파이프를 끼워 무리하게 사용하면 파손될 염려가 있다.

문제 26 안전사고의 원인이 되는 것과 관계없는 것은?
① 콘덴서의 방전코일이 없는 상태
② 전기기계기구나 공구의 절연파괴
③ 기계기구의 빈번한 기동 및 정지
④ 정전작업시 접지가 없어 유도전압이 발생

해설 기계기구의 빈번한 기동 및 정지와 안전사고의 원인과는 무관하다.

답 23.④ 24.③ 25.① 26.③

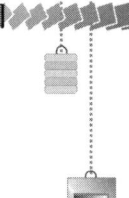

문제 27 산업재해의 간접원인에 해당되지 않는 것은?
① 기술적 원인 ② 인적 원인
③ 교육적 원인 ④ 정신적 원인

해설 인적 원인은 직접원인에 해당된다.

문제 28 다음 중 사고방지를 위한 5단계 중 가장 먼저 조치해야 할 사항은?
① 사실의 발견 ② 안전조직
③ 분석평가 ④ 대책의 선정

해설 사고방지 5단계(하인리히)
- 1단계 : 안전관리조직
- 2단계 : 사실의 발견
- 3단계 : 분석평가
- 4단계 : 시정책의 선정
- 5단계 : 시정책의 적용

문제 29 가이드레일에 관한 설명으로 맞지 않은 것은?
① 레일의 가장 좋은 규격은 길이 5m이다.
② 대용량 엘리베이터에는 13K, 18K, 24K가 사용되고 있다.
③ 레일규격의 호칭은 1m당의 중량으로 한다.
④ 추락방지안전장치가 작동할 때 안전하게 물려야 한다.

해설 대용량 엘리베이터에는 37K, 50K 등의 가이드레일이 사용된다.

문제 30 권상기의 브레이크 기능을 설명한 것으로 옳지 않은 것은?
① 승객용의 경우 카에 125% 부하상태에서 정격 속도로 하강 중에도 안전하게 감속정지 시켜야 한다.
② 브레이크는 전기가 입력되는 즉시 브레이크 슈가 작동하여 드럼을 잡아 미끄러지지 않도록 설계되어야 한다.
③ 브레이크는 전동기, 카, 균형추 등 모든 장치의 관성을 제지하는 역할을 해야 한다.
④ 정지 후에는 부하에 의한 불균형 역구동이 되어 움직이는 일이 없어야 한다.

해설 브레이크는 전기가 차단되면 브레이크 코일이 소자(전자석이 해제)되어 (브레이크 스프링에 의거) 라이닝이 드럼을 잡도록 설계되어 있다.

답 27.② 28.② 29.② 30.②

문제 31 에스컬레이터의 구동 체인이 규정값 이상으로 늘어져 있을 경우에 나타나는 현상은?
① 브레이크가 작동하지 않는다.
② 안전회로가 차단되어 구동되지 않는다.
③ 상승만 가능하다.
④ 하강만 가능하다.

해설 구동 체인이 늘어나거나 절단될 경우에는 구동 체인 안전장치가 작동하여 에스컬레이터를 즉시 정지시킨다.

문제 32 과속조절기의 보수 점검항목에 해당되지 않는 것은?
① 과속조절기 스위치의 접점 청결상태
② 세이프티 링크 스위치와 캠의 간격
③ 운전의 윤활성 및 소음 유무
④ 과속조절기 로프와 클립 체결상태

해설 세이프티 링크 스위치와 캠의 간격은 제작회사의 전문가에 의해 이루어져야 할 사항이다.

문제 33 에스컬레이터 구동장치 보수점검사항에 해당되지 않는 것은?
① 구동 체인의 이완 여부   ② 브레이크 작동상태
③ 스텝과 핸드레일 속도차이   ④ 각부의 볼트 및 너트의 풀림 상태

해설 에스컬레이터 구동장치 보수점검사항은 구동기에 해당되는 구동 체인, 브레이크 상태, 각부의 볼트·너트의 상태가 해당된다.

문제 34 가이드레일에 대한 점검사항이 아닌 것은?
① 세이프티 링크 스위치와 캠의 간격
② 브래킷 용접부의 균열 유무
③ 이음판 취부의 볼트, 너트 이완 유무
④ 가이드레일의 급유 상태

문제 35 에스컬레이터 디딤판 체인 및 구동 체인의 안전율로 알맞은 것은?
① 5 이상   ② 7 이상
③ 8 이상   ④ 10 이상

답 31.② 32.② 33.③ 34.① 35.①

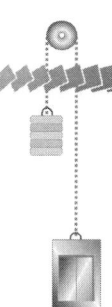

해설
- 디딤판 체인 및 구동 체인 : 5 이상
- 모든 구성부품 : 5 이상
- 트러스 및 빔 : 5 이상

문제 36 승강기의 가변전압 가변주파수 제어에서 인버터가 제어하는 방식은?
① PAM　　　　② PWM
③ PSM　　　　④ IGBT

해설 가변전압 가변주파수 제어(VVVF 제어)에서 인버터가 제어하는 방식은 PWM(Pulse Width Modulation), 즉 펄스폭 변조 방식이다.
- PAM(Pulse Amplitude Modulation) : 펄스 진폭 변조
- PSM(Pulse Safety Modulation) : 펄스 안전 변조
- IGBT(Insulated Gate Bipolar Transistor) : 절연 게이트 양극성 트랜지스터

문제 37 에스컬레이터 및 무빙워크의 비상정지스위치에 관한 설명으로 옳지 않은 것은?
① 상하 승강장의 잘 보이는 곳에 설치한다.
② 색상은 적색으로 하여야 한다.
③ 장난 등에 의한 오조작 방지를 위하여 잠금장치를 설치하여야 한다.
④ 버튼 또는 버튼 부근에는 "정지" 표시를 하여야 한다.

해설 비상정지스위치는 쉽게 작동할 수 있도록 상·하부 2개소에 설치하여야 하는데, 버튼 색상은 적색이며, 버튼 또는 버튼 부근에 "정지"라고 표시를 하여야 한다. 그런데 층고가 12m 이상인 경우에는 중간에 추가해서 설치하기도 한다.

문제 38 유압식 엘리베이터의 부품 및 특징에 대한 설명으로 옳지 않은 것은?
① 역저지밸브 : 정전이나 그 외의 원인으로 펌프의 토출 압력이 떨어져 실린더의 기름이 역류하여 카가 자유 낙하하는 것을 방지하는 역할을 한다.
② 스톱밸브 : 유압파워유니트와 실린더 사이의 압력 배관에 설치되며, 이것을 닫으면 실린더의 기름이 파워유니트로 역류하는 것을 방지한다.
③ 스트레이너 : 역할은 필터와 같으나 일반적으로 펌프의 출구쪽에 붙인 것을 말한다.
④ 사이렌서 : 자동차의 머플러와 같이 작동유의 압력 맥동을 흡수하여 진동, 소음을 감소시키는 역할을 한다.

해설 스트레이너(strainer) : 유체 속에 포함된 고형물을 제거하며 기기 등에 이물질이 유입하는 것을 방지하는 장치의 총칭을 말한다. 스트레이너는 펌프의 흡입 측에 부착한다.

답 36.② 37.③ 38.③

문제 39 로프식 엘리베이터의 경우 기계실에서 검사하는 항목과 관계가 없는 것은?
① 전동기 및 제동기 ② 권상기의 도르래
③ 브레이크 라이닝 ④ 인터록장치

해설 인터록장치는 도어에 관한 장치이다. 운전원의 오조작이나 장치의 오동작인 경우에도 안전해야 하기 때문에, 장치 자체가 어떤 조건을 갖추지 않으면 작동하지 않도록 하여 오조작이 발생되지 않도록 한다.

문제 40 승강장 문의 로크 및 스위치 검사시 적합하지 않은 것은?
① 승강장 문은 외부에서 열 수 없도록 로크장치의 설치상태가 견고하여야 한다.
② 승강장 문이 열려 있거나 닫혀 있지 않은 경우 도어스위치는 열려 있어야 한다.
③ 승강장 문의 인터록장치는 로크가 걸린 후에 도어스위치를 닫아야 한다.
④ 승강장 문의 도어스위치가 확실히 열리기 전에 로크가 벗겨져야 한다.

해설 도어 인터록장치에서 중요한 것은 도어록 장치가 확실히 걸린 후 도어스위치가 들어가고, 도어스위치가 끊어진 후에 도어록이 열리는 구조로 하는 것이다.

문제 41 로프식 엘리베이터 정격속도 60m/min의 꼭대기 틈새는 몇 m 이상이어야 하는가?
① 1.2 ② 1.4
③ 1.6 ④ 1.8

해설 ※ 본 문제는 검사기준(2013.9.15 시행)이 개정되어 출제가 수정될 것입니다.
〈균형추가 완전히 압축된 완충기 위에 있을 때〉
① 카 지붕에서 가장 높은 부분과 승강로 천장의 가장 낮은 부분(천장 아래 빔 및 부품 포함) 사이의 수직거리는 $1.0+0.035V^2[m]$ 이상이어야 한다.
② 승강로 천장의 가장 낮은 부분과 카 지붕에 고정된 설비의 가장 높은 부분 사이의 수직거리는 $0.3+0.035V^2[m]$ 이상 연장되어야 한다.
③ 승강로 천장의 가장 낮은 부분과 가이드 슈 및 롤러, 그리고 로프 연결부 또는 부품의 가장 높은 부분 사이의 수직거리는 $0.1+0.035V^2[m]$ 이상이어야 한다.

문제 42 기계식 주차장치의 종류에서 순환방식에 속하지 않는 것은?
① 멀티순환방식 ② 수평순환방식
③ 수직순환방식 ④ 다층순환방식

답 39.④ 40.④ 41.② 42.①

해설 기계식 주차장치의 종류
① 수평순환방식   ② 수직순환방식
③ 다층순환방식   ④ 이단방식
⑤ 다단방식   ⑥ 승강기방식
⑦ 승강기슬라이드방식 ⑧ 평면왕복방식

문제 43 로프의 미끄러짐 현상을 줄이는 방법으로 틀린 것은?
① 권부각을 크게 한다.   ② 가감속도를 완만하게 한다.
③ 균형체인이나 균형로프를 설치한다. ④ 카 자중을 가볍게 한다.

해설 미끄러짐 현상을 줄이기 위한 방법으로 카 자중을 가볍게 하는 것은 옳지 않다.

문제 44 전동기에 대한 점검을 하고자 할 때, 계측기를 사용하지 않으면 측정이 불가능한 것은?
① 전동기의 회전속도   ② 이상음 발생 유무
③ 전동기 본체의 파손   ④ 이상발열 유무

해설 전동기의 회전속도는 회전속도 측정기인 스트로보 스코프가 사용된다.

문제 45 엘리베이터의 피트에서 행하는 점검사항이 아닌 것은?
① 화이날 리미트스위치 점검   ② 이동케이블 점검
③ 배수구 점검   ④ 도어로크 점검

해설 도어로크는 도어에서 행하여야 한다.

문제 46 오일이 실린더로 들어가는 곳에 설치되어 만일 파이프가 파손되었을 때 자동적으로 밸브를 닫아 카가 급격히 떨어지는 것을 방지하는 밸브는?
① 럽쳐 밸브   ② 체크 밸브
③ 스톱 밸브   ④ 사이렌서

해설
- 럽쳐 밸브 : 오일이 실린더로 들어가는 곳에 설치되어 만일 파이프가 파손되었을 때 자동적으로 밸브를 닫아 카가 급격히 떨어지는 것을 방지한다.
- 체크 밸브 : 한쪽 방향으로만 오일이 흐르도록 하는 밸브이다. 이 밸브는 솔레노이드가 없다.
- 스톱 밸브 : 이 밸브를 닫으면 실린더의 오일이 탱크로 역류하지 못한다. 유압장치의 보수, 점검, 수리 시에 사용된다.
- 사이렌서 : 유압 엘리베이터의 소음과 진동을 흡수하기 위한 장치로 자동차의 머플러에 해당된다.

답 43.④ 44.① 45.④ 46.①

문제 47 다음 그림과 같은 제어계의 전체 전달함수는? (단, H(s) = 1이다.)

① $\dfrac{1}{G(s)}$

② $\dfrac{1}{1+G(s)}$

③ $\dfrac{G(s)}{1+G(s)}$

④ $\dfrac{G(s)}{1-G(s)}$

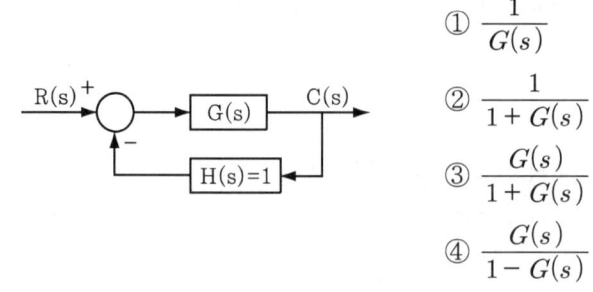

해설

블록선도	전달함수
R(s) → G₁ → G₂ → C(s)	$G = \dfrac{C(s)}{R(s)} = G_1 G_2$
R(s) +/− → G → C(s) (피드백)	$G = \dfrac{C(s)}{R(s)} = \dfrac{G}{1+G}$
R(s) → G₁ → (+/+) → C(s), G₂ 피드백	$G = \dfrac{C(s)}{R(s)} = \dfrac{G_1}{1-G_2}$
R(s) +/− → G₁ → C(s), G₂ 피드백	$G = \dfrac{C(s)}{R(s)} = \dfrac{G_1}{1+G_1 G_2}$

※ 블록선도 : 제어계에서 신호가 전달되는 모양을 표시하는 선도
※ 전달함수 : 모든 초기값을 0으로 하였을 때 출력신호의 라플라스 변환과 입력신호의 라플라스 변환의 비

문제 48 정현파 교류에서 시간의 변화에 따라 시시각각 다르게 나타나는 값은?

① 최대값 ② 실효값
③ 순시값 ④ 파고값

해설 순시값은 정현파 교류에서 시간의 변화에 따라 시시각각 다르게 나타난다.

문제 49 직류기의 구조에서 계자에 해당하는 것은?

① 자극편 ② 정류자
③ 전기자 ④ 공극

해설 계자는 전동기나 발전기에서 NS의 자극을 이루는 부분이다. 계자는 자극편, 계철, 계자철심, 계자권선으로 구성된다.

답 47.③ 48.③ 49.①

문제 50 5[Ω]의 저항에 5[A]의 전류가 흐른다면 전압(V)은?
① 0.02　　② 0.5
③ 25　　④ 50

해설　$V = IR = 5 \times 5 = 25V$

문제 51 직류전위차계에 대한 설명으로 옳은 것은?
① 전압계를 회로에 병렬로 접속하여 측정한다.
② 3V 이상의 직류전압을 정밀하게 측정한다.
③ 배율기를 사용하여 고전압을 측정한다.
④ 1V 이하의 직류전압을 정밀하게 측정한다.

해설　직류전위차계는 측정할 미지의 직류전압을 표준전지의 기전력과 비교하는 영위법으로 정밀하게 측정 시에 사용된다.

문제 52 전압, 전류, 주파수, 회전속도 등 전기적, 기계적 양을 주로 제어하는 것으로서 응답속도가 대단히 빨라야 하는 것이 특징인 제어는?
① 프로세스제어　　② 서보기구
③ 프로그램제어　　④ 자동조정

해설
- 프로세스 제어 : 온도, 유량, 압력, 농도, 습도, 비중, pH 등을 제어량으로 하는 제어
- 서보기구 : 물체의 위치, 방위, 자세 등을 제어량(출력)으로 하고, 목표값(입력)의 임의의 변화에 추종하도록 구성된 제어계
- 프로그램제어 : 목표값이 미리 정해진 프로그램에 따라서 시간적 변화를 하는 제어 (예) 열차, 엘리베이터의 무인운전
- 자동조정 : 전압, 전류, 회전속도, 회전력 등의 양을 자동제어 하는 것. 응답속도는 빠르며 제어대상의 용량에는 상관없이 많이 사용된다. (예) 수차나 터빈의 속도제어, 제지의 장력제어, 전기량의 제어

문제 53 전자유도현상에 의한 유기기전력의 방향을 정하는 것은?
① 플레밍의 오른손법칙
② 옴의 법칙
③ 플레밍의 왼손법칙
④ 렌츠의 법칙

답　50.③　51.④　52.④　53.④

2012.10.20 시행

해설
- 플레밍의 오른손법칙 : 도체의 운동에 의한 전자유도로 생기는 기전력의 방향을 알기 위한 법칙. 엄지는 운동방향, 검지는 자장방향, 중지는 유기기전력의 방향을 나타내며, 발전기에서 유기기전력 방향을 알고자 할 때 적용한다.
- 옴의 법칙 : $I = \dfrac{V}{R}(A)$
- 플레밍의 왼손법칙 : 전자력의 방향을 알기 위한 법칙이다. 전동기의 회전방향을 알고자 할 때 적용한다. 엄지는 힘의 방향, 검지는 자장방향, 중지는 전류방향을 나타낸다.
- 렌츠의 법칙 : "유도기전력의 방향은 코일면을 통과하는 자속의 변화를 방해하는 방향으로 나타낸다"라는 법칙

문제 54 2[Ω]의 저항 10개를 직렬로 연결했을 때는 병렬로 연결했을 때의 몇 배인가?
① 10　　　　　② 50
③ 100　　　　 ④ 200

해설
- 동일한 저항을 직렬로 연결했을 때 : $R_o = nR[\Omega]$
- 동일한 저항을 병렬로 연결했을 때 : $R_o = \dfrac{R}{n}[\Omega]$

$\therefore \dfrac{\text{직렬연결}}{\text{병렬연결}} = \dfrac{nR}{\dfrac{R}{n}} = n^2\text{배} = 10^2\text{배} = 100\text{배}$

문제 55 다음의 접점 기호는 무엇을 나타내는가?
① 한시동작 순시복귀의 a접점
② 한시동작 순시복귀의 b접점
③ 순시동작 한시복귀의 a접점
④ 순시동작 한시복귀의 b접점

해설
- 한시동작 순시복귀의 a접점 :
- 한시동작 순시복귀의 b접점 :
- 순시동작 한시복귀의 a접점 :
- 순시동작 한시복귀의 b접점 :

문제 56 높이를 측정할 수 있는 측정기기는?
① 다이얼 게이지　　　② 하이트 게이지
③ 마이크로 미터　　　④ 오토콜리미터

답 54.③　55.②　56.②

해설
- 다이얼 게이지 : 측정하려고 하는 부분에 측정자를 대어 스핀들의 미소한 움직임을 기어장치로 확대하여 눈금판 위에 지시되는 치수를 읽어 길이를 비교하는 길이 측정기
- 하이트 게이지 : 공작물의 높이를 측정하는 측정기
- 마이크로 미터 : 나사의 피치를 응용하여 정밀하게 길이를 측정할 수 있는 측정기 0.01mm 단위까지 정확하게 길이를 측정할 수 있다.
- 오토콜리미터 : 미소 각도를 측정하는 광학적 측정기. 평면경, 프리즘 등을 사용하며 평탄도, 직각도, 평행도, 기타 미소 각도의 차를 측정하는 데 사용된다.

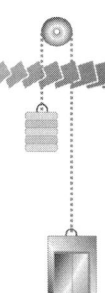

문제 57 어떤 물질의 대전 상태를 설명한 것으로 옳은 것은?

① 어떤 물질이 전자의 과부족으로 전기를 띠는 상태이다.
② 물질이 안정된 상태이다.
③ 중성임을 뜻한다.
④ 원자핵이 파괴된 것이다.

해설 대전이란 물질이 전자의 과부족으로 양전기 또는 음전기를 띠는 상태를 말한다.

문제 58 그림과 같은 활차장치의 옳은 설명은?

① 힘의 방향만 변환시키고, 크기는 $P = W$이다.
② 힘의 방향만 변환시키고, 크기는 $P = \dfrac{W}{2}$이다.
③ 힘의 크기만 변환시키고, 크기는 $P = \dfrac{W}{3}$이다.
④ 힘의 크기만 변환시키고, 크기는 $P = \dfrac{W}{4}$이다.

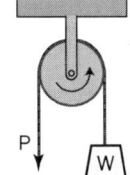

해설 단활차는 힘의 방향만 변환시킨다.

문제 59 캠이 가장 많이 사용되는 경우는?

① 회전운동을 직선운동으로 할 때
② 왕복운동을 직선운동으로 할 때
③ 요동운동을 직선운동으로 할 때
④ 상하운동을 직선운동으로 할 때

해설 캠은 회전운동이나 왕복운동을 직선운동 또는 진동운동 등으로 바꾸는 장치이다. 그런데 회전운동을 직선운동으로 할 때 가장 많이 사용된다.

답 57.① 58.① 59.①

문제 60 다음 진리표에 맞는 논리회로는?

입력		출력
0	0	1
0	1	0
1	0	0
1	1	0

① OR
② NOR
③ AND
④ NAND

해설 1. AND회로
① 유접점 회로　② 진리표　③ 논리기호

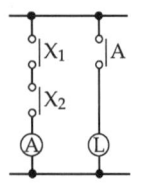

입력		출력
X_1	X_2	A
0	0	0
1	0	0
0	1	0
1	1	1

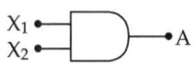

2. OR회로
① 유접점 회로　② 진리표　③ 논리기호

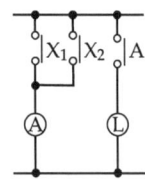

입력		출력
X_1	X_2	A
0	0	0
1	0	1
0	1	1
1	1	1

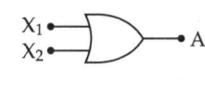

3. NAND회로
① 유접점 회로　② 진리표　③ 논리기호

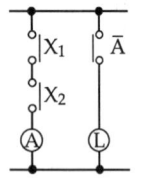

입력		출력
X_1	X_2	A
0	0	1
0	1	1
1	0	1
1	1	0

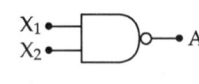

4. NOR회로
① 유접점 회로　② 진리표　③ 논리기호

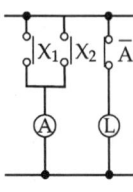

입력		출력
X_1	X_2	A
0	0	1
0	1	0
1	0	0
1	1	0

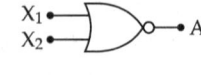

답 60. ②

2013년 기출문제

- 과년도 문제(2013. 01. 27)
- 과년도 문제(2013. 04. 14)
- 과년도 문제(2013. 10. 12)

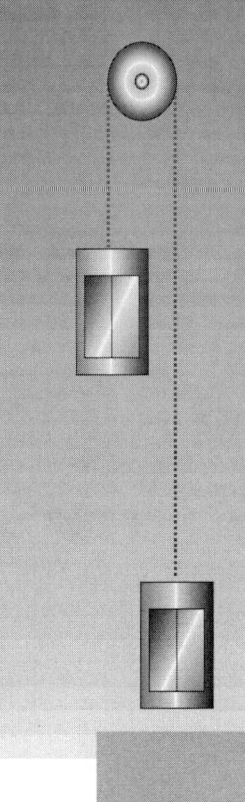

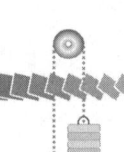

승강기기능사 과년도 문제
(2013.01.27 시행)

문제 01 유압식 엘리베이터를 구조에 따라 분류할 때 해당 되지 않는 것은?
① 펌프식　　　　② 간접식
③ 팬터그래프식　　④ 직접식

문제 02 교류 엘리베이터 제어방식에 관한 설명 중 옳지 않은 것은?
① 교류 일단속도제어는 30(m/min) 이하에 적용한다.
② VVVF 제어는 전압과 주파수를 동시에 제어하는 방식이다.
③ 교류 궤환제어는 사이리스터의 점호각을 바꾸어 유도전동기의 속도를 제어하는 방식이다.
④ 교류 이단속도제어방식은 교류 일단속도제어보다 착상 오차가 큰 것이 단점이다.

해설 교류 이단속도제어 방식은 교류 일단 속도제어 방식보다 착상오차가 작다.

문제 03 에너지 분산형 완충기는 정격속도가 몇 (m/min) 초과시에 주로 사용 하는가?
① 30　　　　　　② 45
③ 50　　　　　　④ 모든 속도의 경우

해설
• 에너지 축적형 완충기 : 60m/min 이하
• 에너지 분산형 완충기 : 모든 속도의 경우

문제 04 과부하 감지장치는(Overload Switch)의 작동범위로 맞는 것은?
① 정격하중의 95 ~ 100%
② 정격하중의 100 ~ 105%
③ 정격하중의 105 ~ 110%
④ 정격하중의 110 ~ 115%

답 1.① 2.④ 3.④ 4.③

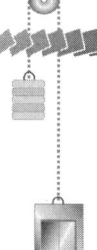

과년도 문제

문제 05 정격속도가 30(m/min)인 화물용 엘리베이터의 추락방지안전장치 작동시 카의 최대 속도(m/min)는?

① 42　　　　　　　　　　② 39
③ 63　　　　　　　　　　④ 34.5

해설 ※ 본 문제는 검사기준(2013.9.15 시행)이 개정되어 출제가 수정될 것입니다.
$V = 30 \times 1.15 = 34.5 [\text{m/min}]$
과속조절기 : 카 추락방지안전장치의 작동을 위한 과속조절기는 정격속도의 115% 이상의 속도 시 작동되어야 한다.

문제 06 일반 승객용 엘리베이터의 도어머신에 요구되는 구비조건이 아닌 것은?

① 작동이 원활하고 조용할 것
② 방수 및 내화구조일 것
③ 카 상부에 설치하기 위해 소형 경량일 것
④ 작동이 확실해야할 것

해설 도어머신에 요구되는 성능
① 작동이 원활하고 조용할 것
② 카 상부에 설치하기 위해 소형 경량일 것
③ 동작회수가 엘리베이터 기동회수의 2배가 되므로 보수가 용이할 것
④ 가격이 저렴할 것
⑤ 작동이 확실해야할 것

문제 07 일반적으로 기계실의 바닥면적은 승강로 수평투명면적의 몇 배 이상으로 하여야 하는가?

① 1.2　　　　　　　　　　② 2.0
③ 2.5　　　　　　　　　　④ 3.0

문제 08 엘리베이터 권상기의 구성 요소가 아닌 것은?

① 감속기　　　　　　　　② 브레이크
③ 추락방지안전장치　　　④ 전동기

답 5.④ 6.② 7.② 8.③

문제 09 승강로 내에서 카를 상하로 주행 안내하고, 주행 중 카에 전달되는 진동을 감소시켜 주는 역할을 하는 것은?

① 가이드 슈　　② 완충기
③ 중간 스톱퍼　　④ 가이드 레일

해설　가이드 슈는 승강로 내에서 카를 상하로 주행 안내하고, 주행 중 카에 전달되는 진동을 감소 시켜주는 역할을 한다.

문제 10 승객용 엘리베이터에 적용할 수 있는 도어 방식 중 승강로 공간이 동일한 조건에서 열림 폭을 가장 크게 할 수 있는 것은?

① 2짝 상하개폐방식　　② 2짝 중앙개폐방식
③ 2짝 측면개폐방식　　④ 3짝 측면개폐방식

해설　도어 시스템의 종류에는 측면 개폐방식(1S, 2S, 3S 등), 중앙개폐방식(2CO, 4CO 등) 상하개폐방식이 있다. 그런데 짝수가 많은 측면 개폐방식이 열림 폭이 가장 크다.

문제 11 정격속도 60(m/min)인 기계실 있는 에릴베이터에서 과속조절기 1차 과속스위치가 작동하는 속도(m/min)는?

① 60　　② 63
③ 68　　④ 69

해설　※ 본 문제는 검사기준(2013.9.15 시행)이 개정되어 출제가 수정될 것입니다.

$V = 60 \times 1.15$배 $= 69 m/min$

[참고] 과속조절기의 동작
　카 추락방지안전장치의 작동을 위한 과속조절기는 정격속도의 115% 이상의 속도 시 작동되어야 한다.

문제 12 여러 층으로 배치되어 있는 고정된 주차구획에 상하로 이동할 수 있는 운반기에 의해 자동차를 운반 이동하여 주차하도록 설계된 주차장치는?

① 승강기식 주차장치
② 평면왕복식 주차장치
③ 수평순환식 주차장치
④ 승강기 슬라이드식 주차장치

답　9.①　10.④　11.④　12.①

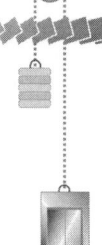

해설
- 승강기식 주차장치
  여러 층의 고정된 주차구획에 상하로 움직일 수 있는 운반기에 의거 자동차를 주차시키는 방식이다.
- 평면왕복식 주차장치
  평면의 고정된 주차구획에 운반기에 의거 자동차를 주차시키는 방식이다.
- 수평순환식 주차장치
  주차구획에 자동차를 넣고 그 주차구획을 수평으로 순환이동하여 자동차를 주차시킨다.
- 슬라이드식 주차장치
  이 방식은 대자기 넓은 곳에 운반하여 종·횡방향으로 이동해 주차시키는 방식이다.

문제 13 에스컬레이터 스텝체인의 안전율은 얼마 이상이어야 하는가?
① 5   ② 10
③ 15   ④ 20

해설

에스컬레이터 부분	안전율
트러스 및 빔	5 이상
디딤판체인 및 구동체인	5 이상
모든 구동부품	5 이상

문제 14 소형 화물 등의 운반에 적합하게 제작된 덤웨이터의 적재용량은?
① 100kg 이하   ② 200kg 이하
③ 300kg 이하   ④ 400kg 이하

해설 덤 웨이터(dumb waiter)
덤 웨이터는 바닥면적이 $1m^2$ 이하 그리고 천장높이가 1.2m 이하로, 300kg 이하의 소화물(음식물 또는 서적)을 운반하는 데 사용되는 소형 엘리베이터이다.

문제 15 엘리베이터의 도어인터록에 대한 설명 중 옳지 않은 것은?
① 카가 정지하고 있지 않은 층계의 문은 반드시 전용열쇠로만 열려져야 한다.
② 문이 닫혀있지 않으면 운전이 불가능하도록 하는 도어 스위치가 있어야한다.
③ 시건장치 후에 도어스위치가 ON되고, 도어스위치가 OFF 후에 시건장치가 빠지는 구조로 되어야 한다.
④ 승강장 안에서는 비상시에 대비하여 자물쇠가 일반 공구로도 열려지게 쉽게 설계되어야한다.

해설 카가 정지하고 있지 않은 층계의 문은 반드시 전용의 열쇠로만 열려져야한다.

답 13.① 14.③ 15.④

문제 16 로프식 엘리베이터의 정격속도가 240(m/min)을 초과할 때 꼭대기 틈새와 피트 깊이로 가장 적합한 것은?

① 꼭대기 틈새 3.3(m), 피트 깊이 3.3(m) 이상
② 꼭대기 틈새 3.3(m), 피트 깊이 3.8(m) 이상
③ 꼭대기 틈새 4.0(m), 피트 깊이 4.0(m) 이상
④ 꼭대기 틈새 4.0(m), 피트 깊이 4.3(m) 이상

해설 ※ 본 문제는 검사기준(2013.9.15 시행)이 개정되어 출제가 수정될 것입니다.

〈균형추가 완전히 압축된 완충기 위에 있을 때〉
① 카 지붕에서 가장 높은 부분과 승강로 천장의 가장 낮은 부분(천장 아래 빔 및 부품 포함) 사이의 수직거리는 $1.0+0.035V^2$[m] 이상이어야 한다.
② 승강로 천장의 가장 낮은 부분과 카 지붕에 고정된 설비의 가장 높은 부분 사이의 수직거리는 $0.3+0.035V^2$[m] 이상 연장되어야 한다.

〈카가 완전히 압축된 완충기 위에 있을 때〉
① 피트 바닥과 카의 가장 낮은 부품 사이의 수직거리는 0.5m 이상이어야 한다.
② 피트에 고정된 가장 높은 부품과 카의 가장 낮은 부품 사이의 수직거리는 0.3m 이상이어야 한다.

문제 17 균형추(counter weight)의 중량을 구하는 식은? (단, 오버밸런스율은 0.45로 한다.)

① 카 무게 + 정격하중 × 0.45
② 카 무게 × 0.45
③ 카 무게 + 정격하중
④ 카 무게

해설 균형추의 중량 = 카의 자체하중+LF
여기서 L : 정격 적재량, F : 오버밸런스율

문제 18 1200형 에스컬레이터의 시간당 수송능력은?

① 3000명
② 6000명
③ 9000명
④ 12000명

해설 ① 800형 : 수송 능력이 6000명/시간
② 1200형 : 수송 능력이 9000명/시간
※ 본 문제는 규정법 개정으로 무효입니다.

답 16.③ 17.① 18.③

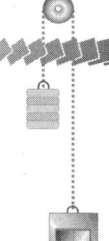

문제 19 재해 원인분석의 개별분석방법에 관한 설명으로 옳지 않은 것은?
① 이 방법은 재해 건수가 적은 사업장에 적용된다.
② 특수하거나 중대한 재해의 분석에 적합하다.
③ 청취에 의하여 공통 재해의 원인을 알 수 있다.
④ 개개의 재해 특유의 조사항목을 사용 할 수 있다.

문제 20 안전을 위한 작업의 중지조건이 될 수 없는 것은?
① 안개가 짙게 끼었을 때
② 퇴근시간이 되었을 때
③ 우천, 강풍 등이 생겼을 때
④ 작업원의 신체에 장애가 생겼을 때

문제 21 로프식 엘리베이터용 3본 주로프의 안전율은?
① 4 이상
② 6 이상
③ 12 이상
④ 15 이상

해설

종류		안전율
권상용 와이어로프	승용	2본은 16 이상, 3본 이상은 12 이상
	화물용	6 이상
과속조절기 로프		8 이상

문제 22 엘리베이터의 속도가 비정상적으로 증대한 경우 정격 속도의 1.4배를 넘지 않는 범위 내에서 카의 하강을 자동적으로 제지시키는 장치는?
① 추락방지안전장치
② 인터록장치
③ 로프처짐 감지장치
④ 제동장치

해설 ※ 본 문제는 검사기준(2013.9.15 시행)이 개정되어 출제가 수정될 것입니다.

과속조절기의 동작
카 추락방지안전장치의 작동을 위한 과속조절기는 정격속도의 115% 이상의 속도 시 작동되어야 한다.

답 19.③ 20.② 21.③ 22.①

문제 23 사고 예방 대책 기본 원리 5단계 중 3E를 적용하는 단계는?
① 1단계　　　　　　　　② 2단계
③ 3단계　　　　　　　　④ 5단계

해설　사고 예방 대책의 기본원리

단계별 과정	내　용
1단계 -조직	① 경영층의 참여　　② 안전 관리자의 임명 ③ 안전의라인 및 참모 조직 구성 ④ 안전활동 방침 및 계획 수립 ⑤ 조직을 통한 안전활동
2단계 -사실의 발견	① 사고 및 안전활동 기록 검토　② 작업 분석 ③ 안전점검 및 안전진단　　④ 사고조사 ⑤ 안전회의 및 토의 ⑥ 근로자의 제안 및 여론조사 ⑦ 관찰 및 보고서의 연두 등을 통하여 불안전요소 발견
3단계 -분석평가	① 사고보고서 및 현장조사 ② 사고기록 및 인적 물적 조건의 분석 ③ 작업공정 분석 ④ 교육 훈련 분석 등을 통하여 사고의 직접원인 및 간접원인을 규명
4단계 -시정방법의 선정	① 기술적 개선　　　　② 인사조정(배치조정) ③ 교육 훈련의 개선　　④ 안전행정의 개선 ⑤ 규정 및 수칙 작업표준 제도의 개선 ⑥ 확인 및 통제체제 개선
5단계 -시정책의 적용(3E단계)	① 기술적(engineering) 대책　② 교육적(education) 대책 ③ 단속적(enforcement) 대책

문제 24 승강기 관리주체는 해당 승강기에 대하여 행정안전부장관이 실시하는 검사를 받아야 한다. 다음 중 해당되는 검사가 아닌 것은?
① 완성검사　　　　　　② 정기검사
③ 수시검사　　　　　　④ 특별검사

답　23.④　24.④

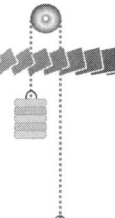

문제 25 재해원인의 분석방법 중 개별적 원인분석은?
① 각각의 재해원인을 규명하면서 하나하나 분석하는 것이다.
② 사고의 유형, 기인물 등을 분류하여 큰 순서대로 도표화하는 것이다.
③ 특성과 요인관계를 도표로 하여 물고기 모양으로 세분화하는 것이다.
④ 월별 재해 발생수를 그래프화 하여 관리선을 선정하여 관리하는 것이다.

문제 26 엘리베이터 이상 발견시 조치순서로 옳은 것은?
① 발견 - 조치 - 점검 - 수리 - 확인
② 발견 - 조치 - 확인 - 수리 - 점검
③ 발견 - 점검 - 조치 - 수리 - 확인
④ 발견 - 점검 - 조치 - 확인 - 수리

문제 27 감전사고로 의식을 잃은 환자에게 가장 먼저 취하여야 할 조치로 옳은 것은?
① 인공호흡을 시킨다.
② 음료수를 흡입시킨다
③ 의복을 벗긴다.
④ 몸에서 피가 나오도록 유도한다.

문제 28 재해 누발자의 유형이 아닌 것은?
① 미숙성 누발자
② 상황성 누발자
③ 습관성 누발자
④ 자발성 누발자

해설 재해 누발자의 유형
① 미숙성 누발자
② 상황성 누발자
③ 습관성 누발자
④ 소질성 누발자

문제 29 간접식 유압 엘리베이터의 체인은 몇 본 이상으로 설치하여야 하는가?
① 1　　　② 2
③ 3　　　④ 4

답 25.① 26.③ 27.① 28.④ 29.②

문제 30 에스컬레이터 제동기는 적재하중을 싣지 않고 디딤판이 상승할 때의 정지거리는?

[문제 삭제]

① 0.1(m) 이상 0.6(m) 이하
② 0.6(m) 이상 1.0(m) 이하
③ 1.0(m) 이상 1.4(m) 이하
④ 1.4(m) 이상 1.8(m) 이하

해설 ※ 본 문제는 2019.4.4. 법 개정으로 인해 삭제되었습니다.

문제 31 과속조절기에 의한 추락방지안전장치가 작동하여 카 바닥의 수평도를 수준기를 사용하여 측정하였을 때 오차의 범위는 최대 얼마 이내이어야 하는가?

① 1/10
② 1/20
③ 1/30
④ 1/40

해설 ※ 본 문제는 검사기준(2013.9.15 시행)이 개정되어 출제가 수정될 것입니다.
카의 바닥은 정상 위치에서 5%를 초과하여 기울어지지 않아야 한다.

문제 32 승객용 엘리베이터의 제동기는 승차감을 저해하지 않고 로프 슬립을 일으킬 수 있는 위험을 방지하기 위하여 감속도를 어느 정도로 하고 있는가?

① 0.1G
② 0.2G
③ 0.3G
④ 0.4G

문제 33 엘리베이터용 유압회로에서 실린더와 유량제어밸브 사이에 들어갈 수 없는 것은?

① 스트레이너
② 스톱밸브
③ 사이렌서
④ 라인필터

해설 스트레이너는 직선적인 작동유 통로 내의 철분, 모래 등의 이물질을 제거하는 장치이다. 이 장치는 펌프의 흡입측에 부착한다.

문제 34 과속조절기에 관한 설명 중 틀린 것은?

① 과속 스위치는 반드시 수동으로 복귀해야 한다.
② 카 추락방지안전장치의 작동을 위한 과속조절기는 정격속도의 115% 이상의 속도에서 작동되어야 한다.
③ 과속 스위치는 상승 및 하강의 양 방향에서 작동해야 한다.
④ 균형추측에 과속조절기가 있는 경우 카 측보다 먼저 작동해야 한다.

해설 과속조절기는 카의 과속도를 검출하는 장치인데, 과속조절기가 균형추 쪽에 설치되어도 카부터 정지시킨다.

답 30.① 31.③ 32.① 33.① 34.④

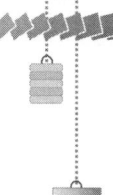

문제 35 가이드 레일의 규격(호칭)에 해당되지 않는 것은?
① 8K
② 13K
③ 15K
④ 18K

해설 공칭은 8K, 13K, 18K, 24K 등으로 된다.

문제 36 피트에서 하는 검사에 관한 사항 중 옳지 않은 것은?
① 비상용 엘리베이터의 경우에는 최하층 바닥면 아래에 설치되는 스위치류는 비상용으로 쓰여질 때는 분리되어서는 안 된다.
② 아랫부분 리미트 스위치류의 설치 상태는 견고하고, 작동상태는 양호하여야 한다.
③ 에너지 축적형 완충기는 녹 또는 부식이 없어야 하고, 에너지 분산형 완충기의 경우에는 유량이 적절하여야 한다.
④ 이동케이블은 손상의 염려가 없어야 한다.

해설 비상용 엘리베이터의 경우 최하층 바닥면 아래에 설치되는 스위치류는 비상용으로 사용 시 분리되어야 한다.

문제 37 승강장 도어에 대한 설명 중 옳지 않은 것은?
① 승강장 도어와 문틀 사이의 여유간격은 6(mm) 이하이어야 한다.
② 중앙개폐식 도어는 서로 맞부딪치는 도어의 끝부분이 평활하고 뾰족한 돌출부분이 없어야 한다.
③ 승강장 도어에는 비상해제장치를 설치할 필요가 없다.
④ 도어는 위와 양쪽 옆, 상호간에 서로 겹쳐야 하며, 다중 속도 도어의 경우는 12(mm) 이상 겹쳐야 한다.

해설 승강장 도어에는 비상해제장치를 설치할 필요가 있다.

문제 38 엘리베이터의 추락방지안전장치에 대한 보수점검 사항이 아닌 것은?
① 세이프티 링크 기구에 이완이나 용접이 벗겨지는 일은 없는지 점검
② 세이프티 링크 스위치와 캠의 간격 점검
③ 마찰 뎀퍼의 스프링 및 볼트 변형 등 점검
④ 과속 스위치의 접점 및 작동 점검

해설 과속 스위치의 접점 및 작동 점검은 과속 스위치의 점검사항에 해당한다.

답 35.③ 36.① 37.③ 38.④

문제 39 로프식 엘리베이터의 과부하방지장치에 대한 설명으로 틀린 것은?
① 엘리베이터 주행 중에는 오동작을 방지하기 위해 과부하방지장치 작동은 유효화 되어 있어야 한다.
② 과부하방지장치의 작동치는 정격 적재하중을 110%를 초과하지 않아야 한다.
③ 과부하방지장치의 작동상태는 초과하중이 해소되기까지 계속 유지되어야 한다.
④ 적재하중 초과시 경보가 울리고 출입문 닫힘이 자동적으로 제지되어야 한다.

해설 과부하방지장치가 작동되면 출입문이 닫히지 않아 주행은 이루어지지 않는다.

문제 40 무빙워크의 경사도는 특수한 경우를 제외하고 몇 도 이하로 하여야 하는가?
① 12 ② 18
③ 25 ④ 30

해설 무빙워크의 경사도는 12도 이하이어야 한다.

문제 41 카 실내에서 행하는 검사가 아닌 것은?
① 조작스위치의 작동상태
② 비상연락장치의 작동상태
③ 조명등의 점등상태
④ 비상구출구 개방의 적정성 여부

해설 비상구출구 개방 적정 여부는 카 위에서 행한다.

문제 42 기계실에서 점검할 항목이 아닌 것은?
① 수전반 및 주개폐기 ② 가이드 롤러
③ 절연저항 ④ 제동기

해설 가이드롤러는 카나 균형추에 부착되어 있는 바퀴인데, 기계실 점검 사항은 아니다.

문제 43 승객용 엘리베이터에서 자동으로 동력에 의해 문을 닫는 방식에서의 문닫힘 안전장치의 기준에 부적합한 것은?
① 문닫힘 동작시 사람 또는 물건이 끼일 때 문이 반전하여 열려야 한다.
② 문닫힘 안전장치 연결전선이 끊어지면 문이 반전하여 닫혀야 한다.
③ 문닫힘 안전장치의 종류에는 세이프티슈, 광전장치, 초음파장치 등이 있다.
④ 문닫힘 안전장치는 카 문이나 승강장 문에 설치되어야 한다.

답 39.① 40.① 41.④ 42.② 43.②

해설 문닫힘 안전장치의 연결전선이 끊어지면 작동이 이루어지지 않아 닫힘 상태의 위치에서 정지한다.

문제 44 제어반의 전압이 300V인 경우 절연저항은 몇 메가옴 이상이어야 하는가?
① 0.1
② 0.2
③ 0.3
④ 0.5

해설 ※ 본 문제는 검사기준(2019.4.4)이 개정되어 출제가 수정될 것입니다.

회로의 절연저항

공칭회로전압	시험전압/직류(V)	절연저항(MΩ)
SELV 및 PELV 100VA	250	≥ 0.5
≤ 500 FELV 포함	500	≥ 1.0
> 500	1000	≥ 1.0

- SELV : 안전 초저압
- PELV : 보호 초저압
- FELV : 기능 초저압

문제 45 균형체인과 균형로프의 점검사항이 아닌 것은?
① 연결부위의 이상 마모가 있는지를 점검
② 이완상태가 있는지를 점검
③ 이상소음이 있는지를 점검
④ 양쪽 끝단은 카의 양측에 균등하게 연결되어 있는지를 점검

문제 46 에스컬레이터의 이동식 핸드레일의 경우, 운행 전구간에서 디딤판과 핸드레일 속도 차의 범위는?
① 0 - 1% 이하
② 0 - 2% 이하
③ 0 - 3% 이하
④ 0 - 4% 이하

문제 47 엘리베이터의 상승 전자접촉기와 하강 전자접촉기 상호간에 구성하여할 회로로 가장 옳은 것은?
① 인터록회로
② 병렬회로
③ 직병렬회로
④ 합성회로

답 44.④ 45.④ 46.② 47.①

해설 인터록회로:

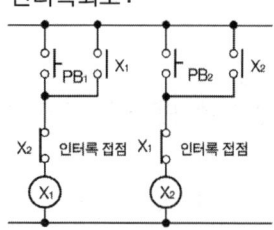

문제 48 그림과 같은 마이크로미터에 나타난 측정값(mm)은?

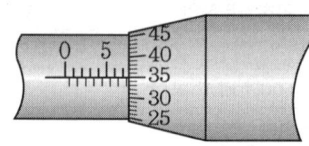

① 0.85　　　　　　　　② 5.35
③ 7.85　　　　　　　　④ 8.35

해설 7.5mm(슬리브눈금)+0.35mm(심블)=7.85mm

문제 49 다음 응력에 대한 설명 중 옳은 것은?
① 단면적이 일정한 상태에서 외력이 증가하면 응력은 작아진다.
② 단면적이 일정한 상태에서 하중이 증가하면 응력은 증가한다.
③ 외력이 일정한 상태에서 단면적이 작아지면 응력은 작아진다.
④ 외력이 증가하고 단면적이 커지면 응력은 증가한다.

해설 수직응력 $o = \dfrac{W}{A}(\text{kg/mm}^2)$　W: 하중(kg)
　　　　　　　　　　　　　　　　　A : 단면적(mm^2)

문제 50 2V의 기전력으로 80(J)의 일을 할 때 이동한 전기량(C)은?
① 0.4　　　　　　　　② 4
③ 40　　　　　　　　④ 160

해설 $V = \dfrac{W}{Q}(V)$에서 $Q = \dfrac{W}{V} = \dfrac{80}{2} = 40(\text{C})$

답　48.③　49.②　50.③

과년도 문제

문제 51 자기저항의 단위로 맞는 것은?
① Ω
② AT/Wb
③ φ
④ Wb

해설
- Ω : 저항의 단위
- AT/Wb : 자기저항의 단위
- φ : 자속의 기호
- Wb : 자속의 단위

문제 52 지름 5cm, 길이 30cm인 환봉이 있다. P=24ton인 장력을 작용시킬 때 0.1mm가 신장된다면 이 재료의 탄성계수(kg/cm²)는?
① 3.6×10^6
② 3.6×10^5
③ 4.2×10^6
④ 4.2×10^5

해설 $E = \dfrac{W\ell}{A\lambda} = \dfrac{24 \times 10^3 \times 30}{\dfrac{\pi \times 5^2}{4} \times 0.01} ≒ 3.6 \times 10^6 \, (\text{kg/cm}^2)$

문제 53 회전축에서 베어링과 접촉하고 있는 부분은?
① 핀
② 체인
③ 베어링
④ 저널

해설 회전축 또는 왕복 운동하는 축을 지지하여 축에 작용하는 하중을 부담하는 요소를 베어링(bearing)이라 하고, 베어링에 접촉된 축 부분을 저널(journal)이라 한다.

문제 54 직류 발전기에서 무부하 전압 $V_0(V)$, 정격전압 $V_n(V)$일 때 전압 변동률은?
① $\dfrac{V_0 - V_n}{V_0} \times 100$
② $\dfrac{V_n - V_0}{V_n} \times 100$
③ $\dfrac{V_n - V_0}{V_0} \times 100$
④ $\dfrac{V_0 - V_n}{V_n} \times 100$

답 51.② 52.① 53.④ 54.④

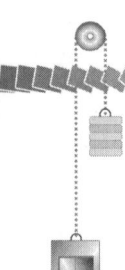

문제 55 되먹임제어에서 꼭 필요한 장치는?
① 응답속도를 느리게 하는 장치
② 응답속도를 빠르게 하는 장치
③ 안정도를 좋게 하는 장치
④ 입력과 출력을 비교하는 장치

해설 되먹임 제어계의 구성:

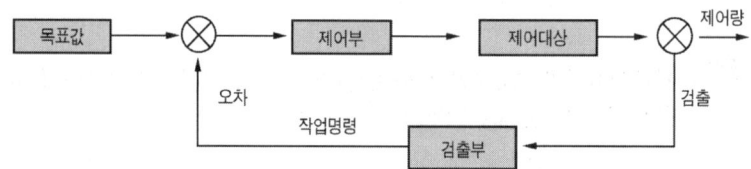

문제 56 다음 중 직류 직권전동기의 용도로 가장 적합한 것은?
① 엘리베이터   ② 컨베이어
③ 크레인   ④ 에스컬레이터

해설 직권전동기는 전차, 권상기, 크레인과 같이 가동 횟수가 빈번하고 토크의 변동도 심한 부하에 사용된다.

문제 57 전기의 본질에 대한 설명으로 틀린 것은?
① 전자는 음(−)의 전기를 띤 입자이다.
② 양성자는 양(+)의 전기를 띤 입자이다.
③ 중성자는 전기를 띠지 않지만 질량은 전자와 거의 같다.
④ 전기량의 크기는 양성자와 같다.

해설

입자	전하량(C)	질량(kg)
양성자	$+1.60219 \times 10^{-19}$	1.67261×10^{-27}
중성자	0	1.67491×10^{-27}
전자	-1.60219×10^{-19}	9.10956×10^{-27}

답 55.④ 56.③ 57.③

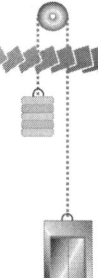

문제 58 직류발전기의 구조에서 공극을 통하여 전기자에 계자자속을 적당히 분포시키는 역할을 하는 것은?

① 계철 ② 브러쉬
③ 공극 ④ 자극편

해설
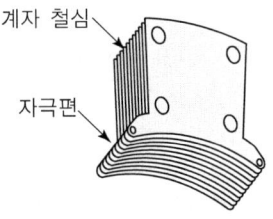
계자 철심
자극편

문제 59 전동용 기계요소에서 마찰차의 적용 범위에 해당되지 않는 것은?

① 무단 변속을 하는 경우
② 전달하는 힘이 커서 속도비가 중요시되지 않는 경우
③ 회전속도가 커서 보통의 기어를 사용할 수 없는 경우
④ 두 축 사이를 자주 단속할 필요가 있는 경우

해설   마찰차의 적용범위
① 속도비가 중요하지 않은 경우
② 회전속도가 커서 보통기어를 쓰기 곤란한 경우
③ 두 축 사이를 자주 단속할 필요가 있을 경우
④ 전달힘이 크지 않아도 되는 경우

문제 60 다음 중 길이를 측정하는 측정기가 아닌 것은?

① 버니어캘리퍼스 ② 마이크로미터
③ 서피스게이지   ④ 내경퍼스

해설   서피스게이지는 정반위에서 금긋기, 중심내기 등에 이용되는 금긋기 공구를 말한다.

답 58.④ 59.② 60.③

승강기기능사 과년도 문제
(2013.04.14 시행)

문제 01 승강장의 문이 열신 상태에서 모든 제약이 해제되면 자동적으로 닫히게 하여 문의 개방에서 생기는 2차 재해를 방지하는 것은?

① 도어 인터록 ② 도어 클로저
③ 도어 머신 ④ 도어 행거

해설
- 도어 인터록 : 엘리베이터 승강장 도어에는 키가 정지하지 않은 층에서는 비상열쇠를 사용하지 않으면 외부에서 열 수 없도록 하는 시건장치와 도어가 닫혀 있지 않으면 운전이 불가하도록 하기 위한 도어 스위치가 필요하다. 통상 이런 장치는 각각 별도로 되어 있지 않고 일체로 조합되어 사용되고 있다. 이 스위치에서 중요한 것은 인터록이 걸렸을 때만 스위치가 들어가고, 스위치가 끊어진 후에는 인터록이 풀어져야 한다.
- 도어 클로저 : 승장 도어가 열려 있으면 자동으로 닫히게 한다.
- 도어 머신 : 엘리베이터 도어 개폐장치로 전동기 및 감속기 등의 전동기 부분을 말한다.

문제 02 도어 사이에 이물질이 있는 경우 도어를 반전시키는 안전장치가 아닌 것은?

① 세이프티 슈 ② 세이프티 디바이스
③ 세이프티 레이 ④ 초음파 장치

해설
① 세이프티 슈 : 도어 선단의 센서가 사람 또는 물질이 접촉될 시, 도어의 닫힘을 중단하고 열리게 한다.
② 세이프티 레이 : 도어의 양단에 투광기와 수광기를 설치해, 광선이 차단될시 도어의 닫힘은 중단하고 열리게 한다.
③ 초음파 장치 : 초음파로 승강 쪽의 사람 또는 물건을 검출해 도어의 닫힘을 중단하고 열리게 한다.
④ 세이프티 디바이스 : 안정장치를 뜻하는데, 기기의 파괴나 인체에 해를 끼치는 것을 막기 하기 위해 설치한다.

문제 03 카의 하강하는 속도가 과속스위치의 작동 속도를 넘었을 때에 추락방지안전장치는 매 분의 속도가 정격속도의 몇 배를 넘지 않는 범위 내에서 카의 하강을 자동적으로 제지하여야 하는가?

① 1.3배 ② 1.4배
③ 1.5배 ④ 1.6배

답 1.② 2.② 3.②

해설 ※ 본 문제는 검사기준(2013.9.15 시행)이 개정되어 출제가 수정될 것입니다.
과속조절기의 동작
카 추락방지안전장치의 작동을 위한 과속조절기는 정격속도의 115% 이상의 속도 시 작동되어야 한다.

문제 04 승강기의 카 상부에서 행할 수 없는 점검은?
① 카 천정 조명등의 상태
② 비상 구출구의 상태
③ 카 도어 스위치 설치상태
④ 상부의 리미트 스위치 설치상태

해설 카 천장 조명등의 상태 점검은 카 내부에서 행한다.

문제 05 승강기가 어떤 원인으로 피트에 떨어졌을 때 충격을 완화하기 위하여 설치하는 것은?
① 과속조절기
② 추락방지안전장치
③ 완충기
④ 제동기

해설 완충기는 카가 피드로 떨어질 때 충격을 완화시키기 위한 장치이다.

문제 06 엘리베이터용 권상기 브레이크에 대한 설명으로 옳은 것은?
① 전동기나 균형추 등의 관성은 제지할 필요가 없다.
② 관성에 위한 원동기의 회전을 제지할 수 없어야 한다.
③ 승객용 엘리베이터는 110%의 부하로 하강 중 감속·정지할 수 있어야 한다.
④ 화물용 엘리베이터는 125%의 부하로 하강 중 감속·정지할 수 있어야 한다.

해설 제동기의 능력
제동기는 관성을 제지할 수 있음은 물론 엘리베이터는 125%의 부하로 전속 하강 중 카를 위험 없이 감속·정지할 수 있어야 한다.

문제 07 에스컬레이터의 수평주행구간 디딤판의 수가 3개 이상이고, 층고가 6m 이하인 경우에는 정격속도를 얼마까지 할 수 있는가?
① 30m/min 이하
② 40m/min 이하
③ 50m/min 이하
④ 60m/min 이하

답 4.① 5.③ 6.④ 7.②

> **해설** 에스컬레이터의 수평 주행구만 디딤판의 수가 3개 이상이고, 층고가 6m 이하인 경우에는 정격속도를 40m/min 이하까지 할 수 있다.

문제 08
에스컬레이터와 건물의 빔 또는 에스컬레이터의 교차승계형 배열로 설치했을 경우에 생기는 협각부에 끼는 것을 방지하기 위해 설치하는 것은?

① 역결상 검출장치 ② 스커트가드 판넬
③ 리미트 스위치 ④ 삼각부 보호판

> **해설** 삼각부 보호판 : 에스컬레이터의 상승 운전 시 위층의 바닥과 교차되는 곳에 손이나 머리를 끼일 수 있어 이를 방지하기 위해 교차지점에서 1m 이상 떨어진 곳에 삼각부 가드를 설치한다.

문제 09
기계실의 바닥면적은 일반적으로 승강로 수평투명면적의 몇 배 이상으로 하여야 하는가?

① 2배 ② 3배
③ 4배 ④ 5배

문제 10
엘리베이터 전원이 정전이 될 경우 카 내 예비 조명장치에 관한 설명 중 타당하지 않은 것은?

① 조도는 램프로부터 1m 떨어진 거리에서 측정한다.
② 조도는 1Lux 미만이어야 한다.
③ 자동차용 엘리베이터는 설치하지 않아도 된다.
④ 카내 조작반이 없는 화물용 엘리베이터는 설치하지 않아도 된다.

> **해설** 전원이 정전 시 조도는 5lux 이상 되어야 한다.

문제 11
수직면 내에 배열된 다수의 주차구획이 순환 이동하는 방식의 주차설비는 무엇인가?

① 다층순환식 ② 수평순환식
③ 승강기식 ④ 수직순환식

> **해설**
> - 수평 순환 주차방식 : 주차구획에 자동차를 넣고 그 주차구획을 수평으로 순환 이동하여 자동차를 주차시키는 방식
> - 수직 순환 주차방식 : 주차구획에 자동차를 넣고 그 주차구획을 수직으로 순환 이동하여 자동차를 주차시키는 방식

답 8.④ 9.① 10.② 11.④

문제 12 엘리베이터의 로프 거는 방법에서 1:1에 비하여 3:1, 4:1 또는 6:1 로 하였을 때 나타나는 현상으로 옳지 않은 것은?
① 로프의 수명이 짧아진다.
② 로프의 길이가 길어진다.
③ 속도가 빨라진다.
④ 종합적인 효율이 저하된다.

해설 3:1, 4:1, 6:1로 하면 속도는 늦어진다.

문제 13 엘리베이터의 완충기에 대한 설명 중 옳지 않은 것은?
① 에너지 축적형 완충기와 에너지 분산형 완충기가 있다.
② 정격속도 60(m/min) 이하는 에너지 축적형 완충기가 사용된다.
③ 정격속도 60(m/min) 초과시는 에너지 분산형 완충기가 사용된다.
④ 에너지 축적형 완충기의 작용은 유체저항에 의한다.

해설 에너지 축적형 완충기의 작용은 스프링 저항에 의한다.

문제 14 직접식 유압엘리베이터의 특징으로 옳지 않은 것은?
① 승강로의 소요 평면 치수가 작고, 구조가 간단하다.
② 추락방지안전장치가 필요하다.
③ 부하에 의한 바닥 침하가 적다.
④ 실린더 보호관을 땅속에 설치할 필요가 있다.

해설 직접식 유압엘리베이터는 추락방지안전장치가 없어도 된다.

문제 15 로프식 엘리베이터에서 주로프가 절단되었을 때 일어나는 현상이 아닌 것은?
① 과속조절기(governor)의 과속 스위치가 작동된다.
② 추락방지안전장치(safety device)가 작동된다.
③ 과속조절기 로프에 카(car)가 매달린다.
④ 과속조절기의 캐치가 작동한다.

문제 16 에스컬레이터의 경사각은 몇 도[°]를 초과하지 않아야 하는가?
① 10
② 20
③ 30
④ 40

해설 에스컬레이터는 수평으로 30°를 초과하지 않아야 한다.

답 12.③ 13.④ 14.② 15.③ 16.③

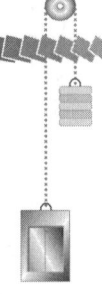

문제 17 에스컬레이터의 계단(디딤판)에 대한 설명 중 옳지 않은 것은?

① 디딤판 윗면은 수평으로 설치되어야 한다.
② 디딤판의 주행방향의 길이는 380mm 이상이다.
③ 발판 사이의 높이는 240mm 이하이다.
④ 디딤판 상호간 틈새는 8mm 이하이다.

해설 스텝과 스텝 또는 팔레트와 팔레트 사이의 틈새
트레드 표면에서 측정된 이용 가능한 모든 위치의 연속되는 2개의 스텝 또는 팔레트 사이의 틈새는 6mm 이하이어야 한다.

문제 18 사이리스터의 점호각을 바꿔 유도전동기 속도를 제어하는 방식은?

① 교류 1단제어
② 교류 2단제어
③ 교류 궤환제어
④ VVVF제어

해설 교류 궤한제어
이 방식은 케이지의 실속도와 지령속도를 비교하여 사이리스터의 점호각을 바꿔, 유도 전동기의 속도를 제어하는 방식이다. 이 방식은 속도 45(m/min)에서 105(m/min) 이하에 적용된다.

문제 19 승강기의 자체검사 항목이 아닌 것은?

① 브레이크
② 가이드레일
③ 권과방지장치
④ 추락방지안전장치

해설 권과방지장치(과하게 감지 않게 하는 장치)는 자체검사 항목이 아니다.

문제 20 안전점검 및 진단순서가 맞는 것은?

① 실태파악→ 결함 발견→ 대책결정→ 대책 실시
② 실태파악→ 대책 결정→ 결함 발견→ 대책 실시
③ 결함 발견→ 실태파악→ 대책 실시→ 대책결정
④ 결함 발견→ 실태파악→ 대책결정→ 대책 실시

답 17.④ 18.③ 19.③ 20.①

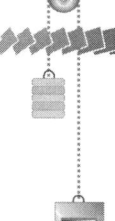

문제 21 중량물을 달아 올릴 때 와이어로프에 가장 힘이 크게 걸리는 각도는?
① 45°   ② 55°
③ 65°   ④ 90°

문제 22 물건에 끼여진 상태나 말려든 상태는 어떤 재해인가?
① 추락   ② 전도
③ 협착   ④ 낙하

해설
- 전도 : 사람이 평면상으로 넘어졌을 때를 말한다.
- 협착 : 물건에 끼여진 상태나 말려진 상태를 말한다.

문제 23 재해원인 대한 설명으로 옳지 않은 것은?
① 불안전한 행동과 불안전한 상태는 재해의 간접원인이다.
② 불안전한 상태는 물적원인에 해당된다.
③ 위험장소의 접근은 재해의 불안전한 행동에 해당한다.
④ 부적당한 조명, 온도 등 작업환경의 결함도 재해원인에 해당된다.

해설 불안전한 행동과 불안전한 상태는 재해의 직접원인이다.

문제 24 재해원인을 분류할 때 인적원인에 해당되는 것은?
① 방호장치의 결함
② 안정장치의 결함
③ 보호구의 결함
④ 지식의 부족

해설 인적요인은 지식의 부족, 지시 무시, 미숙련, 과로, 태만 등이다.

문제 25 산업재해(사고)조사 항목이 아닌 것은?
① 재해원인 물체
② 재해 발생 날짜, 시간, 장소
③ 재해 책임자 경력
④ 피해자 상해정도 및 부위

답 21.④ 22.③ 23.① 24.④ 25.③

문제 26 기계 설비의 기계적 위험에 해당되지 않는 것은?
① 직선운동과 미끄럼운동
② 회전운동과 기계부품의 튀어나옴
③ 재료의 튀어나옴과 진동 운동체의 끼임
④ 감전, 누전 등 오통전에 의한 기계의 오작동

문제 27 재해가 발생되었을 때 의 조치 순서로서 가장 알맞은 것은?
① 긴급처리 → 재해조사 → 원인강구 → 대책수립 → 실시 → 평가
② 긴급처리 → 원인강구 → 대책수립 → 실시 → 평가 → 재해조사
③ 긴급처리 → 재해조사 → 대책수립 → 실시 → 원인강구 → 평가
④ 긴급처리 → 재해조사 → 평가 → 대책수립 → 원인강구 → 실시

해설 재해가 발생했을 때 조치 순서
긴급처리 → 재해조사 → 원인강구 → 대책수립 → 실시 → 평가

문제 28 안전점검의 종류가 아닌 것은?
① 정기점검
② 특별점검
③ 순회점검
④ 수시점검

해설 안전점검의 종류
① 수시점검
② 정기점검
③ 특별점검
④ 임시점검

문제 29 승강기를 보수 점검할 경우 보수 점검의 내용이 틀린 것은?
① 메인 로프와 시브의 마모를 줄이기 위해 그리스를 주기적으로 충분하게 주입한다.
② 전동기의 기어오일을 확인하고 부족시 주유한다.
③ 레일 가이드 슈의 오일을 확인하여 부족시 보충하고 구동 체인에는 그리스를 주입한다.
④ 도어슈, 도어클로저, 체인 등에서 소음이 발생할 때 링크 부위를 그리스로 주입하고 볼트와 너트가 풀린 곳을 확인하고 조인다.

해설 메인로프와 시브에 그리스를 충분히 주입하면 미끄러짐 현상이 발생한다.

답 26.④ 27.① 28.③ 29.①

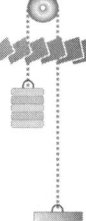

문제 30 유압식 엘리베이터의 유압 파워유니트(Power Unit)의 구성 요소가 아닌 것은?
① 펌프
② 유압실린더
③ 유량제어밸브
④ 체크밸브

해설   유압 파워 유니트는 펌프, 전동기, 밸브류, 탱크 등으로 구성되어 있다.

문제 31 에스컬레이터의 800형, 1200형이라 부르는 것은 무엇을 기준으로 한 것인가?
① 난간 폭
② 계단의 폭
③ 속도
④ 속도

해설   에스컬레이터의 난간 폭에 의한 분류
① 800형 : 수송 능력이 6000명/시간
② 1200형 : 수송 능력이 9000명 /시간
※ 본 문제는 규정법 개정으로 무효입니다.

문제 32 균형추를 구성하고 있는 구조재 및 연결재의 안전율은 균형추가 승강로의 꼭대기에 있고, 엘리베이터가 정지한 상태에서 얼마 이상으로 하는 것이 바람직한가?
① 3
② 5
③ 7
④ 9

문제 33 공칭회로전압 ≤ 500V인 경우 절연 저항값은 몇 MΩ 이상이어야 하는가? [문제 삭제]
① 0.1
② 0.3
③ 0.5
④ 1.0

해설   ※ 본 문제는 2019.4.4. 법 개정으로 인해 삭제되었습니다.

문제 34 유압식 엘리베이터에 대한 설명으로 옳지 않은 것은?
① 실린더를 사용하기 때문에 행정거리와 속도에 한계가 있다.
② 균형추를 사용하지 않으므로 전동기의 소요동력이 커진다.
③ 건물 꼭대기 부분에 하중이 많이 걸린다.
④ 승강로의 꼭대기 틈새가 작아도 좋다

답   30.② 31.① 32.② 33.④ 34.③

2013.04.14 시행

해설 건물 꼭대기 부분에 하중이 걸리지 않는다.

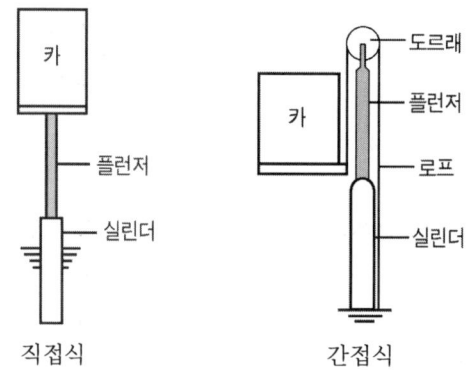

직접식   간접식

문제 35 유압엘리베이터의 안전장치에 대한 설명으로 틀린 것은?

① 상승시 유압은 상용압력의 125%가 넘지 않도록 조절하는 릴리프 밸브장치가 필요하다.
② 오일의 온도를 65℃~80℃로 유지하기 위한 장치를 설치하여야 한다.
③ 전동기의 공회전 방지 장치를 설치하여야 한다.
④ 전원 차단 시 실린더 내의 오일의 역류로 인한 카의 하강을 자동 저지하는 장치를 설치하여야 한다.

해설 오일의 온도는 5℃ 이상 60℃가 되어야 한다.

문제 36 교류 엘리베이터 제어 방식이 아닌 것은?

① VVVF 제어방식
② 정지레오나드 제어방식
③ 교류 귀환 제어방식
④ 교류 2단 속도 제어방식

해설 1. 교류 엘리베이터 제어방식
① 교류 1단 제어 방식
② 교류 2단 제어 방식
③ 교류 귀환 제어방식
④ VVVF 제어방식

2. 직류 엘리베이터 제어방식
① 워드 레오나드 제어방식
② 정지 레오나드 제어방식

답 35.② 36.②

문제 37. 회전운동을 하는 유희시설에 해당되지 않는 것은?
① 코스터
② 문로켓트
③ 오토퍼스
④ 해적선

해설 코스터는 고저차가 2m 이상 되는 궤조를 주행한다.

문제 38. 엘리베이터 카의 속도를 검출하는 장치는?
① 배선용차단기
② 전자접촉기
③ 제어용 릴레이
④ 과속조절기

해설 과속조절기는 카의 과속도를 검출한다.

문제 39. 엘리베이터 카 내부에서 실시하는 검사가 아닌 것은?
① 외부와 연결하는 통화장치의 작동상태
② 정전시 예비조명장치의 작동상태
③ 리미트 스위치의 작동상태
④ 도어 스위치 작동상태

해설 리미트 스위치는 승강로에 설치하기 때문에 카 내부에서 행하는 검사는 아니다. 피트에서 행하는 검사이다.

문제 40. 로프식 엘리베이터에서 권상기 도르래 홈의 언더컷의 잔여량은 몇 mm 미만일 때 도르래를 교체하여야 하는가?
① 4
② 3
③ 2
④ 1

해설 시브 홈의 형상

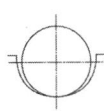   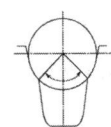

(a) U홈   (b) V홈   (C) 언더컷 홈

답 37.① 38.④ 39.③ 40.④

문제 41 엘리베이터 카 도어머신에 요구되는 성능이 아닌 것은?
① 작동이 원활하고 정숙할 것
② 카 상부에 설치하기 위해 소형 경량일 것
③ 동작횟수가 엘리베이터 기동 횟수 2배이므로 보수가 용이할 것
④ 어떠한 경우라도 수동으로 카 도어가 열려서는 안될 것

해설 도어머신에 요구되는 성능
① 작동이 원활하고 조용할 것
② 카 상부에 설치하기 위해 소형 경량일 것
③ 동작횟수가 엘리베이터 기동 횟수의 2배가 되므로 보수가 용이할 것
④ 가격이 저렴할 것

문제 42 엘리베이터의 안정된 사용 및 정지를 위하여 승강장·중앙관리실 또는 경비실 등에 설치되어 카 이외의 장소에서 엘리베이터 운행의 정지조작과 재개조작이 가능한 안전장치는?
① 자동/수동 전환스위치
② 도어 안전장치
③ 파킹 스위치
④ 카 운행정지 스위치

문제 43 카 출입구 또는 천장 구출구에 대한 설명 중 옳지 않은 것은?
① 카 출입구 이외에 카 천장 구출구를 반드시 설치하여야 한다.
② 출입구에는 정전기 방지를 위한 방전코일을 반드시 설치하여야 한다.
③ 카의 천장 구출구는 카 외측에서 열게 되어 있다.
④ 2대 이상의 카가 동일 승강로에 병설되었을 경우 카 측 벽에도 구출구를 설치할 수 있다.

해설 콘덴서를 회로에서 개방하였을 때 전하가 잔류함으로써 일어나는 위험의 방지와 재투입시 콘덴서에 걸리는 과전압의 방지를 위하여 방전장치가 사용된다.

문제 44 가이드 레일의 보수점검 사항 중 틀린 것은
① 녹이나 이물질이 있을 경우 제거한다.
② 레일 브래킷의 조임상태를 점검한다.
③ 레일 클립의 변형 유무를 점검한다.
④ 과속조절기 로프의 미끄럼 유무를 점검한다.

해설 과속조절기는 카의 속도를 검출하는 기기인데, 로프를 카에 고정시키고 카의 움직임을 검출한다.

답 41.④ 42.③ 43.② 44.④

과년도 문제

문제 45 엘리베이터 동력전원이 380[V]인 제어반의 외함 및 금속제 프레임[Frame]은 몇 종 접지공사에 해당하는가?

① 제1종 접지공사　　② 제2종 접지공사
③ 제3종 접지공사　　④ 특별 제3종 접지공사

해설
- 400V 미만의 저압 : 제3종 접지공사
- 400V 이상의 저압 : 특별 제3종 접지공사
- 고압 및 특고압 : 제1종 접지공사
※ 본 문제는 규정법 개정으로 무효입니다.

문제 46 로프식 엘리베이터의 가이드 레일 설치에서 패킹(보강재)이 설치된 경우는?

① 가이드 레일이 짧게 설치되어 보강할 경우
② 가이드 레일 양 폭의 너비를 조정 작업할 경우
③ 레일브래킷의 간격이 필요이상 한계를 초과할 경우 레일의 뒷면에 강재를 붙여서 보강하는 경우
④ 레일브래킷의 간격이 필요이상 한계를 초과할 경우 레일의 앞면에 강재를 붙여서 보강하는 경우

문제 47 그림의 회로에서 전체의 저항값 R을 구하는 공식은?

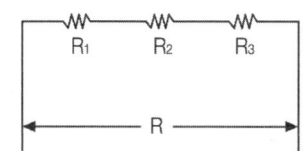

① $R = R_1 + R_2 + R_3$ 　　② $R = \dfrac{1}{R_1} + \dfrac{1}{R_2} + \dfrac{1}{R_3}$

③ $R = \dfrac{R_1 + R_2 + R_3}{2}$ 　　④ $R = R_1 \times R_2 \times R_3$

해설 저항의 접속

① 직렬접속　　　　　　　　② 병렬접속

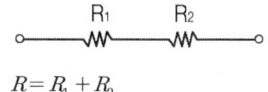

$R = R_1 + R_2$

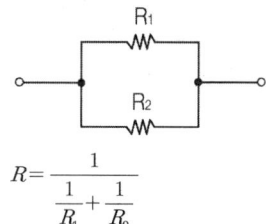

$R = \dfrac{1}{\dfrac{1}{R_1} + \dfrac{1}{R_2}}$

답 45.③　46.③　47.①

2013.04.14 시행

문제 48 길이 1m의 봉이 인장력을 받고 0.2mm만큼 늘어났다. 인장변형률은 얼마인가?
① 0.0001
② 0.0002
③ 0.0004
④ 0.0005

해설 $\varepsilon = \dfrac{\lambda}{\ell} = \dfrac{0.2}{1000} = 0.0002$

문제 49 체인의 종류가 아닌 것은?
① 링크체인
② 롤러체인
③ 리프체인
④ 베어링체인

문제 50 부하 1상의 임피던스가 $3+j4[\Omega]$인 △결선 회로에 100[V]의 전압을 가할 때 선전류는 몇 [A]인가?
① 10
② $10\sqrt{3}$
③ 20
④ $20\sqrt{3}$

해설 $I_P = \dfrac{V_P}{Z} = \dfrac{100}{3+j4} = \dfrac{100}{\sqrt{3^2+4^2}} = \dfrac{100}{5} = 20(\text{A})$
$I_\ell = \sqrt{3}\,I_P = \sqrt{3} \times 20(\text{A})$
[참고]
① △결선인 경우
  $V_\ell = V_P$, $I_\ell = \sqrt{3}\,I_P$
② Y결선인 경우
  $V_\ell = \sqrt{3}\,V_P$, $I_\ell = I_P$
  여기서 V_ℓ : 선간전압, V_P : 상전압, I_ℓ : 선전류, I_P : 상전류

문제 51 전환 스위치가 있는 접지저항계를 이용한 접지저항 측정방법으로 틀린 것은?
① 전환 스위치를 이용하여 절연저항과 접지저항을 비교한다.
② 전환 스위치를 이용하여 E, P 간의 전압을 측정한다.
③ 전환 스위치를 저항값에 두고 검류계의 밸런스를 잡는다.
④ 전환 스위치를 이용하여 내장 전지의 양부(+, −)를 확인한다.

해설 절연저항과 접지저항은 다르다. 그러므로 상호 비교함은 옳지 않다.

답 48.② 49.④ 50.④ 51.①

문제 52 로프 소선의 파단강도에 따라 구분되는 로프 중에서 파단강도가 높기 때문에 초고층용 엘리베이터나 로프 가닥수를 적게 하고자 하는 경우에 쓰이는 것은?

① A종 ② B종
③ E종 ④ G종

해설
- A종 : 165kg/mm² 급의 강도를 갖는 소선으로 구성된 로프로서, 파단강도가 높기 때문에 초고층용 엘리베이터나 로프 본수를 적게 하고자 할 때 사용되는 경우가 있다. E종보다 경도가 높기 때문에 시브의 마모에 대한 대책이 필요하다.
- B종 : 강도와 경도가 A종보다 더욱 높아 엘리베이터용으로는 거의 사용되지 않는다.
- E종 : 엘리베이터용으로 사용된다. 파단강도는 135kg/mm² 급이다.
- G종 : 소선의 표면에 아연도금을 한 것으로서, 녹이 쉽게 나지 않기 때문에 습기가 많은 장소에 적합하다.

문제 53 3상 유도전동기에서 슬립(slip) s의 범위는?

① $0 < s < 1$ ② $0 > s > -1$
③ $2 > s > 1$ ④ $-1 < s < 1$

해설
- 전동기가 정지상태일 때 : $S=1$
- 전동기가 동기속도일 때 : $S=0$
- 전동기가 운전 상태일 때 : $0 < s < 1$

문제 54 엘리베이터 제어반에 설치되는 기기가 아닌 것은?

① 배선용차단기 ② 전자접촉기
③ 리미트 스위치 ④ 제어용 계전기

해설 리미트 스위치는 승강로에 설치하는데, 카를 최상·최하층에 정지시키기 위해 사용한다.

문제 55 2축이 만나는(교차하는) 기어는?

① 나사 기어 ② 베벨 기어
③ 웜 기어 ④ 하이포이드 기어

해설

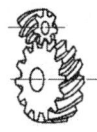 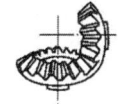 

(스쿠루 기어) (하이포이드 기어) (직선 베벨 기어) (웜 기어)

답 52.① 53.① 54.③ 55.②

문제 56 NAND 게이트 3개로 구성된 논리회로의 출력값 E는?

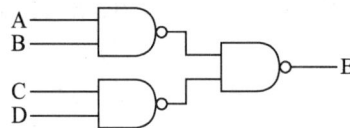

① $A \cdot B + C \cdot D$
② $(A+B) \cdot (C+D)$
③ $\overline{A \cdot B} + \overline{C \cdot D}$
④ $A \cdot B \cdot C \cdot D$

해설 $E = \overline{\overline{AB} \cdot \overline{CD}} = \overline{\overline{AB}} + \overline{\overline{CD}} = AB + CD$

[참고]
(1) AND 회로
　① 시퀀스 회로　② 진리표　　　　③ 논리회로　　　④ 논리식

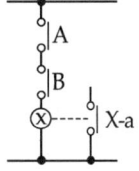
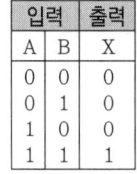

입력		출력
A	B	X
0	0	0
0	1	0
1	0	0
1	1	1

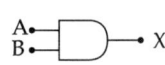

$X = A \cdot B$

(2) OR 회로
　① 시퀀스 회로　② 진리표　　　　③ 논리회로　　　④ 논리식

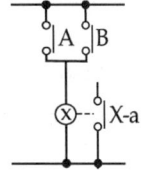
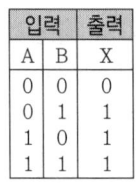

입력		출력
A	B	X
0	0	0
0	1	1
1	0	1
1	1	1

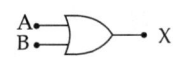

$X = A + B$

(3) NAND 회로
　① 시퀀스 회로　② 진리표　　　　③ 논리회로　　　④ 논리식

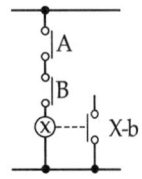

입력		출력
A	B	X
0	0	1
0	1	1
1	0	1
1	1	0

$X = \overline{A \cdot B}$

답 56.①

(4) NOR 회로

① 시퀀스 회로　② 진리표　③ 논리회로　④ 논리식

입력		출력
A	B	X
0	0	1
0	1	0
1	0	0
1	1	0

$X = \overline{A+B}$

※ $\overline{\overline{AB} \cdot \overline{CD}} = \overline{\overline{AB}} + \overline{\overline{CD}} = AB + CD$
※ $\overline{AB} = \overline{A} + \overline{B}$

문제 57 정현파 교류의 실효치는 최대치의 몇 배인가?

① π배
② $\dfrac{2}{\pi}$
③ $\sqrt{2}$배
④ $\dfrac{1}{\sqrt{2}}$배

해설 $V = \dfrac{V_m}{\sqrt{2}}$[V] 여기서 V : 실효전압, V_m : 최대 전압

문제 58 입체(실체)캠이 아닌 것은?

① 원통 캠
② 경사판 캠
③ 판 캠
④ 구면 캠

해설 판캠은 평면캠이다. 평면캠에는 판캠 외에 정면캠(확동캠), 직동캠이 있다.

문제 59 일반적으로 유도전동기의 공극은 약 몇 mm인가?

① 0.3~2.5
② 3~4
③ 3~6
④ 7~8

문제 60 직류 전위차계에 대한 설명으로 옳은 것은?

① 미소한 전류나 전압의 유무 검출시 사용
② 직류 고전압 측정기로 45kV까지 측정시 사용
③ 가동코일형으로 20mV ~ 1000V까지 측정시 사용
④ 1V 이하의 직류전압을 정밀하게 측정할 때 사용

해설 직류전위차계는 1V 이하의 직류전압을 정밀하게 측정할 때 사용한다.

답 57.④ 58.③ 59.① 60.④

승강기기능사 과년도 문제
(2013.10.12 시행)

문제 01 유압엘리베이터의 작동유의 적정 온도의 범위는?
① 30℃ 이상 70℃ 이하
② 30℃ 이상 80℃ 이하
③ 5℃ 이상 90℃ 이하
④ 5℃ 이상 60℃ 이하

문제 02 레일의 규격은 어떻게 표시하는가?
① 1m당 중량
② 1m당 레일이 견디는 하중
③ 레일의 높이
④ 레일 1개의 길이

해설 레일의 규격
① 레일의 호칭은 마무리 가공 전 소재의 1m당 중량으로 한다.
② T형 레일을 사용하며 공칭은 8k, 13k, 18, 24k이나 대용량 엘리베이터에는 37k, 50k 등도 사용된다.
③ 레일의 표준 길이는 5m이다.

문제 03 상·하 승강장 및 디딤판에서 하는 검사가 아닌 것은?
① 구동체인 안전장치
② 디딤판과 핸드레일 속도차
③ 핸드레일 인입구 안전장치
④ 스커드가드 스위치 작동상태

해설 구동체인 안전장치는 구동체인이 절단되었을 때 계단을 정지시키는 장치로, 승강장 또는 디딤판에서 행하는 검사는 아니다.

문제 04 엘리베이터 구조물의 진동이 카로 전달되지 않도록 하는 것은?
① 과부하 검출장치 ② 방진고무
③ 맞대임고무 ④ 도어인터록

답 1.④ 2.① 3.① 4.②

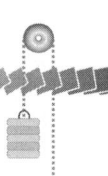

문제 05 기계실에 설치되지 않은 것은?
① 과속조절기 ② 권상기
③ 제어반   ④ 완충기

해설 완충기 : 카가 어떤 원인으로 최하층을 통과하여 피트로 떨어질 때 충격을 완화시키기 위한 장치이다.

문제 06 1200형 에스컬레이터의 시간당 수송능력[명/시간]은?
① 1200   ② 4500
③ 6000   ④ 9000

해설 ① 800형 : 수송 능력이 6000명/시간
② 1200형 : 수송 능력이 9000명/시간

문제 07 발전기의 계자 전류를 조절하여 발전기의 발생 전압을 임의로 연속적으로 변화시켜 직류 모터의 속도를 연속으로 광범위하게 제어하는 방식은?
① 사이리스터 제어방식 ② 여자기 제어방식
③ 워드-레오나드방식   ④ 피드백 제어방식

해설 워드 레오나드(ward leonard)방식
직류 발전기의 출력단을 직접 직류 전동기 전기자에 연결시키고, 발전기의 계자 전류를 조정하여 발전전압을 엘리베이터 속도에 대응하여 연속적으로 공급시키는 방식이다.

문제 08 고속 엘리베이터의 일반적인 속도(m/min) 범위는?
① 45 ~ 60   ② 60 ~ 105
③ 120 ~ 300 ④ 360 이상

문제 09 카의 정격속도가 45m/min 이하인 경우 꼭대기틈새 및 피트깊이는 각각 몇 m로 규정하고 있는가?
① 꼭대기틈새 : 1.2m 이상, 피트깊이 : 1.2m 이상
② 꼭대기틈새 : 1.4m 이상, 피트깊이 : 1.5m 이상
③ 꼭대기틈새 : 1.6m 이상, 피트깊이 : 1.8m 이상
④ 꼭대기틈새 : 1.8m 이상, 피트깊이 : 2.1m 이상

답 5.④ 6.④ 7.③ 8.③ 9.①

해설 ※ 본 문제는 검사기준(2013.9.15 시행)이 개정되어 출제가 수정될 것입니다.

〈균형추가 완전히 압축된 완충기 위에 있을 때〉
① 카 지붕에서 가장 높은 부분과 승강로 천장의 가장 낮은 부분(천장 아래 빔 및 부품 포함) 사이의 수직거리는 $1.0+0.035V^2$[m] 이상이어야 한다.
② 승강로 천장의 가장 낮은 부분과 카 지붕에 고정된 설비의 가장 높은 부분 사이의 수직거리는 $0.3+0.035V^2$[m] 이상이어야 한다.

〈카가 완전히 압축된 완충기 위에 있을 때〉
① 피트 바닥과 카의 가장 낮은 부품 사이의 수직거리는 0.5m 이상이어야 한다.
② 피트에 고정된 가장 높은 부품과 카의 가장 낮은 부품 사이의 수직거리는 0.3m 이상이어야 한다.

문제 10 도어 관련 부품 중 안전장치가 아닌 것은?
① 도어 머신
② 도어 스위치
③ 도어 인터록
④ 도어 클로저

해설
- 도어 스위치 : 문이 닫혀 있지 않으면 운전이 불가능하게 한 장치
- 도어 인터록 : 카가 정지하지 않는 층의 도어는 전용열쇠를 사용하지 않으면 열리지 않도록 하는 도어록과 도어가 닫혀 있지 않으면 운전이 불가능하도록 하는 도어 스위치로 구성된다.
- 도어 클로저 : 승장 도어가 열려 있으면 자동으로 닫히게 하는 장치
- 도어 머신 : 모터의 회전을 감속하고 암이나 로프 등을 구동시키고, 도어를 개폐한다.

문제 11 무빙워크에서 경사각을 몇 도 이하인 경우, 디딤판을 광폭형으로 설치할 수 있는가?
① 6°
② 8°
③ 10°
④ 12°

해설 무빙워크 : 경사각도 12° 이하로 한다.
단, 6° 이하인 경우 디딤판을 광폭형으로 설치할 수 있다.

문제 12 자동차용 엘리베이터나 대형 화물용 엘리베이터에 주로 사용하는 도어 개폐방식은?
① CO
② SO
③ UD
④ UP

답 10.① 11.① 12.④

문제 13 기계실로 가는 계단의 폭은 얼마 이상으로 해야 하는가?
① 0.5m
② 0.7m
③ 0.9m
④ 1.1m

해설 ※ 본 문제는 검사기준(2013.9.15 시행)이 개정되어 출제가 수정될 것입니다.
기계실 유효공간으로 접근하는 통로의 폭은 0.5m 이상이어야 한다.

문제 14 엘리베이터의 속도가 규정치 이상이 되었을 때 작동하여 동력을 차단하고 비상정지를 작동시키는 기계장치는?
① 구동기
② 과속조절기
③ 완충기
④ 도어스위치

해설 카 추락방지안전장치의 작동을 위한 과속조절기는 정격속도의 115% 이상의 속도에서 작동되어야 한다.

문제 15 교류 귀환제어방식에 관한 설명으로 옳은 것은?
① 카의 실속도와 지령속도를 비교하여 다이오드의 점호각을 바꿔 유도전동기의 속도를 제어한다.
② 유도전동기의 1차측 각 상에서 사이리스터와 다이오드를 병렬로 접속하여 토크를 변화시킨다.
③ 미리 정해진 지령속도에 따라 제어되므로 승차감 및 착상정도가 좋다.
④ 교류이단속도와 같은 저속주행시간이 없으므로 운전시간이 길다.

해설 교류 귀환궤어방식 : 카의 실속도와 지령속도를 비교하여 사이리스터의 점호각을 바꿔, 유도전동기의 속도를 제어하는 방식. 승차감 및 착상 정도가 좋다.

문제 16 기계실이 있는 엘리베이터의 정격속도가 90m/min인 경우 추락방지안전장치의 작동속도는?
① 108m/min 이하
② 112.5m/min 이하
③ 117m/min 이하
④ 103.5m/min 이하

해설 ※ 본 문제는 검사기준(2013.9.15 시행)이 개정되어 출제가 수정될 것입니다.
$V = 90 \times 1.15배 = 103.5 \text{m/min}$
※ 카 추락방지안전장치의 작동을 위한 과속조절기는 정격속도의 115% 이상의 속도 시 작동되어야 한다.

답 13.② 14.② 15.③ 16.④

문제 17 균형추 쪽에도 추락방지안전장치를 설치해야 하는 경우는?
① 정격속도가 360m/min 이상인 승객용 엘리베이터
② 정격속도가 400m/min 이상인 승객용 엘리베이터
③ 피트 바닥하부를 거실 등으로 사용할 경우
④ 가이드 레일의 길이가 짧은 경우

문제 18 엘리베이터 정전시 카 내를 조명하여 승객의 불안을 줄여주는 조명에 대한 설명으로 옳은 것은?
① 램프 중심부에서 2m 떨어진 수직면에서 3 lx 이상의 밝기가 필요하다.
② 램프 중심부에서 1m 떨어진 수직면에서 2 lx 이상의 밝기가 필요하다.
③ 램프 중심부에서 1m 떨어진 수직면에서 5 lx 이상의 밝기가 필요하다.
④ 램프 중심부에서 1m 떨어진 수직면에서 3 lx 이상의 밝기가 필요하다.

해설 램프 중심부에서 1m 떨어진 수직면에서 5 lx 이상의 밝기가 필요하다.

문제 19 승강로 작업시 착용하는 보호구로 알맞지 않은 것은?
① 안전모　　　　② 안전대
③ 핫스틱　　　　④ 안전화

해설 핫스틱은 전기외선 활선 작업을 할 때 사용하는 장비이다.

문제 20 문닫힘 안전장치의 동작 중 부적합한 것은?
① 사람이나 물건이 도어 사이에 끼이게 되면 도어의 닫힘 동작이 중지되고 열림 동작으로 바뀌게 되는 장치이다.
② 문 닫힘 안전장치는 엘리베이터의 중요한 안전장치로 동작이 확실해야 한다.
③ 정지를 작동시키면 즉시 도어의 열림 동작이 멈추어야 한다.
④ 닫힘 동작이 멈춘 후에는 즉시 열림 동작에 의하여 도어가 열려야 한다.

해설 장치를 작동시키면 닫힘 동작이 멈춘 후 즉시 도어는 열려야 한다.

답　17.③　18.③　19.③　20.③

문제 21 카 상부 작업시의 안전수칙으로 옳지 않은 것은?
① 작업개시 전에 작업등을 켠다.
② 이동 중에 로프를 손으로 잡아서는 안 된다.
③ 운전 선택스위치는 자동으로 설치한다.
④ 안전스위치를 작동시켜 안전회로를 차단시킨다.

해설 운전 선택스위치는 자동으로 설치하지 않고, 수동으로 설치해야 한다.

문제 22 안전점검시의 유의사항으로 옳지 않은 것은?
① 여러 가지의 점검방법을 병용하여 점검한다.
② 과거의 재해 발생 부분은 고려할 필요 없이 점검한다.
③ 불량 부분이 발견되면 다른 동종의 설비도 점검한다.
④ 발견된 불량 부분은 원인을 조사하고 필요한 대책을 강구한다.

해설 과거의 재해 발생 부분도 고려하여 점검해야 한다.

문제 23 전기적 문제루 볼 때 감전사고의 원인으로 볼 수 없는 것은?
① 전기기구나 공구의 절연파괴
② 장시간 계속 운전
③ 정전작업시 접지를 안 한 경우
④ 방전코일이 없는 콘덴서의 사용

문제 24 재해의 발생 순서로 옳은 것은?
① 이상상태 - 불안전 행동 및 상태 - 사고 - 재해
② 이상상태 - 사고 - 불안전 행동 및 상태 - 재해
③ 이상상태 - 재해 - 사고 - 불안전 행동 및 상태
④ 재해 - 이상상태 - 사고 - 불안전 행동 및 상태

답 21.③ 22.② 23.② 24.①

문제 25 엘리베이터의 안전장치에 관한 설명으로 틀린 것은?
① 작업 형편상 경우에 따라 일시 제거해도 좋다.
② 카의 출입문이 열려있는 경우 움직이지 않는다.
③ 불량할 때는 즉시 보수한 다음 작업한다.
④ 반드시 작업 전에 점검한다.

해설 엘리베이터의 안전장치는 어떠한 경우에도 제거해서는 안 된다.

문제 26 이상시 재해원인 중 통계적 재해 분류에 속하지 않는 것은?
① 중상해 ② 경상해
③ 중미상해 ④ 경미상해

문제 27 에스컬레이터 사고 발생 중 가장 많이 발생하는 원인은?
① 과부하 ② 기계불량
③ 이용자의 부주의 ④ 작업자의 부주의

문제 28 전기화재의 원인이 아닌 것은?
① 누전 ② 단락
③ 과전류 ④ 케이블 연피

문제 29 엘리베이터에 많이 사용하는 가이드레일의 허용응력은 보통 몇 [kgf/cm^2]인가?
① 1000 ② 1450
③ 2100 ④ 2400

문제 30 추락방지안전장치에 대한 설명 중 옳지 않은 것은?
① 승강로 피트 하부가 통로로 사용된 경우는 카 측에만 설치하여야 한다.
② 속도 37.8m/min 이하에는 순간적으로 정지시키는 즉시 작동형이 사용된다.
③ 정격속도 90m/min인 경우 126m/min에서 작동하였다.
④ 과속조절기는 정격속도 115% 이상이 되면 추락방지안전장치를 작동시켜야 한다.

답 25.① 26.③ 27.③ 28.④ 29.④ 30.①

해설 엘리베이터의 속도가 규정 속도 이상으로 하강하는 경우에 대비하여 추락방지안전장치를 설치한다. 이 장치는 로프식 엘리베이터 또는 간접적 유압 엘리베이터에서는 카 측에 설치해야 한다. 그런데 승강로 피트 하부가 사무실이나 통로로 사용되어, 사람이 출입하는 곳이면 균형추에도 설치해야 한다.

문제 31 이동식 핸드레일은 운행 전 구간에서 디딤판과 핸드레일의 속도 차는 몇 %인가?
① 0~2
② 3~4
③ 5~6
④ 7~8

문제 32 에스컬레이터의 구조로서 옳지 않은 것은?
① 디딤판과 콤(Comb)이 맞물리는 지점에 물체가 끼었을 때 승강을 자동적으로 정지시키는 장치가 있어야 한다.
② 디딤판 디딤면의 주행방향 길이는 380mm 이상, 폭은 580mm 이상이어야 한다.
③ 경사도는 30° 이하로 하며 다만 층고가 6m 이하일 때는 35° 이하로 할 수 있다.
④ 디딤판과 디딤판과의 높이 차는 200mm 이하이어야 한다.

해설 디딤판의 높이는 240mm 이하이어야 한다. 또한 디딤판의 길이는 가로 580~1100mm 이하, 세로 380mm 이상 되어야 한다.

문제 33 비상용 엘리베이터는 정전 시 몇 초 이내에 엘리베이터 운행에 필요한 전력용량이 자동적으로 발생되어야 하는가?
① 60
② 90
③ 120
④ 150

문제 34 카가 최하층에 정지하였을 때 균형추 상단과 기계설하부와의 거리는 카 하부와 완충기와의 거리보다 어떤 상태이어야 하는가?
① 작아야 한다.
② 커야 한다.
③ 같아야 한다.
④ 크거나 작거나 관계없다.

답 31.① 32.④ 33.① 34.②

문제 35 엘리베이터의 파킹스위치를 설치해야 하는 곳은?
① 오피스 빌딩 ② 공동주택
③ 숙박시설 ④ 의료시설

문제 36 엘리베이터의 운행속도를 기계적이고 전기적인 방법으로 동시에 검출하고 작동하는 안전장치는?
① 제동기 ② 추락방지안전장치
③ 과속조절기 ④ 브레이크

문제 37 압력배관 시에 사용되는 배관이음방식에 해당되지 않는 것은?
① 관용나사를 사용한 나사이음
② 일반나사를 사용한 나사이음
③ 플랜지 이음
④ 빅토릭 타입 이음

문제 38 엘리베이터 제어장치의 보수점검 및 조정방법이 아닌 것은?
① 절연저항 측정
② 전동기의 진동 및 소음
③ 저항기의 불량 유무 확인
④ 각 접점의 마모 및 작동상태

문제 39 레일은 5m 단위로 제조되는데 T형가이드 레일에서 13K, 18K, 24K, 30K를 바르게 설명한 것은?
① 가이드 레일 형상
② 가이드 레일 길이
③ 가이드 레일 1m의 무게
④ 가이드 레일 5m의 무게

> **해설** 레일의 규격
> ① 레일의 호칭은 마무리 가공 전 소재의 1m당 중량으로 한다.
> ② T형 레일을 사용하며 공칭은 8K, 13K, 18K, 24K이나 대용량 엘리베이터에는 37K, 50K 등도 사용된다.
> ③ 레일의 표준길이는 5m이다.

답 35.① 36.③ 37.② 38.② 39.③

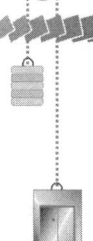

문제 40 유압엘리베이터의 역저지(체크)밸브에 대한 설명으로 옳은 것은?

① 작동유의 압력이 150%를 넘지 않도록 하는 밸브
② 수동으로 카를 하강시키기 위한 밸브
③ 카의 정지 중이나 운행 중 작동유의 압력이 떨어져 카가 역행하는 것을 방지시키기 위한 밸브
④ 안전밸브와 역저지 밸브사이에 설치

해설 역저지 밸브(check valve)
한쪽 방향만을 오일이 흐르게 하는 밸브로서, 어떤 원인에 의해 오일이 역류, 카가 자유낙하하는 것을 방지시킨다.

문제 41 추락방지안전장치의 작동으로 카가 정지할 때까지 레일이 죄는 힘이 처음에는 약하게 그리고 하강함에 따라 강해지다가 얼마 후 일정치로 도달하는 방식은?

① 순간식 추락방지안전장치
② 슬랙로프 세이프티
③ 플렉시블 가이드 방식
④ 플렉시블 웨지 클램프 방식

해설 추락방지안전장치의 종류
① 순간식 추락방지안전장치
슬랙로프 세이프티가 대표적이다.
이 방식은 과속조절기를 사용하지 않는다.
② 점진식 추락방지안전장치
  • F.G.C(flexible guide clamp)
  레일을 조이는 힘이 동작에서 정지까지 일정하다.
  • F.W.C(flexible wedge clamp)
  레일을 조이는 힘이 초기에는 약하나 점점 강해진 후 일정하다.

문제 42 로프식 승객용 엘리베이터에서 자동 착상장치가 고장 났을 때의 현상으로 볼 수 없는 것은?

① 고속에서 저속으로 전환되지 않는다.
② 최하층으로 직행 감속되지 않고 완충기에 충돌하였다.
③ 어느 한쪽 방향의 착상오차가 100mm 이상 일어난다.
④ 호출된 층에 정지하지 않고 통과한다.

해설 자동 착상장치가 고장이 나면 호출된 층에 정지하지 않고 통과하며, 어느 한쪽 방향의 착상오차도 크다.

답 40.③ 41.④ 42.②

문제 43 다음 중 치수가 가장 큰 것은?
① 이동케이블과 레일브라켓 사이의 간격
② 테일코드와 카의 간격
③ 테일코드와 테일코드 사이의 간격
④ 카 도어 열림시 출입구 기둥과 도어단차 사이의 간격

문제 44 유압엘리베이터에서 도르래의 직경은 보통 주로프 직경의 몇 배 이상인가?
① 10　　② 20
③ 30　　④ 40

문제 45 강도가 다소 낮으나 유연성을 좋게 하여 소선이 파단되기 어렵고 도르래의 마모가 적게 제조되어 엘리베이터에 주로 사용되는 소선은?
① E종　　② A종
③ G종　　④ D종

해설
- E종 : 강도는 다소 낮으나 유연성이 좋아 소선이 파손되기 어렵고 잘 파단되지 않아 엘리베이터에 주로 사용된다.
- A종 : 파단 강도가 높아 초고층용 엘리베이터에서 사용된다.
- G종 : 소선 표면에 아연도금을 하여 녹이 나지 않아 습기가 많은 장소에 사용된다.

문제 46 유압엘리베이터의 카가 최하층에 정지하였을 때 카와 완충기와의 거리는 최대 몇 [mm] 이하인가? [문제 삭제]
① 300　　② 400
③ 500　　④ 600

해설　※ 본 문제는 2019.4.4. 법 개정으로 인해 삭제되었습니다.

문제 47 회전축에서 베어링과 접촉하고 있는 부분을 무엇이라고 하는가?
① 저널　　② 체인
③ 베어링　　④ 핀

답　43.③　44.④　45.①　46.④　47.①

문제 48
베어링의 구비조건이 아닌 것은?
① 마찰 저항이 적을 것
② 강도가 클 것
③ 가공수리가 쉬울 것
④ 열전도도가 적을 것

해설 베어링은 열전도도가 커야 한다.

문제 49
SCR의 게이트 작용은?
① 소자의 ON-OFF 작용
② 소자의 Turn-on 작용
③ 소자의 브레이크 다운 작용
④ 소자의 브레이크 오버 작용

해설 SCR의 게이트는 소자의 Turn-on 작용을 한다.
SCR은 단방향 대전류스위칭 소자로서 제어할 수 있는 정류소자인데, 응답속도가 빠르고 대전력을 미소한 전압으로 제어할 수 있다.

문제 50
공칭회로전압 ≤ 500V인 경우 절연 저항값은 몇 MΩ 이상이어야 하는가?
① 0.1
② 0.3
③ 0.5
④ 1.0

해설 ※ 본 문제는 2019.4.4. 법 개정으로 인해 삭제되었습니다.

문제 51
제어 시스템의 과도응답 해석에 가장 많이 쓰이는 입력의 모양은?
(단, 가로축이 시간이다.)

①
②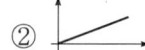
③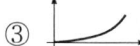
④

답 48.④ 49.② 50.④ 51.①

문제 52 전자유도현상에 의한 유도 기전력의 방향을 정하는 것은?

① 플레밍의 오른손법칙　　② 옴의 법칙
③ 플레밍의 왼손법칙　　　④ 렌츠의 법칙

해설
- 플레밍의 오른손 법칙
  발전기에서 유기 기전력의 방향을 결정한다.

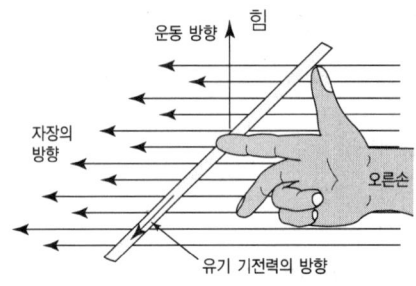

- 옴의 법칙
  $I = \dfrac{V}{R}(A)$

- 플레밍의 왼손법칙
  전동기의 회전 방향을 결정한다.

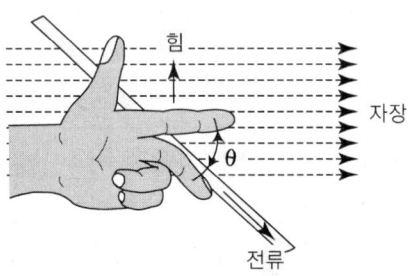

- 렌츠의 법칙
  "유기 기전력의 방향은 자속의 변화를 방해하려는 방향으로 발생한다."라는 법칙

문제 53 와이어로프의 사용 하중은 파단강도의 어느 정도로 하면 되는가?

① $\dfrac{1}{2} \sim \dfrac{1}{5}$　　② $\dfrac{1}{5} \sim \dfrac{1}{10}$

③ $\dfrac{2}{3} \sim \dfrac{3}{5}$　　④ $\dfrac{1}{10} \sim \dfrac{1}{15}$

답　52.④　53.②

문제 54 인장(파단)강도가 400kg/cm² 인 재료를 사용 응력 100kg/cm² 로 사용하면 안전계수는?

① 1
② 2
③ 3
④ 4

해설 안전계수 = $\dfrac{인장강도}{사용응력} = \dfrac{400}{100} = 4$

문제 55 변형량과 원래 치수와의 비를 변형률이라 하는데 다음 중 변형률의 종류가 아닌 것은?

① 가로 변형률
② 세로 변형률
③ 전단 변형률
④ 전체 변형률

해설 변형률의 종류
① 가로 변형률
② 세로 변형률
③ 전단 변형률

문제 56 그림과 같은 회로의 합성저항 R은 몇 Ω인가?

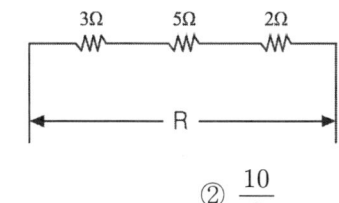

① $\dfrac{3}{10}$
② $\dfrac{10}{3}$
③ 3
④ 10

해설 $R_o = 3 + 5 + 2 = 10\,\Omega$

문제 57 3상 교류 전원을 받아서 직류전동기를 구동시키기 위해 DC 전원을 만드는 장치는?

① 권상기
② 정전압장치
③ 전동발전기
④ 브리지회로

문제 58 접지저항을 측정하는 데 적합하지 않은 것은?

① 절연 저항계
② Wenner 4 전극법
③ 어스 테스터
④ 코올라시 브리지법

해설 절연저항 측정은 절연저항계, 즉 메가로 한다.

답 54.④ 55.④ 56.④ 57.③ 58.①

문제 59 동일 규격의 축전지 2개를 병렬로 접속하면 전압과 용량의 관계는 어떻게 되는가?
① 전압과 용량이 모두 반으로 줄어든다.
② 전압과 용량이 모두 2배가 된다.
③ 전압은 반으로 줄고 용량은 2배가 된다.
④ 전압은 변하지 않고 용량은 2배가 된다.

해설 축전지를 병렬로 접속하면 전압은 변하지 않고, 용량은 증가한다. 그러나 직렬로 접속하면 전압은 증가하고 용량은 변하지 않는다.

문제 60 직류 전동기의 속도를 제어하는 방법이 아닌 것은?
① 계자 제어법
② 전류 제어법
③ 저항 제어법
④ 전압 제어법

해설 직류 전동기 속도 제어법에는 계자 제어법, 저항 제어법, 전압 제어법이 있다.

답 59.④ 60.②

2014년 기출문제

- 과년도 문제(2014. 01. 26)
- 과년도 문제(2014. 04. 06)
- 과년도 문제(2014. 10. 11)

승강기기능사 과년도 문제
(2014.01.26 시행)

문제 01 카의 실속도와 지령속도를 비교하여 사이리스터의 점호각을 바꿔 유도전동기의 속도를 제어하는 방식은?

① 교류일단속도제어
② 교류이단속도제어
③ 교류궤환전압제어
④ 가변전압가변주파수방식

해설 교류궤환전압제어 : 45~105m/min까지 적용하는 방식이다. 이 방식은 카의 실속도와 지령속도를 비교하여 사이리스터(Thy-ristor)의 점호각(点弧角)을 바꿔 유도전동기의 속도를 제어한다.

문제 02 균형로프의 주된 사용 목적은?

① 카의 소음진동을 보상
② 카의 위치변화에 따른 주 로프무게를 보상
③ 카의 밸런스 보상
④ 카의 적재하중 변화를 보상

문제 03 엘리베이터의 도어시스템에 관한 설명 중 틀린 것은?

① 승강장 도어 록킹장치와는 별도로 카 도어 록킹장치를 설치하는 것도 허용된다.
② 승강장 도어는 비상 시를 대비하여 일반 공구로 쉽게 열리도록 한다.
③ 승강기 도어용 모터로 직류 모터뿐만 아니라 교류 모터도 사용된다.
④ 자동차용이나 대형 화물용 엘리베이터는 상승(상하) 개폐방식이 많이 사용된다.

해설 승강장 도어는 어떠한 경우에도 일반 공구로 쉽게 열려서는 안 된다.

문제 04 피트에 설치되지 않는 것은?

① 인장 도르래
② 과속조절기
③ 완충기
④ 균형추

답 1.③ 2.② 3.② 4.④

문제 05 무빙워크의 공칭속도(m/s)는 얼마 이하로 하는가?
① 0.55
② 0.65
③ 0.75
④ 0.95

해설 무빙워크의 공칭속도는 45m/min(0.75m/s) 이하이어야 한다.

문제 06 승강기의 캐치가 작동되었을 때 로프의 인장력에 대한 설명으로 적합한 것은?
① 300N 이상과 추락방지안전장치를 거는 데 필요한 힘의 1.5배를 비교하여 큰 값 이상
② 300N 이상과 추락방지안전장치를 거는 데 필요한 힘의 2배를 비교하여 큰 값 이상
③ 400N 이상과 추락방지안전장치를 거는 데 필요한 힘의 1.5배를 비교하여 큰 값 이상
④ 400N 이상과 추락방지안전장치를 거는 데 필요한 힘의 2배를 비교하여 큰 값 이상

문제 07 에스컬레이터의 비상정지 스위치의 설치 위치를 바르게 설명한 것은?
① 디딤판과 콤(comb)이 맞물리는 지점에 설치한다.
② 리미트 스위치에 설치한다.
③ 상·하부의 승강구에 설치한다.
④ 승강로의 중간부에 설치한다.

해설 에스컬레이터의 비상정지 스위치는 상·하부의 승강구에 설치한다.

문제 08 엘리베이터의 완충기에 대한 설명 중 옳지 않은 것은?
① 엘리베이터 피트부분에 설치한다.
② 케이지나 균형추의 자유낙하를 완충한다.
③ 에너지 축적형 완충기와 에너지 분산형 완충기가 가장 많이 사용된다.
④ 에너지 축적형 완충기는 엘리베이터의 속도가 낮은 경우에 주로 사용된다.

해설
- **완충기** : 카가 어떤 원인으로 최하층을 통과하여 피트로 떨어졌을 때 충격을 완화하기 위하여 완충기를 설치한다. 반대로 카가 최상층을 통과하여 상승할 때를 대비하여 균형추의 바로 아래에도 완충기를 설치한다. 그러나 이 완충기는 카나 균형추의 자유낙하를 완충하기 위한 것은 아니다. 자유낙하 하는 경우에는 추락방지안전장치가 작동한다.

답 5.③ 6.② 7.③ 8.②

문제 09 엘리베이터의 분류법에 해당하지 않는 것은?
 ① 구동방식에 의한 분류
 ② 속도에 의한 분류
 ③ 연도에 의한 분류
 ④ 용도 및 종류에 의한 분류

문제 10 기계식 주차설비의 설치 기준에서 모든 자동차의 입·출고 시간으로 맞는 것은?
 ① 입고시간 60분 이내, 출고시간 60분 이내
 ② 입고시간 90분 이내, 출고시간 90분 이내
 ③ 입고시간 120분 이내, 출고시간 120분 이내
 ④ 입고시간 150분 이내, 출고시간 150분 이내

문제 11 과속조절기의 종류가 아닌 것은?
 ① 롤 세이프티형
 ② 디스크형
 ③ 플렉시블형
 ④ 플라이 볼형

  해설   과속조절기의 종류
      ① 롤 세이프티형
      ② 디스크형
      ③ 플라이 볼형

문제 12 정전 시 비상전원장치의 비상조명의 점등조건은?
 ① 정전 시에 자동으로 점등
 ② 고장 시 카가 급정지하면 점등
 ③ 정전 시 비상등스위치를 켜야 점등
 ④ 항상 점등

문제 13 전망용 엘리베이터의 카에 주로 사용되는 유리의 기준으로 옳은 것은?
 ① 반사유리
 ② 거울유리
 ③ 강화유리
 ④ 방음유리

  해설   전망용 엘리베이터의 카에는 강화유리가 사용된다.
      ※ 강화유리는 판유리를 가열하고 압축하여 충격이나 급격한 온도변화에 견딜
         수 있도록 단단하게 만든 유리를 말한다.

답 9. ③ 10. ③ 11. ③ 12. ① 13. ③

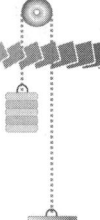

문제 14 다음 중 회전운동을 하는 유희시설이 아닌 것은?
① 해적선 ② 로터
③ 비행탑 ④ 워터슈트

해설
- 해적선 : 객석 부분이 수직평면 내 원주선상의 중심보다 낮은 부분에서 회전운동의 일부를 반복하는 구조이다.
- 로터 : 객석 부분이 가변축의 주위를 회전하는 것
- 비행탑 : 여러 사람이 탈 수 있는 곤도라 형상으로, 주 로프 등에 의해 매달려 수직축의 주위를 회전하는 구조이다.
- 워터슈트 : 궤조를 갖지 않고 고저차가 2m 이상의 궤도를 주행하는 것

문제 15 엘리베이터 기계실의 구조에 대한 설명으로 적합하지 않는 것은?
① 기계실 내부에 공간이 있어서 옥상 물탱크의 양수설비를 하였다.
② 당해 건축물의 다른 부분과 내화구조로 구획하였다.
③ 작업구역에서의 높이는 2m 이상 되어야 한다.
④ 천장에는 기기를 양정하기 위한 고리를 설치하였다.

해설 기계실 내부에는 필요한 설비만 하여야 한다. 공간이 있다고 옥상 물탱크 양수설비를 해서는 안 된다.

문제 16 구조에 따라 분류한 유압 엘리베이터의 종류가 아닌 것은?
① 직접식 ② 간접식
③ 팬터그래프식 ④ VVVF식

문제 17 교류 엘리베이터의 제어방법이 아닌 것은?
① 워드레오나드방식제어 ② 교류일단속도제어
③ 교류이단속도제어 ④ 교류귀환제어

해설
① 교류 엘리베이터의 제어방법
- 교류일단속도제어
- 교류이단속도제어
- 교류귀환제어
- VVVF제어

② 직류 엘리베이터의 제어방법
- 워드레오나드방식제어
- 정지레오나드방식제어

답 14. ④ 15. ① 16. ④ 17. ①

문제 18 무기어식 엘리베이터의 총합 효율은?
① 0.3~0.5
② 0.5~0.7
③ 0.7~0.85
④ 0.85~0.90

문제 19 추락 대책 수립의 기본방향에서 인적 측면에서의 안전대책과 관련이 없는 것은?
① 작업 지휘자를 지명하여 집단작업을 통제한다.
② 작업의 방법과 순서를 명확히 하여 작업자에게 주지시킨다.
③ 작업자의 능력과 체력을 감안하여 적정한 배치를 한다.
④ 작업대와 통로 주변에는 보호대를 설치한다.

문제 20 안전점검 시 에스컬레이터의 운전 중 점검 확인 사항에 해당하지 않는 것은?
① 운전 중 소음과 진동상태
② 스텝에 작용하는 부하의 작용 상태
③ 콤 빗살과 스텝 홈의 물림상태
④ 핸드레일과 스텝의 속도차이 유무

문제 21 안전 작업모를 착용하는 목적에 있어서 안전관리와 관계가 없는 것은?
① 종업원의 표시
② 화상의 방지
③ 감전의 방지
④ 비산물로 인한 부상방지

해설 안전작업모를 착용하는 이유가 종업원의 표시는 아니다.

문제 22 그림과 같은 경고표지는?
① 낙하물 경고
② 고온 경고
③ 방사성물질 경고
④ 고압전기 경고

답 18. ④ 19. ④ 20. ② 21. ① 22. ④

문제 23 휠체어리프트 이용자가 승강기의 안전운행과 사고방지를 위하여 준수해야 할 사항과 거리가 먼 것은?
① 전동휠체어 등을 이용할 경우에는 운전자가 직접 이용할 수 있다.
② 정원 및 적재하중의 초과는 고장이나 사고의 원인이 되므로 엄수하여야 한다.
③ 휠체어 사용자 전용이므로 보조자 이외의 일반인은 탑승하여서는 안 된다.
④ 조작반의 비상정지 스위치 등을 불필요하게 조작하지 말아야 한다.

문제 24 승강기 안전관리자의 임무가 아닌 것은?
① 승강기 비상열쇠 관리   ② 자체 점검자 선임
③ 운행관리규정의 작성 및 유지관리   ④ 승강기 사고 시 사고보고 관리

해설 안전관리자는 사고예방을 위한 계획 그리고 사고 발생 시 원인조사, 대책수립 등이 임무이다.

문제 25 안전점검 중 어떤 일정기간을 정해 두고 행하는 점검은?
① 수시점검   ② 정기점검
③ 임시점검   ④ 특별점검

문제 26 재해 발생 과정의 요건이 아닌 것은?
① 사회적 환경과 유전적인 요소   ② 개인적 결함
③ 사고   ④ 안전한 행동

문제 27 스텝체인 안전장치에 대한 설명으로 알맞은 것은?
① 스커트 가드 판과 스텝 사이에 이물질의 끼임을 감지하여 안전 스위치를 작동시키는 장치이다.
② 스텝과 레일 사이에 이물질의 끼임을 감지하는 장치이다.
③ 스텝체인이 절단되거나 늘어남을 감지하는 장치이다.
④ 상부 기계실내 작업 시에 전원이 투입되지 않도록 하는 장치이다.

해설 스텝체인 안전장치 : 계단 체인이 파단되거나 과도하게 늘어날 때 즉시 작동하여 에스컬레이터를 정지시키는 장치이다.

답 23. ① 24. ② 25. ② 26. ④ 27. ③

문제 **28** 간접식 유압엘리베이터의 주 로프 본수는 카 1대에 대하여 몇 본 이상인가?
① 1 ② 2
③ 3 ④ 4

문제 **29** 스크류(Screw) 펌프에 대한 설명으로 옳은 것은?
① 나사로 된 로터가 서로 맞물려 돌 때, 축방향으로 기름을 밀어내는 펌프
② 2개의 기어가 회전하면서 기름을 밀어내는 펌프
③ 케이싱의 캠링 속에 편심한 로터에 수개의 베인이 회전하면서 밀어내는 펌프
④ 2개의 플런저를 동작시켜서 밀어내는 펌프

해설

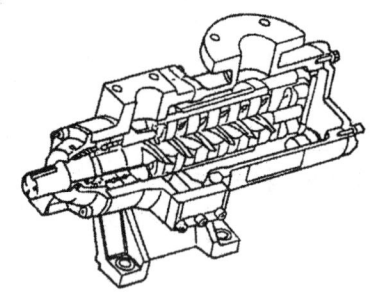

스크류 펌프

문제 **30** 엘리베이터용 모터에 부착되어 있는 로터리 엔코더의 역할은?
① 모터의 소음 측정 ② 모터의 진동 측정
③ 모터의 토크 측정 ④ 모터의 속도 측정

문제 **31** 현장 내에 안전표지판을 부착하는 이유로 가장 적합한 것은?
① 작업방법을 표준화하기 위하여
② 작업환경을 표준화하기 위하여
③ 기계나 설비를 통제하기 위하여
④ 비능률적인 작업을 통제하기 위하여

문제 **32** 감전이나 전기화상을 입을 위험이 있는 작업에 반드시 갖추어야 할 것은?
① 보호구 ② 구급용구
③ 위험신호장치 ④ 구명구

답 28. ② 29. ① 30. ④ 31. ② 32. ①

문제 33 추락방지안전장치가 작동된 후 승강기 카 바닥면의 수평도의 기준은 얼마인가?
① 20° 이하　　② 15° 이하
③ 10° 이하　　④ 5° 이하

문제 34 정격속도가 분당 120m인 승객용 엘리베이터 과속조절기의 과속스위치 작동속도는 정격속도의 몇 배 이하에서 작동하도록 조정되어야 하는가?
① 1.2배　　② 1.3배
③ 1.4배　　④ 1.5배

해설　※ 본 문제는 검사기준(2013.9.15 시행)이 개정되어 출제가 수정될 것입니다.
　　카 추락방지안전장치의 작동을 위한 과속조절기는 정격속도의 115% 이상의 속도 시 작동되어야 한다.

문제 35 에너지 축적형 완충기를 사용한 경우 카가 최상층에 수평으로 정지되어 있을 때 균형추와 완충기와의 최대거리는?
① 300mm　　② 600mm
③ 900mm　　④ 1200mm

해설　최대거리는 스프링식, 유입식 모두 900mm 이하이어야 한다.

문제 36 압력배관에 대한 설명으로 옳지 않은 것은?
① 건물벽 관통부에는 가급적 사용하지 않는다.
② 파워 유닛에서 실린더까지는 압력배관으로 연결하도록 한다.
③ 진동이 건물에 전달되지 않도록 방진고무를 넣어서 건물에 고정시킨다.
④ 압력 고무호스는 여유가 없어야 하며 일직선으로 연결되어 있어야 한다.

해설　• 압력 고무호스는 여유가 있어야 한다.
　　• 수직 굽힘작업을 할 때는 업체에서 제시한 반지름 이상으로 하여야 한다.

문제 37 피트 내에서 행하는 검사가 아닌 것은?
① 피트 스위치 동작 여부　　② 하부 파이널스위치 동작 여부
③ 완충기 취부상태 양호 여부　　④ 상부 파이널스위치 동작 여부

해설　피트는 카가 최하층에 정지 시 카 바닥과 승강로 바닥과의 거리를 말한다. 그러므로 상부 파이널스위치의 동작과는 무관하다.

답　33. ④　34. ②　35. ③　36. ④　37. ④

문제 38 카가 최하층에 수평으로 정지되어 있는 경우 카와 완충기의 거리에 완충기의 행정을 더한 수치는?
① 균형추의 꼭대기 틈새보다 작아야 한다.
② 균형추의 꼭대기 틈새의 2배이어야 한다.
③ 균형추의 꼭대기 틈새와 같아야 한다.
④ 균형추의 꼭대기 틈새의 3배이어야 한다.

문제 39 에스컬레이터의 구동 전동기의 용량을 결정하는 요소로 거리가 가장 먼 것은?
① 속도   ② 경사각도
③ 적재하중   ④ 디딤판의 높이

해설 $P = \dfrac{G \times V \times \sin\alpha}{6120 \times g \times \eta} \times \beta \ [kW]$

여기서, G : 적재하중(kg), g : 중력가속도(9.8m/s²), V : 정격속도(m/min), α : 경사각도, η : 전체 효율, β : 승객 승입률(0.85), W : 디딤판 폭(m), H : 층고(m), A : 스텝 면의 수평 투영 면적(m²)

※ $G = 270\sqrt{3}\ W \cdot H[N] = 270 A$

문제 40 스텝체인절단 검출장치의 점검항목이 아닌 것은?
① 검출스위치의 동작여부
② 검출스위치 및 캠의 취부상태
③ 암, 레버장치의 취부상태
④ 종동장치 텐션스프링의 올바른 치수 여부

문제 41 에스컬레이터에 바르게 타도록 디딤판 위의 황색 또는 적색으로 표시한 안전마크는?
① 스텝체인   ② 테크보드
③ 데마케이션   ④ 스커트 가드

문제 42 주차설비 중 자동차를 운반하는 운반기의 일반적인 호칭으로 사용되지 않는 것은?
① 카고, 캐리어   ② 케이지, 카트
③ 트레이 파레트   ④ 리프트, 호이스트

답 38. ① 39. ④ 40. ③ 41. ③ 42. ④

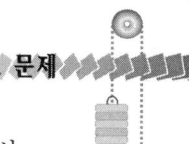

해설 리프트는 강철선에 차량을 매달아 낮은 곳에서 높은 곳으로 또는 높은 곳에서 낮은 곳으로 물건 등을 운반하는 장치를 말하며, 호이스트는 권동축이 수평인 소형의 중량물을 감아 올리는 기계를 말한다.

문제 43 엘리베이터가 정격속도를 현저히 초과할 때 모터에 가해지는 전원을 차단하여 카를 정지시키는 장치는?
① 권상기 브레이크
② 가이드 레일
③ 권상기 드라이버
④ 과속조절기

해설 과속조절기는 카와 같은 속도로 움직이는 과속조절기 로프에 의해 회전되고, 항상 카의 속도를 조사하여 과속도를 검출한다. 만약 카가 정격속도를 현저히 초과하면 모터에 가해지는 전원을 차단하여 카를 정지시킨다.

문제 44 승강기의 제어반에서 점검할 수 없는 것은?
① 전동기 회로의 절연 상태
② 주접촉자의 접촉 상태
③ 결선단자의 조임 상태
④ 과속조절기 스위치의 작동 상태

해설 과속조절기는 제어반에 설치하지 않는다.

문제 45 승객용 엘리베이터의 시브가 편마모되었을 때 그 원인을 제거하기 위해 어떤 것을 보수, 조정하여야 하는가?
① 완충기
② 과속조절기
③ 균형체인
④ 로프의 장력

해설 시브가 편마모되었을 때는 로프의 장력을 보수, 조정하여야 한다.

문제 46 유압엘리베이터의 파워 유닛(power unit)의 점검 사항으로 적당하지 않은 것은?
① 기름의 유출 유무
② 작동 유(油)의 온도 상승 상태
③ 과전류계전기의 이상 유무
④ 전동기와 펌프의 이상음 발생 유무

답 43. ④ 44. ④ 45. ④ 46. ③

2014.01.26 시행

문제 47 되먹임 제어에서 가장 필요한 장치는?
① 입력과 출력을 비교하는 장치
② 응답속도를 느리게 하는 장치
③ 응답속도를 빠르게 하는 장치
④ 안정도를 좋게 하는 장치

해설 되먹임 제어에서 가장 필요한 장치는 입력과 출력을 비교하는 장치이다.

문제 48 엘리베이터 전원공급 배선회로의 절연 저항 측정으로 가장 적당한 측정기는?
① 휘트스톤 브리지
② 메거
③ 콜라우시 브리지
④ 캘빈더블 브리지

해설
- 휘트스톤 브리지 : 미지의 저항을 측정 시 사용된다.
- 메거 : 절연저항 측정 시 사용된다.
- 콜라우시 브리지 : 전해질의 저항을 측정 시 사용된다.
- 캘빈더블 브리지 : 저저항을 양호한 정확도로 측정할 수 있는 직류 브리지의 일종이다.

문제 49 배선용 차단기의 기호(약호)는?
① S
② DS
③ THR
④ MCCB

해설
- S : 스위치
- DS : 단로기
- THR : 열동 계전기
- MCCB : 배선용 차단기

문제 50 회전축에 가해지는 하중이 마찰저항을 작게 받도록 지지하여 주는 기계요소는?
① 클러치
② 베어링
③ 커플링
④ 축

문제 51 직류전동기의 속도 제어 방법이 아닌 것은?
① 저항제어
② 전압제어
③ 계자제어
④ 주파수제어

해설 직류전동기의 속도제어 방법
① 저항제어 ② 전압제어 ③ 계자제어

답 47.① 48.② 49.④ 50.② 51.④

문제 52 R-L-C 직렬회로에서 최대전류가 흐르게 되는 조건은?

① $\omega L^2 - \dfrac{1}{\omega C} = 0$ ② $\omega L^2 + \dfrac{1}{\omega C} = 0$

③ $\omega L - \dfrac{1}{\omega C} = 0$ ④ $\omega L + \dfrac{1}{\omega C} = 0$

해설 RLC 직렬회로에서 임피던스 $Z = \sqrt{R^2 + (\omega L - \dfrac{1}{\omega C})^2}$ [Ω]인데, 공진조건은 $\omega L - \dfrac{1}{\omega C} = 0$ 이다. RLC 직렬회로에서 공진 시, 저항은 최소가 되고 전류는 최대가 흐른다.

문제 53 하중이 작용하는 방향에 따른 분류에 속하지 않는 것은?

① 압축 하중 ② 인장 하중
③ 교번 하중 ④ 전단 하중

해설 교번 하중은 하중의 크기와 방향이 시간에 따라 변화하는 하중을 말한다.
※ 하중이 작용하는 방향에 따른 분류
① 인장 하중 ② 압축 하중
③ 전단 하중 ④ 휨 하중
⑤ 비틀림 하중

문제 54 그림과 같은 심벌의 명칭은?

① TRIAC
② SCR
③ DIODE
④ DIAC

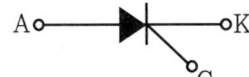

해설 ① TRIAC   ② SCR   ③ DIODE   ④ DIAC

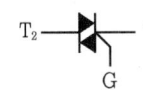 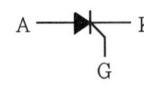 

문제 55 3[Ω], 4[Ω], 6[Ω]의 저항을 병렬접속할 때 합성저항은 몇 [Ω]인가?

① $\dfrac{1}{3}$ ② $\dfrac{4}{3}$

③ $\dfrac{5}{6}$ ④ $\dfrac{3}{4}$

답 52. ③ 53. ③ 54. ② 55. ②

해설

$$R = \frac{R_1 \cdot R_2 \cdot R_3}{R_1 R_2 + R_2 R_3 + R_3 R_1} = \frac{3 \times 4 \times 6}{3 \times 4 + 4 \times 6 + 6 \times 3} = \frac{4}{3}[\Omega]$$

문제 56 엘리베이터에서 기계적으로 작동시키는 스위치가 아닌 것은?
① 도어 스위치
② 과속조절기 스위치
③ 인덕터 스위치
④ 승강로 종점 스위치

해설 인덕터 스위치는 광전식으로 카의 정지 레벨을 일정하게 하여 준다.

문제 57 3상 농형 유도전동기 기동 시 공급전압을 낮추어 기동하는 방식이 아닌 것은?
① 전전압 기동법
② Y-△ 기동법
③ 리액터 기동법
④ 기동 보상기 기동법

해설 전전압 기동법은 5[kW] 이하의 3상 농형 유도전동기 기동 시 사용된다. 전전압 기동은 서지전압(6~8배 정도)을 생각하지 않고 전원을 투입하는 방식이다.

문제 58 전력량 1[kWh]는 몇 줄[Joule]인가?
① 3.6×10^4[J]
② 3.6×10^5[J]
③ 3.6×10^6[J]
④ 3.6×10^7[J]

해설 $1[kWh] = 3.6 \times 10^6 [J]$

문제 59 권수가 400인 코일에서 0.1초 사이에 0.5[Wb]의 자속이 변화한다면 유도 기전력의 크기는 몇 [V]인가?
① 100
② 200
③ 1000
④ 2000

해설 $e = N\dfrac{d\phi}{dt} = 400 \dfrac{0.5}{0.1} = 2000 [V]$

답 56. ③ 57. ① 58. ③ 59. ④

과년도 문제

문제 60 입력신호 A, B가 모두 "1"일 때만 출력값이 "1"이 되고, 그 외에는 "0"이 되는 회로는?

① AND회로　　　　　　　② OR회로
③ NOT회로　　　　　　　④ NOR회로

해설 (1) AND 회로

① 시퀀스 회로　　② 논리회로　　③ 논리식　　④ 진리표

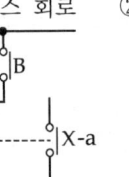

$X = A \cdot B$

입력		출력
A	B	X
0	0	0
0	1	0
1	0	0
1	1	1

(2) OR 회로

① 시퀀스 회로　　② 논리회로　　③ 논리식　　④ 진리표

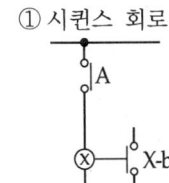

$X = A + B$

입력		출력
A	B	X
0	0	0
0	1	1
1	0	1
1	1	1

(3) NOT 회로

① 시퀀스 회로　　② 논리회로　　③ 논리식　　④ 진리표

$X = \overline{A}$

입력	출력
A	X
0	1
1	0

(4) NOR 회로

① 시퀀스 회로　　② 논리회로　　③ 논리식　　④ 진리표

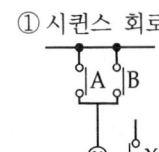

$X = \overline{A + B}$

입력		출력
A	B	X
0	0	1
0	1	0
1	0	0
1	1	0

답　60. ①

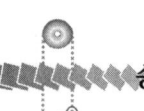

승강기기능사 과년도 문제
(2014.04.06 시행)

문제 01 직접식 유압엘리베이터의 장점이 되는 항목은?
① 실린더를 보호하기 위한 보호관을 설치할 필요가 없다.
② 승강로의 소요평면 치수가 크다.
③ 부하에 의한 카 바닥의 빠짐이 크다.
④ 추락방지안전장치가 필요하지 않다.

해설 직접식 유압엘리베이터
① 승강로 소요평면의 치수가 작고 구조가 간단하다.
② 실린더를 설치하기 위한 보호관을 지중에 설치하여야 한다.
③ 부하에 의한 카 바닥의 빠짐이 간접식에 비해 작다.
④ 추락방지안전장치가 필요하지 않다.

문제 02 기종·용도를 표시하는 엘리베이터의 기호 연결이 옳지 않은 것은?
① P : 전기식(로프식) 일반 승객용   ② R : 전기식(로프식) 주택용
③ B : 전기식(로프식) 침대용   ④ S : 전기식(로프식) 비상용

해설
• P : 전기식(로프식) 일반 승객용   • R : 전기식(로프식) 주택용
• B : 전기식(로프식) 침대용   • E : 전기식(로프식) 비상용
• F : 화물용   • RT : 전기식 주택용 트렁크 부착

문제 03 회전운동을 하는 유희시설이 아닌 것은?
① 관람차   ② 비행탑
③ 회전목마   ④ 모노레일

해설 모노레일은 지상면에서 탑승물까지의 높이가 2m 이상으로 고저차가 2m 미만의 궤도를 주행하는 것을 말한다.

문제 04 구동체인이 늘어나거나 절단되었을 경우 아래로 미끄러지는 것을 방지하는 안전장치는?
① 스텝체인 안전장치   ② 정지스위치
③ 인입구 안전장치   ④ 구동체인 안전장치

답 01. ④ 02. ④ 03. ④ 04. ④

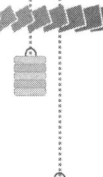

해설
① 스텝체인 안전장치 : 계단 체인이 파단되거나 과도하게 늘어날 때 즉시 작동하여 에스컬레이터를 정지시키는 장치이다.
② 정지스위치 : 상·하의 잘 보이는 곳에 설치하여 에스컬레이터를 정지시키고자 할 때 사용한다.
③ 인입구 안전장치 : 핸드레일 입구에 불순물이 끼거나 어린이 손이 빨려 들어가는 경우 스위치 작동으로 운행이 정지된다.
④ 구동체인 안전장치 : 체인이 늘어나거나 절단될 경우 즉시 에스컬레이터를 안전하게 정지시킨다.

문제 05 3상 교류의 단속도 전동기에 전원을 공급하는 것으로 기동과 정속운전을 하고 정지는 전원을 차단한 후 제동기에 의해 기계적으로 브레이크를 거는 제어방식은?
① 교류1단 속도제어
② 교류2단 속도제어
③ VVVF제어
④ 교류귀환 전압제어

해설
① 교류1단 속도제어 : 가장 간단한 제어방식으로 3상유도 전동기에 전원을 투입. 기동과 정속운전을 하고, 정지는 전원을 차단한 후, 제동기에 의해 기계적으로 브레이크를 거는 방식이다.
② 교류2단 속도제어 : 2단 속도 모터(motor)를 사용하여 기동과 주행은 고속권선으로 행하고 감속 시는 저속권선으로 감속하여 착상하는 방식이다.
③ VVVF제어 : 유도 전동기에 인가되는 전압과 주파수를 동시에 변환시켜 유도 전동기를 제어한다. 이 방식은 소비전력이 절감된다.
④ 교류귀환 전압제어 : 카의 실속도와 지령속도를 비교하여 사이리스터의 점호각을 바꿔, 유도전동기의 속도를 제어하는 방식이다.

문제 06 전기식 엘리베이터 기계실의 조도는 기기가 배치된 바닥면에서 몇 lx 이상이어야 하는가?
① 150
② 200
③ 250
④ 300

문제 07 승강장 도어의 측면 개폐방식의 기호는?
① A
② Co
③ S
④ T

해설
• Co : 중앙 개폐
• S : 측면 개폐
• uP : 상승 개폐
• uD : 상하 개폐

답 05. ① 06. ② 07. ③

문제 08 전기식 엘리베이터 기계실의 구비조건으로 틀린 것은?
① 기계실의 크기는 작업구역에서의 유효높이는 2.5m 이상이어야 한다.
② 기계실에는 소요설비 이외의 것을 설치하거나 두어서는 안 된다.
③ 유지관리에 지장이 없도록 조명 및 환기 시설은 승강기 검사기준에 적합하여야 한다.
④ 출입문은 외부인의 출입을 방지할 수 있도록 잠금장치를 설치하여야 한다.

해설 기계실의 작업구역에서의 유효높이는 2.1m 이상이어야 한다.

문제 09 트랙션 머신 시브를 중심으로 카 반대편의 로프에 매달리게 하여 카 중량에 대한 평형을 맞추는 것은?
① 과속조절기   ② 균형체인
③ 완충기   ④ 균형추

문제 10 카가 어떤 원인으로 최하층을 통과하여 피트에 도달했을 때 카의 충격을 완화시켜 주는 장치는?
① 완충기   ② 추락방지안전장치
③ 과속조절기   ④ 과부하감지장치

해설 완충기는 카가 어떤 원인으로 최하층을 통과하여 피트에 떨어졌을 때 충격을 완화하기 위하여 설치된다.

문제 11 승객과 운전자의 마음을 편하게 해주기 위하여 설치하는 장치는?
① 파킹장치   ② 통신장치
③ 과속조절기 장치   ④ B.G.M장치

문제 12 T형 가이드레일의 공칭 규격이 아닌 것은?
① 8K   ② 14K
③ 18K   ④ 24K

해설 T형 가이드레일의 공칭은 8K, 13K, 18K, 24K이나 대용량 엘리베이터에서는 37K, 50K 등도 사용된다.

답 08. ① 09. ④ 10. ① 11. ④ 12. ②

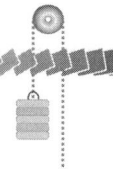

과년도 문제

문제 13 에너지 분산형 완충기의 부품이 아닌 것은?
① 완충고무
② 플런저
③ 스프링
④ 유량조절밸브

해설 유량조절밸브는 유량의 양을 조절하는 밸브이다.

문제 14 도어 인터록 장치의 구조로 가장 옳은 것은?
① 도어 스위치가 확실히 걸린 후 도어 인터록이 들어가야 한다.
② 도어 스위치가 확실히 열린 후 도어 인터록이 들어가야 한다.
③ 도어록 장치가 확실히 걸린 후 도어 스위치가 들어가야 한다.
④ 도어록 장치가 확실히 열린 후 도어 스위치가 들어가야 한다.

해설 도어 인터록 장치 : 도어 스위치와 도어록으로 구성된다. 이 장치에서 중요한 것은 도어록 장치가 확실히 걸린 후 도어 스위치가 들어가고 도어 스위치가 끊어진 후, 도어록이 열리는 구조로 되는 것이다.
• 도어 스위치 : 도어(문)가 닫혀 있지 않으면 운전이 불가능하도록 한다.
• 도어록 : 카가 정지하지 않는 층의 도어는 특수한 열쇠를 사용하여야만 열린다.

문제 15 과속조절기에서 과속스위치의 작동원리는 무엇을 이용한 것인가?
① 회전력
② 원심력
③ 과속조절기 로프
④ 승강기의 속도

해설 과속조절기의 종류에는 디스크(disk)형, 플라이 볼(fly ball)형, 롤 세이프티(roll safety)형이 있는데, 과속 스위치의 작동은 원심력을 이용하였다.

문제 16 비상용 엘리베이터에 대한 설명으로 옳지 않은 것은?
① 평상시는 승객용 또는 승객·화물용으로 사용할 수 있다.
② 카는 비상운전 시 반드시 모든 승강장의 출입구마다 정지할 수 있어야 한다.
③ 별도의 비상전원장치가 필요하다.
④ 도어가 열려 있으면 카를 승강시킬 수 없다.

해설 비상용 엘리베이터는 비상 시 도어를 열고 승강시킬 수 있다.

답 13. ④ 14. ③ 15. ② 16. ④

2014.04.06 시행

문제 17 트랙션 권상기의 설명 중 옳지 않은 것은?
① 기어식과 무기어식 권상기가 있다.
② 행정거리의 제한이 없다.
③ 소요동력이 크다.
④ 지나치게 감기는 현상이 일어나지 않는다.

> **해설** 트랙션 권상기는 소요동력이 작다. 소요동력이 큰 것은 권동식(드럼에 로프를 감는 형태)이다.

문제 18 엘리베이터에 반드시 운전자(operator)가 있어야 운행이 가능한 조작방식은?
① 반자동식(ATT ; Attendant)방식
② 단식자동(Single Automatic)방식
③ 승합전자동(Selective Collective)방식
④ ATT조작방식과 단식자동방식

> **해설** 반자동식 방식
> ① 카 스위치 방식 : 카의 모든 기동정지는 운전자의 의지에 의해 이루어진다.
> ② 신호방식 : 카의 문 개폐는 운전자에 의해 이루어지고, 진행 방향의 결정 및 정지는 카 내 행선층 또는 승강버튼에 의해 이루어진다.

문제 19 추락에 의하여 근로자에게 위험이 미칠 우려가 있을 때 비계를 조립하는 등의 방법에 의하여 작업발판을 설치하도록 되어 있다. 높이가 몇 m 이상인 장소에서 작업을 하는 경우에 설치하는가?
① 2   ② 3
③ 4   ④ 5

문제 20 다음 중 불안전한 행동이 아닌 것은?
① 방호조치의 결함   ② 안전조치의 불이행
③ 위험한 상태의 조장   ④ 안전장치의 무효화

> **해설** 방호조치의 결함은 불안전한 상태에 해당한다.

문제 21 다음 중 정기점검에 해당하는 점검은?
① 일상점검   ② 월간점검
③ 수시점검   ④ 특별점검

답 17. ③ 18. ① 19. ① 20. ① 21. ②

문제 22
작업자의 재해 예방에 대한 일반적인 대책으로 맞지 않는 것은?
① 계획의 작성
② 엄격한 작업감독
③ 위험요인의 발굴 대처
④ 작업지시에 대한 위험 예지의 실시

문제 23
안전사고의 발생요인으로 심리적인 요인에 해당하는 것은?
① 감정
② 극도의 피로감
③ 육체적 능력 초과
④ 신경계통의 이상

문제 24
인체에 전격의 위험을 결정하는 주된 인자가 아닌 것은?
① 통전전류의 크기
② 통전경로
③ 음파의 크기
④ 통전시간

해설 인체에 전격의 위험을 결정하는 주된 인자
① 통전전류의 크기
② 통전경로
③ 통전시간
④ 인체의 조건

문제 25
엘리베이터로 인하여 인명 사고가 발생했을 경우 안전(운행)관리자의 대처사항으로 부적합한 것은?
① 의약품, 들것, 사다리 등의 구급용구를 준비하고 장소를 명시한다.
② 구급을 위해 의료기관과의 비상연락체계를 확립한다.
③ 전문 기술자와의 비상연락체계를 확립한다.
④ 자체점검에 관한 사항을 숙지하고 기술적인 사고 요인을 검사하여 고장 요인을 제거한다.

해설 인명 사고가 발생하면 사고자를 신속하고 안전하게 조치하는 것이 중요하다.

문제 26
다음 중 방호장치의 기본 목적으로 가장 옳은 것은?
① 먼지 흡입 방지
② 기계 위험 부위의 접촉방지
③ 작업자 주변의 사람 접근방지
④ 소음과 진동 방지

답 22. ② 23. ① 24. ③ 25. ④ 26. ②

문제 27 재해의 직접원인에 해당하는 것은?
① 안전지식의 부족
② 안전수칙의 오해
③ 작업기준의 불명확
④ 복장, 보호구의 결함

해설 재해의 직접원인
① 인적 원인(불안전한 행동)
② 물적 원인(불안전한 상태)
※ 복장·보호구의 결함은 물적 원인(불안전한 상태)에 해당한다.

문제 28 다음 중 엘리베이터 자체 점검 시의 점검 항목으로 크게 중요하지 않은 사항은?
① 브레이크장치
② 와이어로프 상태
③ 추락방지안전장치
④ 각종 계전기의 명판 부착 상태

문제 29 카 실(cage)의 구조에 관한 설명 중 옳지 않은 것은?
① 구조상 경미한 부분을 제외하고는 불연재료를 사용하여야 한다.
② 카 천장에 비상구출구를 설치하여야 한다.
③ 승객용 카의 출입구에는 정전기 장애가 없도록 방전코일을 설치하여야 한다.
④ 승객용은 한 개의 카에 두 개의 출입구를 설치할 수 있는 경우도 있다.

문제 30 에스컬레이터의 유지관리에 관한 설명으로 옳은 것은?
① 계단식 체인은 굴곡반경이 적으므로 피로와 마모가 크게 문제시 된다.
② 계단식 체인은 주행속도가 크기 때문에 피로와 마모가 크게 문제시 된다.
③ 구동체인은 속도, 전달동력 등을 고려할 때 마모는 발생하지 않는다.
④ 구동체인은 녹이 슬거나 마모가 발생하기 쉬우므로 주의해야 한다.

문제 31 기계실 내 작업구역에서의 유효높이는 몇 m 이상이어야 하는가?
① 2.1
② 1.8
③ 1.5
④ 1.2

답 27.④ 28.④ 29.③ 30.④ 31.①

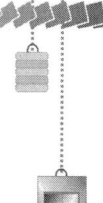

문제 32 승강장 도어 인터록장치의 설정 방법으로 옳은 것은?

① 인터록이 잠기기 전에 스위치 접점이 구성되어야 한다.
② 인터록이 잠김과 동시에 스위치 접점이 구성되어야 한다.
③ 인터록이 잠긴 후 스위치 접점이 구성되어야 한다.
④ 스위치에 관계없이 잠금 역할만 확실히 하면 된다.

해설 인터록장치 : 카가 정지하지 않는 층의 도어는 특수한 열쇠를 사용하여야만 열리는 도어록과 도어가 닫혀 있지 않으면 운전이 불가능한 도어 스위치로 구성되는데, 도어록 장치가 확실히 걸린 후 도어 스위치가 들어가고 도어 스위치가 끊어진 후 도어록이 열리는 구조이어야 한다.

문제 33 핸드레일 인입구에 손이나 이물질이 끼었을 때 즉시 작동하여 에스컬레이터를 정지시키는 장치는?

① 핸드레일 안전장치
② 구동체인 안전장치
③ 과속조절기
④ 핸드레일 인입구 안전장치

문제 34 다음 중 에스컬레이터를 수리할 때 지켜야 할 사항으로 적절하지 않은 것은?

① 상부 및 하부에 사람이 접근하지 못하도록 단속한다.
② 작업 중 움직일 때는 반드시 상부 및 하부를 확인하고 복명 복창한 후 움직인다.
③ 주행하고자 할 때는 작업자가 안전한 위치에 있는지 확인한다.
④ 작동시간을 게시한 후 시간이 되면 작동시킨다.

해설 수리 완료 후 상·하부의 사람의 안전상태를 확인한 후 작동시킨다.

문제 35 유압장치의 보수, 점검, 수리 시에 사용되고, 일명 게이트 밸브라고도 하는 것은?

① 스톱밸브
② 사이렌서
③ 체크밸브
④ 필터

해설
• 스톱밸브 : 유압장치의 보수, 점검 수리 시에 사용되고, 일명 게이트 밸브라고도 한다.
• 사이렌서 : 유압 엘리베이터의 소음과 진동을 흡수하는 장치이다. 자동차의 머플러에 해당한다.
• 체크밸브 : 한쪽 방향으로만 오일이 흐르도록 하는 밸브이다. 기능은 로프식 엘리베이터의 전자 브레이크와 비슷하다.
• 필터 : 유압장치에 쇳가루, 모래 등의 고형 이물질 혼입을 막기 위해 설치한다.

답 32. ③ 33. ④ 34. ④ 35. ①

문제 36 승객의 구출 및 구조를 위한 카 상부 비상구출문의 크기는 얼마 이상이어야 하는가?
① 0.2m×0.2m   ② 0.4m×0.5m
③ 0.5m×0.5m   ④ 0.25m×0.3m

문제 37 전기식 엘리베이터 로프는 공칭직경 몇 mm 이상으로 몇 가닥 이상이어야 하는가?
① 8mm, 2가닥   ② 8mm, 3가닥
③ 12mm, 2가닥   ④ 12mm, 3가닥

해설   전기식 엘리베이터 로프의 직경은 8mm 이상으로 2본 이상이어야 한다.

문제 38 유압엘리베이터의 카가 심하게 떨거나 소음이 발생하는 경우의 조치에 해당하지 않는 것은?
① 실린더 내부의 공기 완전 제거
② 실린더 로드면의 굴곡 상태 확인
③ 리미트 스위치의 위치 수정
④ 릴리프 세팅 압력 조정

문제 39 간접식 유압엘리베이터의 특징이 아닌 것은?
① 부하에 의한 카의 빠짐이 비교적 작다.
② 실린더의 점검이 용이하다.
③ 승강로는 실린더를 수용할 부분만큼 더 커지게 된다.
④ 추락방지안전장치가 필요하다.

해설   간접식 유압엘리베이터는 로프의 늘어남과 기름의 압축성때문에 부하로 인한 바닥 침하가 있다.

문제 40 승강기에 균형체인을 설치하는 목적은?
① 균형추의 낙하 방지를 위하여
② 주행 중 카의 진동과 소음을 방지하기 위하여
③ 카의 무게 중심을 위하여
④ 이동케이블과 로프의 이동에 따라 변화되는 무게를 보상하기 위하여

답   36. ② 37. ① 38. ③ 39. ① 40. ④

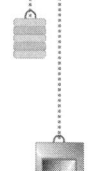

문제 41 유압용 엘리베이터에서 가장 많이 사용하는 펌프는?
① 기어펌프   ② 스크류펌프
③ 베인펌프   ④ 피스톤펌프

해설 유압용 엘리베이터에서는 오일의 맥동에 따른 소음과 진동이 적은 스크류펌프가 주로 사용된다.

문제 42 가이드 레일(guide rail)의 역할이 아닌 것은?
① 카 자체의 기울어짐을 방지
② 추락방지안전장치가 작동 시 수직하중을 유지
③ 승강로의 기계적 강도를 보강
④ 균형추의 승강로 평면 내의 위치를 규제

해설 가이드 레일은 카의 기울어짐을 방지하며, 추락방지안전장치가 작동 시 수직하중을 유지하고, 카와 균형추의 승강로 평면 내의 위치를 규제한다.

문제 43 승강기 회로의 사용전압이 440[V]인 전동기 주회로의 절연저항은 몇 MΩ 이상이어야 하는가? [문제 삭제]
① 1.5   ② 1.0
③ 0.5   ④ 0.1

해설 ※ 본 문제는 2019.4.4. 법 개정으로 인해 삭제되었습니다.

문제 44 승강기에 적용하는 가이드 레일의 규격을 결정하는 데 관계가 가장 적은 것은?
① 과속조절기의 속도
② 지진 발생 시 건물의 수평진동력
③ 추락방지안전장치 작동 시 작용할 수 있는 좌굴하중
④ 불균형한 큰 하중이 적재될 때 적용하는 회전 모멘트

문제 45 2대 이상의 엘리베이터가 동일 승강로에 설치되어 인접한 카에서 구출할 경우 서로 다른 카 사이의 수평거리는 몇 m 이하여야 하는가?
① 0.35   ② 0.5
③ 1.0   ④ 0.9

답 41. ② 42. ③ 43. ③ 44. ① 45. ③

문제 46 카 위의 비상구출구가 개방되었을 때 발생되는 현상 중 옳은 것은?
① 주행 중에 비상구출구가 개방되어도 계속 운전한다.
② 비상구출구가 개방되면 카는 언제든지 중단되는 구조이다.
③ 비상구출구가 개방되면 카 내에 조명이 꺼진다.
④ 비상구출구 개방 유무에 관계없이 운행에 영향을 주지 않는다.

해설 카 위의 비상구출구가 개방되면 카는 중단되는 구조이다.

문제 47 후크의 법칙을 옳게 설명한 것은?
① 응력과 변형률은 반비례 관계이다.
② 응력과 탄성계수는 반비례 관계이다.
③ 응력과 변형률은 비례 관계이다.
④ 변형률과 탄성계수는 비례 관계이다.

문제 48 다음 중 저압 전로의 사용전압이 150V를 넘고 300V 이하인 경우 절연저항값은 몇 $M\Omega$ 이상인가?
① 0.1
② 0.2
③ 0.3
④ 0.4

해설
• 150[V] 이하 : $0.1M\Omega$ 이상
• 150[V] 초과 300V 이하 : $0.2M\Omega$ 이상
※ 본 문제는 규정법 개정으로 무효입니다.

문제 49 다음 유도전동기의 제동 방법이 아닌 것은?
① 극수제동
② 회생제동
③ 발전제동
④ 단상제동

해설 유도전동기의 제동 방법
① 회생제동 ② 발전제동
③ 단상제동 ④ 역상제동

문제 50 전기기기의 충전부와 외함 사이의 저항은 어떤 저항인가?
① 브리지저항
② 접지저항
③ 접촉저항
④ 절연저항

답 46.② 47.③ 48.② 49.① 50.④

해설 전기기기의 충전부와 외함 사이의 저항은 절연저항을 말하는데, 절연저항은 크면 클수록 좋다.

문제 51 교류회로에서 유효전력이 P[W]이고 피상전력이 P_a[VA]일 때 역률은?

① $\sqrt{P+P_a}$
② $\dfrac{P}{P_a}$
③ $\dfrac{P_a}{P}$
④ $\dfrac{P}{P+P_a}$

해설 $P = P_a \cos\theta$ [W]에서 $\cos\theta = \dfrac{P}{P_a}$

문제 52 정밀성을 요하는 판의 두께를 측정하는 것은?

① 줄자
② 직각자
③ R게이지
④ 마이크로미터

문제 53 회전운동을 직선운동, 왕복운동, 진동 등으로 변환하는 기구는?

① 링크기구
② 슬라이더
③ 캠
④ 크랭크

문제 54 안전상 허용할 수 있는 최대응력을 무엇이라고 하는가?

① 안전율
② 허용응력
③ 사용응력
④ 탄성한도

문제 55 RLC 소자의 교류회로에 대한 설명 중 틀린 것은?

① R만의 회로에서 전압과 전류의 위상은 동상이다.
② L만의 회로에서 저항성분을 유도성 리액턴스 X_L이라 한다.
③ C만의 회로에서 전류는 전압보다 위상이 90° 앞선다.
④ 유도성 리액턴스 $X_L = 1/\omega L$이다.

해설 유도성 리액턴스 $X_L = \omega L = 2\pi f L [\Omega]$

답 51. ② 52. ④ 53. ③ 54. ② 55. ④

문제 56 엘리베이터의 권상기에서 일반적으로 저속용에는 적은 용량의 전동기를 사용하여 큰 힘을 내도록 하는 동력전달방식은?

① 웜 및 웜 기어
② 헬리컬 기어
③ 스퍼어 기어
④ 피니언과 래크 기어

문제 57 동기발전기의 전기자 권선법 중 분포권의 장점이 아닌 것은?

① 기전력파형 개선
② 누설리액턴스 감소
③ 과열방지
④ 기전력 감소

해설 분포권은 집중권에 비해 합성기전력이 감소하는 단점이 있다.

문제 58 전지 내부저항 0.5[Ω]이고 기전력 1.5[V]인 전지를 부하저항 2.5[Ω]에 연결할 때, 전지 양단의 전압[V]은?

① 1.25
② 2
③ 2.5
④ 3

해설 $I = \dfrac{V}{R_0} = \dfrac{1.5}{0.5+2.5} = 0.5[A]$

$V = IR = 0.5 \times 2.5 = 1.25[V]$

문제 59 다음 중 절연저항을 측정하는 계기는?

① 회로시험기
② 메거
③ 후크온미터
④ 휘트스톤브리지

문제 60 물질 내에서 원자핵의 구속력을 벗어나 자유로이 이동할 수 있는 것은?

① 분자
② 자유전자
③ 양자
④ 중성자

해설 자유전자는 원자핵의 구속에서 벗어나 자유로이 이동할 수 있는 전자이다. 일반적으로 전기 현상들은 자유전자의 이동 또는 증감에 의한 것이다.

답 56.① 57.④ 58.① 59.② 60.②

승강기기능사 과년도 문제
(2014.10.11 시행)

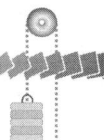

문제 01 기계실에 설치할 설비가 아닌 것은?
① 완충기
② 권상기
③ 과속조절기
④ 제어반

해설 완충기는 카가 어떤 원인으로 최하층을 통과하여 피트로 떨어졌을 때 충격을 완화하기 위하여 설치한다.

문제 02 가변전압 가변주파수 제어방식과 관계가 없는 것은?
① PAM
② VVVF
③ 인버터
④ MG세트

해설 VVVF제어 회로 방식을 보면 컨버터쪽에는 PAM(Pulse Amplitude Modulation ; 펄스 높이 변조)이, 인버터쪽에는 PWM(Pulse Width Modulation ; 펄스 폭 변조)이 기히여지고 있다.

문제 03 엘리베이터가 최종단층을 통과하였을 때 엘리베이터를 정지시키며 상승, 하강 양방향 모두 운행이 불가능하게 하는 안전장치는?
① 슬로다운 스위치
② 파킹 스위치
③ 피트 정지스위치
④ 화이널 리미트 스위치

해설
- 슬로다운 스위치 : 카가 최상층이나 최하층에서는 감속·정지해야 하지만, 어떤 원인으로 감속하지 못하고, 최상층이나 최하층을 지나칠 때, 이를 검출하여 강제적으로 카를 감속·정지시킨다.
- 파킹 스위치 : 엘리베이터를 기준층에 대기시킨다.
- 화이널 리미트 스위치 : 리미트 스위치가 작동하지 않아서, 카가 최종단층을 통과하였을 때 작동하여 카를 정지시킨다.

문제 04 일반적인 에스컬레이터 경사도는 몇 도(°)를 초과하지 않아야 하는가?
① 25°
② 30°
③ 35°
④ 40°

해설 에스컬레이터 경사도는 30도를 초과하지 않아야 하며, 공칭속도는 30도 이하인 경우 45m/min 이하이어야 한다.

답 1.① 2.④ 3.④ 4.②

문제 05 사람이 출입할 수 없도록 정격하중이 300kg 이하이고 정격속도가 1m/s인 승강기는?
① 덤 웨이터
② 비상용 엘리베이터
③ 승객-화물용 엘리베이터
④ 수직형 휠체어리프트

해설 덤 웨이터는 사람이 탑승하지 않으면서 적재용량 300kg 이하, 정격속도 60m/min 이하인 소형화물의 운반에 적합하게 제작된 엘리베이터이다.

문제 06 에스컬레이터의 안전율에 대한 기준으로 옳은 것은?
① 트러스와 빔에 대해서는 5 이상
② 트러스와 빔에 대해서는 10 이상
③ 체인류에 대해서는 6 이상
④ 체인류에 대해서는 8 이상

해설 • 트러스와 빔 : 5 이상   • 체인류 : 5 이상

문제 07 고속의 엘리베이터에 이용되는 경우가 많은 과속조절기(Governor)는?
① 롤 세프티형
② 디스크형
③ 플랙시블형
④ 플라이 볼형

해설 디스크 과속조절기는 저·중속 엘리베이터에 사용되고, 플라이 볼 과속조절기는 고속 엘리베이터에 사용된다.

문제 08 전동기의 회전을 감속시키고 암이나 로프 등을 구동시켜 승강기 문을 개폐시키는 장치는?
① 도어 인터록
② 도어 머신
③ 도어 록
④ 도어 클로저

해설
• 도어 인터록(door interlock) : 이 장치는 도어 록(door lock)과 도어 스위치(door switch)로 구성되어 있으며, 닫힘동작시는 도어록이 먼저 걸린 상태에서 도어 스위치가 들어가고, 열림동작시는 도어 스위치가 끊어진 후에 도어록이 열리는 구조로 되어 있다.
• 도어 록(door lock) : 카가 정지하고 있지 않는 층계의 승강장문은 전용 열쇠를 사용하지 않으면 열리지 않도록 하는 장치
• 도어 클로저(door closer) : 승장 도어가 열려 있을 시 자동으로 닫히게 하는 장치

문제 09 에스컬레이터 또는 무빙워크에 모두 설치해야 하는 것이 아닌 것은?
① 제동기
② 스커트가드 안전장치
③ 디딤판체인 안전장치
④ 구동체인 안전장치

답 5.① 6.① 7.④ 8.② 9.②

해설 • 스커트 가드 안전장치(skirt guard safety device) : 계단과 스커트 가드 사이에 이물질 및 어린이의 신발 등이 끼이면 그 압력에 의해 스위치가 동작, 에스컬레이터를 정지시키며 상하부 곡선부 좌우에 설치한다.

문제 10 권상기 도르래 홈에 대한 설명 중 옳지 않은 것은?
① 마찰계수와 크기는 U홈 〈 언더커트 홈 〈 V홈 순이다.
② U홈은 로프와의 면압이 작으므로 로프의 수명은 길어진다.
③ 언더커트 홈의 중심각이 작으면 트랙션 능력이 크다.
④ 언더커트 홈은 U홈과 V홈의 중간적 특성을 갖는다.

해설 언더커트 홈의 중심각이 작으면 트랙션 능력이 작다.

문제 11 화재 시 소화 및 구조활동에 적합하게 제작된 엘리베이터는?
① 덤웨이터
② 비상용 엘리베이터
③ 전망용 엘리베이터
④ 승객 화물용 엘리베이터

해설 비상용 엘리베이터는 31층 이상의 건물에 설치가 의무화 되어 있으며, 화재시 소화 및 구조활동에 적합하게 제작되어 있다.

문제 12 승강장문의 유효 출입구 폭은 카 출입구의 폭 이상으로 하되, 양쪽 측면 모두 카 출입구 측면의 폭보다 몇 mm를 초과하지 않아야 하는가?
① 50
② 60
③ 70
④ 80

문제 13 유압회로의 구성요소 중 역류 제지 밸브(check valve)의 설명으로 올바른 것은?
① 압력맥동이 적고 소음과 진동이 적은 스크류 펌프가 많이 사용된다.
② 회로의 압력이 상용압력의 125% 이상 높아지면 바이패스 회로를 열어 압력상승을 방지한다.
③ 탱크로 되돌려지는 유량을 제어하여 플런저의 상승 속도를 간접적으로 처리하는 밸브이다.
④ 한쪽 방향으로만 기름이 흐르도록 하는 밸브로서 기름이 역류하여 카가 낙하하는 것을 방지한다.

답 10. ③ 11. ② 12. ① 13. ④

> **해설** 역저지 밸브(check valve) : 한쪽 방향으로만 오일이 흐르도록 하는 밸브이다. 기능은 로프식 엘리베이터의 전자 브레이크와 유사하다.

문제 14 로프식(전기식) 엘리베이터에서 카에 여러 개의 추락방지안전장치가 설치된 경우의 추락방지안전장치는?

① 평시 작동형　　　　　　② 즉시 작동형
③ 점차 작동형　　　　　　④ 순간 작동형

문제 15 FGC(Flexible Guide Clamp)형 추락방지안전장치의 장점은?

① 베어링을 사용하기 때문에 접촉이 확실하다.
② 구조가 간단하고 복구가 용이하다.
③ 레일을 죄는 힘이 초기에는 약하나, 하강함에 따라 강해진다.
④ 평균 감속도를 0.5g으로 제한한다.

> **해설** ① F.G.C(flexible guide clamp)형 : 레일을 죄는 힘이 동작에서 정지까지 일정하다. 이 방식은 구조가 간단하고, 복구가 쉬워 널리 사용되고 있다.
> ② F.W.C(flexible wedge clamp)형 : 레일을 죄는 힘이 동작 초기에는 약하나 점점 강해진 후 일정하다.

문제 16 승강로의 점검문과 비상문에 관한 내용으로 틀린 것은?

① 이용자의 안전과 유지보수 이외에는 사용하지 않는다.
② 비상문은 폭 0.5m 이상, 높이 1.8m 이상이어야 한다.
③ 점검문 및 비상문은 승강로 내부로 열려야 한다.
④ 트랩방식의 점검문일 경우는 폭 0.5m 이하, 높이 0.5m 이하이어야 한다.

> **해설** 점검문 및 비상문은 승강로 외부로 열려야 한다.

문제 17 정전 시 카 내 예비조명장치에 관한 설명으로 틀린 것은?

① 조도는 5[lx] 이상이어야 한다.
② 조도는 램프중심부에서 1m 지점의 수직면상의 조도이다.
③ 정전 후 60초 이내에 점등되어야 한다.
④ 1시간 동안 전원이 공급되어야 한다.

> **해설** 정전 후 즉시 점등되어야 한다.

답 14. ③　15. ②　16. ③　17. ③

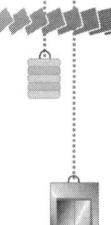

문제 18 엘리베이터의 문 닫힘 안전장치 중에서 카 도어의 끝단에 설치하여 이물체가 접촉되면 도어의 닫힘이 중지되는 안전장치는?

① 광전장치
② 초음파장치
③ 세이프티 슈
④ 가이드 슈

해설 세이프티 슈(safety shoe) : 문의 선단에 이물질 검출장치를 설치하여 사람이나 물질이 접촉되면 도어의 닫힘은 중단되고 열린다.

문제 19 재해 발생의 원인 중 가장 높은 빈도를 차지하는 것은?

① 열량의 과잉 억제
② 설비의 배치 착오
③ 과부하
④ 작업자의 작업행동 부주의

문제 20 감전에 영향을 주는 1차적 감전 요소가 아닌 것은?

① 통전시간
② 통전전류의 크기
③ 인체의 조건
④ 전원의 종류

문제 21 승강기의 안전점검시 체크 사항과 가장 거리가 먼 것은?

① 각종 안전장치가 유효하게 작동될 수 있도록 조정되어 있는지의 여부
② 정격용량을 초과한 과부하의 적재 여부
③ 소비 전력량의 정도
④ 승강기 운전 및 사용법 숙지 여부

문제 22 엘리베이터의 소유자나 안전(운행)관리자에 대한 교육내용이 아닌 것은?

① 엘리베이터에 관한 일반지식
② 엘리베이터에 관한 법령 등의 지식
③ 엘리베이터의 운행 및 취급에 관한 지식
④ 엘리베이터의 구입 및 가격에 관한 지식

답 18. ③ 19. ④ 20. ③ 21. ③ 22. ④

문제 23 사고원인 잘못 설명된 것은?
① 인적 원인 : 불안전한 행동
② 물적 원인 : 불안전한 상태
③ 교육적인 원인 : 안전지식 부족
④ 간접 원인 : 고의에 의한 사고

해설 고의에 의한 사고는 직접 원인에 해당된다.

문제 24 다음 중 전기재해에 해당되는 것은?
① 동상　　　　② 협착
③ 전도　　　　④ 감전

해설 감전은 전기재해에 해당되는데, 인체에 흘러 들어간 전류의 크고 작음에 따라 심장마비, 심실세동 등의 피해를 입을 수 있다.

문제 25 승강기 보수의 자체점검 시 취해야 할 안전조치 사항이 아닌 것은?
① 보수작업 소요시간 표시　　② 보수 계약 기간 표시
③ 보수 중이라는 사용금지 표시　④ 작업자명과 연락처의 전화번호

문제 26 작업시 이상 상태를 발견할 경우 처리절차가 옳은 것은?
① 작업중단 → 관리자에 통보 → 이상상태 제거 → 재발방지대책수립
② 관리자에 통보 → 작업중단 → 이상상태 제거 → 재발방지대책수립
③ 작업중단 → 이상상태 제거 → 관리자에 통보 → 재발방지대책수립
④ 관리자에 통보 → 이상상태 제거 → 작업중단 → 재발방지대책수립

문제 27 기계실에서 승강기를 보수하거나 검사 시의 안전수칙에 어긋나는 것은?
① 전기장치를 검사할 경우는 모든 전원스위치를 ON 시키고 검사한다.
② 규정복장을 착용하고 소매끝이 회전물체에 말려 들어가지 않도록 주의한다.
③ 가동부분은 필요한 경우를 제외하고는 움직이지 않도록 한다.
④ 브레이크 라이너를 점검할 경우는 전원스위치를 OFF 시킨 상태에서 점검하도록 한다.

해설 전기장치를 검사할 경우는 모든 전원스위치를 OFF 시키고 검사해야 한다.

답 23. ④ 24. ④ 25. ② 26. ① 27. ①

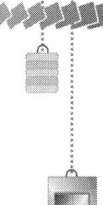

문제 28 기계설비의 위험방지를 위해 보전성을 개선하기 위한 사항과 거리가 먼 것은?
① 안전사고 예방을 위해 주기적인 점검을 해야 한다.
② 고가의 부품인 경우는 고장발생 직후에 교환한다.
③ 가동률을 높이고 신뢰성을 향상시키기 위해 안전 모니터링 시스템을 도입하는 것은 바람직하다.
④ 보전용 통로나 작업장의 안전 확보는 필요하다.

> 해설 고장 발생 가능성이 있으면 고가의 부품이라도 사전(事前)에 교환해야 한다.

문제 29 전기식 엘리베이터에서 3본 현수로프 안전율은 몇 이상이어야 하는가?
① 8   ② 9
③ 11   ④ 12

> 해설
> • 주로프 : 2본은 16 이상, 3본 이상은 12 이상
> • 과속조절기 로프 : 8 이상
> • 가요성 호스 : 8 이상
> • 트러스 및 빔 : 5 이상
> • 실린더 : 4 이상
> • 유압 체인류 : 10 이상

문제 30 카 상부에 탑승하여 작업할 때 지켜야 할 사항으로 옳지 않은 것은?
① 정전스위치를 차단한다.
② 카 상부에 탑승하기 전 작업등을 점등한다.
③ 탑승 후에는 외부 문부터 닫는다.
④ 자동스위치를 점검 쪽으로 전환한 후 작업한다.

문제 31 비상용 엘리베이터에 사용되는 권상기의 도르래 교체기준으로 부적합한 것은?
① 도르래에 균열이 발생한 경우
② 제조사가 권장하는 크리프량을 초과하지 않은 경우
③ 도르래 홈의 마모로 인해 슬립이 발생한 경우
④ 도르래 홈에 로프자국이 심한 경우

> 해설 제조사가 권장하는 크리프량(주시브와 로프의 어긋남)을 초과하지 않는 경우는 도르래 교체 사항이 아니다.

답 28. ② 29. ④ 30. ③ 31. ②

2014.10.11 시행

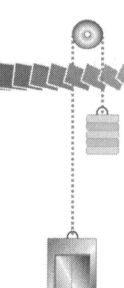

문제 32 기계실이 있는 엘리베이터의 승강로 내에 설치되지 않는 것은?
① 균형추 ② 완충기
③ 이동 케이블 ④ 과속조절기

해설 과속조절기는 기계실에 설치한다.

문제 33 시험전압(직류) 250V 전기설비의 절연저항은 몇 MΩ 이상이어야 하는가? [문제 삭제]
① 0.15 ② 0.25
③ 0.5 ④ 1

해설 ※ 본 문제는 2019.4.4. 법 개정으로 인해 삭제되었습니다.

문제 34 카와 균형추에 대한 로프거는 방법으로 2 : 1 로핑방식을 사용하는 경우 그 목적으로 가장 적절한 것은?
① 로프의 수명을 연장하기 위하여
② 속도를 줄이거나 적재하중을 증가시키기 위하여
③ 로프를 교체하기 쉽도록 하기 위하여
④ 무부하로 운전할 때 대비하기 위하여

문제 35 에스컬레이터의 핸드레일에 관한 설명 중 틀린 것은?
① 핸드레일은 디딤판과 속도가 일치해야 하며 역방향으로 승강하여야 한다.
② 정상운행동안 핸드레일이 핸드레일 가이드로부터 이탈되지 않아야 한다.
③ 핸드레일 인입구에 적절한 보호장치가 설치되어 있어야 한다.
④ 핸드레일 인입구에 이물질 및 어린이의 손이 끼이지 않도록 안전스위치가 있어야 한다.

해설 에스컬레이터의 핸드레일과 디딤판의 속도차는 0~2% 이하이어야 하며, 정방향으로 승강하여야 한다.

문제 36 카 내에서 행하는 검사에 해당하지 않는 것은?
① 카 시브의 안전상태
② 카 내의 조명상태
③ 비상 통화장치
④ 운전반 버튼의 동작상태

답 32. ④ 33. ② 34. ② 35. ① 36. ①

문제 37 피트 바닥과 카의 가장 낮은 부품 사이의 수직거리는 몇 m 이상이어야 하는가?
① 2.0 ② 1.6
③ 0.5 ④ 1.0

문제 38 롤 세프티형 과속조절기의 점검방법에 대한 설명으로 틀린 것은?
① 각 지점부의 부착상태, 급유상태 및 조정 스프링에 약화 등이 없는지 확인한다.
② 과속조절기 스위치를 끊어 놓고 안전회로가 차단됨을 확인한다.
③ 카 위에 타고 점검운전을 하면서 과속조절기 로프의 마모 및 파단상태를 확인하지만, 로프 텐션의 상태는 확인할 필요가 없다.
④ 시브 홈의 마모상태를 확인한다.

해설 카 위에 타고 점검운전을 하면서 과속조절기 로프의 마모 및 파단상태를 확인하지만, 로프 텐션의 상태도 확인할 필요가 있다.

문제 39 유압 엘리베이터의 전동기는?
① 상승시에만 구동된다.
② 하강시에만 구동된다.
③ 상승시와 하강시 모두 구동된다.
④ 부하의 조건에 따라 상승시 또는 하강시에 구동된다.

해설 유압 엘리베이터의 전동기는 상승 시만 구동된다.

문제 40 플라이 볼형 과속조절기의 구성요소에 해당하지 않는 것은?
① 플라이 웨이트 ② 로프캐치
③ 플라이 볼   ④ 베벨기어

해설
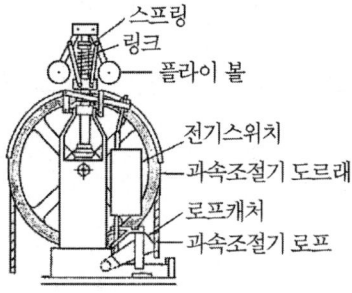

플라이 볼형 과속조절기

답 37. ③ 38. ③ 39. ① 40. ①

2014.10.11 시행

문제 41 승강기용 제어반에 사용되는 릴레이의 교체기준으로 부적합한 것은?
① 릴레이 접점표면에 부식이 심한 경우
② 릴레이 접점이 마모, 전이 및 열화된 경우
③ 채터링이 발생한 경우
④ 리미트 스위치 레버가 심하게 손상된 경우

해설 릴레이와 리미트 스위치와는 무관하다.
리미트 스위치는 카가 충돌하는 것을 방지할 목적으로 종단층(최상층 또는 최하층)의 감속·정지할 수 있는 거리에 설치한다.
※ 채터링 : 릴레이 접점이 붙거나 떨어질 시 기계적인 진동에 의해 아주 짧은 시간 내에 접점이 붙었다 떨어졌다 하는 현상. 전자 회로 내의 스위치나 릴레이의 접점이 붙거나 떨어질 때, 기계적인 진동에 의해 실제로는 매우 짧은 시간 안에 접점이 붙었다가 떨어지는 것을 반복하는 현상. 이는 회로에 나쁜 영향을 끼치므로 제거해야 한다.

문제 42 일종의 압력조정 밸브로 회로의 압력이 상용압력의 125% 이상 높아지게 되면 바이패스 회로를 여는 밸브는?
① 사이렌서　　　　　② 스톱 밸브
③ 안전 밸브　　　　　④ 체크 밸브

해설 안전 밸브(relief valve) : 일종의 압력조정 밸브인데 회로의 압력이 설정값에 도달하면 밸브를 열어 오일을 탱크로 돌려보냄으로써 압력이 과도하게 상승(상승압력의 125%에 설정)하는 것을 방지한다.

문제 43 에스컬레이터의 안전장치에 관한 설명으로 틀린 것은?
① 승강장에서 디딤판의 승강을 정지시키는 것이 가능한 장치이다.
② 사람이나 물건이 핸드레일 인입구에 꼈을 때 디딤판의 승강을 자동적으로 정지시키는 장치이다.
③ 상하 승강장에서 디딤판과 콤플레이트 사이에 사람이나 물건이 끼이지 않도록 하는 장치이다.
④ 디딤판체인이 절단 되었을 때 디딤판의 승강을 수동으로 정지시키는 장치이다.

해설 에스컬레이터의 디딤판 체인이 절단되면 디딤판의 승강을 자동으로 정지시키는 장치는 안전장치에 해당된다.

답　41. ④　42. ③　43. ④

문제 44 와이어로프 클립(wire rope clip)의 체결방법으로 가장 적합한 것은?

①    ②

③    ④

문제 45 유압식 엘리베이터의 속도제어에서 주회로에 유량제어밸브를 삽입하여 유량을 직접 제어하는 회로는?

① 미터오프 회로   ② 미터인 회로
③ 블리디오프 회로   ④ 블리디인 회로

해설 ① 미터인(meter-in) 회로 : 유량제어밸브를 주회로에 삽입하여 유량을 직접 제어하는 회로. 정확한 제어가 가능하지만 여분의 오일이 안전밸브를 통하여 탱크에 되돌려 보내지기 때문에 효율이 나쁘다.

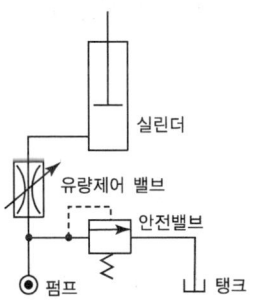

② 블리드 오프(bleed-off) 회로 : 유량제어밸브를 주호로에서 분기된 바이패스(by pass)회로에 삽입한 것. 효율이 높지만 정확한 속도제어가 곤란하다.

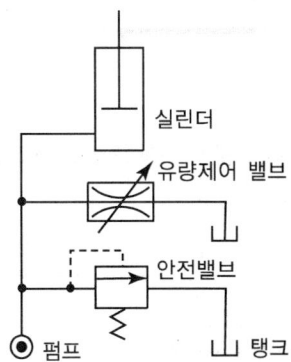

답 44. ② 45. ②

문제 46 에스컬레이터 구동기의 공칭속도는 몇 %를 초과하지 않아야 하는가?
① ±1　　② ±3
③ ±5　　④ ±8

문제 47 전기력선의 성질 중 옳지 않은 것은?
① 양전하에서 시작하여 음전하에서 끝난다.
② 전기력선의 접선방향이 전장의 방향이다.
③ 전기력선은 등전위면과 직교한다.
④ 두 전기력선은 서로 교차한다.

해설　전기력선은 서로 교차하지 않는다.

문제 48 전류 I[A]와 전하 Q[C] 및 시간 t[초]와의 상관관계를 나타낸 식은?
① $I = \dfrac{Q}{t}$ [A]　　② $I = \dfrac{t}{Q}$ [A]
③ $I = \dfrac{Q^2}{t}$ [A]　　④ $I = \dfrac{Q}{t^2}$ [A]

문제 49 크레인, 엘리베이터, 공작기계, 공기압축기 등의 운전에 가장 적합한 전동기는?
① 직권전동기　　② 분권전동기
③ 차동복권전동기　　④ 가동복권전동기

해설　가동복권전동기는 크레인, 엘리베이터, 공작기계, 공기압축기 등의 운전에 적합하다.

문제 50 끝이 고정된 와이어로프 한쪽을 당길 때 와이어로프에 작용하는 하중은?
① 인장하중　　② 압축하중
③ 반복하중　　④ 충격하중

문제 51 응력을 옳게 표현한 것은?
① 단위길에 대한 늘어남　　② 단위체적에 대한 질량
③ 단위면적에 대한 변형률　　④ 단위면적에 대한 힘

답　46. ③　47. ④　48. ①　49. ④　50. ①　51. ④

해설 응력 = 하중/단면적

문제 52 그림과 같은 시퀀스도와 같은 논리회로의 기호는? (단, A와 B는 입력, X는 출력이다.)

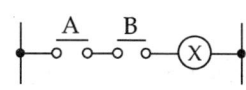

① A, B → X (OR)
② A, B → X (AND)
③ A, B → X (NOR)
④ A, B → X (NAND)

해설

1. AND회로

① 유접점 회로   ② 진리표   ③ 논리 기호   ④ 논리식

입력		출력
A	B	X
0	0	0
0	1	0
1	0	0
1	1	1

$X = A \cdot B$

2. OR회로

① 유접점 회로   ② 진리표   ③ 논리 기호   ④ 논리식

입력		출력
A	B	X
0	0	0
0	1	1
1	0	1
1	1	1

$X = A + B$

문제 53 다음과 같은 그림기호는?

① 플로트레스 스위치
② 리미트 스위치
③ 텀블러 스위치
④ 누름버튼 스위치

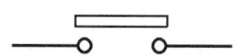

해설 리미트 스위치

• a접점 : ─o─   • b접점 : ─o o─

답 52. ② 53. ②

문제 54 기어, 풀리, 플라이 휠을 고정시켜 회전력을 전달시키는 기계요소는?
① 기어
② 와셔
③ 베어링
④ 클러치

문제 55 포와송비에 대한 설명으로 옳은 것은?
① 세로변형률을 가로변형률로 나눈 값이다.
② 가로변형률을 세로변형률로 나눈 값이다.
③ 세로변형률과 가로변형률을 곱한 값이다.
④ 세로변형률과 가로변형률을 더한 값이다.

문제 56 다음 중 직류전압의 측정범위를 확대하여 측정할 수 있는 계기는?
① 변압기
② 배율기
③ 분류기
④ 변류기

해설 ① 배율기 : 전압의 측정 범위를 넓히기 위해 전압계에 직렬로 저항을 연결한 계기
② 분류기 : 전류의 측정 범위를 넓히기 위해 전류계에 병렬로 저항을 연결한 계기
③ 변류기 : 교류 전류계의 측정 범위를 확대하기 위해 사용하는 변성기를 말한다.

문제 57 자기인덕턴스 $L[\text{H}]$의 코일에 전류 $I[\text{A}]$를 흘렸을 때 여기에 축적되는 에너지 $W[\text{J}]$를 나타내는 공식으로 옳은 것은?
① $W = LI^2$
② $W = \frac{1}{2}LI^2$
③ $W = L^2I$
④ $W = \frac{1}{2}L^2I$

문제 58 다음 중 3상 유도전동기의 회전방향을 바꾸는 방법은?
① 두 선의 접속변환
② 기상보상기 이용
③ 전원의 주파수변환
④ 전원의 극수변환

답 54. ① 55. ② 56. ② 57. ② 58. ①

해설 3상 유도전동기의 회전방향을 바꾸려면 전원 2상을 바꾸면 된다.

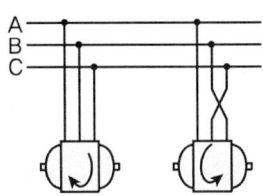

문제 59 자극수 4, 전기자 도체수 400, 각 자극의 유효자속수 0.01Wb, 회전수 600rpm인 직류발전기가 있다. 전기자권수가 파권인 경우 유기기전력(V)은?
① 40　　② 70
③ 80　　④ 100

해설 파권은 항상 병렬 회로수가 2이고, 중권은 극수와 병렬 회로수가 같다.
$$E = \frac{P}{a}Z\phi\frac{N}{60} = \frac{4}{2} \times 400 \times 0.01 \times \frac{600}{60} = 80[V]$$

문제 60 하중이 시간변화에 따른 분류가 아닌 것은?
① 충격하중　　② 반복하중
③ 전단하중　　④ 교번하중

해설 동하중의 종류에는 충격하중, 반복하중, 교번하중, 이동하중이 있다.

답　59. ③　60. ③

2015년 기출문제

- 과년도 문제(2015. 01. 25)
- 과년도 문제(2015. 04. 04)
- 과년도 문제(2015. 07. 19)
- 과년도 문제(2015. 10. 10)

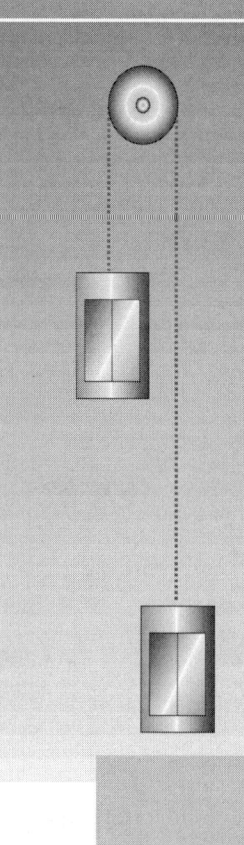

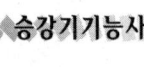

승강기기능사 과년도 문제
(2015.01.25 시행)

문제 01 상승하던 에스컬레이터가 갑자기 하강방향으로 움직일 수 있는 상황을 방지하는 안전장치는?
① 스텝체인
② 핸드레일
③ 구동체인 안전장치
④ 스커트 가드 안전장치

해설
- 구동체인 안전장치 : 구동체인이 파단했을 때 작동하여 에스컬레이터를 정지시키는 장치이다. 이 체인이 절단되면 상승중 승객의 하중에 의해 하강운전을 일으켜 사고를 낼 위험이 있다.
- 스커트 가드 안전장치 : 스커트 가드 스텝단 사이에 이물질이 들어갔을 때 에스컬레이터를 정지시킨다.

문제 02 교류 엘리베이터의 제어방식이 아닌 것은?
① 교류 1단 속도 제어방식
② 교류귀환 전압 제어방식
③ 가변전압 가변주파수(VVVF) 제어방식
④ 교류상환 속도 제어방식

해설
① 교류 엘리베이터의 제어방식
- 교류 1단 제어방식
- 교류 2단 제어방식
- 교류귀환 제어방식
- VVVF 제어방식

② 직류 엘리베이터의 제어방식
- 워드 레오나드 방식
- 정지 레오나드 방식

문제 03 승강기에 사용되는 전동기의 소요 동력을 결정하는 요소가 아닌 것은?
① 정격적재하중
② 정격속도
③ 종합효율
④ 건물길이

해설 엘리베이터용 전동기의 소요 동력 : $P_m = \dfrac{LV(1-F/100)}{6120\eta}$ [kW]

여기서, L : 정격하중(kg), V : 정격속도(m/min)
F : 오버밸런스율(%), η : 종합효율

문제 04 카가 최상층 및 최하층을 지나쳐 주행하는 것을 방지하는 것은?
① 리미트 스위치
② 균형추
③ 인터록 장치
④ 정지스위치

답 1.③ 2.④ 3.④ 4.①

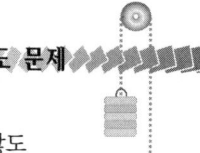

> **해설** 리미트 스위치(Limit Switch) : 엘리베이터가 운행시 최상·최하층을 지나치지 않도록 하는 장치로서 카를 감속제어하여 정지시킬 수 있도록 배치하여야 한다.

문제 05 승객용 엘리베이터에서 일반적으로 균형체인 대신 균형로프를 사용하는 정격속도의 범위는?

① 120m/min 이상　　② 120m/min 미만
③ 150m/min 이상　　④ 150m/min 미만

문제 06 전기식 엘리베이터 기계실의 실온 범위는?

① 5~70℃　　② 5~60℃
③ 5~50℃　　④ 5~40℃

> **해설** 기계실의 온도는 5~40(℃) 사이여야 한다.

문제 07 무빙워크의 경사도는 몇 도 이하이어야 하는가?

① 30　　② 20
③ 15　　④ 12

> **해설** 무빙워크의 경사도는 12° 이하이어야 한다.

문제 08 수직순환식 주차장치를 승입방식에 따라 분류할 때 해당되지 않는 것은?

① 하부승입식　　② 중간승입식
③ 상부승입식　　④ 원형승입식

> **해설** 수직순환식 주차장치의 종류
> • 하부승입식　• 중간승입식　• 상부승입식

문제 09 엘리베이터의 가이드레일에 대한 치수를 결정할 때 유의해야 할 사항이 아닌 것은?

① 안전장치가 작동할 때 레일에 걸리는 좌굴하중을 고려한다.
② 수평진동에 의한 레일의 휘어짐을 고려한다.
③ 케이지에 회전모멘트가 걸렸을 때 레일이 지지할 수 있는지 여부를 고려한다.
④ 레일에 이물질이 끼었을 때 배출을 고려한다.

답 5.① 6.④ 7.④ 8.④ 9.④

문제 10 유압 엘리베이터의 동력전달 방법에 따른 종류가 아닌 것은?
① 스크류식 ② 직접식
③ 간접식 ④ 팬터그래프식

해설 유압 엘리베이터의 종류에는 동력전달 방법에 따라 직접식, 간접식, 팬터그래프식이 있다.

문제 11 사람이 탑승하지 않으면서 적재용량 300kg 미만의 소형화물 운반에 적합하게 제작된 엘리베이터는?
① 덤웨이터 ② 화물용 엘리베이터
③ 비상용 엘리베이터 ④ 승객용 엘리베이터

해설 덤웨이터 : 사람이 탑승하지 않으면서 적재용량 300kg 이하, 정격속도가 60m/min 이하인 소형화물(서적이나 음식물 등)의 운반에 적합하게 제작된 엘리베이터이다.

문제 12 승강장문의 유효 출입구 높이는 몇 m 이상이어야 하는가? (단, 자동차용 엘리베이터는 제외)
① 1 ② 1.5
③ 2 ④ 2.5

문제 13 카의 실제 속도와 속도지령장치의 지령속도를 비교하여 사이리스터의 점호각을 바꿔 유도전동기의 속도를 제어하는 방식은?
① 사이리스터 레오나드 방식 ② 교류귀환 전압제어방식
③ 가변전압 가변주파수 방식 ④ 워드 레오나드 방식

해설
- 교류귀환 전압제어방식 : 이 방식은 카의 실속도와 지령속도를 비교하여 사이리스터(Thy-ristor)의 점호각(点弧角)을 바꿔 유도전동기의 속도를 제어하는 방식이다.
- 가변전압 가변주파수 방식 : 인버터제어라고도 불리우는 VVVF 제어는 유도전동기에 인가되는 전압과 주파수를 동시에 변환시켜 직류전동기와 동등한 제어성능을 얻을 수 있는 방식이다.
- 워드 레오나드 방식 : 직류발전기의 출력단을 직접 직류전동기 전기자에 연결시키고, 발전기의 계자 전류를 조정하여 발전전압을 엘리베이터 속도에 대응하여 연속적으로 공급시키는 방식이다.
- 정지 레오나드 방식 : 사이리스터를 사용하여 교류를 직류로 변환하여 전동기에 공급하고, 사이리스터의 점호각을 제어하여 직류전압을 가변시켜, 전동기의 속도를 제어하는 방식이다.

답 10. ① 11. ① 12. ③ 13. ②

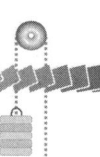

문제 14 다음 중 승강기 제동기의 구조에 해당되지 않는 것은?
① 브레이크 슈
② 라이닝
③ 코일
④ 워터슈트

해설 워터슈트는 유희시설에 해당되는데, 궤조를 갖지 않고 고저차가 2m 이상 되는 궤도를 미끄러지게 하여 재미를 느끼게 하는 기구를 말한다.

문제 15 전기식 엘리베이터에서 카 추락방지안전장치의 작동을 위한 과속조절기는 정격속도 몇 % 이상의 속도에서 작동되어야 하는가? (단, 13년 개정 전 과속스위치는 1.3배 이하에서 작동)
① 220
② 200
③ 115
④ 100

해설 카 추락방지안전장치의 작동을 위한 과속조절기는 정격속도의 115% 이상의 속도가 되면 작동하여야 한다.

문제 16 다음 중 승강기 도어시스템과 관계없는 부품은?
① 브레이스 로드
② 연동로프
③ 캠
④ 행거

해설 브레이스 로드는 카 바닥이 수평을 유지하도록 카 바닥과 카 주(柱)에 경사지게 설치하는 바(bar)이다.

문제 17 유압 엘리베이터의 유압 파워유니트와 압력배관에 설치되며, 이것을 닫으면 실린더의 기름이 파워유니트로 역류되는 것을 방지하는 밸브는?
① 스톱 밸브
② 럽쳐 밸브
③ 체크 밸브
④ 릴리프 밸브

해설
- **스톱 밸브** : 유압장치의 보수, 점검 또는 수리 등을 할 때 사용된다.
- **럽쳐 밸브** : 오일이 실린더로 들어가는 곳에 설치되어, 압력배관이 파손되었을 때 자동적으로 밸브를 닫아 카가 급격히 떨어지는 것을 방지하는 밸브이다.
- **체크 밸브** : 한쪽 방향으로만 기름이 흐르도록 하는 밸브로서 상승방향으로는 흐르지만, 역방향으로는 흐르지 않는다. 이 밸브는 정전이나 기타 원인에 의해 펌프의 토출압력이 떨어져서 실린더의 기름이 역류, 카가 자유낙하 하는 것을 방지한다. 로프식 엘리베이터의 전자브레이크와 유사하다.
- **릴리프 밸브** : 압력조정 밸브로 회로의 압력이 상용압력의 125% 이상 높아지게 되면 바이패스(By-Pass) 회로를 열어 오일을 탱크로 돌려 보내 더 이상의 압력상승을 방지한다.

답 14. ④ 15. ③ 16. ① 17. ①

문제 18 와이어로프의 꼬는 방법 중 보통꼬임에 해당하는 것은?
① 스트랜드의 꼬는 방향과 로프의 꼬는 방향이 반대인 것
② 스트랜드의 꼬는 방향과 로프의 꼬는 방향이 같은 것
③ 스트랜드의 꼬는 방향과 로프의 꼬는 방향이 일정구간 같았다가 반대이었다가 하는 것
④ 스트랜드의 꼬는 방향과 로프의 꼬는 방향이 전체 길이의 반은 같고 반은 반대인 것

해설
• 보통꼬임 : 스트랜드(소선을 꼰 밧줄가닥)의 꼬는 방향과 로프의 꼬는 방향이 반대인 것
• 랭꼬임 : 스트랜드(소선을 꼰 밧줄가닥)의 꼬는 방향과 로프의 꼬는 방향이 동일한 것

문제 19 인체에 통전되는 전류가 더욱 증가되면 전류의 일부가 심장부분을 흐르게 된다. 이때 심장이 정상적인 맥동을 못하며 불규칙적으로 세동을 하게 되어 결국 혈액이 순환에 큰 장애를 일으키게 되는 현상(전류)을 무엇이라 하는가?
① 심실세동전류
② 고통한계전류
③ 가수전류
④ 불수전류

해설
• 심실세동전류 : 인체에 통전되는 전류가 더욱 증가되면 전류의 일부가 심장부분을 흐르게 된다. 이때 심장이 정상적인 맥동을 못하여 불규칙적으로 세동을 하게 되어 결국 혈액이 순환에 큰 장애를 일으키는 현상(전류)을 말한다.
• 가수전류 : 이탈전류라고도 한다. 인간의 근육 제어능력에 의해 감전 물체로부터 자력으로 이탈할 수 있는 전류를 말한다.
• 불수전류 : 감전이 되어 마비 한계전류를 말한다.

문제 20 에스컬레이터의 이동용 손잡이에 대한 안전점검 사항이 아닌 것은?
① 균열 및 파손 등의 유무
② 손잡이의 안전마크 유무
③ 디딤판과의 속도차 유지 여부
④ 손잡이가 드나드는 구멍의 보호장치 유무

해설 이동용 손잡이의 안전마크 유무는 안전점검 사항이 아니다.

답 18. ① 19. ① 20. ②

문제 21 감전사고로 의식불명이 된 환자가 물을 요구할 때의 방법으로 적당한 것은?
① 냉수를 주도록 한다.
② 온수를 주도록 한다.
③ 설탕물을 주도록 한다.
④ 물을 천에 묻혀 입술에 적시어만 준다.

문제 22 다음 중 안전사고 발생 요인이 가장 높은 것은?
① 불안전한 상태와 행동
② 개인의 개성
③ 환경과 유전
④ 개인의 감정

해설 재해원인에 있어서 직접원인은 불안전한 행동과 불안전한 상태이다.

문제 23 설비재해의 물적 원인에 속하지 않는 것은?
① 교육적 결함(안전교육의 결함, 표준작업방법의 결여 등)
② 설비나 시설에 위험이 있는 것(방호 불충분 등)
③ 환경의 불량(정리정돈 불량, 조명 불량 등)
④ 작업복, 보호구의 불량

해설 재해의 물적 원인이란 설비나 시설 그리고 환경 및 보호구 등의 불량으로 인하여 재해가 발생되는 것을 말한다.

문제 24 작업 감독자의 직무에 관한 사항이 아닌 것은?
① 작업감독 지시
② 사고보고서 작성
③ 작업자 지도 및 교육 실시
④ 산업재해시 보상금 기준 작성

문제 25 승강기 자체점검의 결과 결함이 있는 경우 조치가 옳은 것은?
① 즉시 보수하고, 보수가 끝날 때까지 운행을 중지
② 주의 표지 부착 후 운행
③ 점검결과를 기록하고 운행
④ 제한적으로 운행하고 보수

답 21. ④ 22. ① 23. ① 24. ④ 25. ①

문제 26 산업재해 중에서 다음에 해당하는 경우를 재해형태별로 분류하면 무엇인가?

> 전기 접촉이나 방전에 의해 사람이 충격을 받은 경우

① 감전　　　　　　　　② 전도
③ 추락　　　　　　　　④ 화재

문제 27 추락을 방지하기 위한 2종 안전대의 사용법은?
① U자 걸이 전용　　　　② 1개 걸이 전용
③ 1개 걸이, U자 걸이 겸용　④ 2개 걸이 전용

해설　2종 안전대는 1개 걸이 전용으로서 작업을 할 경우, 안전대에 의지하지 않아도 작업할 수 있는 발판이 확보되었을 때 사용한다. 그러나 3종 안전대는 1개 걸이와 U자 걸이로 사용할 때 적합하다.

문제 28 전기(로프)식 엘리베이터의 안전장치와 거리가 먼 것은?
① 추락방지안전장치　　② 과속조절기
③ 도어인터록　　　　　④ 스커트 가드

해설
- 추락방지안전장치 : 엘리베이터의 속도가 규정속도 이상으로 하강하는 경우에 대비하여 추락방지안전장치를 설치한다.
- 과속조절기 : 케이지와 같은 속도로 움직이는 과속조절기 로프에 의해서 회전되고, 언제나 케이지의 속도를 조사하여 과속도를 검출하는 장치이다.
- 도어인터록 : 이 장치는 도어록과 도어스위치로 이루어진다. 도어인터록 장치에서 중요한 것은 도어록 장치가 확실히 걸린 후 도어스위치가 들어가고 도어스위치가 끊어진 후 도어록이 열리는 구조로 되는 것이다.

- 스커트 가드

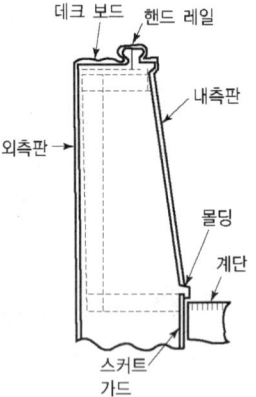

문제 29 공칭속도 0.5m/s 무부하 상태의 에스컬레이터 및 하강방향으로 움직이는 제동부하 상태의 에스컬레이터 정지거리는?
① 0.1m에서 1.0m 사이　　② 0.2m에서 1.0m 사이
③ 0.3m에서 1.3m 사이　　④ 0.4m에서 1.5m 사이

답　26. ①　27. ②　28. ④　29. ②

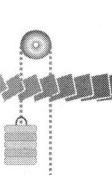

문제 30 로프식(전기식) 엘리베이터용 과속조절기의 점검사항이 아닌 것은?
① 진동소음상태
② 베어링 마모상태
③ 캐치 작동상태
④ 라이닝 마모상태

해설 라이닝은 엘리베이터 브레이크의 브레이크 슈에 부착되는 물체이다.

문제 31 카 도어록이 설치되어 사람의 힘으로 열 수 없는 경우나 화물용 엘리베이터의 경우를 제외하고 엘리베이터의 카 바닥 앞부분과 승강로 벽과의 수평거리는 일반적인 경우 그 기준을 몇 mm 이하로 하고 있는가?
① 30mm
② 55mm
③ 100mm
④ 150mm

해설 카 바닥 앞 부분과 승강로 벽과의 수평거리는 150mm 이하일 것

문제 32 엘리베이터에서 와이어로프를 사용하여 카의 상승과 하강을 전동기를 이용한 동력장치는?
① 권상기
② 과속조절기
③ 완충기
④ 제어반

문제 33 로프식(전기식) 엘리베이터에 있어서 기계실내의 조명, 환기상태 점검 시에 운전을 중지하고 긴급수리를 해야 하는 경우는?
① 천정, 창 등에 우수가 침입하여 기기에 악영향을 미칠 염려가 있는 경우
② 실내에 엘리베이터 관계이외의 물건이 있는 경우
③ 조도, 환기가 부족한 경우
④ 실온 0℃ 이하 또는 40℃ 이상인 경우

문제 34 엘리베이터 전동기에 요구되는 특성으로 옳지 않은 것은?
① 충분한 제동력을 가져야 한다.
② 운전상태가 정숙하고 고진동이어야 한다.
③ 카의 정격속도를 만족하는 회전특성을 가져야 한다.
④ 높은 기동빈도에 의한 발열에 대응하여야 한다.

답 30. ④ 31. ④ 32. ① 33. ① 34. ②

> **해설** 엘리베이터 전동기에 요구되는 특성
> ① 충분한 제동력을 가져야 한다.
> ② 운전상태가 정숙, 저진동이어야 한다.
> ③ 카의 정격속도를 만족하는 회전특성을 가져야 한다.
> ④ 많은 기동빈도에 의한 발열에 대응하여야 한다.

문제 35 전자접촉기 등의 조작회로를 접지하였을 경우, 당해 전자접촉기 등이 폐로될 염려가 있는 것의 접속방법으로 옳은 것은?
① 코일과 접지측 전선 사이에 반드시 개폐기가 있을 것
② 코일의 일단을 접지측 전선에 접속할 것
③ 코일의 일단을 접지하지 않는 쪽의 전선에 접속할 것
④ 코일과 접지측 전선사이에 반드시 퓨즈를 설치할 것

> **해설** 전자접촉기 회로
> 전자접촉기 등의 조작회로를 접지하였을 경우, 당해 전자접촉기 등이 폐로될 염려가 있는 것은 다음 각 호로 정하는 곳에 따라 접속되어 있어야 한다.
> ① 코일의 일단을 접지측의 전선에 접속하여야 한다.
> ② 코일과 접지측의 전선사이에는 개폐기가 없어야 한다.
> ③ 과전류 또는 과부하시 동력을 차단시키는 과전류 방지장치를 개별 전동기마다 설치하여야 한다.

문제 36 스텝과 스커트 사이에 끼임의 위험을 최소화하기 위한 장치는?
① 콤   ② 뉴얼
③ 스커트   ④ 스커트 디플렉터

문제 37 전기식 엘리베이터의 카내 환기시설에 관한 내용 중 틀린 것은?
① 구멍이 없는 문이 설치된 카에는 카의 위·아랫부분에 환기구를 설치한다.
② 구멍이 없는 문이 설치된 카에는 반드시 카의 윗부분에만 환기구를 설치한다.
③ 카의 윗부분에 위치한 자연 환기구의 유효면적은 카의 허용면적의 1% 이상이어야 한다.
④ 카의 아랫부분에 위치한 자연 환기구의 유효면적은 카의 허용면적의 1% 이상이어야 한다.

> **해설** 구멍이 없는 문이 설치된 카에는 카의 위·아랫부분에 환기구를 설치한다. 그런데 자연 환기구의 유효면적은 카 허용면적의 1% 이상이어야 한다.

답 35. ② 36. ④ 37. ②

문제 38 승강기의 트랙션비를 설명한 것 중 옳지 않은 것은?
① 카측 로프가 매달고 있는 중량과 균형추측 로프가 매달고 있는 중량의 비율
② 트랙션비를 낮게 선택해도 로프의 수명과는 전혀 관계가 없다.
③ 카측과 균형추측에 매달리는 중량의 차를 적게 하면 권상기의 전동기 출력을 적게 할 수 있다.
④ 트랙션비는 1.0 이상의 값이 된다.

해설 트랙션비가 낮아지면 로프의 수명이 길어지고, 소비전력도 작아진다.

문제 39 장애인용 엘리베이터의 경우 호출버튼에 의하여 카가 정지하면 몇 초 이상 문이 열린 채로 대기하여야 하는가?
① 8초 이상
② 10초 이상
③ 12초 이상
④ 15초 이상

문제 40 과부하감지장치에 대한 설명으로 틀린 것은?
① 과부하감지장치가 작동하는 경우 경보음이 울려야 한다.
② 엘리베이터 주행 중에는 과부하감지장치의 작동이 무효화되어서는 안 된다.
③ 과부하감지장치가 작동한 경우에는 출입문의 닫힘을 저지하여야 한다.
④ 과부하감지장치는 초과하중이 해소되기 전까지 작동하여야 한다.

해설 과부하 경보장치 : 케이지내 정격하중이 초과되면 경보부저가 울리고, 동시에 경보등이 점등되고, 전동기 전원을 차단시켜 엘리베이터 동작을 금지시킨다. 적재하중의 105~110%로 설정한다.

문제 41 급유가 필요하지 않은 곳은?
① 호이스트 로프(hoist rope)
② 과속조절기(governor) 로프
③ 가이드 레일(guide rail)
④ 웜 기어(worm gear)

문제 42 T형 레일의 13K 레일 높이는 몇 mm인가?
① 35
② 40
③ 56
④ 62

답 38. ② 39. ② 40. ② 41. ② 42. ④

해설 레일의 높이
- 8K : 56mm
- 13K : 62mm
- 18K : 89mm
- 24K : 89mm
- 30K : 108mm

문제 43 유압식 엘리베이터에서 고장수리 할 때 가장 먼저 차단해야 할 밸브는?
① 체크 밸브 ② 스톱 밸브
③ 복합 밸브 ④ 다운 밸브

해설 스톱 밸브 : 이 밸브를 닫으면 실린더의 기름이 파워유니트로 역류하는 것을 방지한다. 이 장치는 유압장치의 보수, 점검 또는 수리 등을 할 때에 사용된다. 일명 게이트 밸브(Gate Valve)라고도 한다.

문제 44 3상 유도전동기에 전류가 전혀 흐르지 않을 때의 고장 원인으로 볼 수 있는 것은?
① 1차측 전선 또는 접속선 중 한선이 단선되었다.
② 1차측 전선 또는 접속선 중 2선 또는 3선이 단선되었다.
③ 1차측 또는 2차측 전선이 접지되었다.
④ 전자접촉기의 접점이 한 개 마모되었다.

문제 45 무빙워크 이용자의 주의표시를 위한 표시판 또는 표지내에 표시되는 내용이 아닌 것은?
① 손잡이를 꼭 잡으세요. ② 카트는 탑재하지 마세요.
③ 걷거나 뛰지 마세요. ④ 안전선 안에 서 주세요.

문제 46 유압식 엘리베이터에서 바닥맞춤보정장치는 몇 mm 이내에서 작동상태가 양호하여야 하는가?
① 25 ② 50
③ 75 ④ 90

문제 47 직류 분권전동기에서 보극의 역할은?
① 회전수를 일정하게 한다. ② 기동토크를 증가시킨다.
③ 정류를 양호하게 한다. ④ 회전력을 증가시킨다.

해설 직류발전기에서 보극을 설치하는 이유는 전기자 반작용을 방지(정류의 양호)하기 위해서이다.

답 43. ② 44. ② 45. ② 46. ③ 47. ③

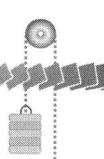

문제 48 일감의 평행도, 원통의 진원도, 회전체의 흔들림 정도 등을 측정할 때 사용하는 측정기기는?
① 버니어 캘리퍼스
② 하이트 게이지
③ 마이크로 미터
④ 다이얼 게이지

해설
- 버니어 캘리퍼스 : 물체의 안지름, 바깥지름, 깊이를 측정할 수 있다.
- 하이트 게이지 : 정반 위에 설치하여 금긋기, 높이를 측정하는데 사용된다.
- 마이크로 미터 : 외경, 내경, 깊이를 측정할 수 있다.
- 다이얼 게이지 : 평행도, 원통도, 축의 흔들림 등을 측정할 수 있다.

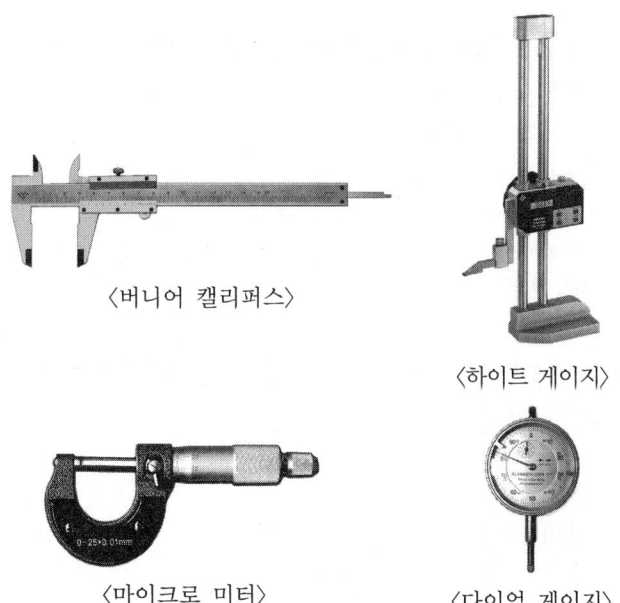

⟨버니어 캘리퍼스⟩　⟨하이트 게이지⟩　⟨마이크로 미터⟩　⟨다이얼 게이지⟩

문제 49 그림과 같은 지침형(아나로그형) 계기로 측정하기에 가장 알맞은 것은? (단, R은 지침의 0점을 조절하기 위한 가변 저항이다.)
① 전압
② 전류
③ 저항
④ 전력

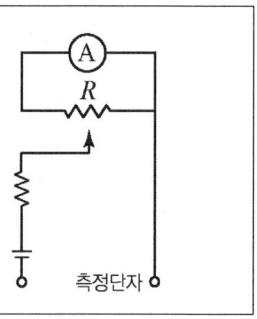

해설 테스터기로 리드봉을 통해 전류를 흘려 주고 리드봉 끝에 걸리는 전압값을 알면 그때의 저항값($R = \dfrac{V}{I}$)을 알 수 있다.

답 48. ④　49. ③

문제 50 엘리베이터의 권상기 시브 직경이 500mm이고 주와이어로프 직경이 12mm이며, 1:1 로핑방식을 사용하고 있다면 권상기 시브의 회전속도가 1분당 약 56회일 경우 엘리베이터 운행속도는 약 몇 m/min가 되겠는가?

① 45
② 60
③ 90
④ 120

해설 $V = \dfrac{\pi DN}{1000} = \dfrac{3.14 \times (500+12) \times 56}{1000} \fallingdotseq 90[\text{m/min}]$

문제 51 전동기를 동력원으로 많이 사용하는데 그 이유가 될 수 없는 것은?
① 안전도가 비교적 높다.
② 제어조작이 비교적 쉽다.
③ 소손사고가 발생하지 않는다.
④ 부하에 알맞은 것을 쉽게 선택할 수 있다.

해설 전동기는 소손사고가 자주 발생한다.

문제 52 그림과 같은 활차장치의 옳은 설명은? (단, 그 활차의 직경은 같다.)

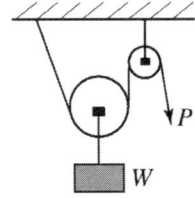

① 힘의 크기는 $W = P$이고, W의 속도는 P속도의 1/2이다.
② 힘의 크기는 $W = P$이고, W의 속도는 P속도의 1/4이다.
③ 힘의 크기는 $W = 2P$이고, W의 속도는 P속도의 1/2이다.
④ 힘의 크기는 $W = 2P$이고, W의 속도는 P속도의 1/4이다.

해설 (1) 정활차   (2) 동활차

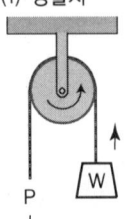 $W = P$ 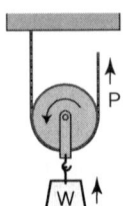 $W = 2P$

답 50. ③ 51. ③ 52. ③

문제 53 유도전동기의 동기속도가 n_s, 회전수가 n이라면 슬립(s)은?

① $\dfrac{n_s - n}{n} \times 100$ ② $\dfrac{n_s - n}{n_s} \times 100$

③ $\dfrac{n_s}{n_s - n} \times 100$ ④ $\dfrac{n_s}{n_s + n} \times 100$

문제 54 다음 강도 중 상대적으로 값이 가장 작은 것은?

① 파괴강도 ② 극한강도
③ 항복응력 ④ 허용응력

해설
- 파괴강도 : 재료가 외력에 의해 파괴할 때의 최대강도를 말한다.
- 극한강도 : 부재나 구조물의 파괴 직전의 최대내력. 부재의 단면에 대하여는 최대의 저항 모멘트, 축력, 전단력을 말한다.
- 항복응력 : 재료의 응력이 어느 한도를 넘어서 가해지면 재료의 변형 일부는 원상으로 되돌아가지 않고 변형이 영원히 남게 되는데, 이것이 탄소성 상태이며 영구히 남는 변형 즉 소성변형을 일으키게 하는 응력인 항복응력이라 한다.
- 허용응력 : 구성품이 파괴되지 않고 계속적으로 기능을 발휘하면서 허용되는 응력의 한계를 말한다.

문제 55 권수 N의 코일에 I[A]의 전류가 흘러 권선 1회의 코일에서 자속 ϕ[Wb]가 생겼다면 자기인덕턴스(L)는 몇 [H]인가?

① $L = \dfrac{\phi}{N}$ ② $L = IN\phi$

③ $L = \dfrac{N\phi}{I}$ ④ $L = \dfrac{IN}{\phi}$

해설 $L = \dfrac{N\phi}{I}$ [H]

문제 56 저항이 흐르는 50[Ω]인 도체에 100[V]의 전압을 가할 때 그 도체에 흐르는 전류는 몇 [A]인가?

① 2 ② 4
③ 8 ④ 10

해설 $I = \dfrac{V}{R} = \dfrac{100}{50} = 2$[A]

답 53.② 54.④ 55.③ 56.①

문제 57

시퀀스 회로에서 일종의 기억회로라고 할 수 있는 것은?

① AND회로
② OR회로
③ NOT회로
④ 자기유지회로

해설

(1) AND 회로

① 시퀀스 회로　② 진리표　③ 논리회로　④ 논리식

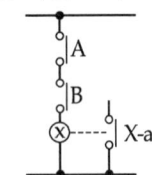

입력		출력
A	B	X
0	0	0
0	1	0
1	0	0
1	1	1

$X = A \cdot B$

(2) OR 회로

① 시퀀스 회로　② 진리표　③ 논리회로　④ 논리식

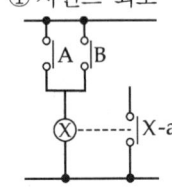

입력		출력
A	B	X
0	0	0
0	1	1
1	0	1
1	1	1

$X = A + B$

(3) NOT 회로

① 시퀀스 회로　② 진리표　③ 논리회로　④ 논리식

입력	출력
A	X
0	1
1	0

$X = \overline{A}$

(4) 자기유지회로

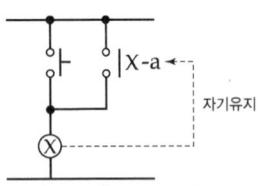

문제 58

정전용량이 같은 두 개의 콘덴서를 병렬로 접속하였을 때의 합성용량은 직렬로 접속하였을 때의 몇 배인가?

① 2
② 4
③ 1/2
④ 1/4

답 57. ④　58. ②

해설 ① 콘덴서의 직렬접속

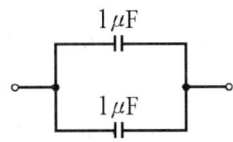 $C = \dfrac{1 \cdot 1}{1+1} = \dfrac{1}{2} = 0.5[\mu F]$

② 콘덴서의 병렬접속

   $C = 1+1 = 2\,[\mu F]$

∴ 병렬로 접속했을 때의 합성용량은 직렬로 접속했을 때의 4배이다.

문제 59
물체에 외력을 가해서 변형을 일으킬 때 탄성한계 내에서 변형의 크기는 외력에 대해 어떻게 나타나는가?

① 탄성한계 내에서 변형의 크기는 외력에 대하여 반비례한다.
② 탄성한계 내에서 변형의 크기는 외력에 대하여 비례한다.
③ 탄성한계 내에서 변형의 크기는 외력과 무관하다.
④ 탄성한계 내에서 변형의 크기는 일정하다.

해설 탄성한계는 외부의 힘에 의해 변형된 물체가 그 힘을 없애면 본래의 형태로 되돌아가는 힘의 범위를 말한다. 탄성한계 내에서 변형의 크기는 외력에 대하여 비례한다.

문제 60
A, B는 입력, X를 출력이라 할 때 OR회로의 논리식은?

① $\overline{A} = X$
② $A \cdot B = X$
③ $A + B = X$
④ $\overline{A \cdot B} = X$

해설 (1) AND 회로

① 시퀀스 회로   ② 진리표   ③ 논리회로   ④ 논리식

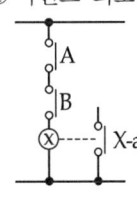

입력		출력
A	B	X
0	0	0
0	1	0
1	0	0
1	1	1

 $X = A \cdot B$

(2) OR 회로

① 시퀀스 회로   ② 진리표   ③ 논리회로   ④ 논리식

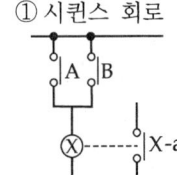

입력		출력
A	B	X
0	0	0
0	1	1
1	0	1
1	1	1

 $X = A + B$

답 59. ② 60. ③

승강기기능사 과년도 문제
(2015.04.04 시행)

문제 01 카의 문을 열고 닫는 도어머신에서 성능상 요구되는 조건이 아닌 것은?
① 작동이 원활하고 정숙하여야 한다.
② 카 상부에 설치하기 위하여 소형이며 가벼워야 한다.
③ 어떠한 경우라도 수동조작에 의하여 카 도어가 열려서는 안 된다.
④ 작동 회수가 승강기 기동 회수의 2배이므로 보수가 쉬워야 한다.

해설 닫혀진 상태에서 정전되었을 때 갇힌 승객을 수출할 수 있도록 수동으로 열 수 있어야 한다.

문제 02 다음 중 에스컬레이터의 종류를 수송 능력별로 구분한 형태로 옳은 것은?
① 1200형과 900형
② 1200형과 800형
③ 900형과 800형
④ 800형과 600형

해설 난간 폭에 따른 분류
① 800형(설계 폭 800mm) : 시간당 6000명 수송
② 1200형(설계 폭 1200mm) : 시간당 9000명 수송
※ 본 문제는 규정법 개정으로 무효입니다.

문제 03 승강장 도어가 닫혀 있지 않으면 엘리베이터 운전이 불가능 하도록 하는 것은?
① 승강장 도어 스위치
② 승강장 도어행거
③ 도어 인터록
④ 도어 슈

해설
• 도어 스위치 : 승장 도어가 닫혀 있지 않으면 운행이 불가능하게 하는 장치
• 도어 인터록 : 도어 인터록 장치에서 중요한 것은 도어록 장치가 확실히 걸린 후 도어 스위치가 들어가고, 도어 스위치가 끊어진 후에 도어록이 열리는 구조로 하는 것이다.
• 도어 슈 : 일정하게 정해진 구역을 왕복운동해야 하는 도어의 이탈을 방지하기 위해 설치한다.

문제 04 유압장치의 보수, 점검 또는 수리 등을 할 때에 사용되는 것은?
① 안전밸브
② 유량제어밸브
③ 스톱 밸브
④ 필터

답 1.③ 2.② 3.① 4.③

해설 (1) 안전밸브
① 일종의 압력조정 밸브인데, 회로의 압력이 설정값에 도달하면, 밸브를 열어 오일을 탱크로 돌려보냄으로써 압력이 과도하게 상승하는 것을 방지한다.
② 회로 상용 압력의 125% 이상 높아지게 되면 작동하여 더 이상의 압력 상승을 방지한다.
(2) 하강용 유량제어밸브
하강 시 탱크로 되돌아오는 유량을 제어하는 밸브로서 이 하강용 밸브에는 수동하강 밸브가 부착되어 있어 만일 정전이나 기타의 원인으로 카가 층 중간에 정지된 경우라도 이 밸브를 열어 카를 안전하게 하강시킬 수가 있다.
(3) 스톱 밸브
유압파워유니트와 실린더 사이의 압력배관에 설치되며, 이것을 닫으면 실린더의 기름이 파워유니트로 역류하는 것을 방지하는 것이다. 이 장치는 유압장치의 보수, 점검 또는 수리 등을 할 때에 사용된다. 일명 게이트 밸브(Gate Valve)라고도 한다.
(4) 필터
실린더에 쇳가루나 모래 등의 이물질이 들어가면 실린더가 손상되어 유압이 새는 등의 고장이 발생하여 기기의 수명이 단축되기 때문에 이들 이물질을 제거하기 위하여 설치된다. 일반적으로 펌프의 흡입축에 부착되는 것을 스트레이너라 하고, 배관 중간에 부착되는 것을 라인필터라 한다.

문제 05 로프식 엘리베이터에서 도르래의 구조와 특징에 대한 설명으로 틀린 것은?
① 직경은 주로프의 50배 이상으로 하여야 한다.
② 주로프가 벗겨질 우려가 있는 경우에는 로프이탈방지장치를 설치하여야 한다.
③ 도르래 홈의 형상에 따라 마찰계수의 크기는 U홈 〈 언더커트홈 〈 V홈의 순이다.
④ 마찰계수는 도르래 홈의 형상에 따라 다르다.

해설 도르래의 직경은 주로프 직경의 40배 이상 되어야 한다.

문제 06 단식자동방식(single automatic)에 관한 설명 중 맞는 것은?
① 같은 방향의 호출은 등록된 순서에 따라 응답하면서 운행한다.
② 승강장 버튼은 오름, 내림 공용이다.
③ 주로 승객용에 사용된다.
④ 1개 호출에 의한 운행 중 다른 호출 방향이 같으면 응답한다.

해설 단식자동방식
가장 먼저 눌러져 있는 부름에만 응답하고, 그 운전이 완료되기 전에는 다른 호출을 받지 않는다. 승강장 버튼은 오름, 내림 공용이다.

답 5.① 6.②

문제 07. VVVF 제어란?

① 전압을 변환시킨다.
② 주파수를 변환시킨다.
③ 전압과 주파수를 변환시킨다.
④ 전압과 주파수를 일정하게 유지시킨다.

해설 VVVF 제어 : 유도전동기에 인가되는 전압과 주파수를 동시에 변환시켜 직류 전동기와 동등한 제어 성능을 얻을 수 있는 방식

문제 08. 승강장의 문이 열린 상태에서 모든 제약이 해제되면 자동적으로 닫히게 하여 문의 개방 상태에서 생기는 2차 재해를 방지하는 문의 안전장치는?

① 시그널 컨트롤   ② 도어 컨트롤
③ 도어 클로저   ④ 도어 인터록

해설
① 시그널 컨트롤(signal control)
 • 운전원이 케이지 문을 개폐한다.
 • 진행 방향은 눌러져 있는 케이지내 행선 층계의 버튼이나 승강장 버튼에 의해 이루어진다.
② 도어 클로저(door closer)
 승강장의 문이 열린 상태에서 모든 제약이 해제되면 자동적으로 닫히도록 하는 장치이다.
③ 도어 인터록(door interlock)
 도어 인터록 장치에서 중요한 것은 도어록 장치가 확실히 걸린 후 도어 스위치가 들어가고, 도어 스위치가 끊어진 후에 도어록이 열리는 구조로 하는 것이다.

문제 09. 카가 어떤 원인으로 최하층을 통과하여 피트에 도달했을 때 카에 충격을 완화시켜 주는 장치는?

① 완충기   ② 추락방지안전장치
③ 과속조절기   ④ 리미트 스위치

해설
• 완충기 : 카(car)나 균형추가 어떤 원인으로 최하층을 지나 피트(pit)로 추락할 때 충격을 완화시켜 주는 장치이다.(자유낙하를 완충하기 위한 것은 아님)
• 추락방지안전장치 : 엘리베이터의 속도가 규정속도 이상으로 하강하는 경우에 대비하여 추락방지안전장치(safety gear)를 설치한다.
• 과속조절기 : 카와 같은 속도로 움직이는 과속조절기 로프에 의거 회전하며, 항상 카의 속도를 검출하여 과속시 원심력을 이용하여 카를 정지시킨다.
• 리미트 스위치 : 카(car)가 충돌 하는 것을 방지할 목적으로 종단층(최상층 또는 최하층)의 감속정지 할 수 있는 거리에 설치한다.

답 7.③ 8.③ 9.①

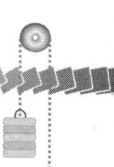

문제 10 카 문턱 끝과 승강로 벽과의 간격으로 알맞은 것은?

① 11.5cm 이하 ② 15cm 이하
③ 13.5cm 이하 ④ 14.5cm 이하

해설 카 문턱 끝과 승강로 벽과의 간격은 15cm 이하이다.

문제 11 승강로의 벽 일부에 한국산업표준에 알맞은 유리를 사용할 경우 다음 중 적합하지 않은 것은?

① 망유리 ② 강화유리
③ 접합유리 ④ 감광유리

해설 감광유리 : 금, 은, 구리이온 등을 미량 함유하여 자외선이나 방사선을 쪼이고 가열하면 빛깔이 나는 유리를 말하는데, 특수한 경우에 사용된다.

문제 12 가이드 레일의 역할에 대한 설명 중 틀린 것은?

① 카와 균형추를 승강로 평면 내에서 일정 궤도상의 위치를 규제한다.
② 일반적으로 가이드 레일은 H형이 가장 많이 사용된다.
③ 카의 자중이나 하물에 의한 카의 기울어짐을 방지한다.
④ 비상 멈춤이 작동할 때의 수직하중을 유지한다.

해설 가이드레일은 T형 레일이 사용되며 공칭은 8K, 13K, 18K, 24K 등이 있다.

문제 13 에스컬레이터에 관한 설명 중 틀린 것은?

① 1200형 에스컬레이터의 1시간당 수송인원은 9000명이다.
② 정격속도는 30m/min 이하로 되어 있다.
③ 승강 양정(길이)로 고양정은 10m 이상이다.
④ 경사도는 수평으로 25° 이내이어야 한다.

해설 ① 난간 폭에 따른 분류
 • 800형(설계 폭 800mm) : 시간당 6000명 수송
 • 1200형(설계 폭 1200mm) : 시간당 9000명 수송
② 경사도에 따른 속도
 • 에스컬레이터 공칭속도는 경사도가 30° 이하인 경우에는 45m/min 이하이어야 한다.
 • 경사도가 30°를 초과하고 35° 이하인 경우에는 30m/min 이하이어야 한다.
③ 양정에 의한 분류 : 일반적으로 6m까지의 양정을 보통양정, 6m 이상 10m 정도까지를 중양정, 그 이상을 고양정이라 한다.
④ 경사도 : 에스컬레이터의 경사도는 30°를 초과하지 않아야 한다. 단, 높이가

답 10. ② 11. ④ 12. ② 13. ④

6m 이하이고 공칭속도가 30m/min 이하인 경우에는 경사도를 35°까지 할 수 있다.

문제 14 전동 덤웨이터와 구조적으로 가장 유사한 것은?
① 무빙워크　　　　　　② 엘리베이터
③ 에스컬레이터　　　　④ 간이 리프트

해설
- 전동 덤웨이터 : 사람이 탑승하지 않으면서 적재용량 300kg 이하, 정격속도 60m/min 이하인 소형화물의 운반에 적합하게 제작된 엘리베이터이다.
- 간이리프트 : 동력을 사용하여 가이드 레일을 따라 움직이는 운반구를 매달아 소형화물 운반만을 주목적으로 하는 승강기와 유사하다. 바닥면적은 1m² 이하, 천장 높이는 1.2m 이하이다.

문제 15 유압식 엘리베이터의 특징으로 틀린 것은?
① 기계실을 승강로와 떨어져 설치할 수 있다.
② 플런져에 스톱퍼가 설치되어 있기 때문에 오버헤드가 작다.
③ 적재량이 크고 승강행정이 짧은 경우에 유압식이 적당하다.
④ 소비전력이 비교적 작다.

해설　유압식 엘리베이터는 소비전력이 비교적 크다.

문제 16 과부하 감지장치의 용도는?
① 속도 제어용　　　　② 과하중 경보용
③ 속도 변환용　　　　④ 종점 확인용

문제 17 중속 엘리베이터의 속도는 몇 m/min인가?
① 20 ~ 45　　　　　② 45 ~ 65
③ 60 ~ 105　　　　　④ 100 ~ 230

해설
- 저속 : 45m/min 이하
- 중속 : 60~105m/min
- 고속 : 120~300m/min
- 초고속 : 360m/min 이상

문제 18 승강기의 과속조절기란?
① 카의 속도를 검출하는 장치이다.　② 추락방지안전장치를 뜻한다.
③ 균형추의 속도를 검출한다.　　　④ 플런져를 뜻한다.

답　14. ④　15. ④　16. ②　17. ③　18. ①

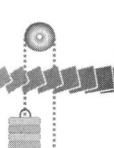

해설 과속조절기 : 카와 같은 속도로 움직이는 과속조절기 로프에 의해 회전되어 항상 카의 속도를 감지하여 그 속도를 검출하는 장치이다.

문제 19 안전사고의 발생요인으로 볼 수 없는 것은?
① 피로감 ② 임금
③ 감정 ④ 날씨

문제 20 작업의 특수성으로 인해 발생하는 직업병으로서 작업 조건에 의하지 않은 것은?
① 먼지 ② 유해 가스
③ 소음 ④ 작업 자세

문제 21 승강기 설치·보수작업에서 발생되는 위험에 해당되지 않는 것은?
① 물리적 위험 ② 접촉적 위험
③ 화학적 위험 ④ 구조적 위험

문제 22 안전사고의 통계를 보고 알 수 없는 것은?
① 사고의 경향 ② 안전업무의 정도
③ 기업이윤 ④ 안전사고 감소 목표 수준

문제 23 승강기 관리주체가 행하여야 할 사항으로 틀린 것은?
① 안전(운행)관리자를 선임하여야 한다.
② 승강기에 관한 전반적인 관리를 하여야 한다.
③ 안전(운행)관리자가 선임되면 관리주체는 별다른 관리를 할 필요가 없다.
④ 승강기의 유지보수에 대한 위임 용역 및 감독을 하여야 한다.

문제 24 인체의 전기저항에 대한 것으로 피부저항은 피부에 땀이 나 있는 경우에는 건조시에 비해 피부저항이 어떻게 되는가?
① 2배 증가 ② 4배 증가
③ 1/12 ~ 1/20 감소 ④ 1/25 ~ 1/30 감소

답 19. ② 20. ④ 21. ③ 22. ③ 23. ③ 24. ③

문제 25 재해 조사의 요령으로 바람직한 방법이 아닌 것은?
① 재해 발생 직후에 행한다.
② 현장의 물리적 증거를 수집한다.
③ 재해 피해자로부터 상황을 듣는다.
④ 의견 충돌을 피하기 위하여 반드시 1인이 조사하도록 한다.

해설 재해 조사는 객관적인 입장에서 공정하게 하여야 한다. 조사는 2인 이상이 하여야 한다.

문제 26 전기 감전에 의하여 넘어진 사람에 대한 중요한 관찰사항과 거리가 먼 것은?
① 의식 상태
② 호흡 상태
③ 맥박 상태
④ 골절 상태

해설 전기 감전 재해자가 발생되면 호흡, 맥박, 의식상태 그리고 출혈, 골절유무(고소 추락시) 등을 관찰해야 한다.

문제 27 사업장에서 승강기의 조립 또는 해체작업을 할 때 조치하여야 할 사항과 거리가 먼 것은?
① 작업을 지휘하는 자를 선임하여 지휘자의 책임하에 작업을 실시할 것
② 작업할 구역에는 관계근로자외의 자의 출입을 금지시킬 것
③ 기상상태의 불안정으로 인하여 날씨가 몹시 나쁠 때에는 그 작업을 중지시킬 것
④ 사용자의 편의를 위하여 야간작업을 하도록 할 것

해설 야간작업 : 재해의 예방 차원에서 가능한 한 지양해야 한다.

문제 28 재해원인의 분류에서 불안전한 상태(물적 원인)가 아닌 것은?
① 안전방호장치의 결함
② 작업환경의 결함
③ 생산공정의 결함
④ 불완전한 자세 결함

해설 (1) 불안전한 행동
① 위험한 장소의 접근   ② 불안전한 상태 방치
③ 불안전한 자세 동작   ④ 안전장치의 기능제거
⑤ 불안전한 속도조작   ⑥ 복장 보호구의 잘못 사용
⑦ 기계 기구의 잘못 사용
(2) 불안전한 상태
① 복장 보호구의 결함   ② 안전방호장치 결함
③ 물 자체 결함   ④ 작업 환경의 결함
⑤ 생산공정의 결함

답 25. ④ 26. ④ 27. ④ 28. ④

문제 29 간접식 유압엘리베이터의 특징이 아닌 것은?

① 실린더를 설치하기 위한 보호관이 필요하지 않다.
② 실린더 점검이 용이하다.
③ 비상정지장치가 필요하다.
④ 로프의 늘어짐과 작동유의 압축성 때문에 부하에 의한 카 바닥의 빠짐이 비교적 적다.

해설 (1) 직접식 유압엘리베이터
- 승강로 소요평면 치수가 작고 구조가 간단하다.
- 비상정지장치가 필요하지 않다.
- 부하에 의한 카 바닥의 빠짐이 작다.
- 실린더를 설치하기 위한 보호관을 지중에 설치하여야 한다.
- 실린더의 점검이 곤란하다.

(2) 간접식 유압엘리베이터
- 실린더를 설치하기 위한 보호관이 필요하지 않다.
- 실린더의 점검이 용이하다.
- 승강로는 실린더를 수용할 부분만큼 더 커지게 된다.
- 비상정지장치가 필요하다.
- 로프의 늘어짐과 작동유의 압축성 때문에 부하에 의한 카 바닥의 빠짐이 비교적 크다.

문제 30 승강기의 문(Door)에 관한 설명 중 틀린 것은?

① 문 닫힘 도중에도 승강장의 버튼을 동작시키면 다시 열려야 한다.
② 문이 완전히 열린 후 최소 일정 시간 이상 유지되어야 한다.
③ 착상구역 이외의 위치에서는 카내의 문개방 버튼을 동작시켜도 절대로 개방되지 않아야 한다.
④ 문이 일정 시간 후 닫히지 않으면 계속 그 상태를 유지하여야 한다.

해설 도어의 안전장치에는 도어 클로저(door closer)가 있는데, 승강장의 문이 열린 상태에서 모든 제약이 해제되면 자동적으로 닫히게 하여 문의 개방 상태에서 생기는 2차 재해를 방지한다.

문제 31 로프식 엘리베이터의 카 틀에서 브레이스 로드의 분담 하중은 대략 어느 정도 되는가?

① $\frac{1}{8}$ ② $\frac{3}{8}$
③ $\frac{1}{3}$ ④ $\frac{1}{16}$

해설 브레이스는 카 바닥과 카 주(柱)를 연결하는 바(bar)로 카 바닥을 수평지게 한다.

답 29. ④ 30. ④ 31. ②

문제 32 승강장 도어 문턱과 카 문턱과의 수평거리는 몇 mm 이하이어야 하는가?
① 125
② 120
③ 50
④ 35

문제 33 에스컬레이터의 디딤판과 스커트 가드와의 틈새는 양쪽 모두 합쳐서 최대 얼마이어야 하는가?
① 5mm 이하
② 7mm 이하
③ 9mm 이하
④ 10mm 이하

문제 34 과속조절기(governor)의 작동상태를 잘못 설명한 것은?
① 카가 하강 과속하는 경우에는 일정 속도를 초과하기 전에 과속조절기 스위치가 동작해야 한다.
② 과속조절기의 캐치는 일단 동작하고 난 후 자동으로 복귀되어서는 안 된다.
③ 과속조절기의 스위치는 작동 후 자동 복귀된다.
④ 과속조절기 로프가 장력을 잃게 되면 전동기의 주회로를 차단시키는 경우도 있다.

해설 과속조절기의 스위치는 작동 후 수동으로 복귀시킨다.

문제 35 다음 중 엘리베이터 감시반에 필요하지 않은 장치는?
① 현재 엘리베이터의 하중 표시장치
② 현재 엘리베이터의 운행방향 표시장치
③ 현재 엘리베이터의 위치 표시장치
④ 엘리베이터의 이상 유무 확인 표시장치

문제 36 과속조절기의 보수점검 등에 관한 사항과 거리가 먼 것은?
① 층간 정지시, 수동으로 돌려 구출하기 위한 수동핸들의 작동검사 및 보수
② 볼트, 너트, 핀의 이완 유무
③ 과속조절기 시브와 로프 사이의 미끄럼 유무
④ 과속스위치 점검 및 작동

답 32. ④ 33. ② 34. ③ 35. ① 36. ①

문제 37 비상용 승강기는 화재발생시 화재 진압용으로 사용하기 위하여 고층빌딩에 많이 설치하고 있다. 비상용 승강기에 반드시 갖추지 않아도 되는 조건은?
① 비상용 소화기
② 예비전원
③ 전용 승강장 이외의 부분과 방화구획
④ 비상운전 표시등

문제 38 정전시 램프중심부로부터 1m 떨어진 수직면상의 조도는 몇 lx 이상이어야 하는가?
① 100 ② 50
③ 5 ④ 2

문제 39 에스컬레이터 승강장의 주의표지판에 대한 설명 중 옳은 것은?
① 주의표지판은 충격을 흡수하는 재질로 만들어야 한다.
② 주의표지판은 영문으로 읽기 쉽게 표기되어야 한다.
③ 주의표지판의 크기는 80mm×80mm 이하의 그림으로 표시되어야 한다.
④ 주의표시판의 바탕은 흰색, 도안은 흑색, 사선은 적색이다.

해설 주의표지판
① 견고한 재질로 만들어야 한다.
② 잘 보이는 곳에 확실히 부착하여야 한다.
③ 국문으로 읽기 쉽게 표기하거나, 크기 80mm×80mm 이상의 그림으로 표시하여야 한다.
④ 색상은 흰색, 바탕에 도안은 흑색, 사선은 적색이어야 한다.

문제 40 실린더를 검사하는 것 중 해당되지 않는 것은?
① 패킹으로부터 누유된 기름을 제거하는 장치
② 공기 또는 가스의 배출구
③ 더스트 와이퍼의 상태
④ 압력배관의 고무호스는 여유가 있는지의 상태

문제 41 가이드 레일의 보수 점검 항목이 아닌 것은?
① 브래킷 취부의 앵커 볼트 이완상태
② 레일 및 브래킷의 오염상태
③ 레일의 급유상태
④ 레일길이의 신축상태

답 37. ① 38. ③ 39. ④ 40. ④ 41. ④

2015.04.04 시행

해설 가이드 레일의 보수 점검 항목으로 레일길이의 신축상태는 해당되지 않는다.

문제 42 보수 기술자의 올바른 자세로 볼 수 없는 것은?
① 신속, 정확 및 예의 바르게 보수 처리한다.
② 보수를 할 때는 안전기준보다는 경험을 우선시한다.
③ 항상 배우는 자세로 기술향상에 적극 노력한다.
④ 안전에 유의하면서 작업하고 항상 건강에 유의한다.

해설 보수를 할 때는 안전기준을 중심으로 해야 한다.

문제 43 과속조절기 로프의 공칭직경은 몇 mm 이상이어야 하는가?
① 5 ② 6
③ 7 ④ 8

해설
• 과속조절기 로프 : 6mm 이상
• 주로프 : 8mm 이상

문제 44 유압잭의 부품이 아닌 것은?
① 사이렌서 ② 플런저
③ 패킹 ④ 더스트 와이퍼

해설 사일렌서(silencer) : 작동유의 압력 맥동을 흡수하여 진동, 소음을 감소시키는 장치로, 자동차의 머플러와 같은 역할을 한다.

문제 45 전기식 엘리베이터에서 자체점검주기가 가장 긴 것은?
① 권상기의 감속기어 ② 권상기 베어링
③ 수동조작핸들 ④ 고정도르래

해설
① 감속기어 : 3개월에 1회 점검 ② 베어링 : 6개월에 1회 점검
③ 도르래 : 6개월에 1회 점검 ④ 고정도르래 : 1년에 1회 점검
⑤ 수동 조작수단 : 3개월에 1회 점검

문제 46 정격속도 60m/min를 초과하는 엘리베이터에 사용되는 추락방지안전장치의 종류는?
① 점차 작동형 ② 즉시 작동형
③ 디스크 작동형 ④ 플라이볼 작동형

답 42. ② 43. ② 44. ① 45. ④ 46. ①

해설
① 카의 추락방지안전장치
엘리베이터의 정격속도가 60m/min를 초과하는 경우 점차 작동형이어야 한다. 다음과 같은 경우에는 그렇지 않다.
- 정격속도가 60m/min를 초과하지 않는 경우 : 완충효과가 있는 즉시 작동형
- 정격속도가 37.8m/min를 초과하지 않는 경우 : 즉시 작동형
  ※ 카에 여러 개의 추락방지안전장치가 설치된 경우에는 모두 점차 작동형이어야 한다.

② 균형추의 추락방지안전장치
정격속도가 60m/min를 초과하는 경우 점차 작동형이어야 한다. 단, 정격속도가 60m/min 이하인 경우에는 즉시 작동형으로 할 수 있다.

문제 47 운동을 전달하는 장치로 옳은 것은?
① 절이 왕복하는 것을 레버라 한다.
② 절이 요동하는 것을 슬라이더라 한다.
③ 절이 회전하는 것을 크랭크라 한다.
④ 절이 진동하는 것을 캠이라 한다.

해설
- 레버 : 당기거나 밀거나 하여 기계를 조작하는 작은 막대기 모양의 장치
- 크랭크 : 왕복운전을 회전운동으로 바꾸거나 회전운동을 왕복운동으로 바꾸는 장치
- 캠 : 기계의 회전운동을 왕복운동이나 진동 등으로 바꾸기 위한 장치

문제 48 헬리컬 기어의 설명으로 적절하지 않은 것은?
① 진동과 소음이 크고 운전이 정숙하지 않다.
② 회전시에 축압이 생긴다.
③ 스퍼기어보다 가공이 힘들다.
④ 이의 물림이 좋고 연속적으로 접촉한다.

해설 헬리컬 기어는 진동과 소음이 적어 큰 하중과 고속의 전동에 사용된다.

문제 49 평행판 콘덴서에 있어서 콘덴서의 정전용량은 판 사이의 거리와 어떤 관계인가?
① 반비례
② 비례
③ 불변
④ 2배

해설 $C = \dfrac{\varepsilon A}{d}$[F]이므로 $C \propto \dfrac{1}{d}$

답 47. ③ 48. ① 49. ①

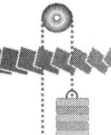

승강기기능사

문제 50 복활차에서 하중 W인 물체를 올리기 위해 필요한 힘(P)은? (단, n은 동활차의 수이다.)

① $P = W + 2^n$
② $P = W - 2^n$
③ $P = W \times 2^n$
④ $P = W/2^n$

문제 51 유도전동기의 동기 속도는 무엇에 의하여 정하여 지는가?

① 전원의 주파수와 전동기의 극수
② 전력과 저항
③ 전원의 주파수와 전압
④ 전동기의 극수와 전류

해설 $N_s = \dfrac{120f}{P}[\text{rpm}]$

문제 52 반지름 r[m], 권수 N의 원형 코일에 I[A]의 전류가 흐를 때 원형 코일 중심점의 자기장의 세기 [AT/m]는?

① $\dfrac{NI}{r}$
② $\dfrac{NI}{2r}$
③ $\dfrac{NI}{2\pi r}$
④ $\dfrac{NI}{4\pi r}$

해설 원형 코일 중심점의 자장의 세기
$H = \dfrac{IN}{2r}[\text{AT/m}]$

문제 53 유도전동기에서 슬립이 1이란 전동기의 어느 상태인가?

① 유도제동기의 역할을 한다.
② 유도전동기가 전부하 운전 상태이다.
③ 유도전동기가 정지 상태이다.
④ 유도전동기가 동기속도로 회전한다.

해설
• 정지상태 : $S = 1$
• 동기 속도로 회전 : $S = 0$
• 정격 부하 운전 : $0 < S < 1$

답 50. ④ 51. ① 52. ② 53. ③

문제 54 물체에 하중이 작용할 때, 그 재료 내부에 생기는 저항력을 내력이라 하고 단위면적당 내력의 크기를 응력이라 하는데 이 응력을 나타내는 식은?

① $\dfrac{\text{단면적}}{\text{하중}}$ ② $\dfrac{\text{하중}}{\text{단면적}}$

③ 단면적 × 하중 ④ 하중 − 단면적

해설 응력 = $\dfrac{\text{하중}}{\text{단면적}}$

문제 55 유도전동기의 속도제어방법이 아닌 것은?

① 전원 전압을 변화시키는 방법 ② 극수를 변화시키는 방법
③ 주파수를 변화시키는 방법 ④ 계자저항을 변화시키는 방법

해설 유도전동기의 속도제어 방법
$N = \dfrac{120f}{P}(1-s)[\text{rpm}]$
① 극수 변환법 ② 주파수 변환법
③ 2차 저항 제어법 ④ 1차 전압(전원 전압) 제어법
⑤ 종속법 ⑥ 2차 여자법

문제 56 다음 중 교류전동기는?

① 분권 전동기 ② 타여자 전동기
③ 유도전동기 ④ 차동복권 전동기

해설 직류전동기의 종류
① 타여자 전동기 ② 분권 전동기
③ 직권 전동기 ④ 가동복권 전동기
⑤ 차동복권 전동기

문제 57 자동제어계의 상태를 교란시키는 외적인 신호는?

① 제어량 ② 외란
③ 목표량 ④ 피드백신호

해설 외란 : 제어량의 변화를 일으킬 수 있는 신호 중에서 기준 입력신호 이외의 것을 말한다.

답 54. ② 55. ④ 56. ③ 57. ②

문제 58 50[μF]의 콘덴서에 200[V], 60[Hz]의 교류 전압을 인가했을 때 흐르는 전류[A]는?

① 약 2.56 ② 약 3.77
③ 약 4.56 ④ 약 5.28

해설 $I = \dfrac{V}{X_c} = \dfrac{V}{\dfrac{1}{wc}} = wcV = 2\pi fcV = 2 \times 3.14 \times 60 \times 50 \times 10^{-6} \times 200 \fallingdotseq 3.77[A]$

문제 59 영(Young)률이 커지면 어떠한 특성을 보이는가?

① 안전하다. ② 위험하다.
③ 늘어나기 쉽다. ④ 늘어나기 어렵다.

해설 영률 = $\dfrac{\text{변형력}}{\text{변형률}}$

문제 60 와이어로프의 사용 하중이 5000kgf이고, 파괴하중이 25000kgf일 때 안전율은?

① 2.5 ② 5.0
③ 0.2 ④ 0.5

해설 안전율 = $\dfrac{\text{파단강도}}{\text{허용응력}} = \dfrac{25000}{5000} = 5$

답 58. ② 59. ④ 60. ②

승강기기능사 과년도 문제
(2015.07.19 시행)

문제 01
가변 전압 가변 주파수(VVVF) 제어방식에 관한 설명 중 틀린 것은?
① 고속의 승강기까지 적용 가능하다.
② 저속의 승강기에만 적용하여야 한다.
③ 직류전동기와 동등한 제어 특성을 낼 수 있다.
④ 유도전동기의 전압과 주파수를 변환시킨다.

해설 VVVF 제어 방식
인버터 제어라고도 불리우는 VVVF 제어는 유도전동기에 인가되는 전압과 주파수를 동시에 변환시켜 직류전동기와 동등한 제어성능을 얻을 수 있는 방식이다. VVVF 제어는 고속엘리베이터에도 유도전동기를 적용하여 보수가 용이하고 전력회생을 통해 전력소비를 줄일 수 있게 되었다.

문제 02
엘리베이터 완충기에 대한 설명으로 적합하지 않는 것은?
① 정격속도 1m/s 이하의 엘리베이터에 에너지 축적형 완충기를 사용하였다.
② 정격속도 1m/s 초과 엘리베이터에 에너지 분산형 완충기를 사용하였다.
③ 에너지 분산형 완충기의 플런저 복귀시험은 완전히 압축한 상태에서 완전 복귀할 때까지의 시간은 90초 이하이다.
④ 에너지 분산형 완충기에서 최소적용중량은 카 자중+적재하중으로 한다.

해설 에너지 분산형 완충기 적용중량(단위 : kgf)

항 목	최소적용중량	최대적용중량
카용	카 자중+65	카 자중+적재하중
균형추용	균형추의 중량	

문제 03
엘리베이터 기계실에 관한 설명으로 틀린 것은?
① 기계실이 정상부에 위치할 경우 꼭대기 틈새의 높이는 2m 이상의 높이를 두어야 한다.
② 기계실의 온도는 5℃~40℃ 이하이어야 한다.
③ 기계실의 위치는 반드시 정상부에 위치하지 않아도 된다.
④ 기계실 바닥면 조도는 100lx 이상이어야 한다.

해설 기계실 바닥의 조도는 200lx 이상이어야 한다.
※ 본 문제는 규정법 개정으로 무효입니다.

답 1.② 2.④ 3.④

문제 04 기계실의 작업구역에서 유효 높이는 몇 m 이상으로 하여야 하는가?
① 1.8　　② 2.1
③ 2.5　　④ 3

문제 05 균형로프(Compensating Rope)의 역할로 적합한 것은?
① 카의 낙하를 방지한다.
② 균형추의 이탈을 방지한다.
③ 주로프와 이동케이블의 이동으로 변화된 하중을 보상한다.
④ 주로프가 열화되지 않도록 한다.

> **해설** 균형로프 : 카의 속도가 120m/min 이상시 사용하는 데, 카의 위치 변화에 따른 주로프 무게에 의한 권상비(traction) 보상을 위해 사용된다.

문제 06 교류 2단속도 제어에 관한 설명으로 틀린 것은?
① 기동시 저속권선 사용　　② 주행시 고속권선 사용
③ 감속시 저속권선 사용　　④ 착상시 저속권선 사용

> **해설** 교류 2단속도 제어 : 기동과 주행은 고속권선으로 감속과 착상은 저속권선으로 하는데 중속엘리베이터에 적용된다.

문제 07 승객용 엘리베이터의 적재하중 및 최대정원을 계산할 때 1인당 하중의 기준은 몇 kg인가?
① 63　　② 65
③ 67　　④ 75

문제 08 평면의 디딤판을 동력으로 오르내리게 한 것으로, 경사도가 12° 이하로 설계된 것은?
① 에스컬레이터　　② 무빙워크
③ 경사형 리프트　　④ 덤웨이터

> **해설** 무빙워크의 경사도는 12° 이하, 속도는 45m/min(0.75m/s) 이하이어야 한다.

문제 09 레일의 규격호칭은 소재 1m 길이당 중량을 라운드 번호로 하여 레일에 붙여 쓰고 있다. 일반적으로 쓰이고 있는 T형 레일의 공칭이 아닌 것은?
① 8K레일　　② 13K레일
③ 16K레일　　④ 24K레일

답 4.② 5.③ 6.① 7.④ 8.② 9.③

해설 일반적으로 사용되고 있는 T형 레일은 8K, 13K, 18K, 24K 및 30K레일이다. 특히, 대용량의 엘리베이터에는 37K, 50K레일 등도 사용된다.

문제 10 다음 중 엘리베이터 도어용 부품과 거리가 먼 것은?
① 행거 롤러 ② 업스러스트 롤러
③ 도어 레일 ④ 가이드 롤러

해설 도어머신 장치

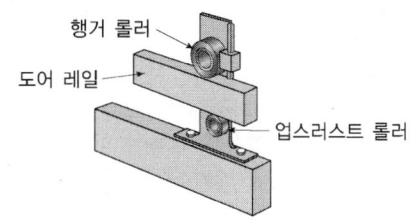

문제 11 유압식 승강기의 종류를 분류할 때 적합하지 않는 것은?
① 직접식 ② 간접식
③ 팬터그래프식 ④ 밸브식

해설 유압식 승강기의 종류
① 직접식
② 간접식
③ 팬터그래프식

문제 12 주차구획을 평면상에 배치하여 운반기의 왕복이동에 의하여 주차를 행하는 방식은?
① 평면 왕복식 ② 다층 순환식
③ 승강기식 ④ 수평 순환식

해설
- **평면 왕복식** : 각층에 평면으로 배치되어 있는 고정된 주차구획에 운반기에 의거 자동차를 운반이동하여 주차시키는 장치
- **다층 순환식** : 다수의 운반기를 1열, 2층 또는 그 이상으로 배열하여 임의의 두 층간의 양단에서 운반기를 승강이동하여 순환이동시키는 방식
- **승강기식** : 여러 층으로 배치되어 있는 고정된 주차구획에 상하로 이동할 수 있는 운반기에 의거 자동차를 운반이동하여 주차시키는 방식
- **수평 순환식** : 주차구획에 자동차를 들어가게 한 후 그 주차구획을 수평으로 순환이동하여 자동차를 주차시키는 방식

답 10. ④ 11. ④ 12. ①

문제 13 정지로 작동시키면 승강기의 버튼등록이 정지되고 자동으로 지정 층에 도착하여 운행이 정지되는 것은?

① 리미트 스위치　　② 슬로다운 스위치
③ 파킹 스위치　　　④ 피트 정지 스위치

해설
- 리미트 스위치 : 엘리베이터가 운행시 최상·최하층을 지나치지 않도록 하는 장치이다.
- 슬로다운 스위치 : 카가 어떤 이상 원인으로 감속되지 못하고 최상, 최하층을 지나칠 경우 이를 검출하여 강제적으로 감속, 정지시키는 장치로서 리미트 스위치(Limit Switch)전에 설치한다.
- 파킹 스위치 : 카를 휴지시키기 위해 설치된 스위치로 주로 기준층의 승강장에 키 스위치를 설치하여 승강장에서 카를 휴지 또는 재가동 시킬 때 사용된다.
- 피트 정지 스위치 : 보수점검 및 검사를 위하여 피트 내부로 들어가기 전 이 스위치를 '정지'위치로 하여 작업중 카가 움직이는 것을 방지한다.

문제 14 승강기에 사용하는 가이드 레일 1본의 길이는 몇 m로 정하고 있는가?

① 1　　② 3
③ 5　　④ 7

해설 가이드 레일 1본의 길이는 5m로 정하고 있다.

문제 15 로프 이탈방지장치를 설치하는 목적으로 부적절한 것은?

① 급제동시 진동에 의해 주로프가 벗겨질 우려가 있는 경우
② 지진의 진동에 의해 주로프가 벗겨질 우려가 있는 경우
③ 기타의 진동에 의해 주로프가 벗겨질 우려가 있는 경우
④ 주로프의 파단으로 이탈할 경우

문제 16 에스컬레이터의 핸드레일(Hand Rail)의 속도는 어떻게 하고 있는가?

① 30m/min 이하로 하고 있다.
② 45m/min 이하로 하고 있다.
③ 발판(step)속도의 2/3 정도로 하고 있다.
④ 발판(step)속도와 같게 하고 있다.

해설 이동식 핸드레일은 운행 전구간에서 디딤판과 핸드레일의 속도차가 0~2% 이하이어야 한다.

답　13. ③　14. ③　15. ④　16. ④

문제 17 에스컬레이터의 역회전 방지장치가 아닌 것은?
① 구동체인 안전장치
② 기계 브레이크
③ 과속조절기
④ 스커트 가드

해설 에스컬레이터의 난간

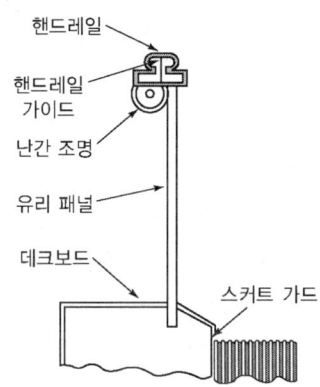

문제 18 유압 엘리베이터에서 압력 릴리프 밸브는 압력을 전부하 압력의 몇 %까지 제한하도록 맞추어 조절해야 하는가?
① 115
② 125
③ 140
④ 150

해설 릴리프 밸브
① 상용압력의 125% 이상 높아지면 바이패스(by-pass) 회로를 열어 기름을 탱크로 되돌려 보내 더 이상의 압력상승을 방지한다.
② 전부하 압력의 140%까지 제한하도록 맞추어 조절되어야 한다.

문제 19 전류의 흐름을 안전하게 하기 위하여 전선의 굵기는 가장 적당한 것으로 선정하여 사용하여야 한다. 전선의 굵기를 결정하는 요인으로 다음 중 거리가 가장 먼 것은?
① 전압강하
② 허용전류
③ 기계적 강도
④ 외부 온도

해설 전선의 굵기를 선정하는 요인
① 전압강하
② 허용전류
③ 기계적 강도

답 17. ④ 18. ③ 19. ④

문제 20 감전의 위험이 있는 장소의 전기를 차단하여 수선, 점검 등의 작업을 할 때에는 작업중 스위치에 어떤 장치를 하여야 하는가?
 ① 접지장치 ② 복개장치
 ③ 시건장치 ④ 통전장치

문제 21 높은 열로 전선의 피복이 연소되는 것을 방지하기 위해 사용되는 재료는?
 ① 고무 ② 석면
 ③ 종이 ④ PVC

문제 22 재해원인의 분석방법 중 개별적 원인 분석은?
 ① 각각의 재해원인을 규명하면서 하나하나 분석하는 것이다.
 ② 사고의 유형, 기인물 등을 분류하여 큰 순서대로 도표화하는 것이다.
 ③ 특성과 요인관계를 도표로 하여 물고기 모양으로 세분화 하는 것이다.
 ④ 월별 재해 발생수를 그래프화 하여 관리선을 선정하여 관리하는 것이다.

문제 23 승강기 관리주체의 의무사항이 아닌 것은?
 ① 승강기 완성검사를 받아야 한다.
 ② 자체점검을 받아야 한다.
 ③ 승강기의 안전에 관한 일상관리를 하여야 한다.
 ④ 승강기의 안전에 관한 보수를 하여야 한다.

문제 24 카내에 승객이 갇혔을 때의 조치할 내용 중 부적절한 것은?
 ① 우선 인터폰을 통해 승객을 안심시킨다.
 ② 카의 위치를 확인한다.
 ③ 층 중간에 정지하여 구출이 어려운 경우에는 기계실에서 정지층에 위치하도록 권상기를 수동으로 조작한다.
 ④ 반드시 카 상부의 비상구출구를 통해서 구출한다.

해설 카내에 승객이 갇혔을 때는 정지층에서 수동으로 문을 열고 구출하여도 된다.

답 20. ③ 21. ② 22. ① 23. ① 24. ④

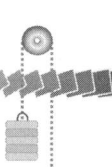

문제 25 방호장치에 대하여 근로자가 준수할 사항이 아닌 것은?
① 방호장치에 이상이 있을 때 근로자가 즉시 수리한다.
② 방호장치를 해체하고자 할 경우에는 사업주의 허가를 받아 해체한다.
③ 방호장치의 해체 사유가 소멸된 때에는 지체없이 원상으로 회복시킨다.
④ 방호장치의 기능이 상실된 것을 발견하면 지체없이 사업주에게 신고한다.

해설 방호장치에 이상이 있을 때는 사업주에게 신고하고 절차에 따라 수리해야 한다.

문제 26 승강기 안전점검에서 신설·변경 또는 고장수리 등 작업을 한 후에 실시하는 것은?
① 사전점검 ② 특별점검
③ 수시점검 ④ 정기점검

문제 27 합리적인 사고의 발견방법으로 타당하지 않는 것은?
① 육감진단 ② 예측진단
③ 장비진단 ④ 육안진단

문제 28 작업표준의 목적이 아닌 것은?
① 작업의 효율화 ② 위험요인의 제거
③ 손실요인의 제거 ④ 재해책임의 추궁

문제 29 승강기의 주로프 로핑(ROPING) 방법에서 로프의 장력은 부하측(카 및 균형추) 중력의 1/2로 되며, 부하측의 속도가 로프 속도의 1/2이 되는 로핑 방법은 어느 것인가?

①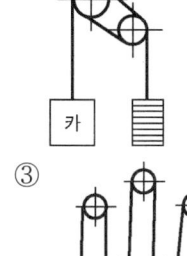
②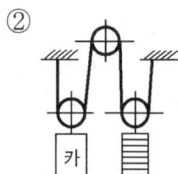
③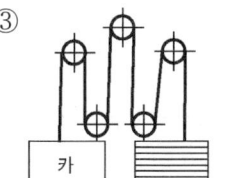
④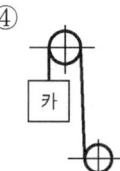

답 25. ① 26. ② 27. ① 28. ④ 29. ②

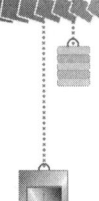

문제 30 로프식 엘리베이터에서 도르래의 직경은 로프 직경의 몇 배 이상으로 하여야 하는가?
① 25 ② 30
③ 35 ④ 40

해설 도르래의 직경은 주로프 직경의 40배 이상되어야 한다.

문제 31 기계식 주차장치에 있어서 자동차 중량의 전륜 및 후륜에 대한 배분비는?
① 6 : 4 ② 5 : 5
③ 7 : 3 ④ 4 : 6

문제 32 카 및 승강장 문의 유효 출입구의 높이(m) 얼마 이상이어야 하는가?
① 1.8 ② 1.9
③ 2.0 ④ 2.1

문제 33 피트에서 하는 검사가 아닌 것은?
① 완충기의 설치상태
② 하부 화이널리미트 스위치류 설치상태
③ 균형로프 및 부착부 설치상태
④ 비상구출구 설치상태

문제 34 유압식 승강기의 특징으로 틀린 것은?
① 기계실의 배치가 자유롭다.
② 실린더를 사용하기 때문에 행정거리와 속도에 한계가 있다.
③ 과부하방지가 불가능하다.
④ 균형추를 사용하지 않기 때문에 모터의 출력과 소비전력이 크다.

해설 과부하방지장치가 가능하다.

문제 35 다음 중 과속조절기의 형태가 아닌 것은?
① 롤 세이프티(Roll Safety)형 ② 디스크(Disk)형
③ 플라이 볼(Fly Ball)형 ④ 카(Car)형

답 30. ④ 31. ① 32. ③ 33. ④ 34. ③ 35. ④

해설 과속조절기의 형태
① 롤 세이프티형
② 디스크형
③ 플라이 볼형

문제 36 승강기의 파이널 리미트 스위치(FINAL LIMIT SWITCH)의 요건 중 틀린 것은?
① 반드시 기계적으로 조작되는 것이어야 한다.
② 작동 캠(CAM)은 금속으로 만든 것이어야 한다.
③ 이 스위치가 동작하게 되면 권상전동기 및 브레이크 전원이 차단되어야 한다.
④ 이 스위치는 카가 승강로의 완충기에 충돌된 후에 작동되어야 한다.

해설 • 완충기에 충돌되기 전에 작동하여야 하며, 슬로다운 스위치에 의하여 정지되면 작용하지 않도록 설정되어야 한다.
• 파이널 리미트 스위치는 카 또는 균형추가 완전히 압축된 완충기 위에 얹히기까지 작동을 계속하여야 한다.

문제 37 에스컬레이터(무빙워크 포함) 자체점검 중 구동기 및 순환 공간에서 하는 점검에서 B(요주의)로 하여야 할 것이 아닌 것은?
① 선기안선상지의 기능을 상실한 것
② 운전, 유지보수 및 점검에 필요한 설비 이외의 것이 있는 것
③ 상부 덮개와 바닥면과의 이음부분에 현저한 차이가 있는 것
④ 구동기 고정 볼트 등의 상태가 불량한 것

문제 38 엘리베이터의 트랙션 머신에서 시브풀리의 홈마모상태를 표시하는 길이 H는 몇 mm 이하로 하는가?
① 0.5
② 2
③ 3.5
④ 5

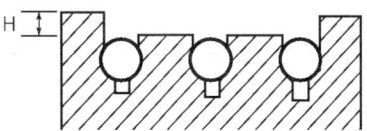

문제 39 전기식 엘리베이터 자체점검 중 카 위에서 하는 점검항목장치가 아닌 것은?
① 비상구출구   ② 도어잠금 및 잠금해제장치
③ 카 위 안전스위치   ④ 문 닫힘 안전장치

답 36. ④ 37. ① 38. ② 39. ④

문제 40 유압승강기에 사용되는 안전밸브의 설명으로 옳은 것은?
① 승강기의 속도를 자동으로 조절하는 역할을 한다.
② 압력배관이 파열되었을 때 작동하여 카의 낙하를 방지한다.
③ 카가 최상층으로 상승할 때 더 이상 상승하지 못하게 하는 안전장치이다.
④ 작동유의 압력이 정격압력이상이 되었을 때 작동하여 압력이 상승하지 않도록 한다.

해설 안전밸브는 일종의 압력조정밸브로 회로의 압력이 상용압력의 125% 이상 높아지게 되면 바이패스(by-pass) 회로를 열어 기름을 탱크로 돌려 보내어 더 이상의 압력상승을 방지한다.

문제 41 다음 중 에스컬레이터의 일반구조에 대한 설명으로 틀린 것은?
① 일반적으로 경사도는 30도 이하로 하여야 한다.
② 핸드레일의 속도가 디딤바닥과 동일한 속도를 유지하도록 한다.
③ 디딤바닥의 정격속도는 30m/min 초과하여야 한다.
④ 물건이 에스컬레이터의 각 부분에 끼이거나 부딪치는 일이 없도록 안전한 구조이어야 한다.

해설 • 에스컬레이터 공칭속도는 경사도가 30° 이하인 경우는 45m/min 이하이어야 한다.
• 경사도가 30°를 초과하고 35° 이하인 경우는 30m/min 이하이어야 한다.

문제 42 승객용 엘리베이터에서 자동으로 동력에 의해 문을 닫는 방식에서의 문 닫힘 안전장치의 기준에 부적합한 것은?
① 문 닫힘 동작 시 사람 또는 물건이 끼일 때 문이 반전하여 열려야 한다.
② 문 닫힘 안전장치 연결전선이 끊어지면 문이 반전하여 닫혀야 한다.
③ 문 닫힘 안전장치의 종류에는 세이프티슈, 광전장치, 초음파장치 등이 있다.
④ 문 닫힘 안전장치는 카 문이나 승강장 문에 설치되어야 한다.

해설 문 닫힘 안전장치 연결선이 끊어지면 그대로 운행이 정지되어 있어야 한다.

문제 43 승강기에 설치할 방호장치가 아닌 것은?
① 가이드 레일   ② 출입문 인터
③ 과속조절기   ④ 파이널 리미트 스위치

답 40. ④ 41. ③ 42. ② 43. ①

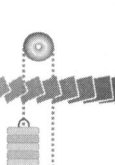

해설 카와 균형추의 승강로 평면내의 위치를 규제하고, 카의 자중이나 화물에 의한 카의 기울어짐을 방지하며, 또한 추락방지안전장치가 작동할 때의 수직하중을 유지하기 위해 가이드 레일을 설치한다.

문제 44 레일을 싸고 있는 모양의 클램프와 레일 사이에 강체와 가까이 롤러를 물려서 정지시키는 추락방지안전장치의 종류는?
① 즉시 작동형 추락방지안전장치
② 플랙시블 가이드 클램프형 추락방지안전장치
③ 플래시블 웨지 클램프형 추락방지안전장치
④ 점차 작동형 추락방지안전장치

문제 45 전기식 엘리베이터 자체점검 항목 중 점검주기가 가장 긴 것은?
① 권상기 감속기어의 윤활유(Oil) 누설유무 확인
② 추락방지안전장치 스위치의 기능상실 유무 확인
③ 승장버튼의 손상 유무 확인
④ 이동케이블의 손상 유무 확인

문제 46 T형 가이드 레일의 규격은 마무리 가공 전 소재의 ( )m당 중량을 반올림한 정수에 'K 레일'을 붙여서 호칭한다. 빈칸에 맞는 것은?
① 1   ② 2
③ 3   ④ 4

해설 레일의 규격
① 레일 호칭은 마무리 가공전 소재의 1m당 중량으로 한다.
② 보통 T형 레일을 사용하는데 공칭은 8K, 13K, 18K, 24K이나 대용량 엘리베이터에서는 37K, 50K 등도 사용된다.
③ 레일의 표준길이는 5m이다.

문제 47 유도전동기의 속도를 변화시키는 방법이 아닌 것은?
① 슬립 s를 변화시킨다.   ② 극수 P를 변화시킨다.
③ 주파수 f를 변화시킨다.   ④ 용량을 변화시킨다.

해설 $N = \dfrac{120f}{P}(1-s)[\text{rpm}]$

답 44. ① 45. ④ 46. ① 47. ④

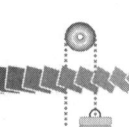

문제 48 "회로망에서 임의의 접속점에 흘러 들어오고 흘러 나가는 전류의 대수합은 0이다."라는 법칙은?

① 키르히호프의 법칙 ② 가우스의 법칙
③ 줄의 법칙 ④ 쿨롱의 법칙

해설
- 키르히호프의 제1법칙 : 회로망 중의 한 접속점에서 그 점에 들어오는 전류의 총합과 나가는 전류의 총합은 같다.

$$\sum I = 0$$

- 가우스(gauss)의 정리 : 전체 전하량 $Q[C]$을 둘러싼 폐곡면을 통하고 밖으로 나가는 전기력선의 총수

$$N = 4\pi r^2 \times E = \frac{Q}{\varepsilon} = \frac{Q}{\varepsilon_o \varepsilon_s}$$

- 줄의 법칙 : $I[A]$의 전류가 저항이 $R[\Omega]$인 도체를 $t[sec]$동안 흐를 때 저항에서 소비되는 전기에너지($W = I^2Rt[J]$)는 모두 열로 된다는 법칙

$$H = I^2Rt[J] = 0.24 I^2Rt[cal]$$

- 쿨롱의 법칙 : 두 자극 사이에 작용하는 힘의 크기 $F[N]$은 두 자극의 세기 m_1, $m_2[Wb]$의 곱에 비례하고 두 자극 사이의 거리 $r[m]$의 제곱에 반비례한다.

$$F = \frac{1}{4\pi\mu} \frac{m_1 m_2}{r^2} = \frac{1}{4\pi\mu_0} \frac{m_1 m_2}{\mu_s r^2} = 6.33 \times 10^4 \frac{m_1 m_2}{\mu_s r^2}[N]$$

문제 49 유도전동기에서 슬립이 1이란 전동기의 어느 상태인가?

① 유도제동기의 역할을 한다.
② 유도전동기가 전부하 운전 상태이다.
③ 유도전동기가 정지 상태이다.
④ 유도전동기가 동기속도로 회전한다.

해설
- 정지상태 : $S = 1$
- 동기속도 회전시 : $S = 0$
- 정격부하 운전시 : $0 < S < 1$

문제 50 어떤 백열전등에 100[V]의 전압을 가하면 0.2[A]의 전류가 흐른다. 이 전등의 소비전력은 몇 [W]인가? (단, 부하의 역률은 1이다.)

① 10 ② 20
③ 30 ④ 40

해설 $P = VI = 100 \times 0.2 = 20[W]$

답 48. ① 49. ③ 50. ②

과년도 문제

문제 51 웜기어의 특징에 관한 설명으로 틀린 것은?
① 가격이 비싸다.
② 부하용량이 작다.
③ 소음이 적다.
④ 큰 감속비를 얻는다.

해설 웜기어는 자동차 산업에서 사용되며 부하용량이 크다.

문제 52 대형 직류전동기의 토크를 측정하는데 가장 적당한 방법은?
① 와전류제동기 ② 프로니 브레이크법
③ 전기동력계   ④ 반환부하법

문제 53 다음 설명 중 링크의 특징이 아닌 것은?
① 경쾌한 운동과 동력의 마찰손실이 크다.
② 제작이 용이하다.
③ 전동이 매우 확실하다.
④ 복잡한 운동을 간단한 장치로 할 수 있다.

해설 링크는 링크체인을 구성하는 고리를 말한다. 제작이 용이하고 전동이 확실하며 복잡한 운동을 간단한 장치로 할 수 있다.

문제 54 다음 중 OR회로의 설명으로 옳은 것은?
① 입력신호가 모두 "0"이면 출력신호에 "1"이 됨
② 입력신호가 모두 "0"이면 출력신호에 "0"이 됨
③ 입력신호가 "1"과 "0"이면 출력신호에 "0"이 됨
④ 입력신호가 "0"과 "1"이면 출력신호에 "0"이 됨

해설 OR 회로
① 시퀀스 회로   ② 논리회로   ③ 논리식   ④ 진리표

$X = A + B$

입력		출력
A	B	X
0	0	0
0	1	1
1	0	1
1	1	1

답 51. ② 52. ③ 53. ① 54. ②

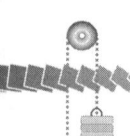

문제 55 변형률이 가장 큰 것은?
  ① 비례한도
  ② 인장 최대하중
  ③ 탄성한도
  ④ 항복점

해설 인장 최대하중은 인장하중 시험에서 견디는 최대하중을 말한다.

문제 56 재료에 하중이 작용하면 재료를 구성하는 원자사이에서 위치의 변화가 일어나고, 그 내부에 응력이 생기며 외적으로는 변형이 나타난다. 이 변형량과 원치수와의 비를 변형률이라 하는데, 변형률의 종류가 아닌 것은?
  ① 세로 변형률
  ② 가로 변형률
  ③ 전단 변형률
  ④ 중량 변형률

해설 변형률의 종류
  ① 세로 변형률
  ② 가로 변형률
  ③ 전단 변형률

문제 57 진공 중에서 m[Wb]의 자극으로부터 나오는 총 자력선의 수는 어떻게 표현되는가?
  ① $\dfrac{m}{4\pi\mu_o}$
  ② $\dfrac{m}{\mu_o}$
  ③ $\mu_o m$
  ④ $\mu_o m^2$

해설 $N = \dfrac{m}{\mu} = \dfrac{m}{\mu_o \mu_s}$ (개)

그런데 진공중에서 $\mu_s = 1$ 이므로 $N = \dfrac{m}{\mu_o}$ (개)

문제 58 다음 중 전압계에 대한 설명으로 옳은 것은?
  ① 부하와 병렬로 연결한다.
  ② 부하와 직렬로 연결한다.
  ③ 전압계는 극성이 없다.
  ④ 교류 전압계에는 극성이 있다.

해설 전압계는 부하와 병렬로 연결한다.

답 55. ② 56. ④ 57. ② 58. ①

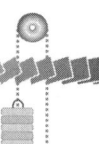

문제 59 주전원이 380V인 엘리베이터에서 110V 전원을 사용하고자 강압 트랜스를 사용하던 중 트랜스가 소손되었다. 원인 규명을 위해 회로시험기를 사용하여 전압을 확인 하고자 할 경우 회로시험기의 전압 측정범위선택스위치의 최초선택위치로 옳은 것은?

① 회로시험기의 110V 미만
② 회로시험기의 110V 이상 220V 미만
③ 회로시험기의 220V 이상 380V 미만
④ 회로시험기의 가장 큰 범위

문제 60 2진수 001101과 100101을 더하면 합은 얼마인가?

① 101010
② 110010
③ 011010
④ 110100

해설
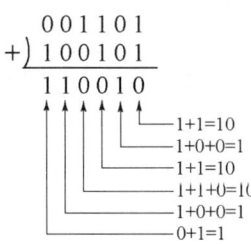

```
   001101
+) 100101
   110010
```
1+1=10
1+0+0=1
1+1=10
1+1+0=10
1+0+0=1
0+1=1

답 59. ④ 60. ②

승강기기능사 과년도 문제
(2015.10.10 시행)

문제 01 과속조절기의 설명에 관한 사항으로 틀린 것은?
① 과속조절기 로프의 공칭 직경은 8mm 이상이어야 한다.
② 과속조절기는 과속조절기 용도로 설계된 와이어로프에 의해 구동되어야 한다.
③ 과속조절기에는 추락방지안전장치의 작동과 일치하는 회전방향이 표시되어야 한다.
④ 과속조절기 로프 풀리의 피치 직경과 과속조절기 로프의 공칭 직경 사이의 비는 30 이상이어야 한다.

해설 과속조절기 로프의 공칭 직경은 6mm 이상이어야 한다.

문제 02 전기식 엘리베이터 기계실의 구조에서 구동기의 회전부품 위로 몇 m 이상의 유효 수직 거리가 있어야 하는가?
① 0.2
② 0.3
③ 0.4
④ 0.5

문제 03 균형추의 중량을 결정하는 계산식은? (단, 여기서 L은 정격하중, F는 오버밸런스율이다.)
① 균형추의 중량=카 자체하중+(L·F)
② 균형추의 중량=카 자체하중×(L·F)
③ 균형추의 중량=카 자체하중+(L+F)
④ 균형추의 중량=카 자체하중+(L−F)

해설 균형추의 중량=카 자체하중+L·F

문제 04 승강기가 최하층을 통과했을 때 주전원을 차단시켜 승강기를 정지시키는 것은?
① 완충기
② 과속조절기
③ 추락방지안전장치
④ 파이널 리미트 스위치

해설 파이널 리미트 스위치(final limit switch) : 리미트 스위치가 동작하지 않을 경우에 대비, 종단계(최상층 또는 최하층)를 현저하게 지나치지 않도록 하기 위해 설치한다. 파이널 리미트 스위치 작동캠은 금속제이어야 한다.

답 1.① 2.② 3.① 4.④

문제 05
엘리베이터의 정격속도 계산 시 무관한 항목은?
① 감속비
② 편향도르래
③ 전동기 회전수
④ 권상도르래 직경

해설 속도 $V = \dfrac{\pi \cdot D \cdot N}{1000} \cdot i \text{(m/min)}$

여기서 D : 권상기 도르래의 지름(mm)
N : 전동기의 회전수(rpm)
i : 감속기의 감속비

문제 06
엘리베이터용 도어머신에 요구되는 성능이 아닌 것은?
① 가격이 저렴할 것
② 보수가 용이할 것
③ 작동이 원활하고 정숙할 것
④ 기동 횟수가 많으므로 대형일 것

해설 도어머신(door machine)에 요구되는 성능
① 동작이 원활하고, 조용하여야 한다.
② 카 위에 부착시키므로 소형이고, 가벼워야 한다.
③ 동작 횟수는 엘리베이터 기동 횟수의 2배가 되므로 동작빈도에 따른 내구성이 좋아야 한다.
④ 가격이 저렴해야 한다.

문제 07
여러 층으로 배치되어 있는 고정된 주차구획에 아래·위로 이동할 수 있는 운반기에 의하여 자동차를 자동으로 운반 이동하여 주차하도록 설계한 주차장치는?
① 2단식
② 승강기식
③ 수직순환식
④ 승강기슬라이드식

해설
• 2단식 : 주차실을 2단으로 하여 면적을 2배로 이용하는 것을 목적으로 한 방식이다. 출입구가 있는 층의 모든 주차구획을 주차장치 출입구로 사용할 수 있는 구조이다. 그리고 주차구획을 위·아래·수평으로 이동하여 주차하도록 설계하였다.
• 승강기식 : 여러 층으로 배치되어 있는 고정된 주차구획에 아래·위로 이동할 수 있는 운반기에 의하여 자동차를 자동으로 운반이동, 주차하도록 설계한 주차장치이다.
• 수직순환식 : 주차구획에 자동차를 들어가게 한 후, 그 주차구획을 수직으로 순환이동, 주차하도록 설계한 주차장치이다.
• 승강기 슬라이드식 : 대지가 넓은 곳에 설치되어 운반기가 해당층에 도착 후 종횡 방향으로 이동, 주차하도록 설계한 주차장치이다.

답 5.② 6.④ 7.②

문제 08 다음 중 도어 시스템의 종류가 아닌 것은?
① 2짝문 상하열기방식
② 2짝문 가로열기(2S)방식
③ 2짝문 중앙열기(CO)방식
④ 가로열기와 상하열기 겸용방식

해설 도어 시스템의 종류
① 상하열기식문
② 가로열기식문(1S, 2S 등)
③ 중앙열기식문(2CO, 4CO 등)
④ 스윙식문

문제 09 전기식 엘리베이터의 속도에 의한 분류방식 중 고속엘리베이터의 기준은?
① 2m/s 이상
② 2m/s 초과
③ 3m/s 이상
④ 4m/s 초과

문제 10 에스컬레이터의 구동체인이 규정치 이상으로 늘어났을 때 일어나는 현상은?
① 안전레버가 작동하여 브레이크가 작동하지 않는다.
② 안전레버가 작동하여 하강은 되나 상승은 되지 않는다.
③ 안전레버가 작동하여 안전회로 차단으로 구동되지 않는다.
④ 안전레버가 작동하여 무부하 시는 구동되나 부하 시는 구동되지 않는다.

해설 구동체인이 규정치 이상으로 늘어나면 안전레버가 작동, 안전회로를 차단하여 구동되지 않도록 한다.

문제 11 승강기 정밀안전 검사 시 과부하방지장치의 작동치는 정격 적재하중의 몇 %를 권장치로 하는가?
① 95~100
② 105~110
③ 115~120
④ 125~130

해설 과부하방지장치 : 카에 정격하중 이상의 물건이 적재되면 카 바닥 밑에 설치한 풋 스위치(foot switch)가 작동하여 경보 부저가 울리고, 동시에 경보등이 점등되며 전동기 전원을 차단시켜 엘리베이터 동작을 금지시킨다. 보통 적재하중의 105~110%로 설정한다.

문제 12 사이리스터의 점호각을 바꿈으로써 회전수를 제어하는 것은?
① 궤환제어
② 일단속도제어
③ 주파수변환제어
④ 정지레오나드제어

답 8.④ 9.④ 10.③ 11.② 12.①, ④

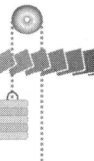

해설
- 궤환제어 : 카의 실속도와 지령속도를 비교하여 사이리스터(Thyristor)의 점호각을 바꿔 유도전동기의 회전수를 제어하는 방식
- 일단속도제어 : 3상 유도 전동기에 전원을 투입해 기동과 정속운전을 하고 정지는 전원을 차단한 후 제동기에 의해 기계적으로 브레이크를 거는 방식
- V.V.V.F.(variable voltage variable friquency : 가변전압 가변주파수)제어 : 유도전동기에 인가되는 전압과 주파수를 동시에 변환시켜 속도를 제어하는 방식
- 정지레오나드제어 : 이 방식은 사이리스터(Thyristor)를 사용하여 교류를 직류로 변환시켜 전동기에 공급하고, 사이리스터의 점호각을 바꿔 직류 전압을 변환해, 직류전동기의 회전수를 제어하는 방식

문제 13 와이어로프 가공방법 중 효과가 가장 우수한 것은?

①    ②

③    ④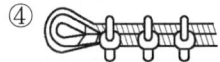

문제 14 실린더에 이물질이 흡입되는 것을 방지하기 위하여 펌프의 흡입축에 부착하는 것은?
① 필터
② 사일렌서
③ 스트레이너
④ 더스트와이퍼

해설
- 필터 : 유압장치에 쇳가루, 모래 등의 고형 이물질의 혼입을 막기 위해 설치한다.
- 사일런서(Silencer) : 작동유의 압력맥동을 흡수하여 진동, 소음을 저감시키기 위해 사용된다. 자동차의 머플러와 같다.
- 스트레이너 : 실리더에 쇳가루나 모래 등의 이물질이 들어가면 실린더가 손상되어 유압이 새는 등의 고장이 발생하여 기기의 수명이 단축된다. 그러므로 이물질을 제거하기 위해 필터를 설치하는데, 펌프의 흡입축에 부착되는 것을 스트레이너라 하고, 배관 중간에 부착되는 것을 라인필터라 한다.

문제 15 직류 가변전압식 엘리베이터에서는 권상전동기에 직류 전원을 공급한다. 필요한 발전기 용량은 약 몇 kW인가? (단, 권상전동기의 효율은 80%, 1시간 정격은 연속정격의 56%, 엘리베이터용 전동기의 출력은 20kW이다.)
① 11
② 14
③ 17
④ 20

해설 $P = \dfrac{20 \times 10^3}{0.8} \times 0.56 = 14\,\text{kW}$

답 13. ① 14. ③ 15. ②

문제 16 교류엘리베이터의 제어방식이 아닌 것은?

① 교류 일단 속도제어방식
② 교류귀환 전압제어방식
③ 워드레오나드방식
④ VVVF 제어방식

해설
1. 교류엘리베이터 제어방식
   ① 교류 1단 속도제어방식 : 30m/min 이하의 저속용 엘리베이터에 적용
   ② 교류 2단 속도제어방식 : 30m/min~60m/min의 화물용에 적용
   ③ 교류귀환 제어방식 : 45m/min~105m/min의 엘리베이터에 적용
   ④ VVVF(Variable Voltage Variable Friquency)제어 : 가변전압가변 주파수 제어를 말하는데, 이 방식은 직류 전동기와 같은 제어 성능을 가지며 소비전력도 절감이 된다.
2. 직류엘리베이터 제어방식
   ① 워드레오나드(ward leonard)방식
   ② 정지레오나드방식

문제 17 카 추락방지안전장치의 작동을 위한 과속조절기는 정격속도의 몇 % 이상의 속도에서 작동해야 하는가?

① 105
② 110
③ 115
④ 120

해설 과속조절기 : 카와 같은 속도로 움직이는 과속조절기 로프에 의해 회전되어 항상 카의 속도를 감지, 속도를 검출하는 장치이다. 카 추락방지안전장치의 작동을 위한 과속조절기는 정격속도의 115% 이상의 속도에서 작동해야 한다.

문제 18 간접식 유압엘리베이터의 특징으로 틀린 것은?

① 실린더의 점검이 용이하다.
② 비상정지장치가 필요하지 않다.
③ 실린더를 설치하기 위한 보호관이 필요하지 않다.
④ 승강로를 실린더를 수용할 부분만큼 더 커지게 된다.

해설
1. 직접식 엘리베이터
   ① 비상정지장치가 없어도 된다.
   ② 해당 승강로 평면이 작아도 되며, 구조가 간단하다.
   ③ 실린더 설치를 위한 보호관을 땅에 묻어야 하므로 설치가 어렵다.
2. 간접식 엘리베이터
   ① 비상정지장치가 필요하다.
   ② 실린더의 보호관이 필요없고, 점검이 용이하다.
   ③ 로프의 늘어남과 기름의 압축성 때문에 부하로 인한 바닥 침하가 있다.

답 16. ③ 17. ③ 18. ②

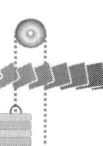

문제 19 전기기기의 외함 등이 절연이 나빠져도 전류가 누설되어도 감전사고의 위험이 적도록 하기 위하여 어떤 조치를 하여야 하는가?
① 접지를 한다.   ② 도금을 한다.
③ 퓨즈를 설치한다.   ④ 영상변류기를 설치한다.

문제 20 재해 누발자의 유형이 아닌 것은?
① 미숙성 누발자   ② 상황성 누발자
③ 습관성 누발자   ④ 자발성 누발자

해설 재해 누발자의 유형
① 미숙성 누발자   ② 상황성 누발자
③ 습관성 누발자   ④ 소질성 누발자

문제 21 카 내에 갇힌 사람이 외부와 연락할 수 있는 장치는?
① 차임벨   ② 인터폰
③ 리미트스위치   ④ 위치표시램프

문제 22 추락에 의한 위험방지 중 유의사항으로 틀린 것은?
① 승강로 내 작업 시에는 작업공구, 부품 등이 낙하하여 다른 사람을 해하지 않도록 할 것
② 카 상부 작업 시 중간층에는 균형추의 움직임에 주의하여 충돌하지 않도록 할 것
③ 카 상부 작업 시에는 신체가 카 상부 보호대를 넘지 않도록 하며 로프를 잡을 것
④ 승강장 도어 키를 사용하여 도어를 개방할 때에는 몸의 중심을 뒤에 두고 개방하여 반드시 카 유무를 확인하고 탑승할 것

문제 23 안전보호기구의 점검, 관리 및 사용방법으로 틀린 것은?
① 청결하고 습기가 없는 장소에 보관한다.
② 한번 사용한 것은 재사용을 하지 않도록 한다.
③ 보호구는 항상 세척하고 완전히 건조시켜 보관한다.
④ 적어도 한달에 1회 이상 책임 있는 감독자가 점검한다.

답 19. ① 20. ④ 21. ② 22. ③ 23. ②

문제 24 작업장에서 작업복을 착용하는 가장 큰 이유는?
① 방한
② 복장 통일
③ 작업능률 향상
④ 작업 중 위험 감소

문제 25 재해원인 중 생리적인 원인은?
① 작업자의 피로
② 작업자의 무지
③ 안전장치의 고장
④ 안전장치 사용의 미숙

문제 26 기계운전 시 기본안전수칙이 아닌 것은?
① 작업범위 이외의 기계는 허가 없이 사용한다.
② 방호장치는 유효 적절히 사용하며, 허가 없이 무단으로 떼어놓지 않는다.
③ 기계가 고장이 났을 때에는 정지, 고장표시를 반드시 기계에 부착한다.
④ 공동 작업을 할 경우 시동할 때에는 남에게 위험이 없도록 확실한 신호를 보내고 스위치를 넣는다.

해설 작업범위 이외의 기계는 허가를 받은 후 사용해야 한다.

문제 27 승강기 보수 작업 시 승강기의 카와 건물의 벽 사이에 작업자가 끼인 재해의 발생 형태에 의한 분류는?
① 협착
② 전도
③ 방심
④ 접촉

해설
• **협착** : 물건에 끼워진 또는 말려든 상태를 말한다.
• **전도** : 사람이 바닥에 평면상으로 넘어지거나 경사면, 계단 등에서 구르거나 넘어진 것을 말한다.

문제 28 감전 상태에 있는 사람을 구출할 때의 행위로 틀린 것은?
① 즉시 잡아 당긴다.
② 전원 스위치를 내린다.
③ 절연물을 이용하여 떼어 낸다.
④ 변전실에 연락하여 전원을 끈다.

해설 감전 상태에 있는 사람을 어떠한 조치도 없이 손으로 잡아 당기면 본인도 감전되어 재해를 입을 수 있다.

답 24. ④ 25. ① 26. ① 27. ① 28. ①

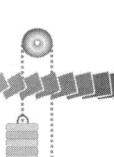

문제 29 운행 중인 에스컬레이터가 어떤 요인에 의해 갑자기 정지하였다. 점검해야 할 에스컬레이터 안전장치로 틀린 것은?

① 승객검출장치
② 인레트 스위치
③ 스커트 가드 안전 스위치
④ 스텝체인 안전장치

해설
- 인레트 스위치 : 핸드레일의 인입구에 설치하는 안전스위치로서 핸드레일이 난간 하부로 들어가는 곳에 어린이들의 손가락이 빨려 들어가는 사고가 발생할 수 있는데, 이러한 사고가 생겼을 때 에스컬레이터를 정지시키는 장치이다.
- 스커트 가드 안전 스위치 : 스커트 가드와 계단체인 사이에 발이나 이물질이 끼었을 때 위험을 방지하기 위한 장치이다.
- 스텝체인 안전장치 : 스텝(계단)체인이 절단 또는 늘어나면, 전원을 차단하여 에스컬레이터를 정지시키는 장치이다.

문제 30 승강기 안전검사 시 에스컬레이터의 공칭속도가 0.5m/s인 경우 제동기의 정지거리는 몇 m 이어야 하는가?

① 0.20m에서 1.00m 사이
② 0.30m에서 1.30m 사이
③ 0.40m에서 1.50m 사이
④ 0.55m에서 1.70m 사이

해설

공칭속도[V]	정지거리
30m/min(0.50m/s)	0.20m에서 1.00m 사이
39m/min(0.65m/s)	0.30m에서 1.30m 사이
45m/min(0.75m/s)	0.40m에서 1.50m 사이

문제 31 로프식 승용승강기에 대한 사항 중 틀린 것은?

① 카 내에는 외부와 연락되는 통화장치가 있어야 한다.
② 카 내에는 용도, 적재하중(최대 정원) 및 비상 시 조치 내용의 표찰이 있어야 한다.
③ 카 바닥 끝단과 승강로 벽 사이의 거리는 150mm를 초과하여야 한다.
④ 카 바닥은 수평이 유지되어야 한다.

해설 카 바닥 끝단과 승강로 벽 사이의 거리는 150mm 이하이어야 한다.

답 29. ① 30. ① 31. ③

문제 32 버니어캘리퍼스를 사용하여 와이어로프의 직경 측정방법으로 알맞은 것은?

① 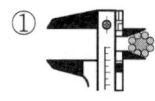   ②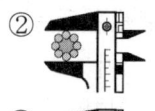

③    ④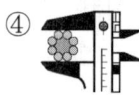

해설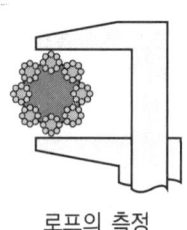

로프의 측정

문제 33 전기식 엘리베이터 자체점검 항목 중 피트에서 완충기점검 항목 중 B로 하여야 할 것은?
① 완충기의 부착이 불확실한 것
② 스프링식에서는 스프링이 손상되어 있는 것
③ 전기안전장치가 불량한 것
④ 유압식으로 유량부족의 것

문제 34 과속조절기 로프의 공칭 지름(mm)은 얼마 이상이어야 하는가?
① 6   ② 8
③ 10   ④ 12

해설 주로프는 8mm 이상, 과속조절기 로프는 6mm 이상되어야 한다.

문제 35 가이드 레일의 규격(호칭)에 해당되지 않는 것은?
① 8K   ② 13K
③ 15K   ④ 18K

해설 가이드 레일
① 레일의 호칭은 마무리 가공 전 소재의 1m당 중량으로 한다.
② T형 레일을 사용하며, 공칭은 8K, 13K, 18K, 24K나 대용량 엘리베이터에는 37K, 50K 등도 사용된다.
③ 레일의 표준 길이는 5m이다.

답 32. ② 33. ④ 34. ① 35. ③

문제 36 승강기 완성검사 시 전기식엘리베이터에서 기계실의 조도는 기기가 배치된 바닥면에서 몇 lx 이상인가?
① 50
② 100
③ 150
④ 200

해설 기계실의 구조
① 기계실의 실온은 5℃~40℃ 이하일 것
② 작업구역에서 유효높이는 2.1m 이상일 것
③ 1개 이상의 콘센트가 있을 것
④ 바닥면의 조도는 200lx 이상일 것
⑤ 유효공간으로 접근하는 통로의 폭은 0.5m 이상일 것

문제 37 유압식 엘리베이터의 제어방식에서 펌프의 회전수를 소정의 상승속도에 상당하는 회전수로 제어하는 방식은?
① 가변전압가변주파수 제어
② 미터인회로 제어
③ 블리드오프회로 제어
④ 유량밸브 제어

해설

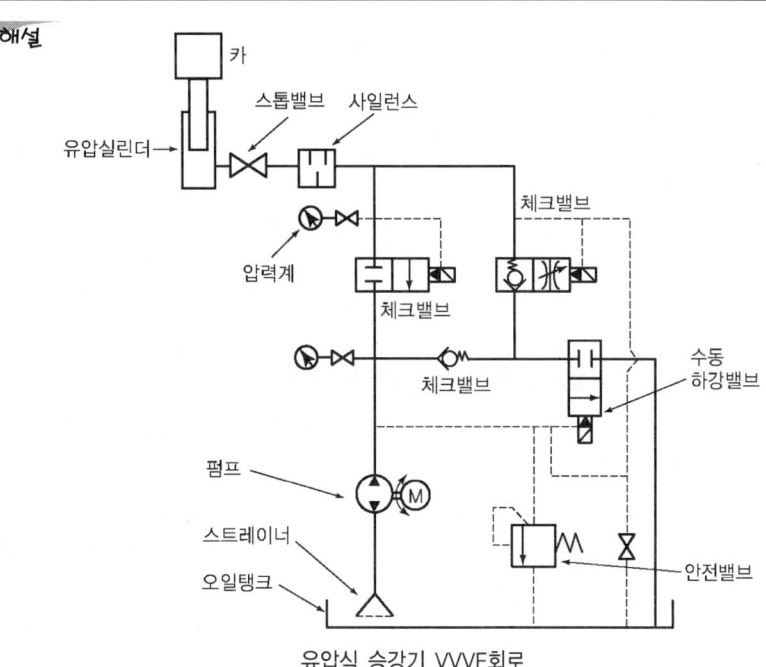

유압식 승강기 VVVF회로

답 36. ④ 37. ①

문제 **38** 베어링(bearing)에 가압력을 주어 축에 삽입할 때 가장 올바른 방법은?

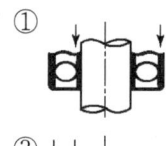 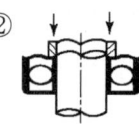

 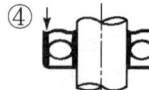

문제 **39** 도어 시스템(열리는 방향)에서 S로 표현되는 것은?
  ① 중앙열기 문
  ② 가로열기 문
  ③ 외짝 문 상하열기
  ④ 2짝 문 상하열기

해설 도어 시스템의 종류
  ① 가로열기식 문(사이드 오픈 방식) 1S, 2S, 3S 등이 있다.
  ② 중앙열기식 문(센터 오픈 방식) 2CO, 4CO 등이 있다.

문제 **40** 다음 중 카 상부에서 하는 검사가 아닌 것은?
  ① 비상구 출구 스위치의 작동 상태
  ② 도어개폐장치의 설치 상태
  ③ 과속조절기 로프의 설치 상태
  ④ 과속조절기 로프 인장장치의 작동 상태

해설 과속조절기 로프 인장장치의 작동 상태 검사는 피트 내에서 행한다.

문제 **41** 디스크형 과속조절기의 점검방법으로 틀린 것은?
  ① 로프잡이의 움직임은 원활하며 지점부에 발청이 없으며 급유상태가 양호한지 확인한다.
  ② 레버의 올바른 위치에 설정되어 있는지 확인한다.
  ③ 플라이 볼을 손으로 열어서 각 연결 레버의 움직임에 이상이 없는지 확인한다.
  ④ 시브홈의 마모를 확인한다.

답 38. ② 39. ② 40. ④ 41. ③

해설 플라이볼은 플라이볼(fly ball) 과속조절기에 장치되어 있다.

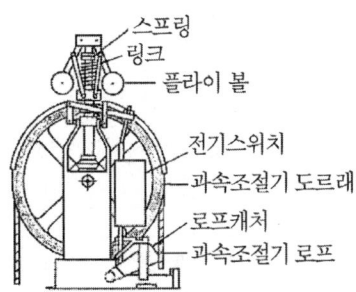

플라이 볼형 과속조절기

문제 42 감속기의 기어 치수가 제대로 맞지 않을 때 일어나는 현상이 아닌 것은?
① 기어의 강도에 악 영향을 준다.
② 진동 발생의 주요 원인이 된다.
③ 카가 전도할 우려가 있다.
④ 로프의 마모가 현저히 크다.

문제 43 전기식 엘리베이터 자체점검 중 피트에서 하는 점검항목에서 과부하감지장치에 대한 점검 주기(회/월)는?
① 1/1   ② 1/3
③ 1/4   ④ 1/6

문제 44 도르래의 로프홈에 언더컷(Under Cut)를 하는 목적은?
① 로프의 중심 균형   ② 윤활 용이
③ 마찰계수 향상   ④ 도르래의 경량화

해설 언더컷(Under Cut) 홈의 목적은 마찰계수 향상에 있다.
마찰계수의 크기는 U홈 < 언더컷 홈 < V홈이다.

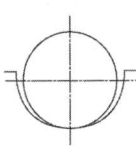 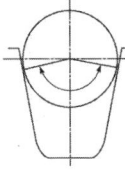 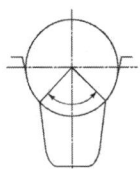

(a) U홈   (b) V홈   (c) 언더컷 홈

답 42. ④ 43. ① 44. ③

2015.10.10 시행

문제 45 비상용 엘리베이터의 운행속도는 몇 m/min 이상으로 하여야 하는가?
① 30 ② 45
③ 60 ④ 90

해설 비상용 엘리베이터는 건물 높이가 31m를 초과 시 설치하는데, 속도는 60m/min 이상되어야 한다.

문제 46 에스컬레이터의 스텝 폭이 1m이고 공칭속도가 0.5m/s인 경우 수송능력(명/h)은?
① 5000 ② 5500
③ 6000 ④ 6500

해설

스텝/팔레트 폭	공칭 속도(m/s)		
	0.5	0.65	0.75
0.6m	3,600명/h	4,400명/h	4,900명/h
0.8m	4,800명/h	5,900명/h	6,600명/h
1m	6,000명/h	7,300명/h	8,200명/h

문제 47 유도전동기의 속도제어법이 아닌 것은?
① 2차 여자제어법 ② 1차 계자제어법
③ 2차 저항제어법 ④ 1차 주파수제어법

해설 유도전동기의 속도제어
① 2차 여자제어법
② 2차 회로의 저항 조정법
③ 극수 변화법
④ 전원 주파수 변화법

문제 48 그림과 같이 자기장 안에서 도선에 전류가 흐를 때, 도선에 작용하는 힘의 방향은? (단, 전선 가운데 점 표시는 전류의 방향을 나타낸다.)
① ⓐ방향
② ⓑ방향
③ ⓒ방향
④ ⓓ방향

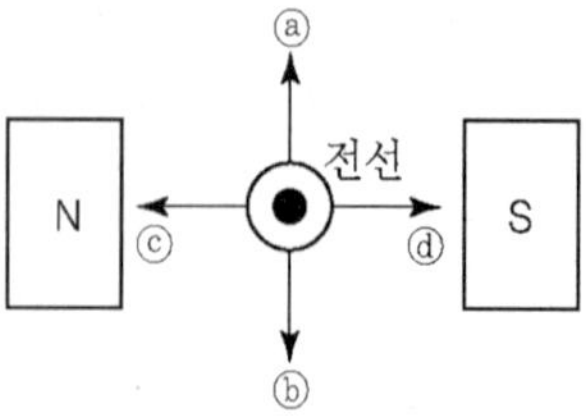

답 45. ③ 46. ③ 47. ② 48. ①

해설 플레밍의 왼손법칙을 적용하면 ⓐ의 방향이 힘의 방향이 된다.
※ 플레밍의 왼손 법칙 : 전동기의 회전 방향을 결정한다.

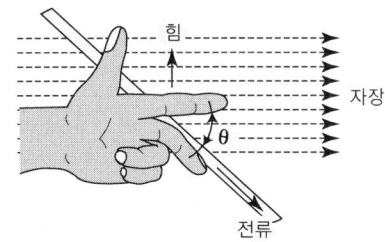

문제 49 6극, 50Hz의 3상 유도전동기의 동기속도(rpm)는?
① 500　　　　　　　　② 1000
③ 1200　　　　　　　　④ 1800

해설 $N_s = \dfrac{120f}{P} = \dfrac{120 \times 50}{6} = 1000(\text{rpm})$

문제 50 다음 중 역률이 가장 좋은 단상 유도전동기로서 널리 사용되는 것은?
① 분상 기동형　　　　② 반발 기동형
③ 콘덴서 기동형　　　④ 셰이딩 코일형

해설
① **분상 기동형** : 기동 시에만 주권선과 보조권선에 의해 회전 자기장을 만들어 기동시키고, 가속되면 주권선만으로 운전하는 방식의 전동기이다. 전기냉장고, 세탁기, 소형 공작기계, 펌프 등에 사용된다.
② **반발 기동형** : 전기자 권선이 정류자에 접속되어 반발기동 시에 주로 동작하고, 농형 권선은 운전 시에 사용된다.
③ **콘덴서 기동형** : 단상 유도전동기 중에서 역률이 가장 좋다. 기동 전류가 작고 기동 토크가 크다. 컴프레서, 펌프, 냉동기, 농기기 등에 사용된다.
④ **셰이딩 코일형** : 돌극형 자극의 고정자와 농형 회전자로 구성된 전동기로 자극에 슬롯을 만들어서 단락된 셰이딩 코일을 끼워 넣은 것. 기동 토크가 대단히 작고, 운전 중에도 셰이딩 코일에 전류가 흐르기 때문에 역률과 효율이 낮고 속도 변동률이 크다. 그런데 회전 방향을 바꾸지 못하는 단점이 있다. 선풍기, 전축 등의 소형 전동기에 사용된다.

문제 51 $Q[\text{C}]$의 전하에서 나오는 전기력선의 총수는?
① Q　　　　　　　　② εQ
③ $\dfrac{\varepsilon}{Q}$　　　　　　　　④ $\dfrac{Q}{\varepsilon}$

답 49. ② 50. ③ 51. ④

문제 52 그림에서 지름 400mm의 바퀴가 원주 방향으로 25kg의 힘을 받아 200rpm으로 회전하고 있다면, 이때 전달되는 동력은 몇 kg·m/sec인가? (단, 마찰계수는 무시한다.)

① 10.47
② 78.5
③ 104.7
④ 785

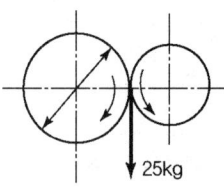

해설 전달동력 계산식
$P = T \times w = F \times r \times 2\pi N$
여기서, P : 전달동력(F·r)(kgf·m/sec), w : 각속도($2\pi N$)
F : 힘(kgf), r : 반지름(m), N : 초당 회전수(rps)
$F = 25 \text{kgf}, \ r = \dfrac{d}{2} = \dfrac{400\text{mm}}{2} = 200\text{mm} = 0.2\text{m}$
$N = 200 \text{rpm}(회/분) = \dfrac{200}{60}[\text{rps}](회/초)$
$w = 2\pi N = 2 \times \pi \times \dfrac{200}{60}$
$P = T \times w = F \times r \times 2\pi N$ 식에 대입
$P = 25 \times 0.2 \times 2 \times \pi \times \dfrac{200}{60} = 104.7[\text{kgf·m/sec}]$

문제 53 다음 중 다이오드의 순방향 바이어스 상태를 의미하는 것은?

① P형 쪽에 (-), N형 쪽에 (+) 전압을 연결한 상태
② P형 쪽에 (+), N형 쪽에 (-) 전압을 연결한 상태
③ P형 쪽에 (-), N형 쪽에 (-) 전압을 연결한 상태
④ P형 쪽에 (+), N형 쪽에 (+) 전압을 연결한 상태

문제 54 요소와 측정하는 측정기구의 연결로 틀린 것은?

① 길이 : 버니어캘리퍼스
② 전압 : 볼트미터
③ 전류 : 암미터
④ 접지저항 : 메거

해설 접지저항은 접지저항계(Earth tester)로 측정한다.

문제 55 교류 회로에서 전압과 전류의 위상이 동상인 회로는?

① 저항만의 조합회로
② 저항과 콘덴서의 조합회로
③ 저항과 코일의 조합회로
④ 콘덴서와 콘덴서만의 조합회로

답 52. ③ 53. ② 54. ④ 55. ①

해설

• R만의 회로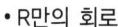
$\dot{V}$와 $\dot{I}$는 동상

• L만의 회로
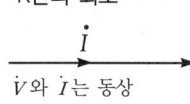
$\dot{I}$가 $\frac{\pi}{2}$[rad] 만큼 뒤짐

• C만의 회로
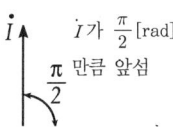
$\dot{I}$가 $\frac{\pi}{2}$[rad] 만큼 앞섬

문제 56. 아래의 회로도와 같은 논리기호는?

①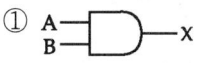
②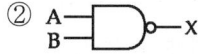
③
④ A─┐
   B─┘⊃─X

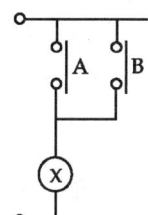

해설

1. AND 회로

① 시퀀스 회로   ② 진리표   ③ 논리회로   ④ 논리식

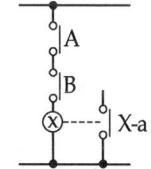

입력		출력
A	B	X
0	0	0
0	1	0
1	0	0
1	1	1

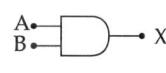 $X = A \cdot B$

2. OR 회로

① 시퀀스 회로   ② 진리표   ③ 논리회로   ④ 논리식

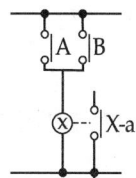

입력		출력
A	B	X
0	0	0
0	1	1
1	0	1
1	1	1

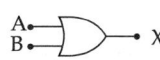 $X = A + B$

3. NAND 회로

① 시퀀스 회로   ② 진리표   ③ 논리회로   ④ 논리식

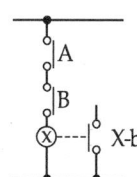

입력		출력
A	B	X
0	0	1
0	1	1
1	0	1
1	1	0

A─┐
B─┘&─○─X $X = \overline{A \cdot B}$

답 56. ④

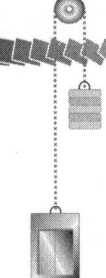

4. NOR 회로
① 시퀀스 회로　　② 진리표　　③ 논리회로　　④ 논리식

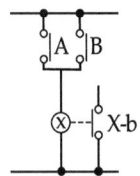

문제 57 구름베어링의 특징에 관한 설명으로 틀린 것은?
① 고속회전이 가능하다.　　② 마찰저항이 작다.
③ 설치가 까다롭다.　　　　④ 충격에 강하다.

해설　구름베어링은 충격에 약하다.

문제 58 전선의 길이를 고르게 2배로 늘리면 단면적은 1/2로 된다. 이때의 저항은 처음의 몇 배가 되는가?
① 4배　　② 3배
③ 2배　　④ 1.5배

해설　$R = \rho \dfrac{l}{A}(\Omega)$이다. 그러므로 $R_o = \rho \dfrac{l}{A} = \rho \dfrac{2l}{\frac{A}{2}} = 4\rho \dfrac{l}{A} = 4R$

문제 59 응력(stress)의 단위는?
① kcal/h　　② %
③ kg/cm^2　　④ kg·cm

문제 60 동력을 수시로 이어주거나 끊어주는 데 사용할 수 있는 기계요소는?
① 클러치　　② 리벳
③ 키이　　　④ 체인

답　57. ④　58. ①　59. ③　60. ①

2016년 기출문제

- 과년도 문제(2016. 01. 24)
- 과년도 문제(2016. 04. 02)
- 과년도 문제(2016. 07. 10)

승강기기능사 과년도 문제
(2016.01.24 시행)

문제 01 엘리베이터의 유압식 구동방식에 의한 분류로 틀린 것은?
① 직접식　　　　　② 간접식
③ 스크류식　　　　④ 팬터그래프식

해설　엘리베이터의 유압식 구동방식에 따른 분류
① 직접식　② 간접식　③ 팬터그래프식

문제 02 권상도르래, 풀리 또는 드럼과 현수로프의 공칭 직경 사이의 비는 스트랜드의 수와 관계없이 얼마 이상이어야 하는가?
① 10　　　　　　　② 20
③ 30　　　　　　　④ 40

해설　메인 도르래의 직경은 걸리는 로프 직경의 40배 이상 되어야 한다.

문제 03 가이드 레일의 사용목적으로 틀린 것은?
① 집중하중 작용 시 수평하중을 유지
② 추락방지안전장치 작동 시 수직하중을 유지
③ 카와 균형추의 승강로 평면 내의 위치 규제
④ 카의 자중이나 화물에 의한 카의 기울어짐 방지

해설　가이드 레일의 사용목적
① 추락방지안전장치 작동 시 수직하중을 유지
② 카와 균형추의 승강로 평면 내의 위치 규제
③ 카의 자중이나 화물에 의한 카의 기울어짐 방지

문제 04 아파트 등에서 주로 야간에 카 내의 범죄활동 방지를 위해 설치하는 것은?
① 파킹스위치
② 슬로다운 스위치
③ 록다운 추락방지안전장치
④ 각층 강제 정지운전 스위치

답　1. ③　2. ④　3. ①　4. ④

해설
- 파킹(Parking) 스위치 : 카를 휴지시키기 위해 설치된 스위치로 주로 기준층의 승강장에키 스위치를 설치하여 승강장에서 카를 휴지 또는 재가동시킬 수 있는 스위치
- 슬로다운 스위치(Slow Down Switch) : 카가 어떤 이상 원인으로 감속되지 못하고 최상·최하층을 지나칠 경우 이를 검출하여 강제적으로 감속, 정지시키는 장치로서 리미트 스위치(Limit Switch) 전에 설치한다.
- 록 다운(Lock Down) 추락방지안전장치 : 고층건물의 경우는 와이어로프 자중에 의한 불평형하중을 보상하기 위하여 카하부에서 균형추하부까지 균형 로프 또는 체인을 거는데 로프를 적용하는 경우 피트에서 지지하는 도르래는 바닥에 견고히 고정되어야 하며, 록 다운 장치를 부착하여 카의 추락방지안전장치가 작동 시 이 장치에 의해 균형추, 와이어로프 등이 관성에 의해 튀어오르지 못하도록 하여야 한다. 이 장치는 순간 정지식이어야 하며, 속도 210m/min 이상의 엘리베이터에 설치되어야 한다.
- 각층 강제 정지운전 스위치 : 아파트 등에서 카 안의 범죄활동을 방지하기 위하여 설치되며, 스위치를 ON시키면 각층에 정지하면서 목적층까지 주행한다.

문제 05 레일의 규격을 나타낸 그림이다. 빈칸 ⓐ, ⓑ에 맞는 것은 몇 kg인가?

(단위 : mm)

기호\치수	8K	ⓐ	18K	ⓑ	30K
A	56	62	89	89	108
B	78	89	114	127	140
C	10	16	16	16	19
D	26	32	38	50	51
E	6	7	8	12	13

① ⓐ 10, ⓑ 26
② ⓐ 12, ⓑ 22
③ ⓐ 13, ⓑ 24
④ ⓐ 15, ⓑ 27

해설 가이드 레일의 치수 (단위 : mm)

기호\치수	8K	13K	18K	24K	30K
A	56	62	89	89	108
B	78	89	114	127	140
C	10	16	16	16	19
D	26	32	38	50	51
E	6	7	8	12	13

문제 06 다음 중 주유를 해서는 안 되는 부품은?
① 균형추
② 가이드슈
③ 가이드 레일
④ 브레이크 라이닝

답 5. ③ 6. ④

2016.01.24 시행

해설 브레이크 라이닝에 주유를 하면 모터를 잡을 시 미끄러져 카를 제어할 수 없다.

문제 07 중앙 개폐방식의 승강장 도어를 나타내는 기호는?
① 2S
② CO
③ UP
④ SO

해설
- S : 측면 개폐
- CO : 중앙 개폐
- UP : 상승 개폐
- UD : 상하 개폐

문제 08 압력맥동이 적고 소음이 적어서 유압식 엘리베이터에 주로 사용되는 펌프는?
① 기어 펌프
② 베인 펌프
③ 스크류 펌프
④ 릴리프 펌프

문제 09 에스컬레이터의 역회전 방지 장치로 틀린 것은?
① 과속조절기
② 스커트 가드
③ 기계 브레이크
④ 구동체인 안전장치

해설
- 과속조절기 : 카와 같은 속도로 움직이는 과속조절기 로프에 의거 회전하며, 항상 카의 과속도를 검출한다.
- 스커트 가드 : 에스컬레이터나 무빙워크의 내측판 하부에 있으며, 발판의 측면과 작은 틈새를 보호하는 패널을 말한다.
- 구동체인 안전 장치 : 구동체인이 절단되었을 때 계단을 정지시킨다.

문제 10 엘리베이터 도어 사이에 끼이는 물체를 검출하기 위한 안전 장치로 틀린 것은?
① 광전 장치
② 도어클로저
③ 세이프티 슈
④ 초음파 장치

해설
- 광전 장치 : 광선빔을 발생시키는 투광기와 센서인 수광기로 구성, 도어의 양단에 설치하여 광선 빔이 차단될 때에는 도어를 반전시키는 비접촉식 보호 장치이다.
- 도어클로저 : 승강장 도어가 열려 있을 때 자동으로 닫히게 한다.
- 세이프티 슈 : 카 도어의 끝단에 세이프티 슈를 설치하여 이물체가 접촉되면 도어의 닫힘을 중지하고 도어를 반전시키는 접촉식 보호장치이다.
- 초음파 장치 : 초음파의 감지각도를 조절하여 승강장 또는 카쪽의 이물체나 사람을 검출, 도어를 반전시키는 비접촉식 보호 장치(유모차, 휠체어 등)이다.

답 7.② 8.③ 9.② 10.②

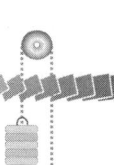

문제 11 기계실을 승강로의 아래쪽에 설치하는 방식은?
① 정상부형 방식 ② 횡인 구동 방식
③ 베이스먼트 방식 ④ 사이드머신 방식

해설 기계실의 종류
① 사이드 머신 타입(Side Machine Type) : 기계실이 상부 측면에 설치된 것
② 베이스먼트 타입(Basement Type) : 기계실이 하부 측면에 설치된 것

문제 12 기계식 주차설비를 할 때 승강기식인 경우 시브 또는 드럼의 직경은 와이어로프 직경의 몇 배 이상으로 하는가?
① 10 ② 15
③ 20 ④ 30

해설 기계식 주차설비를 할 때 승강기식인 경우 시브 또는 드럼의 직경은 와이어로프 직경의 30배 이상으로 하여야 한다.

문제 13 가장 먼저 누른 호출 버튼에 응답하고 운전이 완료될 때까지 다른 호출에 응답하지 않는 운전방식은?
① 승합 전자동식 ② 단식 자동 방식
③ 카 스위치 방식 ④ 하강 승합 전자동식

해설
- 승합 전자동식 : 승강장의 누름 버튼은 2개가 있으며, 동시에 기억시킬 수 있다. 카는 그 진행 방향이 카 내의 누름 버튼과 승강장의 누름 버튼에 응답하면서 오르고 내린다.
- 단식 자동 방식 : 먼저 눌러진 호출에 응답하고, 운행 중에는 다른 호출에는 응하지 않는다.
- 카 스위치 방식 : 기동·정지가 모두 운전자에 의해서 이루어진다.
- 하강 승합 전자동식 : 2층 이상의 승강장에는 내림 방향의 버튼만 있다. 중간층에서 위 방향으로 올라갈 때는 1층까지 내려와서 카 버튼으로 목적층을 등록 시켜야 올라간다.

문제 14 트랙션 권상기의 특징으로 틀린 것은?
① 소요동력이 작다.
② 행정거리의 제한이 없다.
③ 주로프 및 도르래의 마모가 일어나지 않는다.
④ 권과(지나치게 감기는 현상)를 일으키지 않는다.

답 11. ③ 12. ④ 13. ② 14. ③

> **해설** 트랙션 권상기의 특징
> ① 소요동력이 작다.
> ② 행정거리의 제한이 없다.
> ③ 지나치게 감기는 현상이 일어나지 않는다.

문제 15 정지 레오나드 방식 엘리베이터의 내용으로 틀린 것은?
① 워드 레오나드 방식에 비하여 손실이 적다.
② 워드 레오나드 방식에 비하여 유지보수가 어렵다.
③ 사이리스터를 사용하여 교류를 직류로 변환한다.
④ 모터의 속도는 사이리스터의 점호각을 바꾸어 제어한다.

> **해설** 정지 레오나드 방식은 변환 시의 손실이 워드레오나드 방식에 비해 작고 보수도 용이하다.

문제 16 작동유의 압력맥동을 흡수하여 진동, 소음을 감소시키는 것은?
① 펌프　　　　　　　　　　② 필터
③ 사이렌서　　　　　　　　④ 역류제지 밸브

> **해설** 사이렌서 : 자동차의 머플러와 같이 작동유의 압력맥동을 흡수하여 진동·소음을 감소시키는 역할을 한다.

문제 17 에스컬레이터 각 난간의 꼭대기에는 정상운행 조건하에서 스텝, 팔레트 또는 벨트의 실제 속도와 관련하여 동일 방향으로 몇 %의 공차가 있는 속도로 움직이는 핸드레일이 설치되어야 하는가?
① 0 ~ 2　　　　　　　　　② 4 ~ 5
③ 7 ~ 9　　　　　　　　　④ 10 ~ 12

문제 18 3상 유도 전동기의 회전 방향을 바꾸는 방법으로 옳은 것은?
① 3상 전원의 주파수를 바꾼다.
② 3상 전원 중 1상을 단선시킨다.
③ 3상 전원 중 2상을 단락시킨다.
④ 3상 전원 중 임의의 2상의 접속을 바꾼다.

> **해설**
> 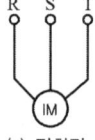　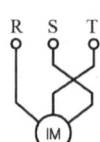
> (a) 정회전　　(b) 역회전

답 15. ② 16. ③ 17. ① 18. ④

문제 19 화재 시 조치사항에 대한 설명 중 틀린 것은?
① 비상용 엘리베이터는 소화활동 등 목적에 맞게 동작시킨다.
② 빌딩 내에서 화재가 발생할 경우 반드시 엘리베이터를 이용해 비상탈출을 시켜야 한다.
③ 승강로에서의 화재 시 전선이나 레일의 윤활유가 탈 때 발생되는 매연에 질식되지 않도록 주의한다.
④ 기계실에서의 화재 시 카 내의 승객과 연락을 취하면서 주전원 스위치를 차단한다.

해설 엘리베이터를 이용해 탈출하다가 멈추면 매연에 의해 질식사 할 수 있으므로 계단을 이용하여 탈출하여야 한다.

문제 20 안전점검 체크 리스트 작성 시의 유의사항으로 가장 타당한 것은?
① 일정한 양식으로 작성할 필요가 없다.
② 사업장에 공통적인 내용으로 작성한다.
③ 중점도가 낮은 것부터 순서대로 작성한다.
④ 점검표의 내용은 이해하기 쉽도록 표현하고 구체적이어야 한다.

문제 21 재해의 직접 원인 중 작업환경의 결함에 해당되는 것은?
① 위험장소 접근 ② 작업순서의 잘못
③ 과다한 소음 발산 ④ 기술적, 육체적 무리

문제 22 추락방지를 위한 물적 측면의 안전 대책과 관련이 없는 것은?
① 발판, 작업대 등은 파괴 및 동요되지 않도록 견고하고 안정된 구조이어야 한다.
② 안전교육훈련을 통해 작업자에게 추락의 위험을 인식시킴과 동시에 자율적 규제를 촉구한다.
③ 작업대와 통로는 미끄러지거나 발에 걸려 넘어지지 않게 평평하고 미끄럼 방지성이 뛰어난 것으로 한다.
④ 작업대와 통로 주변에는 난간이나 보호대를 설치해야 한다.

답 19. ② 20. ④ 21. ③ 22. ②

문제 23 산업재해의 발생원인 중 불안전한 행동이 많은 사고의 원인이 되고 있다. 이에 해당되지 않는 것은?
① 위험장소 접근
② 작업장소 불량
③ 안전장치 기능 제거
④ 복장 보호구 잘못 사용

해설 불안전한 행동
① 위험장소 접근
② 안전장치의 기능 제거
③ 복장 보호구의 잘못사용
④ 기계 기구 잘못 사용
⑤ 운전 중인 기계 장치의 손질
⑥ 불안전한 속도 조작
⑦ 위험물 취급 부주의
⑧ 불안전한 상태 방치
⑨ 불안전한 자세 동작
⑩ 감독 및 연락 불충분

문제 24 높은 곳에서 전기작업을 위한 사다리작업을 할 때 안전을 위하여 절대 사용해서는 안 되는 사다리는?
① 니스(도료)를 칠한 사다리
② 셸락(shellac)을 칠한 사다리
③ 도전성 있는 금속제 사다리
④ 미끄럼 방지 장치가 있는 사다리

해설 사다리는 도전성인 금속제이어서는 안 된다.

문제 25 전기 화재의 원인으로 직접적인 관계가 되지 않는 것은?
① 저항
② 누전
③ 단락
④ 과전류

문제 26 안전점검의 목적에 해당되지 않는 것은?
① 합리적인 생산관리
② 생산위주의 시설 가동
③ 결함이나 불안전 조건의 제거
④ 기계·설비의 본래 성능 유지

문제 27 전기식 엘리베이터의 자체점검항목이 아닌 것은?
① 브레이크
② 스커트 가드
③ 가이드 레일
④ 추락방지안전장치

해설 스커트 가드는 계단옆 벽 아랫부분의 볼록 튀어나온 금속제를 말한다.

답 23. ② 24. ③ 25. ① 26. ② 27. ②

문제 28 다음에서 일상점검의 중요성이 아닌 것은?
① 승강기 품질유지 ② 승강기의 수명연장
③ 보수자의 편리도모 ④ 승강기의 안전한 운행

문제 29 전동 덤 웨이터의 안전장치에 대한 설명 중 옳은 것은?
① 도어 인터록 장치는 설치하지 않아도 된다.
② 승강로의 모든 출입구 문이 닫혀야만 카를 승강시킬 수 있다.
③ 출입구 문에 사람의 탑승금지 등의 주의사항은 부착하지 않아도 된다.
④ 로프는 일반 승강기와 같이 와이어로프 소켓을 이용한 체결을 하여야만 한다.

문제 30 전기식 엘리베이터의 자체점검 중 피트에서 하는 점검항목장치가 아닌 것은?
① 완충기
② 측면 구출구
③ 하부 파이널 리미트 스위치
④ 과속조절기 로프 및 기타의 당김 도르래

문제 31 유압식 엘리베이터의 피트 내에서 점검을 실시할 때 주의해야 할 사항으로 틀린 것은?
① 피트 내 비상정지스위치를 작동 후 들어 갈 것
② 피트 내 조명을 점등한 후 들어갈 것
③ 피트에 들어갈 때는 승강로 문을 닫을 것
④ 피트에 들어갈 때 기름에 미끄러지지 않도록 주의할 것

해설 피트에 들어갈 때 승강로 문을 닫아서는 안 된다.

문제 32 전기식 엘리베이터의 경우 기계실에서 검사하는 항목과 관계없는 것은?
① 전동기 ② 인터록 장치
③ 권상기의 도르래 ④ 권상기의 브레이크 라이닝

해설 도어 인터록 : 승강장 도어 안전장치이다. 이 장치는 카가 정지하지 않는 층의 도어는 특수한 열쇠를 사용하지 않으면 열리지 않도록 하는 도어록과 도어가 닫혀 있지 않으면 운전이 불가능하도록 하는 도어 스위치로 구성된다. 도어 인터록 장치에서 중요한 것은 도어록 장치가 확실히 걸린 후 도어 스위치가 들어가고, 도어 스위치가 끊어진 후에 도어록이 열리는 구조로 하는 것이다.

답 28. ③ 29. ② 30. ② 31. ③ 32. ②

문제 33 승강로에 관한 설명 중 틀린 것은?
 ① 승강로는 안전한 벽 또는 울타리에 의하여 외부공간과 격리되어야 한다.
 ② 승강로는 화재 시 승강로를 거쳐서 다른 층으로 연소될 수 있도록 한다.
 ③ 엘리베이터에 필요한 배관 설비외의 설비는 승강로 내에 설치하여서는 안 된다.
 ④ 승강로 피트 하부를 사무실이나 통로로 사용할 경우 균형추에 추락방지안전장치를 설치한다.

해설 승강로는 화재 시 승강로를 거쳐서 다른 층으로 연소되도록 설계 되어서는 안 된다.

문제 34 승강기 완성검사 시 전기식 엘리베이터의 카 문턱과 승강장문 문턱 사이의 수평거리는 몇 mm 이하이어야 하는가?
 ① 35 ② 45
 ③ 55 ④ 65

문제 35 웜 기어 오일(worm gear oil)에 관한 설명으로 틀린 것은?
 ① 매월 교체하여야 한다.
 ② 반드시 지정된 것만 사용한다.
 ③ 규정된 수준을 유지하여야 한다.
 ④ 웜 기어가 분말이나 먼지로 혼탁해지면 교체한다.

해설 웜 기어 오일 : 성능이 열화되면 교체한다.

문제 36 에스컬레이터(무빙워크 포함)에서 6개월에 1회 점검하는 사항이 아닌 것은?
 ① 구동기의 베어링 점검 ② 구동기의 감속기어 점검
 ③ 중간부의 스텝 레일 점검 ④ 핸드레일 시스템의 속도 점검

해설 핸드레일 시스템 속도 점검 : 1개월에 1회 한다.

문제 37 기계실에 대한 설명으로 틀린 것은?
 ① 출입구 자물쇠의 잠금 장치는 없어도 된다.
 ② 관리 및 검사에 지장이 없도록 조명 및 환기는 적절해야 한다.
 ③ 주로프, 과속조절기 로프 등은 기계실 바닥의 관통 부분과 접촉이 없어야 한다.
 ④ 권상기 및 제어반은 기둥 및 벽에서 보수관리에 지장이 없어야 한다.

해설 출입구는 자물쇠의 잠금 장치가 있어야 한다.

답 33. ② 34. ① 35. ① 36. ④ 37. ①

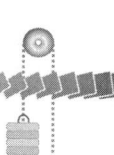

문제 38
파워유니트를 보수·점검 또는 수리할 때 사용하면 불필요한 작동유의 유출을 방지할 수 있는 밸브는?

① 사이런스 ② 체크 밸브
③ 스톱 밸브 ④ 릴리프 밸브

해설
- 사이렌서(Silencer) : 자동차의 머플러와 같이 작동유의 압력맥동을 흡수하여 진동·소음을 감소시키는 역할을 한다.
- 체크 밸브(Check Valve) : 한 쪽 방향으로만 기름이 흐르도록 하는 밸브로서 상승 방향으로는 흐르지만 역 방향으로는 흐르지 않는다. 이것은 정전이나 그 이외의 원인으로 펌프의 토출압력이 떨어져서 실린더의 기름이 역류하여 카가 자유낙하 하는 것을 방지하는 역할을 하는 것으로, 전기식(로프식) 엘리베이터의 전자브레이크와 유사하다.
- 스톱 밸브(Stop Valve) : 유압파워 유니트와 실린더 사이의 압력배관에 설치되며, 이것을 닫으면 실린더의 기름이 파워 유니트로 역류하는 것을 방지한다. 이 장치는 유압장치의 보수, 점검 등을 할 때에 사용된다. 일명 게이트 밸브(Gate Valve)라고도 한다.

문제 39
에스컬레이터의 경사도가 30° 이하일 경우에 공칭 속도는?

① 0.75m/s 이하 ② 0.80m/s 이하
③ 0.85m/s 이하 ④ 0.90m/s 이하

해설 에스컬레이터의 속도 : 에스컬레이터 공칭 속도는 경사도가 30°이하인 경우는 45m/min 이하이어야 한다. 그러나 경사도가 30°를 초과하고 35°이하인 경우는 30m/min 이하이어야 한다.

문제 40
에스컬레이터(무빙워크 포함) 점검항목 및 방법 중 제어 패널, 캐비닛, 접촉기, 릴레이, 제어 기판에서 "B로 하여야 할 것"에 해당하지 않는 것은?

① 잠금 장치가 불량한 것
② 환경상태(먼지, 이물)가 불량한 것
③ 퓨즈 등에 규격 외의 것이 사용되고 있는 것
④ 접촉기, 릴레이, 접촉기 등의 손모가 현저한 것

문제 41
고속 엘리베이터에 많이 사용되는 과속조절기는?

① 점차 작동형 과속조절기 ② 롤 세이프티형 과속조절기
③ 디스크형 과속조절기 ④ 플라이 볼형 과속조절기

답 38. ③ 39. ① 40. ③ 41. ④

해설 과속조절기의 종류
- 디스크형 : 중속 이하에 사용된다.
- 플라이 볼형 : 초고속에 사용된다.
- 롤 세이프티형 : 저속에 사용된다.

문제 42 에스컬레이터(무빙워크 포함)의 비상정지 스위치에 관한 설명으로 틀린 것은?
① 색상은 적색으로 하여야 한다.
② 상하 승강장의 잘 보이는 곳에 설치한다.
③ 버튼 또는 버튼 부근에는 "정지" 표시를 하여야 한다.
④ 장난 등에 의한 오조작 방지를 위하여 잠금 장치를 설치하여야 한다.

문제 43 와이어로프의 구성 요소가 아닌 것은?
① 소선
② 심강
③ 킹크
④ 스트랜드

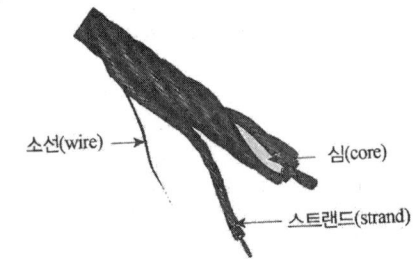

해설

문제 44 카 상부에서 행하는 검사가 아닌 것은?
① 완충기 점검
② 주로프 점검
③ 가이드 슈 점검
④ 도어개폐장치 점검

해설 완충기는 피트에 설치하므로 피트에서의 점검 사항에 해당된다.

문제 45 전기식 엘리베이터의 가이드 레일 설치에서 패킹(보강재)이 설치된 경우는?
① 가이드 레일이 짧게 설치되어 보강할 경우
② 가이드 레일 양 폭의 너비를 조정 작업할 경우
③ 레일브래킷의 간격이 필요 이상 한계를 초과하여 레일의 뒷면에 강재를 붙여서 보강하는 경우
④ 레일브래킷의 간격이 필요 이상 한계를 초과하여 레일의 앞면에 강재를 붙여서 보강하는 경우

답 42. ④ 43. ③ 44. ① 45. ③

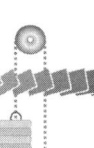

문제 46 유압식 엘리베이터에 있어서 정상적인 작동을 위하여 유지하여야 할 오일의 온도 범위는?
① 5℃ ~ 60℃
② 20℃ ~ 70℃
③ 30℃ ~ 80℃
④ 40℃ ~ 90℃

문제 47 직류 전동기의 회전수를 일정하게 유지하기 위하여 전압을 변화시킬 때 전압은 어디에 해당되는가?
① 조작량
② 제어량
③ 목표값
④ 제어 대상

해설
- 조작량 : 제어량을 조정하기 위하여 제어 대상에 주어지는 양이다.
- 제어량 : 제어 대상에 속하는 양으로, 측정되어 제어될 수 있다.
- 목표값 : 제어계에서 제어량이 목표값에 이를 수 있도록 외부에서 주어지는 값을 말하며, 목표값이 일정할 때에는 설정값이라고도 한다.
- 제어 대상 : 제어량을 발생시키는 부분으로, 이것은 장치 전체일 수도 있고 일부분일 수도 있다.

문제 48 직류 발전기의 구조로서 3대 요소에 속하지 않는 것은?
① 계자
② 보극
③ 전기자
④ 정류자

해설
- 계자 : 전기자가 쇄교하는 자속을 만들어 주는 부분이다. 전기자와의 공극은 3 ~ 8mm가 되어야 한다.
- 보극 : 전기자 반작용을 없애기 위해 주자극 사이에 설치는 극(N·S)을 말한다.
- 전기자 : 계자에서 만든 자속을 끊어 기전력을 유도하는 부분을 말한다.
- 정류자 : 전기자 권선에서 생긴 교류를 직류로 바꾸어 준다.
※ 직류 발전기의 3대 요소는 계자, 전기자, 정류자를 말한다.

문제 49 체크 밸브(Non-Return Valve)에 관한 설명 중 옳은 것은?
① 하강 시 유량을 제어하는 밸브이다.
② 오일의 압력을 일정하게 유지하는 밸브이다.
③ 오일의 방향이 한쪽 방향으로만 흐르도록 하는 밸브이다.
④ 오일의 방향이 양방향으로 흐르는 것을 제어하는 밸브이다.

해설 체크 밸브 : 한쪽 방향으로만 오일이 흐르게 하는 밸브로서, 어떤 원인에 의해 오일이 역류, 카가 자유낙하 하는 것을 방지시킨다.

답 46. ① 47. ① 48. ② 49. ③

문제 50 길이 50mm의 둥근 봉이 인장되어 0.0005의 변형률이 생겼다. 변형 후의 길이는?

① 50.0005mm ② 50.25mm
③ 50.025mm ④ 50.005mm

해설 $\varepsilon = \dfrac{l'-l}{l} = \dfrac{\lambda}{l}$ 에서

$\lambda = \varepsilon \cdot l = 0.0005 \times 50 = 0.025 [\text{mm}]$

∴ $50 + 0.025 = 50.025 [\text{mm}]$

문제 51 기어의 언더컷에 관한 설명으로 틀린 것은?

① 이의 간섭 현상이다.
② 접촉면적이 넓어진다.
③ 원활한 회전이 어렵다.
④ 압력각을 크게 하여 방지한다.

해설 접촉면적이 좁아진다.

문제 52 기계 부품 측정 시 각도를 측정할 수 있는 기기는?

① 사인 바 ② 옵티컬 플랫
③ 다이얼 게이지 ④ 마이크로미터

해설
- 사인 바 : 삼각함수 사인을 이용하여 각도를 측정하거나, 임의의 각도를 성정하기 위한 기구
- 옵티컬 플랫 : 마이크로미터 또는 게이지 블록의 측정면 평탄도를 정확히 검사할 수 있다.
- 다이얼 게이지 : 길이의 비교 측정에 사용된다. 평면, 원통형의 평활도, 원통의 진원도 등의 검사나 측정에도 사용된다.
- 마이크로미터 : 지름을 측정하는데 이용된다.

문제 53 그림과 같은 논리기호의 논리식은?

① $Y = A' + B'$
② $Y = A' \cdot B'$
③ $Y = A \cdot B$
④ $Y = A + B$

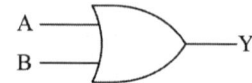

답 50. ③ 51. ② 52. ① 53. ④

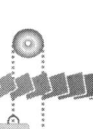

해설 ① AND 회로

• 시퀀스 회로   • 진리표   • 논리 회로   • 논리식

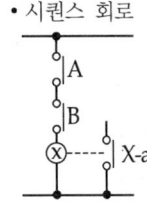

입력		출력
A	B	X
0	0	0
0	1	0
1	0	0
1	1	1

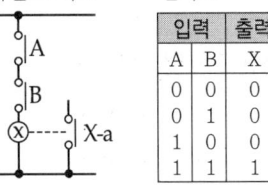 $X = A \cdot B$

② OR 회로

• 시퀀스 회로   • 진리표   • 논리 회로   • 논리식

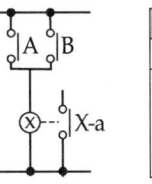

입력		출력
A	B	X
0	0	0
0	1	1
1	0	1
1	1	1

$X = A + B$

문제 54 평행판 콘덴서에 있어서 판의 면적을 동일하게 하고 정전 용량은 반으로 줄이려면 판 사이의 거리는 어떻게 하여야 하는가?

① 1/4로 줄인다.　　② 반으로 줄인다.
③ 2배로 늘린다.　　④ 4배로 늘린다.

해설 $C = \dfrac{\varepsilon A}{d}$ [F]

정전 용량을 반으로 줄이려면 판 사이의 거리는 2배로 늘려야 한다.

문제 55 유도 전동기에서 동기속도 N_s와 극수 P와의 관계로 옳은 것은?

① $N_s \propto P$　　② $N_s \propto 1/P$
③ $N_s \propto P^2$　　④ $N_s \propto 1/P^2$

해설 $N_s = \dfrac{120f}{P}$ [rpm]

문제 56 그림과 같은 회로의 역률은 약 얼마인가?

① 0.74
② 0.80
③ 0.86
④ 0.98

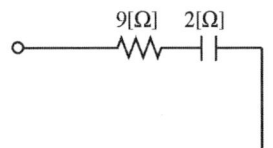

답　54. ③　55. ②　56. ④

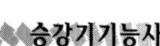

해설 $\cos\theta = \dfrac{R}{Z} = \dfrac{R}{\sqrt{R^2+X_c^2}} = \dfrac{9}{\sqrt{9^2+2^2}} = 0.98$

문제 57 전기기기에서 E종 절연의 최고 허용온도는 몇 ℃인가?
① 90 ② 105
③ 120 ④ 130

해설 절연물의 허용온도

절연재료	Y	A	E	B	F	H	C
허용온도	90°	105°	120°	130°	155°	180°	180°초과

문제 58 안전율의 정의로 옳은 것은?
① 허용 응력/극한 강도 ② 극한 강도/허용 응력
③ 허용 응력/탄성 한도 ④ 탄성 한도/허용 응력

문제 59 정속도 전동기에 속하는 것은?
① 직권 전동기 ② 분권 전동기
③ 타여자 전동기 ④ 가동복권 전동기

해설 분권 전동기는 정속도 전동기로 직류 전원이 있는 선박의 펌프, 환기용 송풍기 등에 사용된다. 타여자 전동기 역시 ϕ가 일정하므로 정속도 전동기이다. 그러므로 답은 ②, ③이 된다.

문제 60 측정계기의 오차의 원인으로서 장시간의 통전 등에 의한 스프링의 탄성피로에 의하여 생기는 오차를 보정하는 방법으로 가장 알맞은 것은?
① 정전기 제거 ② 자기 가열
③ 저항 접속 ④ 영점 조정

답 57. ③ 58. ② 59. ②, ③ 60. ④

승강기기능사 과년도 문제
(2016.04.02 시행)

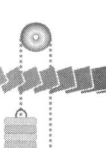

문제 01 엘리베이터용 트랙션식 권상기의 특징이 아닌 것은?
① 소요동력이 작다.
② 균형추가 필요 없다.
③ 행정거리에 제한이 없다.
④ 권과를 일으키지 않는다.

해설 트랙션식 권상기는 균형추가 필요하다.

문제 02 스텝 폭 0.8m 공칭속도 0.75m/s 인 에스컬레이터로 수송할 수 있는 최대 인원의 수는 시간 당 몇 명인가?
① 3600
② 4800
③ 6000
④ 6600

해설

스텝/팔레트 폭(m)	공칭 속도 v(m/s)		
	0.5	0.65	0.75
0.6	3,600(명/h)	4,400(명/h)	4,900(명/h)
0.8	4,800(명/h)	5,900(명/h)	6,600(명/h)
1	6,000(명/h)	7,300(명/h)	8,200(명/h)

문제 03 카가 최상층 및 최하층을 지나쳐 주행하는 것을 방지하는 것은?
① 균형추
② 정지 스위치
③ 인터록 장치
④ 리미트 스위치

해설
- 피트 정지 스위치 : 보수점검 및 검사를 위하여 피트 내부로 들어가기 전 이 스위치를 "정지" 위치로 함으로써 작업 중 카가 움직이는 것을 방지한다.
- 도어 인터록 장치 : 이 장치는 카가 정지하지 않는 층의 도어는 특수한 열쇠를 사용하지 않으면 열리지 않도록 하는 도어록과 도어가 닫혀 있지 않으면 운전이 불가능 하도록 하는 도어 스위치로 구성된다. 이 장치에서 중요한 것은 도어록 장치가 확실히 걸린 후 도어 스위치가 들어가고, 도어 스위치가 끊어진 후 도어록 이 열리는 구조로 되는 것이다.
- 리미트 스위치 : 엘리베이터가 운행 시 최상·최하층을 지나치지 않도록 하는 장치로서 카를 감속 제어하여 정지시킬 수 있도록 배치되어야 한다.

답 1.② 2.④ 3.④

문제 04 비상용 엘리베이터의 정전 시 예비전원의 기능에 대한 설명으로 옳은 것은?

① 30초 이내에 엘리베이터 운행에 필요한 전력 용량을 자동적으로 발생하여 1시간 이상 작동하여야 한다.
② 40초 이내에 엘리베이터 운행에 필요한 전력 용량을 자동적으로 발생하여 1시간 이상 작동하여야 한다.
③ 60초 이내에 엘리베이터 운행에 필요한 전력 용량을 자동적으로 발생하여 2시간 이상 작동하여야 한다.
④ 90초 이내에 엘리베이터 운행에 필요한 전력 용량을 자동적으로 발생하여 2시간 이상 작동하여야 한다.

해설 예비전원의 기능 : 60초 이내에 엘리베이터 운행에 필요한 전력 용량을 자동적으로 발생하여 2시간 이상 작동하여야 한다.

문제 05 주차구획이 3층 이상으로 배치되어 있고 출입구가 있는 층의 모든 주차구획을 주차장치 출입구로 사용할 수 있는 구조로서 그 주차 구획을 아래·위 또는 수평으로 이동하여 자동차를 주차하도록 설계한 주차장치는?

① 수평 순환식　　　　　　② 다층 순환식
③ 다단식 주차장치　　　　④ 승강기 슬라이드식

해설
• **수평 순환식** : 주차구획에 자동차를 넣고 그 주차구획을 수평으로 순환 이동하여 자동차를 주차시키는 방식
　① 원형 순환 방식
　② 각형 순환 방식
• **다층 순환식** : 다수의 운반기를 1열, 2층 또는 그 이상으로 배열하여 임의의 두 층 간의 양단에서 운반기를 승강 이동하여 순환 이동시키는 방식
• **다단식 주차 방식** : 주차실을 3단 이상으로 한 방식
• **승강기 슬라이드식** : 대지가 넓은 곳에 운반하여 종·횡 방향으로 이동해 주차시키는 방식

문제 06 도어 인터록에 관한 설명으로 옳은 것은?

① 도어 닫힘 시 도어 록이 걸린 후, 도어 스위치가 들어가야 한다.
② 카가 정지하지 않는 층은 도어 록이 없어도 된다.
③ 도어 록은 비상 시 열기 쉽도록 일반 공구로 사용 가능해야 한다.
④ 도어 개방 시 도어 록이 열리고, 도어 스위치가 끊어지는 구조이어야 한다.

답　4.③　5.③　6.①

해설 도어 인터록 : 승강장 도어 안전장치이다. 이 장치는 카가 정지하지 않는 층의 도어는 특수한 열쇠를 사용하지 않으면 열리지 않도록 하는 도어록과 도어가 닫혀 있지 않으면 운전이 불가능하도록 하는 도어 스위치로 구성된다. 도어 인터록 장치에서 중요한 것은 도어록 장치가 확실히 걸린 후 도어 스위치가 들어가고, 도어 스위치가 끊어진 후에 도어록이 열리는 구조로 하는 것이다.

문제 07 승객이나 운전자의 마음을 편하게 해 주는 장치는?
① 통신 장치
② 관제운전 장치
③ 구출운전 장치
④ B.G.M(Back Ground Music) 장치

해설 B.G.M 장치 : 카 내부에 음악이나 방송을 하기 위한 장치이다.

문제 08 과속조절기 로프의 공칭 직경은 몇 mm 이상이어야 하는가?
① 6
② 8
③ 10
④ 12

해설
• 주로프 : 8mm 이상
• 과속조절기 로프 : 6mm 이상

문제 09 카 문턱과 승강장문 문턱 사이의 수평거리는 몇 mm 이하이어야 하는가?
① 12
② 15
③ 35
④ 125

문제 10 기계실에서 이동을 위한 공간의 유효 높이는 바닥에서부터 천장의 빔 하부까지 측정하여 몇 m 이상이어야 하는가?
① 1.2
② 1.8
③ 2.0
④ 2.5

문제 11 펌프의 출력에 대한 설명으로 옳은 것은?
① 압력과 토출량에 비례했다.
② 압력과 토출량에 반비례한다.
③ 압력에 비례하고, 토출량에 반비례한다.
④ 압력에 반비례하고, 토출량에 비례한다.

해설 펌프의 출력은 압력과 토출량에 비례한다.

답 7. ④ 8. ① 9. ③ 10. ② 11. ①

문제 12 엘리베이터를 3~8대 병설하여 운행관리하며 1개의 승강장 부름에 대하여 1대의 카가 응답하고 교통수단의 변동에 대하여 변경되는 조작 방식은?

① 군 관리 방식
② 단식 자동 방식
③ 군승합 전자동식
④ 방향성 승합 전자동식

해설
- 군 관리 방식 : 3~8대의 엘리베이터를 연계, 집단으로 묶어 합리적으로 운행, 관리하는 방식이다. 엘리베이터의 이용사항 및 환경을 고려해, 효율적 운행을 도모하기 위하여 사용된다.
- 단식 자동 방식 : 승강장 버튼은 오름, 내림 공용인데, 먼저 눌러진 호출에 응답하고, 운행 중 다른 호출에는 응하지 않는 방식이다.
- 군승합 전자동식 : 2~3대의 엘리베이터를 연계시킨 후 어떤 호출에 대해 먼저 응답한 카만 움직이고, 나머지는 응답하지 않아 효율적 이용을 도모하는 방식이다.
- 하강 승합 자동식 : 2층 이상의 승강장에는 내림 방향의 버튼밖에 없다. 중간층에서 위 방향으로 올라갈 때에는 1층까지 내려와서 카 버튼으로 목적층을 등록시켜 올라가야 한다.

문제 13 교류 2단속도 제어에서 가장 많이 사용되는 속도비는?

① 2 : 1
② 4 : 1
③ 6 : 1
④ 8 : 1

해설 2단 속도 모터(motor)를 사용하여 기동과 주행은 고속권선으로 행하고, 감속시는 저속권선으로 감속하여 착상하는 방식이다. 이 방식은 4 : 1 속도비 방식이 주로 사용된다.

문제 14 일반적으로 사용되고 있는 승강기의 레일 중 13K, 18K, 24K 레일 폭의 규격에 대한 사항으로 옳은 것은?

① 3종류 모두 같다.
② 3종류 모두 다르다.
③ 13K와 18K는 같고 24K는 다르다.
④ 18K와 24K는 같고 13K는 다르다.

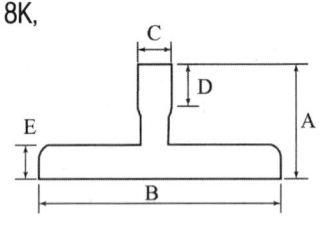

해설

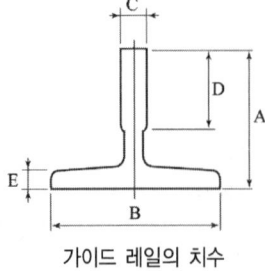

가이드 레일의 치수

공칭 mm	8K	13K	18K	24K
A	56	62	89	89
B	78	89	114	127
C	10	16	16	16
D	26	32	38	50
E	6	7	8	12

답 12. ① 13. ② 14. ①

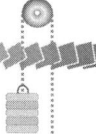

문제 15 엘리베이터의 속도가 규정치 이상이 되었을 때 작동하여 동력을 차단하고 비상정지를 작동시키는 기계장치는?
① 구동기 ② 과속조절기
③ 완충기 ④ 도어 스위치

해설 과속조절기 : 카와 같은 속도로 움직이는 과속조절기 로프에 의거 회전하며, 항상 카의 과속도를 검출한다.

문제 16 승객(공동주택)용 엘리베이터에 주로 사용되는 도르래 홈의 종류는?
① U홈 ② V홈
③ 실홈 ④ 언더커트 홈

해설 승객용 엘리베이터는 주로 언더커트 홈을 사용한다.

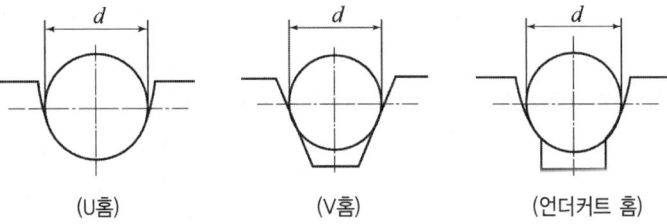

(U홈) (V홈) (언더커트 홈)

문제 17 가요성 호스 및 실린더와 체크 밸브 또는 하강 밸브 사이의 가요성 호스 연결장치는 전부하 압력의 몇 배의 압력을 손상 없이 견뎌야 하는가?
① 2 ② 3
③ 4 ④ 5

해설 가요성 호스 및 실린더와 체크 밸브 또는 하강 밸브 사이의 가요성 호스 연결장치는 전부하 압력의 5배의 압력을 손상 없이 견뎌야 한다.

문제 18 에스컬레이터와 무빙워크의 일반적인 경사도는 각각 몇 도 이하인가?
① 20°, 5° ② 30°, 8°
③ 30°, 12° ④ 45°, 20°

해설 ① 에스컬레이터의 경사도 : 에스컬레이터의 경사도는 30°를 초과하지 않아야 한다. 단, 높이가 6m 이하이고 공칭속도가 30m/min 이하인 경우에는 경사도를 35°까지 증가시킬 수 있다.
② 무빙워크의 경사도 : 무빙워크의 경사도는 12° 이하이어야 한다. 또한 무빙워크의 공칭속도는 45m/min(0.75m/s) 이하이어야 한다.

답 15. ② 16. ④ 17. ④ 18. ③

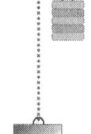

문제 19 파괴검사 방법이 아닌 것은?
① 인장 검사 ② 굽힘 검사
③ 육안 검사 ④ 경도 검사

문제 20 안전 작업모를 착용하는 주요 목적이 아닌 것은?
① 화상 방지 ② 감전의 방지
③ 종업원의 표시 ④ 비산물로 인한 부상 방지

문제 21 전기재해의 직접적인 원인과 관련이 없는 것은?
① 회로 단락 ② 충전부 노출
③ 접속부 과열 ④ 접지판 매설

문제 22 사용전압 380V의 전동기를 사용하는 경우 접지공사는?
① 제1종 접지공사 ② 제2종 접지공사
③ 제3종 접지공사 ④ 특별 제3종 접지공사

해설 ① 400[V] 미만 : 제3종 접지공사
② 400[V] 이상의 저압 : 특별 제3종 접지공사
※ 본 문제는 규정법 개정으로 무효입니다.

문제 23 재해의 발생 과정에 영향을 미치는 것에 해당되지 않는 것은?
① 개인의 성격적 결함
② 사회적 환경과 신체적 요소
③ 불안전한 행동과 불안전한 상대
④ 개인의 성별 직업 및 교육의 정도

문제 24 승강기시설 안전관리법의 목적은 무엇인가?
① 승강기 이용자의 보호
② 승강기 이용자의 편리
③ 승강기 관리 주체의 수익
④ 승강기 관리 주체의 편리

답 19. ③ 20. ③ 21. ④ 22. ③ 23. ④ 24. ①

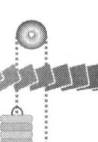

문제 25 재해 조사의 목적으로 가장 거리가 먼 것은?
① 재해에 알맞은 시정책 강구
② 근로자의 복리후생을 위하여
③ 동종재해 및 유사재해 재발 방지
④ 재해 구성 요소를 조사, 분석, 검토하고 그 자료를 활용하기 위하여

문제 26 감전과 전기화상을 입을 위험이 있는 작업에서 구비해야 하는 것은?
① 보호구　　　　　② 구명구
③ 운동화　　　　　④ 구급용구

문제 27 감전에 의한 위험 대책 중 부적합한 것은?
① 일반인 이외에는 전기기계 및 기구에 접촉 금지
② 전선의 결연피복을 보호하기 위한 방호조치가 있어야 함
③ 이동전선의 상호 연결은 반드시 접속 기구를 사용할 것
④ 배선의 연결부분 및 나선부분은 전기절연용 접착테이프로 테이핑 하여야 함

해설　전기기술 담당자 이외에는 전기기계 및 기구에 접촉하지 않아야 한다.

문제 28 "엘리베이터 사고 속보"란 사고 발생 후 몇 시간 이내인가?
① 7시간　　　　　② 9시간
③ 18시간　　　　 ④ 24시간

문제 29 에스컬레이터의 스커트 가드판과 스텝 사이에 인체의 일부나 옷, 신발 등이 끼었을 때 동작하여 에스컬레이터를 정지시키는 안전장치는?
① 스텝체인 안전장치　　　② 구동체인 안전장치
③ 핸드레일 안전장치　　　④ 스커트 가드 안전장치

해설
- 스텝체인 안전장치 : 계단 체인이 절단 또는 늘어날 시 전원을 차단하는 장치
- 구동체인 안전장치 : 구동체인이 절단되었을 때 계단(디딤판)을 정지시키는 장치
- 핸드레일 안전장치 : 이동 손잡이가 늘어난 것을 검출하여 운전을 정지시키는 장치
- 스커트 가드 안전장치 : 스커트 가드와 계단체인 사이에 발이나 이물질이 끼었을 때 위험을 방지하기 위한 장치

 25. ②　26. ①　27. ①　28. ④　29. ④

문제 30 유압장치의 보수 점검 및 수리 등을 할 때 사용되는 장치로서 이것을 닫으면 실린더의 기름이 파워유니트로 역류하는 것을 방지하는 장치는?

① 제지 밸브
② 스톱 밸브
③ 안전 밸브
④ 럽처 밸브

해설
- 역저지 밸브 : 한쪽 방향으로만 오일이 흐르게 하는 밸브로서, 어떤 원인에 의해 오일이 역류, 카가 자유낙하 하는 것을 방지시킨다.
- 스톱 밸브 : 이 밸브는 유압장치의 보수, 점검, 수리 시에 사용되며 게이트 밸브(Gate Valve)라고도 한다.
- 안전 밸브 : 압력조절 밸브로서 압력이 과도하게 상승(125%에 세팅)하는 것을 방지한다.
- 럽처 밸브 : 오일이 실린더로 들어가는 곳에 설치되어, 압력배관이 파손되었을 때 자동적으로 밸브를 닫아 카가 급격히 떨어지는 것을 방지하는 밸브이다.

문제 31 피트 정지 스위치의 설명으로 틀린 것은?

① 이 스위치가 작동하면 문이 반전하여 열리도록 하는 기능을 한다.
② 점검자나 검사자의 안전을 확보하기 위해서는 작업 중 카의 움직임을 방지하여야 한다.
③ 수동으로 조작되고 스위치가 열리면 전동기 및 브레이크에 전원 공급이 차단되어야 한다.
④ 보수 점검 및 검사를 위해 피트 내부로 들어가기 전에 반드시 이 스위치를 "정지" 위치로 두어야 한다.

해설 피트 정지 스위치 : 보수점검 및 검사를 위하여 피트 내부로 들어가기 전 이 스위치를 "정지" 위치로 하여 작업 중 카가 움직이는 것을 방지한다. 수동으로 조작되고 스위치가 작동되면 엘리베이터 전동기 및 브레이크(Brake)에 전력이 차단되는 구조이어야 한다.

문제 32 유압식 엘리베이터의 카 문턱에는 승강장 유효 출입구 전폭에 걸쳐 에이프런이 설치되어야 한다. 수직면의 아랫부분은 수평면에 대해 몇도 이상으로 아래 방향을 향하여 구부러져야 하는가?

① 15°
② 30°
③ 45°
④ 60°

답 30.② 31.① 32.④

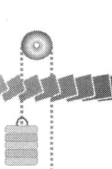

문제 33 도어에 사람의 끼임을 방지하는 장치가 아닌 것은?
① 광전 장치
② 세이프티 슈
③ 초음파 장치
④ 도어 인터로크

해설
- 광전 장치 : 도어의 양단에 투광기와 수광기를 설치해, 광선이 차단될 시 도어의 닫힘은 중단하고 열리게 한다.
- 세이프티 슈 : 도어 선단의 센서가 사람 또는 물질이 접촉될 시 도어의 닫힘을 중단하고 열리게 한다.
- 초음파 장치 : 초음파로 승강쪽의 사람 또는 물건을 검출해 도어의 닫힘을 중단하고 열리게 한다.
- 도어 인터로크 : 이 장치는 도어록과 도어 스위치로 구성된다. 도어 인터록 장치에서 중요한 것은 도어록 장치가 확실히 걸린 후 도어 스위치가 들어가고, 도어 스위치가 끊어진 후에 도어록이 열리는 구조로 하는 것이다.

문제 34 승강기 정밀안전 검사기준에서 전기식 엘리베이터 주로프의 끝 부분은 몇 가닥마다 로프소켓에 바빗트 채움을 하거나 체결식 로프 소켓을 사용하여 고정하여야 하는가?
① 1가닥
② 2가닥
③ 3가닥
④ 5가닥

문제 35 정전으로 인하여 카가 층 중간에 정지될 경우 카를 안전하게 하강시키기 위하여 점검자가 주로 사용하는 밸브는?
① 체크 밸브
② 스톱 밸브
③ 릴리프 밸브
④ 하강용 유량제어 밸브

해설
- 체크 밸브 : 한쪽 방향으로만 오일이 흐르게 하는 밸브로서, 어떤 오일에 의해 오일이 역류, 카가 자유낙하 하는 것을 방지시킨다.
- 스톱 밸브 : 이 밸브는 유압장치의 보수, 점검, 수리 시에 사용되며 게이트 밸브(Gate Valve)라고도 한다.
- 릴리프(안전) 밸브 : 압력조절 밸브로서 압력이 과도하게 상승(125%에 세팅)하는 것을 방지한다.
- 하강용 유량제어 밸브 : 하강 유량제어 밸브 속에 있는 수동하강 밸브를 사용해 카가 층 중간에 정지 시 이 밸브를 열어 카를 하강시킨다.

문제 36 유압 펌프에 관한 설명 중 틀린 것은?
① 압력맥동이 커야 한다.
② 진동과 소음이 작아야 한다.
③ 일반적으로 스크류 펌프가 사용된다.
④ 펌프의 토출량이 크면 속도도 커진다.

답 33. ④ 34. ① 35. ④ 36. ①

2016.04.02 시행

해설 유압 펌프는 압력맥동이 작고 소음이 작아야 한다.

문제 37 유압식 엘리베이터 자체점검 시 피트에서 하는 점검항목 장치가 아닌 것은?
① 체크 밸브
② 램(플린저)
③ 이동케이블 및 부착부
④ 하부 파이널리미트 스위치

문제 38 전기식 엘리베이터 자체점검 시 기계실, 구동기 및 풀리 공간에서 하는 점검항목 장치가 아닌 것은?
① 과속조절기　　② 권상기
③ 고정 도르래　　④ 과부하 감지 장치

문제 39 승강장에서 스텝 뒤쪽 끝부분을 황색 등으로 표시하여 설치되는 것은?
① 스텝체인　　② 테크보드
③ 데마케이션　　④ 스커트 가드

문제 40 전기식 엘리베이터 자체점검 시 제어 패널, 캐비닛 접촉기, 릴레이 제어 기판에서 "B로 하여야 할 것"이 아닌 것은?
① 기관의 접촉이 불량한 것
② 발열, 진동 등이 현저한 것
③ 접촉기, 릴레이, 접촉기 등의 소모가 현저한 것
④ 전기설비의 절연저항이 규정값을 초과하는 것

문제 41 기계실에는 바닥 면에서 몇 lx 이상을 비출 수 있는 영구적으로 설치된 전기 조명이 있어야 하는가?
① 2　　② 50
③ 100　　④ 200

해설 기계실에는 바닥 면에서 200lx 이상을 비출 수 있는 영구적으로 설치된 전기 조명이 있어야 한다.

답 37.① 38.④ 39.③ 40.① 41.④

문제 42 콤에 대한 설명으로 옳은 것은?
① 홈에 맞물리는 각 승강장의 갈라진 부분
② 전기안전장치로 구성된 전기적인 안전시스템의 부분
③ 에스컬레이터 또는 무빙워크를 둘러싸고 있는 외부 측 부분
④ 스텝, 팔레트 또는 벨트와 연결되는 난간의 수직 부분

문제 43 로프의 미끄러짐 현상을 줄이는 방법으로 틀린 것은?
① 권부각을 크게 한다.
② 카 자중을 가볍게 한다.
③ 가감속도를 완만하게 한다.
④ 균형체인이나 균형로프를 설치한다.

해설 로프의 미끄러짐 현상과 카 자중을 가볍게 하는 것과는 무관하다.

문제 44 균형체인과 균형로프의 점검사항이 아닌 것은?
① 이상소음이 있는지를 점검
② 이완 상태가 있는지를 점검
③ 연결 부위의 이상 마모가 있는지를 점검
④ 양쪽 끝단은 카의 양측에 균등하게 연결되어 있는지를 점검

해설 균형체인 또는 균형로프의 양쪽 끝단은 카와 균형추의 양단에 균등하게 연결되어 있는가를 점검해야 한다.

문제 45 고장 및 정전 시 카 내의 승객을 구출하기 위해 카 천장에 설치된 비상구출문에 대한 설명으로 틀린 것은?
① 카 천장에 설치된 비상구출문은 카 내부 방향으로 열리지 않아야 한다.
② 카 내부에서는 열쇠를 사용하지 않으면 열 수 없는 구조이어야 한다.
③ 비상구출구의 크기는 0.3m×0.3m 이상이어야 한다.
④ 카 천장에 설치된 비상구출문은 열쇠 등을 사용하지 않고 카 외부에서 간단한 조작으로 열 수 있어야 한다.

해설 비상구출구의 크기는 0.4m×0.5m 이상 되어야 한다.

답 42. ① 43. ② 44. ④ 45. ③

문제 46 자동차용 엘리베이터에서 운전자가 항상 전진 방향으로 차량을 입·출고할 수 있도록 해주는 방향 전환 장치는?
① 턴 테이블 ② 카 리프트
③ 차량 감지기 ④ 출차 주의등

문제 47 한쌍의 기어를 맞물렸을 때 치면 사이에 생기는 틈새를 무엇이라 하는가?
① 백래시 ② 이 사이
③ 이 뿌리면 ④ 지름 피치

문제 48 변형량과 원래 치수와의 비를 변형률이라 하는데 다음 중 변형률의 종류가 아닌 것은?
① 가로 변형률 ② 세로 변형률
③ 전단 변형률 ④ 전체 변형률

해설 변형률의 종류에는 가로 변형률, 세로 변형률, 전단 변형률이 있다.

문제 49 직류 전동기에서 전기자 반작용의 원인이 되는 것은?
① 계자 전류 ② 전기자 전류
③ 와류손 전류 ④ 히스테리시스손의 전류

해설 전기자 반작용은 전기자 전류에 의해 발생된 자속이 주자속(N, S극)에 영향을 끼치는 현상을 말한다.

문제 50 공작물을 제작할 때 공차 범위라고 하는 것은?
① 영점과 최대 허용치수와의 차이
② 영점과 최소 허용치수와의 차이
③ 오차가 전혀 없는 정확한 치수
④ 최대 허용치수와 최소 허용치수와의 차이

문제 51 논리식 $A(A+B)+B$를 간단히 하면?
① 1 ② A
③ A + B ④ A · B

답 46. ① 47. ① 48. ④ 49. ② 50. ④ 51. ③

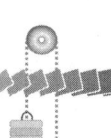

해설 $A(A+B)+B = AA+AB+B = A+AB+B = A(1+B)+B = A+B$

※ $AA = A$, $A+1 = 1$

문제 52 전압계의 측정 범위를 7배로 하려 할 때 배율기의 저항은 전압계 내부 저항의 몇 배로 하여야 하는가?

① 7　　　　　　　　　　② 6
③ 5　　　　　　　　　　④ 4

해설 $R_m = (M-1)R = (7-1)R = 6R$

문제 53 논리 회로에서 사용되는 인버터(Inverter)란?

① OR 회로　　　　　　　② NOT 회로
③ AND 회로　　　　　　 ④ X-OR 회로

해설 ① OR 회로

- 시퀀스 회로　　・진리표　　・논리 회로　　・논리식

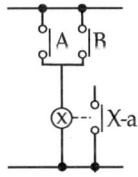

입력		출력
A	B	X
0	0	0
0	1	1
1	0	1
1	1	1

$X = A+B$

② NOT 회로

- 시퀀스 회로　　・진리표　　・논리 회로　　・논리식

입력	출력
A	X
0	1
1	0

$X = \overline{A}$

③ AND 회로

- 시퀀스 회로　　・진리표　　・논리 회로　　・논리식

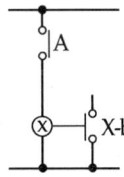

입력		출력
A	B	X
0	0	0
0	1	0
1	0	0
1	1	1

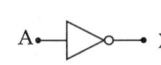　$X = A \cdot B$

답 52. ② 53. ②

④ X-OR 회로

• 시퀀스 회로   • 진리표   • 논리 회로   • 논리식

입력		출력
A	B	X
0	0	0
0	1	1
1	0	1
1	1	0

$X = A \oplus B = \overline{A}B + A\overline{B}$

문제 54 물체에 하중을 작용시키면 물체 내부에 저항력이 생긴다. 이때 생긴 단위 면적에 대한 내부 저항력을 무엇이라 하는가?

① 보 ② 하중
③ 응력 ④ 안전

문제 55 100V를 인가하여 전기량 30C을 이동시키는 데 5초 걸렸다. 이때의 전력(kW)은?

① 0.3 ② 0.6
③ 1.5 ④ 3

해설 $I = \dfrac{Q}{t} = \dfrac{30}{5} = 6[A]$

$P = VI = 100 \times 6 = 600[W] = 0.6[kW]$

문제 56 다음 중 측정계기의 눈금이 균일하고, 구동 토크가 커서 감도가 좋으며 외부의 영향을 적게 받아 가장 많이 쓰이는 아날로그 계기 눈금의 구동 방식은?

① 충전된 물체 사이에 작용하는 힘
② 두 전류에 의한 자기장 사이의 힘
③ 자기장 내에 있는 철편에 작용하는 힘
④ 영구자석과 전류에 의한 자기장 사이의 힘

문제 57 RLC 직렬 회로에서 최대 전류가 흐르게 되는 조건은?

① $\omega L^2 - \dfrac{1}{\omega C} = 0$ ② $\omega L^2 + \dfrac{1}{\omega C} = 0$
③ $\omega L - \dfrac{1}{\omega C} = 0$ ④ $\omega L + \dfrac{1}{\omega C} = 0$

답 54. ③ 55. ② 56. ④ 57. ③

해설 RLC 직렬 회로에서 공진 시 최대 전류가 흐르는데, 공진 조건은 $Z = \sqrt{R^2 + (wL - \frac{1}{wC})^2}\,[\Omega]$에서 $\omega L - \frac{1}{\omega C} = 0$일 때이다.

문제 58 직류 발전기의 기본 구성요소에 속하지 않는 것은?
① 계자
② 보극
③ 전기자
④ 정류자

해설 보극은 전기자 반작용을 예방하기 위해 설치한다. 직류 발전기의 기본 구성 요소에 속하지는 않는다.

문제 59 3상 유도 전동기를 역회전 동작시키고자 할 때의 대책으로 옳은 것은?
① 퓨즈를 조사한다.
② 전동기를 교체한다.
③ 3선을 모두 바꾸어 결선한다.
④ 3선의 결선 중 임의의 2선을 바꾸어 결선한다.

해설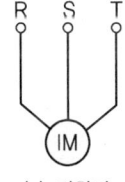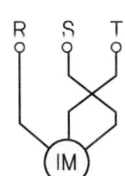
(a) 정회전   (b) 역회전

문제 60 웜(Worm) 기어의 특징이 아닌 것은?
① 효율이 좋다.
② 부하 용량이 크다.
③ 소음과 진동이 적다.
④ 큰 감속비를 얻을 수 있다.

해설 웜 기어는 효율이 낮다.

답 58. ② 59. ④ 60. ①

승강기기능사 과년도 문제
(2016.07.10 시행)

문제 01 에스컬레이터의 안전장치에 해당되지 않는 것은?
① 스프링(Spring) 완충기
② 인레트 스위치(Inlet Switch)
③ 스커트 가드(Skirt Guard) 안전 스위치
④ 스텝 체인 안전 스위치(Step Chain Safety Switch)

해설
- 에너지 축적형 완충기 : 카가 어떤 원인으로 최하층을 통과하여 피트로 떨어졌을 때 충격을 완화하기 위하여 완충기를 설치한다.
- 인레트 스위치 : 핸드레일의 인입구에 설치하는 안전 스위치이다. 핸드레일이 난간 하부로 들어가는 곳에 어린이들의 손가락이 빨려 들어가는 사고가 발생할 수 있는데, 이러한 사고가 생겼을 때 에스컬레이터를 정지시키는 장치이다.
- 스커트 가드 안전 스위치 : 스커트 가드판과 스텝 사이에 인체의 일부나 옷, 신발 등이 끼이면 일정 이상의 힘이 작동 되므로 안전 스위치가 작동, 에스컬레이터를 정지시킨다.
- 스텝 체인 안전 스위치 : 스텝 체인이 절단되거나 심하게 늘어나면 스위치가 작동하여 에스컬레이터를 정지시킨다.

문제 02 다음 중 과속조절기의 종류에 해당되지 않는 것은?
① 웨지형 과속조절기
② 디스크형 과속조절기
③ 플라이 볼형 과속조절기
④ 롤 세이프티형 과속조절기

해설 과속조절기의 종류
① GR형(롤 세이프티형) : 속도 45m/min 이하에 적용되며, 순간 정지식에 사용된다.
② GF형(플라이 볼형) : 속도 120m/min 이상에 적용되며, 순차 정지식에 사용된다.
③ GD형(디스크형) : 속도 60~105m/min에 적용되며, 순차 정지식에 사용된다.

문제 03 가이드 레일의 규격과 거리가 먼 것은?
① 레일의 표준길이는 5m로 한다.
② 레일의 표준길이는 단면으로 결정한다.
③ 일반적으로 공칭 8, 13, 18, 24 및 30K레일을 쓴다.
④ 호칭은 소재의 1m당의 중량을 라운드 번호로 K레일을 붙인다.

답 1.① 2.① 3.②

해설 가이드 레일은 가공 전 소재 1m당 중량의 근사값으로 호칭하며, 표준길이는 5m이다.

문제 04 엘리베이터 카에 부착되어 있는 안전장치가 아닌 것은?
① 과속조절기 스위치
② 카 도어 스위치
③ 비상정지 스위치
④ 세이프티 슈 스위치

해설 과속조절기 : 카와 같은 속도로 움직이는 과속조절기 로프에 의해 회전되어 항상 카의 속도를 감지, 그 속도를 검출하는 장치이다. 카 추락방지안전장치의 작동을 위한 과속조절기는 정격 속도의 115% 이상의 속도가 되면 카 추락방지안전장치를 작동시킨다.

문제 05 기계실 바닥에 몇 m를 초과하는 단차가 있을 경우에는 보호난간이 있는 계단 또는 발판이 있어야 하는가?
① 0.3
② 0.4
③ 0.5
④ 0.6

문제 06 다음 장치 중에서 작동되어도 카의 운행에 관계없는 것은?
① 통화 장치
② 과속조절기 캐치
③ 승강장 도어의 열림
④ 과부하 감지 스위치

해설 통화 장치는 카 운행과는 무관하다.

문제 07 문 닫힘 안전 장치의 종류로 틀린 것은?
① 도어 레일
② 광전 장치
③ 세이프티 슈
④ 초음파 장치

해설 문 닫힘 안전 장치
① 세이프티 슈(Safety Shoe) : 도어 선단의 센서가 사람 또는 물질이 접촉될 시 도어의 닫힘을 중단하고 열리게 한다.
② 광전 장치 : 도어의 양단에 투광기와 수광기를 설치해 광선이 차단될 시 도어의 닫힘은 중단하고 열리게 한다.
③ 초음파 장치 : 초음파로 승강 쪽의 사람 또는 물건을 검출해 도어의 닫힘을 중단하고 열리게 한다.

답 4.① 5.③ 6.① 7.①

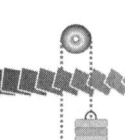

문제 08 건물에 에스컬레이터를 배열할 때 고려할 사항으로 틀린 것은?
① 엘리베이터 가까운 곳에 설치한다.
② 바닥 점유 면적을 되도록 작게 한다.
③ 승객의 보행거리를 줄일 수 있도록 배열한다.
④ 건물의 지지보 등을 고려하여 하중을 균등하게 분산시킨다.

문제 09 엘리베이터용 전동기의 구비조건이 아닌 것은?
① 전력 소비가 클 것
② 충분한 기동력을 갖출 것
③ 운전 상태가 정숙하고 저진동일 것
④ 고기동 빈도에 의한 발열에 충분히 견딜 것

해설 전력 소비는 작아야 한다.

문제 10 교류 이단속도(AC-2) 제어 승강기에서 카 바닥과 각 층의 바닥면이 일치되도록 정지시켜 주는 역할을 하는 장치는?
① 시브
② 로프
③ 브레이크
④ 전원 차단기

문제 11 승강기의 카 내에 설치되어 있는 것의 조합으로 옳은 것은?
① 조작반, 이동 케이블, 급유기, 과속조절기
② 비상조명, 카 조작반, 인터폰, 카 위치표시기
③ 카 위치표시기, 수전반, 호출 버튼, 추락방지안전장치
④ 수전반, 승강장 위치표시기, 비상 스위치, 리미트 스위치

문제 12 유압식 승강기의 밸브 작동 압력을 전부하 압력의 140%까지 맞추어 조절해야 하는 밸브는?
① 체크 밸브
② 스톱 밸브
③ 릴리프 밸브
④ 업(Up) 밸브

답 8.① 9.① 10.③ 11.② 12.③

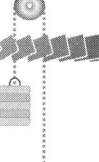

해설
- 체크 밸브 : 한쪽 방향으로만 오일이 흐르게 하는 밸브로서, 어떤 원인에 의해 오일이 역류, 카가 자유낙하 하는 것을 방지시킨다.
- 스톱 밸브 : 이 밸브는 유압장치의 보수, 점검, 수리 시에 사용되며 게이트 밸브(Gate Valve)라고도 한다.
- 릴리프 밸브 : 압력조절 밸브로서 압력이 과도하게 상승(125%에 세팅)하는 것을 방지한다. 전부하는 압력의 140%까지 제한하도록 맞추어 조절되어야 한다.
- 업(Up) 밸브 : 펌프에 의거 압력을 받은 오일은 실린더로 가지만, 일부는 상승용 전자밸브에 의해 조정되는 유량 제어 밸브를 통하여 탱크에 되돌아오는데, 탱크에 되돌아오는 유압을 제어하여 실린더 측의 유량을 간접적으로 제어하는 밸브이다.

문제 13 군 관리 방식에 대한 설명으로 틀린 것은?
① 특정 층의 혼잡 등을 자동적으로 판단한다.
② 카를 불필요한 동작 없이 합리적으로 운행 관리한다.
③ 교통수요의 변화에 따라 카의 운전 내용을 변화시킨다.
④ 승강장 버튼의 부름에 대하여 항상 가장 가까운 카가 응답한다.

해설 군 관리 방식 : 이 시스템에서는 카가 도중에 승강장의 부름을 건너뛰거나, 바로 가까이 오다가 되돌아가는 등 전체 서비스 효율에 중점을 두고 있으므로 개개의 부름에 대해서는 가장 가까운 카가 답한다고는 볼 수 없는 운전을 한다.

문제 14 비상용 승강기에 대한 설명 중 틀린 것은?
① 예비전원을 설치하여야 한다.
② 외부와 연락할 수 있는 전화를 설치하여야 한다.
③ 정전 시에는 예비전원으로 작동할 수 있어야 한다.
④ 승강기의 운행속도는 90m/min 이상으로 해야 한다.

해설 승강기의 운행속도는 60m/min 이상으로 하여야 한다.

문제 15 승강기의 안전에 관한 장치가 아닌 것은?
① 과속조절기(Governor)
② 세이프티 블록(Safety Block)
③ 에너지 축적형 완충기(Spring Buffer)
④ 눌름 버튼 스위치(Push Button Switch)

해설 눌름 버튼 스위치는 시퀀스 회로에서 보조회로의 기동시 주로 사용된다.

답 13. ④ 14. ④ 15. ④

문제 16 전기식 엘리베이터에서 기계실 출입문의 크기는?
① 폭 0.7m 이상, 높이 1.8m 이상
② 폭 0.7m 이상, 높이 1.9m 이상
③ 폭 0.6m 이상, 높이 1.8m 이상
④ 폭 0.6m 이상, 높이 1.9m 이상

문제 17 유압식 엘리베이터에서 T형 가이드 레일이 사용되지 않는 엘리베이터의 구성품은?
① 카
② 도어
③ 유압 실린더
④ 균형추(밸런싱 웨이트)

해설 도어는 T형 가이드 레일이 사용되지 않는다.

문제 18 엘리베이터의 도어머신에 요구되는 성능과 거리가 먼 것은?
① 보수가 용이할 것
② 가격이 저렴할 것
③ 직류 모터만 사용할 것
④ 작동이 원활하고 정숙할 것

해설 도어 구동용 전동기는 직류 전동기 또는 인버터를 이용한 교류 전동기가 사용된다.

문제 19 전기에서는 위험성이 가장 큰 사고의 하나가 감전이다. 감전 사고를 방지하기 위한 방법이 아닌 것은?
① 충전부 전체를 절연물로 차폐한다.
② 충전부를 덮은 금속체를 접지한다.
③ 가연물질과 전원부의 이격거리를 일정하게 유지한다.
④ 자동차단기를 설치하여 선로를 차단할 수 있게 한다.

해설 가연물질과 전원부의 이격거리와는 무관하다. 충전부를 절연물로 차폐하였는지 또는 충전부를 덮은 금속체를 접지하였는지가 중요하다.

문제 20 승강기 안전관리자의 직무 범위에 속하지 않는 것은?
① 보수계약에 관한 사항
② 비상열쇠 관리에 관한 사항
③ 구급체계의 구성 및 관리에 관한 사항
④ 운행관리규정의 작성 및 유지에 관한 사항

답 16. ① 17. ② 18. ③ 19. ③ 20. ①

문제 21 재해 발생 시의 조치 내용으로 볼 수 없는 것은?
① 안전교육 계획의 수립
② 재해원인 조사와 분석
③ 재해방지 대책의 수립과 실시
④ 피해자를 구출하고 2차 재해 방지

문제 22 재해의 간접 원인 중 관리적 원인에 속하지 않는 것은?
① 인원 배치 부적당   ② 생산 방법 부적당
③ 작업 지시 부적당   ④ 안전관리 조직 결함

문제 23 재해의 직접 원인에 해당되는 것은?
① 물적 원인   ② 교육적 원인
③ 기술적 원인   ④ 작업관리상 원인

문제 24 관리주체가 승강기의 유지 관리 시 유지 관리자로 하여금 유지관리 중임을 표시하도록 하는 안전 조치로 틀린 것은?
① 사용금지 표시
② 위험 요소 및 주의사항
③ 작업자 성명 및 연락처
④ 유지 관리 개소 및 소요 시간

문제 25 안전점검 시의 유의사항으로 틀린 것은?
① 여러 가지의 점검 방법을 병용하여 점검한다.
② 과거의 재해발생 부분은 고려할 필요 없이 점검한다.
③ 불량 부분이 발견되면 다른 동종의 설비도 점검한다.
④ 발견된 불량 부분은 원인을 조사하고 필요한 대책을 강구한다.

문제 26 사고 예방 대책 기본 원리 5단계 중 3E를 적용하는 단계는?
① 1단계   ② 2단계
③ 3단계   ④ 5단계

답 21. ① 22. ② 23. ① 24. ② 25. ② 26. ④

해설 사고 예방 대책 기본원리
① 1단계 : 조직　　② 2단계 : 사실의 발견
③ 3단계 : 분석평가　④ 4단계 : 시정방법의 선정
⑤ 5단계 : 시정책의 적용(3E 적용)
※ 3E : Engineering, Education, Enforcement

문제 27 안전점검 중에서 5S 활동 생활화로 틀린 것은?
① 정리　　　　　　② 정돈
③ 청소　　　　　　④ 불결

해설 5S : 정리, 정돈, 청소, 청결, 생활화

문제 28 저압 부하설비의 운전조작 수칙에 어긋나는 사항은?
① 퓨즈는 비상시라도 규격품을 사용하도록 한다.
② 정해진 책임자 이외에는 허가 없이 조작하지 않는다.
③ 개폐기는 땀이나 물에 젖은 손으로 조작하지 않도록 한다.
④ 개폐기의 조작은 왼손으로 하고 오른손은 만약의 사태에 대비한다.

해설 개폐기의 조작은 오른손으로 해야 한다. 이유는 심장이 왼쪽 가슴에 있기 때문이다.

문제 29 승강기 정밀안전 검사 시 전기식 엘리베이터에서 권상기 도르래 홈의 언더컷의 잔여량은 몇 mm 미만일 때 도르래를 교체하여야 하는가?
① 1　　　　　　　② 2
③ 3　　　　　　　④ 4

문제 30 가이드 레일 또는 브라켓의 보수 점검 사항이 아닌 것은?
① 가이드 레일의 녹 제거
② 가이드 레일의 요철 제거
③ 가이드 레일과 브라켓의 체결 볼트 점검
④ 가이드 레일 고정용 브라켓 간의 간격 조정

문제 31 전기식 엘리베이터의 정기검사에서 하중 시험은 어떤 상태로 이루어져야 하는가?
① 무부하　　　　　② 정격하중의 50%
③ 정격하중의 100%　④ 정격하중의 125%

답 27. ④　28. ④　29. ①　30. ④　31. ①

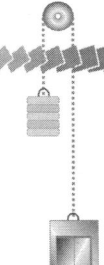

문제 32 유압식 엘리베이터에서 실린더의 점검 사항으로 틀린 것은?
① 스위치의 기능 상실 여부
② 실린더 패킹에 누유 여부
③ 실린더 패킹의 녹 발생 여부
④ 구성부품, 재료의 부착에 늘어짐 여부

문제 33 유압식 엘리베이터의 점검 시 플런저 부위에서 특히 유의하여 점검하여야 할 사항은?
① 플런저의 토출량
② 플런저의 승강행정 오차
③ 제어 밸브에서의 누유 상태
④ 플런저 표면 조도 및 작동유 누설 여부

문제 34 균형추를 구성하고 있는 구조재 및 연결재의 안전율은 균형추가 승강로의 꼭대기에 있고, 엘리베이터가 정지한 상태에서 얼마 이상으로 하는 것이 바람직한가?
① 3
② 5
③ 7
④ 9

문제 35 전기식 엘리베이터의 기계실에 설치된 고정 도르래의 점검 내용이 아닌 것은?
① 이상음 발생 여부
② 로프 홈의 마모 상태
③ 브레이크 드럼 마모 상태
④ 도르래의 원활한 회전 여부

해설 고정 도르래와 브레이크 드럼과는 무관하다.

문제 36 엘리베이터에서 현수로프의 점검 사항이 아닌 것은?
① 로프의 직경
② 로프의 마모 상태
③ 로프의 꼬임 방향
④ 로프의 변형 부식 유무

문제 37 제어반에서 점검할 수 없는 것은?
① 결선단자의 조임 상태
② 스위치접점 및 작동 상태
③ 과속조절기 스위치의 작동 상태
④ 전동기 제어 회로의 절연 상태

답 32. ① 33. ④ 34. ② 35. ③ 36. ③ 37. ③

해설   과속조절기의 작동 상태는 과속조절기가 설치된 장소에서 점검하여야 한다.

문제 38 추락방지안전장치가 없는 균형추의 가이드 레일 검사 시 최대 허용 휨의 양은 양방향으로 몇 mm인가?
① 5
② 10
③ 15
④ 20

문제 39 과속조절기의 점검 사항으로 틀린 것은?
① 소음의 유무
② 브러시 주변의 청소 상태
③ 볼트 및 너트의 이완 유무
④ 과속조절기 로프와 클립 체결 상태 양호 유무

해설   브러시는 직류 발전기의 한 부분으로서 발생한 기전력을 외부 회로에 연결하는 역할을 한다.

문제 40 에스컬레이터의 스텝 구동 장치에 대한 점검 사항이 아닌 것은?
① 링크 및 핀의 마모 상태
② 핸드레일 가드 마모 상태
③ 구동 체인의 늘어짐 상태
④ 스프로켓의 이의 마모 상태

문제 41 전기식 엘리베이터의 과부하 방지 장치에 대한 설명으로 틀린 것은?
① 과부하 방지 장치의 작동치는 정격 적재하중의 110%를 초과하지 않아야 한다.
② 과부하 방지 장치의 작동 상태는 초과 하중이 해소되기까지 계속 유지되어야 한다.
③ 적재하중 초과 시 경보가 울리고 출입문의 닫힘이 자동적으로 제지되어야 한다.
④ 엘리베이터 주행 중에는 오동작을 방지하기 위해 과부하 방지 장치 작동은 유효화 되어 있어야 한다.

해설   과부하 감지 장치 : 카 바닥 또는 와이어로프 단말에 설치하여 카 내부의 승차 인원이나 적재 하중을 감지, 정격 하중 초과 시 경보음을 울려 카 내에 적재 하중이 초과되었음을 알려준다. 그리고 출입구 도어의 닫힘을 저지하여 카가 출발되지 않도록 한다.

답   38. ②   39. ②   40. ②   41. ④

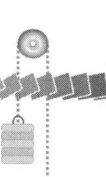

문제 42 전동기의 점검 항목이 아닌 것은?
① 발열이 현저한 것
② 이상음이 있는 것
③ 라이닝의 마모가 현저한 것
④ 연속으로 운전하는데 지장이 생길 염려가 있는 것

> **해설** 라이닝은 브레이크의 한 부분으로 전동기와는 무관하다.

문제 43 이동식 핸드레일은 운행 중에 전 구간에서 디딤판과 핸드레일의 동일 방향 속도 공차는 몇 %인가?
① 0~2　　　　　　② 3~4
③ 5~6　　　　　　④ 7~8

문제 44 전기식 엘리베이터에서 카 지붕에 표시되어야 할 정보가 아닌 것은?
① 최종 점검일지 비치
② 정지 장치에 "정지"라는 글자
③ 점검운전 버튼 또는 근처에 운행 방향 표시
④ 점검운전 스위치 또는 근처에 "정상" 및 "점검"이라는 글자

문제 45 에스컬레이터의 스텝체인의 늘어남을 확인하는 방법으로 가장 적합한 것은?
① 구동체인을 점검한다.
② 롤러의 물림 상태를 확인한다.
③ 라이저의 마모 상태를 확인한다.
④ 스텝과 스텝 간의 간격을 측정한다.

문제 46 추락방지안전장치의 작동으로 카가 정지할 때까지 레일이 죄는 힘이 처음에는 약하게 그리고 하강함에 따라 강해지다가 얼마 후 일정한 값으로 도달하는 방식은?
① 슬랙로프 세이프티　　　　② 순간식 추락방지안전장치
③ 플렉시블 가이드 방식　　　④ 플렉시블 웨지 클램프 방식

답 42. ③　43. ①　44. ①　45. ④　46. ④

2016.07.10 시행

해설
- 슬랙로프 세이프티 : 즉시작동형 추락방지안전장치의 일종으로서 소형과 저속의 엘리베이터에서 로프에 걸리는 장력이 없어져 늘어짐이 생겼을 때 즉시 운전 회로를 차단하고 추락방지안전장치를 작동시키는 방식이다.
- 플렉시블 가이드(Flexibel Guide Clamp : F.G.C) 방식 : 레일을 조이는 힘이 동작에서 정지까지 일정하다.
- 플렉시블 웨지 클램프(Flexible Wedge Clamp : F.W.C) 방식 : 레일을 조이는 힘이 초기에는 약하나 점점 강해진 후 일정하다.

문제 47 계측기와 관련된 문제, 환경적 영향 또는 관측 오차 등으로 인해 발생하는 오차는?
① 절대 오차
② 계통 오차
③ 과실 오차
④ 우연 오차

해설
- 절대 오차 : 계산의 결과로 나온 직접적인 오차의 절대값
- 계통 오차 : 측정 기구 또는 측정 방법이 처음부터 잘못되어 생기는 오차
- 과실 오차 : 측량자의 미숙·부주의 등에 의해 생기는 오차
- 우연 오차 : 주위의 사정으로 측정자가 주의하여도 피할 수 없는 불규칙적이고 우발적인 원인에 의해 생기는 오차

문제 48 인덕턴스가 5mH인 코일에 50Hz의 교류를 사용할 때 유도 리액턴스는 약 몇 Ω인가?
① 1.57
② 2.50
③ 2.53
④ 3.14

해설 $X_L = wL = 2\pi f L = 2 \times 3.14 \times 50 \times 5 \times 10^{-3} = 1.57[\Omega]$
※ $1[H] = 1000[mH]$

문제 49 직류기 권선법에서 전기자 내부 병렬 회로수 a와 극수 p의 관계는? (단, 권선법은 중권이다.)
① $a = 2$
② $a = \frac{1}{2}p$
③ $a = p$
④ $a = 2p$

해설 중권은 전기자 내부 병렬 회로수(a)와 극수(p)가 같다.

답 47. ② 48. ① 49. ③

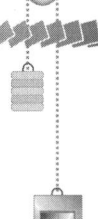

문제 50 다음 그림과 같은 제어계의 전체 전달함수는? (단, $H(s) = 1$이다.)

① $\dfrac{1}{G(s)}$

② $\dfrac{1}{1+G(s)}$

③ $\dfrac{G(s)}{1+G(s)}$

④ $\dfrac{G(s)}{1-G(s)}$

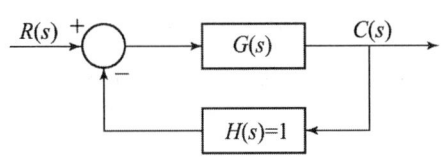

해설

블록선도	전달함수
$R(s) \to G_1 \to G_2 \to C(s)$	$G=\dfrac{C(s)}{R(s)}=G_1 G_2$
$R(s) \xrightarrow{+-} G_1 \to C(s)$ (피드백)	$G=\dfrac{C(s)}{R(s)}=\dfrac{G}{1+G}$
$R(s) \to G_1 \xrightarrow{++} C(s)$, G_2 피드백	$G=\dfrac{C(s)}{R(s)}=\dfrac{G_1}{1-G_2}$
$R(s) \xrightarrow{+-} G_1 \to C(s)$, G_2 피드백	$G=\dfrac{C(s)}{R(s)}=\dfrac{G_1}{1+G_1 G_2}$
$R(s) \xrightarrow{++} G_1 \to G_2 \to C(s)$, G_3 피드백	$G=\dfrac{C(s)}{R(s)}=\dfrac{G_1 G_2}{1-G_1 G_2 G_3}$

문제 51 다음 논리 회로의 출력값 E는?

① $\overline{A \cdot B} + \overline{C \cdot D}$

② $A \cdot B + C \cdot D$

③ $A \cdot B \cdot C \cdot D$

④ $(A+B) \cdot (C+D)$

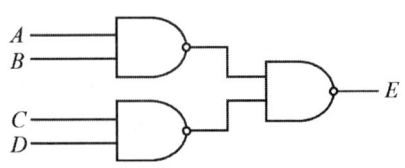

해설 $E = \overline{\overline{AB} \cdot \overline{CD}} = \overline{\overline{AB}} + \overline{\overline{CD}} = AB + CD$

[참고]

① $\overline{\overline{AB} \cdot \overline{CD}} = \overline{\overline{AB}} + \overline{\overline{CD}} = AB + CD$

② $\overline{AB} = \overline{A} + \overline{B}$

답 50. ③ 51. ②

문제 52 18-8 스테인리스강의 특징에 대한 설명 중 틀린 것은?
① 내식성이 뛰어난다.
② 녹이 잘 슬지 않는다.
③ 자성체의 성질을 갖는다.
④ 크롬 18%와 니켈 8%를 함유한다.

문제 53 저항 100Ω의 전열기에 5A의 전류를 흘렸을 때 전력은 몇 W인가?
① 20
② 100
③ 500
④ 2500

해설 $P = I^2 R = 5^2 \times 100 = 2500[\text{W}]$

문제 54 그림은 마이크로미터로 어떤 치수를 측정한 것이다. 치수는 약 몇 mm인가?
① 5.35
② 5.85
③ 7.35
④ 7.85

해설 슬리브 눈금(7.5mm) + 심블눈금(0.35mm) = 7.85mm

문제 55 유도 기전력의 크기는 코일의 권수와 코일을 관통하는 자속의 시간적인 변화율과의 곱에 비례한다는 법칙은 무엇인가?
① 패러데이의 전자유도 법칙
② 앙페르의 주회 적분의 법칙
③ 전자력에 관한 플레밍의 법칙
④ 유도 기전력에 관한 렌츠의 법칙

해설 • 패러데이의 전자유도 법칙 : 유기 기전력의 크기는 코일을 지나는 자속의 매초 변화량과 코일의 권수에 비례한다.

$$e = -N \frac{\Delta \phi}{\Delta t}[\text{V}]$$

단, N : 코일 권수, $\Delta \phi$: 자속의 변화량[Wb], Δt : 시간의 변화량[sec]
※ -는 반대 방향을 뜻한다.

답 52. ③ 53. ④ 54. ④ 55. ①

- 앙페르의 주회 적분 법칙

  $$\therefore NI = \Sigma H \cdot \Delta l$$

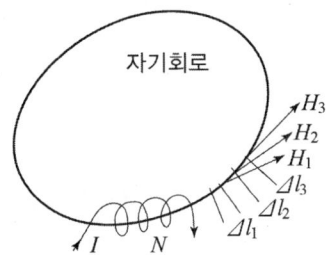

- 플레밍의 왼손 법칙 : 전동기의 회전 방향을 결정한다.

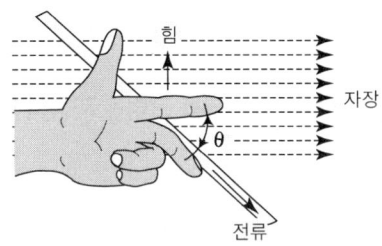

- 렌츠의 법칙 : "유기 기전력의 방향은 자속의 변화를 방해하려는 방향으로 발생한다." 이것을 유도 기전력에 관한 렌츠의 법칙이라 한다.

문제 56 직류 전동기의 속도 제어 방법이 아닌 것은?
① 저항 제어법   ② 계자 제어법
③ 주파수 제어법   ④ 전기자 전압 제어법

해설 직류 전동기의 속도 제어 방법의 종류
① 저항 제어법 : 전기자 회로에 저항 R을 넣고, 이것을 가감해 속도를 제어하는 방법
② 계자 제어법 : 계자 전류를 조정하여 계자 자속 ϕ를 변화해 속도를 제어하는 방법
③ 전압 제어법 : 전기자에 가해지는 단자 전압을 변화하여 속도를 조정하는 방법

문제 57 직류 전동기에서 자속이 감소되면 회전수는 어떻게 되는가?
① 정지   ② 감소
③ 불변   ④ 상승

해설 $N = K \dfrac{V - I_a R_a}{\phi}[\text{rpm}]$에서 N과 ϕ는 반비례 관계가 된다.
그러므로 ϕ가 감소하면 N은 상승한다.

답 56. ③ 57. ④

문제 58 기계요소 설계 시 일반 체결용에 주로 사용되는 나사는?
① 삼각나사 ② 사각나사
③ 톱니나사 ④ 사다리꼴나사

문제 59 회전하는 축을 지지하고 원활한 회전을 유지하도록 하며, 축에 작용하는 하중 및 축의 자중에 의한 마찰저항을 가능한 적게 하도록 하는 기계요소는?
① 클러치 ② 베어링
③ 커플링 ④ 스프링

문제 60 다음 중 응력을 가장 크게 받는 것은? (단, 다음 그림은 기둥의 단면 모양이며, 가해지는 하중 및 힘의 방향은 같다.)

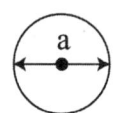
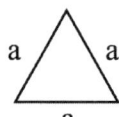
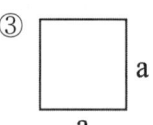
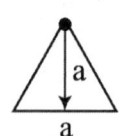

해설 수직 응력 : 물체에 작용하는 응력이 단면에 수직 방향으로 발생하는 외력을 말한다. 단면적을 비교(a=1일 때)하면 다음과 같다.
① 0.78 ② 0.43 ③ 1 ④ 0.5

답 58. ① 59. ② 60. ②

최신 CBT 기출복원문제

- 제1회 CBT 기출복원문제
- 제2회 CBT 기출복원문제
- 제3회 CBT 기출복원문제
- 제4회 CBT 기출복원문제
- 제5회 CBT 기출복원문제
- 제6회 CBT 기출복원문제
- 제7회 CBT 기출복원문제
- 제8회 CBT 기출복원문제

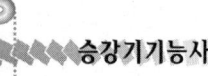

승강기기능사
제1회 CBT 기출복원문제

  본 문제는 수험생들의 협조에 의해 복원된 문제로 시험 내용과 일치하지 않을 수도 있습니다.

문제 01 무빙워크의 스텝 구조에 따른 종류로 옳은 것은?
① 고무벨트식과 플라스틱성형식이 있다.
② 고무벨트식과 파레트식이 있다.
③ 파레트식과 베이크라이트식이 있다.
④ 고무벨트식과 베이크라이트식이 있다.

문제 02 에스컬레이터에서 스텝 체인은 일반적으로 어떻게 구성되어 있는가?
① 좌, 우에 각 1개씩 있다.   ② 좌, 우에 각 2개씩 있다.
③ 좌측에 1개, 우측에 2개 있다.   ④ 좌측에 2개, 우측에 1개 있다.

> **해설** 에스컬레이터에서 스텝 체인은 좌·우에 1개씩 있다.

문제 03 승강기에 사용하고 있는 에너지 축적형 완충기는 주로 어떤 기종에 사용되고 있는가?
① 정격속도가 60m/min 이하의 기종
② 정격속도가 60m/min 초과하는 기종
③ 정격속도가 80m/min 이하의 기종
④ 정격속도가 80m/min 초과하는 기종

> **해설** ① 에너지 축적형 완충기 : 속도 60m/min 이하의 엘리베이터에 사용한다.
> ② 에너지 분산형 완충기 : 모든 속도의 경우에 사용한다.

문제 04 균형 체인(compensation chain)에 대한 설명으로 틀린 것은?
① 균형추에 직접 연결되어 있다.
② 타이로드(tie rod)에 부착되어 있다.
③ 하부체대에 부착된 브래킷(bracket)에 연결되어 있다.
④ 균형 시브(tension sheave)와 함께 사용되고 있다.

답 1. ② 2. ① 3. ① 4. ②

> **해설** 균형 체인은 카와 균형추에 연결된다.

문제 05 에스컬레이터의 안전장치에 해당되지 않는 것은?
① 스텝체인 안전스위치(step chain safety switch)
② 에너지 축적형 완충기
③ 인레트 스위치(inlet switch)
④ 스커트 가드(skirt guard) 안전스위치

> **해설**
> ① 스텝체인 안전스위치
>   에스컬레이터의 계단 체인이 절단 또는 늘어날 때 전원을 차단하는 장치이다.
> ② 에너지 축적형 완충기
>   엘리베이터의 카가 피트로 떨어질 때 충격을 완화시키기 위한 장치이다. 속도 60m/min 이하에 적용된다.
> ③ 인레트 스위치
>   에스컬레이터 핸드레일의 인입구에 설치하는데, 어린이의 손가락이 핸드레일 난간 하부로 빨려 들어갈 때 운행을 정지시킨다.
> ④ 스커트 가드 안전스위치
>   스커트 가드와 계단체인 사이에 발이나 이물질이 끼었을 때 위험을 방지하기 위한 장치이다.

문제 06 유압 엘리베이터의 전동기 구동 기간은?
① 상승시에만 구동된다.
② 하강시에만 구동된다.
③ 상승시와 하강시 모두 구동된다.
④ 부하의 조건에 따라 상승시 또는 하강시에 구동된다.

문제 07 언더 컷(under cut) 홈 시브에 대한 설명으로 틀린 것은?
① 로프와 시브의 마찰계수를 높이기 위한 것이다.
② 로프 마모율이 비교적 심하지 않다.
③ 주로 싱글 랩핑(1 : 1로핑)에 사용된다.
④ 홈의 형상은 시브 홈의 밑을 도려낸 것이다.

> **해설** 언더 컷(under cut) 홈은 로프와 시브의 마찰계수를 높이기 위한 것이므로 로프 마모율이 비교적 심하다.

답 5. ② 6. ① 7. ②

문제 08 가이드 레일의 규격에 관한 설명으로 틀린 것은?
① 일반적으로 쓰는 T형 레일의 공칭은 8, 13, 18, 24K 등이 있다.
② 대용량의 엘리베이터에서는 37, 50K 레일도 있다.
③ 레일의 표준길이는 6m이다.
④ 레일규격의 호칭은 마무리 가공 전 소재의 1m당의 중량이다.

해설 가이드 레일의 표준길이는 5m이다.

문제 09 승객용 엘리베이터에서 각층 강제정지 운전의 목적으로 가장 적합한 것은?
① 출·퇴근 시간대에 모든 층의 승객에게 골고루 서비스 제공
② 각 층의 도어장치 기능의 원활한 작동
③ 각 층의 도어장치 확인시 사용
④ 카 안의 범죄활동 방지

문제 10 주로프에서 심강이란?
① 로프의 중심부를 구성하며 천연의 마를 사용한다.
② 소선수를 말하며 합성섬유를 사용한다.
③ 제동력을 높이기 위해 소선에 기름을 먹인 것을 말한다.
④ Z꼬임으로 되어 있는 것을 말한다.

해설 로프의 구조

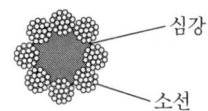

문제 11 승강기의 방호장치에 대한 설명으로 틀린 것은?
① 용도에 구분없이 모든 승강기는 도어 인터록을 설치한다.
② 화물용 승강기는 수동 운전시 도어가 개방되었을 때도 운전이 가능하도록 한다.
③ 수동 운전시 업 다운(up down) 버튼 조작을 중지하면 자동적으로 정지하여야 한다.
④ 로프식 승강기는 반드시 승강로 상부에 2차 정지스위치를 설치할 필요가 있다.

해설 화물용 승강기는 도어가 개방되어 운전이 되어서는 안 된다.

답 8. ③ 9. ④ 10. ① 11. ②

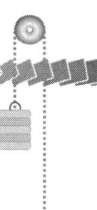

문제 12 중앙 개폐방식의 승강장 도어를 나타내는 기호는?
① 2S
② UP
③ CO
④ SO

해설
- S : 스윙 열기(swing door) 방식
- CO : 중앙 열기(center open) 방식
- UP : 상부 열기(up sliding) 방식
- SO : 가로 열기(side open) 방식

문제 13 가변전압 가변주파수(VVVF)제어에 대한 설명으로 틀린 것은?
① 교류 엘리베이터 속도제어의 방법이다.
② 전동기는 교류 유도 전동기를 사용한다.
③ 인버터제어이다.
④ 직류 엘리베이터 속도제어의 방법이다.

해설 가변전압 가변주파수제어는 교류 엘리베이터 속도제어의 방법으로 소비 전력도 절감이 된다.

문제 14 유압식 엘리베이터에서 상승방향으로만 기름을 흐르게 하고 역방향으로는 흐르지 못하게 하는 밸브는?
① 안전 밸브
② 체크 밸브
③ 스톱 밸브
④ 럽처 밸브

해설
- 안전 밸브 : 압력조절 밸브로서 압력이 과도하게 상승하는 것을 방지한다.
- 체크 밸브 : 한쪽 방향으로만 오일이 흐르게 하는 밸브로서, 어떤 원인에 의해 오일이 역류, 카가 자유낙하 하는 것을 방지시킨다.
- 스톱 밸브 : 이 밸브는 유압장치의 보수, 점검, 수리시에 사용되며, 게이트 밸브(gate valve)라고도 한다.
- 럽처 밸브 : 압력 배관이 파손 되었을 때 기름의 누설에 의한 카의 하강을 제지하는 장치이다.

문제 15 에스컬레이터 비상정지스위치에 관한 설명 중 옳은 것은?
① 비상정지스위치는 승객의 안전을 위하여 하부 승강구에만 설치한다.
② 어린이의 장난을 방지하기 위해 비상정지스위치의 위치 명시는 식별이 어렵게 한다.
③ 비상정지스위치는 오조작을 방지하기 위하여 덮개를 씌워 보호한다.
④ 색상은 청색으로 하며 버튼 또는 버튼주변에 "정지"표시를 하여야 한다.

답 12. ③ 13. ④ 14. ② 15. ③

해설   비상정지스위치는 쉽게 작동할 수 있도록 상·하부 2개소에 설치하는데, 버튼 색상은 적색이며, 버튼 또는 버튼 부근에 "정지" 표시를 하여야 한다.

문제 16 유압식 엘리베이터의 부품 및 특징에 대한 설명으로 옳지 않은 것은?

① 역저지밸브 : 정전이나 그 외의 원인으로 펌프의 토출 압력이 떨어져 실린더의 기름이 역류하여 카가 자유낙하 하는 것을 방지하는 역할을 한다.
② 스톱밸브 : 유압파워유니트와 실린더 사이의 압력 배관에 설치되며, 이것을 닫으면 실린더의 기름이 파워유니트로 역류하는 것을 방지한다.
③ 스트레이너 : 역할은 필터와 같으나 일반적으로 펌프의 출구쪽에 붙인 것을 말한다.
④ 사이렌서 : 자동차의 머플러와 같이 작동유의 압력 맥동을 흡수하여 진동, 소음을 감소시키는 역할을 한다.

해설   스트레이너(strainer) : 유체 속에 포함된 고형물을 제거하며 기기 등에 이물질이 유입하는 것을 방지하는 장치의 총칭을 말한다. 스트레이너는 펌프의 흡입 측에 부착한다.

문제 17 엘리베이터 권상기의 구성 요소가 아닌 것은?

① 감속기   ② 브레이크
③ 추락방지안전장치   ④ 전동기

문제 18 엘리베이터용 유압회로에서 실린더와 유량제어밸브 사이에 들어갈 수 없는 것은?

① 스트레이너   ② 스톱밸브
③ 사이렌서   ④ 라인필터

해설   스트레이너는 직선적인 작동유 통로 내의 철분, 모래 등의 이물질을 제거하는 장치이다. 이 장치는 펌프의 흡입 측에 부착한다.

문제 19 승강기가 어떤 원인으로 피트에 떨어졌을 때 충격을 완화하기 위하여 설치하는 것은?

① 과속조절기   ② 추락방지안전장치
③ 완충기   ④ 제동기

해설   완충기는 카가 피트로 떨어질 때 충격을 완화시키기 위한 장치이다.

답   16. ③   17. ③   18. ①   19. ③

문제 20 엘리베이터 카 도어머신에 요구되는 성능이 아닌 것은?
① 작동이 원활하고 정숙할 것
② 카 상부에 설치하기 위해 소형 경량일 것
③ 동작 횟수가 엘리베이터 기동 횟수 2배이므로 보수가 용이할 것
④ 어떠한 경우라도 수동으로 카 도어가 열려서는 안될 것

해설 도어머신에 요구되는 성능
① 작동이 원활하고 조용할 것
② 카 상부에 설치하기 위해 소형 경량일 것
③ 동작 횟수가 엘리베이터 기동 횟수의 2배가 되므로 보수가 용이할 것
④ 가격이 저렴할 것

문제 21 균형추 쪽에도 추락방지안전장치를 설치해야 하는 경우는?
① 정격속도가 360m/min 이상인 승객용 엘리베이터
② 정격속도가 400m/min 이상인 승객용 엘리베이터
③ 피트 바닥하부를 거실 등으로 사용할 경우
④ 가이드 레일의 길이가 짧은 경우

문제 22 승강기의 캐치가 작동되었을 때 로프의 인장력에 대한 설명으로 적합한 것은?
① 300N 이상과 추락방지안전장치를 거는 데 필요한 힘의 1.5배를 비교하여 큰 값 이상
② 300N 이상과 추락방지안전장치를 거는 데 필요한 힘의 2배를 비교하여 큰 값 이상
③ 400N 이상과 추락방지안전장치를 거는 데 필요한 힘의 1.5배를 비교하여 큰 값 이상
④ 400N 이상과 추락방지안전장치를 거는 데 필요한 힘의 2배를 비교하여 큰 값 이상

문제 23 피트 내에서 행하는 검사가 아닌 것은?
① 피트 스위치 동작 여부
② 하부 파이널스위치 동작 여부
③ 완충기 취부상태 양호 여부
④ 상부 파이널스위치 동작 여부

해설 피트는 카가 최하층에 정지 시 카 바닥과 승강로 바닥과의 거리를 말한다. 그러므로 상부 파이널스위치의 동작과는 무관하다.

답 20. ④ 21. ③ 22. ② 23. ④

문제 24. 회전운동을 하는 유희시설이 아닌 것은?

① 관람차 ② 비행탑
③ 회전목마 ④ 모노레일

해설 모노레일은 지상면에서 탑승물까지의 높이가 2m 이상으로 고저차가 2m 미만의 궤도를 주행하는 것을 말한다.

문제 25. 기계실 내 작업구역에서의 유효높이는 몇 m 이상이어야 하는가?

① 2.1 ② 1.8
③ 1.5 ④ 1.2

문제 26. 트랙션 권상기의 설명 중 옳지 않은 것은?

① 기어식과 무기어식 권상기가 있다.
② 행정거리의 제한이 없다.
③ 소요동력이 크다.
④ 지나치게 감기는 현상이 일어나지 않는다.

해설 트랙션 권상기는 소요동력이 작다. 소요동력이 큰 것은 권동식(드럼에 로프를 감는 형태)이다.

문제 27. 에스컬레이터의 안전율에 대한 기준으로 옳은 것은?

① 트러스와 빔에 대해서는 5 이상 ② 트러스와 빔에 대해서는 10 이상
③ 체인류에 대해서는 6 이상 ④ 체인류에 대해서는 8 이상

해설 • 트러스와 빔 : 5 이상 • 체인류 : 5 이상

문제 28. 전기식 엘리베이터에서 현수로프 3본 이상 안전율은 몇 이상이어야 하는가?

① 8 ② 9
③ 11 ④ 12

해설
• 주로프 : 2본은 16이상, 3본 이상은 12 이상
• 과속조절기 로프 : 8 이상
• 가요성 호스 : 8 이상
• 트러스 및 빔 : 5 이상
• 실린더 : 4 이상
• 유압 체인류 : 10 이상

답 24. ④ 25. ① 26. ③ 27. ① 28. ④

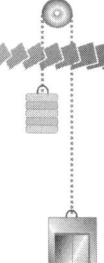

문제 29 승강기 보수의 자체점검 시 취해야 할 안전조치 사항이 아닌 것은?
① 보수작업 소요시간 표시
② 보수 계약 기간 표시
③ 보수 중이라는 사용금지 표시
④ 작업자명과 연락처의 전화번호

문제 30 에스컬레이터 구동기의 공칭속도는 몇 %를 초과하지 않아야 하는가?
① ±1   ② ±3
③ ±5   ④ ±8

문제 31 다음 중 승강기 제동기의 구조에 해당되지 않는 것은?
① 브레이크 슈   ② 라이닝
③ 코일   ④ 워터슈트

해설 ▶ 워터슈트는 유희시설에 해당되는데, 궤조를 갖지 않고 고저차가 2m 이상 되는 궤도를 미끄러지게 하여 재미를 느끼게 하는 기구를 말한다.

문제 32 로프식(전기식) 엘리베이터용 과속조절기의 점검사항이 아닌 것은?
① 진동소음상태   ② 베어링 마모상태
③ 캐치 작동상태   ④ 라이닝 마모상태

해설 ▶ 라이닝은 엘리베이터 브레이크의 브레이크 슈에 부착되는 물체이다.

문제 33 단식자동방식(single automatic)에 관한 설명 중 맞는 것은?
① 같은 방향의 호출은 등록된 순서에 따라 응답하면서 운행한다.
② 승강장 버튼은 오름, 내림 공용이다.
③ 주로 승객용에 사용된다.
④ 1개 호출에 의한 운행 중 다른 호출 방향이 같으면 응답한다.

해설 ▶ 단식자동방식
가장 먼저 눌러져 있는 부름에만 응답하고, 그 운전이 완료되기 전에는 다른 호출을 받지 않는다. 승강장 버튼은 오름, 내림 공용이다.

답 29.② 30.③ 31.④ 32.④ 33.②

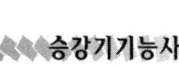

문제 34 승강기 설치·보수작업에서 발생되는 위험에 해당되지 않는 것은?
① 물리적 위험　② 접촉적 위험
③ 화학적 위험　④ 구조적 위험

문제 35 비상용 승강기는 화재발생시 화재 진압용으로 사용하기 위하여 고층빌딩에 많이 설치하고 있다. 비상용 승강기에 반드시 갖추지 않아도 되는 조건은?
① 비상용 소화기
② 예비전원
③ 전용 승강장 이외의 부분과 방화구획
④ 비상운전 표시등

문제 36 기계실의 유효작업 공간으로 접근하는 통로의 폭은 몇 m 이상이어야 하는가?
① 0.1　② 0.5
③ 1.0　④ 1.5

　해설　기계실의 유효 공간으로 접근하는 통로의 폭은 0.5m 이상이어야 한다.

문제 37 감전의 위험이 있는 장소의 전기를 차단하여 수선, 점검 등의 작업을 할 때에는 작업중 스위치에 어떤 장치를 하여야 하는가?
① 접지장치　② 복개장치
③ 시건장치　④ 통전장치

문제 38 방호장치에 대하여 근로자가 준수할 사항이 아닌 것은?
① 방호장치에 이상이 있을 때 근로자가 즉시 수리한다.
② 방호장치를 해체하고자 할 경우에는 사업주의 허가를 받아 해체한다.
③ 방호장치의 해체 사유가 소멸된 때에는 지체없이 원상으로 회복시킨다.
④ 방호장치의 기능이 상실된 것을 발견하면 지체없이 사업주에게 신고한다.

　해설　방호장치에 이상이 있을 때는 사업주에게 신고하고 절차에 따라 수리해야 한다.

답 34. ③　35. ①　36. ②　37. ③　38. ①

문제 39 전기식 엘리베이터 기계실의 구조에서 구동기의 회전부품 위로 몇 m 이상의 유효 수직 거리가 있어야 하는가?
① 0.2
② 0.3
③ 0.4
④ 0.5

문제 40 재해 누발자의 유형이 아닌 것은?
① 미숙성 누발자
② 상황성 누발자
③ 습관성 누발자
④ 자발성 누발자

해설 재해 누발자의 유형
① 미숙성 누발자 ② 상황성 누발자
③ 습관성 누발자 ④ 소질성 누발자

문제 41 다음 중 카 상부에서 하는 검사가 아닌 것은?
① 비상구 출구 스위치의 작동상태
② 도어개폐장치의 설치상태
③ 과속조절기 로프의 설치상태
④ 과속조절기 로프 인장장치의 작동상태

해설 과속조절기 로프 인장장치의 작동상태 검사는 피트 내에서 행한다.

문제 42 6극, 50Hz의 3상 유도전동기의 동기속도(rpm)는?
① 500
② 1000
③ 1200
④ 1800

해설 $N_s = \dfrac{120f}{P} = \dfrac{120 \times 50}{6} = 1000(\text{rpm})$

문제 43 에스컬레이터의 역회전 방지 장치로 틀린 것은?
① 과속조절기
② 스커트 가드
③ 기계 브레이크
④ 구동체인 안전장치

답 39. ② 40. ④ 41. ④ 42. ② 43. ②

해설
- 과속조절기 : 카와 같은 속도로 움직이는 과속조절기 로프에 의거 회전하며, 항상 카의 과속도를 검출한다.
- 스커트 가드 : 에스컬레이터나 무빙워크의 내측판 하부에 있으며, 발판의 측면과 작은 틈새를 보호하는 패널을 말한다.
- 구동체인 안전 장치 : 구동체인이 절단되었을 때 계단을 정지시킨다.

문제 44 에스컬레이터(무빙워크 포함)의 비상정지 스위치에 관한 설명으로 틀린 것은?

① 색상은 적색으로 하여야 한다.
② 상하 승강장의 잘 보이는 곳에 설치한다.
③ 버튼 또는 버튼 부근에는 "정지" 표시를 하여야 한다.
④ 장난 등에 의한 오조작 방지를 위하여 잠금 장치를 설치하여야 한다.

해설 비상정지 스위치는 잠금 장치를 해서는 안 된다.

문제 45 전기기기에서 E종 절연의 최고 허용온도는 몇 ℃인가?

① 90
② 105
③ 120
④ 130

해설 절연물의 허용온도

절연재료	Y	A	E	B	F	H	C
허용온도	90°	105°	120°	130°	155°	180°	180°초과

문제 46 파괴검사 방법이 아닌 것은?

① 인장 검사
② 굽힘 검사
③ 육안 검사
④ 경도 검사

문제 47 승강기시설 안전관리법의 목적은 무엇인가?

① 승강기 이용자의 보호
② 승강기 이용자의 편리
③ 승강기 관리 주체의 수익
④ 승강기 관리 주체의 편리

답 44. ④ 45. ③ 46. ③ 47. ①

문제 48. 유압식 엘리베이터의 카 문턱에는 승강장 유효 출입구 전폭에 걸쳐 에이프런이 설치되어야 한다. 수직면의 아랫부분은 수평면에 대해 몇 도 이상으로 아래 방향을 향하여 구부러져야 하는가?
① 15°
② 30°
③ 45°
④ 60°

문제 49. 변형량과 원래 치수와의 비를 변형률이라 하는데 다음 중 변형률의 종류가 아닌 것은?
① 가로 변형률
② 세로 변형률
③ 전단 변형률
④ 전체 변형률

해설 변형률의 종류에는 가로 변형률, 세로 변형률, 전단 변형률이 있다.

문제 50. 100V를 인가하여 전기량 30C을 이동시키는 데 5초 걸렸다. 이때의 전력(kW)은?
① 0.3
② 0.6
③ 1.5
④ 3

해설 $I = \dfrac{Q}{t} = \dfrac{30}{5} = 6[A]$
$P = VI = 100 \times 6 = 600[W] = 0.6[kW]$

문제 51. 인덕턴스가 5mH인 코일에 50Hz의 교류를 사용할 때 유도 리액턴스는 약 몇 Ω인가?
① 1.57
② 2.50
③ 2.53
④ 3.14

해설 $X_L = wL = 2\pi f L = 2 \times 3.14 \times 50 \times 5 \times 10^{-3} = 1.57[\Omega]$
※ $1[H] = 1000[mH]$

문제 52. 안전점검 중에서 5S 활동 생활화로 틀린 것은?
① 정리
② 정돈
③ 청소
④ 불결

해설 5S : 정리, 정돈, 청소, 청결, 생활화

답 48. ④ 49. ④ 50. ② 51. ① 52. ④

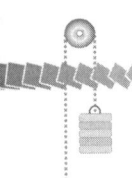

문제 53 배선용 차단기의 영문 문자기호는?
① S   ② DS
③ THR   ④ MCCB

해설
• S : 스위치
• DS : 단로기
• THR : 열동계전기
• MCCB : 배선용 차단기

문제 54 반도체에서 공유결합을 할 때 과잉전자를 발생시키는 반도체는?
① P형 반도체   ② N형 반도체
③ 진성 반도체   ④ 불순물 반도체

해설 P형 불순물 반도체는 억셉터(Acceptor) 원자, 즉 캐리어(Carrier)가 정공이며, N형 불순물 반도체는 도너(donor) 원자, 즉 캐리어(Carrier)가 자유전자(잉여전자)이다.

문제 55 엘리베이터의 카 상부에서 행하는 검사사항이 아닌 것은?
① 과속조절기 로프의 설치상태
② 추락방지안전장치의 연결기구 작동상태
③ 레일 및 브래킷의 마모상태
④ 과속조절기 작동상태

해설 과속조절기 작동상태는 과속조절기가 있는 장소에서 행한다.

문제 56 안전점검을 할 때 어떤 일정 기간을 두고서 행하는 점검은?
① 수시점검   ② 임시점검
③ 특별점검   ④ 정기점검

문제 57 직류기에서 워드레오나드 방식의 목적은?
① 계자자속을 조정하기 위하여
② 속도제어를 하기 위하여
③ 병렬운전을 하기 위하여
④ 정류를 좋게 하기 위하여

답 53. ④ 54. ② 55. ④ 56. ④ 57. ②

해설 워드레오나드 방식
전동기 운전용의 직류 발전기 대신 사이리스터 등에 의해서 가변 직류 전압을 공급하도록 한 것이다. 광범위한 속도 조정이 가능하다.

문제 58 사고발생빈도에 영향을 미치지 않는 것은?
① 작업시간
② 작업자의 연령
③ 작업숙련도 및 경험 연수
④ 작업자의 거주지

해설 작업자의 거주지와 사고발생빈도와는 무관하다.

문제 59 5[Ω]의 저항에 5[A]의 전류가 흐른다면 전압[V]은?
① 0.02　　　　　② 0.5
③ 25　　　　　　④ 50

해설 $V = IR = 5 \times 5 = 25\text{V}$

문제 60 물건에 끼여진 상태나 말려든 상태는 어떤 재해인가?
① 추락　　　　　② 전도
③ 협착　　　　　④ 낙하

해설
- 전도 : 사람이 평면상으로 넘어졌을 때를 말한다.
- 협착 : 물건에 끼여진 상태나 말려진 상태를 말한다.

답 58. ④　59. ③　60. ③

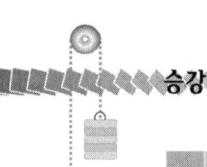

승강기기능사
제 2 회 CBT 기출복원문제

 본 문제는 수험생들의 협조에 의해 복원된 문제로 시험 내용과 일치하지 않을 수도 있습니다.

문제 01 와이어로프의 꼬임 방향에 의한 분류로 옳은 것은?
① Z꼬임, S꼬임
② Z꼬임, T꼬임
③ S꼬임, T꼬임
④ H꼬임, T꼬임

> **해설** 로프의 꼬임 방향에는 보통 꼬임과 랭식 꼬임이 있는데, 스트랜드 꼬임 방향에 따라 Z꼬임과 S꼬임이 있으며, 보통 Z꼬임이 사용되고 있다.

문제 02 로프식 승강기로 짝 지어진 것은?
① 직접식과 간접식
② 견인식과 권동식
③ 견인식과 직접식
④ 권동식과 간접식

문제 03 무빙워크의 디딤판의 속도는?
① 30m/min 이하
② 40m/min 이하
③ 45m/min 이하
④ 60m/min 이하

> **해설** 무빙워크의 정격속도는 45m/min 이하이어야 한다.

문제 04 에스컬레이터 안전장치 스위치의 종류에 해당하지 않는 것은?
① 비상정지 스위치
② 게이트 스위치
③ 구동 체인 절단검출 스위치
④ 스커트 가드 스위치

> **해설** 에스컬레이터의 안전장치 스위치에는 비상정지 스위치, 구동체인 절단검출 스위치, 스커트 가드 스위치, 계단체인 안전 스위치 등이 있다.

문제 05 고속용 승강기에 가장 적합한 과속조절기(Governor)는?
① 롤 세프티형(GR형)
② 디스크형(GD형)
③ 플라이 볼형(GF형)
④ 플랙시블형(FGC형)

답 1.① 2.② 3.③ 4.② 5.③

해설 ① 롤 세프티형(GR형) : 속도 45m/min 이하의 저속용 승강기에 적용된다.
② 디스크형(GD형) : 속도 60~105m/min에 적용되며, 순차 정지식에 사용된다.
③ 플라이 볼형(GF형) : 속도 120m/min 이상의 고속에 적용되며, 순차 정지식에 사용된다.

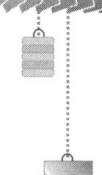

문제 06 승강장 출입구 바닥 앞부분과 카 바닥 앞부분의 틈의 너비는 몇 [cm] 이하로 하여야 하는가?
① 2
② 3
③ 3.5
④ 5

문제 07 엘리베이터 기계실의 실온은 원칙적으로 얼마 이하로 유지하여야 하는가?
① 20℃
② 30℃
③ 40℃
④ 50℃

해설 기계실의 온도는 5℃ 이상 40℃ 이하이어야 한다.

문제 08 다음 중 권상기 도르래 홈의 형상에 속하지 않는 것은?
① U홈
② V홈
③ R홈
④ 언더커트 홈

해설 권상기 도르래 홈의 형상에 R홈은 없다.

문제 09 주차장치 중 다수의 운반기를 2열 혹은 그 이상으로 배열하여 순환 이동하는 방식은?
① 수직 순환식
② 수평 순환식
③ 다층 순환식
④ 승강기식

해설
• 수직 순환식 : 주차구획에 자동차를 넣고, 그 주차구획을 수직으로 순환이동하여 자동차를 주차시킨다.
• 다층 순환식 : 다수의 운반기를 임의의 다층으로 배치하고 양단 또는 팔레트(차고)를 횡행으로 이동시켜 입·출고시키는 방식
• 수평 순환식 : 수평 순환식 기계식 주차설비는 다수의 운반기를 평면상에 2열, 또는 그 이상으로 배열하여 임의의 2열 간의 양단에 운반기를 수평 순환시켜 주차하는 방식
• 승강기식 : 여러층의 고정된 주차 구획에 상하로 움직일 수 있는 운반기에 의해서 자동차를 주차시키는 방식

답 6.③ 7.③ 8.③ 9.②

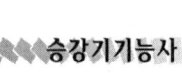

문제 10 승객용 엘리베이터에서 일반적으로 균형체인 대신 균형로프를 사용하는 정격속도의 범위는?

① 120m/min 이상
② 120m/min 미만
③ 150m/min 이상
④ 150m/min 미만

문제 11 승강장에서 행하는 검사가 아닌 것은?

① 승강장 도어의 손상 유무
② 도어 슈의 마모 유무
③ 승강장 버튼의 양호 유무
④ 과속조절기 스위치 동작 여부

해설 과속조절기 스위치 동작 유무는 기계실에서 행한다.

문제 12 카가 정지하고 있지 않는 층의 문이 열리지 않도록 하고, 각 층의 문이 닫혀 있지 않으면 운전을 불가능하게 하는 장치는?

① 도어 인터록
② 도어 세이프티
③ 도어 오픈
④ 도어 클로저

해설 ① 도어 인터록(door interlock) : 도어 로크(door lock)와 도어 스위치(door switch)로 구성되어 있다.
　• 도어 로크 : 카가 정지하지 않는 층의 승장 도어는 전용의 키를 사용하여야만 열수 있는 장치
　• 도어 스위치 : 승장 도어가 닫혀 있어야만 운행이 되도록 한 장치
② 도어 세이프티 : 문이 닫힐 때 사람의 끼임으로 안전사고가 발생하지 않도록 다시 열리게 하는 장치
③ 도어 클로저 : 승장 도어가 열려 있으면 자동으로 닫히게 하는 장치

문제 13 다음 중 ( ) 안에 들어갈 내용으로 알맞은 것은?

> "카가 에너지 분산형 완충기에 충돌했을 때 플런저가 하강하고 이에 따라 실린더 내의 기름이 좁은 ( )을(를) 통과하면서 생기는 유체저항에 의해 완충작용을 하게 된다."

① 오리피스 틈새
② 실린더
③ 오일게이지
④ 플런저

답　10. ①　11. ④　12. ①　13. ①

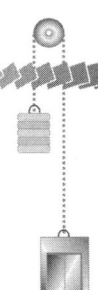

문제 14 꼭대기 틈새와 오버헤드 관계에서 꼭대기 틈새는?
① 오버헤드에서 카의 높이를 뺀 값
② 오버헤드에서 카의 높이와 완충기 행정을 뺀 값
③ 오버헤드에서 카의 높이와 로프 처짐량을 뺀 값
④ 오버헤드에서 피트 깊이와 완충기 행정을 뺀 값

해설
- 꼭대기 틈새 : 카를 최상층에 정지시켜 놓은 상태에서 카의 상부체대와 승강로 천장부와의 수직거리
- 오버헤드 : 최상층에서 기계실 바닥까지의 높이

문제 15 에스컬레이터의 적재하중 산출과 관계가 없는 것은?
① 스텝면의 수평투영면적 ② 층고
③ 스텝폭   ④ 정격속도

해설 적재하중의 산출
$G = 270 \cdot \sqrt{3} \, WH = 270A \, (\text{kg})$ 여기서 ─ A : 스텝면 수평투영면적
                                              W : 스텝폭
                                              H : 층고(m)

문제 16 승강기의 가변전압 가변주파수 제어에서 인버터가 제어하는 방식은?
① PAM   ② PWM
③ PSM   ④ IGBT

해설 가변전압 가변주파수 제어(VVVF 제어)에서 인버터가 제어하는 방식은 PWM(Pulse Width Modulation), 즉 펄스폭 변조방식이다.
- PAM(Pulse Amplitude Modulation) : 펄스 진폭 변조
- PSM(Pulse Safety Modulation) : 펄스 안전 변조
- IGBT(Insulated Gate Bipolar Transistor) : 절연 게이트 양극성 트랜지스터

문제 17 과부하 감지장치는(Overload Switch)의 작동 범위로 맞는 것은?
① 정격하중의 95 ~ 100%
② 정격하중의 100 ~ 105%
③ 정격하중의 105 ~ 110%
④ 정격하중의 110 ~ 115%

답 14. ① 15. ④ 16. ② 17. ③

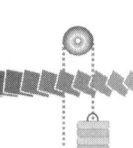

문제 18 승객용 엘리베이터의 제동기는 승차감을 저해하지 않고 로프 슬립을 일으킬 수 있는 위험을 방지하기 위하여 감속도를 어느 정도로 하고 있는가?
① 0.1G ② 0.2G
③ 0.3G ④ 0.4G

문제 19 도어 사이에 이물질이 있는 경우 도어를 반전시키는 안전장치가 아닌 것은?
① 세이프티 슈 ② 세이프티 디바이스
③ 세이프티 레이 ④ 초음파 장치

해설 ① 세이프티 슈 : 도어 선단의 센서가 사람 또는 물질이 접촉될 때 도어의 닫힘을 중단하고 열리게 한다.
② 세이프티 레이 : 도어의 양단에 투광기와 수광기를 설치해 광선이 차단될 시 도어의 닫힘은 중단하고 열리게 한다.
③ 초음파 장치 : 초음파로 승강 쪽의 사람 또는 물건을 검출해 도어의 닫힘을 중단하고 열리게 한다.
④ 세이프티 디바이스 : 안정장치를 뜻하는데, 기기의 파괴나 인체에 해를 끼치는 것을 막기 위해 설치한다.

문제 20 교류 엘리베이터 제어방식이 아닌 것은?
① VVVF 제어방식 ② 정지 레오나드 제어방식
③ 교류 귀환 제어방식 ④ 교류 2단 속도 제어방식

해설
교류 엘리베이터 제어방식	직류 엘리베이터 제어방식
① 교류 1단 제어방식	① 워드 레오나드 제어방식
② 교류 2단 제어방식	② 정지 레오나드 제어방식
③ 교류 귀환 제어방식	
④ VVVF 제어방식	

문제 21 엘리베이터 구조물의 진동이 카로 전달되지 않도록 하는 것은?
① 과부하 검출장치 ② 방진고무
③ 맞대임 고무 ④ 도어 인터록

문제 22 피트에 설치되지 않는 것은?
① 인장 도르래 ② 과속조절기
③ 완충기 ④ 균형추

답 18. ① 19. ② 20. ② 21. ② 22. ④

문제 23 에스컬레이터에 바르게 타도록 디딤판 위의 황색 또는 적색으로 표시한 안전마크는?
① 스텝체인　　　② 테크보드
③ 데마케이션　　④ 스커트 가드

문제 24 기종·용도를 표시하는 엘리베이터의 기호 연결이 옳지 않은 것은?
① P : 전기식(로프식) 일반 승객용　　② R : 전기식(로프식) 주택용
③ B : 전기식(로프식) 침대용　　　　④ S : 전기식(로프식) 비상용

해설
- P : 전기식(로프식) 일반 승객용
- B : 전기식(로프식) 침대용
- F : 화물용
- R : 전기식(로프식) 주택용
- E : 전기식(로프식) 비상용
- RT : 전기식 주택용 트렁크 부착

문제 25 승강장 도어 인터록장치의 설정 방법으로 옳은 것은?
① 인터록이 잠기기 전에 스위치 접점이 구성되어야 한다.
② 인터록이 잠김과 동시에 스위치 접점이 구성되어야 한다.
③ 인터록이 잠긴 후 스위치 접점이 구성되어야 한다.
④ 스위치에 관계없이 잠금 역할만 확실히 하면 된다.

해설　인터록장치 : 카가 정지하지 않는 층의 도어는 특수한 열쇠를 사용하여야만 열리는 도어록과 도어가 닫혀 있지 않으면 운전이 불가능한 도어 스위치로 구성되는데, 도어록장치가 확실히 걸린 후 도어 스위치가 들어가고, 도어 스위치가 끊어진 후 도어록이 열리는 구조이어야 한다.

문제 26 과속조절기에서 과속스위치의 작동원리는 무엇을 이용한 것인가?
① 회전력　　　　② 원심력
③ 과속조절기 로프　④ 승강기의 속도

해설　과속조절기의 종류에는 디스크(disk)형, 플라이 볼(fly ball)형, 롤 세이프티(roll safety)형이 있는데, 과속 스위치의 작동은 원심력을 이용하였다.

문제 27 사람이 출입할 수 없도록 정격하중이 300kg 이하이고 정격속도가 1m/s인 승강기는?
① 덤 웨이터　　　　　② 비상용 엘리베이터
③ 승객-화물용 엘리베이터　④ 수직형 휠체어리프트

해설　덤 웨이터는 사람이 탑승하지 않으면서 적재용량 300kg 이하, 정격속도 60m/min 이하인 소형화물의 운반에 적합하게 제작된 엘리베이터이다.

답　23. ③　24. ④　25. ③　26. ②　27. ①

문제 28 권상기 도르래 홈에 대한 설명 중 옳지 않은 것은?
① 마찰계수와 크기는 U홈 〈 언더커트 홈 〈 V홈 순이다.
② U홈은 로프와의 면압이 작으므로 로프의 수명은 길어진다.
③ 언더커트 홈의 중심각이 작으면 트랙션 능력이 크다.
④ 언더커트 홈은 U홈과 V홈의 중간적 특성을 갖는다.

해설 언더커트 홈의 중심각이 작으면 트랙션 능력이 작다.

문제 29 화재 시 소화 및 구조활동에 적합하게 제작된 엘리베이터는?
① 덤웨이터
② 비상용 엘리베이터
③ 전망용 엘리베이터
④ 승객 화물용 엘리베이터

해설 비상용 엘리베이터는 31층 이상의 건물에 설치가 의무화되어 있으며, 화재 시 소화 및 구조활동에 적합하게 제작되어 있다.

문제 30 에스컬레이터의 안전장치에 관한 설명으로 틀린 것은?
① 승강장에서 디딤판의 승강을 정지시키는 것이 가능한 장치이다.
② 사람이나 물건이 핸드레일 인입구에 꼈을 때 디딤판의 승강을 자동적으로 정지시키는 장치이다.
③ 상하 승강장에서 디딤판과 콤플레이트 사이에 사람이나 물건이 끼이지 않도록 하는 장치이다.
④ 디딤판 체인이 절단되었을 때 디딤판의 승강을 수동으로 정지시키는 장치이다.

해설 에스컬레이터의 디딤판 체인이 절단되면 디딤판의 승강을 자동으로 정지시키는 장치는 안전장치에 해당된다.

문제 31 유압 엘리베이터의 동력전달 방법에 따른 종류가 아닌 것은?
① 스크류식
② 직접식
③ 간접식
④ 팬터그래프식

해설 유압 엘리베이터의 종류에는 동력전달 방법에 따라 직접식, 간접식, 팬터그래프식이 있다.

문제 32 스텝과 스커트 사이에 끼임의 위험을 최소화하기 위한 장치는?
① 콤
② 뉴얼
③ 스커트
④ 스커트 디플렉터

답 28. ③ 29. ② 30. ④ 31. ① 32. ④

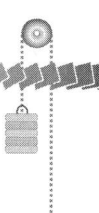

문제 33 로프식 엘리베이터에서 도르래의 구조와 특징에 대한 설명으로 틀린 것은?
① 직경은 주로프의 50배 이상으로 하여야 한다.
② 주로프가 벗겨질 우려가 있는 경우에는 로프이탈방지장치를 설치하여야 한다.
③ 도르래 홈의 형상에 따라 마찰계수의 크기는 U홈 〈 언더커트홈 〈 V홈의 순이다.
④ 마찰계수는 도르래 홈의 형상에 따라 다르다.

해설 도르래의 직경은 주로프 직경의 40배 이상되어야 한다.

문제 34 과부하 감지장치의 용도는?
① 속도 제어용
② 과하중 경보용
③ 속도 변환용
④ 종점 확인용

문제 35 가이드 레일의 보수 점검 항목이 아닌 것은?
① 브래킷 취부의 앵커 볼트 이완상태
② 레일 및 브래킷의 오염상태
③ 레일의 급유상태
④ 레일 길이의 신축상태

해설 가이드 레일의 보수 점검 항목으로 레일 길이의 신축상태는 해당하지 않는다.

문제 36 주차구획을 평면상에 배치하여 운반기의 왕복이동에 의하여 주차를 행하는 방식은?
① 평면 왕복식
② 다층 순환식
③ 승강기식
④ 수평 순환식

해설
- 평면 왕복식 : 각층에 평면으로 배치되어 있는 고정된 주차구획에 운반기에 의거 자동차를 운반이동하여 주차시키는 장치
- 다층 순환식 : 다수의 운반기를 1열, 2층 또는 그 이상으로 배열하여 임의의 두 층 간의 양단에서 운반기를 승강이동하여 순환이동시키는 방식
- 승강기식 : 여러 층으로 배치되어 있는 고정된 주차구획에 상하로 이동할 수 있는 운반기에 의거 자동차를 운반이동하여 주차시키는 방식
- 수평 순환식 : 주차구획에 자동차를 들어가게 한 후 그 주차구획을 수평으로 순환이동하여 자동차를 주차시키는 방식

문제 37 높은 열로 전선의 피복이 연소되는 것을 방지하기 위해 사용되는 재료는?
① 고무
② 석면
③ 종이
④ PVC

답 33. ① 34. ② 35. ④ 36. ① 37. ②

문제 38 승강기 안전점검에서 신설·변경 또는 고장수리 등 작업을 한 후에 실시하는 것은?
① 사전점검
② 특별점검
③ 수시점검
④ 정기점검

문제 39 엘리베이터의 정격속도 계산 시 무관한 항목은?
① 감속비
② 편향도르래
③ 전동기 회전수
④ 권상도르래 직경

해설 속도 $V = \dfrac{\pi \cdot D \cdot N}{1000} \cdot i \, (\text{m/min})$

여기서 D : 권상기 도르래의 지름(mm)
N : 전동기의 회전수(rpm)
i : 감속기의 감속비

문제 40 카 내에 갇힌 사람이 외부와 연락할 수 있는 장치는?
① 차임벨
② 인터폰
③ 리미트스위치
④ 위치표시램프

문제 41 감속기의 기어 치수가 제대로 맞지 않을 때 일어나는 현상이 아닌 것은?
① 기어의 강도에 악영향을 준다.
② 진동 발생의 주요 원인이 된다.
③ 카가 전도할 우려가 있다.
④ 로프의 마모가 현저히 크다.

문제 42 다음 중 역률이 가장 좋은 단상 유도전동기로서 널리 사용되는 것은?
① 분상 기동형
② 반발 기동형
③ 콘덴서 기동형
④ 셰이딩 코일형

해설 ① 분상 기동형 : 기동 시에만 주권선과 보조권선에 의해 회전 자기장을 만들어 기동시키고, 가속되면 주권선만으로 운전하는 방식의 전동기이다. 전기냉장고, 세탁기, 소형 공작기계, 펌프 등에 사용된다.
② 반발 기동형 : 전기자 권선은 정류자에 접속되어 반발기동 시에 주로 동작하고, 농형 권선은 운전 시에 사용된다.
③ 콘덴서 기동형 : 단상 유도전동기 중에서 역률이 가장 좋다. 기동 전류가 작고 기동 토크가 크다. 컴프레서, 펌프, 냉동기, 농기기 등에 사용된다.

답 38. ② 39. ② 40. ② 41. ④ 42. ③

④ 셰이딩 코일형 : 돌극형 자극의 고정자와 농형 회전자로 구성된 전동기로 자극에 슬롯을 만들어서 단락된 셰이딩 코일을 끼워 넣은 것. 기동 토크가 대단히 작고, 운전 중에도 셰이딩 코일에 전류가 흐르기 때문에 역률과 효율이 낮고 속도 변동률이 크다. 그런데 회전 방향을 바꾸지 못하는 단점이 있다. 선풍기, 전축 등의 소형 전동기에 사용된다.

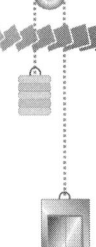

문제 43 기계식 주차설비를 할 때 승강기식인 경우 시브 또는 드럼의 직경은 와이어로프 직경의 몇 배 이상으로 하는가?

① 10
② 15
③ 20
④ 30

해설 기계식 주차설비를 할 때 승강기식인 경우 시브 또는 드럼의 직경은 와이어로프 직경의 30배 이상으로 하여야 한다.

문제 44 와이어로프의 구성 요소가 아닌 것은?

① 소선
② 심강
③ 킹크
④ 스트랜드

해설

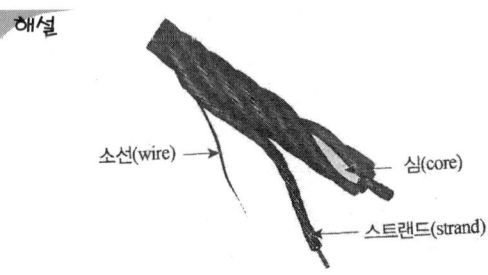

문제 45 길이 50mm의 둥근 봉이 인장되어 0.0005의 변형률이 생겼다. 변형 후의 길이는?

① 50.0005mm
② 50.25mm
③ 50.025mm
④ 50.005mm

해설 $\varepsilon = \dfrac{l' - l}{l} = \dfrac{\lambda}{l}$ 에서

$\lambda = \varepsilon \cdot l = 0.0005 \times 50 = 0.025 \mathrm{mm}$

∴ $50 + 0.025 = 50.025 \mathrm{mm}$

문제 46 안전 작업모를 착용하는 주요 목적이 아닌 것은?

① 화상 방지
② 감전의 방지
③ 종업원의 표시
④ 비산물로 인한 부상 방지

답 43. ④ 44. ③ 45. ③ 46. ③

문제 **47** 재해 조사의 목적으로 가장 거리가 먼 것은?
① 재해에 알맞은 시정책 강구
② 근로자의 복리후생을 위하여
③ 동종재해 및 유사재해 재발 방지
④ 재해 구성 요소를 조사, 분석, 검토하고 그 자료를 활용하기 위하여

문제 **48** 자동차용 엘리베이터에서 운전자가 항상 전진 방향으로 차량을 입·출고할 수 있도록 해주는 방향 전환 장치는?
① 턴 테이블
② 카 리프트
③ 차량 감지기
④ 출차 주의등

문제 **49** 전압계의 측정 범위를 7배로 하려 할 때 배율기의 저항은 전압계 내부 저항의 몇 배로 하여야 하는가?
① 7
② 6
③ 5
④ 4

해설 $R_m = (M-1)R = (7-1)R = 6R$

문제 **50** 직류 발전기의 기본 구성요소에 속하지 않는 것은?
① 계자
② 보극
③ 전기자
④ 정류자

해설 보극은 전기자 반작용을 예방하기 위해 설치한다. 직류 발전기의 기본 구성요소에 속하지는 않는다.

문제 **51** 직류기 권선법에서 전기자 내부 병렬 회로수 a와 극수 p의 관계는? (단, 권선법은 중권이다.)
① $a = 2$
② $a = \dfrac{1}{2}p$
③ $a = p$
④ $a = 2p$

해설 중권은 전기자 내부 병렬 회로수(a)와 극수(p)가 같다.

답 47.② 48.① 49.② 50.② 51.③

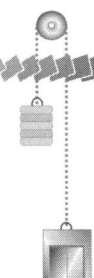

문제 52 저압 부하설비의 운전조작 수칙에 어긋나는 사항은?
① 퓨즈는 비상시라도 규격품을 사용하도록 한다.
② 정해진 책임자 이외에는 허가 없이 조작하지 않는다.
③ 개폐기는 땀이나 물에 젖은 손으로 조작하지 않도록 한다.
④ 개폐기의 조작은 왼손으로 하고, 오른손은 만약의 사태에 대비한다.

해설 개폐기의 조작은 오른손으로 해야 한다. 이유는 심장이 왼쪽 가슴에 있기 때문이다.

문제 53 자동제어의 종류 중 피드백 제어에서 가장 중요한 장치는?
① 구동장치
② 응답속도를 빠르게 하는 장치
③ 안정도를 좋게 하는 장치
④ 입력과 출력을 비교하는 장치

해설 되먹임(feed back) 제어 : 출력신호를 입력신호로 되돌려서 제어량의 목표값과 비교하여 정확한 제어가 되도록 한다.

문제 54 논리식의 불 대수에 관한 법칙 중 틀린 것은?
① $A \cdot A = A$
② $0 \cdot A = 1$
③ $A + A = A$
④ $1 + A = 1$

해설
- $A \cdot A = A$
- $A \cdot 0 = 0$
- $A + A = A$
- $A + 1 = 1$
- $A + 0 = A$
- $A \cdot \overline{A} = 0$

문제 55 에스컬레이터 난간과 핸드레일의 점검사항이 아닌 것은?
① 접촉기와 계전기의 이상 유무를 확인한다.
② 가이드에서 핸드레일의 이탈 가능성을 확인한다.
③ 표면의 균열 및 진동 여부를 확인한다.
④ 주행 중 소음 및 진동 여부를 확인한다.

해설 접촉기와 계전기의 이상 유무는 제어반에서 행한다.

문제 56 물에 젖은 손으로 전기기기를 만졌을 경우의 위험요소는?
① 감열
② 소손
③ 누전
④ 감전

답 52.④ 53.④ 54.② 55.① 56.④

문제 57 2단자 반도체 소자로 서지 전압에 대한 회로 보호용으로 사용되는 것은?

① 터널 다이오드
② 서미스터
③ 바리스터
④ 바렉터 다이오드

해설
- 터널 다이오드 : 불순물 농도가 높은 반도체를 이용해 만든 다이오드인데, 터널효과를 이용했으므로 음성특성이 있어, 증폭 또는 발진 회로에 이용된다.
- 서미스터 : 부온도 특성을 가진 저항기이다. 온도 보상용으로 사용되고 있다.
- 바리스터 : 서지 전압에 대한 회로 보호용으로 사용된다.
- 바렉터 다이오드 : 주로 발진 회로에 사용된다. 역방향의 전압을 걸면 전압에 따라서 내부 정전용량이 변한다.

문제 58 전기안전기준으로 옳지 않은 것은?

① 전기코드는 물이나 습기에 안전한 것이어야 한다.
② 전기위험설비에는 위험 표시를 해야 한다.
③ 전기설비의 감전, 누전, 화재, 폭발방지를 위해 매년 1회 이상 점검한다.
④ 감전의 위험이 있는 작업을 할 때에는 통전시간을 명시하고 관계 근로자에게 미리 주지시킨다.

해설 전기설비는 수시로 점검하여 누전, 감전, 화재 등의 안전사고를 미연에 방지하여야 한다.

문제 59 $2[\Omega]$의 저항 10개를 직렬로 연결했을 때는 병렬로 연결했을 때의 몇 배인가?

① 10
② 50
③ 100
④ 200

해설
- 동일한 저항을 직렬로 연결했을 때 : $R_o = nR[\Omega]$
- 동일한 저항을 병렬로 연결했을 때 : $R_o = \dfrac{R}{n}[\Omega]$

$$\therefore \frac{직렬연결}{병렬연결} = \frac{nR}{\frac{R}{n}} = n^2 배 = 10^2 배 = 100배$$

문제 60 산업재해(사고)조사 항목이 아닌 것은?

① 재해원인 물체
② 재해 발생 날짜, 시간, 장소
③ 재해 책임자 경력
④ 피해자 상해정도 및 부위

답 57. ③ 58. ③ 59. ③ 60. ③

승강기기능사
제3회 CBT 기출복원문제

 본 문제는 수험생들의 협조에 의해 복원된 문제로 시험 내용과 일치하지 않을 수도 있습니다.

문제 01 균형추를 사용한 승객용 엘리베이터에서 제동기(Brake)의 제동력은 적재하중의 몇[%]까지는 위험 없이 정지가 가능하여야 하는가?
① 100%
② 110%
③ 120%
④ 125%

해설 제동기는 125%의 적재하중을 싣고 위험없이 감속정지 가능해야 한다.

문제 02 레일은 5m 단위로 제조 되는데 T형 가이드 레일에서 13K, 18K, 24K, 30K를 바르게 설명한 것은?
① 가이드 레일 형상
② 가이드 레일 길이
③ 가이드 레일 1m의 무게
④ 가이드 레일 5m의 무게

해설 레일의 호칭은 1m당 공칭하중으로 하며, 보통 T형 레일을 사용하는데, 공칭은 8K, 13K, 18K, 24K이나 대용량 엘리베이터에서는 37K, 50K 등도 사용된다.

문제 03 유압식 엘리베이터의 종류에 속하지 않는 것은?
① 직접식
② 간접식
③ 팬터그래프식
④ 권동식

해설 권상형 엘리베이터에는 로프식과 권동식(통에 감는 형식)이 있다.

문제 04 카가 최상층 및 최하층을 지나쳐 주행하는 것을 방지하는 것은?
① 리미트 스위치
② 균형추
③ 인터록장치
④ 정지스위치

해설 리미트 스위치 : 물건 움직임의 위치를 검출하고 접점을 개폐하는 스위치의 총칭이다.

답 1. ④ 2. ③ 3. ④ 4. ①

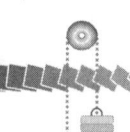

문제 05 무빙워크의 경사각도는 몇 도 이하로 하여야 하는가?
① 8° 이하
② 10° 이하
③ 12° 이하
④ 15° 이하

해설 무빙워크 경사도는 12° 이하이어야 한다.

문제 06 가이드 레일에 대한 설명 중 맞지 않은 것은?
① 카의 기울어짐을 방지
② 15~20년 경과 시 교체
③ 카와 균형추의 승강로 내 위치규제
④ 추락방지안전장치 작동 시 수직하중을 유지

해설 가이드 레일 : 차체와 균형추의 승강로 평면 내의 위치를 규제하고, 카의 기울어짐을 막아내며, 더욱이 정지 장치가 작동 시 수직하중을 유지한다.

문제 07 승강장의 문이 열린 상태에서 모든 제약이 해제되면 자동적으로 닫히게끔 하여 문의 개방상태에서 생기는 2차 재해를 방지하는 문의 안전장치는?
① 세이프티 레이
② 도어 인터로크
③ 클로저
④ 도어 세이프티

해설
- 세이프티 레이(safety ray) : 도어의 양단에 투광기와 수광기를 설치해 광선이 차단될 시 도어의 닫힘은 중단하고 열리게 한다.
- 도어 인터로크(door interlock) : 도어록과 도어 스위치로 구성되어 있으며 닫힘 동작 시는 도어록이 먼저 걸린 상태에서 도어 스위치가 들어가고 열림 동작 시는 도어 스위치가 끊어진 후에 도어록이 열리는 구조로 되어야 한다.
- 클로저(closer) : 승강장 도어가 열려 있으면 자동으로 닫게 하는 장치이다.
- 도어 세이프티(door safety) : 문의 안전장치를 뜻한다.

문제 08 과속조절기 스위치를 설명한 것으로 옳은 것은?
① 일단 작동하면 자동으로 복귀되지 않는다.
② 작동 후 속도가 정상으로 복귀되면 스위치도 복귀된다.
③ 일단 작동하면 교체하여야 한다.
④ 자동복귀되어도 작동하지 않는다.

해설 과속조절기 스위치는 수동으로 복귀시킨다.

답 5.③ 6.② 7.③ 8.①

문제 **09** 도어 인터로크에서 도어가 닫혀 있지 않으면 승강기 운전에 불가능하도록 한 것은?
① 도어 록
② 도어 스위치
③ 도어 머신
④ 도어 클로저

해설
- 도어 록(door lock) : 카가 정지하고 있지 않은 층계의 승강장 문은 전용 열쇠를 사용해야만 열리는 장치
- 도어 스위치(door switch) : 문이 닫혀 있지 않으면 운전이 불가능하게 한 장치
- 도어 머신(door machine) : 전동기, 감속기 등을 포함한 도어 개폐장치
- 도어 클로저(door closer) : 승장 도어가 열려 있으면 자동으로 닫히게 하는 장치

문제 **10** 카 또는 균형추의 상, 하, 좌, 우에 부착되어 레일을 따라 움직이고 카 또는 균형추를 지지해주는 역할을 하는 것은?
① 완충기
② 중간 스토퍼
③ 가이드 레일
④ 가이드 슈

문제 **11** 엘리베이터의 도어 스위치 회로는 어떻게 구성하는 것이 좋은가?
① 병렬 회로
② 직렬 회로
③ 직병렬 회로
④ 인터록 회로

문제 **12** 가장 먼저 등록된 부름에만 응답하고 그 운전이 완료될 때 까지는 다른 부름에는 응답하지 않는 방식으로 주로 화물용으로 사용되는 운전방식은?
① 단식 자동식
② 하강승합 전자동식
③ 군 승합 전자동식
④ 양방향 승합 전자동식

해설
- 단식 자동식
  먼저 눌러진 호출에 응답하고, 운행 중에는 다른 호출에는 응하지 않는다.
- 하강승합 전자동식
  2층 이상의 승강장에는 내림 방향의 버튼만 있다. 중간층에서 위방향으로 올라갈 때는 1층까지 내려와서 카 버튼으로 목적층을 등록시켜야 올라간다.
- 군 승합 전자동식
  2대에서 3대가 병설될 때에 사용되는 조작 방식. 먼저 응답한 카만 움직인다.
- 양방향 승합 전자동식
  승강장의 누름 버튼은 2개가 있으며, 동시에 기억시킬 수 있다. 카는 카 내의 누름 버튼과 승강장의 누름 버튼에 응답하면서 오르고 내린다.

답 9. ② 10. ④ 11. ② 12. ①

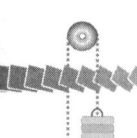

문제 13 점차작동형 추락방지안전장치에 대한 설명으로 옳지 않은 것은?
① 레일을 죄는 힘이 동작 시부터 정지 시까지 일정한 것이 F.G.C형이다.
② 레일을 죄는 힘이 처음에는 약하고 하강함에 따라 강하다가 얼마 후 일정값에 도달하는 것이 F.W.C형이다.
③ 구조가 간단하고 복구가 용이하기 때문에 대부분 F.W.C형을 사용한다.
④ 점차작동형은 정격속도가 60m/min 이상인 엘리베이터에 주로 사용한다.

해설 점차작동형 중 F.W.C(Flexible Wedge Clamp)형은 레일을 죄는 힘이 동작 초기에는 약하나, 점점 강해진 후 일정하다. 구조가 복잡해 거의 사용하지 않는다.

문제 14 엘리베이터의 전동기에 대한 설명으로 옳지 않은 것은?
① 기동토크가 작을 것
② 기동전류가 작을 것
③ 회전부분의 관성 모멘트가 적을 것
④ 잦은 기동빈도에 대해 열적으로 견딜 것

해설 엘리베이터의 전동기는 기동토크가 커야 한다.

문제 15 엘리베이터의 구조 중 사람이나 화물을 싣는 카에 설치되어 있지 않은 것은?
① 카 천장
② 문 개폐장치
③ 운전 스위치
④ 카 완충기

해설 완충기는 피트에 설치한다.

문제 16 엘리베이터의 피트에서 행하는 점검사항이 아닌 것은?
① 화이날 리미트스위치 점검
② 이동케이블 점검
③ 배수구 점검
④ 도어 록 점검

해설 도어 록는 도어에서 행하여야 한다.

문제 17 승객용 엘리베이터에 적용할 수 있는 도어 방식 중 승강로 공간이 동일한 조건에서 열림 폭을 가장 크게 할 수 있는 것은?
① 2짝 상하개폐방식
② 2짝 중앙개폐방식
③ 2짝 측면개폐방식
④ 3짝 측면개폐방식

답 13. ③ 14. ① 15. ④ 16. ④ 17. ④

해설 도어 시스템의 종류에는 측면 개폐방식(1S, 2S, 3S 등), 중앙개폐방식(2CO, 4CO 등), 상하개폐방식이 있다. 그런데 짝수가 많은 측면 개폐방식이 열림 폭이 가장 크다.

문제 18 에스컬레이터의 이동식 핸드레일의 경우, 운행 전구간에서 디딤판과 핸드레일 속도 차의 범위는?
① 0 ~ 1% 이하
② 0 ~ 2% 이하
③ 0 ~ 3% 이하
④ 0 ~ 4% 이하

문제 19 에스컬레이터와 건물의 빔 또는 에스컬레이터의 교차승계형 배열로 설치했을 경우에 생기는 협각부에 끼는 것을 방지하기 위해 설치하는 것은?
① 역결상 검출장치
② 스커트 가드 판넬
③ 리미트 스위치
④ 삼각부 보호판

해설 삼각부 보호판 : 에스컬레이터의 상승 운전 시 위층의 바닥과 교차되는 곳에 손이나 머리를 끼일 수 있어 이를 방지하기 위해 교차지점에서 1m 이상 떨어진 곳에 삼각부 가드를 설치한다.

문제 20 카 출입구 또는 천장 구출구에 대한 설명 중 옳지 않은 것은?
① 카 출입구 이외에 카 천장 구출구를 반드시 설치하여야 한다.
② 출입구에는 정전기 방지를 위한 방전코일을 반드시 설치하여야 한다.
③ 카의 천장 구출구는 카 외측에서 열게 되어 있다.
④ 2대 이상의 카가 동일 승강로에 병설되었을 경우 카 측 벽에도 구출구를 설치할 수 있다.

해설 콘덴서를 회로에서 개방하였을 때 전하가 잔류함으로써 일어나는 위험의 방지와 재투입 시 콘덴서에 걸리는 과전압의 방지를 위하여 방전장치가 사용된다.

문제 21 엘리베이터의 안전장치에 관한 설명으로 틀린 것은?
① 작업 형편상 경우에 따라 일시 제거해도 좋다.
② 카의 출입문이 열려있는 경우 움직이지 않는다.
③ 불량할 때는 즉시 보수한 다음 작업한다.
④ 반드시 작업 전에 점검한다.

해설 엘리베이터의 안전장치는 어떠한 경우에도 제거해서는 안 된다.

답 18. ② 19. ④ 20. ② 21. ①

문제 22 무기어식 엘리베이터의 총합 효율은?
① 0.3~0.5　　　　　　　　② 0.5~0.7
③ 0.7~0.85　　　　　　　 ④ 0.85~0.90

문제 23 승강기의 제어반에서 점검할 수 없는 것은?
① 전동기 회로의 절연상태　　② 주접촉자의 접촉상태
③ 결선단자의 조임상태　　　　④ 과속조절기 스위치의 작동상태

해설 과속조절기는 기계실에 설치한다.

문제 24 구동체인이 늘어나거나 절단되었을 경우 아래로 미끄러지는 것을 방지하는 안전장치는?
① 스텝체인 안전장치　　　　② 정지스위치
③ 인입구 안전장치　　　　　④ 구동체인 안전장치

해설
① 스텝체인 안전장치 : 계단 체인이 파단되거나 과도하게 늘어날 때 즉시 작동하여 에스컬레이터를 정지시키는 장치이다.
② 정지스위치 : 상·하의 잘 보이는 곳에 설치하여 에스컬레이터를 정지시키고자 할 때 사용한다.
③ 인입구 안전장치 : 핸드레일 입구에 불순물이 끼거나 어린이의 손이 빨려 들어가는 경우 스위치 작동으로 운행이 정지된다.
④ 구동체인 안전장치 : 체인이 늘어나거나 절단될 경우 즉시 에스컬레이터를 안전하게 정지시킨다.

문제 25 다음 중 에스컬레이터를 수리할 때 지켜야 할 사항으로 적절하지 않은 것은?
① 상부 및 하부에 사람이 접근하지 못하도록 단속한다.
② 작업 중 움직일 때는 반드시 상부 및 하부를 확인하고 복명 복창한 후 움직인다.
③ 주행하고자 할 때는 작업자가 안전한 위치에 있는지 확인한다.
④ 작동시간을 게시한 후 시간이 되면 작동시킨다.

해설 수리 완료 후 상·하부의 사람의 안전상태를 확인한 후 작동시킨다.

문제 26 비상용 엘리베이터에 대한 설명으로 옳지 않은 것은?
① 평상시는 승객용 또는 승객·화물용으로 사용할 수 있다.
② 카는 비상운전 시 반드시 모든 승강장의 출입구마다 정지할 수 있어야 한다.
③ 별도의 비상전원장치가 필요하다.
④ 도어가 열려 있으면 카를 승강시킬 수 없다.

답 22.④ 23.④ 24.④ 25.④ 26.④

해설 비상용 엘리베이터는 비상 시 도어를 열고 승강시킬 수 있다.

문제 27
전동기의 회전을 감속시키고 움직이는 기구나 로프 등을 구동시켜 승강기 문을 개폐시키는 장치는?

① 도어 인터록
② 도어 머신
③ 도어 록
④ 도어 클로저

해설
- 도어 인터록(door interlock) : 이 장치는 도어 록(door lock)과 도어 스위치(door switch)로 구성되어 있으며, 닫힘동작 시는 도어록이 먼저 걸린 상태에서 도어 스위치가 들어가고, 열림동작 시는 도어 스위치가 끊어진 후에 도어록이 열리는 구조로 되어 있다.
- 도어 록(door lock) : 카가 정지하고 있지 않는 층계의 승강장문은 전용 열쇠를 사용하지 않으면 열리지 않도록 하는 장치
- 도어 클로저(door closer) : 승장 도어가 열려 있을 시 자동으로 닫히게 하는 장치

문제 28
카 상부에 탑승하여 작업할 때 지켜야 할 사항으로 옳지 않은 것은?

① 정전스위치를 차단한다.
② 카 상부에 탑승하기 전 작업등을 점등한다.
③ 탑승 후에는 외부 문부터 닫는다.
④ 자동스위치를 점검 쪽으로 전환한 후 작업한다.

해설 자동스위치를 점검 쪽으로 전환한 후 작업하여야 한다.

문제 29
작업 시 이상 상태를 발견할 경우 처리절차가 옳은 것은?

① 작업중단 → 관리자에 통보 → 이상상태 제거 → 재발방지대책수립
② 관리자에 통보 → 작업중단 → 이상상태 제거 → 재발방지대책수립
③ 작업중단 → 이상상태 제거 → 관리자에 통보 → 재발방지대책수립
④ 관리자에 통보 → 이상상태 제거 → 작업중단 → 재발방지대책수립

문제 30
교류 엘리베이터의 제어방식이 아닌 것은?

① 교류 1단 속도 제어방식
② 교류귀환 전압 제어방식
③ 가변전압 가변주파수(VVVF) 제어방식
④ 교류상환 속도 제어방식

답 27. ② 28. ③ 29. ① 30. ④

> 해설   ① 교류 엘리베이터의 제어방식
>   • 교류 1단 제어방식
>   • 교류 2단 제어방식
>   • 교류귀환 제어방식
>   • VVVF 제어방식
> ② 직류 엘리베이터의 제어방식
>   • 워드 레오나드 방식
>   • 정지 레오나드 방식

문제 31 다음 중 승강기 도어 시스템과 관계없는 부품은?
① 브레이스 로드   ② 연동로프
③ 캠   ④ 행거

> 해설   브레이스 로드는 카 바닥이 수평을 유지하도록 카 바닥과 카 주(柱)에 경사지게 설치하는 바(bar)이다.

문제 32 전기식 엘리베이터의 카 내 환기시설에 관한 내용 중 틀린 것은?
① 구멍이 없는 문이 설치된 카에는 카의 위·아랫부분에 환기구를 설치한다.
② 구멍이 없는 문이 설치된 카에는 반드시 카의 윗부분에만 환기구를 설치한다.
③ 카의 윗부분에 위치한 자연 환기구의 유효면적은 카의 허용면적의 1% 이상이어야 한다.
④ 카의 아랫부분에 위치한 자연 환기구의 유효면적은 카의 허용면적의 1% 이상이어야 한다.

> 해설   구멍이 없는 문이 설치된 카에는 카의 위·아랫부분에 환기구를 설치한다. 그런데 자연 환기구의 유효면적은 카 허용면적의 1% 이상이어야 한다.

문제 33 VVVF 제어란?
① 전압을 변환시킨다.
② 주파수를 변환시킨다.
③ 전압과 주파수를 변환시킨다.
④ 전압과 주파수를 일정하게 유지시킨다.

> 해설   VVVF 제어 : 유도전동기에 인가되는 전압과 주파수를 동시에 변환시켜 직류 전동기와 동등한 제어 성능을 얻을 수 있는 방식

답   31. ①   32. ②   33. ③

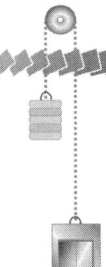

문제 34 다음 중 엘리베이터 감시반에 필요하지 않은 장치는?
① 현재 엘리베이터의 하중 표시장치
② 현재 엘리베이터의 운행방향 표시장치
③ 현재 엘리베이터의 위치 표시장치
④ 엘리베이터의 이상 유무 확인 표시장치

문제 35 과속조절기 로프의 공칭직경은 몇 mm 이상이어야 하는가?
① 5
② 6
③ 7
④ 8

해설
- 과속조절기 로프 : 6mm 이상
- 주로프 : 8mm 이상

문제 36 승객용 엘리베이터의 적재하중 및 최대정원을 계산할 때 1인당 하중의 기준은 몇 kg인가?
① 63
② 65
③ 67
④ 75

문제 37 재해원인의 분석방법 중 개별적 원인 분석은?
① 각각의 재해원인을 규명하면서 하나하나 분석하는 것이다.
② 사고의 유형, 기인물 등을 분류하여 큰 순서대로 도표화하는 것이다.
③ 특성과 요인관계를 도표로 하여 물고기 모양으로 세분화하는 것이다.
④ 월별 재해 발생수를 그래프화하여 관리선을 선정하여 관리하는 것이다.

문제 38 합리적인 사고의 발견방법으로 타당하지 않은 것은?
① 육감진단
② 예측진단
③ 장비진단
④ 육안진단

문제 39 실린더에 이물질이 흡입되는 것을 방지하기 위하여 펌프의 흡입축에 부착하는 것은?
① 필터
② 사이렌서
③ 스트레이너
④ 더스트와이퍼

답 34. ① 35. ② 36. ④ 37. ① 38. ① 39. ③

해설
- 필터 : 유압장치에 쇳가루, 모래 등의 고형 이물질의 혼입을 막기 위해 설치한다.
- 사일렌서(Silencer) : 작동유의 압력맥동을 흡수하여 진동, 소음을 저감시키기 위해 사용된다. 자동차의 머플러와 같다.
- 스트레이너 : 실린더에 쇳가루나 모래 등의 이물질이 들어가면 실린더가 손상되어 유압이 새는 등의 고장이 발생하여 기기의 수명이 단축된다. 그러므로 이물질을 제거하기 위해 필터를 설치하는데, 펌프의 흡입축에 부착되는 것을 스트레이너라 하고, 배관 중간에 부착되는 것을 라인필터라 한다.

문제 40 승강기 보수 작업 시 승강기의 카와 건물의 벽 사이에 작업자가 끼인 재해의 발생 형태에 의한 분류는?
① 협착
② 전도
③ 방심
④ 접촉

해설
- 협착 : 물건에 끼워진 또는 말려든 상태를 말한다.
- 전도 : 사람이 바닥에 평면상으로 넘어지거나 경사면, 계단 등에서 구르거나 넘어진 것을 말한다.

문제 41 전기식 엘리베이터 자체점검 중 피트에서 하는 점검항목에서 과부하감지장치에 대한 점검 주기(회/월)는?
① 1/1
② 1/3
③ 1/4
④ 1/6

문제 42 $Q[C]$의 전하에서 나오는 전기력선의 총수는?
① Q
② εQ
③ $\dfrac{\varepsilon}{Q}$
④ $\dfrac{Q}{\varepsilon}$

문제 43 트랙션 권상기의 특징으로 틀린 것은?
① 소요동력이 작다.
② 행정거리의 제한이 없다.
③ 주로프 및 도르래의 마모가 일어나지 않는다.
④ 권과(지나치게 감기는 현상)를 일으키지 않는다.

해설 트랙션 권상기의 특징
① 소요동력이 작다.
② 행정거리의 제한이 없다.
③ 지나치게 감기는 현상이 일어나지 않는다.

답 40. ① 41. ① 42. ④ 43. ③

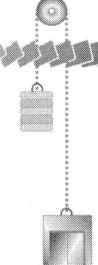

문제 44 카 상부에서 행하는 검사가 아닌 것은?
① 완충기 점검 ② 주로프 점검
③ 가이드 슈 점검 ④ 도어 개폐장치 점검

해설 완충기는 피트에 설치하므로 피트에서의 점검 사항에 해당된다.

문제 45 평행판 콘덴서에 있어서 판의 면적을 동일하게 하고 정전 용량은 반으로 줄이려면 판 사이의 거리는 어떻게 하여야 하는가?
① 1/4로 줄인다. ② 반으로 줄인다.
③ 2배로 늘린다. ④ 4배로 늘린다.

해설 $C = \dfrac{\varepsilon A}{d}$ [F]
정전 용량을 반으로 줄이려면 판 사이의 거리는 2배로 늘려야 한다.

문제 46 전기재해의 직접적인 원인과 관련이 없는 것은?
① 회로 단락 ② 충전부 노출
③ 접속부 과열 ④ 접지판 매설

문제 47 감전과 전기화상을 입을 위험이 있는 작업에서 구비해야 하는 것은?
① 보호구 ② 구명구
③ 운동화 ④ 구급용구

문제 48 직류 전동기에서 전기자 반작용의 원인이 되는 것은?
① 계자 전류 ② 전기자 전류
③ 와류손 전류 ④ 히스테리시스손의 전류

해설 전기자 반작용은 전기자 전류에 의해 발생된 자속이 주자속(N, S극)에 영향을 끼치는 현상을 말한다.

문제 49 논리식 A(A+B)+B를 간단히 하면?
① 1 ② A
③ A+B ④ A·B

답 44.① 45.③ 46.④ 47.① 48.② 49.③

해설　$A(A+B)+B = AA+AB+B = A+AB+B = A(1+B)+B = A+B$
※ $AA = A$, $A+1 = 1$

문제 50　웜(Worm) 기어의 특징이 아닌 것은?
① 효율이 좋다.　　② 부하 용량이 크다.
③ 소음과 진동이 적다.　　④ 큰 감속비를 얻을 수 있다.

해설　웜 기어는 효율이 낮다.

문제 51　다음 그림과 같은 제어계의 전체 전달함수는? (단, $H(s) = 1$이다.)

① $\dfrac{1}{G(s)}$

② $\dfrac{1}{1+G(s)}$

③ $\dfrac{G(s)}{1+G(s)}$

④ $\dfrac{G(s)}{1-G(s)}$

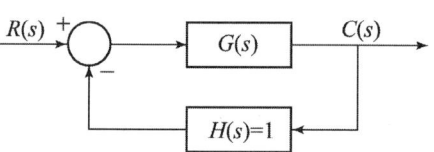

해설

블록선도	전달함수
$R(s) \rightarrow G_1 \rightarrow G_2 \rightarrow C(s)$	$G = \dfrac{C(s)}{R(s)} = G_1 G_2$
$R(s) \xrightarrow{+} \ominus \rightarrow G_1 \rightarrow C(s)$ (피드백)	$G = \dfrac{C(s)}{R(s)} = \dfrac{G}{1+G}$
$R(s) \rightarrow G_1 \xrightarrow{+} \oplus \rightarrow C(s)$, G_2 피드백(+)	$G = \dfrac{C(s)}{R(s)} = \dfrac{G_1}{1-G_2}$
$R(s) \xrightarrow{+} \ominus \rightarrow G_1 \rightarrow C(s)$, G_2 피드백	$G = \dfrac{C(s)}{R(s)} = \dfrac{G_1}{1+G_1 G_2}$
$R(s) \xrightarrow{+} \oplus \rightarrow G_1 \rightarrow G_2 \rightarrow C(s)$, G_3 피드백(+)	$G = \dfrac{C(s)}{R(s)} = \dfrac{G_1 G_2}{1-G_1 G_2 G_3}$

문제 52　직류 전동기의 속도 제어 방법이 아닌 것은?
① 저항 제어법　　② 계자 제어법
③ 주파수 제어법　　④ 전기자 전압 제어법

답　50. ①　51. ③　52. ③

해설 직류 전동기의 속도 제어 방법의 종류
① 저항 제어법 : 전기자 회로에 저항 R을 넣고, 이것을 가감해 속도를 제어하는 방법
② 계자 제어법 : 계자 전류를 조정하여 계자 자속 ϕ를 변화해 속도를 제어하는 방법
③ 전압 제어법 : 전기자에 가해지는 단자 전압을 변화하여 속도를 조정하는 방법

문제 53 다음 중 안전사고 발생 요인이 가장 높은 것은?
① 불안전한 상태와 행동
② 개인의 개성
③ 환경과 유전
④ 개인의 감정

문제 54 용량이 1kW인 전열기를 2시간 동안 사용하였을 때 발생한 열량은?
① 430kcal
② 860kcal
③ 1720kcal
④ 2000kcal

해설 $H = 860 \times 1 \times 2 = 1720 \text{kcal}$ ※ 1kWh = 860kcal

문제 55 Y결선의 상전압이 V[V]이다. 선간전압은?
① $3V$
② $\sqrt{3}\,V$
③ $\dfrac{V}{3}$
④ $\dfrac{V^2}{3}$

해설 Y결선의 전압과 전류관계
$V_l = \sqrt{3}\,V_s$, $I_l = I_s$
단, V_l : 선간전압, V_s : 상전압, I_l : 선전류, I_s : 상전류
※ V_l은 V_s보다 $\dfrac{\pi}{6}$ rad 앞선다.

문제 56 정전기로 인한 화재폭발 방지에 필요한 조치는?
① 개폐기 설치
② 전선은 단선 사용
③ 접지설비
④ 역률 개선

답 53.① 54.③ 55.② 56.③

문제 57 길이 측정에 사용되는 측정기의 설명 중 옳지 않은 것은?
① 다이얼 게이지 : 기어를 이용
② 옵티미터 : 광학 확대장치 이용
③ 미니미터 : 전기용량의 변화를 이용
④ 마이크로미터 : 나사를 이용

해설 미니미터 : 미소한 치수를 측정하는 측정기

문제 58 스패너를 힘주어 돌릴 때 지켜야 할 안전사항이 아닌 것은?
① 스패너 자루에 파이프를 끼워 힘껏 조인다.
② 주위를 살펴보고 조심성 있게 조인다.
③ 스패너를 밀지 않고 당기는 식으로 사용한다.
④ 스패너를 조금씩 여러 번 돌려 사용한다.

해설 스패너 자루에 파이프를 끼워 무리하게 사용하면 파손될 염려가 있다.

문제 59 다음의 접점 기호는 무엇을 나타내는가?
① 한시동작 순시복귀의 a접점
② 한시동작 순시복귀의 b접점
③ 순시동작 한시복귀의 a접점
④ 순시동작 한시복귀의 b접점

해설
• 한시동작 순시복귀의 a접점 : ─o─△─o─
• 한시동작 순시복귀의 b접점 : ─o─△─o─
• 순시동작 한시복귀의 a접점 : ─o─▽─o─
• 순시동작 한시복귀의 b접점 : ─o─▽─o─

문제 60 재해원인 대한 설명으로 옳지 않은 것은?
① 불안전한 행동과 불안전한 상태는 재해의 간접원인이다.
② 불안전한 상태는 물적원인에 해당된다.
③ 위험장소의 접근은 재해의 불안전한 행동에 해당한다.
④ 부적당한 조명, 온도 등 작업환경의 결함도 재해원인에 해당된다.

해설 불안전한 행동과 불안전한 상태는 재해의 직접원인이다.

답 57. ③ 58. ① 59. ② 60. ①

승강기기능사
제 4 회 CBT 기출복원문제

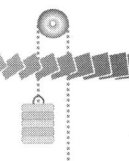

 본 문제는 수험생들의 협조에 의해 복원된 문제로 시험 내용과 일치하지 않을 수도 있습니다.

문제 01 T형 가이드 레일에는 8, 13, 18, 24K 레일이 있는데 8, 13, 18, 24라는 숫자는 무엇을 나타내는 것인가?
① 가이드 레일 1본의 무게
② 가이드 레일 1본의 길이
③ 가이드 레일 1m의 무게
④ 가이드 레일의 형상

해설 가이드 레일은 카나 균형추를 안내한다. 일반적으로 단면이 T자형 레일이 이용되고, 1m당 중량에 따라 8, 13, 18, 24, 30, 37, 50K 레일 등의 종류가 있다.

문제 02 에스컬레이터의 층고가 6m 이하일 때의 경사도는 몇 도 이하로 할 수 있는가?
① 15°
② 25°
③ 35°
④ 45°

해설 에스컬레이터의 경사도는 수평으로 30°를 초과하지 않아야 한다. 속도가 30m/min 이하이며, 층고가 6m 이하인 경우에는 35°까지 허용된다.

문제 03 과속조절기(Governor) 로프의 안전율은 얼마이어야 하는가?
① 2 이상
② 3 이상
③ 4 이상
④ 8 이상

해설 안전율
- 과속조절기 로프 : 8 이상
- 화물용 와이어로프 : 6 이상
- 승용와이어로프 : 2본은 16 이상, 3본 이상은 12 이상

답 1. ③ 2. ③ 3. ④

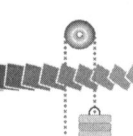

문제 04 VVVF(Variable Voltage Variable Frequency)제어의 설명으로 옳지 않은 것은?
① 전동기는 직류 전동기가 사용된다.
② 전압과 주파수를 동시에 제어할 수 있다.
③ 컨버터(converter)와 인버터(inverter)로 구성되어 있다.
④ PAM 제어방식과 PWM 제어방식이 있다.

해설 VVVF제어는 교류 전동기 제어 방식이다.
[참고] ① PAM(Pulse Amplitude Modulation) : 이 방식은 교류의 진폭을 조절하는 방법이다. PAM 방식은 전압만 제어한다.
② PWM(Pulse Width Modulation) : 이 방식은 교류의 주파수를 조절하는 방식이다. 이 방식을 사용하면 역률을 줄이고, 더욱 효율을 증가시킨다. 그런데 요즘 PWM제어에서는 전압과 주파수까지 제어를 하기도 한다.

문제 05 과속조절기는 무엇을 이용하여 스위치의 개폐작용을 하는가?
① 응력   ② 원심력
③ 마찰력   ④ 항력

문제 06 2~3대의 엘리베이터가 병설되었을 때 주로 사용되는 운전방식은?
① 단식 자동식   ② 양방향 승합 전자동식
③ 군 승합 전자동식   ④ 군 관리 방식

해설 ① 단식 자동식 : 승강장 버튼은 오름, 내림 공용인데, 먼저 눌러진 호출에 응답하고, 운행 중 다른 호출에는 응하지 않는다.
② 군 승합 전자동식 : 2~3대의 엘리베이터를 연계시킨 후, 어떤 호출에 대해 먼저 응답한 카만 움직이고, 나머지는 응답하지 않아, 효율적 이용을 도모하는 방식이다.
③ 군 관리 방식 : 3~8대의 엘리베이터를 연계, 집단으로 묶어 합리적으로 운행, 관리하는 방식

문제 07 균형추를 사용한 승객용 엘리베이터에서 제동기(Brake)의 제동력은 적재하중의 몇 % 까지는 위험 없이 정지가 가능하여야 하는가?
① 100%   ② 110%
③ 120%   ④ 125%

해설 제동기의 제동력은 적재하중의 125%까지 위험없이 정지가 가능해야 한다.

답 4.① 5.② 6.③ 7.④

문제 08 기계실을 승강로의 아래쪽에 설치하는 방식은?
① 정상부형 방식 ② 횡인 구동 방식
③ 베이스먼트 방식 ④ 사이드머신 방식

해설 기계실의 설치종류
① 베이스먼트 방식(basement type)
  기계실이 하부측면에 설치된 방식이다.
② 사이드머신 방식(side machine type)
  기계실의 상부측면에 설치된 방식이다.
③ 정상부형 방식
  정상부에 설치한 방식이다.

문제 09 펌프의 출력에 대한 설명으로 옳은 것은?
① 압력과 토출량에 비례한다.
② 압력과 토출량에 반비례한다.
③ 압력에 비례하고, 토출량에 반비례한다.
④ 압력에 반비례하고, 토출량에 비례한다.

해설 펌프의 출력은 유압과 토출량에 비례한다.

문제 10 유압용 엘리베이터에 가장 많이 사용하는 펌프는?
① 기어펌프 ② 스크류펌프
③ 베인펌프 ④ 피스톤펌프

해설 유압용 엘리베이터에서 가장 많이 사용되는 펌프는 스크류 펌프이다.
스크류 펌프는 압력 맥동이 작다. 또한 소음과 진동 역시 작다.

문제 11 에스컬레이터와 층 바닥이 교차하는 곳에 손이나 머리가 끼거나 충돌하는 것을 방지하기 위한 안전장치는?
① 셔터운전 안전장치 ② 스커트 가드 안전장치
③ 스텝체인 안전장치 ④ 삼각부 보호판

해설
• 셔터운전 안전장치
  셔터를 상·하로 올리고 내릴때 안전을 위해 설치한 스위치
• 스커트 가드(skirt guard) 안전장치
  스커트 가드와 계단체인 사이에 발이나 이물질이 끼었을때 위험을 방지하기 위한 장치

답 8.③ 9.① 10.② 11.④

- 스탭체인 안전장치
  계단 체인이 절단 또는 늘어날시 전원을 차단하는 장치
- 삼각부 보호판
  에스컬레이터를 타고 상승시 윗층의 바닥과 교차되는 곳에 머리가 끼일 수 있다. 그러므로 이를 방지하기 위하여 교차지점에서 1m 이상 떨어진 곳에 삼각부 가드판을 설치하는데 이를 말한다.

문제 12 승강기에 사용하고 있는 에너지 축적형 완충기는 주로 어떤 기종에 사용되고 있는가?
① 정격속도가 60m/min 이하의 기종
② 정격속도가 60m/min 초과하는 기종
③ 정격속도가 80m/min 이하의 기종
④ 정격속도가 80m/min 초과하는 기종

해설 ① 에너지 축적형 완충기 : 속도 60m/min 이하의 엘리베이터에 사용한다.
② 에너지 분산형 완충기 : 모든 속도의 경우에 사용한다.

문제 13 도어 인터록에 대한 설명으로 틀린 것은?
① 모든 승강장문에는 전용열쇠를 사용하지 않으면 열리지 않도록 하여야 한다.
② 도어가 닫혀있지 않으면 운전이 불가능하여야 한다.
③ 닫힘 동작시 도어스위치가 들어간 다음 도어록이 확실히 걸리는 구조이어야 한다.
④ 도어록을 열기 위한 열쇠는 특수한 전용키이어야 한다.

해설 도어 인터 록(door inter lock)은 닫힐 때는 도어록이 먼저 걸린 후 도어 스위치가 들어가고, 열릴 때는 도어스위치가 끊어진 후 도어록이 열리는 구조이어야 한다.

문제 14 4~8대의 승강기가 병설되어 있을 때 적합한 운전방식은?
① 군 관리방식
② 군 승합 전자동방식
③ 양방향 승합 전자동식
④ 단식자동식

해설
- 군 관리 방식 : 3~8대가 병설할 때에 각 카를 합리적으로 운행 관리하는 조작 방식
- 군 승합 전자동방식 : 2대에서 3대가 병설될 때에 사용되는 조작 방식
- 단식자동식 : 먼저 눌러진 호출에 응답하고, 운행 중에는 다른 호출에는 응하지 않는다.

답 12. ① 13. ③ 14. ①

문제 15
교류 엘리베이터의 속도 제어방식이 아닌 것은?
① 교류 1단 속도제어방식
② 교류 2단 속도제어방식
③ 교류 3단 속도제어방식
④ 교류 귀환 전압제어방식

해설
① 교류 1단 속도제어방식
3상 유도 전동기에 전원을 투입해 기동과 정속운전을 하고, 정지는 전원을 차단한 후, 제동기에 의해 기계적으로 거는 방식으로, 30m/min 이하의 저속용 엘리베이터에 적용된다.
② 교류 2단 속도제어방식
2단 속도 전동기를 사용하여 기동과 주행은 고속권선으로 행하고, 감속시는 저속권선으로 감속하여 착상하는 방식으로, 30m/min~60m/min에 주로 적용된다.
③ 교류 귀환 전압제어방식
카의 실속도와 지령속도를 비교하여 사이리스터의 점호각을 바꿔, 유도 전동기의 속도를 제어하는 방식으로 속도 45m/min~105m/min 이하에 적용된다.
④ V.V.V.F.(Variable Voltage Variable Friquency)
유도 전동기에 인가되는 전압과 주파수를 동시에 변환시켜 직류 전동기와 동등한 제어 성능을 갖는다. 이 방식은 소비전력이 절감되며, 적용 엘리베이터의 속도는 고속범위까지 가능하다.

문제 16
카가 최상층 및 최하층을 지나쳐 주행하는 것을 방지하는 것은?
① 리미트스위치
② 균형추
③ 인터록장치
④ 정지스위치

해설 리미트스위치 : 물건 움직임의 위치를 검출하고 접점을 개폐하는 스위치

문제 17
승객이나 운전자의 마음을 편하게 해주고 주위의 분위기를 부드럽게 하기 위하여 설치하는 장치는?
① 통신장치
② 관제운전장치
③ 구출운전장치
④ BGM장치

문제 18
에스켈레이터의 구동장치가 아닌 것은?
① 구동기
② 스탭체인 구동장치
③ 핸드레일 구동장치
④ 구동체인 안전장치

해설
• 구동기 : 하나의 다른 장치를 제어하거나 조절하는 하드웨어 장치
• 스탭체인 구동장치 : 계단체인을 구동하는 장치

답 15. ③ 16. ① 17. ④ 18. ④

- **핸드레일 구동장치** : 핸드레일을 구동하는 장치
- **구동체인 안전장치** : 구동체인이 절단되거나 심하게 늘어나면 구동장치의 하강방향의 회전을 제지한다.

문제 19. 전동 덤웨이터에 대한 설명으로 틀린 것은?

① 구조상 경미한 부분을 제외하고는 불연재료로 만들거나 씌워야 한다.
② 점검용 콘센트는 소방설비용 비상콘센트를 겸용하여 사용한다.
③ 천장 높이는 1.2m 이하이어야 한다.
④ 서적, 음식물 등 소형화물의 운반에 적합하게 제작된 엘리베이터이다.

해설 덤웨이터는 바닥면적이 1m² 이하 그리고 천장높이가 1.2m 이하로, 300kg 이하의 소화물(음식물 또는 서적)을 운반하는데 사용되는 소형 엘리베이터이다. 점검용 콘센트는 소방설비용 비상콘센트를 겸용하여 사용해서는 안된다.

문제 20. 순간식 추락방지안전장치의 일종으로 로프에 걸리는 장력이 없어져서 휘어짐이 생겼을 때 바로 운전회로를 차단하는 장치는?

① 과속조절기
② 슬랙로프 세이프티
③ 브레이크
④ 상승방향 과속방지장치

해설 슬랙로프 세이프티(slake rope safety)
로프에 걸리는 장력이 없어져서 휘어짐이 생겼을 때, 바로 운전회로를 차단한다. 과속조절기를 설치하지 않는 방식이다.

문제 21. 다음 중 권상기 도르래 홈의 형상에 속하지 않는 것은?

① U홈
② V홈
③ R홈
④ 언더커트 홈

해설 권상기 도르래 홈의 형상에 R홈은 없다.

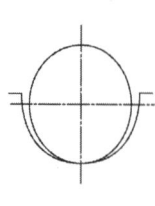
(a) U홈

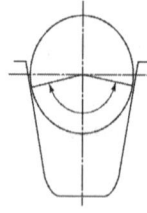
(b) V홈

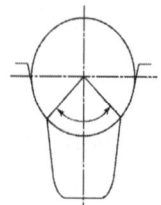
(c) 언더컷 홈

답 19. ② 20. ② 21. ③

문제 22 로프식 엘리베이터의 균형추 무게를 계산하는 식은? (단, 오버밸런스는 50%로 한다.)
① 카하중+카하중의 50%
② 카하중+정격하중의 50%
③ 정격하중의 150%
④ 정격하중의 50%

해설 균형추 무게=카하중+정격하중×오버 밸러스율

문제 23 사다리를 사용하는 작업에서 안전수칙에 어긋나는 행위는?
① 위험 및 사용금지의 표찰이 붙어서 결함이 있는 사다리를 사용 할 때는 주의하면서 사용한다.
② 사다리 밑 끝이 불안전하거나 3m 이상의 높은 곳이면 다른 사람으로 하여금 붙들게 하고 작업한다.
③ 사다리를 문 앞에 설치할 때는 문을 완전히 열어놓거나 잠궈야 한다.
④ 사다리 설치 시에는 사다리의 밑바닥과 사다리 길이를 고려하여 어느 정도 벽에서 떨어지게 한다.

해설 결함이 있는 사다리는 안전에 문제가 없도록 수리 후 사용하여야 한다.

문제 24 로프식 승강기로 짝지어진 것은?
① 직접식과 간접식
② 견인식과 권동식
③ 견인식과 직접식
④ 권동식과 간접식

해설 로프식 승강기에는 견인식과 권동식이 있다.

문제 25 유압식 엘리베이터의 부품 및 특징에 대한 설명으로 옳지 않은 것은?
① 역저지밸브 : 정전이나 그 외의 원인으로 펌프의 토출 압력이 떨어져 실린더의 기름이 역류하여 카가 자유 낙하하는 것을 방지하는 역할을 한다.
② 스톱밸브 : 유압파워유니트와 실린더 사이의 압력 배관에 설치되며, 이것을 닫으면 실린더의 기름이 파워유니트로 역류하는 것을 방지한다.
③ 스트레이너 : 역할은 필터와 같으나 일반적으로 펌프의 출구쪽에 붙인 것을 말한다.
④ 사이렌서 : 자동차의 머플러와 같이 작동유의 압력 맥동을 흡수하여 진동, 소음을 감소시키는 역할을 한다.

답 22.② 23.① 24.② 25.③

해설 스트레이너(strainer) : 유체 속에 포함된 고형물을 제거하며 기기 등에 이물질이 유입하는 것을 방지하는 장치의 총칭을 말한다. 스트레이너는 펌프의 흡입 측에 부착한다.

문제 26 승강기의 가변전압 가변주파수 제어에서 인버터가 제어하는 방식은?

① PAM ② PWM
③ PSM ④ IGBT

해설 가변전압 가변주파수 제어(VVVF 제어)에서 인버터가 제어하는 방식은 PWM(Pulse Width Modulation). 즉 펄스폭 변조 방식이다.
- PAM(Pulse Amplitude Modulation) : 펄스 진폭 변조
- PSM(Pulse Safety Modulation) : 펄스 안전 변조
- IGBT(Insulated Gate Bipolar Transistor) : 절연 게이트 양극성 트랜지스터

문제 27 운행 중인 에스컬레이터가 어떤 요인에 의해 갑자기 정지하였다. 점검해야 할 에스컬레이터 안전장치로 틀린 것은?

① 승객검출장치 ② 인레트 스위치
③ 스커드 가드 안전 스위치 ④ 스텝체인 안전장치

해설
- 인레트 스위치 : 핸드레일의 인입구에 설치하는 안전스위치로서 핸드레일이 난간 하부로 들어가는 곳에 어린이들의 손가락이 빨려 들어가는 사고가 발생할 수 있는데, 이러한 사고가 생겼을 때 에스컬레이터를 정지시키는 장치이다.
- 스커드 가드 안전 스위치 : 스커드 가드와 계단체인 사이에 발이나 이물질이 끼었을 때 위험을 방지하기 위한 장치이다.
- 스텝체인 안전장치 : 스텝(계단)체인이 절단 또는 늘어나면, 전원을 차단하여 에스컬레이터를 정지시키는 장치이다.

문제 28 승강기 안전검사 시 에스컬레이터의 공칭속도가 0.5m/s인 경우 제동기의 정지거리는 몇 m 이어야 하는가?

① 0.20m에서 1.00m 사이 ② 0.30m에서 1.30m 사이
③ 0.40m에서 1.50m 사이 ④ 0.55m에서 1.70m 사이

해설

공칭속도[V]	정지거리
30m/min(0.50m/s)	0.20m에서 1.00m 사이
39m/min(0.65m/s)	0.30m에서 1.30m 사이
45m/min(0.75m/s)	0.40m에서 1.50m 사이

답 26. ② 27. ① 28. ①

문제 29 로프식 승용승강기에 대한 사항 중 틀린 것은?
① 카 내에는 외부와 연락되는 통화장치가 있어야 한다.
② 카 내에는 용도, 적재하중(최대 정원) 및 비상 시 조치 내용의 표찰이 있어야 한다.
③ 카 바닥 끝단과 승강로 벽 사이의 거리는 150mm를 초과하여야 한다.
④ 카 바닥은 수평이 유지되어야 한다.

해설 카 바닥 끝단과 승강로 벽 사이의 거리는 150mm 이하이어야 한다.

문제 30 도어 시스템(열리는 방향)에서 S로 표현되는 것은?
① 중앙열기 문　　② 가로열기 문
③ 외짝 문 상하열기　　④ 2짝 문 상하열기

해설 도어 시스템의 종류
① 가로열기식 문(사이드 오픈 방식) 1S, 2S, 3S 등이 있다.
② 중앙열기식 문(센터 오픈 방식) 2CO, 4CO 등이 있다.

문제 31 다음 중 카 상부에서 하는 검사가 아닌 것은?
① 비상구 출구 스위치의 작동 상태
② 도어개폐장치의 설치 상태
③ 과속조절기 로프의 설치 상태
④ 과속조절기 로프 인장장치의 작동 상태

해설 과속조절기 로프 인장장치의 작동 상태 검사는 피트 내에서 행한다.

문제 32 유압식 엘리베이터의 피트 내에서 점검을 실시할 때 주의해야 할 사항으로 틀린 것은?
① 피트 내 비상정지스위치를 작동 후 들어 갈 것
② 피트 내 조명을 점등한 후 들어갈 것
③ 피트에 들어갈 때는 승강로 문을 닫을 것
④ 피트에 들어갈 때 기름에 미끄러지지 않도록 주의할 것

해설 피트에 들어갈 때 승강로 문을 닫아서는 안 된다.

답 29. ③　30. ②　31. ④　32. ③

문제 33 전기식 엘리베이터의 경우 기계실에서 검사하는 항목과 관계없는 것은?
① 전동기　　　　　　　　② 인터록 장치
③ 권상기의 도르래　　　　④ 권상기의 브레이크 라이닝

해설　도어 인터록 : 승강장 도어 안전장치이다. 이 장치는 카가 정지하지 않는 층의 도어는 특수한 열쇠를 사용하지 않으면 열리지 않도록 하는 도어록과 도어가 닫혀 있지 않으면 운전이 불가능하도록 하는 도어 스위치로 구성된다. 도어 인터록 장치에서 중요한 것은 도어록 장치가 확실히 걸린 후 도어 스위치가 들어가고, 도어 스위치가 끊어진 후에 도어록이 열리는 구조로 하는 것이다.

문제 34 피트 정지 스위치의 설명으로 틀린 것은?
① 이 스위치가 작동하면 문이 반전하여 열리도록 하는 기능을 한다.
② 점검자나 검사자의 안전을 확보하기 위해서는 작업 중 카의 움직임을 방지하여야 한다.
③ 수동으로 조작되고 스위치가 열리면 전동기 및 브레이크에 전원 공급이 차단되어야 한다.
④ 보수 점검 및 검사를 위해 피트 내부로 들어가기 전에 반드시 이 스위치를 "정지" 위치로 두어야 한다.

해설　피트 정지 스위치 : 보수점검 및 검사를 위하여 피트 내부로 들어가기 전 이 스위치를 "정지" 위치로 하여 작업 중 카가 움직이는 것을 방지한다. 수동으로 조작되고 스위치가 작동되면 엘리베이터 전동기 및 브레이크(Brake)에 전력이 차단되는 구조이어야 한다.

문제 35 유압식 엘리베이터의 카 문턱에는 승강장 유효 출입구 전폭에 걸쳐 에이프런이 설치되어야 한다. 수직면의 아랫부분은 수평면에 대해 몇도 이상으로 아래 방향을 향하여 구부러져야 하는가?
① 15°　　　　　　　　　② 30°
③ 45°　　　　　　　　　④ 60°

문제 36 로프식 엘리베이터에서 도르래의 직경은 로프 직경의 몇 배 이상으로 하여야 하는가?
① 25　　　　　　　　　② 30
③ 35　　　　　　　　　④ 40

해설　도르래의 직경은 주로프 직경의 40배 이상되어야 한다.

답　33. ②　34. ①　35. ④　36. ④

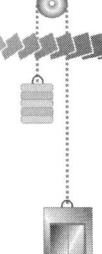

문제 37 기계식 주차장치에 있어서 자동차 중량의 전륜 및 후륜에 대한 배분비는?
① 6 : 4
② 5 : 5
③ 7 : 3
④ 4 : 6

문제 38 카 및 승강장 문의 유효 출입구의 높이 [m] 얼마 이상이어야 하는가?
① 1.8
② 1.9
③ 2.0
④ 2.1

문제 39 피트에서 하는 검사가 아닌 것은?
① 완충기의 설치상태
② 하부 화이널리미트 스위치류 설치상태
③ 균형로프 및 부착부 설치상태
④ 비상구출구 설치상태

문제 40 로프식 엘리베이터에 필요한 안전장치에 속하지 않는 것은?
① 완충기
② 과속조절기
③ 리미트 스위치
④ 인렛 안전장치

해설 인렛 안전장치 : 에스컬레이터에 있어서 핸드 레일과 바닥 사이에 물체가 끼었을 때 자동적으로 정지시킨다.

문제 41 사고발생빈도에 영향을 미치지 않는 것은?
① 작업시간
② 작업자의 연령
③ 작업숙련도 및 경험연수
④ 작업자의 거주지

해설 작업자의 거주지와 사고발생빈도와는 무관하다.

문제 42 직류 전동기의 제동법이 아닌 것은?
① 저항제동
② 발전제동
③ 역상제동
④ 회생제동

답 37. ① 38. ③ 39. ④ 40. ④ 41. ④ 42. ①

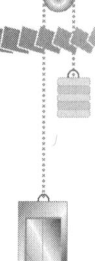

해설
- **발전제동**: 운전 중의 전동기를 전원에서 분리하여 발전기로 작용시키고, 회전체의 운동 에너지를 전기적인 에너지로 변환하여 이것을 저항에서 열에너지로 소비시켜서 제동하는 방법
- **역상제동**: 전동기를 전원에 접속한 상태에서 전기자의 접속을 반대로 하고, 회전 방향과 반대 방향으로 토크를 발생시켜서 급속히 정지하거나 역전시키는 방법
- **회생제동**: 전동기가 갖는 운동 에너지를 전기 에너지로 변화하고, 이것을 전원으로 반환하여 제동하는 방법

문제 43 스패너를 힘주어 돌릴 때 지켜야 할 안전사항이 아닌 것은?

① 스패너 자루에 파이프를 끼워 힘껏 조인다.
② 주위를 살펴보고 조심성 있게 조인다.
③ 스패너를 밀지 않고 당기는 식으로 사용한다.
④ 스패너를 조금씩 여러 번 돌려 사용한다.

해설 스패너 자루에 파이프를 끼워 힘껏 조이면 스패너 자루가 부러질 수 있다.

문제 44 안전사고의 원인이 되는 것과 관계없는 것은?

① 콘덴서의 방전코일이 없는 상태
② 전기기계기구나 공구의 절연파괴
③ 기계기구의 빈번한 기동 및 정지
④ 정전작업시 접지가 없어 유도전압이 발생

해설 기계기구의 빈번한 기동 및 정지가 안전을 저해하지는 않는다.

문제 45 콘덴서의 정전용량이 증가되는 경우를 모두 나열한 것은?

ⓐ	전극의 면적을 증가시킨다.
ⓑ	비유전율이 큰 유전체를 사용한다.
ⓒ	전극 사이의 간격을 증가시킨다.
ⓓ	콘덴서에 가하는 전압을 증가시킨다.

① ⓐ
② ⓐⓑ
③ ⓐⓑⓒ
④ ⓐⓑⓒⓓ

해설 $C = \dfrac{\varepsilon A}{d}$ (F)

여기서, C : 정전용량(F), ε : 유전율($\varepsilon = \varepsilon_o \varepsilon_s$)
A : 극판의 면적(m²), d : 극판의 간격(m)

답 43. ① 44. ③ 45. ②

문제 46 2단자 반도체 소자로 서지 전압에 대한 회로 보호용으로 사용되는 것은?

① 터널 다이오드
② 서미스터
③ 바리스터
④ 바렉터 다이오드

해설
- 터널 다이오드 : 불순물 농도가 높은 반도체를 이용해 만든 다이오드인데, 터널효과를 이용했으므로 음성특성이 있어, 증폭 또는 발진회로에 이용된다.
- 서미스터 : 부온도 특성을 가진 저항기이다. 온도 보상용으로 사용되고 있다.
- 바리스터 : 서어지 전압에 대한 회로 보호용으로 사용된다.
- 바렉터 다이오드 : 주로 발진 회로에 사용된다. 역방향의 전압을 걸면 전압에 따라서 내부 정전용량이 변한다.

문제 47 길이 측정에 사용되는 측정기의 설명 중 옳지 않은 것은?

① 다이얼 게이지 : 기어를 이용
② 옵티미터 : 광학 확대장치 이용
③ 미니미터 : 전기용량의 변화를 이용
④ 마이크로미터 : 나사를 이용

해설 미니미터 : 미소한 치수를 측정하는 측정기

문제 48 절연저항을 측정하는 계기는?

① 훅온미터
② 휘트스톤브리지
③ 회로시험기
④ 메거

해설
- 훅온미터 : 전류를 측정하는 계기
- 휘트스톤브리지 : R, L, C 또는 주파수 등의 측정에 널리 사용된다.
- 회로시험기 : 저항·전압·전류를 측정하는 계기
- 메거 : 절연저항을 측정하는 계기

문제 49 매일 작업 전, 후 등의 점검에 해당하는 것은?

① 일상점검
② 특별점검
③ 임시점검
④ 정기점검

답 46. ③ 47. ③ 48. ④ 49. ①

문제 **50** 산업재해의 발생원인으로는 불안전한 행동이 많은 사고의 원인이 되고 있다. 이에 해당되지 않은 것은?
① 위험장소 접근
② 안전장치 기능 제거
③ 복장 보호구 잘못 사용
④ 작업장소 불량

문제 **51** 다음 중 전기사고의 방지대책이 아닌 것은?
① 방전장치의 시설
② 누전 개소의 조기 발견
③ 전기의 사용 억제
④ 규격 전기용품의 사용

문제 **52** 엘리베이터의 도어 스위치 회로는 어떻게 구성하는 것이 좋은가?
① 병렬회로
② 직렬회로
③ 직병렬회로
④ 인터록회로

문제 **53** 2[V]의 기전력으로 20[J]의 일을 할 때 이동한 전기량은 몇 [C]인가?
① 0.1
② 10
③ 40
④ 24000

해설 $V = \dfrac{W}{Q}[\text{V}]$, $Q = \dfrac{W}{V} = \dfrac{20}{2} = 10[\text{C}]$

문제 **54** 회전운동을 직선운동으로 바꾸어 주는 기구는?
① 폴리
② 캠
③ 체인
④ 기어

해설 캠은 회전운동을 직선운동, 왕복운동으로 바꾸어 주는 기구이다.

문제 **55** 전압 220[V], 전류 20[A], 역률 0.6인 3상 회로의 전력은 약 몇 [kW]인가?
① 4.6
② 4.8
③ 5.0
④ 5.2

해설 $P = \sqrt{3} \times VI\cos\theta = \sqrt{3} \times 220 \times 20 \times 0.6 = 4573 \fallingdotseq 4.6[\text{kW}]$

답 50. ④ 51. ③ 52. ② 53. ② 54. ② 55. ①

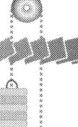

문제 56 진공 중에서 m[Wb]의 자극으로부터 나오는 총 자력선의 수는 어떻게 표현되는가?

① $\dfrac{m}{4\pi\mu_o}$ ② $\dfrac{m}{\mu_o}$

③ $\mu_o m$ ④ $\mu_o m^2$

해설 $N = \dfrac{m}{\mu} = \dfrac{m}{\mu_o \mu_s} = \dfrac{m}{\mu_o}$ (개)

여기서, 진공 또는 공기중에서 $\mu_s = 1$

문제 57 감전사고로 의식을 잃은 환자에게 가장 먼저 취하여야 할 조치로 옳은 것은?

① 인공호흡을 시킨다.   ② 음료수를 흡입시킨다.
③ 의복을 벗긴다.   ④ 몸에서 피가 나오도록 유도한다.

문제 58 재해 누발자의 유형이 아닌 것은?

① 미숙성 누발자   ② 상황성 누발자
③ 습관성 누발자   ④ 자발성 누발자

해설 재해 누발자의 유형
① 미숙성 누발자   ② 상황성 누발자
③ 습관성 누발자   ④ 소질성 누발자

문제 59 안전점검 시 에스컬레이터의 운전 중 점검 확인 사항에 해당하지 않는 것은?

① 운전 중 소음과 진동상태
② 스텝에 작용하는 부하의 작용 상태
③ 콤 빗살과 스텝 홈의 물림상태
④ 핸드레일과 스텝의 속도차이 유무

문제 60 안전 작업모를 착용하는 목적에 있어서 안전관리와 관계가 없는 것은?

① 종업원의 표시   ② 화상의 방지
③ 감전의 방지   ④ 비산물로 인한 부상방지

해설 안전작업모를 착용하는 이유가 종업원의 표시는 아니다.

답 56. ② 57. ① 58. ④ 59. ② 60. ①

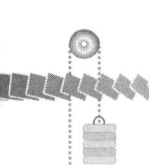

승강기기능사
제5회 CBT 기출복원문제

 본 문제는 수험생들의 협조에 의해 복원된 문제로 시험 내용과 일치하지 않을 수도 있습니다.

문제 01 카 바닥 앞부분과 승강로 벽과의 수평거리는? (다만, 카 도어록이 설치되어 사람의 힘으로 열 수 없는 경우 또는 화물용 엘리베이터의 경우에는 적용하지 않는다.)
① 40mm 이하 ② 80mm 이하
③ 150mm 이하 ④ 160mm 이하

문제 02 속도 30m/min의 800형 에스컬레이터의 1시간당 이론 수송 인원은?
① 2000명 ② 4000명
③ 6000명 ④ 9000명

해설
• 800형 : 6000명/시간
• 1200형 : 9000명/시간

문제 03 다음 장치 중에서 작동되어도 카의 운행에 관계없는 것은?
① 과속조절기 캐치
② 승강장 도어의 열림
③ 과부하 감지 스위치
④ 통화장치

문제 04 전망용 엘리베이터의 카의 재료로서 한국산업규격에 정한 유리로 사용할 수 없는 것은?
① 복층유리 ② 강화유리
③ 접합유리 ④ 망유리

해설 복층유리 : 유리를 겹쳐 내부에 진공상태를 만들어, 단열 및 방음성능이 뛰어나게 한 것이다. 전망용 엘리베이터의 사용에는 부적합하다.
전망용 엘리베이터에는 강화유리, 접합유리, 망유리가 사용된다.

답 1.③ 2.③ 3.④ 4.①

과년도 문제

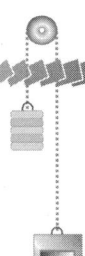

문제 05 카 도어의 끝단에 설치되어 이물체가 접촉되면 도어의 닫힘을 중지하고 도어를 반전시키는 접촉식 보호장치는?

① 도어 인터록 ② 세이프티 슈
③ 광전장치 ④ 초음파장치

해설 ① 도어 인터록 스위치
엘리베이터의 승강장문에는 카가 정지하고 있지 않는 층에서는 열쇠를 이용해야만 밖에서 열 수 있는 잠금장치와, 문이 닫히지 않으면 운전할 수 없게 하기 위한 도어 스위치가 필요하다. 통상 이들 장치는 별도로 설치하는 것이 아니라, 하나로 조합되어 사용되고 도어 인터록 스위치라고 한다. 도어 인터록 스위치에서 중요한 것은 확실히 잠겼을 때에만 스위치가 on이고 스위치가 off로 된 후에 열쇠가 빠지도록 하는 일이다.
② 세이프티 슈(safety show)
문의 선단에 이물질 검출장치를 설치하여 사람이나 이물질이 접촉되면 도어의 닫힘은 중단되고 열린다.
③ 광전 장치
도어의 양단에 투광기와 수광기를 설치해, 광선이 차단될 시 도어의 닫힘은 중단하고 열리게 한다.
④ 초음파 장치
초음파로 승강쪽의 사람 또는 물건을 검출해 도어의 닫힘을 중단하고 열리게 한다.

문제 06 2~3대의 엘리베이터가 병설되었을 때 주로 사용되는 운전방식은?

① 단식 자동식 ② 양방향 승합 전자동식
③ 군 승합 전자동식 ④ 군 관리 방식

해설 ① 단식 자동식 : 승강장 버튼은 오름, 내림 공용인데, 먼저 눌러진 호출에 응답하고, 운행 중 다른 호출에는 응하지 않는다.
② 군 승합 전자동식 : 2~3대의 엘리베이터를 연계시킨 후, 어떤 호출에 대해 먼저 응답한 카만 움직이고, 나머지는 응답하지 않아, 효율적 이용을 도모하는 방식이다.
③ 군 관리 방식 : 3~8대의 엘리베이터를 연계, 집단으로 묶어 합리적으로 운행, 관리하는 방식

문제 07 다음 중 과속조절기의 형태가 아닌 것은?

① 롤 세이프티(Roll Safety)형 ② 디스크(Disk)형
③ 플라이 볼(Fly Ball)형 ④ 카(Car)형

답 5. ② 6. ③ 7. ④

해설
① 롤 세이프티형 : 엘리베이터가 기준속도를 초과하면 이를 검출하여, 동력 전원회로를 차단하고 전자 브레이크를 작동시켜, 시브의 회전을 정지케 해, 과속조절기 풀리의 홈과 로프 사이의 마찰력으로 비상정지 시킨다.
② 디스크형 : 엘리베이터가 설정된 속도에 달하면 원심력에 의해 fly weight(진자)가 움직여 가속스위치를 작동, 정지시키는 과속조절기이다.
③ 플라이 볼형 : 과속조절기 pulley의 회전을 베벨기어에 의해 수직축의 회전으로 변환하고, 이 축의 상부에 있는 구형의 진자에 작용하는 원심력으로 작동한다. 정밀도가 높아 고속용으로 주로 사용한다.

문제 08 다음 (㉠), (㉡)에 들어갈 내용으로 옳은 것은?

> "에스컬레이터는 난간폭에 따라 800형과 1200형이 있다. 시간당 수송능력은 800형은 (㉠)명, (㉡)명이다."

① ㉠ 800 ㉡ 1200
② ㉠ 4000 ㉡ 6000
③ ㉠ 5000 ㉡ 8000
④ ㉠ 6000 ㉡ 9000

해설 난간폭에 의한 분류
① 800형 : 수송능력이 6000명/시간
② 1200형 : 수송능력이 9000명/시간

문제 09 승강기에 사용되는 T형 가이드 레일의 규격을 말하는 8K, 13K, 24K는?
① 레일 1본에 대한 무게의 호칭기호이다.
② 레일 1m에 대한 무게의 호칭기호이다.
③ 레일 5m에 대한 무게의 호칭기호이다.
④ 레일 10m에 대한 무게의 호칭기호이다.

해설 승강기에 사용되는 가이드레일은 T형이며, 규격은 8K, 13K, 18K, 24K, 37K, 50K 등이 있는데, 이는 레일 1m에 대한 무게의 호칭기호이다.

문제 10 엘리베이터 사용자의 안전을 위하여 400V 미만의 전압이 인가된 저압용 기기의 외함에는 제 몇 종 접지공사를 하여야 하는가?
① 제1종
② 제2종
③ 제3종
④ 특별 제3종

해설
• 400V 미만 : 제3종 접지공사
• 400V 이상의 저압 : 특별 제3종 접지공사
※ 본 문제는 규정법 개정으로 무효입니다.

답 8. ④ 9. ② 10. ③

문제 11 균형추의 중량을 결정하는 계산식은?(단, 여기서 L은 정격하중, F는 오버밸런스율이다.)
① 균형추의 중량=카 자체하중×L·F
② 균형추의 중량=카 자체하중+L·F
③ 균형추의 중량=카 자체하중+(L−F)
④ 균형추의 중량=카 자체하중+L+F

문제 12 카가 주행 중에 저속의 문을 손으로 억지로 여는 데에 필요한 힘은 몇 kgf 이상으로 하고 있는가?
① 5kgf   ② 20kgf
③ 35kgf ④ 40kgf

해설
① 카가 정지한 경우 문을 여는 데 필요한 힘은 300N(20kgf) 이상되어야 한다.
② 정격속도 1m/s를 초과하여 운행중인 엘리베이터 카 문의 개방은 50N 이상의 힘이 필요하다.

문제 13 기계실의 바닥면적은 승강로 수평투영면적의 몇 배 이상으로 하여야 하는가?(단, 기기의 배치 및 관리에 지장이 없는 경우이다.)
① 1   ② 2
③ 3   ④ 4

해설 기계실 바닥면적은 승강로 수평투영면적의 2배 이상으로 하여야 한다.(단, 기기의 배치 및 관리에 지장이 없는 경우)

문제 14 에스컬레이터와 층 바닥이 교차하는 곳에 손이나 머리가 끼거나 충돌하는 것을 방지하기 위한 안전장치는?
① 셔터운전 안전장치   ② 스커트 가드 안전장치
③ 스텝체인 안전장치   ④ 삼각부 보호판

해설
• 셔터운전 안전장치 : 셔터를 상·하로 올리고 내릴때 안전을 위해 설치한 스위치이다.
• 스커트 가드(skirt guard) 안전장치 : 스커트 가드와 계단체인 사이에 발이나 이물질이 끼었을때 위험을 방지하기 위한 장치
• 스텝체인 안전장치 : 계단 체인이 절단 또는 늘어날시 전원을 차단하는 장치
• 삼각부 보호판 : 에스컬레이터를 타고 상승시 윗층의 바닥과 교차되는 곳에 머리가 끼일 수 있다. 그러므로 이를 방지하기 위하여 교차지점에서 1m 이상 떨어진 곳에 삼각부 가드판을 설치하는데 이를 말한다.

답 11. ② 12. ② 13. ② 14. ④

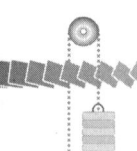

문제 15 유압엘리베이터의 주요 배관상에 유량제어밸브를 설치하여 유량을 직접 제어하는 회로로써 비교적 정확한 속도제어가 가능한 유압회로는?

① 미터 인(METER IN)회로
② 블리드 오프(BLEED OFF)회로
③ 미터 아웃(METER OUT)회로
④ 유압 VVVF 제어회로

해설　① 미터 인회로 : 실린더로 공급되는 유량을 조절해 주고, 실린더에서 나가는 유량은 제어하지 않는 회로
② 블리드 오프회로 : 실린더로 공급되는 유량이 실린더의 속도에 비하여 너무 많을 때, 그 남는 양을 탱크로 우회하도록 하는 회로
③ 미터 아웃회로 : 실린더에서 나가는 유량을 조절하는 회로

문제 16 에스컬레이터의 안전장치에 해당되지 않는 것은?

① 스텝 체인 안전 스위치(step chain safety switch)
② 스프링(spring) 완충기
③ 인레트 스위치(inlet switch)
④ 스커트 가드(skirt guard) 안전 스위치

해설　① 스텝 체인 안전 스위치
　　　에스컬레이터의 계단 체인이 절단 또는 늘어날시 전원을 차단하는 장치이다.
② 에너지 축적형 완충기
　　엘리베이터의 카가 피트로 떨어질 때 충격을 완화시키기 위한 장치이다. 속도 60m/min 이하에 적용된다.
③ 인레트 스위치
　　에스컬레이터 핸드레일의 인입구에 설치하는데, 어린이의 손가락이 핸드레일 난간 하부로 빨려 들어갈 때 운행을 정지시킨다.
④ 스커트 가드 안전 스위치
　　스커트 가드와 계단체인 사이에 발이나 이물질이 끼었을 때 위험을 방지하기 위한 장치이다.

문제 17 고속용 승강기에 가장 적합한 과속조절기(Governor)는?

① 롤 세프티형(GR형)　　　　② 디스크형(GD형)
③ 플라이 볼형(GF형)　　　　④ 플랙시블형(FGC형)

해설　① 롤 세프티형(GR형) : 속도 45m/min 이하의 저속용 승강기에 적용된다.
② 디스크형(GD형) : 속도 60~105m/min에 적용되며, 순차 정지식에 사용된다.
③ 플라이 볼형(GF형) : 속도 120m/min 이상에 적용되며, 순차 정지식에 사용된다.

답　15. ①　16. ②　17. ③

문제 18 유압식 엘리베이터의 종류에 속하지 않는 것은?
① 직접식
② 간접식
③ 팬터그래프식
④ 권동식

해설 권상형 엘리베이터에는 로프식과 권동식(통에 감는 형식)이 있다.

문제 19 3상 교류의 단속도 전동기에 전원을 공급하는 것으로 기동과 정속 운전을 하고, 정지는 전원을 차단한 후 제동기에 의해 기계적으로 브레이크를 거는 제어방식은?
① 교류 일단 속도 제어방식
② 교류 이단 속도 제어방식
③ 교류 궤환 제어방식
④ 워드레오나드방식

해설
- 교류 일단 속도 제어방식 : 3상 유도 전동기에 전원을 투입해 기동과 운전을 시키되, 정지는 전원을 차단한 후 제동기로 정지시키는 방식이다.
- 교류 이단 속도 제어방식 : 2단 속도 모터(motor)를 사용하여 기동과 운전은 고속권선으로 행하고, 감속은 저속 권선으로 행하여 착상하는 방식이다.
- 교류 궤환 제어방식 : 카의 실속도와 지령속도를 비교하여, 사이리스터의 점호각을 바꿔 유도전동기의 속도를 제어하는 방식이다.
- 워드레오나드방식 : 직류 발전기의 출력단을 직접 직류 전동기 전기자에 연결시키고, 발전기의 계자 전류를 조정, 발전전압을 엘리베이터 속도에 대응하여 연속적으로 공급시키는 방식이다.

문제 20 장애인용 엘리베이터의 경우 호출버튼에 의하여 카가 정지하면 몇 초 이상 문이 열린 채로 대기하여야 하는가?
① 8초 이상
② 10초 이상
③ 12초 이상
④ 15초 이상

문제 21 유압식 엘리베이터에서 고장수리 할 때 가장 먼저 차단해야 할 밸브는?
① 체크 밸브
② 스톱 밸브
③ 복합 밸브
④ 다운 밸브

해설
- 역저지 밸브(check valve) : 한쪽 방향으로만 오일이 흐르게 하는 밸브로서, 어떤 원인에 의해 오일이 역류, 카가 자유낙하 하는 것을 방지시킨다.
- 스톱 밸브 : 이 밸브는 유압장치의 보수, 점검, 수리시에 사용되며 게이트 밸브(gate valve)라고도 한다.

답 18. ④ 19. ① 20. ② 21. ②

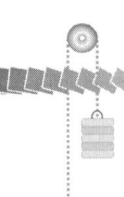

문제 22 사용 중인 와이어로프의 육안 점검사항과 거리가 먼 것은?
① 로프의 마모상태　　② 변형부식 유무
③ 로프 끝의 풀림 여부　　④ 로프의 꼬임방향

문제 23 승강장 출입구 바닥 앞부분과 카 바닥 앞부분과의 틈의 너비는 몇 [cm] 이하로 하여야 하는가?
① 2　　② 3
③ 3.5　　④ 5

문제 24 에스컬레이터 스텝의 구성요소가 아닌 것은?
① 콤　　② 크리트
③ 라이저　　④ 디딤판

해설　① 계단(step)　　② 빗(comb)

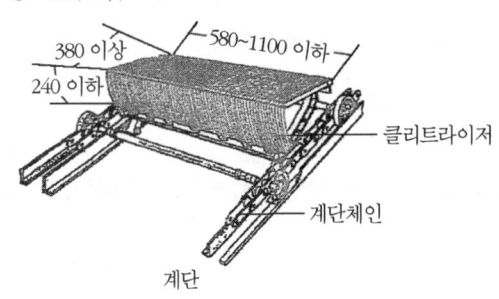
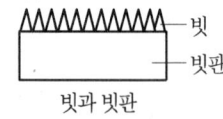
빗과 빗판

문제 25 승강기 기계실에 설비되는 것이 아닌 것은?
① 승강기 제어반　　② 환기 설비
③ 옥탑 물탱크　　④ 과속조절기

문제 26 무빙워크의 경사도는 몇 도 이하로 하여야 하는가?
① 8° 이하　　② 10° 이하
③ 12° 이하　　④ 15° 이하

해설　무빙워크 경사도는 12° 이하로 하여야 한다.

답　22.④　23.③　24.①　25.③　26.③

문제 27 전동 덤웨이터와 구조적으로 가장 유사한 것은?
① 무빙워크
② 엘리베이터
③ 에스컬레이터
④ 간이 리프트

해설 간이 리프트(Simplified Lift) : 동력을 이용해 가이드 레일을 따라 움직이는 운반구를 매달아 소형 화물 운반을 주목적으로 하는 승강기와 유사한 구조이다.(바닥면적 1[m²] 이하, 천장높이 1.2[m] 이하인 것)

문제 28 가이드 레일의 보수 점검 항목이 아닌 것은?
① 브래킷 취부의 앵커 볼트 이완상태
② 레일 및 브래킷의 오염상태
③ 레일의 급유상태
④ 레일길이의 신축상태

해설 가이드 레일의 점검 사항
• 레일면의 손상여부   • 레일의 급유상태
• 브래킷의 조임상태   • 브래킷의 용접부 균열상태
• 레일클립의 변형유무   • 레일과 브래킷의 오염상태

문제 29 레일의 규격호칭은 소재 1[m] 길이당 중량을 라운드 번호로 하여 레일에 붙여 쓰고 있다. 일반적으로 쓰이고 있는 T형 레일의 공칭이 아닌 것은?
① 8K레일
② 13K레일
③ 16K레일
④ 24K레일

해설 일반적으로 사용되고 있는 T형 레일은 8K, 13K, 18K, 24K 및 30K레일이다. 특히, 대용량의 엘리베이터에는 37K, 50K레일 등도 사용된다.

문제 30 승강기 정밀안전 검사 시 과부하방지장치의 작동치는 정격 적재하중의 몇 %를 하는가?
① 95~100
② 105~110
③ 115~120
④ 125~130

해설 과부하방지장치 : 카에 정격하중 이상의 물건이 적재되면 카 바닥 밑에 설치한 풋 스위치(foot switch)가 작동하여 경보 부저가 울리고, 동시에 경보등이 점등되며 전동기 전원을 차단시켜 엘리베이터 동작을 금지시킨다. 보통 적재하중의 105~110%로 설정한다.

답 27. ④ 28. ④ 29. ③ 30. ②

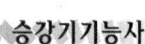

문제 31 감전 상태에 있는 사람을 구출할 때의 행위로 틀린 것은?
① 즉시 잡아 당긴다.
② 전원 스위치를 내린다.
③ 절연물을 이용하여 떼어 낸다.
④ 변전실에 연락하여 전원을 끈다.

해설 감전사고가 일어나면 먼저 전원을 차단하고 환자를 전원으로부터 떼어내야 한다.

문제 32 레일의 규격을 나타낸 그림이다. 빈칸 ⓐ, ⓑ에 맞는 것은 몇 kg인가?

(단위 : mm)

기호\치수	8K	ⓐ	18K	ⓑ	30K
A	56	62	89	89	108
B	78	89	114	127	140
C	10	16	16	16	19
D	26	32	38	50	51
E	6	7	8	12	13

① ⓐ 10, ⓑ 26
② ⓐ 12, ⓑ 22
③ ⓐ 13, ⓑ 24
④ ⓐ 15, ⓑ 27

해설 가이드 레일의 치수   (단위 : mm)

기호\치수	8K	13K	18K	24K	30K
A	56	62	89	89	108
B	78	89	114	127	140
C	10	16	16	16	19
D	26	32	38	50	51
E	6	7	8	12	13

문제 33 엘리베이터용 트랙션식 권상기의 특징이 아닌 것은?
① 소요동력이 작다.
② 균형추가 필요 없다.
③ 행정거리에 제한이 없다.
④ 권과를 일으키지 않는다.

해설 트랙션식 권상기는 균형추가 필요하다.

문제 34 스텝 폭 0.8m 공칭속도 0.75m/s 인 에스컬레이터로 수송할 수 있는 최대 인원의 수는 시간 당 몇 명인가?
① 3600
② 4800
③ 6000
④ 6600

답   31. ① 32. ③ 33. ② 34. ④

해설

스텝/팔레트 폭[m]	공칭 속도 v [m/s]		
	0.5	0.65	0.75
0.6	3,600[명/h]	4,400[명/h]	4,900[명/h]
0.8	4,800[명/h]	5,900[명/h]	6,600[명/h]
1	6,000[명/h]	7,300[명/h]	8,200[명/h]

문제 35 펌프의 출력에 대한 설명으로 옳은 것은?

① 압력과 토출량에 비례했다.
② 압력과 토출량에 반비례한다.
③ 압력에 비례하고, 토출량에 반비례한다.
④ 압력에 반비례하고, 토출량에 비례한다.

해설 일반적으로 스크루 펌프가 사용되며, 펌프의 출력은 압력과 토출량에 비례한다.

문제 36 콤에 대한 설명으로 옳은 것은?

① 홈에 맞물리는 각 승강장의 갈라진 부분
② 전기안전장치로 구성된 전기적인 안전시스템이 부분
③ 에스컬레이터 또는 무빙워크를 둘러싸고 있는 외부 측 부분
④ 스텝, 팔레트 또는 벨트와 연결되는 난간의 수직 부분

해설 콤(comb)이란 스텝 홈에 꼭 맞는 빗과 같은 이빨 부분을 말하며, 물체가 에스컬레이터 내부 장치 안으로 들어가는 것을 방지한다.

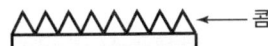

문제 37 에스컬레이터 안전장치 스위치의 종류에 해당하지 않는 것은?

① 비상정지 스위치
② 게이트 스위치
③ 구동 체인 절단검출 스위치
④ 스커트 가드 스위치

해설 에스컬레이터의 안전장치 스위치에는 비상정지 스위치, 구동체인 절단검출 스위치, 스커트 가드 스위치, 계단체인 안전 스위치 등이 있다.

답 35. ① 36. ① 37. ②

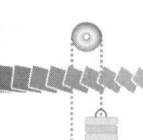

문제 38 균형 체인(compensation chain)에 대한 설명으로 틀린 것은?
① 균형추에 직접 연결되어 있다.
② 타이로드(tie rod)에 부착되어 있다.
③ 하부체대에 부착된 브래킷(bracket)에 연결되어 있다.
④ 균형 시브(tension sheave)와 함께 사용되고 있다.

해설 균형 체인은 카와 균형추에 연결된다.

문제 39 유압식 승강기의 유압 파워 유니트의 구성요소에 속하지 않는 것은?
① 펌프   ② 유량제어밸브
③ 체크밸브   ④ 실린더

해설 유압 파워 유니트의 구성 : 펌프, 전동기, 밸브, 탱크, 필터 등으로 구성되어 있다.

문제 40 에스컬레이터의 디딤판과 스커트 가드와의 틈새는 양쪽 모두 합쳐서 최대 얼마이어야 하는가?
① 5mm 이하   ② 7mm 이하
③ 9mm 이하   ④ 10mm 이하

해설 스텝, 팔레트 및 벨트의 가이드
① 스텝 또는 팔레트의 가이드 시스템에서 스텝 또는 팔레트의 측면 변위는 각각 4mm 이하이어야 하고, 양쪽 측면에서 측정된 틈새의 합은 7mm 이하이어야 한다.
② 스텝 및 팔레트의 수직 변위는 4mm 이하이고, 벨트의 수직 변위는 6mm 이하이어야 한다.

문제 41 승강기 보수자가 승강기 카와 건물벽 사이에 끼었다. 이 재해의 발생 형태는?
① 협착   ② 전도
③ 마찰   ④ 질식

문제 42 이동식 전기기기에 의한 감전사고를 예방하기 위하여 가장 필요한 조치는?
① 외부에 절연용 도료를 칠한다.
② 장시간 사용을 금한다.
③ 숙련공이 취급한다.
④ 접지를 한다.

답 38. ② 39. ④ 40. ② 41. ① 42. ④

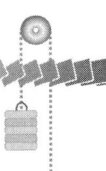

문제 43 안전관리상 안전모를 착용하는 목적이 아닌 것은?
① 감전의 방지
② 추락에 의한 부상 방지
③ 종업원의 표시
④ 비산물로 인한 부상 방지

문제 44 어떤 물체의 영률(Young's modulus)이 작다는 것은?
① 안전하다는 것이다.
② 불안전하다는 것이다.
③ 늘어나기 쉽다는 것이다.
④ 늘어나기 어렵다는 것이다.

해설 세로탄성계수(영률) = $\dfrac{수직\ 응력}{세로방향\ 변형률}$

문제 45 아크용접기의 감전방지를 위해서 부착하는 것은?
① 자동전격방지장치
② 중성점접지장치
③ 과전류계전장치
④ 리미트 스위치

해설 아크용접기에는 감전방지를 위하여 자동전격 방지장치를 부착한다.
※ 자동전격 방지장치는 2차측 무부하(용접봉 교환, 용접부위 확인 능)시 충선부에 접촉시 감전재해를 방지하기 위해 2차 무부하 전압을 25V 이하로 저하시킨다.

문제 46 200V 전압에서 소비전력 100W인 전구의 저항은?
① 100Ω
② 200Ω
③ 300Ω
④ 400Ω

해설 $R = \dfrac{v^2}{p} = \dfrac{200^2}{100} = 400\,\Omega$

문제 47 LP가스가 새는지 여부를 알아보기 위하여 간편 검사방법과 거리가 먼 것은?
① 육안에 의한 외관 검사
② 비눗물에 의한 거품 검사
③ 네슬러시약에 의한 검사
④ 냄새에 의한 판별

문제 48 기어 장치에서 지름피치의 값이 커질수록 이의 크기는?
① 같다.
② 커진다.
③ 작아진다.
④ 무관하다.

답 43. ③ 44. ③ 45. ① 46. ④ 47. ① 48. ③

해설 모듈과 지름피치에서 이의 크기는 M값이 클수록 커지며, 지름피치는 반대이다.

$$모듈 M = \frac{피치원의\ 지름(mm)}{잇\ 수}$$

문제 49 자전거의 페달에 작용하는 하중은?
① 비틀림하중　　② 휨하중
③ 교번하중　　④ 인장하중

해설 교번하중은 하중의 크기, 방향이 변하여 인장, 압축하중이 서로 연속적으로 거듭되는 하중을 말한다.

문제 50 다음 중 응력을 가장 크게 받는 것은? (단, 다음 그림은 기둥의 단면 모양이며, 가해지는 하중 및 힘의 방향을 같다.)

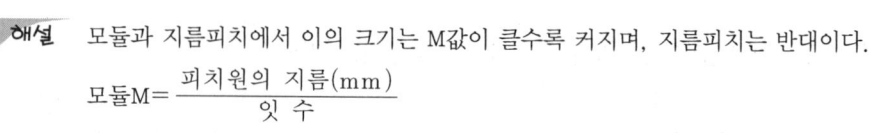

문제 51 다음 회로와 원리가 같은 논리기호는?

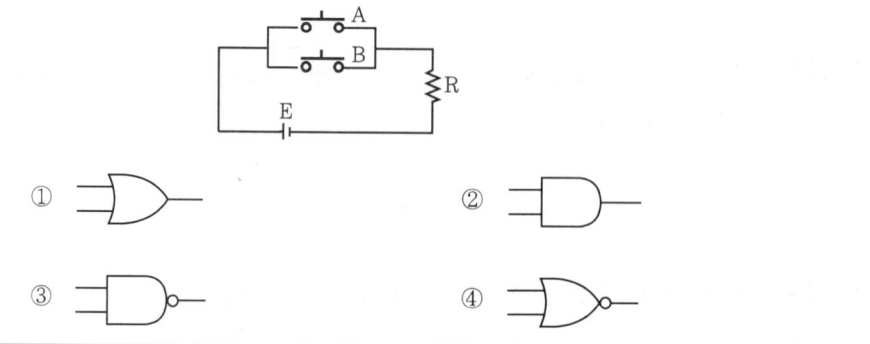

답　49. ③　50. ④　51. ①

해설 1. AND 회로
① 논리기호 ② 시퀀스 회로

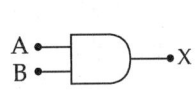 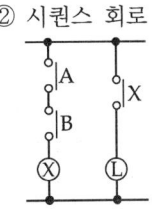

2. OR 회로
① 논리기호 ② 시퀀스 회로

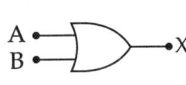 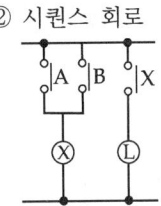

3. NAND 회로
① 논리기호 ② 시퀀스 회로

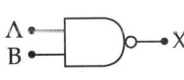 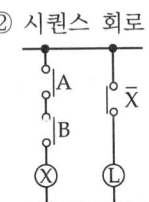

4. NOR 회로
① 논리기호 ② 시퀀스 회로

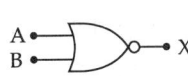 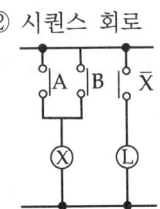

문제 52 배선용 차단기의 영문 문자기호는?
① S ② DS
③ THR ④ MCCB

해설
- S : 스위치
- DS : 단로기
- THR : 열동계전기
- MCCB : 배선용 차단기

답 52. ④

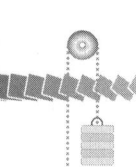

문제 53 계측기의 오차 중 측정기 자체 결함과 측정 장치나 사용자에 대한 환경의 영향 등에 의한 오차는?

① 절대오차 ② 과실오차
③ 계통오차 ④ 우연오차

해설
- 절대오차 : 계산의 결과에서 나온 직접적인 오차의 절댓값. 이는 |참값 - 결과값| 의 식으로 계산된다.
- 과실오차 : 측정자의 부주의에 의한 오차이다.
- 계통오차 : 관측 장비나 관측자의 특성으로 인하여 특정 방향으로 치우쳐 나타나는 오차이다.
- 우연오차 : 정확하게 알 수 없는 원인으로 발생하는 오차이다.

문제 54 두 전하 사이에 작용하는 힘(쿨롱의 법칙)을 설명한 것은?

① 두 전하의 곱에 반비례하고 거리에 비례한다.
② 두 전하의 곱에 반비례하고 거리의 제곱에 비례한다.
③ 두 전하의 곱에 비례하고 거리에 반비례한다.
④ 두 전하의 곱에 비례하고 거리의 제곱에 반비례한다.

해설 쿨롱의 법칙

$$F = 9 \times 10^9 \frac{Q_1 Q_2}{\varepsilon_s r^2} [\text{N}]$$

문제 55 승강기의 안전회로는 어떻게 구성하는 것이 좋은가?

① 병렬회로 ② 직렬회로
③ 직병렬회로 ④ 인터록회로

문제 56 작업장으로 통하는 통로의 안전 조건으로 잘못된 것은?

① 통로의 주요한 부분에는 통로 표시를 한다.
② 가설통로의 경사가 20도 초과 시에는 미끄러지지 않는 구조로 한다.
③ 옥내에 통로를 설치시 미끄러지는 등의 위험이 없도록 한다.
④ 통로 면으로부터 높이 2m 이내에는 장애물이 없도록 한다.

해설 가설통로 경사도는 30°이하이어야 하며, 15°를 초과 시에는 미끄러지지 않는 구조로 하여야 한다.

답 53. ③ 54. ④ 55. ② 56. ②

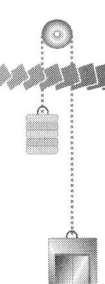

문제 57 그림은 단상 교류전압을 전파정류한 파형이다. 이에 대한 설명 중 틀린 것은?

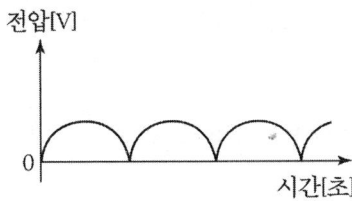

① 다이오드 4개로 이와 같은 출력을 얻을 수 있다.
② 평활회로를 사용하지 않더라도 이 전압 그대로 계전기를 동작시킬 수 있다.
③ 이 전압파형은 DC전압이므로 회로구성시 +, -극성을 고려하여야 한다.
④ 콘덴서를 사용하여 다시 교류전원으로 환원시킬 수 있다.

해설   직류를 교류로 바꾸려면 인버터가 필요하다.

문제 58 1kWh를 줄(joule)로 환산하면?
① $3.6 \times 10^3 J$
② $3.6 \times 10^4 J$
③ $3.6 \times 10^5 J$
④ $3.6 \times 10^6 J$

해설 $1kWh = 1000(W) \times 3600(s) = 3.6 \times 10^6 (J)$
       ※ $J = W \cdot s$

문제 59 크레인, 엘리베이터, 공작기계, 공기압축기 등의 운전에 가장 적합한 전동기는?
① 직권전동기
② 분권전동기
③ 차동복권전동기
④ 가동복권전동기

해설   가동복권전동기는 분권기보다 기동토크가 크고, 무부하 시에 직권과 같이 위험속도에 이르지 않는 중간특성을 가지고 있다.

문제 60 다음 중 승강기 도어시스템과 관계없는 부품은?
① 브레이스 로드
② 연동로프
③ 캠
④ 행거

해설   구조물의 처짐 등을 보완하기 위해 사용하는 트러스를 말한다.

답   57. ④   58. ④   59. ④   60. ①

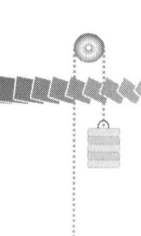

승강기기능사
제6회 CBT 기출복원문제

  본 문제는 수험생들의 협조에 의해 복원된 문제로 시험 내용과 일치하지 않을 수도 있습니다.

문제 01 트랙션 머신 시브를 중심으로 카 반대편의 로프에 매달리게 하여 카 중량에 대한 평형을 맞추는 것은?

① 과속조절기   ② 균형체인
③ 완충기   ④ 균형추

문제 02 엘리베이터의 도어시스템을 분류할 때 1S, 2S, 3S 등으로 분류하였다. 여기에서 S가 의미하는 것은?

① 가로열기   ② 상하열기
③ 외짝문   ④ 2짝문

해설 • S : 가로 열기
     • CO : 중앙 열기

문제 03 승강장 출입구 바닥 앞부분과 카 바닥 앞부분과의 틈의 너비는 몇(cm) 이하로 하여야 하는가?

① 3   ④ 3.5
③ 5   ④ 6

문제 04 먼지나 모래, 콘크리트 파편 등의 이물질이 실린더내에 들어가지 않도록, 플런저의 표면에 밀착하여 이물질을 제거하는 것은?

① 패킹   ② 그랜드메탈
③ 더스트 와이퍼 ④ 스트레이너

해설 ① 그랜드메탈 : 플런저를 접동하면서 지지한다.
     ② 더스트 와이퍼 : 실린더 내로 먼지가 침입하는 것을 방지한다.
     ③ 스트레이너 : 펌프 흡입측의 고형물을 제거하는 장치이다.

답 1.④ 2.① 3.② 4.③

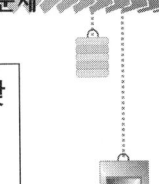

문제 05 에스컬레이터 1200형 1대, 800형 2대가 있다. 이 에스컬레이터의 전체 수송능력으로 알맞은 것은?

① 20000인/시간   ② 21000인/시간
③ 22000인/시간   ④ 24000인/시간

해설 S = 9000인 + 6000인 × 2대 = 21000인/시간
※ 본 문제는 규정법 개정으로 무효입니다.

문제 06 유압 엘리베이터의 안전장치에 대한 설명으로 옳지 않은 것은?

① 상승시 유압은 상용압력의 125%가 넘지 않도록 조절하는 릴리프 밸브장치가 필요하다.
② 전동기의 공회전 방지장치를 설치해야 한다.
③ 오일의 온도를 65℃~80℃로 유지하기 위한 장치를 설치해야 한다.
④ 전원 차단시 실린더 내의 오일의 역류로 인한 카의 하강을 자동 저지하는 장치를 설치해야 한다.

해설 오일의 온도는 5℃ 이상 60℃ 이하로 반드시 유지되어야 한다.

문제 07 승강기의 추락방지안전장치에 대한 설명 중 옳지 않은 것은?

① 즉시 작동형과 점차 작동형이 있다.
② 점차 작동형에는 플랙시블 가이드 클램프형과 플랙시블 웨지 클램프형이 있다.
③ 추락방지안전장치의 정지거리는 제한이 있다.
④ 유압식 엘리베이터의 경우는 비상정지장치가 필요하지 않다.

해설
1. 직접식 엘리베이터
   - 비상정지장치가 없어도 된다.
   - 실린더(cylinder)를 설치하기 위한 보호관을 땅에 묻어야 하기 때문에 설치가 어렵다.
   - 해당 승강로 평면이 작아도 되고 구조가 간단하다.
   - 부하에 대한 케이지 응력이 작아진다.

2. 간접식 엘리베이터
   - 비상정지장치가 필요하다.
   - 로프의 이완(늘어남)과 기름의 압축성 때문에 부하로 인한 바닥 침하가 있다.
   - 실린더(cylinder) 보호관이 필요 없다.
   - 실린더(cylinder) 점검이 용이하다.

답 5.② 6.③ 7.④

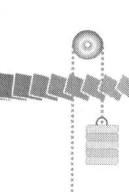

문제 08 균형추의 중량을 구하는 식은? (단, L : 정격 적재량(kg), F : 오버밸런스율이다.)
① 균형추 중량=케이지 자체 하중
② 균형추 중량=케이지 자체 하중+L
③ 균형추 중량=케이지 자체 하중+L·F
④ 균형추 중량=케이지 자체 하중+L+F

문제 09 유압 엘리베이터에서 안전밸브가 작동하는 설정값은 보통 상용압력의 몇 %로 하는가?
① 115 ② 125
③ 135 ④ 145

문제 10 표준가이드 레일에 취부하여야 하는 레일 브래킷의 최소 수량은 몇 개인가?
① 2개 ② 4개
③ 6개 ④ 20개

문제 11 에스컬레이터에 대한 설치 기준으로 옳지 않은 것은?
① 승강구에 있어서 디딤판의 승강을 정지시킬 수 있는 장치가 필요하다.
② 경사는 30도 이상으로 한다.
③ 디딤판의 정격속도는 30도 이하인 경우 45m/min 이하이어야 한다.
④ 디딤판의 양쪽에 난간을 설치한다.

해설 에스컬레이터 경사도는 30°를 초과하지 않아야 한다.

문제 12 유압 엘리베이터 유압회로에서 상승 운전 중 정전으로 펌프가 정지시, 작동유가 역류해 카가 하강하는 것을 방지하는 것은?
① 릴리프밸브 ② 업밸브
③ 정유량밸브 ④ 체크밸브

해설 ① 안전밸브(relief vavlve) : 일종의 압력조정 밸브인데, 회로의 압력이 설정값에 도달하면 밸브를 열어 오일을 탱크로 돌려보내 압력이 과도하게 상승(상승압력의 125%에 설정)하는 것을 방지한다.
② 업밸브(상승밸브) : 펌프로부터 압력을 받은 오일은 실린더로 가나, 일부는 상승용 전자밸브로 조정되는 유량제어밸브를 통하여 탱크로 되돌아오는데, 이 유량을 제어해 실린더측의 유량을 간접적으로 제어하는 밸브이다.
③ 역저지(check)밸브 : 한쪽 방향으로만 오일이 흐르도록 하는 밸브이다.

답 8. ③ 9. ② 10. ① 11. ② 12. ④

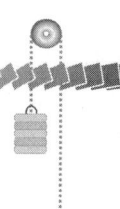

문제 13 무빙워크의 디딤판의 속도는 몇(m/min) 이하로 하여야 하는가?
① 50m/min ② 45m/min
③ 35m/min ④ 30m/min

해설 무빙워크의 정격속도는 45m/min 이하이어야 한다.

문제 14 승강기에 사용되는 전동기의 용량을 결정하는 요소로 거리가 먼 것은?
① 정격 적재 하중 ② 정격 속도
③ 종합 효율 ④ 건물 높이

해설 엘리베이터용 전동기의 용량
$P = \dfrac{MVS}{6120\eta}$ (kW) 단, P : 전동기 용량, M : 정격 적재량, V : 정격속도, S : 1−A(A : 오버밸런스율), η : 종합효율

문제 15 다음 중 과부하 감지장치의 작동에 따른 연계 작동을 포함되지 않는 것은?
① 카가 움직이지 않는다. ② 경보음이 울린다.
③ 통화장치가 작동된다. ④ 문이 닫히지 않는다.

문제 16 균형추에 추락방지안전장치가 설치되어 있을 경우, 카 측과 균형추 쪽의 작동에 관한 설명으로 옳은 것은?
① 카 측보다 균형추 쪽이 먼저 작동되어야 한다.
② 카 측과 균형추 쪽이 동일하게 작동되어야 한다.
③ 카 측보다 균형추 쪽이 늦게 작동되어야 한다.
④ 카 측, 균형추 쪽의 아무 쪽이나 먼저 작동되어도 상관없다.

문제 17 로프식 엘리베이터에서 주로프의 끝 부분은 몇 가닥마다 로프소켓에 바빗트 채움을 하거나 체결식 로프소켓을 사용하여 고정하여야 하는가?
① 1가닥 ② 2가닥
③ 3가닥 ④ 4가닥

답 13. ② 14. ④ 15. ③ 16. ③ 17. ①

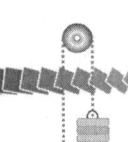

문제 18 승객용 엘리베이터의 카 및 승강장 문의 유효 출입구의 높이는 몇 m 이상이어야 하는가?
① 1.8　　　　　　　　② 2.0
③ 2.6　　　　　　　　④ 3.0

해설　승객용 엘리베이터의 카 및 승강장 문의 유효 출입구의 높이는 2m 이상이어야 한다.

문제 19 유압장치의 보수, 점검 또는 수리 등을 할 때 사용되는 것으로서 이것을 닫으면 실린더의 기름이 파워유니트로 역류하는 것을 방지하는 장치는?
① 스톱밸브　　　　　　② 체크밸브
③ 안전밸브　　　　　　④ 제어밸브

해설　
① 스톱밸브 : 유압장치의 보수, 점검 또는 수리 시에 사용하는데, 이것을 닫으면 실린더의 기름이 파워유니트로 역류하는 것을 방지한다.
② 체크밸브 : 유압회로 배관의 중간에 축방향 또는 직각방향으로 설치하여, 스프링 및 압력에 의하여 한방향의 흐름을 저지하고, 그 반대 방향의 흐름은 자유로이 흘려보내는 밸브이다.
③ 안전밸브 : 이 밸브의 입구측의 압력을 감지하여 이 압력이 설정압력 이상으로 되면, 밸브가 열려 펌프에서 나온 압유를 탱크로 보냄으로써, 회로 내의 압력이 설정압력 이상으로 되는 것을 방지하는 밸브이다.

문제 20 과속조절기(Governor) 로프의 안전율은 얼마이어야 하는가?
① 2 이상　　　　　　　② 3 이상
③ 4 이상　　　　　　　④ 8 이상

해설　안전율
• 과속조절기 로프 : 8 이상
• 화물용 와이어로프 : 6 이상
• 승용와이어로프 : 2본은 16 이상, 3본 이상은 12 이상

문제 21 유압식 엘리베이터의 유압파워유니트(Power Unit)의 구성요소가 아닌 것은?
① 펌프　　　　　　　　② 유압실린더
③ 유량제어밸브　　　　④ 체크밸브

해설　유압실린더는 유압파워유니트의 구성요소에 해당되지 않는다.

답　18. ②　19. ①　20. ④　21. ②

문제 22 추락방지안전장치 F.W.C(Flexible Wedge Clamp)형의 그래프는? (단, 가로축 : 거리, 세로측 : 정지력이다.)

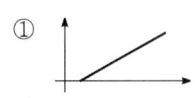

해설 ① F.G.C(flexible guide clamp)형
레일을 죄는 힘이 동작에서 정지까지 일정하다.
② F.W.C(flexible wedge clamp)형
레일을 죄는 힘이 동작 초기에는 약하나, 점점 강해진 후 일정하다.

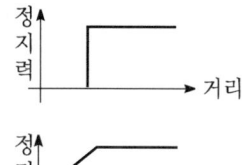

문제 23 과속조절기는 무엇을 이용하여 스위치의 개폐작용을 하는가?
① 응력
② 원심력
③ 마찰력
④ 항력

문제 24 다음 중 재해의 발생 원인 중 가장 높은 빈도를 차지하는 것은?
① 열량의 과잉 억제
② 설비의 Layout 착오
③ Over Load
④ 작업자 작업행동 부주의

문제 25 정전기 제거의 방법으로 옳지 않은 것은?
① 설비 주변의 공기를 가습한다.
② 설비의 금속 부분을 접지한다.
③ 설비에 정전기 발생 방지 도장을 한다.
④ 설비의 주변에 자외선을 쪼인다.

해설 정전기 제거와 자외선과는 무관하다.

답 22. ④ 23. ② 24. ④ 25. ④

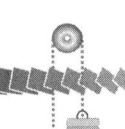

문제 26 다음 중 에스컬레이터의 구동전동기(Motor)용량 계산시 고려하지 않아도 되는 것은?
① 속도
② 에스컬레이터의 총합효율
③ 승강장의 길이
④ 경사각도

해설 $P = \dfrac{GV\sin\theta}{6120\eta} \times \beta$

단, G : 적재하중(kg), V : 속도(m/min), $\sin\theta$: 경사각도,
β : 승객 승입률, η : 총효율

문제 27 다음 중 권상기의 구성요소가 아닌 것은?
① 과속조절기　　② 전동기
③ 감속기　　　　④ 브레이크

해설 과속조절기는 엘리베이터가 규정속도 이상시 동작하여 동력을 끊고 정지시킨다.

문제 28 로프의 미끄러짐 현상을 줄이는 방법으로 틀린 것은?
① 권부각을 크게 한다.
② 가감속도를 완만하게 한다.
③ 보상체인이나 로프를 설치한다.
④ 카 자중을 가볍게 한다.

문제 29 다음 중 승객·화물용 엘리베이터에서 과부하감지장치의 작동에 대한 설명으로 틀린 것은?
① 작동치는 정격 적재하중의 105~110%를 표준으로 한다.
② 적재하중 초과시 경보를 울린다.
③ 출입문을 자동적으로 닫히게 한다.
④ 카의 출발을 정지시킨다.

해설 허용하중 이상 탑승했을 경우 부저가 울리며, 엘리베이터는 출발하지 않는다. 이 장치는 승강기에 있어서 설치가 의무화되어 있다. 여기서 적재하중을 현저히 초과한 경우란 산업안전보건법에서 적재하중의 약 105~110%를 표준으로 한다.

답　26. ③　27. ①　28. ④　29. ③

문제 30 유압 엘리베이터의 안전장치에 대한 설명으로 틀린 것은?
① 상승시 유압은 상용압력의 125%가 넘지 않도록 조절하는 릴리프 밸브장치가 필요하다.
② 전동기의 공회전 방지장치를 설치하여야 한다.
③ 오일의 온도를 65℃~80℃로 유지하기 위한 장치를 설치하여야 한다.
④ 전원 차단시 실린더 내의 오일의 역류로 인한 카의 하강을 자동 저지하는 장치를 설치하여야 한다.

해설 오일의 온도는 5℃ 이상 60℃ 이하로 유지하여야 한다.

문제 31 승강기에 사용되는 T형 가이드 레일의 규격을 말하는 8K, 13K, 24K는?
① 레일 1본에 대한 무게의 호칭기호이다.
② 레일 1m에 대한 무게의 호칭기호이다.
③ 레일 5m에 대한 무게의 호칭기호이다.
④ 레일 10m에 대한 무게의 호칭기호이다.

해설 승강기에 사용되는 가이드레일은 T형이며, 규격은 8K, 13K, 18K, 24K, 37K, 50K 등이 있는데, 이는 레일 1m에 대한 무게의 호칭기호이다.

문제 32 유압용 엘리베이터에 가장 많이 사용하는 펌프는?
① 기어펌프   ② 스크류펌프
③ 베인펌프   ④ 피스톤펌프

해설 유압용 엘리베이터에서 가장 많이 사용되는 펌프는 스크류 펌프이다.
스크류 펌프는 압력 맥동이 작다. 또한 소음과 진동이 역시 작다.

문제 33 직류기에서 워드 레오나드 방식의 목적은?
① 계자자속을 조정하기 위하여
② 속도제어를 하기 위하여
③ 병렬운전을 하기 위하여
④ 정류를 좋게 하기 위하여

해설 워드 레오나드(ward leonard)방식
이 방식은 전동발전기(M.G : motor generator)를 사용하여 직류 전동기의 속도제어를 하는데, 교류 2단 속도제어보다는 승차감이 좋고, 착상시간은 짧다.

답 30. ③ 31. ② 32. ② 33. ②

문제 34 에스컬레이터 안전장치 스위치의 종류에 해당하지 않는 것은?

① 비상정지 스위치
② 게이트 스위치
③ 구동 체인 절단검출 스위치
④ 스커트 가드 스위치

해설 에스컬레이터의 안전장치 스위치에는 비상정지 스위치, 구동체인 절단검출 스위치, 스커트 가드 스위치, 계단체인 안전 스위치 등이 있다.

문제 35 균형 체인(compensation chain)에 대한 설명으로 틀린 것은?

① 균형추에 직접 연결되어 있다.
② 타이로드(tie rod)에 부착되어 있다.
③ 하부체대에 부착된 브래킷(bracket)에 연결되어 있다.
④ 균형 시브(tension sheave)와 함께 사용되고 있다.

해설 균형 체인은 한쪽은 균형추에 그리고 또 한쪽은 하부체대에 부착된 브래킷에 연결하는데, 균형 시브와 함께 사용되고 있다.

문제 36 유압식 승강기의 유압 파워 유니트의 구성요소에 속하지 않는 것은?

① 펌프
② 유량제어밸브
③ 체크밸브
④ 실린더

해설 유압 파워 유니트의 구성 : 펌프, 전동기, 밸브, 탱크, 필터 등으로 구성되어 있다.

문제 37 에스컬레이터의 디딤판과 스커트 가드와의 틈새는 양쪽 모두 합쳐서 최대 얼마이어야 하는가?

① 5mm 이하
② 7mm 이하
③ 9mm 이하
④ 10mm 이하

문제 38 무빙워크의 안전장치에 해당되지 않는 것은?

① 스탭체인 안전스위치
② 스커트 가드 안전스위치
③ 비상정지스위치
④ 핸드레일 인입구 안전스위치

해설 스커트 가드(skirt guard) 안전장치 : 에스컬레이터 스커트 가드와 계단체인 사이에 발이나 이물질이 끼었을 때 위험을 방지하기 위한 장치이다.

답 34. ② 35. ② 36. ④ 37. ② 38. ②

문제 39 유압 엘리베이터의 전동기 구동기간은?
① 상승시에만 구동된다.
② 하강시에만 구동된다.
③ 상승시와 하강시 모두 구동된다.
④ 부하의 조건에 따라 상승시 또는 하강시에 구동된다.

문제 40 카 또는 균형추가 승강로 바닥에 충돌하였을 때 카내의 사람이 안전하도록 충격을 완화시키는 장치는?
① 과속조절기
② 순간식 추락방지안전장치
③ 완충기
④ 리미트스위치

문제 41 카 실(cage)의 구조에 관한 설명 중 옳지 않은 것은?
① 승객용 카의 출입구에는 정전기 장애가 없도록 방전코일을 설치하여야 한다.
② 카 천장에 비상구출구를 설치하여야 한다.
③ 구조상 경미한 부분을 제외하고는 불연재료를 사용하여야 한다.
④ 승객용은 한 개의 카에 두 개의 출입구 설치를 금지한다.

해설 방전코일 : 저압, 고압 및 특별고압 진상콘덴서 또는 콘덴서군에 상시 병용되어, 콘덴서를 회로로부터 개로하였을 때, 잔류전하를 단시간에 방전시킬 목적으로 사용하기 위하여 방전코일을 설치한다.

문제 42 승강기의 제어반에서 점검할 수 없는 것은?
① 전동기 회로의 절연 상태
② 과속조절기 스위치의 작동 상태
③ 결선단자의 조임 상태
④ 주접촉자의 접촉 상태

해설 과속조절기 스위치의 작동상태는 제어반에서 할 수 없다.

문제 43 유압식 엘리베이터에서 실린더의 일반적인 구조기준은 안전율 몇 이상이어야 하는가?
① 2
② 4
③ 8
④ 10

해설

구분	안전율
플랜저 실린더	4(취성금속을 사용하는 경우는 10) 이상
가요성 호스	8 이상
체인	10 이상

답 39. ① 40. ③ 41. ① 42. ② 43. ②

문제 44 Y결선의 상전압이 V[V]이다. 선간전압은?

① $3V$
② $\sqrt{3}\,V$
③ $\dfrac{V}{3}$
④ $\dfrac{V^2}{3}$

해설 Y결선의 전압과 전류관계
$V_l = \sqrt{3}\,V_s$, $I_l = I_s$
단, V_l : 선간전압, V_s : 상전압, I_l : 선전류, I_s : 상전류
※ V_l은 V_s보다 $\dfrac{\pi}{6}$[rad] 앞선다.

문제 45 트랜지스터, IC 등의 반도체를 사용한 논리소자를 스위치로 이용하여 제어하는 방식은?

① 전자개폐기제어
② 유접점제어
③ 무접점제어
④ 과전류계전기제어

문제 46 몇 개의 막대가 서로 연결되어 회전, 요동, 왕복운동 등을 하도록 구성한 것은?

① 캠장치
② 커플링장치
③ 기어장치
④ 링크장치

해설
- 캠장치 : 캠을 사용하여 회전운동을 직선운동으로 변환시키는 장치
- 링크장치 : 몇 개의 막대가 서로 연결되어 회전, 요동, 왕복운동 등을 하도록 되어 있는 장치

문제 47 유도 전동기의 동기 속도는 무엇에 의하여 정하여 지는가?

① 전원의 주파수와 전동기의 극수
② 전원 전압과 전류
③ 전원의 주파수와 전압
④ 전동기의 극수와 전류

해설 $N_s = \dfrac{120f}{P}$ (rpm)

문제 48 다음 회로에서 A, B 간의 합성용량은 몇 μF인가?

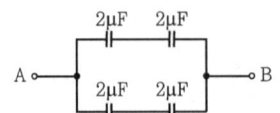

① 1
② 2
③ 4
④ 8

답 44. ② 45. ③ 46. ④ 47. ① 48. ②

해설 $C = \dfrac{2 \cdot 2}{2+2} + \dfrac{2 \cdot 2}{2+2} = 1 + 1 = 2\mu F$

[참고] ① 직렬접속   ② 병렬접속

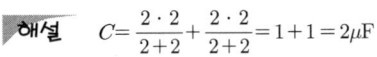

$C = \dfrac{C_1 \cdot C_2}{C_1 + C_2}$ $C = C_1 + C_2$

문제 49 일반적인 안전대책의 수립 방법으로 가장 알맞은 것은?
① 계획적
② 경험적
③ 사무적
④ 통계적

문제 50 산업재해의 발생원인으로는 불안전한 행동이 많은 사고의 원인이 되고 있다. 이에 해당되지 않은 것은?
① 위험장소 접근
② 안전장치 기능 제거
③ 복장 보호구 잘못 사용
④ 작업장소 불량

문제 51 NAND 게이트 3개로 구성된 다음 논리회로의 출력값 E 는?

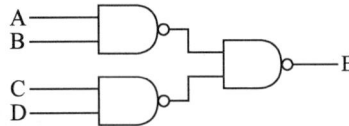

① $A \cdot B + C \cdot D$
② $(A+B) \cdot (C+D)$
③ $\overline{A \cdot B} + \overline{C \cdot D}$
④ $A \cdot B \cdot C \cdot D$

해설 $E = \overline{\overline{AB} \cdot \overline{CD}} = \overline{\overline{AB}} + \overline{\overline{CD}} = AB + CD$

문제 52 버니어 캘리퍼스의 종류에 속하는 것은?
① HB형
② HM형
③ HT형
④ CM형

해설 버니어 캘리퍼스의 종류
① M_1형 ② M_2형
③ CB형   ④ CM형

답 49. ④ 50. ④ 51. ① 52. ④

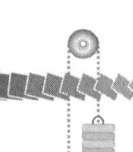

문제 53 에스컬레이터 이용자의 준수사항과 관련이 없는 것은?
① 옷이나 물건 등이 틈새에 끼이지 않도록 주의하여야 한다.
② 화물은 디딤판 위에 반드시 올려놓고 타야 한다.
③ 디딤판 가장자리에 표시된 황색 안전선 밖으로 발이 벗어나지 않도록 하여야 한다.
④ 핸드레일을 잡고 있어야 한다.

문제 54 안전점검의 목적에 해당되지 않는 것은?
① 생산위주로 시설 가동
② 결함이나 불안전 조건의 제거
③ 기계·설비의 본래 성능 유지
④ 합리적인 생산관리

문제 55 전기에서 많이 사용되는 "옴의 법칙"은?
① $I = \dfrac{V^2}{R}$
② $V = IR$
③ $V = I^2 R$
④ $I = RV$

해설 옴의 법칙
$I = \dfrac{V}{R}$ [A]

문제 56 검출 스위치에 해당되는 것은?
① 누름 버튼 스위치
② 리밋 스위치
③ 유지형 스위치
④ 셀렉터 스위치

해설 리밋 스위치는 물체의 접촉으로 인하여 접점을 on 또는 off, 회로를 개폐시킨다.

문제 57 직류 발전기에서 무부하 전압 $V_0(V)$, 정격전압 $V_n(V)$일 때 전압 변동률은?
① $\dfrac{V_0 - V_n}{V_0} \times 100$
② $\dfrac{V_n - V_0}{V_n} \times 100$
③ $\dfrac{V_n - V_0}{V_0} \times 100$
④ $\dfrac{V_0 - V_n}{V_n} \times 100$

답 53.② 54.① 55.② 56.② 57.④

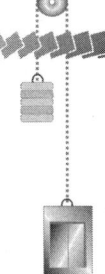

문제 58 되먹임제어에서 꼭 필요한 장치는?
① 응답속도를 느리게 하는 장치
② 응답속도를 빠르게 하는 장치
③ 안정도를 좋게 하는 장치
④ 입력과 출력을 비교하는 장치

해설 되먹임 제어계의 구성:

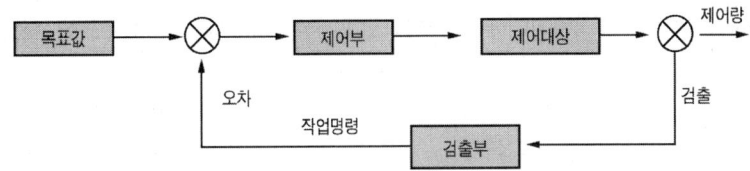

문제 59 엘리베이터 카의 속도를 검출하는 장치는?
① 배선용 차단기　　② 전자접촉기
③ 제어용 릴레이　　④ 과속조절기

해설 과속조절기는 카의 과속도를 검출한다.

문제 60 엘리베이터 카 내부에서 실시하는 검사가 아닌 것은?
① 외부와 연결하는 통화장치의 작동상태
② 정전시 예비조명장치의 작동상태
③ 리미트 스위치의 작동상태
④ 도어 스위치 작동상태

해설 리미트 스위치는 승강로에 설치하기 때문에 카 내부에서 행하는 검사는 아니다. 피트에서 행하는 검사이다.

답　58. ④　59. ④　60. ③

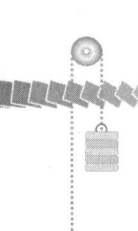

승강기기능사
제7회 CBT 기출복원문제

 본 문제는 수험생들의 협조에 의해 복원된 문제로 시험 내용과 일치하지 않을 수도 있습니다.

문제 01 승객용 엘리베이터에서 일반적으로 균형체인 대신 균형로프를 사용하는 정격속도의 범위는?

① 120m/min 이상 ② 120m/min 미만
③ 150m/min 이상 ④ 150m/min 미만

해설 균형로프는 정격속도가 120m/min 이상 시 사용된다.

문제 02 우리나라에서 주로 사용되고 있는 에스컬레이터의 속도는 경사도 30° 이하인 경우 몇 m/min인가?

① 15 ② 25
③ 30 ④ 45

해설 에스컬레이터의 속도 및 경사도
① 경사도는 30°를 초과하지 않아야 하며, 공칭속도는 0.75m/s(45m/min) 이하이어야 한다.
② 높이가 6m 이하이고 공칭속도가 0.5m/s 이하인 경우에는 경사도를 35°까지 증가시킬 수 있다.

문제 03 승객이나 운전자의 마음을 편하게 해주고 주위의 분위기를 부드럽게 하기 위하여 설치하는 장치는?

① 통신장치 ② 관제운전장치
③ 구출운전장치 ④ BGM장치

해설 B.G.M(Back Ground Music) 장치
카 내부에 음악을 틀어주어 승객이나 운전자의 마음을 편안하게 해주는 장치이다.

답 1.① 2.④ 3.④

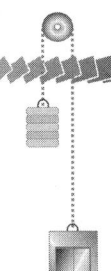

문제 04 로프식 엘리베이터에서 카 바닥 앞부분과 승강장 출입구 바닥 앞부분과의 틈새는 몇 [cm] 이하인가?
① 2
② 3
③ 3.5
④ 5

해설 카 문턱과 승강장 문턱 사이의 수평거리는 35mm 이하(장애인용은 30mm 이하)이어야 한다.

문제 05 간접식 유압엘리베이터의 특징이 아닌 것은?
① 부하에 의한 카 바닥의 빠짐이 비교적 작다.
② 추락방지안전장치가 필요하다.
③ 실린더 설치를 위한 보호관이 필요하지 않다.
④ 실린더의 점검이 용이하다.

해설 간접식 유압엘리베이터는 로프의 늘어남과 기름의 압축성 때문에 부하로 인한 바닥침하가 있다.

문제 06 에너지 분산형 완충기는 정격속도가 몇 (m/min) 초과시에 주로 사용 하는가?
① 30
② 45
③ 50
④ 모든 속도의 경우

해설
- 에너지 축적형 완충기 : 60m/min 이하
- 에너지 분산형 완충기 : 모든 속도의 경우

문제 07 과부하 감지장치는(Overload Switch)의 작동범위로 맞는 것은?
① 정격하중의 95 ~ 100%
② 정격하중의 100 ~ 105%
③ 정격하중의 105 ~ 110%
④ 정격하중의 110 ~ 115%

해설 과부하 감지장치는(Overload Switch)
카 바닥 하부 또는 와이어로프 단말에 설치하여 카 내부의 승차인원 또는 적재하중을 감지하여 정격하중 초과시 경보음을 울려 카내에 적재하중이 초과되었음을 알려주는 동시에 출입구 도어의 닫힘을 저지하여 카를 출발시키지 않도록 하는 장치로써 정격하중의 105~110%의 범위에 설정되어진다.

답 4.③ 5.① 6.④ 7.③

문제 08 1200형 에스컬레이터의 시간당 수송능력은?
① 3000명　　　　② 6000명
③ 9000명　　　　④ 12000명

해설 ① 800형 : 수송 능력이 6000명/시간
② 1200형 : 수송 능력이 9000명/시간

문제 09 승객용 엘리베이터의 제동기는 승차감을 저해하지 않고 로프 슬립을 일으킬 수 있는 위험을 방지하기 위하여 감속도를 어느 정도로 하고 있는가?
① 0.1G　　　　② 0.2G
③ 0.3G　　　　④ 0.4G

문제 10 가이드 레일의 규격(호칭)에 해당되지 않는 것은?
① 8K　　　　② 13K
③ 15K　　　　④ 18K

해설 공칭은 8K, 13K, 18K, 24K 등으로 된다.

문제 11 엘리베이터 전원이 정전이 될 경우 카 내 예비 조명장치에 관한 설명 중 타당하지 않은 것은?
① 조도는 램프로부터 1[m] 떨어진 거리에서 측정한다.
② 조도는 1Lux 미만이어야 한다.
③ 자동차용 엘리베이터는 설치하지 않아도 된다.
④ 카내 조작반이 없는 화물용 엘리베이터는 설치하지 않아도 된다.

해설 전원이 정전 시 조도는 5lux 이상 되어야 한다.

문제 12 균형로프의 주된 사용 목적은?
① 카의 소음진동을 보상
② 카의 위치변화에 따른 주 로프무게를 보상
③ 카의 밸런스 보상
④ 카의 적재하중 변화를 보상

답 8. ③　9. ①　10. ③　11. ②　12. ②

문제 13. 에스컬레이터의 구동 전동기의 용량을 결정하는 요소로 거리가 가장 먼 것은?

① 속도
② 경사각도
③ 적재하중
④ 디딤판의 높이

해설 $P = \dfrac{G \times V \times \sin\alpha}{6120 \times g \times \eta} \times \beta \ [\text{kW}]$

여기서, G : 적재하중[kg], g : 중력가속도(9.8m/s²), V : 정격속도[m/min],
α : 경사각도, η : 전체 효율, β : 승객 승입률(0.85), W : 디딤판 폭[m],
H : 층고[m], A : 스텝 면의 수평 투영 면적[m²]

※ $G = 270\sqrt{3}\ W \cdot H = 270A \ (\text{kg})$

문제 14. 과속조절기에서 과속스위치의 작동원리는 무엇을 이용한 것인가?

① 회전력
② 원심력
③ 과속조절기 로프
④ 승강기의 속도

해설 과속조절기의 종류에는 디스크(disk)형, 플라이 볼(fly ball)형, 롤 세이프티(roll safety)형이 있는데, 과속 스위치의 작동은 원심력을 이용하였다.

문제 15. FGC(Flexible Guide Clamp)형 추락방지안전장치의 장점은?

① 베어링을 사용하기 때문에 접촉이 확실하다.
② 구조가 간단하고 복구가 용이하다.
③ 레일을 죄는 힘이 초기에는 약하나, 하강함에 따라 강해진다.
④ 평균 감속도를 0.5g으로 제한한다.

해설
① F.G.C(flexible guide clamp)형 : 레일을 죄는 힘이 동작에서 정지까지 일정하다. 이 방식은 구조가 간단하고, 복구가 쉬워 널리 사용되고 있다.
② F.W.C(flexible wedge clamp)형 : 레일을 죄는 힘이 동작 초기에는 약하나 점점 강해진 후 일정하다.

문제 16. 유압 엘리베이터의 동력전달 방법에 따른 종류가 아닌 것은?

① 스크류식
② 직접식
③ 간접식
④ 팬터그래프식

해설 유압 엘리베이터의 종류에는 동력전달 방법에 따라 직접식, 간접식, 팬터그래프식이 있다.

답 13. ④ 14. ② 15. ② 16. ①

문제 17 전동 덤웨이터와 구조적으로 가장 유사한 것은?
① 무빙워크 ② 엘리베이터
③ 에스컬레이터 ④ 간이 리프트

해설
- 전동 덤웨이터 : 사람이 탑승하지 않으면서 적재용량 300kg 이하, 정격속도 60m/min 이하인 소형화물의 운반에 적합하게 제작된 엘리베이터이다.
- 간이리프트 : 동력을 사용하여 가이드 레일을 따라 움직이는 운반구를 매달아 소형화물 운반만을 주목적으로 하는 승강기와 유사하다. 바닥면적은 $1m^2$ 이하, 천장 높이는 1.2m 이하이다.

문제 18 승객용 엘리베이터의 적재하중 및 최대정원을 계산할 때 1인당 하중의 기준은 몇 kg인가?
① 63 ② 65
③ 67 ④ 75

문제 19 가이드 레일의 사용목적으로 틀린 것은?
① 집중하중 작용 시 수평하중을 유지
② 추락방지안전장치 작동 시 수직하중을 유지
③ 카와 균형추의 승강로 평면 내의 위치 규제
④ 카의 자중이나 화물에 의한 카의 기울어짐 방지

해설 가이드 레일의 사용목적
① 추락방지안전장치 작동 시 수직하중을 유지
② 카와 균형추의 승강로 평면 내의 위치 규제
③ 카의 자중이나 화물에 의한 카의 기울어짐 방지

문제 20 스텝 폭 0.8m 공칭속도 0.75m/s 인 에스컬레이터로 수송할 수 있는 최대 인원의 수는 시간 당 몇 명인가?
① 3600 ② 4800
③ 6000 ④ 6600

해설

스텝/팔레트 폭[m]	공칭 속도 v[m/s]		
	0.5	0.65	0.75
0.6	3,600[명/h]	4,400[명/h]	4,900[명/h]
0.8	4,800[명/h]	5,900[명/h]	6,600[명/h]
1	6,000[명/h]	7,300[명/h]	8,200[명/h]

답 17. ④ 18. ④ 19. ① 20. ④

문제 21 카 또는 균형추의 상, 하, 좌, 우에 부착되어 레일을 따라 움직이고 카 또는 균형추를 지지해주는 역할을 하는 것은?

① 완충기
② 중간 스토퍼
③ 가이드 레일
④ 가이드 슈

해설 가이드 슈
카 또는 균형추의 상, 하, 좌, 우에 부착되어 레일을 따라 움직이고 카 또는 균형추를 지지해주는 역할을 한다.

문제 22 로프식 엘리베이터에서 주로프의 끝 부분은 몇 가닥마다 로프 소켓에 바빗트 채움을 하거나 체결식 로프 소켓을 사용하여 고정하여야 하는가?

① 1가닥
② 2가닥
③ 3가닥
④ 5가닥

문제 23 유압식 엘리베이터에서 상승방향으로만 기름을 흐르게 하고 역방향으로는 흐르지 못하게 하는 밸브는?

① 안전 밸브
② 체그 밸브
③ 스톱 밸브
④ 럽처 밸브

해설
• 안전 밸브 : 압력조절 밸브로서 압력이 과도하게 상승하는 것을 방지한다.
• 체크 밸브 : 한쪽 방향으로만 오일이 흐르게 하는 밸브로서, 어떤 원인에 의해 오일이 역류, 카가 자유낙하 하는 것을 방지시킨다.
• 스톱 밸브 : 이 밸브는 유압장치의 보수, 점검, 수리시에 사용되며 게이트 밸브(gate valve)라고도 한다.
• 럽처 밸브 : 압력 배관이 파손 되었을 때 기름의 누설에 의한 카의 하강을 제지하는 장치이다.

문제 24 에스컬레이터 디딤판 체인 및 구동 체인의 안전율로 알맞은 것은?

① 5 이상
② 7 이상
③ 8 이상
④ 10 이상

해설
• 디딤판 체인 및 구동 체인 : 5 이상
• 모든 구성부품 : 5 이상
• 트러스 및 빔 : 5 이상

답 21. ④ 22. ① 23. ② 24. ①

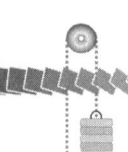

문제 25 유압엘리베이터의 안전장치에 대한 설명으로 틀린 것은?
① 상승시 유압은 상용압력의 125%가 넘지 않도록 조절하는 릴리프 밸브장치가 필요하다.
② 오일의 온도를 65℃~80℃로 유지하기 위한 장치를 설치하여야 한다.
③ 전동기의 공회전 방지 장치를 설치하여야 한다.
④ 전원 차단 시 실린더 내의 오일의 역류로 인한 카의 하강을 자동 저지하는 장치를 설치하여야 한다.

해설 오일의 온도는 5℃ 이상 60℃가 되어야 한다.

문제 26 교류 엘리베이터 제어 방식이 아닌 것은?
① VVVF 제어방식
② 정지레오나드 제어방식
③ 교류 귀환 제어방식
④ 교류 2단 속도 제어방식

해설
1. 교류 엘리베이터 제어방식
① 교류 1단 제어 방식
② 교류 2단 제어 방식
③ 교류 귀환 제어방식
④ VVVF 제어방식

2. 직류 엘리베이터 제어방식
① 워드 레오나드 제어방식
② 정지 레오나드 제어방식

문제 27 엘리베이터에 많이 사용하는 가이드레일의 허용응력은 보통 몇 [kgf/cm^2]인가?
① 1000
② 1450
③ 2100
④ 2400

문제 28 전기식 엘리베이터 로프는 공칭직경 몇 mm 이상으로 몇 가닥 이상이어야 하는가?
① 8mm, 2가닥
② 8mm, 3가닥
③ 12mm, 2가닥
④ 12mm, 3가닥

해설 전기식 엘리베이터 로프는 공칭직경 8mm(과속조절기 로프는 직경 6mm 이상) 이상으로 2본 이상이어야 한다.

답 25. ② 26. ② 27. ④ 28. ①

문제 29 로프식 엘리베이터에서 도르래의 구조와 특징에 대한 설명으로 틀린 것은?

① 직경은 주로프의 50배 이상으로 하여야 한다.
② 주로프가 벗겨질 우려가 있는 경우에는 로프이탈방지장치를 설치하여야 한다.
③ 도르래 홈의 형상에 따라 마찰계수의 크기는 U홈 < 언더커트홈 < V홈의 순이다.
④ 마찰계수는 도르래 홈의 형상에 따라 다르다.

해설 도르래의 직경은 주로프 직경의 40배 이상으로 하여야 한다.

문제 30 보수 기술자의 올바른 자세로 볼 수 없는 것은?

① 신속, 정확 및 예의 바르게 보수 처리한다.
② 보수를 할 때는 안전기준보다는 경험을 우선시한다.
③ 항상 배우는 자세로 기술향상에 적극 노력한다.
④ 안전에 유의하면서 작업하고 항상 건강에 유의한다.

해설 보수를 할 때는 안전기준을 중심으로 해야 한다.

문제 31 기계식 주차장치에 있어서 자동차 중량의 전륜 및 후륜에 대한 배분비는?

① 6 : 4
② 5 : 5
③ 7 : 3
④ 4 : 6

문제 32 운행 중인 에스컬레이터가 어떤 요인에 의해 갑자기 정지하였다. 점검해야 할 에스컬레이터 안전장치로 틀린 것은?

① 승객검출장치
② 인레트 스위치
③ 스커드 가드 안전스위치
④ 스텝체인 안전장치

해설
- 인레트 스위치 : 핸드레일의 인입구에 설치하는 안전스위치로서 핸드레일이 난간 하부로 들어가는 곳에 어린이들의 손가락이 빨려 들어가는 사고가 발생할 수 있는데, 이러한 사고가 생겼을 때 에스컬레이터를 정지시키는 장치이다.
- 스커드 가드 안전스위치 : 스커드 가드와 계단체인 사이에 발이나 이물질이 끼었을 때 위험을 방지하기 위한 장치이다.
- 스텝체인 안전장치 : 스텝(계단)체인이 절단 또는 늘어나면, 전원을 차단하여 에스컬레이터를 정지시키는 장치이다.

답 29. ① 30. ② 31. ① 32. ①

문제 33 기계실을 승강로의 아래쪽에 설치하는 방식은?
① 정상부형 방식 ② 횡인 구동 방식
③ 베이스먼트 방식 ④ 사이드머신 방식

해설 기계실의 종류
① 사이드 머신 타입(Side Machine Type) : 기계실이 상부 측면에 설치된 것
② 베이스먼트 타입(Basement Type) : 기계실이 하부 측면에 설치된 것

문제 34 다음 중 주유를 해서는 안 되는 부품은?
① 균형추 ② 가이드슈
③ 가이드 레일 ④ 브레이크 라이닝

해설 브레이크 라이닝에 주유를 하면 모터를 잡을 시 미끄러져 카를 제어할 수 없다.

문제 35 엘리베이터의 속도가 규정치 이상이 되었을 때 작동하여 동력을 차단하고 비상정지를 작동시키는 기계장치는?
① 구동기 ② 과속조절기
③ 완충기 ④ 도어 스위치

해설 과속조절기 : 카와 같은 속도로 움직이는 과속조절기 로프에 의거 회전하며, 항상 카의 과속도를 검출한다.

문제 36 승객(공동주택)용 엘리베이터에 주로 사용되는 도르래 홈의 종류는?
① U홈 ② V홈
③ 실홈 ④ 언더커트 홈

해설 승객용 엘리베이터는 주로 언더커트 홈을 사용한다.

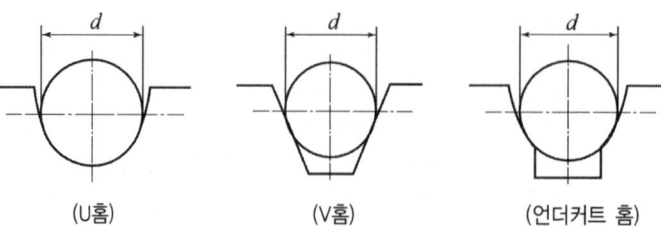

(U홈)　　(V홈)　　(언더커트 홈)

답 33. ③ 34. ④ 35. ② 36. ④

문제 37 승강장에서 스텝 뒤쪽 끝부분을 황색 등으로 표시하여 설치되는 것은?
① 스텝체인　　　　　② 데크보드
③ 데마케이션　　　　④ 스커트 가드

문제 38 전기식 엘리베이터의 기계실에 설치된 고정 도르래의 점검 내용이 아닌 것은?
① 이상음 발생 여부
② 로프 홈의 마모 상태
③ 브레이크 드럼 마모 상태
④ 도르래의 원활한 회전 여부

해설 고정 도르래와 브레이크 드럼과는 관계가 없다.

문제 39 승객용 엘리베이터에서 각층 강제정지 운전의 목적으로 가장 적합한 것은?
① 출·퇴근 시간대에 모든 층의 승객에게 골고루 서비스 제공
② 각 층의 도어장치 기능의 원활한 작동
③ 각 층의 도어장치 확인시 사용
④ 카 안의 범죄활동 방지

해설 승객용 엘리베이터의 각층 강제 정지 운전의 목적은 카 안의 범죄활동 방지이다.

문제 40 다음 중 승강기 제동기의 구조에 해당되지 않는 것은?
① 브레이크 슈　　　② 라이닝
③ 코일　　　　　　④ 워터슈트

해설 워터슈트 : 놀이공원이나 유원지 등에서 가파른 비탈에 궤도를 설치하고, 높은 곳에서 사람들을 태운 보트를 미끄러지게 하여, 재미를 느끼게 하는 시설이나 기구를 말한다.

문제 41 회전운동을 직선운동으로 바꾸어 주는 기구는?
① 폴리　　　　　　② 캠
③ 체인　　　　　　④ 기어

해설 캠은 회전운동을 직선운동, 왕복운동으로 바꾸어 주는 기구이다.

답　37. ③　38. ③　39. ④　40. ④　41. ②

문제 42 엘리베이터의 도어 스위치 회로는 어떻게 구성하는 것이 좋은가?
① 병렬회로
② 직렬회로
③ 직병렬회로
④ 인터록회로

문제 43 가이드 레일 보수 점검 항목에 해당되지 않는 것은?
① 이음판의 취부 볼트, 너트의 이완 상태
② 로프와 클립체결 상태
③ 가이드 레일의 급유상태
④ 브래킷 용접부의 균열 상태

문제 44 되먹임제어에서 꼭 필요한 장치는?
① 응답속도를 느리게 하는 장치
② 응답속도를 빠르게 하는 장치
③ 안정도를 좋게 하는 장치
④ 입력과 출력을 비교하는 장치

해설 되먹임 제어계의 구성:

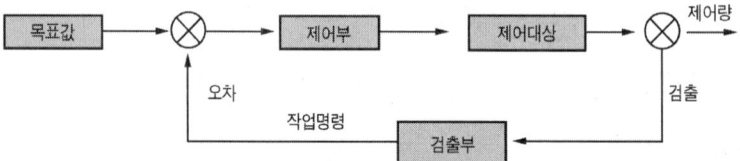

문제 45 전기적 문제로 볼 때 감전사고의 원인으로 볼 수 없는 것은?
① 전기기구나 공구의 절연파괴
② 장시간 계속 운전
③ 정전작업시 접지를 안 한 경우
④ 방전코일이 없는 콘덴서의 사용

문제 46 인장(파단)강도가 400kg/cm²인 재료를 사용 응력 100kg/cm²로 사용하면 안전계수는?
① 1
② 2
③ 3
④ 4

해설 안전계수 = $\dfrac{\text{인장강도}}{\text{사용응력}} = \dfrac{400}{100} = 4$

답 42.② 43.② 44.④ 45.② 46.④

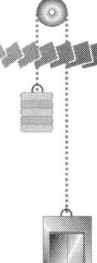

문제 47 재해 발생 과정의 요건이 아닌 것은?
① 사회적 환경과 유전적인 요소
② 개인적 결함
③ 사고
④ 안전한 행동

문제 48 추락을 방지하기 위한 2종 안전대의 사용법은?
① U자 걸이 전용
② 1개 걸이 전용
③ 1개 걸이, U자 걸이 겸용
④ 2개 걸이 전용

> **해설** 1종은 U자 걸이 전용, 2종은 1개 걸이 전용이다.

문제 49 승강기에 설치할 방호장치가 아닌 것은?
① 가이드 레일
② 출입문 인터록
③ 과속조절기
④ 파이널 리미트 스위치

> **해설** 가이드 레일
> ① 엘리베이터의 움직이는 경로를 일정하게 한다.
> ② 카와 균형추의 승강로 평면 내의 위치를 규제한다.
> ③ 카의 자중이나 화물에 의한 카의 기울어짐을 방지한다.
> ④ 비상 멈춤이 작동할 때의 수직 하중을 유지한다.

문제 50 도르래의 로프홈에 언더컷(Under Cut)를 하는 목적은?
① 로프의 중심 균형
② 윤활 용이
③ 마찰계수 향상
④ 도르래의 경량화

> **해설** 언더커트 홈은 U홈과 V홈의 중간적 특성을 갖는 홈형으로 가장 일반적으로 사용되고 있다. 언더커트 홈은 마찰계수가 크다.

문제 51 6극, 50Hz의 3상 유도전동기의 동기속도(rpm)는?
① 500
② 1000
③ 1200
④ 1800

> **해설** $N_s = \dfrac{120f}{P} = \dfrac{120 \times 50}{6} = 1000(\mathrm{rpm})$

답 47. ④ 48. ② 49. ① 50. ③ 51. ②

문제 52 전기기기에서 E종 절연의 최고 허용온도는 몇 ℃인가?
① 90   ② 105
③ 120   ④ 130

해설 절연물의 허용온도

절연재료	Y	A	E	B	F	H	C
허용온도	90°	105°	120°	130°	155°	180°	180° 초과

문제 53 RLC 직렬 회로에서 최대 전류가 흐르게 되는 조건은?
① $\omega L^2 - \dfrac{1}{\omega C} = 0$ ② $\omega L^2 + \dfrac{1}{\omega C} = 0$
③ $\omega L - \dfrac{1}{\omega C} = 0$ ④ $\omega L + \dfrac{1}{\omega C} = 0$

해설 RLC 직렬 회로에서 공진 때에 가장 많은 전류가 흐른다. 공진 조건은
$Z = \sqrt{R^2 + (wL - \dfrac{1}{wC})^2}\,[\Omega]$ 에서 $\omega L - \dfrac{1}{\omega C} = 0$ 일 때이다.

문제 54 100V를 인가하여 전기량 30C을 이동시키는 데 5초 걸렸다. 이때의 전력(kW)은?
① 0.3   ② 0.6
③ 1.5   ④ 3

해설 $I = \dfrac{Q}{t} = \dfrac{30}{5} = 6[\text{A}]$
$P = VI = 100 \times 6 = 600[\text{W}] = 0.6[\text{kW}]$

문제 55 인덕턴스가 5mH인 코일에 50Hz의 교류를 사용할 때 유도 리액턴스는 약 몇 Ω인가?
① 1.57   ② 2.50
③ 2.53   ④ 3.14

해설 $X_L = wL = 2\pi fL = 2 \times 3.14 \times 50 \times 5 \times 10^{-3} = 1.57[\Omega]$
※ $1[\text{H}] = 1000[\text{mH}]$, $1[\text{mH}] = 10^{-3}[\text{H}]$

답 52. ③ 53. ③ 54. ② 55. ①

문제 56 직류기 권선법에서 전기자 내부 병렬 회로수 a와 극수 p의 관계는? (단, 권선법은 중권이다.)

① $a = 2$ ② $a = \dfrac{1}{2}p$
③ $a = p$ ④ $a = 2p$

해설 병렬 회로수의 산정 방법
① 중권 : 병렬 회로수(a)와 극수(p)가 같다.
② 파권 : 병렬 회로수는 항상 2이다.

문제 57 물건에 끼여진 상태나 말려든 상태는 어떤 재해인가?

① 추락 ② 전도
③ 협착 ④ 낙하

해설
• 전도 : 사람이 평면상으로 넘어졌을 때를 말한다.
• 협착 : 물건에 끼여진 상태나 말려진 상태를 말한다.

문제 58 전기 재해의 직접적인 원인과 관련이 없는 것은?

① 회로 단락 ② 충전부 노출
③ 접속부 과열 ④ 접지판 매설

해설 접지판은 누전된 전기를 방출시켜 감전으로부터 재해를 방지할 수 있다.

문제 59 안전 작업모를 착용하는 주요 목적이 아닌 것은?

① 화상 방지 ② 감전의 방지
③ 종업원의 표시 ④ 비산물로 인한 부상 방지

문제 60 사용전압 380V의 전동기를 사용하는 경우 접지공사는?

① 제1종 접지공사 ② 제2종 접지공사
③ 제3종 접지공사 ④ 특별 제3종 접지공사

해설 ① 400[V] 미만 : 제3종 접지공사
② 400[V] 이상의 저압 : 특별 제3종 접지공사
※ 본 문제는 규정법 개정으로 무효입니다.

답 56. ③ 57. ③ 58. ④ 59. ③ 60. ③

승강기기능사
제8회 CBT 기출복원문제

본 문제는 수험생들의 협조에 의해 복원된 문제로 시험 내용과 일치하지 않을 수도 있습니다.

문제 01 에너지 분산형 완충기는 정격속도가 몇 (m/min) 초과시에 주로 사용 하는가?
① 30　　　　　　　　② 45
③ 50　　　　　　　　④ 모든 속도의 경우

해설
- 에너지 축적형 완충기 : 60m/min 이하
- 에너지 분산형 완충기 : 모든 속도의 경우

문제 02 저항 100Ω의 전열기에 5A의 전류를 흘렸을 때 전력은 몇 W인가?
① 20　　　　　　　　② 100
③ 500　　　　　　　④ 2500

해설　$P = I^2 R = 5^2 \times 100 = 2500[W]$

문제 03 가이드 레일의 규격(호칭)에 해당되지 않는 것은?
① 8K　　　　　　　　② 13K
③ 15K　　　　　　　④ 18K

해설　공칭은 8K, 13K, 18K, 24K 등으로 된다.

문제 04 엘리베이터용 권상기 브레이크에 대한 설명으로 옳은 것은?
① 전동기나 균형추 등의 관성은 제지할 필요가 없다.
② 관성에 위한 원동기의 회전을 제지할 수 없어야 한다.
③ 승객용 엘리베이터는 110%의 부하로 하강 중 감속·정지할 수 있어야 한다.
④ 화물용 엘리베이터는 125%의 부하로 하강 중 감속·정지할 수 있어야 한다.

해설　제동기의 능력
제동기는 관성을 제지할 수 있음은 물론 엘리베이터는 125%의 부하로 전속 하강 중 카를 위험 없이 감속·정지할 수 있어야 한다.

답　1.④　2.④　3.③　4.④

문제 05 에스컬레이터의 경사각은 몇 도[°]를 초과하지 않아야 하는가?
① 10 ② 20
③ 30 ④ 40

해설 에스컬레이터는 수평으로 30°를 초과하지 않아야 한다.

문제 06 유압엘리베이터에서 도르래의 직경은 보통 주로프 직경의 몇 배 이상인가?
① 10 ② 20
③ 30 ④ 40

문제 07 균형로프의 주된 사용 목적은?
① 카의 소음진동을 보상
② 카의 위치변화에 따른 주 로프무게를 보상
③ 카의 밸런스 보상
④ 카의 적재하중 변화를 보상

문제 08 승객과 운전자의 마음을 편하게 해주기 위하여 설치하는 장치는?
① 파킹장치 ② 통신장치
③ 과속조절기 장치 ④ B.G.M장치

문제 09 사람이 출입할 수 없도록 정격하중이 300kg 이하이고 정격속도가 1m/s인 승강기는?
① 덤 웨이터 ② 비상용 엘리베이터
③ 승객-화물용 엘리베이터 ④ 수직형 휠체어리프트

해설 덤 웨이터는 사람이 탑승하지 않으면서 적재용량 300kg 이하, 정격속도 60m/min 이하인 소형화물의 운반에 적합하게 제작된 엘리베이터이다.

문제 10 FGC(Flexible Guide Clamp)형 추락방지안전장치의 장점은?
① 베어링을 사용하기 때문에 접촉이 확실하다.
② 구조가 간단하고 복구가 용이하다.
③ 레일을 죄는 힘이 초기에는 약하나, 하강함에 따라 강해진다.
④ 평균 감속도를 0.5g으로 제한한다.

답 5. ③ 6. ④ 7. ② 8. ④ 9. ① 10. ②

해설 ① F.G.C(flexible guide clamp)형 : 레일을 죄는 힘이 동작에서 정지까지 일정하다. 이 방식은 구조가 간단하고, 복구가 쉬워 널리 사용되고 있다.
② F.W.C(flexible wedge clamp)형 : 레일을 죄는 힘이 동작 초기에는 약하나 점점 강해진 후 일정하다.

문제 11 직류 전동기에서 자속이 감소되면 회전수는 어떻게 되는가?
① 정지
② 감소
③ 불변
④ 상승

해설 $N = K \dfrac{V - I_a R_a}{\phi}$ [rpm]에서 N과 ϕ는 반비례 관계가 된다.
그러므로 ϕ가 감소하면 N은 상승한다.

문제 12 유압식 엘리베이터의 특징으로 틀린 것은?
① 기계실을 승강로와 떨어져 설치할 수 있다.
② 플런져에 스톱퍼가 설치되어 있기 때문에 오버헤드가 작다.
③ 적재량이 크고 승강행정이 짧은 경우에 유압식이 적당하다.
④ 소비전력이 비교적 작다.

해설 유압식 엘리베이터는 소비전력이 비교적 크다.

문제 13 기계실의 작업구역에서 유효 높이는 몇 m 이상으로 하여야 하는가?
① 1.8
② 2.1
③ 2.5
④ 3

문제 14 승강기 정밀안전 검사 시 과부하방지장치의 작동치는 정격 적재하중의 몇 %를 권장치로 하는가?
① 95~100
② 105~110
③ 115~120
④ 125~130

해설 과부하방지장치 : 카에 정격하중 이상의 물건이 적재되면 카 바닥 밑에 설치한 풋 스위치(foot switch)가 작동하여 경보 부저가 울리고, 동시에 경보등이 점등되며 전동기 전원을 차단시켜 엘리베이터 동작을 금지시킨다. 보통 적재하중의 105~110%로 설정한다.

답 11. ④ 12. ④ 13. ② 14. ②

문제 15 실린더에 이물질이 흡입되는 것을 방지하기 위하여 펌프의 흡입축에 부착하는 것은?

① 필터
② 사이렌서
③ 스트레이너
④ 더스트와이퍼

해설
- 필터 : 유압장치에 쇳가루, 모래 등의 고형 이물질의 혼입을 막기 위해 설치한다.
- 사일런서(Silencer) : 작동유의 압력맥동을 흡수하여 진동, 소음을 저감시키기 위해 사용된다. 자동차의 머플러와 같다.
- 스트레이너 : 실린더에 쇳가루나 모래 등의 이물질이 들어가면 실린더가 손상되어 유압이 새는 등의 고장이 발생하여 기기의 수명이 단축된다. 그러므로 이물질을 제거하기 위해 필터를 설치하는데, 펌프의 흡입축에 부착되는 것을 스트레이너라 하고, 배관 중간에 부착되는 것을 라인필터라 한다.

문제 16 권상도르래, 풀리 또는 드럼과 현수로프의 공칭 직경 사이의 비는 스트랜드의 수와 관계없이 얼마 이상이어야 하는가?

① 10
② 20
③ 30
④ 40

해설 메인 도르래의 직경은 걸리는 로프 직경의 40배 이상 되어야 한다.

문제 17 에스컬레이터의 경사도가 30° 이하일 경우에 공칭 속도는?

① 0.75m/s 이하
② 0.80m/s 이하
③ 0.85m/s 이하
④ 0.90m/s 이하

해설 에스컬레이터의 속도 : 에스컬레이터 공칭 속도는 경사도가 30°이하인 경우는 45m/min 이하이어야 한다. 그러나 경사도가 30°를 초과하고 35°이하인 경우는 30m/min 이하이어야 한다.

문제 18 도어 인터록에 관한 설명으로 옳은 것은?

① 도어 닫힘 시 도어 록이 걸린 후, 도어 스위치가 들어가야 한다.
② 카가 정지하지 않는 층은 도어 록이 없어도 된다.
③ 도어 록은 비상 시 열기 쉽도록 일반 공구로 사용 가능해야 한다.
④ 도어 개방 시 도어 록이 열리고, 도어 스위치가 끊어지는 구조이어야 한다.

해설 도어 인터록 : 승강장 도어 안전장치이다. 이 장치는 카가 정지하지 않는 층의 도어는 특수한 열쇠를 사용하지 않으면 열리지 않도록 하는 도어록과 도어가 닫혀 있지 않으면 운전이 불가능하도록 하는 도어 스위치로 구성된다. 도어 인터록 장치에서 중요한 것은 도어록 장치가 확실히 걸린 후 도어 스위치가 들어가고, 도어 스위치가 끊어진 후에 도어록이 열리는 구조로 하는 것이다.

답 15. ③ 16. ④ 17. ① 18. ①

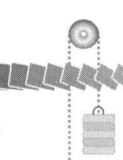

문제 19 승객(공동주택)용 엘리베이터에 주로 사용되는 도르래 홈의 종류는?
① U홈   ② V홈
③ 실홈   ④ 언더커트 홈

해설 승객용 엘리베이터는 주로 언더커트 홈을 사용한다.

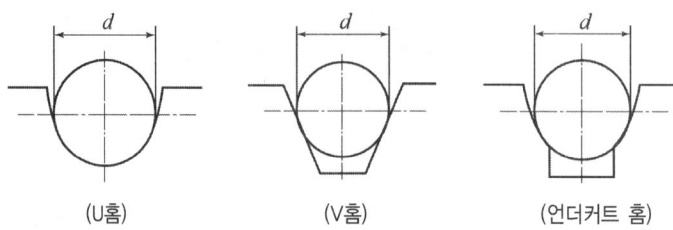

(U홈)　　(V홈)　　(언더커트 홈)

문제 20 건물에 에스컬레이터를 배열할 때 고려할 사항으로 틀린 것은?
① 엘리베이터 가까운 곳에 설치한다.
② 바닥 점유 면적을 되도록 작게 한다.
③ 승객의 보행거리를 줄일 수 있도록 배열한다.
④ 건물의 지지보 등을 고려하여 하중을 균등하게 분산시킨다.

문제 21 무빙워크의 경사도는 특수한 경우를 제외하고 몇 도 이하로 하여야 하는가?
① 12   ② 18
③ 25   ④ 30

해설 무빙워크의 경사도는 12도 이하이어야 한다.

문제 22 엘리베이터의 로프 거는 방법에서 1:1에 비하여 3:1, 4:1또는 6:1 로 하였을 때 나타나는 현상으로 옳지 않은 것은?
① 로프의 수명이 짧아진다.   ② 로프의 길이가 길어진다.
③ 속도가 빨라진다.   ④ 종합적이 효율이 저하된다.

해설 3:1, 4:1, 6:1로 하면 속도는 늦어진다.

문제 23 교류 엘리베이터 제어 방식이 아닌 것은?
① VVVF 제어방식   ② 정지레오나드 제어방식
③ 교류 귀환 제어방식   ④ 교류 2단 속도 제어방식

답 19. ④ 20. ① 21. ① 22. ③ 23. ②

> **해설** 1. 교류 엘리베이터 제어방식
>   ① 교류 1단 제어 방식   ② 교류 2단 제어 방식
>   ③ 교류 귀환 제어방식   ④ VVVF 제어방식
> 2. 직류 엘리베이터 제어방식
>   ① 워드 레오나드 제어방식   ② 정지 레오나드 제어방식

문제 24 비상용 엘리베이터는 정전 시 몇 초 이내에 엘리베이터 운행에 필요한 전력용량이 자동적으로 발생되어야 하는가?
① 60　② 90
③ 120　④ 150

문제 25 정전 시 비상전원장치의 비상조명의 점등조건은?
① 정전 시에 자동으로 점등
② 고장 시 카가 급정지하면 점등
③ 정전 시 비상등스위치를 켜야 점등
④ 항상 점등

문제 26 승강기의 제어반에서 점검할 수 없는 것은?
① 전동기 회로의 절연 상태　② 주접촉자의 접촉 상태
③ 결선단자의 조임 상태　④ 과속조절기 스위치의 작동 상태

> **해설** 과속조절기는 제어반에 설치하지 않는다.

문제 27 유압장치의 보수, 점검, 수리 시에 사용되고, 일명 게이트 밸브라고도 하는 것은?
① 스톱밸브　② 사이렌서
③ 체크밸브　④ 필터

> **해설**
> • 스톱밸브 : 유압장치의 보수, 점검 수리 시에 사용되고, 일명 게이트 밸브라고도 한다.
> • 사이렌서 : 유압 엘리베이터의 소음과 진동을 흡수하는 장치이다. 자동차의 머플러에 해당한다.
> • 체크밸브 : 한쪽 방향으로만 오일이 흐르도록 하는 밸브이다. 기능은 로프식 엘리베이터의 전자 브레이크와 비슷하다.
> • 필터 : 유압장치에 쇳가루, 모래 등의 고형 이물질 혼입을 막기 위해 설치한다.

답 24. ① 25. ① 26. ④ 27. ①

문제 28 승객의 구출 및 구조를 위한 카 상부 비상구출문의 크기는 얼마 이상이어야 하는가?
① 0.2m×0.2m ② 0.4m×0.5m
③ 0.5m×0.5m ④ 0.25m×0.3m

문제 29 엘리베이터의 문 닫힘 안전장치 중에서 카 도어의 끝단에 설치하여 이물체가 접촉되면 도어의 닫힘이 중지되는 안전장치는?
① 광전장치 ② 초음파장치
③ 세이프티 슈 ④ 가이드 슈

해설 세이프티 슈(safety shoe) : 문의 선단에 이물질 검출장치를 설치하여 사람이나 물질이 접촉되면 도어의 닫힘은 중단되고 열린다.

문제 30 일종의 압력조정 밸브로 회로의 압력이 상용압력의 125% 이상 높아지게 되면 바이패스 회로를 여는 밸브는?
① 사이렌서 ② 스톱 밸브
③ 안전 밸브 ④ 체크 밸브

해설 안전 밸브(relief valve) : 일종의 압력조정 밸브인데 회로의 압력이 설정값에 도달하면 밸브를 열어 오일을 탱크로 돌려보냄으로써 압력이 과도하게 상승(상승압력의 125%에 설정)하는 것을 방지한다.

문제 31 교류 엘리베이터의 제어방식이 아닌 것은?
① 교류 1단 속도 제어방식 ② 교류귀환 전압 제어방식
③ 가변전압 가변주파수(VVVF) 제어방식 ④ 교류상환 속도 제어방식

해설 ① 교류 엘리베이터의 제어방식
 • 교류 1단 제어방식 • 교류 2단 제어방식
 • 교류귀환 제어방식 • VVVF 제어방식
② 직류 엘리베이터의 제어방식
 • 워드 레오나드 방식 • 정지 레오나드 방식

문제 32 로프식(전기식) 엘리베이터용 과속조절기의 점검사항이 아닌 것은?
① 진동소음상태 ② 베어링 마모상태
③ 캐치 작동상태 ④ 라이닝 마모상태

해설 라이닝은 엘리베이터 브레이크의 브레이크 슈에 부착되는 물체이다.

답 28.② 29.③ 30.③ 31.④ 32.④

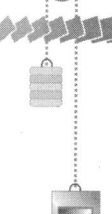

문제 33 급유가 필요하지 않은 곳은?
① 호이스트 로프(hoist rope)
② 과속조절기(governor) 로프
③ 가이드 레일(guide rail)
④ 웜 기어(worm gear)

문제 34 로프식 엘리베이터에서 도르래의 구조와 특징에 대한 설명으로 틀린 것은?
① 직경은 주로프의 50배 이상으로 하여야 한다.
② 주로프가 벗겨질 우려가 있는 경우에는 로프이탈방지장치를 설치하여야 한다.
③ 도르래 홈의 형상에 따라 마찰계수의 크기는 U홈 〈 언더커트홈 〈 V홈의 순이다.
④ 마찰계수는 도르래 홈의 형상에 따라 다르다.

해설 도르래의 직경은 주로프 직경의 40배 이상 되어야 한다.

문제 35 평면의 디딤판을 동력으로 오르내리게 한 것으로, 경사도가 12° 이하로 설계된 것은?
① 에스컬레이터
② 무빙워크
③ 경사형 리프트
④ 덤웨이터

해설 무빙워크의 경사도는 12° 이하, 속도는 45m/min(0.75m/s) 이하이어야 한다.

문제 36 승강기의 파이널 리미트 스위치(FINAL LIMIT SWITCH)의 요건 중 틀린 것은?
① 반드시 기계적으로 조작되는 것이어야 한다.
② 작동 캠(CAM)은 금속으로 만든 것이어야 한다.
③ 이 스위치가 동작하게 되면 권상전동기 및 브레이크 전원이 차단되어야 한다.
④ 이 스위치는 카가 승강로의 완충기에 충돌된 후에 작동되어야 한다.

해설 • 완충기에 충돌되기 전에 작동하여야 하며, 슬로다운 스위치에 의하여 정지되면 작용하지 않도록 설정되어야 한다.
• 파이널 리미트 스위치는 카 또는 균형추가 완전히 압축된 완충기 위에 얹히기까지 작동을 계속하여야 한다.

문제 37 에스컬레이터의 역회전 방지 장치로 틀린 것은?
① 과속조절기
② 스커트 가드
③ 기계 브레이크
④ 구동체인 안전장치

답 33. ② 34. ① 35. ② 36. ④ 37. ②

해설
- 과속조절기 : 카와 같은 속도로 움직이는 과속조절기 로프에 의거 회전하며, 항상 카의 과속도를 검출한다.
- 스커트 가드 : 에스컬레이터나 무빙워크의 내측판 하부에 있으며, 발판의 측면과 작은 틈새를 보호하는 패널을 말한다.
- 구동체인 안전 장치 : 구동체인이 절단되었을 때 계단을 정지시킨다.

문제 38 가요성 호스 및 실린더와 체크 밸브 또는 하강 밸브 사이의 가요성 호스 연결장치는 전부하 압력의 몇 배의 압력을 손상 없이 견뎌야 하는가?

① 2   ② 3
③ 4   ④ 5

해설 가요성 호스 및 실린더와 체크 밸브 또는 하강 밸브 사이의 가요성 호스 연결장치는 전부하 압력의 5배의 압력을 손상 없이 견뎌야 한다.

문제 39 로프의 미끄러짐 현상을 줄이는 방법으로 틀린 것은?

① 권부각을 크게 한다.
② 카 자중을 가볍게 한다.
③ 가감속도를 완만하게 한다.
④ 균형체인이나 균형로프를 설치한다.

해설 로프의 미끄러짐 현상과 카 자중을 가볍게 하는 것과는 무관하다.

문제 40 에스컬레이터의 안전장치에 해당되지 않는 것은?

① 스프링(Spring) 완충기
② 인레트 스위치(Inlet Switch)
③ 스커트 가드(Skirt Guard) 안전 스위치
④ 스텝 체인 안전 스위치(Step Chain Safety Switch)

해설
- 에너지 축적형 완충기 : 카가 어떤 원인으로 최하층을 통과하여 피트로 떨어졌을 때 충격을 완화하기 위하여 완충기를 설치한다.
- 인레트 스위치 : 핸드레일의 인입구에 설치하는 안전 스위치이다. 핸드레일이 난간 하부로 들어가는 곳에 어린이들의 손가락이 빨려 들어가는 사고가 발생할 수 있는데, 이러한 사고가 생겼을 때 에스컬레이터를 정지시키는 장치이다.
- 스커트 가드 안전 스위치 : 스커트 가드판과 스텝 사이에 인체의 일부나 옷, 신발 등이 끼이면 일정 이상의 힘이 작동 되므로 안전 스위치가 작동, 에스컬레이터를 정지시킨다.
- 스텝 체인 안전 스위치 : 스텝 체인이 절단되거나 심하게 늘어나면 스위치가 작동하여 에스컬레이터를 정지시킨다.

답 38. ④ 39. ② 40. ①

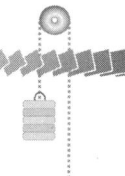

문제 41 로프 소선의 파단강도에 따라 구분되는 로프 중에서 파단강도가 높기 때문에 초고층용 엘리베이터나 로프 가닥수를 적게 하고자 하는 경우에 쓰이는 것은?
① A종
② B종
③ E종
④ G종

해설
- A종 : 165kg/mm² 급의 강도를 갖는 소선으로 구성된 로프로서, 파단강도가 높기 때문에 초고층용 엘리베이터나 로프 본수를 적게 하고자 할 때 사용되는 경우가 있다. E종보다 경도가 높기 때문에 시브의 마모에 대한 대책이 필요하다.
- B종 : 강도와 경도가 A종보다 더욱 높아 엘리베이터용으로는 거의 사용되지 않는다.
- E종 : 엘리베이터용으로 사용된다. 파단강도는 135kg/mm² 급이다.
- G종 : 소선의 표면에 아연도금을 한 것으로서, 녹이 쉽게 나지 않기 때문에 습기가 많은 장소에 적합하다.

문제 42 엘리베이터의 안전장치에 관한 설명으로 틀린 것은?
① 작업 형편상 경우에 따라 일시 제거해도 좋다.
② 카의 출입문이 열려있는 경우 움직이지 않는다.
③ 불량할 때는 즉시 보수한 다음 작업한다.
④ 반드시 작업 전에 점검한다.

해설 엘리베이터의 안전장치는 어떠한 경우에도 제거해서는 안 된다.

문제 43 피트 내에서 행하는 검사가 아닌 것은?
① 피트 스위치 동작 여부
② 하부 파이널스위치 동작 여부
③ 완충기 취부상태 양호 여부
④ 상부 파이널스위치 동작 여부

해설 피트는 카가 최하층에 정지 시 카 바닥과 승강로 바닥과의 거리를 말한다. 그러므로 상부 파이널스위치의 동작과는 무관하다.

문제 44 다음 중 불안전한 행동이 아닌 것은?
① 방호조치의 결함
② 안전조치의 불이행
③ 위험한 상태의 조장
④ 안전장치의 무효화

해설 방호조치의 결함은 불안전한 상태에 해당한다.

답 41. ① 42. ① 43. ④ 44. ①

문제 45 기계식 주차장치에 있어서 자동차 중량의 전륜 및 후륜에 대한 배분비는?

① 6 : 4
② 5 : 5
③ 7 : 3
④ 4 : 6

문제 46 비상용 엘리베이터의 운행속도는 몇 m/min 이상으로 하여야 하는가?

① 30
② 45
③ 60
④ 90

해설 비상용 엘리베이터는 건물 높이가 31m를 초과 시 설치하는데, 속도는 60m/min 이상되어야 한다.

문제 47 안전점검의 목적에 해당되지 않는 것은?

① 합리적인 생산관리
② 생산위주의 시설 가동
③ 결함이나 불안전 조건의 제거
④ 기계·설비의 본래 성능 유지

문제 48 안전 작업모를 착용하는 주요 목적이 아닌 것은?

① 화상 방지
② 감전의 방지
③ 종업원의 표시
④ 비산물로 인한 부상 방지

문제 49 비상용 승강기에 대한 설명 중 틀린 것은?

① 예비전원을 설치하여야 한다.
② 외부와 연락할 수 있는 전화를 설치하여야 한다.
③ 정전 시에는 예비전원으로 작동할 수 있어야 한다.
④ 승강기의 운행속도는 90m/min 이상으로 해야 한다.

해설 승강기의 운행속도는 60m/min 이상으로 하여야 한다.

문제 50 승강기 정밀안전 검사 시 전기식 엘리베이터에서 권상기 도르래 홈의 언더컷의 잔여량은 몇 mm 미만일 때 도르래를 교체하여야 하는가?

① 1
② 2
③ 3
④ 4

답 45.① 46.③ 47.② 48.③ 49.④ 50.①

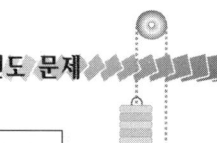

문제 51 안전점검 중 어떤 일정기간을 정해 두고 행하는 점검은?
① 수시점검 ② 정기점검
③ 임시점검 ④ 특별점검

문제 52 감전이나 전기화상을 입을 위험이 있는 작업에 반드시 갖추어야 할 것은?
① 보호구 ② 구급용구
③ 위험신호장치 ④ 구명구

문제 53 안전사고의 발생요인으로 심리적인 요인에 해당하는 것은?
① 감정 ② 극도의 피로감
③ 육체적 능력 초과 ④ 신경계통의 이상

문제 54 회전운동을 직선운동, 왕복운동, 진동 등으로 변환하는 기구는?
① 링크기구 ② 슬라이더
③ 캠 ④ 크랭크

문제 55 재해 발생의 원인 중 가장 높은 빈도를 차지하는 것은?
① 열량의 과잉 억제
② 설비의 배치 착오
③ 과부하
④ 작업자의 작업행동 부주의

문제 56 다음 중 안전사고 발생 요인이 가장 높은 것은?
① 불안전한 상태와 행동 ② 개인의 개성
③ 환경과 유전 ④ 개인의 감정

해설 재해원인에 있어서 직접원인은 불안전한 행동과 불안전한 상태이다.

답 51. ② 52. ① 53. ① 54. ③ 55. ④ 56. ①

문제 57 운동을 전달하는 장치로 옳은 것은?
① 절이 왕복하는 것을 레버라 한다.
② 절이 요동하는 것을 슬라이더라 한다.
③ 절이 회전하는 것을 크랭크라 한다.
④ 절이 진동하는 것을 캠이라 한다.

해설
- 레버 : 당기거나 밀거나 하여 기계를 조작하는 작은 막대기 모양의 장치
- 크랭크 : 왕복운전을 회전운동으로 바꾸거나 회전운동을 왕복운동으로 바꾸는 장치
- 캠 : 기계의 회전운동을 왕복운동이나 진동 등으로 바꾸기 위한 장치

문제 58 다음 중 주유를 해서는 안 되는 부품은?
① 균형추
② 가이드슈
③ 가이드 레일
④ 브레이크 라이닝

해설 브레이크 라이닝에 주유를 하면 모터를 잡을 시 미끄러져 카를 제어할 수 없다.

문제 59 인덕턴스가 5mH인 코일에 50Hz의 교류를 사용할 때 유도 리액턴스는 약 몇 Ω인가?
① 1.57
② 2.50
③ 2.53
④ 3.14

해설 $X_L = wL = 2\pi fL = 2 \times 3.14 \times 50 \times 5 \times 10^{-3} = 1.57[\Omega]$
※ $1[H] = 1000[mH]$

문제 60 직류 전동기의 속도 제어 방법이 아닌 것은?
① 저항 제어법
② 계자 제어법
③ 주파수 제어법
④ 전기자 전압 제어법

해설 직류 전동기의 속도 제어 방법의 종류
① 저항 제어법 : 전기자 회로에 저항 R을 넣고, 이것을 가감해 속도를 제어하는 방법
② 계자 제어법 : 계자 전류를 조정하여 계자 자속 ϕ를 변화해 속도를 제어하는 방법
③ 전압 제어법 : 전기자에 가해지는 단자 전압을 변화하여 속도를 조정하는 방법

답 57. ③ 58. ④ 59. ① 60. ③

합격Easy
승강기기능사 과년도 기출문제 필기

정가 ▎ 27,000원

편저자 ▎ 자격검정연구회
펴낸이 ▎ **차 승 녀**
펴낸곳 ▎ 도서출판 건 기 원

2010년 4월 15일 제1판 제1인쇄 발행
2019년 1월 31일 제10판 제1인쇄 발행
2020년 1월 30일 제11판 제1인쇄 발행
2020년 12월 30일 제11판 제2인쇄 발행
2021년 10월 15일 제12판 제1인쇄 발행
2025년 2월 10일 제13판 제1인쇄 발행

주소 ▎ 경기도 파주시 연다산길 244(연다산동 186-16)
전화 ▎ (02)2662-1874~5
팩스 ▎ (02)2665-8281
등록 ▎ 제11-162호, 1998. 11. 24

• 건기원은 여러분을 책의 주인공으로 만들어 드리며 출판 윤리 강령을 준수합니다.
• 본 수험서를 복제 · 변형하여 판매 · 배포 · 전송하는 일체의 행위를 금하며, 이를 위반할 경우 저작권법 등에 따라 처벌받을 수 있습니다.

ISBN 979-11-5767-873-0 13550

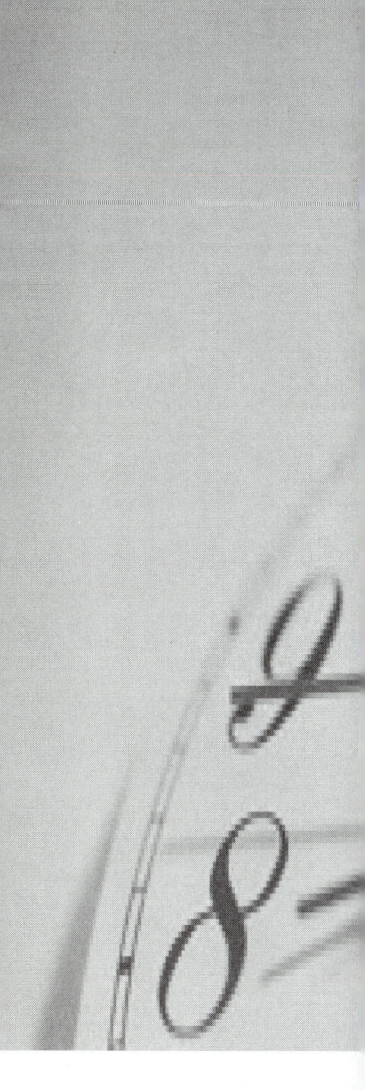

책 한권으로 마스터하는
합격Easy 2025
승강기기능사
과년도 기출문제 필기

이 책의 구성

- **제1과목** 승강기 설치
- **제2과목** 유지관리
- **제3과목** 안전관리
- **부   록** 과년도 문제(2007~2016년)
  최신 CBT 기출복원문제

값 27,000원

ISBN 979-11-5767-873-0